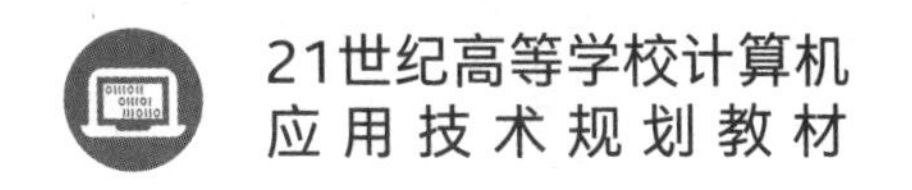

C# 程序设计教程

（第2版）

蒙祖强 编著

清华大学出版社
北京

内 容 简 介

本书将目标驱动和内容驱动相结合，深入浅出地介绍了C#语言的基础知识和多种应用程序的开发方法与技术。内容包括程序设计语言和程序设计方法的相关概念、Visual Studio 2015集成开发环境、C#语言的基本数据类型和语法体系、面向对象编程方法、异常处理技术、窗体应用程序设计和开发方法、目录和文件的读写操作、ActiveX控件和自定义组件的开发技术、多线程技术、数据库开发技术、ASP.NET Web应用开发方法、基于数据控件的应用程序开发技术、Excel数据读写在Web开发中的应用以及各类应用程序的部署和发布方法等。每章均配有一定数量的练习题，并以电子资源的方式提供了全部的参考答案（包括上机题的实例程序），以便学生练习和辅助教学。

本书所有实例（包括习题中的上机题程序）的源代码以及教学用的全部PPT课件、教学大纲、习题答案等教学资源均可在清华大学出版社网站（http://www.tup.com.cn）上下载。

本书主要面向应用型本科院校、大专院校计算机专业及相近专业的学生，也适用于C#爱好者、初学者，还可以作为有关培训机构的培训教材。

图书在版编目（CIP）数据

C#程序设计教程/蒙祖强编著. —2版. —北京：清华大学出版社，2019(2021.8重印)
（21世纪高等学校计算机应用技术规划教材）
ISBN 978-7-302-52999-6

Ⅰ. ①C… Ⅱ. ①蒙… Ⅲ. ①C语言—程序设计—高等学校—教材 Ⅳ. ①TP312.8

中国版本图书馆CIP数据核字(2019)第093925号

责任编辑：陈景辉 黄 芝
封面设计：刘 键
责任校对：胡伟民
责任印制：沈 露

出版发行：清华大学出版社
网 址：http://www.tup.com.cn，http://www.wqbook.com
地 址：北京清华大学学研大厦A座　　**邮 编**：100084
社 总 机：010-62770175　　**邮 购**：010-83470235
投稿与读者服务：010-62776969，c-service@tup.tsinghua.edu.cn
质量反馈：010-62772015，zhiliang@tup.tsinghua.edu.cn
课件下载：http://www.tup.com.cn，010-83470236
印 装 者：三河市君旺印务有限公司
经 销：全国新华书店
开 本：185mm×260mm　　**印 张**：31.5　　**字 数**：790千字
版 次：2010年10月第1版 2019年9月第2版　　**印 次**：2021年8月第3次印刷
印 数：25001~26000
定 价：79.90元

产品编号：078410-01

出版说明

随着我国改革开放的进一步深化，高等教育也得到了快速发展，各地高校紧密结合地方经济建设发展需要，科学运用市场调节机制，加大了使用信息科学等现代科学技术提升、改造传统学科专业的投入力度，通过教育改革合理调整和配置了教育资源，优化了传统学科专业，积极为地方经济建设输送人才，为我国经济社会的快速、健康和可持续发展以及高等教育自身的改革发展做出了巨大贡献。但是，高等教育质量还需要进一步提高以适应经济社会发展的需要，不少高校的专业设置和结构不尽合理，教师队伍整体素质亟待提高，人才培养模式、教学内容和方法需要进一步转变，学生的实践能力和创新精神亟待加强。

教育部一直十分重视高等教育质量工作。2007 年 1 月，教育部下发了《关于实施高等学校本科教学质量与教学改革工程的意见》，计划实施“高等学校本科教学质量与教学改革工程(简称‘质量工程’)”，通过专业结构调整、课程教材建设、实践教学改革、教学团队建设等多项内容，进一步深化高等学校教学改革，提高人才培养的能力和水平，更好地满足经济社会发展对高素质人才的需要。在贯彻和落实教育部“质量工程”的过程中，各地高校发挥师资力量强、办学经验丰富、教学资源充裕等优势，对其特色专业及特色课程(群)加以规划、整理和总结，更新教学内容、改革课程体系，建设了一大批内容新、体系新、方法新、手段新的特色课程。在此基础上，经教育部相关教学指导委员会专家的指导和建议，清华大学出版社在多个领域精选各高校的特色课程，分别规划出版系列教材，以配合“质量工程”的实施，满足各高校教学质量和教学改革的需要。

本系列教材立足于计算机公共课程领域，以公共基础课为主、专业基础课为辅，横向满足高校多层次教学的需要。在规划过程中体现了如下一些基本原则和特点。

(1) 面向多层次、多学科专业，强调计算机在各专业中的应用。教材内容坚持基本理论适度，反映各层次对基本理论和原理的需求，同时加强实践和应用环节。

(2) 反映教学需要，促进教学发展。教材要适应多样化的教学需要，正确把握教学内容和课程体系的改革方向，在选择教材内容和编写体系时注意体现素质教育、创新能力与实践能力的培养，为学生的知识、能力、素质协调发展创造条件。

(3) 实施精品战略，突出重点，保证质量。规划教材把重点放在公共基础课和专业基础课的教材建设上；特别注意选择并安排一部分原来基础比较好的优秀教材或讲义修订再版，逐步形成精品教材；提倡并鼓励编写体现教学质量和教学改革成果的教材。

(4) 主张一纲多本，合理配套。基础课和专业基础课教材配套，同一门课程可以有针对不同层次、面向不同专业的多本具有各自内容特点的教材。处理好教材统一性与多样化，基本教材与辅助教材、教学参考书，文字教材与软件教材的关系，实现教材系列资源配套。

(5) 依靠专家,择优选用。在制定教材规划时依靠各课程专家在调查研究本课程教材建设现状的基础上提出规划选题。在落实主编人选时,要引入竞争机制,通过申报、评审确定主题。书稿完成后要认真实行审稿程序,确保出书质量。

繁荣教材出版事业,提高教材质量的关键是教师。建立一支高水平教材编写梯队才能保证教材的编写质量和建设力度,希望有志于教材建设的教师能够加入到我们的编写队伍中来。

21世纪高等学校计算机应用技术规划教材

联系人:魏江江 weijj@tup.tsinghua.edu.cn

前　言

C♯是微软公司基于.NET平台推出的一种全新的、完全面向对象的高级程序设计语言。它充分吸收了C/C++的优点，继承了Visual Basic的高效性和C++的强大功能，基于.NET Framework的有力支撑提供了实现跨平台应用开发的强有力的集成开发工具和方法，具有良好的可靠性和安全性。用微软公司的话来说，"C♯是从C和C++派生来的一种简单、现代、面向对象和类型安全的编程语言"。

C♯看起来与Java有着惊人的相似，几乎与Java有相同的语法，也是先编译成中间代码，然后再加载到内存运行，但在底层实现中却有着本质的区别。Java程序编译后形成字节代码需要在Java虚拟机(JVM)上运行。C♯程序编译成中间代码后则是通过.NET Framework中的公共语言运行时(Common Language Runtime，CLR)来执行，它借鉴了Delphi的一些原理，与COM(组件对象模型)直接集成，同时.NET Framework还提供内容丰富、功能强大的类库供C♯调用，这使得C♯变成一种功能十分强大的开发工具，可以实现几乎所有类型应用程序的开发。

在现今的数据时代，数据的有效管理、分析、处理以及良好的呈现方式是一项基本的应用需求。Visual Studio 2015很好地迎合了这种应用需求的发展。作为Visual Studio的强力支撑语言，C♯必将得到微软的进一步加强和完善，在数据管理、分析和数据呈现等方面发挥着不可替代的作用，受到更多程序员的青睐。可以说，要想掌握软件开发的未来，就要先掌握基于.NET平台的C♯开发方法。

本书主要面向应用研究型本科院校、大专院校计算机专业及相近专业的学生，也适用于C♯爱好者、初学者，还可以作为有关培训机构的培训教材。

针对上述的读者定位，本书采用目标驱动和内容驱动相结合的行文方式，其中以内容驱动为主、目标驱动为辅。具体讲，总体上是按照C♯语言教学内容逐层深入统稿全书，先讲容易的、基础的内容，然后讲解复杂的、深入的内容，这与目前大多教材的行文方式相同；但在局部上则采用目标驱动的方法，即针对一个较大的知识点，一般都先设定一个具体的目标(要解决的具体问题)，然后编写一个简要的、容易实现的、能达到该目标(解决问题)的应用程序，该程序涉及的知识尽可能覆盖该知识点的所有内容。这样，即使读者不知道"为什么"，但他知道"怎么做"，由此可以快速获得对该知识点的感性认识，实现对知识点学习的快速入门，这对理解和掌握随后要讲解的内容大有裨益。可见，本书的行文方式有效吸收了内容驱动和目标驱动的优点，摒弃了它们的缺点，能让读者以最快的速度掌握C♯语言的核心内容。

本书第一版已经销售了两万余册，深受广大师生和读者的喜爱，其中有些师生和读者来信咨询相关学习问题，有些读者提出了宝贵的意见等。这些都是作者出版第二版的重要动力来源。在清华大学出版社有关领导和编辑的关心和指导下，历经一年多的编写和完善，本书第二版终于跟读者见面了。与第一版相比，第二版融入了作者这几年的实际项目开发经验,包含了项目开发过程中常用的方法和技术。增加和修改的部分主要体现在以下几个地方:对内容体系结构进行了适当调整;在第2～5章中进一步丰富和完善了C#的语法部分;在第6章中增加了对许多常用控件的介绍,使得针对窗体的编程变得更为灵活;在第10、11章中全面地介绍了数据库应用开发的理论和方法;在第12章中系统地介绍了Visual Studio提供的数据显示和数据操纵控件,为复杂数据的管理和可视化提供了有效的解决方案;在第13章中详细介绍了Excel数据读写技术及其在Web应用开发中的实现方法。此外,凡是涉及数据库应用开发的部分,基本上都同时给出了面向C/S模式和B/S模式的实现方法。

通过对本书的学习,读者不但可以较为全面地掌握C#的理论基础知识,而且还可以深入掌握项目开发中常用的技术和方法,基本具备开发中等规模软件系统的能力。

此外,为了辅助教学和方便学生的学习,每章均配有一定数量的练习题,并以电子资源的形式提供了全部的参考答案(包括上机题的实例程序)。

全书由蒙祖强执笔,杨柳审阅。此外,参与本书编写、资料整理或调试程序的还有覃华、杨丽娜、黄柏雄、秦亮曦、唐天兵、张锦雄、李虹利、郭英明、李富星、陈凤 、杨坚、林敏鸿、韦人予、唐嘉骏等。

本书所有实例(包括习题中的上机题程序)的源代码以及教学用的全部PPT课件、教学大纲、习题答案等教学资源均可在清华大学出版社网站(http://www.tup.com.cn)上下载。

由于作者水平有限,书中疏漏和不妥之处在所难免,恳请广大读者批评指正。

蒙祖强

2019年5月

目 录

第1章 C#程序设计基础

主要内容：本章介绍与C#程序开发相关的基本概念和常识，内容包括程序设计语言的定义及其分类、程序设计的方法、C#语言的起源和特点、C#集成开发环境、C#应用程序开发步骤等。

教学目标：了解程序设计语言、程序设计方法的相关概念，掌握C#应用程序开发的基本步骤。

1.1 程序设计语言

1.1.1 程序设计语言的定义

语言(自然语言)是人类在长期劳动过程中形成和发展的、用于思维和传递信息的工具。人之所以具有智能，在很大程度上是因为人能够运用语言进行思考，完成对信息的加工和处理。计算机作为拟人的机器，要实现对人类智能的模拟，也必须拥有自己的语言，这种语言就是程序设计语言。

程序设计语言(Programming Language)是一套遵循既定规则的符号系统；一个计算机程序实际上就是由一些符号按若干规则构成的符号串。程序设计语言包含三方面的内容，即语法、语义和语用。语法就是符号串构成的规则，它表示程序的结构或形式；语义表示语法单位和程序的意义，离开语义，语言只不过是一些符号的集合；语用表示程序与其使用的关系，这种关系将语言的基本概念和语言的外界联系起来。

1.1.2 程序设计语言的分类

在计算机诞生后的发展过程中，程序设计语言也经历了从无到有、从低级到高级的发展历程。相应地，程序设计语言可分为低级程序设计语言和高级程序设计语言，而低级程序设计语言又可以进一步分为机器语言和汇编语言。

1. 机器语言

机器语言是指直接用二进制代码指令表达的计算机语言。它实际上是由0和1构成的字符串。机器能直接识别和执行的只有机器语言，其他语言要经过编译器翻译为相应的机器语言后才能被执行。

一般来说,用机器语言编写的计算机程序具有较高的执行效率。但机器语言依赖于具体的机型,即不同的机器,其机器语言是不尽相同的,因此其移植性非常差。而且用机器语言编写计算机程序(0-1串)的过程十分烦琐、费时、易出差错,程序调试也十分困难,因此使用机器语言来编写程序是不现实的。

2. 汇编语言

针对机器语言存在的缺点,人们对它进行了符号化,使用比较接近自然语言的符号串来表示相应的二进制指令,从而大大减少了直接编写二进制代码带来的烦琐,可使用相对直观、易记的符号串来编写计算机程序,这便促成了汇编语言的形成和发展。

汇编语言是对机器语言中二进制指令进行符号化表示而形成的一种程序设计语言。表示二进制指令的符号通常称为助记符,用助记符编写的程序称为汇编语言程序。汇编语言程序不是用机器语言编写的,因而也不能被机器直接执行。同样,需要将汇编语言程序"翻译"成机器语言,然后机器才能执行它。这种翻译过程称为汇编,这种汇编任务是由称为汇编程序的软件来完成。汇编后形成的机器语言程序称为目标程序,这时被汇编的汇编语言程序又称为源程序。这个过程如图 1.1 所示。

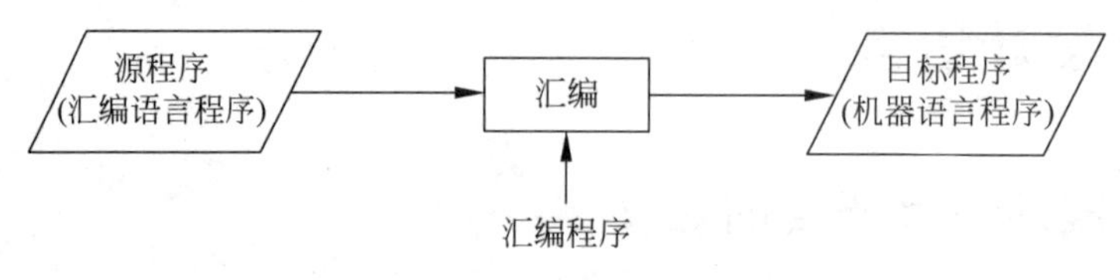

图 1.1　汇编过程

虽然汇编语言比晦涩难懂的机器语言有所改进,也具有机器语言执行速度快等优点,但这种改进是远远不够的。实际上,汇编语言中的指令与机器语言指令几乎是一一对应,其改进之处主要是用助记符来表示机器语言指令,因此编写汇编语言程序仍然需要对机器的组成(主要是寄存器、存储器等)有清晰的了解,汇编语言程序仍然依赖于具体的机型,移植性不强,在编写复杂程序时依然显得烦琐、费时、易错,调试也困难。

3. 高级语言

高级语言(即高级程序设计语言)出现于 20 世纪 50 年代中期,此后得到迅速的发展和完善,至今已有上千种高级语言,常使用的也有上百种,如 C/C++、Pascal、FORTRAN、COBOL、Java、BASIC 以及本书要介绍的 C# 等都是常用的高级程序设计语言。

高级语言是由接近自然语言(英语)的词汇(记号)和语法(规则)构成的符号系统。其"高级"之处在于: ①它较好地克服了机器语言和汇编语言的不足,采用近似自然语言的符号和语法,大大提高了编程的效率和程序的可读性; ②它不依赖于具体机型的指令系统,程序具有很高的可移植性; ③编写代码时不需考虑具体的细节,如数据存放到哪里、从哪个存储单元读取数据等,从而使程序员能够把更多的精力集中在问题求解本身的设计当中。

显然,高级语言不能被机器直接执行,而需要专门的程序将由高级语言编写的程序"翻译"成机器语言程序,然后才能被执行。这种翻译和执行的方式有两种: 一种是翻译一句执行一句,这种翻译称为解释,相应的翻译程序称为解释程序,如 BASIC 语言就是采用解释执行方式；另一种是将整个程序翻译完了以后再执行，这种翻译称为编译，相应的翻译程序称为编译程序，C/C++、C# 等大多高级语言都采用编译执行方式。一般来说，解释执行要比编译执行慢得多。

与汇编过程类似，解释或编译前的高级语言程序称为源程序，解释或编译后得到的机器语言程序称为目标程序。但由于高级语言不是采用像汇编程序语言中记号与二进制指令简单的一一对应关系，而是采用近似自然语言的语法结构，因此在对高级程序设计语言进行翻译时解释或编译程序对源程序进行复杂词法和语法分析，这种翻译过程要比汇编过程要复杂得多。但目前每种高级语言都提供相应的翻译程序，因此不需要担心程序的翻译问题。

1.2　程序设计方法

程序设计方法主要是针对高级程序设计语言而言，其发展历程经历了从结构化程序设计方法到面向对象程序设计方法的演变。如今，这两种方法仍然是程序设计的主流方法，其中前者通常用于局部程序的设计，如类方法的实现；后者则主要用于程序的全局规划，如要构建哪些类、类包含哪些方法等。

1.2.1　结构化程序设计方法

结构化程序设计方法是基于三种基本结构的一种编程设计方法，这三种基本结构是由Bohra 和 Jacopini 于 1966 年提出的，包括顺序结构、选择结构和循环结构。

1. 顺序结构

对于语句块 A 和 B 来说，先执行 A 再执行 B，这样 A、B 便构成了一种先后关系的执行顺序，这种顺序关系就是所谓的顺序结构。顺序结构是一种最简单的基本结构，如图 1.2 所示。

2. 选择结构

对于语句块 A 来说，在某些情况下其执行是有条件的。如果条件 P 被满足则执行 A，否则什么都不执行，如图 1.3(a)所示；或者在有些情况下，要根据条件 P 来决定是执行 A 还是执行 B(即在 A 和 B 之间选择其一执行)，图 1.3(b)表示，当 P 被满足时执行 A，否则执行 B。这两种结构都是典型的选择结构。

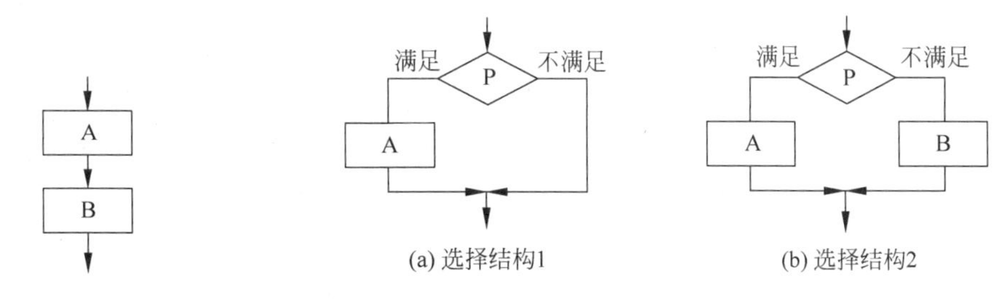

图 1.2　顺序结构　　　　图 1.3　选择结构

3. 循环结构

循环结构是用于反复执行某一语句块的一种结构。它主要分为当(while)型循环和直到(until)型循环两种结构。

当型循环结构如图 1.4(a)所示,它表示当条件 P 被满足时反复执行 A,当 P 不被满足时执行 A 的下一条语句。直到型循环结构如图 1.4(b)所示,它表示首先无条件执行一次 A,当 P 被满足时继续执行 A,当 P 不被满足时执行 A 的下一条语句。

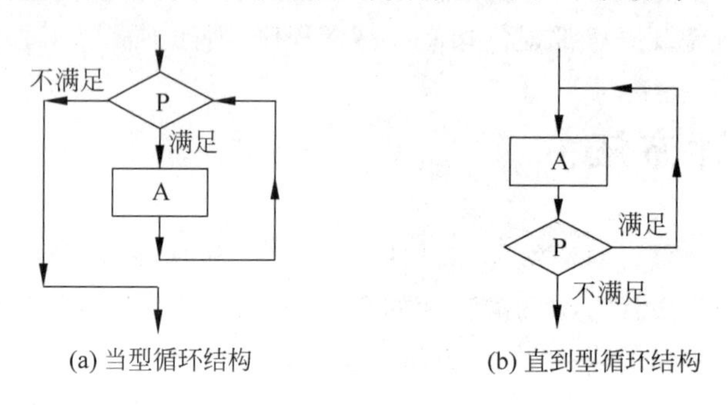

(a) 当型循环结构　　(b) 直到型循环结构

图 1.4　循环结构

当型循环结构和直到型循环结构的功能基本相同,但二者并不完全等价。在直到型循环结构中,无论条件 P 是否被满足都可以保证 A 至少被执行一次;而在当型循环结构中,如果一开始条件 P 就没有被满足,则 A 一次都不被执行。这是两者的区别。当然,如果一开始条件 P 被满足,那么二者是等价的。

以上介绍的三种基本结构是结构化程序设计方法的核心内容,每种结构都只有一个入口和出口点。这种设计方法要求程序在结构上遵循模块化设计原理,要求程序设计语言具有支持顺序结构、选择结构和循环结构的语句,要求任何复杂的程序结构都只能是这三种结构中一种或多种的组合或嵌套。

1.2.2 面向对象程序设计方法

面对复杂的现实问题,迫切需要一种能够有效对其进行建模和表示的程序设计方法,使程序员能够更多地关注“做什么”,而不是把精力放在“如何做”的事情上面。在这种应用需求下,面向对象程序设计方法应运而生。

1. 类和对象

面向对象程序设计方法(Object-Oriented Programming,OOP)的主要思想是将数据及基于这些数据的操作(方法)封装在一个结构体中,这种结构体就是所谓的类。与数据类型的使用相似,可以用类来定义变量,而这种变量就是所谓的对象。类和对象贯穿了面向对象程序设计方法的核心内容。

在面向对象程序设计方法中,类是对现实中若干相似对象的抽象,抽象的结果是用程序设计语言来描述。例如,现实生活中的汽车千变万化,但它们也有共同的特征,如品牌、排量、颜色、长、宽、高等,将这些特征封装起来便得到汽车类;当用汽车类来定义对象并给对象的品牌、排量、颜色等特征赋予不同的值时即可得到具体汽车的描述。显然，这种抽象方法为复杂问题的建模和最终的求解提供了一种有效的解决方案。

在C#中，类中的成员包括数据成员和方法成员。在.NET中，数据成员又分为一般的数据成员和属性。这样，类的结构可以用图1.5来描述。

通过类的技术，将现实问题中的基本特征封装起来，形成类的成员数据，并定义基于这些成员数据的方法，从而将实际问题抽象为类；利用类来定义对象（也称"实例"），然后通过对象方法的运用来解决实际问题。这样，在整个问题的求解中，对象就是基本的运算单位，在对象创建以后我们不必过多考虑对象内部的细节，而通过对象方法的运用来实现对问题的解决，从而能够把更多的精力放在对象这样一种结构和逻辑意义都相对完整的大粒度"数据块"上，使得我们能够更好地在全局上把握问题求解的设计和计算过程。

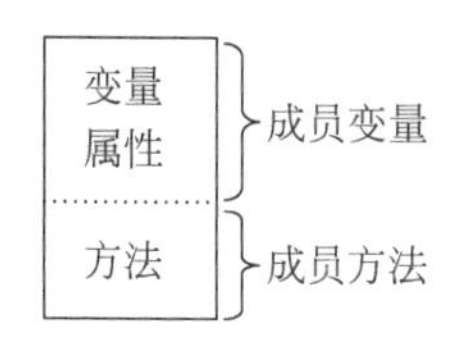

图1.5 类的基本结构

2. 对象的属性和方法

每个对象都是对问题中实际对象抽象表示的结果，这种表示则通过对实际对象特征的封装及对每个特征赋予相应特征值来实现。在程序设计中，这种特征及特征值分别体现为对象中的变量及变量值，这种变量就是对象的属性。例如，在C#中，按钮、文本等控件都是对象，其文本(text)、背景颜色(BackColor)、字体大小(Font. size)等都是这些对象的属性。

每个对象都能完成一定的功能，这种功能是通过调用对象的方法来实现的。对象的方法可以分为对象的一般方法和对象的事件方法。

一般方法是指由用户显式调用的方法。这种方法通常是由用户根据问题求解的需要在类中预先定义的，也有些一般方法是由系统预先提供的，如控件的Show方法、Hide方法（这种方法的实现代码对用户是不可见的）等。

对于事件方法，首先要明确事件的概念。所谓事件，是系统预先定义好的、能被对象识别的行为。例如，单击按钮、文本框、窗体等控件时都会产生单击(Click)事件，鼠标移过这些控件上方时都会产生鼠标移动(MouseMove)事件等。但同一动作（由用户或系统引发的）对不同类型的对象所产生的事件并不完全相同；而对同一对象，其事件是固定的，这种固定是由系统预先定义，程序员不能更改。

事件方法是为响应事件并进行相应处理的一种对象方法。在.NET环境下，当在设计界面中双击对象（控件）或在属性框中双击对象事件名会自动生成事件方法的框架，根据需要在事件方法中编写代码来完成相应的处理任务。当事件由用户或系统触发时，其对应的事件方法会自动地被调用（当然，用户也可以显式调用事件方法，但这样做的可能性比较小）。

对象的属性和方法还可以分为公有属性和方法以及私有属性和方法。前者是用Public关键字修饰，后者是用Private关键字来修饰。

3. 类的继承和重载

继承和重载是类的十分重要特性。继承是指一个类能够自动"包含"另一个类中的公有属性和方法的机制，前者称为后者的派生类，后者称为前者的基类。重载是指类中方法名相同,但参数、参数类型不一样的一种方法定义机制。类的继承和重载为对象提供了十分灵活的运用机制,在实际应用中具有十分重要的意义。

1.3 C#程序设计语言概述

C#程序设计语言是一种高级程序设计语言。它具有高级程序设计语言共有的特点,也具有自己独特的性能。

1.3.1 C#语言的起源与发展

C#语言的产生与Java语言的发展有着密切的关联。Java是SUN公司(该公司已于2009年被Oracle收购)于1995年推出的一种跨平台的面向对象程序设计语言。此后,Java语言逐渐成为企业级应用开发的首选工具,并吸引着越来越多的C/C++程序员,使他们纷纷转向Java应用开发。这对微软公司造成了极大的压力。为此,微软集中研发力量,推出了Visual J++ 1.0版本,并在较短的时间内升级到了嵌套在Visual Studio 6.0中的Visual J++ 6.0版本。Visual J++ 6.0不但改进了Java虚拟机(JVM)的运行速度,而且支持Windows API调用,同时增加了许多新的功能。这样,Visual J++逐渐成为Windows应用的强有力的开发工具。

但是由于Visual J++ 6.0对Java语言进行了扩充,导致扩充后的Java与SUN公司的Java虚拟机不兼容,于是SUN公司认为微软违反了Java的许可协议并制造商业垄断,因而对微软提出了诉讼。虽然官司最后以微软赔款而"握手言和",但从此微软与Java"分道扬镳"。实际上,微软从此终止了J++语言的开发,转而通过以.NET Framework替代JVM提出一种面向Internet的.NET平台。2002年,微软发布了Visual Studio .NET(Visual Studio 7.0)。在Visual Studio .NET中,微软取消了Visual InterDev(J++),并将Visual FoxPro独立出来,同时引入了建立在.NET Framework 1.0之上的托管代码机制以及一门新的语言C#(读作C Sharp)。C#是一门建立在C++和Java基础上的面向对象的高级程序设计语言,实际上它是J++的替代品。与Java相同的是,C#也是一门跨平台的面向对象的高级语言;不同的是,C#完全摆脱了JVM,转而代之的是.NET Framework,这使得C#与Java出现了本质上的区别。

目前Visual Studio的最新版本是Visual Studio 2019。它除了包含C#语言以外,还集成了Visual Basic .NET和Visual C++.NET语言。Visual Studio已成为当今最流行的Windows平台应用程序开发环境。

1.3.2 C#语言的特点

作为一种面向对象的程序设计语言,C#与C++和Java有着千丝万缕的联系,又在C++和Java的基础上作了大量的改进。其特点主要体现在以下七个方面。

1. 语法简洁

C#使用了统一的类型系统,抛弃了C++中流行的指针,禁止直接的内存操作(这一点与Java相似)；淘汰了容易错误使用的操作符和伪关键字，例如不再使用“::”和“->”操作符等，从而减少了运算符错误使用的概率。

2. 支持跨平台

C#支持跨平台，这一点与Java类似，但C++不具备这样的性能。这使得使用C#编写的程序可以在不同类型的客户端上运行，包括掌上电脑、手机等非PC设备。

3. 完全的面向对象程序设计功能

如果说，C++和Java还有部分代码可以属于类和对象以外的代码，那么C#的全部代码都属于类和对象中的代码，不存在全局变量、全局函数等概念。这使它成为真正完全面向对象的程序设计语言。

在继承方面，C#只允许单重继承，即一个派生类只能有一个基类，不允许多重继承，从而较好地避免了类型定义的混乱。

4. 强大的Web应用支持

.NET平台集成了Web应用开发模型和Web服务模型，从而利用C#不仅可以开发Windows应用程序，还可以开发Web应用程序，如ASP.NET应用程序等；基于C#开发的组件可以方便地为Web应用调用。这使得开发基于C#的企业级分布式应用系统变得轻而易举。

5. 灵活性和兼容性

虽然C#取消了指针的功能，但可以通过委托来模拟指针；C#不支持多重继承，但可以通过接口的继承来实现这一功能。这是C#的灵活性。

许多API函数采用了C/C++风格的带指针的参数，而没有指针的C#同样可以与这些API函数进行交互；此外，C#还可以与.NET平台中的其他语言(Visual Basic.NET、Visual C++.NET)进行交互。这些都是C#兼容性的体现。

6. 对XML的高度支持

C++和Java也支持XML，但.NET和C#对XML的支持却提到了更高的层次，几乎可以说与XML已经融合。可以非常容易地通过C#内含的类来使用XML技术，C#对XML的运用提供了非常丰富的技术和方法。

7. 与Java有着本质的区别

C#与C++的区别比较明显，但它与Java语言在语法上却十分相似，而在底层实现中有着本质的区别。Java程序编译后形成字节代码——一种中间状态，这些字节代码需要在JRE(Java Runtime Environment)环境下提供的Java虚拟机(JVM)上运行；C#程序也被编译成一种中间状态——称为中间语言(Intermediate Language IL)，这种中间语言的执行依赖于.NET Framework中的公共语言运行时(Common Language Runtime，CLR)，CLR的Class Loader将IL代码加载到内存，然后通过及时(Just-In-Time)编译方法将其编译成所在机器的 CPU 能够识别和执行的机器代码。

1.4 C♯集成开发环境

本节将简要介绍 Visual Studio 开发平台的基本情况，然后介绍基于此平台开发 C♯应用程序的一般步骤，为后面的学习做准备。

1.4.1 Visual Studio 的发展历史

20 世纪 80 年代初，MS-DOS 系统的出现标志着软件编程时代的到来。MS-DOS 系统的开发环境本质上是基于字符提示界面的，这跟现在的集成开发环境（Integrated Development Environment，IDE）相距甚远。1990 年，Visual Basic 的产生带来了第一个真正意义的 IDE，Visual Basic 也由此风靡全球。这说明人们对图形用户界面(Graphical User Interface，GUI)十分渴求。随后，其他带有良好 IDE 的编程工具纷纷推出，但各个编程工具都还是“独立山头，自成一体”。对于这种“混乱”的局面，微软以其独特的慧眼，于 20 世纪 90 年代中期提出了 Visual Studio 的概念，推出了 Visual Studio IDE 的第一个版本。该 IDE 不仅包括经典的 Visual Basic 6.0 和 Visual C++ 6.0，还包括用于数据库开发的 Visual FoxPro 以及用于 Web 开发的 Visual InteDev 等工具。利用这种集成开发环境，不但可以创建 Windows 应用程序，也可以创建基于 IE 浏览器的 Web 应用程序，其功能十分强大。但这个 IDE 只是简单地将几大流行的开发工具“绑”在一起，它们彼此之间却是相互独立的，编写的程序不能相互调用。为此，微软进一步提出 Visual Studio .NET 的概念，以弥补以往 Visual Studio 的不足。Visual Studio .NET IDE 基于 .NET Framework，它整合了 Visual Basic .NET、Visual C++.NET 等开发环境，使得各种语言的开发环境形成几乎相同的 IDE，而且开发的程序都具有与平台无关的特性。2002 年，微软推出的 Visual Studio .NET 版本取消了 Visual FoxPro、Visual InterDev、Visual J++，同时引入了建立在 .NET Framework 1.0 基础之上的托管代码机制以及一门新的语言 C♯。至此，基于 .NET Framework 的 Visual Studio .NET 高度融合了三大开发工具：C♯、Visual Basic .NET 和 Visual C++.NET。此后，微软又推出了 Visual Studio 2002、2003、2005、2008、2010、2012、2013、2015，2017 和 2019 版本，目前最新的版本是 Visual Studio 2019，本书是基于 Visual Studio 2015 来介绍 C♯语言、面向对象编程方法和 Visual Studio .NET 应用开发技术等。Visual Studio 2015 增加了许多新功能，如支持跨平台移动开发、Web 和云应用开发，IDE 的功能也得到极大的丰富。实际上，本书介绍的是基础知识，自 Visual Studio 2008 以来的版本基本上都可以实现本书介绍的功能。越高的版本对机器硬件和软件的要求也就越高，因此读者应视具体情况酌情安装相应的版本。

Visual Studio 2015 涉及的三大语言仍然是 C♯ .NET、Visual Basic .NET 和 Visual C++.NET。.NET Framework 的引入是从 Visual Studio 2002 版本开始，.NET Framework 的使用使得 Visual Studio.NET 中三大开发工具编写的程序实现了真正意义上的融合，它们彼此可以相互调用。原因在于，基于 .NET Framework 的应用程序在执行时都需要先编译成同样的东西——中间代码。那么，.NET Framework 是什么呢？.NET Framework 译为

.NET 框架，它包含两个部分：公共语言运行时（Common Language Runtime，CLR）和框架类库集（Framework Class Library，FCL）。框架类库集包含了几千个类，这些类封装了数据库操作、线程、XML 解析等一系列高级应用；基于这些类库，可以轻松地开发自己的应用程序。

公共语言运行时（CLR）又是什么呢？我们知道，Java 具有与平台无关的特性，其原因在于 Java 的执行采用了“中间码+JVM”的方式。也就是说，Java 程序先被编译为中间码，然后利用已经安装了的 JVM 来管理和执行 Java 的中间码。.NET Framework 也采用了这种执行方式，而其“JVM”就是公共语言运行时（CLR）。CLR 负责管理和执行由 .NET 编译器编译产生的中间语言代码。这意味着，要运行 .NET 程序，必须安装 .NET Framework，目前其最新版本是 .NET Framework 4.6。

但 .NET Framework 中的 CLR 和 Java 的虚拟机 JVM 是不同的。前者一般是解释执行，而后者是编译执行的，因而 CLR 具有较高的执行效率。

1.4.2　Visual Studio 2015 集成开发环境

Visual Studio 2015 集成开发环境由菜单栏、快捷菜单栏、工具箱、资源管理器、编辑器、窗体设计器等部分组成，如图 1.6 所示。所有的 .NET 应用程序都将从这个界面开始。

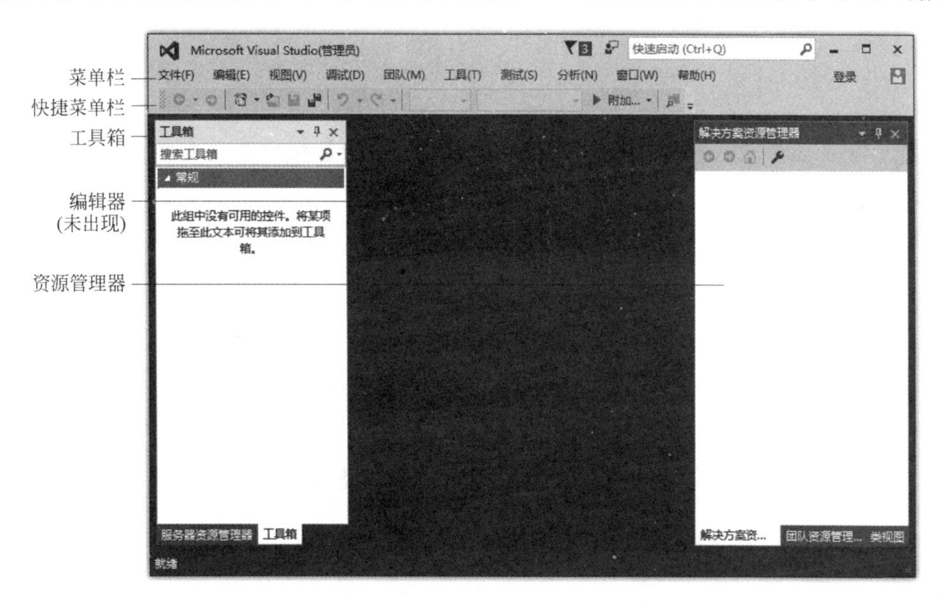

图 1.6　Visual Studio 2015 集成开发环境

需要说明的是，当创建一个项目并保存时，会默认存放到“我的文档”目录下的 Visual Studio 2015\Projects 子目录中。如果要更改默认保存路径（一般来说，开发人员都希望将自己的程序代码保存到指定的目录下），可选择“工具”|“选项”命令，然后打开“选项”对话框，并在此对话框左边的方框中选择“项目和解决方案”，最后在右边对应的文本框架设置指定的路径即可。图 1.7 表示将项目代码、模板代码等的默认保存路径设置为 D:\VS2015，此后编写或自动形成的代码都将默认保存到该目录下（本书编写的程序都保存在此目录下）。

另外，代码的默认字号为 10 号。如果需要更改代码的字号和颜色，只需在图 1.7 所示

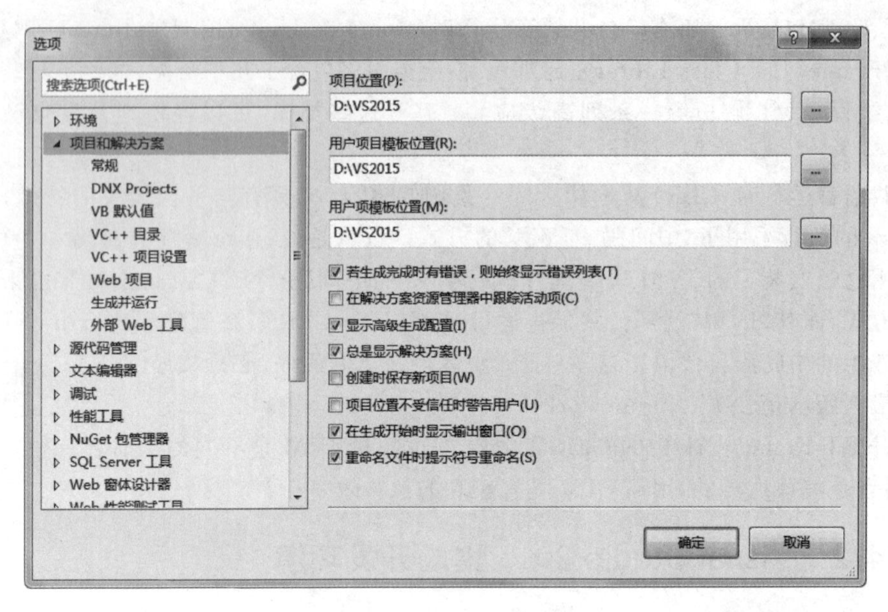

图 1.7 “选项”对话框

的对话框中展开左边的“环境”节点，找到“字体和颜色”子节点即可设置代码的字号和颜色。

1.4.3 控制台应用程序的开发步骤

下面开发一个简单的控制台应用程序，该程序的功能是在字符界面输出字符串“Hello, my first Console Application!”。下面介绍其操作步骤。

(1) 在如图 1.6 所示的界面中选择“文件”|“新建”|“项目”菜单命令，然后打开“新建项目”对话框，如图 1.8 所示。

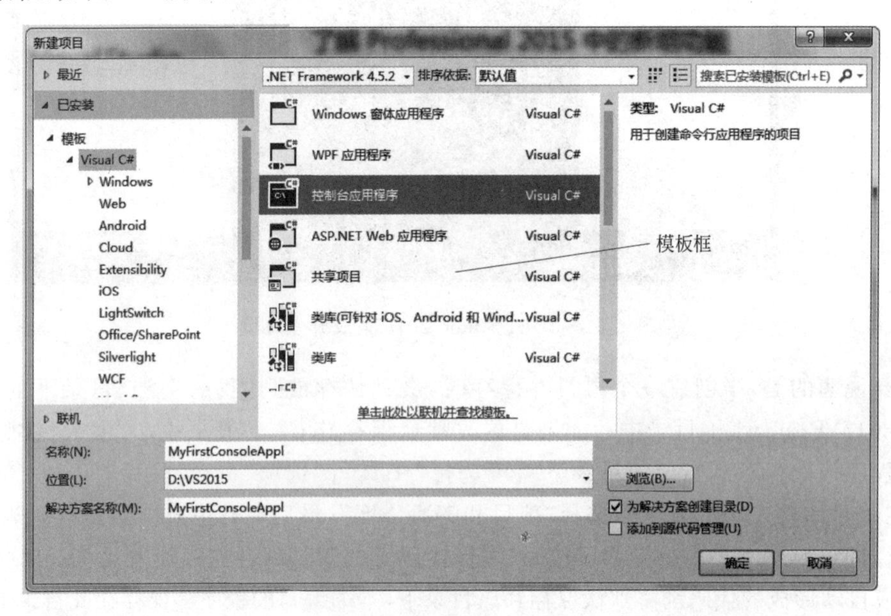

图 1.8 “新建项目”对话框

(2) 在“模板”框中选择“控制台应用程序”，在“名称”文本框中设置应用程序的名称(笔者设为 MyFirstConsoleAppl)。然后单击“确定”按钮，将打开代码编辑器，并已自动形成了程序的基本结构。在 Main()函数中添加下列代码：

```
Console.WriteLine("Hello, my first Console Application! ");
Console.ReadLine();
```

如图 1.9 所示，其中第二条语句的作用是从等待键盘读取一行字符，目的是让程序运行后停止，以查看运行结果(否则会一闪而过)。

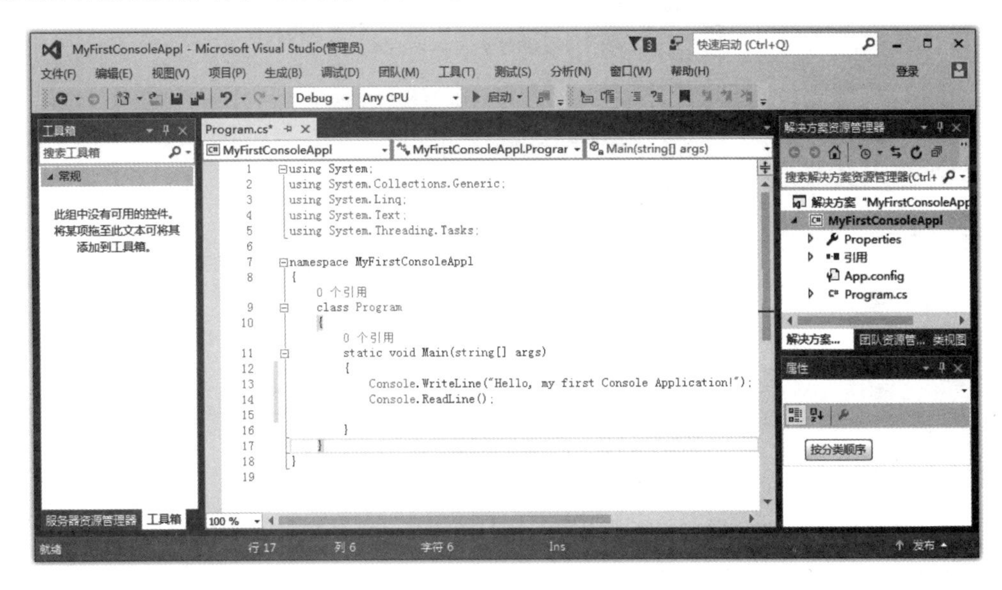

图 1.9 为程序添加代码

(3) 单击快捷菜单栏上的绿色三角形按钮，或者按 F5 键，执行该程序，结果如图 1.10 所示。

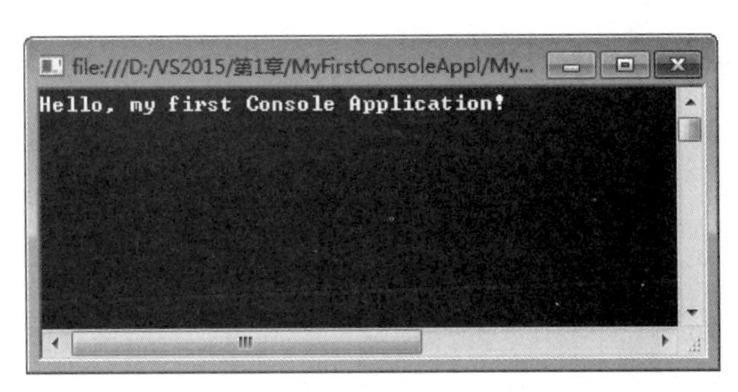

图 1.10 程序 MyFirstConsoleAppl 的运行结果

1.4.4 窗体(Windows)应用程序的开发步骤

在实际开发中，窗体应用程序是常用的一类程序。下面通过一个简单的例子说明开发这类应用程序的一般步骤。该程序的功能是，当单击窗体上的按钮时在文本框中输出字符串“Hello, my first WindowsFormsApplication!”。步骤如下：

(1) 在图 1.6 所示的界面中选择“文件”|“新建”|“项目”菜单命令,然后打开“新建项目”对话框,如图 1.11 所示。

图 1.11 “新建项目”对话框

(2) 在“模板”框中选择“Windows 窗体应用程序”,在“名称”文本框中设置应用程序的名称(笔者设为 MyFirstWinFormAppl)。然后单击“确定”按钮,将打开窗体设计器。从工具箱中分别将 Button 和 TextBox 控件拖到窗体上并适当调整它们的大小和位置,结果如图 1.12 所示。

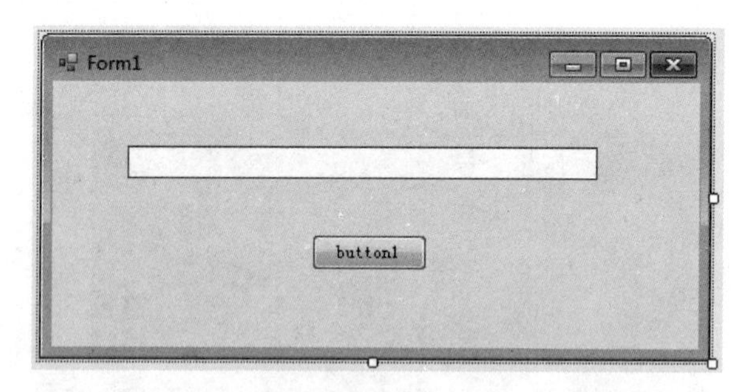

图 1.12 程序 MyFirstWinFormAppl 的窗体设计界面

(3) 双击界面上的“button1”按钮,进入代码编辑器窗口,然后在 button1_Click 函数中添加下列代码:

```
textBox1.Text = "Hello, my first WindowsFormsApplication! ";
```

其中,textBox1 为所添加文本框的默认名(name)。结果得到完整的代码如下:

```
using System;
using System.Collections.Generic;
```

```
using System.ComponentModel;
using System.Data;
using System.Drawing;
using System.Linq;
using System.Text;
using System.Threading.Tasks;
using System.Windows.Forms;
namespace MyFirstWinFormAppl
{
    public partial class Form1 : Form
    {
        public Form1()
        {
            InitializeComponent();
        }
        private void button1_Click(object sender, EventArgs e)
        {
            textBox1.Text = "Hello, my first WindowsFormsApplication!";
        }
    }
}
```

(4) 单击快捷菜单栏上的绿色三角形按钮，或者按 F5 键，执行该程序，并单击 button1 按钮，结果如图 1.13 所示。

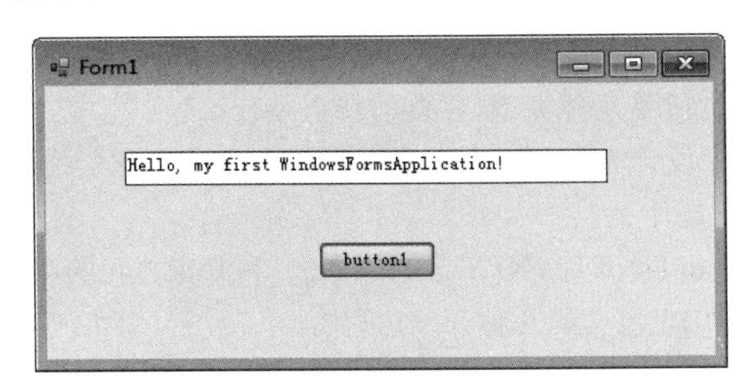

图 1.13　程序 MyFirstWinFormAppl 的运行结果

1.5　习题

一、判断题

1. 程序设计语言就是计算机能够直接执行的计算机语言。　　(　　)

2. 程序设计语言可以分为机器语言、汇编语言和高级程序设计语言。　　(　　)

3. 计算机可以直接执行机器语言，但汇编语言和高级程序设计语言需要编译成机器语言后才能被执行。　　(　　)

4. 越高级的语言执行效率越高，越低级的语言执行效率越低，即高级程序设计语言的执行效率最高，汇编语言次之，机器语言最低。　　(　　)

5. 程序设计方法主要分为结构化程序设计方法和面向对象程序设计方法。　　(　　)

6. 在结构化程序设计方法中，顺序结构、选择结构和循环结构是三种基本结构，一个结构化程序无非就是这三种结构的叠加和嵌套。 (　　)

7. 面向对象程序设计方法完全摆脱了结构化程序设计方法，它是以类和对象为核心的一种全新的程序设计方法。 (　　)

8. 面向对象程序设计方法虽然是一种主流的设计方法，但类中成员函数的设计仍然离不开面向对象程序设计方法。 (　　)

9. Visual Studio 2015 是 Visual Studio 的最新版本，它包含 C＃、Visual Basic.NET、Visual C++.NET 和 Visual J++.NET 这四大开发工具。 (　　)

10. 与 Java 一样，Visual Studio.NET 也具有跨平台的特性，其原因在于它引入 Java 的虚拟机 JVM。 (　　)

11. 一开始 Visual Studio 就将其包含的开发工具集成到同一的 IDE 中，实现它们之间的无缝连接。 (　　)

12. .NET Framework 的引入是 Visual Studio 的一个标志性改进，.NET Framework 的 CLR 充当了 Visual Studio 开发语言的“虚拟机”，是 Visual Studio 具有跨平台的特性的根本原因。 (　　)

13. 在 Visual Studio 2015 中，C＃、Visual Basic.NET 和 Visual C++.NET 的集成开发环境几乎是一样的。 (　　)

14. 在 Visual Studio 2015 中，基于 C＃的应用程序只包含两种，一种是控制台应用程序，另一种是窗体应用程序。 (　　)

二、问答题

1. 程序设计语言包括哪几种类型，各自的特点是什么？
2. 何为结构化程序设计方法和面向对象程序设计方法？它们之间有何区别与联系？
3. C＃语言的特点是什么？
4. 说明 Visual Studio.NET、.NET Framework 和 C＃之间的联系。
5. Visual Studio 2015 包含哪几种开发语言？

三、上机练习题

1. 开发一个控制台应用程序，使之能够输出字符串“天安门城楼！”。
2. 开发一个窗体应用程序，使得通过单击按钮可以在标签控件上显示“中国龙！”。

第2章 基本数据类型

主要内容：基本数据类型是C#程序设计的基础。本章介绍数值类型、字符类型、字符串类型、布尔类型等基本数据类型，以及利用这些基本类型对变量、数组进行定义和引用的方法，此外还涉及C#语言的基本运算和不同数据类型之间的转换方法等。

教学目标：了解不同类型变量、常量在存储结构上的区别与联系，能够正确定义和引用变量和数组，基于变量、常量、数组等进行简单的程序设计。

2.1 一个简单的程序——华氏温度到摄氏温度的转换

本节介绍的控制台应用程序是用于将华氏温度转化为摄氏温度，转换计算公式如下：

$$c = \frac{5 \times (f - 32)}{9}$$

其中，c 表示摄氏温度，f 表示华氏温度，其值从键盘输入。

下面介绍此程序的创建和编写方法，以让读者对C#的数据类型、变量和常量等概念有一个初步的了解。

2.1.1 创建控制台应用程序

打开 Microsoft Visual Studio 2015(以后简写为 VS 2015)，按1.4节介绍的方法创建一个控制台应用程序，程序名设置为 ConAppForTemTra，然后在 Main()函数中添加相应的代码，结果文件 Program.cs 的代码如下：

```
using System;
using System.Collections.Generic;
using System.Linq;
using System.Text;
using System.Threading.Tasks;
namespace ConAppForTemTra
{
    class Program
    {
        static void Main(string[] args)
        {
            float c, f;
            string s;
```

```
            s = Console.ReadLine();        //从键盘输入
            f = float.Parse(s);
            c = 5 * (f - 32)/9;
            Console.WriteLine("华氏 {0} 度 = 摄氏 {1} 度", s, c.ToString());
            Console.ReadLine();
        }
    }
}
```

运行该程序,从键盘上输入华氏温度值并按 Enter 键后即可得到相应摄氏温度值。

2.1.2 代码解释

为完成华氏温度到摄氏温度的转换,在函数 Main()中编写了相应的代码,其中涉及的内容主要包括以下六个部分。

(1) 数据类型:float 和 string 为数据类型,分别表示浮点型和字符串类型。

(2) 变量:c,f 和 s 均为被定义的变量的名称,c 和 f 为浮点型变量,s 为字符串类型变量。

(3) 常量:代码中出现的数字 5、32、9 等便是整型常量。

(4) 系统函数:函数 Console.ReadLine()用于以字符串方式从键盘读取输入的华氏温度值,获得字符串存放在变量 s 中;语句"Console.WriteLine("华氏"+s+"度=摄氏"+c.ToString()+"度");"则是将计算的结果按照设定的格式输出。例如,从键盘上输入 78 后得到如图 2.1 所示的运行结果。

图 2.1 字符串输出结果

(5) 数据类型转换:float.Parse(s)则将字符串 s 转化为相应的浮点数,如将字符串"120.8"转化为浮点数 120.8,然后存放到变量 f 中。

(6) 算术运算:语句"c=5 * (f−32)/9;"则是按照既定的数学公式,将华氏温度转化为摄氏温度,其中涉及一些基本的算术运算,运算结果保存在变量 c 中。

【说明】

语句"Console.WriteLine("华氏 {0} 度=摄氏 {1} 度", s, c.ToString());"是一种格式输出函数,用于输出变量 s 和 c.ToString()的值。其中,{0}、{1}分别表示第一个和第二个参数(这里分别代表 s 和 c.ToString()),如果还有其他参数,则按{2}、{3}等进行编号。语句"Console.ReadLine();"在此的作用是让程序在输出结果后"暂停"下来,以便查看输出的结果,别无他用。这两个语句在后续章节中还会经常用到。

显然,正确理解数据类型、变量、常量、数据类型转换、基本运算等概念是编写这类程序的关键,本章将重点对这些概念及其用法进行介绍。

2.2 基本数据类型

由以上程序可以看出,在定义变量时需要数据类型,此外在声明函数时也需要数据类型。数据类型是 C# 语法中的基本元素。在 C# 中,基本数据类型包括数值类型、字符类型、字符串类型、布尔类型和对象类型等，这几种类型是构成其他复杂数据类型的基础。本节将重点对这些基本数据类型进行介绍。

2.2.1　数值类型

数值类型可分为两种类型：整数型和实数型。不同的数据类型所能表示的数值的范围、精度、占用的内存空间都不尽相同。一般来说，范围大、精度高的类型所需的内存空间大，反之则小。因此，在编程序时应该根据需要选择适当的类型。在保证达到预期目标的前提下，尽量少用机器资源。

1. 整数型

整数型又分为有符号整数和无符号整数类型。有符号整数可以表示正整数，也可以表示负整数；无符号整数则只能表示正整数(默认)。从存储形式上看，有符号整数类型是用最高位表示符号(最高位为 0 表示正数，为 1 表示负数)，其他位为数据位；而无符号整数类型则用所有的位表示数据，无符号位。

有符号整数类型及其意义如下：

- sbyte(有符号字节型)，其范围是－128～127 的整数，占 1 个字节(B)；
- short(短整型)，其范围是－32 768～32 767 的整数，占 2 个字节；
- int(整型)，其范围是－2 147 483 648～2 147 483 647 的整数，占 4 个字节；
- long(长整型)，其范围是－9 223 372 036 854 775 808～9 223 372 036 854 775 807 的整数，占 8 个字节。

与上述有符号整型分别对应的无符号整型包括：

- byte(字节型)，其范围是 0～255 的整数，占 1 个字节；
- ushort(短整型)，其范围是 0～65 535 的整数，占 2 个字节；
- uint(整型)，其范围是 0～4 294 967 295 的整数，占 4 个字节；
- ulong(长整型)，其范围是 0～18 446 744 073 709 551 615 的整数，占 8 个字节。

2. 实数型

实数型包括单精度浮点型(float)、双精度浮点型(double)和小数型(decimal)。其意义说明如下：

- float(单精度浮点型)，其范围是$\pm 1.5\times 10^{-45}\sim\pm 3.4\times 10^{38}$的数，占 4 个字节，其精度为 7 位，主要用于科学计算；
- double(双精度浮点型)，其范围是$\pm 5.0\times 10^{-324}\sim\pm 1.7\times 10^{308}$的数，占 8 个字节，其精度为 15－16 位，主要用于科学计算；
- decimal(小数型)，其范围是$\pm 1.0\times 10^{-28}\sim\pm 7.9\times 10^{28}$的数，占 16 个字节，可表示 28～29 个有效数字，具有更高的精度和更小的范围，多用于财务或货币计算。

提示：调用函数 sizeof()可以获得指定类型所占存储空间的大小，如 sizeof(long)返回 8，这表示 long 类型变量占用 8 个字节。

2.2.2 字符类型和字符串类型

字符和字符串类型都是常用的数据类型，它们的类型标识符分别为 char 和 string，其意义说明如下：

- char(字符类型)由所有的 Unicode 字符集组成，这种字符集的特点是 1 个字符用 2 个字节来存储，因此每个字符占用 16 位，类似于一个 16 位无符号整数。
- string(字符串类型)字符串类型是任意 Unicode 字符序列的集合，这种字符序列是由 0 个、1 个或多个 Unicode 字符组成。

2.2.3 布尔类型与对象类型

布尔类型是逻辑真(true)或逻辑假(false)的集合，其类型标识符是 bool。也就是说，由 bool 定义的变量只能对其赋 true 或 false，而不能是其他值，这与 C/C++是不同的。

对象类型的类型标识符是 object，对象类型变量可以存放任意一种类型的数据，其占用空间的大小与具体的数据类型有关。

2.3 变量与常量

2.3.1 标识符与命名规则

变量名实际上就是程序员自己设定的一种字符串，今后还可以看到，程序中使用的类名、函数名等也是程序员自己设定的字符串，这种字符串统称为标识符。也就是说，标识符用于定义变量名、类名、函数名等，主要是起到命名作用。

但并不是任意一个字符串都能成为标识符。实际上，标识符是满足下列条件的字符串：①由字母(包括大小写字母、汉字)、数字和下画线组成；②以字母或下画线开头。例如下面的字符串都是合法的标识符：

```
_name
c_sharp
var1
var2
var2var1
中国 var
```

而下面的字符串则是非法的标识符：

```
1var
c_#
var2 var1
```

这是因为字符串“1var”以数字 1 开头，“c_#”中包括了字母、数字和下画线以外的字符“#”，“var2 var1”包括了字母、数字和下画线以外的字符(空格)。

C#中的标识符对大小写敏感，即字母的大小写是有严格区别的。如 Var1 和 var1 是两个不同的标识符。

标识符可以分为用户标识符和系统标识符。用户标识符就是由用户根据需要自己定义的标识符，以上介绍的都是用户标识符。系统标识符是一种特殊的标识符，这种标识符是为系统保留的，只有系统才可以使用。系统标识符通常称为关键字，用户定义的标识符不能与这些关键字重名。如果一定重名，则必须在关键字前加上字符@。例如，下面的用户标识符是非法的：

```
new
if
for
```

而下面的用户标识符是合法的：

```
@new
@if
@for
```

如果定义的标识符并非与关键字重名，而又在其前面加上字符@，则也是非法的。如下面定义的用户标识符是非法的：

```
@var1
@var2
```

表 2.1 列出的是常用的关键字(系统标识符)。

表 2.1　常用的关键字

abstract	else	long	static
as	enum	namespace	struct
base	ecent	new	switch
bool	extern	null	this
break	false	object	throw
byte	finally	out	true
case	float	override	try
catch	for	partial	typeof
char	foreach	private	uint
checked	get	protected	ulong
class	goto	public	unsafe
const	if	ref	ushort
continue	in	return	using
decimal	int	set	value
default	interface	short	void
do	internal	sizeof	where
double	is	stackalloc	while

【说明】

合法性(正确性)是标识符的最基本要求，必须满足，此外标识符还应该能够反映其所表示的对象的实际含义，具有见名知义的效果，以提高程序的可读性。

2.3.2 变量

变量是指在程序运行过程中,其值可以改变的量。变量实际上是计算机内存中的一个存储单元,可以将该存储单位想象为一个容器,对变量的存取就像往容器中放东西和取东西一样。容器有一个名称,就是变量名。变量名是由程序员定义的合法的标识符。往变量这个“容器”中存放东西和取东西都需要通过变量名来实现。

C#规定,变量必须先定义(声明)后引用。定义变量实际上是相当于在内存中创建一个容器(存储单元),此后才能在其中存放东西。变量的定义必须使用数据类型,其语法格式如下:

```
数据类型  变量名列表;
```

例如:

```
int n;                    //定义一个整型变量,变量名为 n
ushort un;                //定义一个无符号短整型变量,变量名为 un
long ln;                  //定义一个长整型变量,变量名为 ln
float x,y;                //定义两个单精度浮点型变量,变量名分别为 x、y
double dx;                //定义一个双精度浮点型变量,变量名分别为 dx、
decimal money;            //定义一个十进制变量,变量名为 money
bool flag;                //定义一个布尔类型变量,变量名为 flag
char ch;                  //定义一个字符变量,变量名为 ch
string str;               //定义一个字符串变量,变量名为 str
```

变量可以在定义的同时被赋初值,例如:

```
int n = 100;
bool flag = true;
char ch = 'a';
string str = "abcdefg";
```

也可以在定义后赋初值,例如:

```
float x;
char ch;
string str;
decimal money;
x = 123.8f;   //注意,如省略 f 将产生错误,因为 123.8f 是单精度浮点数,而 123.8 为双精度浮点数
ch = 'a';
str = "abcdefg";
money = 123.49845823408465852m;        //m 不能缺少,否则出错,m 也可以写为 M
```

C#规定,变量必须在赋初值后才能引用,否则将产生语法错误。例如,下面的第二条语句是错误的,原因在于变量 m 在没有被赋初值就被引用。

```
int n,m;
n = m;
```

需要注意的是,计算机语言中的符号"="是赋值之意(并非数学中的等号),作用是将其右边的值"填充"到左边的变量中。这样,就很容易理解下面的赋值语句:

```
n = n + 1;
```

该语句的功能是取出容器 n 中的值，并将该值加 1，然后重新放到容器 n 中。如果符号"="理解为数学中的等号，则自然产生这样的疑问：n 怎么能等于 n+1 呢？

2.3.3　常量

常量是指在程序运行过程中，其值不能改变的量。常量又可以分为字面常量和符号常量。

1. 字面常量

每种常量也有自己的数据类型，不同类型的常量，其表示方法和存储空间也不尽相同。例如：

(1) 123、-10、0 为整型常量，123u、123U 为无符号整型常量，123l、123L 为长整型常量，123ul 为无符号长整型常量。这些常量都是十进制常量，此外，整型常量还可以表示为八进制整型常量，如 0123、-0123(数字前面加上一个 0)都是八进制的整型常量，也可以表示为十六进制整型常量，如 0x123、0X1A8(数字前面加上 0x 或 0X)都是十六进制的整型常量。

(2) 123.87、0.123、.123 均为双精度浮点型(double)常量，123.87f、0.123f、.123f 均为单精度浮点型(float)常量。

(3) true、false 为布尔类型常量。

(4) 'a'、'b'、'c'为字符(char)常量，"a"、"ab"、"abc"为字符串常量。对于字符和字符串常量，有些特殊字符不能直接放在单引号和双引号中，或要表示一些"看不见"的字符，这时需要用转义字符表辅助表示。表示方法是用反斜杠"\"加在相应字符的前面，例如换行符表示为"\n"，双引号表示为"\""等。转义符及其意义如表 2.2 所示。

表 2.2　转义符及其意义

字符形式	含　义	字符形式	含　义
\'	单引号	\f	换页符
\"	双引号	\n	换行符
\\	反斜杠\	\r	回车符
\0	空字符	\t	横向跳格符
\a	报警符	\v	垂直跳格符
\b	退格符		

这种常量可以从字面上直接判别，因而也称为字面常量或直接常量。

2. 符号常量

符号常量是指用关键字 const 来定义的常量，定义格式为：

```
const 类型标识符　符号常量名 =　常量表达式;
```

对符号常量的定义有两点说明：①符号常量名在被赋予一个初值后，其值在程序运行过程中是不能改变了，即在定义以后符号常量名不能被重新赋值，只能被引用；②在“常量表达式”中不能出现变量。

例如，下面合法定义了符号常量PI、R和AREA：

```
const double R = 10;
const double PI = 3.14159;
const double AREA = PI * R * R;
```

如果试图对符号常量重新赋值：

```
PI = 3.14;                              //非法
```

这是非法的。

下面定义的符号常量AREA是不合法的，原因在于表达式“PI * R * R”中出现了变量R：

```
double R = 10;                          //变量
const double PI = 3.14159;              //合法
const double AREA = PI * R * R;         //非法
```

对于一些程序中常用的字面常量，最好将之定义为符号常量，这样既可以提高代码编写效率，也可以减少代码的出错率。例如，对于一个计算圆面积的程序，最好将圆周率定义为符号常量(如PI)，这样在出现圆周率的地方用PI代替即可，从而减少许多麻烦的工作。

2.3.4 类型转换

不同类型数据之间的转换是高级程序设计经常遇到的问题之一。这种转换主要是数值类型数据之间的转换以及数值类型数据和字符类型数据之间的转换。数值类型数据之间的转换有的是用系统隐式转换来完成，有的必须由代码显式转换；数值类型数据和字符类型数据之间的转换通常是通过调用类的方法来进行显式转换。下面分别介绍。

1. 数值类型数据之间的转换

这种转换有两种方法：隐式转换和显式转换。

1）隐式转换

隐式转换是由系统自动完成的一种不同数据类型之间的数据转换。为介绍数值类型数据之间的转换问题，将数值类型分为三种类型：有符号整型(sbyte、short、int、long)、无符号整型(byte、ushort、uint、ulong)和实数型(float、double)。在上述三种类型中，每一种类型包含的具体类型的表示范围(所需的存储空间)都是从小到大。隐式转换通常在以下三种情况下运用。

(1) 小范围类型到大范围类型的转换(对于同一种类型)

例如，对于有符号整型，下面对变量赋值时就自动使用了隐式转换功能。

```
sbyte sbn = 123;          //sbyte 型数据(占 1B)
short shn = sbn;          //读取变量 sbn 的值(占 1B)并将之转换为 short 型数据(占 2B)，然后
                          //赋给变量 shn
int n = shn;              //读取变量 shn 的值(占 2B)并将之转换为 int 类型数据(占 4B)，然后
```

```
                                    //赋给变量 n
long ln = n;                        //读取变量 n 的值(占 4B)并将之转换为 long 类型数据(占 8B),然后
                                    //赋给变量 ln
long ln2 = shn + n;                 //先读取变量 shn 的值(占 2B)并将之转换为 int 类型数据(占 4B),然
                                    //后与变量 n 的值相加,得到 int 类型数据,之后再将该数据转换为
                                    //long 类型数据(占 8B)
```

对于无符号整型和实数型,也有类似的隐式转换。

```
uint un = 123;
ulong uln = un;                     //读取变量 un 中的值(占 4B)并将之转换为 ulong 类型数据(占 8B),
                                    //然后赋给变量 uln
float f = 123.45f;
double df = f;                      //读取变量 f 中的值(占 4B)并将之转换为 double 类型数据(占 8B),
                                    //然后赋给变量 df
```

注意,C# 在内存中将字符类型(char 类型)数据保存为有符号整型数据,所以 C# 允许使用隐式转换方法将字符类型数据转换为更大范围的有符号整型数据。例如:

```
char c = 'A';
int n = c + 32;
```

(2) 无符号整型到有符号整型的转换

例如,下面语句在赋值时就使用了隐式转换。

```
uint un = 123;
long ln = un;                       //读取变量 un 中的值(占 4B,无符号整型)并将之转换为有符号 long
                                    //类型数据(占 8B)
```

(3) 整型(包括有符号整型和无符号整型)到浮点型的转换

整型到浮点型的转换也可以采用隐式转换。

```
short shn = 100;
int n = 123;
float f = n;                        //int 类型数据隐式转换为 float 类型数据
double df = n + shn;                //变量 shn 的值隐式转换为 int 类型数据后与变量 n 的值相加,然后
                                    //再将相加的结果(int 类型数据)隐式转换为 double 类型数据,最后
                                    //赋给变量 df
```

2) 显式转换

对于上述介绍的适合隐式转换的三种情况,如果要对它们进行逆向转换,即将大范围类型的数据转换为小范围类型的数据,那么只能使用显式转换。

显式转换也称为强制转换,是通过指定类型标识符来将一种类型的数据强制转换为另一种类型数据的操作,其转换过程可能造成部分数据的丢失。其转换格式为:

```
(数据类型标识符) 数据
```

例如,下面语句中涉及的转换,必须使用显式转换。

```
long ln = 123456;
int n = (int)ln;                    //大范围到小范围数据的显式转换,此转换未造成数据丢失
long ln2 = 123456;
```

```
uint un = (uint)ln2;              //有符号到无符号整型数据的显式转换,但如果 ln2 为负数,则
                                  //转换结果将是错误的
float f = 345.67f;
int n2 = (int)f;                  //浮点型数据到整型数据的显式转换,转换后 n2 的值为 345,
                                  //后面的小数位丢失了
double df = 123.4567;
decimal decx = (decimal)df;       //浮点型数据与 decimal 型数据之间的转换要使用显式转换
df = (double)decx;
```

当然,对于可使用隐式转换的地方,我们也可以使用显式转换,但反之就不行。

再次强调,采用显式转换的地方可能会造成部分数据或精度的丢失,要特别慎用。例如,经过下列的显式转换后,变量 shn 中保存不是 123456,而是−7616。

```
long ln = 123456;
short shn = (short)ln;
```

又如,经过下列的显式转换后,小数部分不复存在,而变量 n 中只保存了 1234。

```
float f = 1234.56f;
int n = (int)f;
```

2. 数值类型数据和字符串类型数据之间的转换

1) 字符串类型数据→数值类型数据

字符串类型数据到数值类型数据的转换主要是通过调用 Parse()方法来完成。例如,以下是这种转换的例子。

```
int n; float x; double y;
n = int.Parse("123");             //字符串"123"转化为整数 123
x = float.Parse("5.345678");      //字符串"5.345678"转化为单精度浮点数 5.345678
y = double.Parse("5.345678");     //字符串"5.345678"转化为双精度浮点数 5.345678
```

也可以调用类 Convert 的静态方法来实现。

```
n = Convert.ToInt16("123");       //字符串"123"转化为整数 123
```

2) 数值类型数据→字符串类型数据

数值类型数据到字符串类型数据的转换通常是通过调用 ToString()方法来完成。例如:

```
int n = 123;
float f = 123.456f;
double df = 12345.678;
string s1,s2,s3;
s1 = n.ToString();                //将整数 123 转化为字符串"123"
s2 = f.ToString();                //将单精度浮点数 123.456 转化为字符串"123.456"
s3 = df.ToString();               //将双精度浮点数 12345.678 转化为字符串"12345.678"
```

2.3.5 装箱与拆箱

装箱就是将数值类型隐式转换为引用类型(类、接口、委托、数组)的过程,而拆箱则是将

引用类型显式转换为数值类型的过程。

例如,下列代码就是一个装箱和拆箱的例子。

```
int n = 100;
object obj = n;                  //装箱
int m = (int)obj;                //拆箱
```

利用装箱和拆箱功能,可将任何数值类型的数据视为 Object 类型的数据,"统一"各种不同类型的数据,提供了一种对不同数据类型进行抽象的手段。例如,在编写逻辑时,如果不知道当前具体的数据类型,我们可以将其定义为 Object 类型。

2.4　基本运算

2.4.1　算术运算

算术运算包括加、减、乘、除、求余、自加、自减,相应的运算符分别是+、-、*、/、%、++、--。

1. 加、减、乘运算

加(+)、减(-)、乘(*)运算是最简单的三种运算,但要注意的是,在运算过程中会涉及类型隐式转换问题。例如:

```
float x; int a, b; double y, z;
x = 1.8f; a = 20; b = 10; y = 0.5;
z = (a - b + x) * y;
```

计算表达式(a-b+x) * y 的过程是:先将变量 a 的值减去 b 的值,结果得到整数 10;由于 x 是 float 型数据,所以先将整数 10 隐式转换为 float 型数据 10.0f,然后再将 10.0f 加上 x 的值 1.8f,结果得到 11.8f;由于 y 是 double 型数据,故先将 11.8f 隐式转换为 double 型数据 11.8,然后再乘以 0.5,结果得到 5.9,并将它赋给变量 z。

2. 除运算

除(/)运算对不同类型的数据,其意义是不一样的。对整型数据来说(除数和被除数都是整型数据),其作用是求商数。例如,在下列语句中,由于 n 和 m 都是整型数据,因此表达式 n/m 的值为整数 2(而不是 2.6)。

```
int n = 13, m = 5, k;
k = n/m;                         //k 的值为 2
```

对浮点数来说(除数和被除数都是浮点数),其作用是求两个操作数相除的结果(包括商数和余数)。例如,在下列语句中,表达式 f1/f2 的值是 2.6f(而不是 2)。

```
float f1 = 13f,f2 = 5f, x;
x = f1/f2;                       //x 的值为 2.6f
```

如果参加运算的两个操作数的类型不同，则小范围类型的数据将被隐式转换为大范围类型的数据，然后再进行除运算。例如，在下列代码中，当计算表达式 n/f 时，变量 n 的值 13 首先被隐式转换为 13.0f，然后在将之除以 5.0f，结果表达式 n/f 返回的值是 2.6f：

```
int n = 13; float f = 5, x;
x = n/f;                        //x 的值为 2.6f
x = (float)13/5;                //x 的值为 2.6f
```

3. 求余运算

对于求余(%)运算，一般用于计算两个整数相除后的余数，例如，执行下列语句后，n 的值为 12 除以 7 的余数 5。

```
int n = 12 % 7;
```

求余运算也可以用于计算浮点数相除后的余数，但得到的余数为浮点类型。例如，对于下列的语句，则将产生语法错误，原因在于 df 是 double 型数据。

```
double df = 12.0;
int n = df % 7;                 //错误
```

如果将 df 的值显式转换为 int 型数据，则可以改正这个错误。

```
double df = 12.0;
int n = (int)df % 7;            //正确，n 的值为 5
```

4. 自加、自减运算

自加(++)、自减(--)都是一元运算，这种运算在循环结构中经常使用，但只适用于整型变量。它们有两种格式：一种是++或--放在变量的左边，另一种是放在变量的右边。放在左边的表示先让变量的值自加 1 或自减 1，然后再引用变量的值；放在右边的表示先引用变量的值，然后再让变量的值自加 1 或自减 1。但不管哪一种格式，执行语句后，变量的值都会相应地加 1 或减 1。

例如，对于自加(++)运算：

```
int i = 10,k = 10, m;
m = ++i;                        //"先自加，再引用"，m 的值为 11，执行该语句后 i 的值为 11
m = k++;                        //"先引用，再自加"，m 的值为 10，执行该语句后 k 的值为 11
```

对于自减(--)运算：

```
int i = 10,k = 10, m;
m = --i;                        //"先自减，再引用"，m 的值为 9，执行该语句后 i 的值为 9
m = k--;                        //"先引用，再自减"，m 的值为 10，执行该语句后 k 的值为 9
```

2.4.2 关系运算与逻辑运算

1. 关系运算

关系运算是比较两个操作数的二元运算，如果两个操作数满足给定的关系，则返回布尔值 true,否则返回 false。关系运算包括大于(>)、大于等于(>=)、小于(<)、小于等于(<=)、等于(==)、不等于(!=)运算。

下面是有关关系运算及其运算结果说明的代码。

```
int a = 10, b = 20;
float f = 123.45f;
string s1 = "abcd", s2 = "bbcd";
char c1 = 'a', c2 = 'b';
bool b1;
b1 = (a == b);                 //b1 的值为 false.因关系运算符的运算级别优先于赋值运算符,
                               //故此语句也可以写为 b1 = a == b;
b1 = a != b;                   //b1 的值为 true
b1 = f > a;                    //b1 的值为 true
b1 = s1 == s2;                 //b1 的值为 false
b1 = s1 != s2;                 //b1 的值为 true
b1 = c1 != c2;                 //b1 的值为 true
b1 = c1 > c2;                  //b1 的值为 false
b1 = c1 < c2;                  //b1 的值为 true
```

注意,数值类型的数据可以参与所有的关系运算,而字符串类型的数据只能用于等于(==)和不等于(!=)运算,而不能进行其他类型的关系运算,如下面的语句是错误的。

```
bl = s1 > s2;                  //错误
```

此外,对字符类型的数据,C#是当作整型数据来处理的,实际上是利用它们的 ASCII 值来进行关系运算的,因而可以参与所有的关系运算。

2. 逻辑运算

逻辑运算是对布尔值进行非、与、或运算的一种运算,返回的结果仍然是布尔值。非、与、或的运算符分别是!、&&、||,其中! 是一元运算,其余两个是二元运算,它们的运算表分别如表 2.3、表 2.4 和表 2.5 所示。

表 2.3　!的运算表

b	!b
true	false
false	true

表 2.4　&& 的运算表

&&	true	false
true	true	false
false	false	false

表 2.5　||的运算表

||	true	false
true	true	true
false	true	false

实际上,逻辑运算经常与关系运算经常是混合使用的,以下是它们运算的例子。

```
bool b1, b2, b3;
b1 = true;
b2 = false;
b3 = !b1;                      //b3 的值为 false
b3 = b1 && b2;                 //b3 的值为 false
b3 = b1 || b2;                 //b3 的值为 true
b3 = (3 > 2) && (20 == 30);    //b3 的值为 false
b3 = (3 > 2) || (20 == 30);    //b3 的值为 true
int a = 1, b = 2;
```

```
b3 = a >= b;                      //b3 的值为 false
b3 = !(a >= b);                   //b3 的值为 true
b3 = (a == b) || (a != b);        //b3 的值为 true
```

2.4.3 条件运算

条件运算是一种三元运算，它由运算符？和：构成，其运算表达式的格式为：

```
布尔类型表达式 ? 表达式 1 : 表达式 2
```

其计算原理是先计算布尔类型表达式，如果该表达式返回 true，则计算表达式 1，并将表达式 1 的值作为上述整个条件运算表达式的值；如果布尔类型表达式的值为 false，则计算表达式 2，并将该值作为上述整个条件运算表达式的值。例如：

```
int a = 10, b = 20,c;
c = a > b ? a + b : a - b;        //c 的值为 - 10
c = a < b ? a + b : a - b;        //c 的值为 30
```

2.4.4 赋值运算

在 C# 中，“赋值”也是一种运算，称为赋值运算，其运算符为＝。赋值运算分为简单赋值运算和复合赋值运算。简单赋值运算是由单一的运算符＝来实现，复合赋值运算则由＋＝、－＝、*＝、/＝、%＝、&&＝、||＝等运算符来完成。

简单赋值运算的格式为：

```
变量 = 表达式
```

其作用是：①计算表达式的值，并将该值赋给左边的变量；②将表达式的值作为整个赋值表达式的值。

在下面的赋值语句中，只是利用了赋值运算的作用①。

```
int a;
a = 10;                           //将 10 赋给变量 a
```

而下面的赋值运算则利用了赋值运算的两个作用。

```
int a,b;
b = a = 10;                       //计算表达式 a = 10 的值(同时 a 被赋值为 10),并将该值赋给变量 b。
                                  //它等价于 : b = (a = 10);
```

复合赋值运算与简单赋值运算在表达式的格式上类似，但意义不同。下面是关于运算符＋＝的复合赋值运算的例子(其他复合赋值运算符的用法可以此类推)。

```
int a, b;
a = 10; b = 10;
a += 20;                          //相当于 a = a + 20,故执行后 a 的值 30
b += a += 20;                     //执行后 a 的值为 50,b 的值为 60
```

在最后一个语句中，表达式 b＋＝a＋＝20 等价于 b＋＝(a＋＝20)，进而等价于 b＝b＋(a＝a＋20)，故执行后 a 的值为 50，b 的值为 60。

2.4.5 运算符的优先级

C#支持许多种运算，表2.6列出了常用的运算符。该表是按照从高到低的运算符优先级顺序对运算符进行排列，即上面运算符的优先级最高，下面的最低；同一行运算符的优先级相同，在实际表达式中这些运算符的优先级是由结合性原则来决定。

表2.6 常用的运算符

运算符类别	运　算　符
括号	()，[]
单元运算符	+(取正)，-(取负)，!(非)，++，--
乘、除、取余	*，/，%
加、减运算符	+，-
移位运算符	<<，>>
关系运算符	<，<=，>，>=，is
关系运算符	==，!=
与运算符	&&
或运算符	||
条件运算符	?:
赋值运算符	=，+=，-=，*=，/=，%=，&&=，||=，<<=，>>=

对于同一行(同级)的运算符，依其在表达式中的实际优先级结合性原则来决定。对于赋值运算符和条件运算符，其结合性原则是从右向左的顺序进行结合，如 a=b=c=d 是按 a=(b=(c=d))来计算，a>b?1:a==b?2:3 按 a>b?1:(a==b?2:3)来计算；除了这两种运算符以外，其他运算符都是从左向右的顺序进行结合，如 a * b/c * b 是按((a * b)/c) * b 来计算。

正确领会运算符的优先级和同级运算符的结合性原则十分重要，这对多种运算符的综合运用是十分必要的。例如，对下列的表达式：

```
year % 4 == 0 && year % 100 != 0 || year % 400 == 0
```

在该表达式包含的运算符中，由于%的优先级最高，所以它等价于下列表达式：

```
(year % 4) == 0 && (year % 100) != 0 || (year % 400) == 0
```

优先级第二的是==和!=，故上式等价于：

```
((year % 4) == 0) && ((year % 100) != 0) || ((year % 400) == 0)
```

优先级第三的是&&，故上式等价于：

```
(((year % 4) == 0) && ((year % 100) != 0)) || ((year % 400) == 0)
```

通过加括号后，我们就可以正确理解表达式 year % 4==0 && year % 100 !=0 || year % 400==0 所表达的含义了。

提示：在关系表达式和逻辑表达式中，适当加括号可以有效地提高代码的可读性。当然，用括号还可以强制改变表达式的运算顺序，因为括号的运算优先级最高。

2.5 复合数据类型

复合数据类型是指由多种基本数据类型构造而成的一种新的数据类型。类、数组、接口等都属于复合数据类型的范畴,这些概念将在后面重点介绍。本小节介绍两种复合数据类型,结构体和枚举。

2.5.1 结构类型

在实际应用中,往往存在一些复杂的对象,它们难以用单一的基本数据类型来描述,而需要多种基本类型进行组合描述。例如,"人"这样的一种对象就需要姓名、性别、籍贯、年龄等属性来描述。因此,下面介绍一种复合数据类型——结构。

结构是一种由多种不同数据类型组合而成的复合数据类型,属于用户自定义的数据类型。结构的定义格式如下:

```
struct 结构的名称
{
    访问修饰符 基本类型标识符 成员 1;
    访问修饰符 基本类型标识符 成员 2;
    …
    访问修饰符 基本类型标识符 成员 n;
}
```

【说明】

(1) 访问修饰符主要包括 public、private、protected 等,用于说明结构的访问级别,一般设为 public,表示允许其他对象访问该成员。在介绍类的定义时,将详细地介绍修饰符的意义和使用方法。

(2) struct 是定义结构类型的关键字。

(3) 大括号中包含结构的所有成员,也称为结构体的分量,大括号整体称为结构体。

例如,下面定义一个名为 person 的结构体。

```
struct person
{
    public int no;
    public string name;
    public float grade;
}
```

该结构体可用于描述学生的基本信息,其成员包括 no、name 和 grade,分别用于描述学生的学号、姓名和成绩。

在定义结构体 person 后,就可以将 person 当作一个基本数据类型(如 int)一样来定义变量。定义格式如下:

```
结构名称    变量名列表;
```

访问结构类型变量成员语法格式如下:

变量名.成员名

例如，下面代码利用 person 来定义两个变量，然后访问变量中的成员。

```
person a,b;                    //定义结构类型变量
a.no = 101;                    //以下访问变量中的成员
a.name = "张三";
a.grade = 90;
b.no = 102;
b.name = "李四";
b.grade = 95;
```

2.5.2 枚举类型

在生活中，通常需要将具有相同性质或存在一定逻辑关系的对象放在一起。为了描述这些对象，C#引入了枚举类型。所谓“枚举”，就是将变量值一一列举出来，变量的取值只能是其中之一。枚举类型用关键字 enum 来定义，格式如下：

```
enum 枚举类型名 {变量值 1, 变量值 2, …, 变量值 n}
```

其中，变量值 1，变量值 2，…，变量值 n 称为枚举元素或枚举常量。

例如，下列语句定义一个枚举类型 Weekday。

```
enum weekdays {Sunday, Monday, Tuesday, Wednesday, Thursday, Friday, Saturday}
```

此后就可以使用枚举类型 Weekday 来定义枚举变量，例如：

```
weekdays day;
```

day 即为所定义的枚举变量，其值只能取自{Sunday，Monday，Tuesday，Wednesday，Thursday，Friday，Saturday}中的某一个枚举元素。例如：

```
day = weekdays.Sunday;
```

实际上，在定义时按从左到右的顺序依次给这些枚举元素分配了整数值：0，1，2，…。利用这些值，可以灵活访问枚举类型变量。例如，执行下列代码，将输出如图 2.2 所示的结果。

```
static void Main(string[ ] args)
{
    weekdays day;
    day = weekdays.Sunday;
    Console.WriteLine(day);
    day++; Console.WriteLine(day);
    day++; Console.WriteLine(day);
    day++; Console.WriteLine(day);
    day++; Console.WriteLine(day);
    day++; Console.WriteLine(day);
    day++; Console.WriteLine(day);
    day++; Console.WriteLine(day);
    Console.ReadKey();
}
```

```
file:///D:/VS2015/struct_ex/struct_ex/bin/Debug/struct_ex.EXE
Sunday
Monday
Tuesday
Wednesday
Thursday
Friday
Saturday
7
```

图 2.2 枚举变量的输出结果

从运行结果可以看出，day 的初值为 weekdays. Sunday，此后每加 1，就依次取下一位的枚举元素；当超出了枚举范围后，就输出整数 7。此外，还可以对枚举类型变量进行大小比较等操作，如：

```
weekdays d1, d2;
d1 = weekdays.Sunday;
d2 = weekdays.Thursday;
if (d1 > d2) …
```

2.6 数组的定义和使用

前面介绍的变量只能存放一个数据元素，如果有多个同类型的元素需要存放，则需要定义多个变量。过多地定义变量将使代码显得十分“累赘”，而且对多个变量的访问也“无章可寻”，十分麻烦，而利用数组可以轻易地解决这个问题。

数组是具有相同数据类型的数据元素的有序集，即数组中的元素的数据类型都一样，且它们是有序的。本节将介绍数组的定义和引用方法。

2.6.1 数组的定义

一维数组的定义格式为：

```
类型标识符 [] 数组名 = new 类型标识符[整型表达式];
```

或分开定义：

```
类型标识符 [] 数组名;
数组名 = new 类型标识符[整型表达式];
```

例如：

```
int [] a = new int[100];
```

它表示定义一个整型数组，a 为数组名，此数组有 100 个元素，其下标从 0 开始，一直到 99。该数组也可以用下列的两条语句来定义：

```
int [] a;                     //声明数组 a
a = new int[100];             //对 a 实例化
```

实例化的作用是向操作系统申请一块地址连续的存储空间，其大小为 4×100=400 个字节，a 指向这块空间首地址。在形成的这 100 个存储单元中，默认存放初始值 0。对不同类型的数组，默认存放的初始值是不同的，具体是：数值类型数组的默认值是 0，字符串类型数组的默认值是 null(空值)，字符类型数组的默认值是""(空字符)，布尔类型数组的默认值是 false。

在上述定义格式中，“整型表达式”可以是一个常量整型表达式，也可以是变量整型表达式，但表达式的值应该是非负的。这说明，在 C# 中组数是可以动态定义的(在程序运行时根据实际需要来定义数组的长度)。例如，下面的定义语句都是合法的。

```
int size = 100;
int [] a = new int[size * 2];         //定义整型数组 a,长度为 200
string [] s = new string[size];       //定义字符串类型数组 s,长度为 100
float [] f = new float[100 + 20];     //定义浮点型数组 f,长度为 120
char [] c = new char[size/3];         //定义字符类型数组 c,长度为 33
int [] b = new int[0];                //可以定义长度为 0 的数组
person [] st = new person[size];      //利用结构类型 person 定义结构体数组 st,person 的定义在
                                      //前面已介绍
```

数组也可以在定义时对其赋初值，这是定义的格式为：

```
类型标识符 [] 数组名 = new 类型标识符[整型表达式]{值 1, 值 2, …, 值 n};
```

其中，n 为“整型表达式”的值。

例如，定义整型数组 a，长度为 10，其中元素的初始值依次为 1,2,3,…,10，定义代码如下：

```
int [] a = new int[10]{1,2,3,4,5,6,7,8,9,10};   //定义数组的同时赋初值
```

该语句中，“int[10]”中表示数组长度的数字 10 必须等于其后大括号中元素的个数；“10”也可以省略，这时数组的长度就是大括号中元素的个数。

该数组的定义也可以简化为：

```
int [] a = {1,2,3,4,5,6,7,8,9,10};
```

当然，也可以先定义数组，然后对其赋初值，例如：

```
int [] a = new int[10];
for (int i = 0; i < 10; i++) a[i] = i + 1;
```

另外，值 1，值 2，…，值 n 也可以是变量，但值的个数 n 必须等于“整型表达式”的值。例如：

```
int x = 2, y = 3;
int [] b1 = new int[3] { 1, x, x + y }; //正确
int [] b2 = new int[3] { 1, 2 };        //错误,初值的个数 2 少于数组元素个数 3
```

```
int [] b3 = new int[3] { 1, 2, 3, 4 }; //错误,初值的个数 4 多于数组元素个数 3
```

2.6.2 数组的引用

数组定义(实例化)以后,就可以对数组元素进行存取操作了。对数组元素的访问是通过数组名和下标来完成的。在 C# 中,数组元素的下标是从 0 开始的。假设数组 a 的长度为 n,那么该数组的元素依次是 a[0], a[1], …, a[n-1],即下标是从 0 开始,一直到 n-1(而不是 n)。

```
int [] b = new int[3] { 10, 20, 30 };
b[0] = 100;                     //对数组 b 中的第 1 个元素设置为 100
b[1] = b[2] + b[0];         //将数组 b 中的第 1 和第 3 个元素的值加起来,将结果存到第 2 个元素中
b[3] = 300;                     //错误,下标越界(下标最大值为 2)
```

数值型数组通过调用数组的属性和方法可以获得数组的长度、最大元素、最小元素、元素之和、元素的平均值等信息。

```
Console.WriteLine(b.Length);       //输出数组 b 的长度(对所有类型数组都适用)
Console.WriteLine(b.Max());        //输出数组 b 中的最大元素
Console.WriteLine(b.Min());        //输出数组 b 中的最小元素
Console.WriteLine(b.Sum());        //输出数组 b 中各元素之和
Console.WriteLine(b.Average());    //输出数组 b 中元素的平均值
```

数组的魅力就在于,可以通过整型变量实现对下标的有规律性控制,从而实现对多变量的高效访问控制。例如,通过一个语句即可将数组 a 中的 10 个元素的值输出,而不需要一个一个地输出:

```
for (int i = 0; i < a.Length; i++) Console.WriteLine(a[i]);
```

有关这方面的应用,将在随后的讲解中逐步深入。

2.6.3 二维数组

前面介绍的是一维数组的定义和引用方法,但有时候会用到二维数组(如矩阵运算等),因此本小节简要介绍二维数组的定义和引用方法。

二维数组定义的格式如下:

```
类型标识符 [ , ] 二维数组名 = new 类型标识符[整型表达式 1, 整型表达式 2];
```

例如,下列语句定义了一个名为 a 的二维整型数组:

```
int [ , ] a = new int[2,3];
```

该数组包含 2 行 3 列,一共 2×3=6 个整型数据元素。当然,上述定义代码也可以写为:

```
int [ , ] a;
a = new int[2,3];
```

也可以在定义时,对二维数组赋初值,如:

```
int [ , ] a = new int[2, 3]{{1,2,3},{4,5,6}};
```

二维数组的访问是通过数组名和两个下标来实现的。例如，对二维数组 a 赋初值，可用下面的赋值语句来完成：

```
a[0, 0] = 1;
a[0, 1] = 2;
a[0, 2] = 3;
a[1, 0] = 4;
a[1, 1] = 5;
a[1, 2] = 6;
```

如要输出二维数组 a 中的数据，则可用下列双重循环的 for 语句来实现：

```
for (int i = 0; i < 2; i++)
{
    for (int j = 0; j < 3; j++) Console.Write(a[i, j] + " ");
    Console.WriteLine();        //本句起到换行作用
}
```

2.6.4 多维数组

参照一维和二维数据的定义，不难推断出更高维数组的定义和引用方法。例如，三维数组定义的格式如下：

```
类型标识符 [ , , ] 三维数组名 = new 类型标识符[整型表达式 1, 整型表达式 2, 整型表达式 3];
```

下列语句则定义了一个名为 a 的三维整型数组：

```
int [ , , ] a = new int[2,4,5];
```

该数组一共包含 2×4×5=40 个 int 型数据。以下是该数组的三种引用例子：

```
a[0, 0, 0] = 12;
int y = a[1, 2, 3];
a[1, 3, 4] = 12;
```

其中，第一维、第二维和第三维下标值分别不能超过 1、3 和 4。

多维数组也可以通过属性 length 获取它的元素个数。例如，下列语句可以输出数组 a 的元素个数 40：

```
Console.WriteLine(a.Length);
```

2.7 习题

一、选择题

1. 下列数据类型中，不属于基本数据类型的是(　　)。
   A. 数值类型　　　　B. 字符类型和字符串类型
   C. 布尔类型与对象类型　　　　D. 结构类型
2. 要使用变量 score 来存储学生某一门课程的成绩(百分制，可能出现小数部分)，则最好应将其定义为(　　)类型的变量。

A. int　　B. decimal　　C. float　　D. double

3. 下列标识符中,非法的是(　　)。

A. MyName　　B. c_sharp　　C. abc2cd　　D. _123

4. 已定义下列变量:

```
int n; float f; double df;
df = 10; n = 2;
```

下列语句正确的是(　　)。

A. f=12.3;　　B. n=df;

C. df=n=100;　　D. f=df;

5. 下列表达式中,有语法错误的是(　　)。

A. n=12%3.0 (n 为 int 类型);　　B. 12/3.0;

C. 12/3;　　D. 'a' > 'b';

6. 已知 a,b,c 均为整型变量,下列表达式的值等于(　　)。

```
b = a = (b = 20) + 100
```

A. 120　　B. 100　　C. 20　　D. true

7. 下列语句中,不能正确定义长度为 4 的数组 a 的语句是(　　)。

A. int[] a=new int[] { 1, 2, 3, 4 };

B. int[] a={ 1, 2, 3, 4 };

C. int[] a=new int[4] { 1, 2, 3 };

D. int[] a=new int[4] { 1, 2, 3, 4 };

8. 若二维数组 a 有 4 行 6 列,那么该数组中第 15 个元素的访问方法是(　　)。

A. a[15]　　B. a[3,3]　　C. a[3][3]　　D. a[2,2]

9. 以下装、拆箱语句中,错误的有(　　)。

A. object obj=100; int m=(int)obj;

B. object obj=100; int m=obj;

C. object obj=(int)100; int m=(int)obj;

D. object obj=(object)100; int m=(int)obj;

10. 下面有关变量和常量的说法,正确的是(　　)。

A. 在程序运行过程中,变量的值是不能改变的,而常量是可以改变的

B. 常量定义必须使用关键 const

C. 在给常量赋值的表达式中不能出现变量

D. 常量在内存中的存储单元是固定的,变量则是变动的

二、问答题

1. 什么是基本数据类型?

2. 有符号整数类型和无符号整数类型分别包含哪些具体的数据类型,这两者在存储结构上有何区别?

3. sbyte、short、int、long 类型变量分别占用多大的存储空间?

4. 数组 f 的定义代码如下：

```
float [ ]f = new float[100];
```

请问该数组占多少字节的存储空间？

5. 什么是字符类型和字符串类型？两者有何区别与联系？

6. 是否可以定义这样的数组：它既包含 int 类型数据，也包含 float 类型数据？为什么？

7. 标识符的命名规则是什么？

8. 变量与常量有何区别？

9. 已知下列的代码：

```
float f;
f = 89.5;
```

请问该代码中有无错误？

10. 什么是数据类型转换？它有哪几种方法？

11. 数据类型的隐式转换和显式转换分别在什么场合使用，它们可以相互替换吗？

12. 除(/)运算对整型数据和浮点型数据有何不同？

13. 执行下列语句后，它们输出的结果是什么？

```
int a = 1, b = 2, c = 3;
Console.WriteLine(a > b && b == c || a < c);
```

14. 已知下列代码：

```
int a,b,c;
c = b = a = 10;
```

请解释为什么在 C# 中可以这样对变量 a、b 和 c 进行“一串式”赋值？

15. 以下定义了一个三维数组 a：

```
int [ , , ] a = new int[100,200,300];
```

请问该数组占用了多少字节的存储空间？

16. 下列语句用于定义字符串数组，同时给数组赋了初值。请指出该语句存在错误的地方并加以改正。

```
string[ ] s = new string[5] { "西游记", "红楼梦", "水浒传", "三国演义" };
```

三、上机练习题

1. 编写一个 C# 控制台应用程序，使之能够判断指定年份是否为闰年。

2. 编写一个 C# 控制台应用程序，对输入两个正整数 m 和 n，程序能够求出它们的最大公约数和最小公倍数。

3. 编写一个 C# 控制台应用程序，使之能够计算给定一元二次方程的根。

4. 用数组来求 Fibonacci 数列的前 10 项。Fibonacci 数列的特点是：第 1 和第 2 项都为 1，从第 3 项开始，每一项都是其前面两项之和。

第3章 选择结构和循环结构

主要内容：结构化程序设计方法中，顺序结构、选择结构和循环结构是最基本的三种结构。本章主要介绍用于实现选择结构的 if 语句和 switch 语句、用于实现循环结构的 while 语句和 for 语句，以及相关的跳转语句等。

教学目标：熟练运用程序控制结构，正确运用选择语句和循环语句中的布尔条件表达式，深入理解 if 语句的嵌套方法，掌握循环语句与 break 语句和 continue 语句的搭配使用。

3.1 一个简单的选择结构程序——分段函数的实现

为对选择结构有一个初步的认识，本节先通过一个简单的例子介绍如何利用 if 语句来实现选择结构。

3.1.1 创建 C＃控制台应用程序

【例 3.1】 构造一个 C＃控制台应用程序，使之实现下列分段函数的功能：

$$f(x)=\begin{cases}1 & x>0\\0 & x=0\\-1 & x<0\end{cases}$$

为此，启动 VS 2015，按第 1.4 节介绍的方法创建一个控制台应用程序，程序名设置为 PiecewiseFunction，然后在 Main 函数中添加相应的代码，文件 Program.cs 的代码如下：

```
using System;
using System.Collections.Generic;
using System.Linq;
using System.Text;
using System.Threading.Tasks;
namespace PiecewiseFunction
{
    class Program
    {
        static void Main(string[ ] args)
        {
            double x;
            int f;
            x = Convert.ToDouble(Console.ReadLine());
```

```
                if (x>0)
                {
                    f = 1;
                }
                else if (x == 0)
                {
                    f = 0;
                }
                else f = -1;
                Console.Write("f(" + x.ToString() + ") = " + f.ToString());
                Console.ReadLine();
            }
        }
    }
```

运行该程序,从键盘上输入一个数值数据,如－3.14,结果如图 3.1 所示。

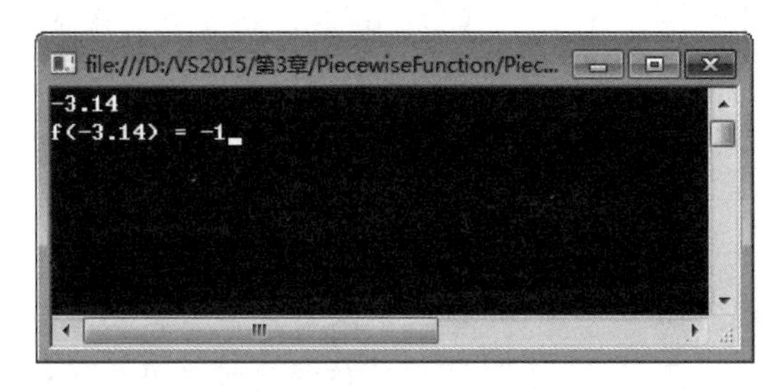

图 3.1 程序 PiecewiseFunction 的运行结果

3.1.2 选择结构解析

为完成分段函数的功能,程序 PiecewiseFunction 应用了 if 语句来实现。该 if 语句是一个 if…else if …else…结构的语句。

在该 if 语句中,首先判断 x 的值是否大于 0,如果是则执行语句“f=1;”,f 的值为 1; 否则判断 x 的值是否为 0,如果是则执行语句“f=0;”,f 的值为 0; 如果 x 的值既不大于 0 也不等于 0,则执行“f=－1;”,f 的值为－1,从而实现该分段函数的功能。

该 if 语句实现了一种选择结构,该结构的特点是有一个入口、有三个分支。除此之外,还有单入口双分支、单入口多分支(三个或三个以上的分支)的选择结构。对于这些选择结构,除了可以利用 if 语句来实现以外,还可以用 switch 语句来完成。下面将系统地介绍 if 语句和 switch 语句的语法及其应用方法。

3.2 if 语句——二分支选择语句

为表述方便,将 if 语句分为三种类型。

- if…语句
- if…else…语句
- if…else if…else…语句

下面分别介绍这三种语句的语法,并用例子说明其使用方法。

3.2.1 if…语句

if…语句是最简单的一种 if 语句,其语法格式如下:

```
if (布尔表达式) 语句块
```

【说明】

(1) 该语句的作用是如果括号中布尔表达式的值为 true,则执行后面的语句块(语句块是指放在大括号“{”和“}”之间的语句序列),否则什么都不做。

(2) 如果语句块仅由一条语句组成,那么大括号“{”和“}”可以省略。

(3) “if (布尔表达式)”和“语句块”可以放在一行上,也可以分在两行上。

(4) “if”后面括号中的表达式的返回值必须为布尔类型,即返回 true 或 false,这一点与 C/C++ 不同(在 C/C++ 中,非 0 表示 true,0 表示 false);此外,关键字“if”后面没有“then”。

【说明】

这里以及后续章节提到的“语句块”,指的是由大括号“{”和“}”括起来的语句序列,也称为复合语句。

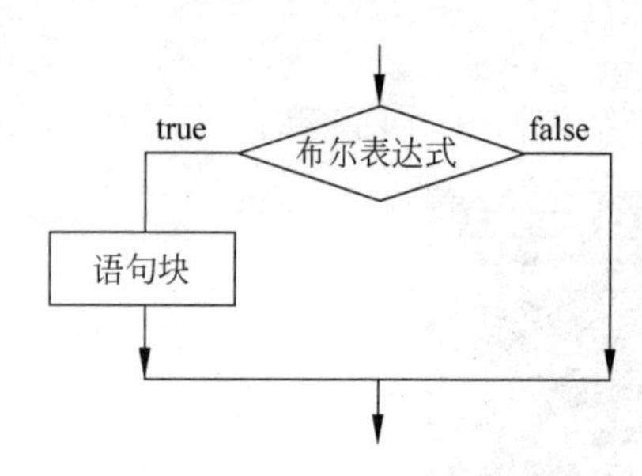

图 3.2 if…语句的流程图

if…语句的流程图如图 3.2 所示。

【例 3.2】 从键盘上输入两个整数,然后输出较大的整数。

创建一个 C#控制台应用程序,名称设置为 Max,然后在文件 Program.cs 中编写下列代码:

```
using System;
using System.Collections.Generic;
using System.Linq;
using System.Text;
using System.Threading.Tasks;
namespace PiecewiseFunction1
{
    class Program
    {
        static voidMain(string[] args)
        {
            double x,y;
            Console.Write("请输入第一个整数:");
            x = Convert.ToDouble(Console.ReadLine());
            Console.Write("请输入第二个整数:");
            y = Convert.ToDouble(Console.ReadLine());
            if (x < y) x = y;
            Console.Write("大者为 " + x.ToString() + " !");
            Console.ReadLine();
        }
```

```
    }
}
```

代码分析：

该程序用了if…语句来实现从x和y中选择最大者，其作用是：不管以前x和y的值为多少，经过该语句后x总是保存了它们当中的最大者。

【举一反三】

根据上述思想，编写一个程序，用if…语句实现从n个数据中选择最大者。

3.2.2　if…else…语句

if…else…语句是一种二分支选择语句，其语法格式如下：

```
if (布尔表达式)
    语句块 1
else
    语句块 2
```

【说明】

该语句的作用是：如果括号中布尔表达式的值为true，则执行后面的语句块1，否则执行语句2。也就是说，不管布尔表达式的值为true还是为false，语句块1和语句块2必有其一被执行。

if…else…语句的流程图如图3.3所示。

【例3.3】　编写一个窗体应用程序，使之能够对给定的实数进行四舍五入。

创建一个C#窗体应用程序，名称设置为Rounding，然后在窗体上添加两个Label控件、两个文本框和一个Button控件，并适当调整它们的位置和大小，如图3.4所示。

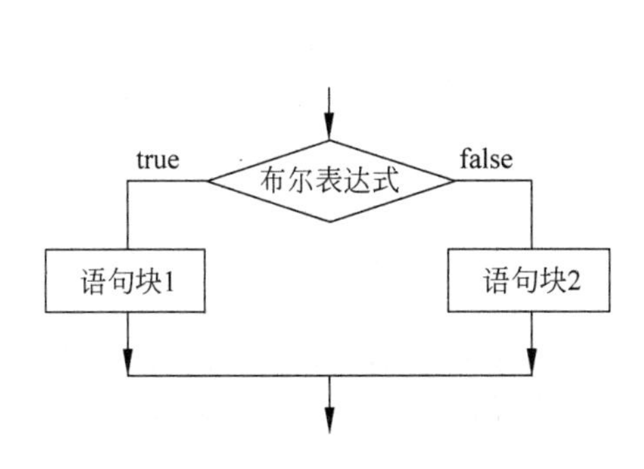

图3.3　if…else…语句的流程图

图3.4　程序Rounding的设计界面

之后，双击“四舍五入”按钮，在生成的button1_Click函数中添加下列代码：

```
private void button1_Click(object sender, EventArgs e)
{
    double x;
    int n;
    x = Convert.ToDouble(textBox1.Text);
    if (x - (int)x >= 0.5)
```

```
        {
            n = (int)x + 1;
        }
        else
        {
            n = (int)x;
        }
        textBox2.Text = n.ToString();
    }
```

代码分析：

上述代码在 if 语句中利用了 int 的强制数据转换功能：对浮点数向下取整，如 3.14 和 3.54 在进行 int 强制转换后都得到 3。于是根据 x－(int)x 的差值来决定是"舍"还是"入"。在"舍"和"入"之间的选择正是利用了 if…else…语句来实现。

【说明】

本例是想说明如何正确使用 if…else…语句。但对四舍五入来说，还有更简洁的方法，如用下列语句来替代上述的 if…else…语句也可以实现相同的功能：

```
n = (int)(x + 0.5);
```

3.2.3 if…else if…else…语句

if…else if…else…语句可以视为由多个 if…else…语句进行语法嵌套的结果，从而实现多条件、多分支的选择功能。其语法格式如下：

```
if (布尔表达式 1)
    语句块 1
else if (布尔表达式 2)
    语句块 2
    …
else if (布尔表达式 n)
    语句块 n
else
    语句块 n + 1
```

【说明】

(1) 该语句的作用是：先计算布尔表达式 1，如果其值为 true，则执行语句块 1；否则计算布尔表达式 2，如果布尔表达式 2 的值为 true，则执行语句块 2；…；否则计算布尔表达式 n，如果布尔表达式 n 的值为 true，则执行语句块 n；否则(所有布尔表达式的值均为 false)执行语句块 n+1。

(2) 一旦有语句块被执行，执行后程序都跳出整个 if 语句，而不再去计算其他表达式，更不会再执行其他语句块。

(3) 默认情况下，else 总是与前面最近的 if 相匹配。

(4) 最后面的"else"和"语句块 n+1"可以省略，要根据实际需要取舍。

这种 if 语句好像有多个分支，但 if 语句本质上只有一个或两个分支。这种 if 语句之所以有多个分支，实际上是利用多个 if…else…语句进行嵌套的结果，其"代价"是进行多个表达式的计算和判断。这与第 3.3 节要介绍的“单判断多分支”的 switch 语句有本质的区别。

【例 3.4】 编写一个控制台应用程序,使之能够将学生成绩从百分制转化为等级制。

创建一个控制台应用程序,名称设置为 Grade,然后在自动生成的 Main()函数中添加代码,结果如下:

```
static void Main(string[] args)
{
    Console.Write("请输入分数: ");
    double score = Convert.ToDouble(Console.ReadLine());
    string grade;
    if (score > 100 || score < 0)
    {
        Console.Write("输入的分数不合法,请核查!");
        Console.ReadLine();
        return;
    }
    if (score >= 90)
        grade = "优秀";
    else if (score >= 80)
        grade = "良好";
    else if (score >= 70)
        grade = "中等";
    else if (score >= 60)
        grade = "及格";
    else
        grade = "不及格";
    Console.Write("成绩等级为: {0} !",grade);
    Console.ReadLine();
}
```

该程序利用了 if…else if…else…语句来实现成绩从百分制到等级制的转化,这是一个比较典型的应用。运行结果如图 3.5 所示。

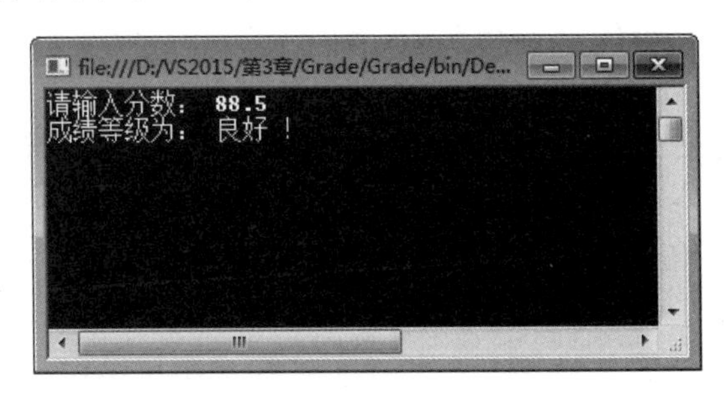

图 3.5　程序 Grade 的运行结果

3.3　switch 语句——多分支选择语句

if 语句在本质上是属于“单判断双分支”的选择语句。如果要实现多分支(三个或三个以上的分支)的选择结构,虽然也可以利用嵌套的 if 语句来完成,但要编写多个条件表达式,进行多次判断,其代码结构将比较复杂。这时如果使用switch语句,一般都会轻松地实现多分支输出功能,即“单判断多分支”功能。

switch语句的语法格式如下:

```
switch (表达式)
{
    case 常量表达式 1:
        语句块 1;
        break;
    case 常量表达式 2:
        语句块 2;
        break;
    …
    case 常量表达式 n:
        语句块 n;
        break;
    default:
        语句块 n+1;
        break;
}
```

【说明】

(1) switch语句的工作原理是:先计算switch后面的表达式的值,然后从上到下依次判断该值是否等于case后面的常量表达式的值,如果等于某个常量表达式的值,如等于常量表达式i的值,则执行对应的语句块i;执行语句块i后,如果碰到break语句,则跳出switch语句。注意,两个case之间可以没有任何语句,但如果两个case之间存在语句块,则该语句块的后面必须包含break语句,否则会出现编译错误。

(2) 表达式的类型必须是整型(sbyte、byte、short、ushort、int、uint、long、ulong)、字符型(char)、字符串型(string)或者枚举型以及能够隐式转换为上述类型的任何一种数据类型。表达式不能为浮点型;表达式的类型必须与常量表达式的类型相匹配。

(3) switch语句中的default部分可以省略。

(4) switch语句中,最后的break语句是不能省略的。

【例3.5】 对于例3.4中关于将学生成绩从百分制转化为等级制的问题,也可以使用switch语句来解决。

创建一个C#控制台应用程序,名称设置为Grade2,然后将程序Grade中的if…else if…else…语句改为相应的switch语句,其他代码不变。该程序与程序Grade的功能完全一样。

代码如下:

```
using System;
using System.Collections.Generic;
using System.Linq;
using System.Text;
using System.Threading.Tasks;
namespace Grade
{
    class Program
```

```
    {
        static void Main(string[] args)
        {
            Console.Write("请输入分数: ");
            double score = Convert.ToDouble(Console.ReadLine());
            string grade;
            if (score > 100 || score < 0)
            {
                Console.Write("输入的分数不合法,请核查!");
                Console.ReadLine();
                return;
            }
            switch ((int)(score/10))
            {
                case 10:
                case 9:
                    grade = "优秀";
                    break;
                case 8:
                    grade = "良好";
                    break;
                case 7:
                    grade = "中等";
                    break;
                case 6:
                    grade = "及格";
                    break;
                default:
                    grade = "不及格";
                    break;
            }
            Console.Write("成绩等级为: {0} !", grade);
            Console.ReadLine();
        }
    }
}
```

代码分析：

在上述代码中，当执行到 switch 语句时，先计算表达式(int)(score/10)的值，其结果依次与 case 后面的常量 10、9、8、7、6 相匹配，如果匹配成功则执行相应的赋值语句，对 grade 赋值；如果遇到 break 语句则退出 switch 语句。例如，如果 score 等于 100，则(int)(score/10)的值为 10，这时该值与第一个 case 后面的常量 10 匹配(相等)，但由于第一个 case 和第二个 case 之间没有 break 语句，故执行第二个 case 后面的赋值语句"grade="优秀";"(注意，这时不会再将(int)(score/10)的值与 case 后面的 8 进行匹配了，而是直接执行其后的语句)，grade 被赋值为"优秀"；结果遇到了 break 语句，程序跳出 switch 语句。对于其他情况，亦可类推。

【举一反三】

在 switch 语句中，default 标签是可选的。请考虑，如果在例 3.5 中不用 default 标签，应该如何改写该程序？

3.4 一个简单的循环结构程序——等差数列求和

本节仍然通过一个简单的例子来认识循环结构的基本特征。

3.4.1 创建 C#控制台应用程序

【例 3.6】 构造一个 C#控制台应用程序,使之能够计算下列等差数列的前 n 项之和,n 从键盘输入:

```
1, 3, 5, 7, 9, …
```

为此,创建一个 C#控制台应用程序,程序名设置为 ArithProg,然后在 Main()函数中添加相应的代码,结果文件 Program.cs 的代码如下:

```
using System;
using System.Collections.Generic;
using System.Linq;
using System.Text;
using System.Threading.Tasks;
namespace ArithProg
{
    class Program
    {
        static void Main(string[ ] args)
        {
            Console.Write("n = ");
            int n = int.Parse(Console.ReadLine());
            int i = 1;                          //循环控制变量
            int sum = 0;                        //累加器
            while (i <= n)
            {
                sum = sum + (2 * i - 1);
                i++;
            }
            Console.Write("1 + 3 + 5 + … + {0} = {1}", 2 * n - 1, sum);
            Console.ReadLine();
        }
    }
}
```

图 3.6 给出了该程序执行后的一种结果。

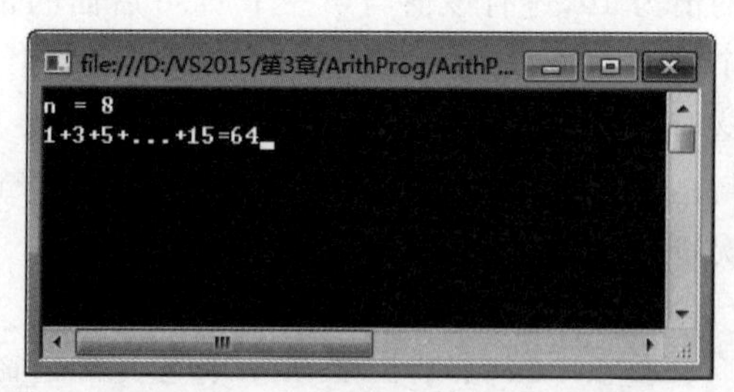

图 3.6 程序 ArithProg 的运行结果

3.4.2 循环结构解析

上述代码的 while 语句中,i 为循环控制变量,在每执行一次循环,i 的值就会加 1;i <= n 为循环条件表达式,当该表达式的值为 true 时

则继续执行循环体中的语句，如果为 false 则跳出循环体(while 语句)。显然，while 语句提供了一种对给定语句块进行反复执行的途径，只要合理构造"while"后面的条件表达式，就可以"随心所欲"地反复执行既定的语句块。因而 while 语句可以完美地实现循环结构的功能。

除了 while 语句外，for、foreach 等语句也通常用于实现循环结构的功能。具体来说，循环结构语句分为四种：while 语句、do…while 语句、for 语句和 foreach 语句。下面将分别介绍这些常用的循环语句。

3.5 while 语句和 do…while 语句

while 语句和 do…while 语句是两个比较典型的循环结构语句，多用在循环次数不能事先确定的场合。

3.5.1 while 语句

while 语句属于当型循环语句，用得十分频繁。其语法格式如下：

```
while (条件表达式)
{
    语句序列;        } 循环体
}
```

【说明】

(1) 条件表达式可以是任意的表达式，唯一要求就是其返回值必须布尔类型(而不能是整型等其他类型，这与 C/C++ 不同)。

(2) 该语句的功能是先计算条件表达式的值，值为 true 时，执行循环体中的语句；然后再计算表达式的值，如果仍然为 true，则继续执行循环体中的语句；不断重复这个过程，直到条件表达式的值为 false 时才退出 while 语句，执行 while 语句后面的语句。

(3) 如果条件表达式的值永远为 true，则相应的循环是死循环。因此，在循环体中必须存在能够保证条件表达式的值不断趋向 false 的语句。

(4) 如果循环体由多条语句组成，则必须用大括号"{"和"}"将这些语句括起来；如果仅由一条语句组成，则大括号可以省略。

while 语句的流程图如图 3.7 所示。

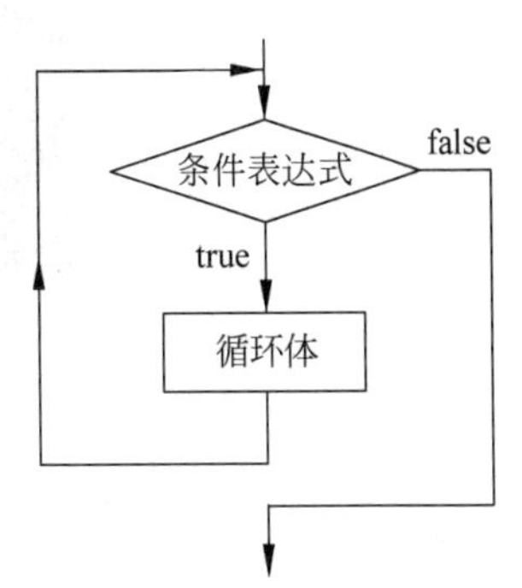

图 3.7 while 语句的流程图

【例 3.7】 用 while 语句对下列无穷级数求和：

$$1+\frac{1}{2}+\frac{1}{3}+\cdots+\frac{1}{i}+\cdots$$

级数中的第一项 1 可以写成$\frac{1}{1}$，这样级数中每一项的分母便构成了一个等差数列：1，2，3，…，i，…，显然可以循环方法来求和；另外，计算机不可能求出这个无穷级数之和的精确值，而只能是精确到某种程度而已，如将级数中所有值大于 0.000001 的项累加起来作为级数的近似和,这时无法知道需要循环多少次才能终止,于是用 while 语句便是自然的事。

为此,创建一个 C# 控制台应用程序,程序名设置为 Progression,在自动生成的 Main() 函数中编写由 while 语句实现的控制结构。结果文件 Program.cs 的代码如下:

```
using System;
using System.Collections.Generic;
using System.Linq;
using System.Text;
using System.Threading.Tasks;
namespace Progression
{
    class Program
    {
        static voidMain(string[] args)
        {

            double t = 2;
            int i = 1;
            double sum = 0;
            while (t > 0.000001)
            {
                t = 1.0/i;
                sum = sum + t;
                i++;
            }
            Console.Write("1 + 1/2 + 1/3 + … + 1/{0} = {1}", i - 1, sum);
            Console.ReadLine();
        }
    }
}
```

运行该程序,结果如图 3.8 所示。

图 3.8 程序 Progression 的运行结果

3.5.2 do…while 语句

do…while 语句属于直到型循环语句,使用的频率相对比较低。其语法格式如下:

```
do
{
    语句序列;      } 循环体
}
```

while (条件表达式)

【说明】

(1) 该语句的功能是：先无条件地执行一次循环体，再计算条件表达式的值，如果其值为 true，则继续执行循环体；然后再次计算条件表达式的值，如果该值还是为 true，则继续执行循环体，直到条件表达式的值为 false 时才终止循环，执行 do…while 语句后面的语句。

(2) do…while 语句和 while 语句都是循环结构语句，不同的是前者的条件表达式在后面，后者的条件表达式在前面。于是，当条件表达式的值一开始就为 false 时，do…while 语句会执行一次循环体，而 while 语句则不会执行循环体。这是它们的区别。

【例 3.8】 用 do…while 语句计算 1～100 所有整数的和。

创建一个 C# 控制台应用程序，程序名设置为 Sum1_100，在 Main()函数中编写 do…while 语句，结果 Main()函数的代码如下：

```
static voidMain(string[ ] args)
{
    int n = 100;
    int i = 1;
    int sum = 0;
    do
    {
        sum = sum + i;
        i++;
    }
    while (i <= n);
    Console.Write("1 + 2 + 3 + … + {0} = {1}", n, sum);
    Console.ReadLine();
}
```

运行结果如图 3.9 所示。

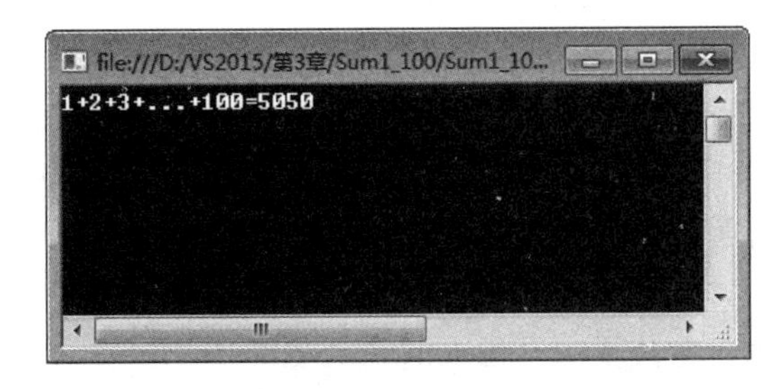

图 3.9　程序 Sum1_100 的运行结果

3.6 for 语句和 foreach 语句

for 语句多用于循环次数已经确定的循环结构中，特别是跟数组的结合使用，通常使程序具有更好的可读性；而 foreach 却与此相反，它对完全无法预知循环次数或者数据元素不带下标的集合数据类型(或者忽略元素下标的数据类型)可表现出强有力的数据处理能力。下面分别介绍这两种语句的使用方法。

3.6.1 for 语句

与 while 语句一样,for 语句也是使用频率非常高的一种循环语句。特别是在循环次数已经知道或用于访问数组的情况下,for 语句通常是首选的循环语句,使得程序的可读性更好。实际上,for 语句的使用方法十分灵活,其功能也十分强大。可以说,凡是使用 while 语句的地方都可以使用 for 语句替代。for 语句的语法格式如下:

```
for (表达式 1; 表达式 2; 表达式 3)
{
    语句序列;        } 循环体
}
```

【说明】

(1) 表达式 1 和表达式 3 可以是任意一种表达式,表达式 2 必须是布尔类型表达式,或者表达式的值能够隐式转换为布尔类型的值。

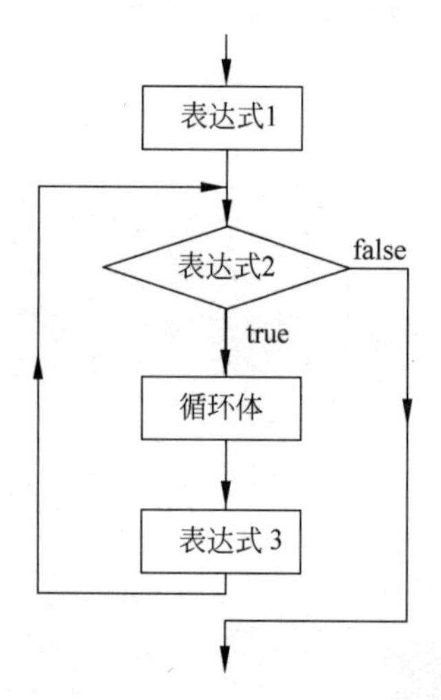

图 3.10 for 语句的流程图

(2) 该语句的功能是先计算表达式 1,然后再计算表达式 2。如果表达式 2 的值为 false,则退出该 for 循环,执行 for 语句后面的语句;如果表达式 2 的值为 true,则执行循环体中的语句,接着计算表达式 3,然后又计算表达式 2,如果表达式 2 的值仍然为 true,则重复上面执行循环体、计算表达式 3 的过程,直到表达式 2 的值为 false 时才退出 for 循环。for 语句的流程图如图 3.10 所示。

(3) 表达式 1 只被计算一次,故表达式通常用于初始化相关变量,如控制变量;在每次循环前都要判断表达式 2 的值是否为 true,如果是则继续循环,否则退出循环,故表达式 2 通常作为循环条件来使用;在每一次循环中都会计算表达式 3,故表达式 3 通常用于调整循环变量,使之朝着循环结束的方向变化。

(4) 表达式 1 和表达式 3 可以省略,也可以根据需要将它们分别放在 for 语句之前和 for 循环体内;表达式 2 一般不可省略,否则会导致死循环,除非循环体中有 break 语句。

【例 3.9】 从键盘输入由若干字符构成的一个字符串,用 for 语句统计字符串中大写英文字母、小写英文字母、数字字符和其他字符的个数。

要解决这个问题,需要对字符的 ASCII 码值及其分布情况有所了解。通过查 ASCII 码表可以发现,大写英文字母和小写英文字母的 ASCII 码值分别分布在 65~90 和 97~122,数字字符的分布在 48~57。于是,结合 if,就可以用 for 语句统计各类字符的个数。

为此,创建一个 C#控制台应用程序,程序名设置为 LetterNum,相应代码如下:

```
using System;
using System.Collections.Generic;
using System.Linq;
using System.Text;
```

```
namespace LetterNum
{
    class Program
    {
        static void Main(string[ ] args)
        {
            int lowerNum = 0;                          //小写字母个数
            int upperNum = 0;                          //大写字母个数
            int numeralNum = 0;                        //数字个数
            int otherNum = 0;                          //其他字符个数
            string line = Console.ReadLine();
            char[ ] chars = line.ToCharArray();
            int lineLen = chars.Length;                //获取字符数组 chars 的长度
            for (int i = 0; i < lineLen; i++)
            {
                int ascii = (int)chars[i];                              //获取字符的 ASCII 码值
                if (ascii >= 65 & ascii <= 90) upperNum++;              //统计大写字母
                else if (ascii >= 97 & ascii <= 122) lowerNum++;        //统计大写字母
                else if (ascii >= 48 & ascii <= 57) numeralNum++;       //统计数字字符
                else otherNum++;                                        //统计其他字符
            }
            Console.WriteLine("大写字母个数:{0}", upperNum);
            Console.WriteLine("小写字母个数:{0}", lowerNum);
            Console.WriteLine("数字字符个数:{0}", numeralNum);
            Console.WriteLine("其他字符个数:{0}", otherNum);
            Console.ReadLine();
        }
    }
}
```

运行该程序,结果如图 3.11 所示。

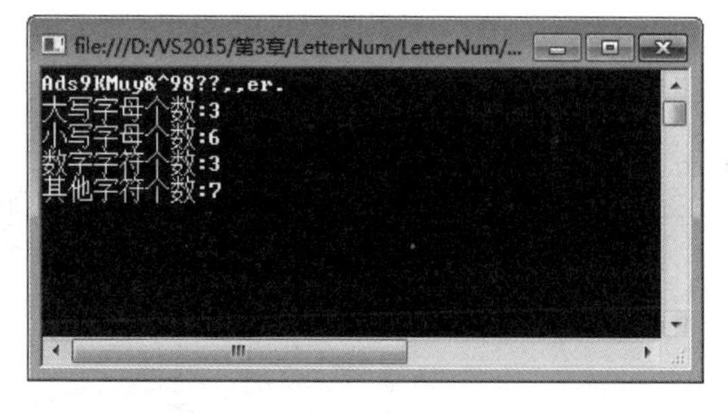

图 3.11　程序 LetterNum 的运行结果

【举一反三】

对于例 3.8 中关于求和 1+2+3+…+100 的问题,请考虑用 for 语句来解决此问题,将结果与例 3.8 中的代码对比一下,是否觉得程序的可读性更好?

3.6.2　foreach 语句

对于集合类型中的元素,有时候不在乎元素的下标,或者根本就没有下标时,foreach 语句来处理这些元素就显得更为自然。foreach 语句的语法格式如下：

```
foreach (数据类型 变量 in 集合表达式)
{
    语句序列;        } 循环体
}
```

【说明】

(1) 该语句的作用是取出集合表达式中的每一个元素并保存到变量中，每保存一次变量后执行一次循环体，集合表达式中有多少个元素就有多少次变量保存和循环体执行操作。

(2) 不能更改变量的值，只能引用。

(3) 集合表达式的类型必须为集合类型。例如，下列代码依次将数组 a(属于集合类型)中的每个元素读出，然后在屏幕上换行输出：

```
int[] a = {1,2,3,4};
foreach(int i in a)
{
    Console.WriteLine(i);
}
```

【例 3.10】 将学生的记录信息(包括学号和姓名)保存到 Hashtable 类的实例中，然后用 foreach 语句筛选学号为奇数的学生。

Hashtable 是命名空间 System.Collections 中的一个容器，它类似于数组，但比数组功能强大得多。它支持任何类型的 key/value 键值对，可以对其进行元素添加和删除、数据清空等操作。下面利用 foreach 语句给出本例基于 Hashtable 类的解决方法。

创建一个 C#控制台应用程序，程序名设置为 foreachExam，相应代码如下：

```
using System;
using System.Collections.Generic;
using System.Linq;
using System.Text;
using System.Threading.Tasks;
using System.Collections;          //必须引入 System.Collections 命名空间，才能使用 Hashtable 类
namespace foreachExam
{
    class Program
    {
        static void Main(string[] args)
        {
            Hashtable ht = new Hashtable();          //创建一个 Hashtable 实例
            ht.Add(201001, "张赵刚");                //在哈希表实例中添加学生记录
            ht.Add(201002, "李斯");
            ht.Add(201003, "王智高");
            ht.Add(201004, "蒙恬");
            ht.Add(201005, "赵高");
            Console.WriteLine("学号为奇数的学生:");
            Console.WriteLine("--------------------------");
```

```
            Console.WriteLine("学号            姓名");
            foreach (int stuid in ht.Keys)
            {
                if ((stuid + 1) % 2 == 0)
                    Console.WriteLine(stuid + "            " + ht[stuid]);
            }
            Console.ReadLine();
        }
    }
}
```

运行该程序，结果如图 3.12 所示。

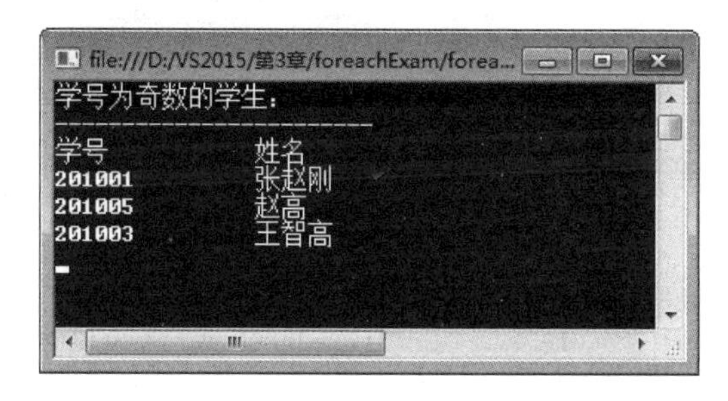

图 3.12 程序 foreachExam 的运行结果

【例 3.11】 利用 foreach 语句输出给定枚举类型中所有的枚举元素。

创建控制台应用程序 foreachEnum，然后先定义枚举类型 weekdays，在用 foreach 语句输出 weekdays 中的所有枚举元素。该程序代码如下：

```
using System;
using System.Collections.Generic;
using System.Linq;
using System.Text;
using System.Threading.Tasks;
namespace struct_ex
{
    class Program
    {
        enum weekdays
            { Sunday, Monday, Tuesday, Wednesday, Thursday, Friday, Saturday }
        static void Main(string[] args)
        {
            foreach (weekdays item in Enum.GetValues(typeof(weekdays)))
            {
                Console.WriteLine(item);
            }
            Console.ReadKey();
        }
    }
}
```

该程序用了两个关键函数：typeof()和 Enum.GetValues()，其中函数 typeof()用于获取类型的 System. Type 对象,函数 Enum. GetValues()则用于获取指定枚举类型的枚举值。该程序运行后结果如图 3.13 所示。

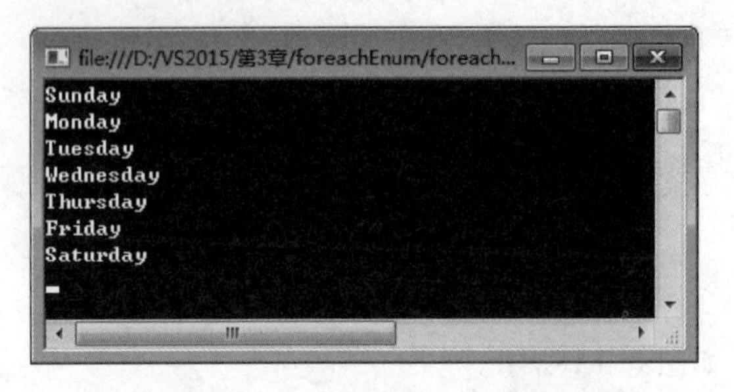

图 3.13 程序 foreachEnum 的运行结果

【举一反三】

对数组(包括第 4 章介绍的泛型数组类)同样可以使用 foreach 语句。下面是一个运用 foreach 语句遍历数组元素的一个例子：

```
string[] str = { "西游记", "红楼梦", "水浒传", "三国演义" };
foreach (string s in str) Console.WriteLine(s);     //用 foreach 语句遍历数组 str
```

该 foreach 语句等价于下列的 for 语句：

```
for(int i = 0; i < str.Length; i++) Console.WriteLine(str[i]);      //用 for 语句遍历数组 str
```

3.7 跳转语句

跳转语句用于改变程序的执行顺序,通常嵌套在其他语句当中,使得程序的逻辑结构变得更加灵活。C# 中的跳转语句主要包括 break 语句、continue 语句、goto 语句、return 语句等。

3.7.1 break 语句和 continue 语句

break 语句主要用在 switch 语句和前面介绍的四种循环语句中,其作用是跳出当前的选择结构或循环结构,执行循环语句后面的语句。break 语句在 switch 语句中的作用在前面已经介绍,下面主要介绍它在循环语句中应用。

continue 语句主要用在循环语句中,其作用是结束本次循环而提前进入下一轮循环,即跳过循环体中 continue 语句后面尚未执行过的语句而提前进入下一轮循环。

总之,对循环结构来说,break 语句是跳出循环体,终止循环语句；而 continue 语句则是结束本次循环而提前进入下一轮循环,整个循环语句仍在执行。这是两者的区别。一般来说,两者都是嵌入到 if 语句中,实现有条件的跳转。

break 语句的语法格式如下：

```
break;
```

continue 语句的语法格式如下：

```
continue;
```

【例 3.12】 break 语句的应用举例：判断一个正整数是否为素数。

在数学上，如果正整数 n 不被区间$(1, n)$中的任何整数整除，则 n 是素数。因此，用循环结构依次检查$(1, n)$中的整数，一旦出现其中的整数整除 n，则跳出循环结构，表明 n 不是素数；如果所有这样的整数都不整除 n，则表明 n 是素数。

为此，创建一个 C# 控制台应用程序，程序名设置为 PrimeNumber，相应代码如下：

```
using System;
using System.Collections.Generic;
using System.Linq;
using System.Text;
using System.Threading.Tasks;
namespace PrimeNumber
{
    class Program
    {
        static void Main(string[] args)
        {
            string s;
            Console.Write("n = ");
            int n = int.Parse(Console.ReadLine());
            int i;
            for (i = n - 1; i > 1; i-- )
                if (n % i == 0) break;
            if(i == 1) s = "整数 " + n.ToString() + " 是素数!";
            else s = "整数 " + n.ToString() + " 不是素数!";
            Console.Write(s);
            Console.ReadLine();
        }
    }
}
```

注意到，从数学上可以证明，如果$[2, \sqrt{n}]$中的整数都不整除 n，则 n 必定是素数。由此可以给出更高效的代码，即将 for 语句改写如下即可（其他代码不变）：

```
for (i = (int)System.Math.Sqrt(n); i > 1; i-- )
    if (n % i == 0) break;
```

【例 3.13】 continue 语句的应用举例：对给定的一组整数数据，输出其中的所有奇数。

本例中，创建一个 C# 控制台应用程序，程序名设置为 OddNumber。程序以字符串的方式从屏幕上读入一组整数，各整数以逗号隔开。然后用 Split()函数将此字符串中各整数字符串分散到一个字符串数组 sArray 中，最后利用 foreach 语句并通过嵌入 continue 语句的方法，逐一输出各个奇数。代码如下：

```
using System;
using System.Collections.Generic;
using System.Linq;
using System.Text;
using System.Threading.Tasks;
```

```
using System.Collections;  //必须引入 System.Collections 命名空间,才能使用 Hashtable 类
namespace OddNumber
{
    class Program
    {
        static void Main(string[] args)
        {
            Console.Write("请输入一组整数(整数间用逗号隔开):");
            string s = Console.ReadLine();
            //以逗号为分隔符,将字符串 s 中的整数分散到数组 sArray 中
            string[] sArray = s.Split(',');
            Console.WriteLine("以上一组整数中,所有的奇数如下:");
            foreach (string i in sArray)
            {
                int n = int.Parse(i.Trim());
                //如果是偶数,则从此处结束本次循环,进入下一次循环
                if (n % 2 == 0)  continue;
                Console.WriteLine(n.ToString());
            }
            Console.ReadLine();
        }
    }
}
```

运行该程序,并输入一组整数(整数间以逗号隔开),结果如图 3.14 所示。

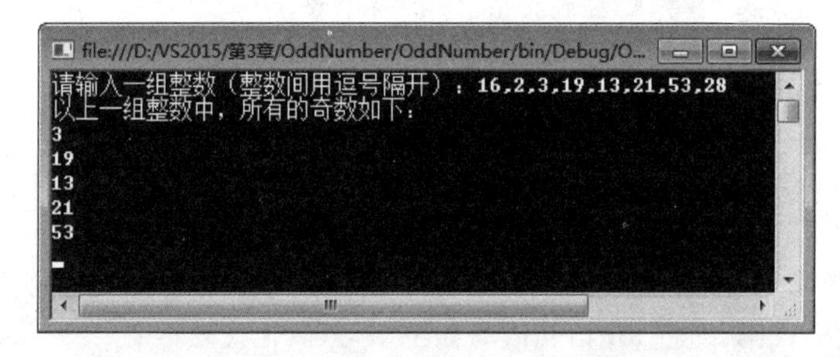

图 3.14　程序 OddNumber 的运行结果

3.7.2　goto 语句

goto 语句十分灵活,它可以使程序执行顺序从一个地方跳转任意一个地方(但必须限于同一个语句块内,更不能跨越函数)。这种高度的灵活性容易破坏程序的结构化特性,因此在结构化程序设计中,不提倡使用它。

goto 语句的语法格式如下:

```
goto 标签;
…
标签: 语句
…
```

其中,“标签”可以是任意合法的标识符,它可以出现在goto语句的后面,也可以在前面出现。

例如,下面代码是用goto语句来实现例3.1中分段函数的功能。可以看到,其可读性比例3.1中的代码要差得多。

```
static void Main(string[] args)
{
    double x;
    int f;
    Console.Write("x = ");
    x = Convert.ToDouble(Console.ReadLine());
    if (x == 0)goto label1;
    if (x > 0)goto label2;
    f = -1;
    goto label3;
    label1:
        f = 0;
        goto label3;
    label2:
        f = 1;
    label3:
        Console.Write("f(" + x.ToString() + ") = " + f.ToString());
    Console.ReadLine();
}
```

3.7.3 return 语句

return语句的语法格式如下:

```
return 表达式;
```

return语句中的表达式是可选的。在非空类型的函数(函数的返回类型不是void)中,必须显式使用带表达式的return语句,其作用是将表达式的值返回作为函数的调用值;在空类型(void)的函数中,return语句可以省略,如果使用,则必须省略表达式。但不管如何,程序在执行时,一旦遇到return语句,整个函数的执行立即结束。有时候利用这个特点,可以使程序更加简洁。

例如,对于例3.1的分段函数问题,先定义函数f来实现此分段函数的功能,然后在Main()函数中调用函数f()。代码如下:

```
using System;
using System.Collections.Generic;
using System.Linq;
using System.Text;
using System.Threading.Tasks;
namespace ArithProg
{
    class Program
    {
```

```
        static int f(double x)                //定义静态函数,否则需要实例化后才能调用
        {
            if (x > 0)return 1;
            if (x == 0)return 0;
            return - 1;
        }
        static void Main(string[] args)
        {
            double x;
            Console.Write("x = ");
            x = Convert.ToDouble(Console.ReadLine());
            Console.Write("f(" + x.ToString() + ") = " + f(x).ToString());
            Console.ReadLine();
        }
    }
}
```

显然,函数 f()的定义代码已经变得十分简洁。

3.8 习题

一、选择题

1. 对于语句"if (表达式) 语句块",下列说法正确的是(　　)。

   A. 语句中的"表达式"可以是任意类型的表达式

   B. 语句中的"表达式"可以是整型表达式或者布尔表达式

   C. 如果"表达式"的值为非零值则执行后面的语句块,为零则不执行

   D. 不管"表达式"的形式如何,但其返回值必须是布尔类型,如果返回 true 则执行后面的语句块,否则不执行

2. 下列代码段中,语法正确的是(　　)。

   A.
```
int n = 0;
if(n == 1)
{
    int x = n;
}
```

   B.
```
int n = 0;
if(n = 1)
{
    int x = n;
}
```

   C.
```
for (int i = 0; sum = 0; i<10; i++)
{
    sum = sum + i;
}
```

   D.
```
int sum = 0;
int i = 0;
while(1)
{
    sum = sum + i;
    if (i == 9) break;
}
```

3. 下面关于 if 语句和 switch 语句的说法,正确的是(　　)。

   A. 如果在 if 语句和 switch 语句中嵌入 break 语句,则在程序执行过程中一旦执行到 break 语句,则会结束相应语句的执行,而转向执行其后面的语句

   B. 凡是能够使用 if 语句的地方就可以使用 switch 语句,反之亦然

C. if 语句有三种基本形式：if…、if…else…和 if…else if…else…

D. if 语句本质上是实现"单判断、二分支"的选择结构，switch 语句则用于实现"单判断、多分支"的选择结构

4. 下面关于 for 语句的说法，错误的是(　　)。

A. for 语句中的三个表达式都可以省略

B. for 语句的三个表达式中，如果第二个表达式的返回值为 true，则执行循环体中的语句，直到第二个表达式的返回值为 false

C. for 语句的三个表达式中，第二个表达式必须是布尔类型的表达式，其他两个可以是任意类型的表达式

D. for 语句的三个表达式中，第一个表达式执行且仅执行一次；每当在循环体语句被执行以后，第三个表达式都跟着被执行一次

5. 下面关于 while 语句和 do…while 语句的说法，正确的是(　　)。

A. 对于 do…while 语句，当循环条件表达式的值是为 true 时执行循环体语句，为 false 时终止语句的执行

B. while 语句比 do…while 语句具有更高的执行效率

C. 对于 do…while 语句，当循环条件表达式的值是为 false 时执行循环体语句，为 true 时终止语句的执行

D. 两者功能是一样的，具体使用哪一种主要由程序员的喜好来决定

6. 对于 foreach 语句和 for 语句，下列说法错误的是(　　)。

A. for 语句与 foreach 语句在结构上不一样，前者有三个表达式，表达式间用分号隔开；后者仅有一个"表达式"，形式为"数据类型 变量 in 集合表达式"

B. 语句"for(;true;);"是合法的，但是个死循环；"foreach(true);"也是合法，也是一个死循环

C. 语句"for(;true;);"是合法的，但是个死循环；而"foreach(true);"是非法的

D. 语句块"int[] a={1,2};foreach(int i in a);"是合法的

7. 对于跳转语句，下列说法错误的是(　　)。

A. goto 语句可以实现从程序的一个地方跳转到任意一个地方

B. goto 语句的跳转功能限于同一个语句块内

C. break 语句可以终止整个循环语句，而 continue 只是提前结束本次循环，但循环语句仍在执行

D. 不管在哪里，一旦执行到 return 语句，就会结束当前整个函数的执行

二、改错题

1. 请纠正下列程序段中错误的地方。

```
double x = 100.0;
int n = -1;
if (x > 0)
    n = 1
else if (x = 0)
    n = 0;
```

2. 下列代码段中，拟用 break 语句来实现循环的退出，请纠正错误的地方。

```
int i = 0;
while (1)
{
    i++;
    if (i == 10) break;
}
```

3. 请指出下列代码错误的原因。

```
static voidMain(string[] args)
{
    int i = 0;
    if (i == 10) break;
}
```

4. 请指出下列 foreach 语句错误的原因。

```
int[] a = { 1, 2, 3, 4 };
foreach (int i in a)
{
    i++;
    Console.WriteLine(i);
}
```

5. 下列 for 语句用于输出数组 a 中的元素，请指出存在错误的地方。

```
int[] a = { 1, 2, 3, 4 };
for(int i = 0;i < a.Length;i++)
{
    Console.WriteLine("第{1}个元素是:{3}",i + 1,a[i]);
}
```

6. 指出下列 switch 语句语法错误的地方。

```
char c = 'b';
int flag = 0;
switch (c)
{
    case 'a':
        flag = 1;
        break;
    case 'b':
        flag = 2;
    case 'c':
        flag = 3;
        break;
}
```

三、读程序题

1. 请写出下列代码段的运行结果，并说明原因。

```
int i = 1,n = -1;
if (i == 0);
    n = 100;
Console.Write(n);
```

结果是____________________。

2. 已知下列代码段,请写出其运行结果,并说明原因。

```
int x = 0;
int y = -1;
if (x != 0)
    if (x > 0) y = 1;
else y = 0;
```

3. 两次运行下列代码后,如果分别输入"England"和"France",则相应的输出结果是什么?

```
string s = Console.ReadLine();
switch (s)
{
    case "China":
        int i = 1;
        Console.Write("This is China!");
        break;
    case "U.S.A.":
        Console.Write("This is U.S.A.!");
        break;
    case "England":
    case "Germany":
        break;
    case "France":
    case "Espana":
        Console.Write("It is a european country");
        break;
}
```

四、上机题

1. 编写一个C#窗体应用程序,对于输入的正整数 n,然后计算 $1!+2!+3!+\cdots+n!$ 的值并输出。

2. 编写一个C#控制台应用程序,要求从键盘输入一个正整数 n,然后输出 n 的所有因子。

3. 编写一个C#窗体应用程序,对于输入的年份 year,判断该年份是否为闰年。

第4章 面向对象编程方法

主要内容：C#作为一种完全的面向对象程序设计语言，类与对象是其中的核心内容。本章主要介绍类与对象的概念以及由此涉及的相关内容，如对象的访问控制，类的构造函数和析构函数，类的属性，类的静态成员，类的继承、重载与多态，运算符的重载，接口的声明及其实现，委托的应用，最后还介绍了几个常用类的一些典型方法以及命名空间的声明、导入和引用等。

教学目标：熟练掌握类和接口的定义、对象的创建和访问方法、类的继承、重载与多态，了解命名空间的使用方法以及几个常用类的一些典型方法，多态与运算符重载、委托的使用方法是其中的难点。

4.1 一个简单的程序——虚数类的定义与应用

本节定义一个简单的类——虚数类并利用该类来创建一个虚数对象，以此快速获得对类和对象概念的认识。

4.1.1 编写虚数类的代码

创建一个C#控制台应用程序ImaginaryNumber，在其中编写一个虚数类Complex，然后在类Program的Main()函数中利用该类创建若干个虚数对象，并进行相应的运算。代码如下：

```
using System;
using System.Collections.Generic;
using System.Linq;
using System.Text;
using System.Threading.Tasks;
namespace ImaginaryNumber
{
    class Complex                              //虚数类
    {
        private double RP;                     //实部
        private double IP;                     //虚部
        public double getRP() { return RP; }
        public double getIP() { return IP; }
        public Complex()                       //构造函数
```

```
    {
        RP = IP = 0;
    }
    public Complex(double RP, double IP)    //构造函数重载
    {
        this.RP = RP;
        this.IP = IP;
    }
    public static Complex operator + (Complex c1, Complex c2)    //加号"+"重载
    {
        Complex c = new Complex(c1.RP + c2.RP, c1.IP + c2.IP);
        return c;
    }
    public static Complex operator - (Complex c)  //对取反符号"-"重载(一元运算符重载)
    {
        Complex c2 = new Complex( - c.RP, - c.IP);
        return c2;
    }
    //对减号"-"重载(二元运算符重载)
    public static Complex operator - (Complex c1, Complex c2)
    {
        Complex c = new Complex(c1.RP - c2.RP, c1.IP - c2.IP);
        return c;
    }
    //实现隐式类型转换(从 string 到 Complex)
    public static implicit operator Complex(string s)
    {
        s = s.Trim().TrimEnd('i');
        s = s.Trim().TrimEnd('*');
        string[] digits = s.Split('+', '-');
        Complex c;
        c = new Complex(Convert.ToDouble(digits[0]),
            Convert.ToDouble(digits[1]));
        return c;
    }
    public void putIN()                    //输出虚数
    {
        Console.WriteLine("{0} + {1} * i", RP, IP);
    }
}
class Program
{
    static void Main(string[] args)
    {
        //调用不带参数的构造函数创建虚数对象 c1
        Complex c1 = new Complex();
        //调用带参数的构造函数创建虚数对象 c2
        Complex c2 = new Complex(1, 2);
        Console.Write("c1 = "); c1.putIN();
```

```
                Console.Write("c2 = "); c2.putIN();
                Complex c3;
                c3 = "100 + 200 * i";              //通过隐式转换对 c3 赋值
                Console.Write("c3 = "); c3.putIN();
                Complex c4;
                c4 = c2 - c1 + ( - c3);            //对对象进行加减运算
                Console.Write("c4 = "); c4.putIN();
                Console.ReadLine();
            }
        }
    }
```

注意，当函数参数与成员变量重名时，要通过关键字 this 来引用成员变量，this 代表所创建的对象。

运行该程序，结果如图 4.1 所示。

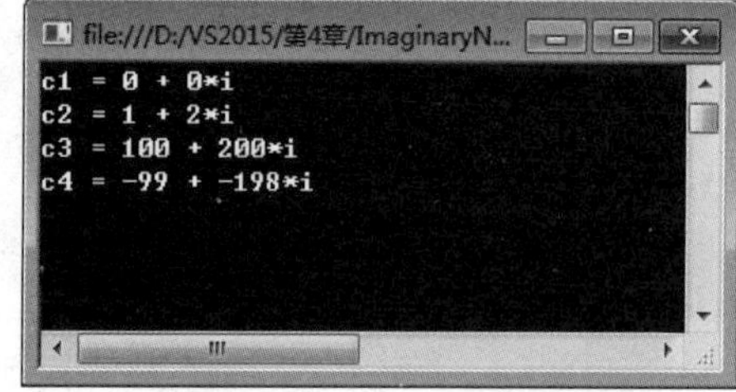

图 4.1　程序 ImaginaryNumber 的运行结果

4.1.2 程序结构解析

在类 Complex 中定义了两个私有成员变量 RP 和 IP，分别表示虚数的实部和虚部，然后基于这两个成员变量定义了如下的方法。

- 成员方法 getRP()：用于获取虚数的实部。
- 成员方法 getIP()：用于获取虚数的虚部。
- 构造函数 Complex()：不带参数，当调用该构造函数创建虚数对象时，实部和虚部均为 0。
- 构造函数 Complex(double RP, double IP)：对上一个构造函数来说，它是重载的构造函数，当调用该构造函数创建虚数对象时，实部和虚部的值分别由参数 RP 和 IP 来决定。
- operator+(Complex c1, Complex c2)：重载加法"+"运算符(二元运算)，使得两个虚数对象可以相加。
- operator-(Complex c)：重载取反运算符号"-"(一元运算)，当调用此运算符时，虚数的实部和虚部将被取反。
- operator-(Complex c1, Complex c2)：重载减法运算符号"-"(二元运算)，使得两个虚数对象可以相减。
- implicit operator Complex(string s)：实现从 string 类型到 Complex 类型的隐式类型转换，使得可以对虚数对象赋一个表示虚数的字符串，如 c3="100+200 * i"等。
- 成员方法 putIN()：用于从屏幕上输出一个虚数。

利用类 Complex 中定义的构造函数和成员方法，在类 Program 的 Main()函数中创建了四个虚数对象：c1、c2、c3 和 c4，并对它们进行了相应的加减和赋值运算。这个例子是相对比较完整的类的定义和运用的典型例子。通过对这个例子的调试，可以对类和对象的概念有一个初步的了解。

此例子涉及的知识点包括：

- 类的定义及对象的创建和运算；
- 公有成员和私有成员的定义方法；
- 成员变量的定义及其运用；
- 一般成员函数的定义及其重载；
- 构造函数的定义及其重载；
- 一元和二元运算重载。

除此之外，面向对象编程方法还涉及类的继承、多态、析构函数等内容，下面将系统介绍面向对象编程方法的这些内容。

4.2 类和对象

4.2.1 类和对象的定义

类的定义格式如下：

```
class 类名
{
    数据类型   变量名;                      //成员变量
    数据类型   方法名及参数;                 //成员方法
}[;]
```

声明对象和创建对象的语法格式分别如下：

```
类名 对象名;                               //声明对象
对象名 = new 类名();                        //创建对象
```

也可以在声明的同时创建对象：

```
类名 对象名 = new 类名();
```

例如，定义类 A 可以用下面代码实现：

```
class A
{
    int  x;                                //成员变量
    int  f()                               //成员方法
    {
        return x;
    }
}
```

类 A 包含一个成员变量 x 和一个成员方法 f()。

利用类 A 来创建对象 a 的代码如下：

```
A a;
a = new A();
```

上述代码等价于：

```
A a = new A();
```

成员变量和成员方法统称类的成员。成员变量也称字段,成员方法实际上是函数,可分为一般的成员方法和构造函数与析构函数。后面分别介绍它们的使用方法。

类中还可以包含一种特殊的成员,称为属性。它既可以看作是一种成员变量,又可以视为一种成员方法。它的定义和使用方法将在4.2.4节中介绍。

4.2.2 对象的访问方法及访问控制

1. 对象的访问方法

在对象被声明并创建以后就可以访问对象中提供的成员了。访问对象成员的方法是通过使用“.”运算符来实现,其访问格式如下:

```
对象名.对象成员;
```

例如,先定义类B:

```
classB
{
    public int x;
    public int f()
    {
        return x + 100;
    }
}
```

然后利用类B来声明并创建对象b:

```
B b = new B();
```

最后访问b中的成员:

```
b. x = 100;
int y = b.f();
Console.WriteLine("y = {0}",y);
```

结果输出:

```
y = 200
```

注意,类B中的成员前面冠以字符串“public”,这样才能访问对象b中的成员。这种字符串就是C#中用于实现访问控制的修饰符。下面介绍几种常用的修饰符,以理解类成员的访问控制方法。

2. 成员的访问控制

类是若干成员的封装实体,对类成员的访问是有级别控制的。这种访问控制是通过在类成员前冠以修饰符来实现的。这些修饰符有许多种,常用的包括以下五种。

- private:用这种修饰符修饰的成员称为私有成员。私有成员只能被该类中的其他成员访问,其他类(包括派生类)中的成员是不允许直接访问的。C# 中 private 是默认的修饰符。

- public：用这种修饰符修饰的成员称为公有成员。公有成员允许该类和其他类中的所有成员访问。
- protected：用这种修饰符修饰的成员称为保护成员。保护成员可以被该类和其派生类中的成员访问,而其他类中的成员则不允许访问。
- internal：用这种修饰符修饰的成员称为内部成员。内部成员只能被程序集内的类的成员访问,而程序集外的类(包括派生类)的成员是不允许访问的。
- protected internal：用该修饰符修饰的成员只能被程序集内的类的成员及这些类的派生类中的成员所访问。

上面涉及一个新的概念——程序集。何为程序集？程序集是作为一个单元进行版本控制和部署的一个或多个文件的集合,它是.NET Framework 编程的基本组成部分。详细解释程序集的内涵已经超出了本书的内容,读者可以简单地这样理解：程序集就是.NET 项目在编译后生成的.exe 或.dll 文件(一种中间代码文件),针对一个.exe 或.dll,其他.exe 或.dll 中的类和成员就是程序集外的类和成员。

关于成员的访问控制及各种修饰符的作用,请参见下列代码及其说明(其中涉及类的继承问题,这将在 4.3.1 节介绍)：

```
//首先定义类 A,然后定义类 B,它继承类 A
class A                                   //类 A
{
    private int x;                        //私有成员
    protected int y;                      //保护成员
    public int z;                         //公有成员
    void f()
    {
        x = 1;                            //正确,允许访问本类中的私有成员
        y = 2;                            //正确,允许访问本类中的保护成员
        z = 3;                            //正确,允许访问本类中的公有成员
    }
}
class B : A                               //类 B,它继承类 A
{
    void g()
    {
        base.x = 100;                     //错误,不允许访问基类中的私有成员
        base.y = 200;                     //正确,允许访问基类中的保护成员
        base.z = 300;                     //正确,允许访问基类中的公有成员
    }
}
//在 Main()函数中实例化类 A,并调用相关成员
static voidMain(string[ ] args)
{
    A a = new A();
    a.x = 1000;                           //错误,不允许访问其他类对象中的私有成员
```

```
        a.y = 2000;                             //错误,不允许访问其他类对象中的保护成员
        a.z = 3000;                             //正确,允许访问其他类对象中的公有成员
    }
```

【例 4.1】 在一个控制台应用程序中编写一个学生类 student,该类包含学号(no)、姓名(name)和成绩(grade)等成员变量,并提供对这些变量成员进行赋值和读取这些成员变量的成员方法。

创建控制台应用程序 studentInfo,然后在 Program.cs 文件中编写相应的代码,结果如下:

```
using System;
using System.Collections.Generic;
using System.Linq;
using System.Text;
using System.Threading.Tasks;
namespace studentInfo
{
    class student
    {
        //成员变量
        int no;
        string name;
        double grade;
        //成员方法
        public int getNo() { return no; }
        public string getName() { return name; }
        public double getGrade() { return grade; }
        public void setNo(int no) { this.no = no; }
        public void setName(string name) { this.name = name; }
        public void setGrade(double grade) { this.grade = grade; }
    }
    class Program
    {
        static void Main(string[] args)
        {
            student st = new student();
            st.setNo(100);
            st.setName("王智高");
            st.setGrade(92.5);
            Console.WriteLine("学号      姓名      成绩");
            Console.WriteLine("  {0}     {1}     {2}",st.getNo(), st.getName(), st.getGrade());
            Console.ReadLine();
        }
    }
}
```

注意,在成员变量的前面并没有添加任何的修饰符,但 private 是默认的修饰符,故这些成员变量实际上是私有成员。

运行该程序，结果如图 4.2 所示。

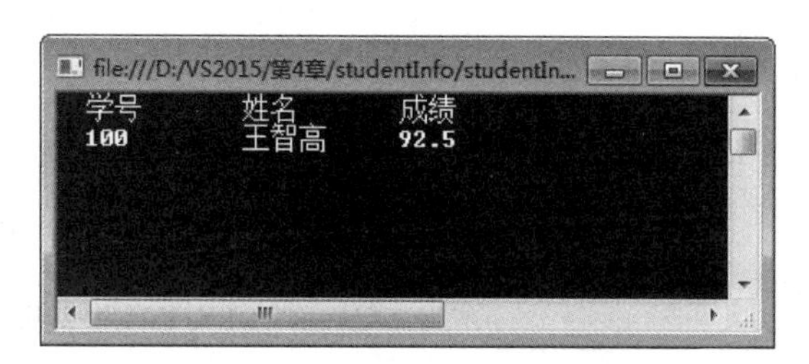

图 4.2　程序 studentInfo 的运行结果

4.2.3　类的构造函数和析构函数

类有两种特殊方法成员：构造函数和析构函数。构造函数是在运用类来创建对象时首先被自动执行的方法成员，而且仅被执行一次，它通常用于对成员变量进行初始化。析构函数则是在对象被撤销(从内存中消除)时被执行，显然也仅仅执行一次，通用于做对象被销毁前的“扫尾”工作。

1. 构造函数

构造函数的定义格式如下：

```
public 类名([参数列表])
{
    语句序列
}
```

【说明】

(1) 构造函数的名称必须与类名同名，构造函数不允许有返回类型，要使用 public 修饰符修饰，否则在非派生类中不能调用它来创建对象。

(2) 构造函数可以带参数，也可以不带参数，要根据实际情况来决定。

(3) 构造函数可以重载，即可以定义多个构造函数，它们函数名都与类名相同，不同的是各自的参数个数和参数类型不一样。

(4) 在定义类时，如果没有显式定义构造函数，则实例化对象时会自动调用默认的构造函数。如果一旦定义了构造函数，则默认构造函数不会被调用。默认构造函数的作用是将对象成员的初始值设置为默认的值，如数值类型变量初始化为 0，字符串型变量被初始化为 null(空值)，字符类型变量被初始化为空格等。

(5) 构造函数不能被其他成员显式调用，而是在创建对象时由系统自动调用。

【例 4.2】 使用默认构造函数的例子。

下面定义了类 B1，其中并没有显式定义构造函数。

```
class B1
{
    int x;
    string s;
    char c;
```

```
    public void outmembers()
    {
        Console.WriteLine("x = {0}, s = x{1}x, c = x{2}x", x, s, c);
    }
}
```

其中方法 outmembers 用于输出各变量的初始值。下面用类 B1 创建对象 b1。

```
B1 b1 = new B1();                          //调用默认构造函数创建对象 b1
b1.outmembers();
```

执行这些代码后，结果如图 4.3 所示。该图表明，变量 x、s 和 c 分别被初始化为 0、null 和空格。

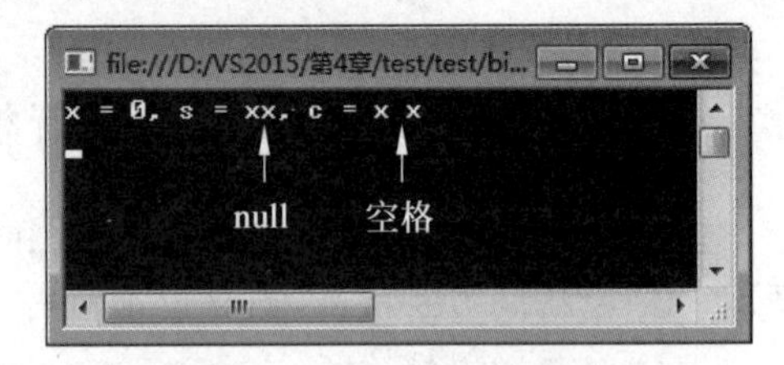

图 4.3 例 4.2 的结果

【例 4.3】 定义多个构造函数（重载），并分别调用它们创建对象。

下面代码定义了类 B2，并在其中重载了四个构造函数（关于函数重载将在 4.3.2 节中介绍）。

```
class B2
{
    int x;
    string s;
    char c;
    public void outmembers()
    {
        Console.WriteLine("x = {0}, s = {1}, c = {2}", x, s, c);
    }
    public B2() { }                         //第 1 个构造函数
    public B2(int x) { this.x = x; }        //第 2 个构造函数
    public B2(int x, string s) { this.x = x; this.s = s; }  //第 3 个构造函数
    public B2(int x, string s, char c) { this.x = x; this.s = s; this.c = c; }  //第 4 个构造函数
}
```

然后在 Main()函数中分别使用 B2 中的四个构造函数创建四个对象，同时输出各对象中成员变量的值：

```
B2 b21 = new B2();                         //调用第 1 个构造函数
b21.outmembers();
B2 b22 = new B2(100);                      //调用第 2 个构造函数
b22.outmembers();
B2 b23 = new B2(100, "中国人");            //调用第 3 个构造函数
b23.outmembers();
B2 b24 = new B2(100, "中国人", '男');      //调用第 4 个构造函数
b23.outmembers();
```

执行以上代码，结果如图 4.4 所示。

可以看到，由于构造函数的名称都一样，创建对象时具体要调用哪个构造函数是构造函数的参数来决定的。调用不同的构造函数可以完成不同的初始化操作，这为对象的创建提

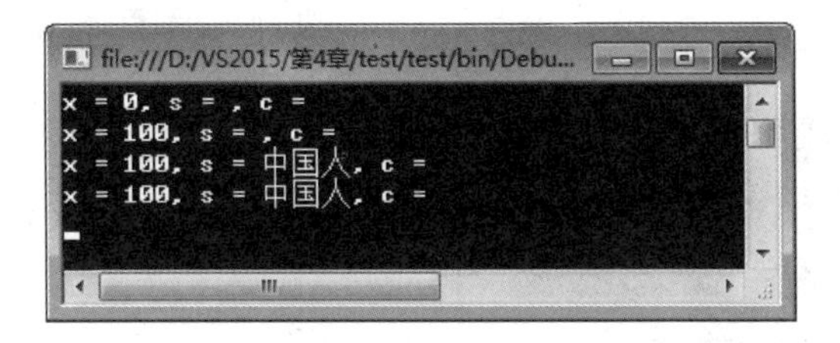

图 4.4　例 4.3 的结果

供了灵活性。

【例 4.4】 使用类创建链表。

虽然 C# 语言没有像 C/C++那样有指针的概念，但也可以利用类或结构来创建链表、二叉树等复杂的数据结构。本例中，创建控制台应用程序 linkUsingClass，然后使用类来创建由 1,2,3,4 和 5 构成的整数链表并通过遍历输出。代码如下：

```
using System;
using System.Collections.Generic;
using System.Linq;
using System.Text;
using System.Threading.Tasks;
namespace linkUsingClass
{
    public class link_node                          //链表中节点的类
    {
        public int x;                               //存放数据
        public link_node next;                      //"指针"功能
        public link_node(int x) { this.x = x; }     //构造函数
    }
    class Program
    {
        static void Main(string[] args)
        {
            link_node h, p, q;
            p = new link_node(1); h = p; q = p;     //h 保存链的首地址，以下建立链表
            p = new link_node(2); q.next = p; q = p;
            p = new link_node(3); q.next = p; q = p;
            p = new link_node(4); q.next = p; q = p;
            p = new link_node(5); q.next = p; q = p;
            p = h;
            while (p != null)                       //遍历链中的节点
            {
                Console.WriteLine(p.x);
                p = p.next;
            }
            Console.ReadKey();
        }
    }
}
```

图 4.5　程序 linkUsingClass 的运行结果

执行该程序,结果如图 4.5 所示。

2. 析构函数

析构函数的定义格式如下:

```
~类名()
{
    语句序列
}
```

【说明】

(1) 析构函数名是在类名前加上符号"~"而得到。

(2) 析构函数没有参数、返回类型和修饰符。

(3) 一个类中至多有一个析构函数,如果没有定义析构函数,则系统会在撤销对象时自动调用默认析构函数。

(4) 析构函数也不能显式被调用,而是在撤销对象时由系统自动调用。

例如,我们可以为类 B2 定义如下的析构函数:

```
~B2()
{
    Console.WriteLine("正在执行析构函数…");
}
```

这样,当执行例 4.3 中的代码时,在程序运行界面消失的前一刻会看到析构函数的执行结果,如图 4.6 所示。

由于析构函数是在对象被撤销的前一刻被执行的,因此它通常用于释放已动态申请的机器资源(如内存等)以及其他的"扫尾"工作。但由于 C# 提供了垃圾收集器帮助对象完成内存的回收工作,因此在一般情况下不需要定义析构函数。

```
file:///D:/VS2015/第4章/test/test/bin/Debug/test.EXE
x = 0, s = , c =
x = 100, s = , c =
x = 100, s = 中国人, c =
x = 100, s = 中国人, c =
正在执行析构函数...
正在执行析构函数...
正在执行析构函数...
正在执行析构函数...
```

图 4.6　观察析构函数的执行结果

4.2.4　类的属性

类还有一种特殊的成员称为属性,它既可以被视为一种成员变量,又可以看作是一种成员方法。它实际上是对成员变量的一种自然拓展。对用户而言,属性是一种"成员变量",但这种"成员变量"并不是真正存在,而是关联到特定的一个或若干个成员变量;对程序员来说,属性是一种能够读/写相应成员变量的特殊方法。

属性定义的语法格式如下:

```
数据类型 属性名
{
    get
    {
```

```
        return 表达式 1;
    }
    set
    {
        表达式 2;                              //表达式 2 一般包含特殊变量 value,多是赋值表达式
    }
}
```

其中,get 和 set 称为访问器,get 访问器中必须有 return 语句。

例如,下列代码是在类 A 中添加一个名为 attx 的属性,通过该属性可以读取成员变量 x 的值以及对 x 赋值。

```
class A
{
    private int x;                            //私有成员变量
    public int attx                           //定义属性
    {
        get                                   //可读
        {
            return x;
        }
        set                                   //可写
        {
            x = value;                        //value 是一种特殊的变量,用于接收对属性赋的值
        }
    }
}
```

这样,就可以通过属性 attx 对私有成员变量 x 进行读写操作:

```
A a = new A();
A. attx = 100;                                //写属性
Console.WriteLine("x = {0}",a.attx);          //读属性
```

如果缺少 get 访问器,则相应的属性不可读;如果缺少 set 访问器,则相应的属性不可写。

4.2.5 类的静态成员

类的成员还可以分为静态成员和非静态成员。静态成员隶属于类,只有一个版本,所有对象都共享这个版本;非静态成员隶属于对象,不同的对象(同一个类实例化)有不同的非静态成员,因此有多个版本。从内存管理的角度来看,静态成员是在一个共享的内存空间中定义,所有对象都可以访问这个空间中的同一个静态成员;而非静态成员在对象被创建时形成自己的存储空间(这个空间是对象所拥有空间的一部分),这样不同的对象将形成不同的非静态成员(虽然它们的类型都一样)。

从访问的方式看,静态成员不需要(也不能)实例化,只要定义类就可以通过类名来访问它;而非静态成员则需要在创建对象以后通过对象名来访问。

声明静态成员是由修饰符 static 来完成的。例如,下面代码将 y 和 f 分别定义为静态成

员变量和静态成员方法：

```
private static int y;
public static void f(int x) { }
```

【例 4.5】 静态成员与非静态成员的区别。

创建控制台应用程序 StaticApp，先编写包含静态成员与非静态成员的类，然后调用这些成员并比较结果，以示二者的区别。Program.cs 文件代码如下：

```
using System;
using System.Collections.Generic;
using System.Linq;
using System.Text;
using System.Threading.Tasks;namespace StaticApp
{
    class Program
    {
        class StaticCl
        {
            private string objName;
            private int x;                      //非静态成员变量
            private static int stx;             //静态成员变量
            public void setx(int x)             //非静态成员方法
            {
                this.x = x;
            }
            public static void setstx(int y)    //静态成员方法
            {
                stx = y;                        //在静态成员方法中不能使用关键字 this
            }
            public void show()                  //非静态成员方法
            {
                Console.WriteLine("对象{0}:x = {1}, stx = {2} ", this.objName, x, stx);
            }
            public StaticCl(string objName) { this.objName = objName; x = 0; stx = 0; }
        }
        static void Main(string[] args)
        {
            StaticCl c1 = new StaticCl("c1");
            StaticCl c2 = new StaticCl("c2");
            c1.setx(1);
            StaticCl.setstx(2);                 //不能写成 c1.setstx(2);
            c2.setx(3);
            StaticCl.setstx(4);                 //不能写成 c2.setstx(4);
            c1.show(); c2.show();
            Console.ReadLine();
        }
    }
}
```

运行该程序，结果如图 4.7 所示。

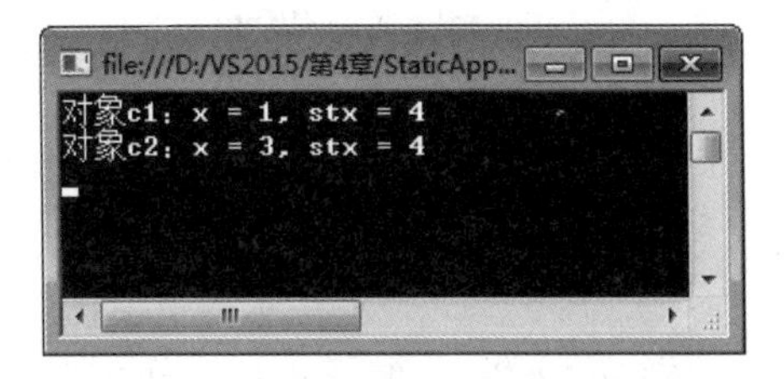

图 4.7　程序 StaticApp 的运行结果

在类 StaticCl 中，stx 被定义为静态成员变量，setstx()被定义为静态成员方法(用于设置 stx 的值)。在 Main()函数中，先利用类 StaticCl 来创建两个对象：c1 和 c2，然后调用 setstx()方法对类 StaticCl 的静态成员变量 stx 赋值，以及调用 setx()方法对非静态成员变量 x 赋值。结果表明，类 StaticCl 的静态成员变量 stx 确实只有一个版本，而非静态成员变量 x 在不同的对象中有不同的版本。

实际上，在 C# 控制台应用程序中，在类 Program 里定义主函数 Main()就是静态方法，在执行程序时并没有对类 Program 进行实例化。

4.2.6　成员方法的四种参数类型

在大多数情况下，成员方法(函数)都包含有参数。在 C# 中，方法参数可以分为四种类型：值类型参数(默认的类型)、引用型参数(以 ref 修饰符声明)、输出参数(以 out 修饰符声明)和数组型参数(以 params 修饰符声明)。

1. 值类型参数

值类型参数是采用值复制的方式传递参数的值，即实参的值被复制一份进而传递给形参，而且这个传递是单向的(由方法外传到方法内)，即形参的值不能传给实参。具体来讲，在这种方式下，CLR 在托管堆栈中为实参和形参分别分配不同的存储空间，方法调用时 CLR 实参空间中的值复制到形参的存储空间。因此，方法中的所有操作都是针对形参的存储空间，而不会影响到实参的存储空间。

值类型参数是默认的参数，即如果一个参数前未加上任何的修饰符，则该参数默认为值类型参数。

下面的一段代码定义了方法 multi()，其中包含两个参数，它们都是值类型参数。

```
class Program
{
    public static int multi(int i, int j)
    {
        int k;
        k = i * j;
        i = 2 * i;
        j = 2 * j;
        return k;
    }
    static void Main(string[] args)
    {
        int i, j, k;
        i = 100;
        j = 200;
        k = multi(i, j);
```

```
        Console.WriteLine(i);                       //i = 100,其值未改变
        Console.WriteLine(j);                       //j = 200,其值未改变
        Console.WriteLine(k);                       //输出 20000
        Console.ReadKey();
    }
}
```

执行上述代码,其输出结果如下:

```
100
200
20000
```

运行结果说明了值类型参数的由外向内的单向传值特征。

2. 引用型参数

在调用方法时,传递的不是参数的值,而是参数的引用,将这种参数称为引用型参数(类似C语言中的地址参数或指针参数)。在定义时,在参数前面冠以关键字 ref,则表示该参数为引用型参数。从参数值的传递方向上看,引用型参数用于实现双向传递,既可以把参数值从方法外面传到方法里面,也可以把方法里面的参数值传递到方法外面。

在方法 multi(int i, int j)中,在参数 i 和 j 都加上关键字 ref,它们就变为引用型参数:

```
public static int multi(ref int i, ref int j) { … }
```

注意,在调用方法时,引用型参数前面也必须带有关键字 ref,如:

```
k = multi(ref i, ref j);
```

在对上一段代码修改这两个地方后(注意,其他地方不修改)再执行,输出结果如下:

```
200
400
20000
```

从结果可以看到,引用型参数的确实现了双向传递参数值的效果。

3. 输出参数

输出参数是将参数值从方法里面传到方法外面,它与值类型参数的传递方向正好相反。在定义方法时,在参数前面冠以关键字 out,该参数即为输出参数。需要注意的是,只有变量才能作为输出参数,而表达式是不可以的;此外,在对输出参数进行赋值之前,不能读取它的值。

考虑下面一段代码:

```
class Program
{
    public static int f(out int i)              //i 被定义为输出参数
    {
        int k;
        i = 500;
```

```
        k = i + 1;                         //如果前面没有赋值语句,这里将不能读取 i 的值
        return k;
    }
    static void Main(string[ ] args)
    {
        int i, k;
        i = 10;                            //此处赋值没有任何用处
        k = f(out i);
        Console.WriteLine(i);              //i = 500,其值是在方法 f()中赋的
        Console.WriteLine(k);              //输出 501
        Console.ReadKey();
    }
}
```

在上段代码中,参数 i 在方法 f()中被定义为输出参数。如果将语句"i=500;"去掉,则语句"k=i+1;"将出现编译错误,因为输出参数必须先赋值才能被读取。另外,在调用方法 f()之前,用语句"i=10;"对 i 进行了赋值,但该赋值结果并不能传递到方法里面去,因此,这也是多余的。执行该段代码,结果如下:

```
500
501
```

这个结果同样印证了上面的说明。

4. 数组型参数

数组型参数是指以数组名作为方法的参数。此类型参数与引用型参数类似,都是双向传递,但数组型参数可以很方便同时传递多个同类型的参数值。也就是说,在这种方式下,数组将一组数据传递到方法中,方法对它们进行加工处理后,可以继续利用该数组将结果带回方法外面。

与其他语言不同的是,在定义数组型参数时需要在参数名前面冠以关键字 params;此外,方法的调用方法比较灵活,可以用方法名来调用方法,也可以直接用数组的元素列表替换形参来调用方法。当然,这时就无法从方法里面带回处理结果,因为没有用方法名调用。

下面代码用数组型参数定义了方法 Sort(),其中参数 data 为数组型参数,其前面的关键字 params 不能缺少。该方法的作用是对数组 data 中的元素进行降序排序。

```
public static void Sort(params int[ ] data)  //降序排列
{
    int i, j;
    for (i = 0; i < data.Length - 1; i++)
    {
        for (j = data.Length - 1; j > i; j -- )
        {
            if (data[ j]> data[ j - 1])
            {
                data[ j] = data[ j] + data[ j - 1];
                data[ j - 1] = data[ j] - data[ j - 1];
                data[ j] = data[ j] - data[ j - 1];
```

```
                }
            }
        }
    }
```

然后运行下列代码，以对方法 Sort()进行测试：

```
int[] a = { 3, 1, 4, 2, 5 };
Sort(a);                                        //用方法名来调用方法
foreach (int t in a) Console.WriteLine(t);
```

结果输出：

```
5
4
3
2
1
```

这个结果表明，用方法 Sort()对数组 a 中的元素进行排序后，其排序结果能够保留在数组 a 中。

再考虑下面的方法，其中参数 data 也是数组型参数。

```
public static int Plus(params int[] data)
{
    int count = 0;
    foreach (int i in data) count = count + i;
    return count;
}
```

该方法的作用是对数组 data 中的元素进行求和。考虑下列的测试代码

```
int count;
int[] a = { 3, 1, 4, 2, 5 };
count = Plus(a);                                //用方法名来调用
Console.WriteLine(count);                       //输出 15
count = Plus(3, 1, 4, 2, 5);                    //用数组元素列表来调用方法
Console.WriteLine(count);                       //输出 15
```

上述代码中，对方法 Plus()的调用采用两种方式，一种是利用方法名来调用方法——Plus(a)；另一种是利用数组元素列表来调用方法——Plus(3, 1, 4, 2, 5)，这是一种比较灵活的调用方式。两种调用结果都一样，都输出 15。

4.3 类的继承、重载与多态

类的继承、重载与多态是面向对象程序设计方法的显著特点，它们彼此间有着密切的联系。本节将介绍继承、重载和多态的概念和实现方法。

4.3.1 继承

类的重要特征之一就是类的继承性。继承是指一个类可以继承另一个类中的相关成

员，被继承的类称为基类，继承而形成的类称为派生类。继承的语法格式为：

```
class 基类名
{
    成员;
}
class 派生类名 : 基类名
{
    成员;
}
```

【说明】

(1) 派生类可以继承基类中的保护成员和公有成员，但不能继承私有成员。被继承后，成员的性质并没有发生改变。例如，在下面定义的类 A 和 B 中，A 是基类，B 是派生类。B 中虽然没有显式声明任何成员，但它继承了 A 中的保护成员 y 和公有成员 z，即 y 和 z 分别变成了类 B 中的保护成员和公有成员。

```
class A
{
    private int x = 1;                        //私有成员
    protected int y = 2;                      //保护成员
    public int z = 3;                         //公有成员
}
class B : A
{
                                              //B 中有两个成员:保护成员 y 和公有成员 z
}
```

(2) 如果在派生类中定义了与基类成员同名的新成员，则需要用关键字 base 才能实现对基类中同名成员的访问。例如，如果将派生类改写如下：

```
private class B : A
{
    int y = 200;                              //与基类中的保护成员 y 同名
    public void test()
    {
        y = 201;                              //访问派生类中的保护成员 y
        base.y = 20;                          //访问基类中的保护成员 y
        Console.WriteLine("基类中的 y = {0},派生类中的 y = {1}", base.y, y);
    }
}
```

进一步用下列代码测试：

```
B b = new B();
b.test();
```

执行后结果输出信息“基类中的 y=20，派生类中的 y=201”；如果去掉派生类中的同名成员 y，则输出“基类中的 y=20，派生类中的 y=20”。

【注意】

在类B中定义了成员y，从而对外隐藏了基类中的成员y，在编译时会产生一个警告。如果要消除这个警告，需要在派生类中显式使用修饰符new来定义该成员(new的另一个常用的功能是创建对象)：

```
new protected int y = 200;
```

(3) 类的继承可以传递，即允许A派生B，B派生C等；一个类可以派生多个派生类，但一个类最多只能有一个基类(这与C++不同)。注意，在C#中Object类是所有类的基类。

(4) 构造函数和析构函数不能被继承。

(5) 如果基类中定义了带参数的一个或者多个构造函数，则派生中也必须定义至少一个构造函数，且派生类中的构造函数都必须通过base()函数"调用"基类中的某一个构造函数。例如，下面基类C中定义了两个构造函数，派生类D中也定义两个构造函数，且它们中的base()函数分别"调用"了基类C中的第一和第二个构造。如果类D不显式定义任何构造，或者定义的构造不"调用"基类C中的任何构造函数，都将出现编译错误。

```
class C
{
    private int x;
    private int y;
    public C(int x) { this.x = x; }
    public C(int x, int y) { this.x = x; this.y = y; }
}
private class D : C
{
    private int z;
    public D(int z) : base(z) { this.z = z; }      //base(z)"调用"C中的第一个构造函数
    public D(int x, int y, int z) : base(x,y)      //base(x, y)"调用"C中的第一个构造函数
        { this.z = z; }
    //public D() { }                               //此构造函数是错误的,因为它缺少base()函数
}
```

通过类的继承，可以有效地避免重新定义类成员的工作量，同时也减少程序维护的工作量。

4.3.2 重载

重载是指成员方法的"重新加载"，具体来说，就是定义有相同函数名、但函数参数个数或参数类型不同的多个函数实现版本。例如，下面类A中的方法f就进行了重载，其中f(int x, int y)是在派生类B中重载了基类A的方法f()。

```
class A
{
    protected int x;
    protected int y;
    public void f() { x = 0; }
```

```
    public void f(int x) { this.x = x; }
}
class B : A
{
    public void f(int x, int y) { this.x = x; this.y = y; }
}
```

【注意】

仅返回值类型不同的同名函数以及仅参数名不同的同名函数都不是方法重载。例如，下列的方法 f 和方法 g 都不是重载。

```
public void f() { }              }非重载
public int f() { return 1; }
public void g(int x) { }         }非重载
public void g(int y) { }
```

另外，不能重载静态成员方法。

在调用重载的方法时，具体要调用哪个方法，这是根据设置的实际参数来决定，即由实际参数与形式参数的匹配来决定，参数匹配得上的方法即为被调用的方法。例如，以下的两个调用分别调用类 A 中的第 1 个成员方法和第 2 个成员方法。

```
A a = new A();
a.f();                                  //无参数,调用 f()
a.f(2);                                 //有参数,调用 f(int x)
```

通过方法的重载，对一类相似的功能只需编写一种方法的多个实现版本即可，这样可减少多种函数名带来的混乱，使代码逻辑更简洁，从而提高程序的灵活性，而且还可以用于实现类的多态。

4.3.3 类的多态

多态是指同一个成员方法在不同的调用环境中能完成多种不同的功能。C# 提供实现多态的多种途径。从多态出现的时期看，C# 中的多态可以分为两种。

(1) 编译时多态：这种多态的特点是在编译时就能确定要调用成员方法的哪个版本，也称早绑定。这种多态通常是通过方法的重载来实现。

(2) 运行时多态：这种多态的特点是在程序运行时才能确定要调用成员方法的哪个版本，而不是在编译阶段，这种多态也称晚绑定。这种多态通常是通过定义虚成员方法并对其重写(覆盖)的方法来实现。

基于方法重载的多态，在前面已有介绍，下面将介绍基于虚方法重写的多态。

虚方法的定义是在成员方法名之前冠以修饰符 virtual 来实现的，格式如下：

```
virtual 方法名([参数列表])
{
    语句序列
}
```

虚方法是在基类中定义，而在派生类中则需要重写(覆盖)此虚方法，通过修饰符

override 来实现(也就是说,virtual 与 override 要搭配使用)。重写的格式如下:

```
override 方法名([参数列表])
{
    语句序列
}
```

其中,基类中的虚方法和派生类中重写方法的方法名和参数列表必须完全一致。

下面通过一个例子来说明如何通过继承和虚方法重写来实现多态的功能。

【例 4.6】 通过继承和虚方法重写来实现多态功能的例子。

创建一个控制台应用程序 virtPoly,其中定义类 A 以及 A 的派生类 B,在 A 中定义了虚方法 show(),然后在派生类 B 中重写方法 show(),完整的代码如下:

```
using System;
using System.Collections.Generic;
using System.Linq;
using System.Text;
using System.Threading.Tasks;
namespace virtPoly
{
    class A
    {
        protected int a;
        public virtual void show()
        { Console.WriteLine("这是类 A 中的方法,a = {0}", a); }
        public A(int a) { this.a = a; }
    }
    class B : A
    {
        private int b;
        public override void show()
        { Console.WriteLine("这是类 B 中的方法,a = {0},b = {1}", a, b); }
        public B(int a, int b) : base(a) { this.b = b; }
    }
    class Program
    {
        static void Show(A obj)
        {
            obj.show();                              //实现多态功能
        }
        static void Main(string[] args)
        {
            A a = new A(10);
            a.show();
            B b = new B(100, 200);
            b.show();
            Console.WriteLine("------------------------------------");
            Show(a);
            Show(b);
            Console.WriteLine("------------------------------------");
            A aa = b;
            aa.show();                               //实现多态功能
            Console.ReadLine();
```

```
        }
    }
}
```

执行该程序，结果如图 4.8 所示。

```
file:///D:/VS2015/第4章/virtPoly/virtPoly/bin/Debug/v...
这是类A中的方法, a = 10
这是类B中的方法, a = 100,b = 200
-----------------------------------
这是类A中的方法, a = 10
这是类B中的方法, a = 100,b = 200
-----------------------------------
这是类B中的方法, a = 100,b = 200
```

图 4.8　程序 virtPoly 的运行结果

在程序 virtPoly 中，类 A 定义虚方法 show()，其作用是输出变量 a 的值并指出其所属的类。派生类 B 重写了方法 show()，其作用是输出类 B 的变量以及从 A 中继承而来的变量 a 的值，并指出其所属的类。此外，还定义了 Program 类中的静态方法 Show()，该方法的形式参数 A 类型的对象引用 obj。该静态方法可以调用 A 类型的对象，也可以调用 B 类型的对象，这就体现了多态功能。具体要调用什么样类型的对象，需要在程序运行的时候才能确定，因而是一种运行时多态。

同时在 Main 方法中，用 B 类型的对象 b 来创建 A 类型的对象 aa，然后调用 aa.show() 方法来执行 B 中重写的方法 show()，这也是在运行时才知道要调用 B(而不是 A)中的方法 show()，因而也是一种运行时多态。

4.4　运算符的重载

运算符也是 C# 类中的一种成员方法。C# 已经给出了运算符的常规定义，如数值的加法"＋"、乘法"*"等，其意义都已经明确了。但在面向对象的程序设计方法中，对象已经是一种基本的运算单位，所以也容易自然地提出诸如这样的问题：两个对象的"＋"运算代表什么意思？又应该如何实现呢？这就是涉及运算符重载的问题。

所谓运算符重载，其本质就是方法重载，只是借用了运算符的名称，通过重载技术扩展运算符的功能，使得对象或相关的结构实体都可以作为操作数来参加运算。

4.4.1　一元运算符重载

可以重载的一元运算符包括：＋(取正)、－(取负)、!、~、＋＋、－－、true 和 false。

一元运算符重载的格式如下：

```
返回类型 operator 运算符(类名 对象形参)
{
    //实现重载的语句
}
```

其中,operator 是运算符重载的关键字。

例如,下面定义的虚数类 Complex 中,对一元运算符"-"进行了重载,重载后的功能是:取给定的虚数取反数(虚数的实部和虚部分别变为原来的相反数),并以新的虚数返回。代码如下:

```
class Complex                                           //虚数类
{
    private double RP;                                  //实部
    private double IP;                                  //虚部
    public Complex() { RP = IP = 0; }
    public Complex(double r, double i) { RP = r; IP = i; }
    public static Complex operator - (Complex c)        //一元运算符重载
    {
        Complex c2 = new Complex();
        c2.RP = - c.RP;
        c2.IP = - c.IP;
        return c2;
    }
    public void Show()                                  //输出虚数
    {
        Console.WriteLine("{0} + {1} * i", RP, IP);
    }
}
```

用下列代码对该一元运算符的重载效果进行检验:

```
Complex c = new Complex(1,2);
Complex c2;
c2 = - c;                                               //调用重载的运算符
c. Show();
c2.Show();
```

输出结果如下:

```
1 + 2 * i
-1 + -2 * i
```

这说明一元运算符"-"已经具有利用一个虚数的相反数来构造一个新虚数的功能,该新虚数是原来虚数的相反数(即实部和虚部分别是原来虚数的实部和虚部的相反数)。

【举一反三】

如果将运算符"-"的重载代码改写如下:

```
public static Complex operator - (Complex c)
{
    c.RP = - c.RP;
    c.IP = - c.IP;
    return c;
}
```

请考虑用上述同样的测试代码,结果会输出什么? 为什么?

4.4.2　二元运算符重载

可以重载的二元运算符包括：+(加法)、-(减法)、*、/、%、&、|、^、<<、>>、==、!=、<、>、<=、>=。

二元运算符重载的格式如下：

```
返回类型 operator 运算符(类名 对象形参 1, 类名 对象形参 2)
{
    //实现重载的语句
}
```

例如,在虚数类 Complex 中添加二元运算“+”(加法)的重载方法,其功能是将给定的两个虚数相加后形成新的虚数并返回。

```
public static Complex operator + (Complex c1, Complex c2)      //加号" + "重载
{
    Complex c3 = new Complex();
    c3.RP = c1.RP + c2.RP;
    c3.IP = c1.IP + c2.IP;
    return c3;
}
```

用下列代码进行测试：

```
Complex c1 = new Complex(1, 2);
Complex c2 = new Complex(10, 20);
Complex c3;
c3 = c1 + c2;
c1.Show();
c2.Show();
Console.WriteLine(" --------- ");
c3.Show();
```

运行后输出的结果是：

```
1 + 2 * i
10 + 20 * i
---------
11 + 22 * i
```

显然该重载函数实现了既定的功能。

对于其他一元或二元运算符的重载,读者可以依此仿照。但并不是任意的运算符都可以重载的。例如,下列的运算符是不能重载的：&&、||、[]、()、+=、-=、*=、/=、%=、&=、|=、^=、<<=、>>=、=、.、?:、->、new、is、sizeof、typeof。

4.4.3　类型转换运算符重载

在数据类型一节中已经讲述了不同类型数据之间的转换方法。实际上,在 C# 中也可以实现类型的对象之间或者对象与基本数据之间的转换,但需要进行类型转换运算符重载。

在 C# 中,类型转换运算符重载的格式如下:

```
public static implicit/explicit operator T(S参数)
{
    //实现重载的语句
}
```

其中,implicit、explicit 只能选其中之一,前者表示隐式转换,后者表示显式转换。隐式转换是由系统自动完成,在这种转换中不应该出现异常或丢失信息的情况;如果可能出现这种情况,就需要使用显式转换。

例如,下列代码重载了从 string 类型到 Complex 类的隐式转换运算。

```
public static implicit operator Complex(string s)
{
    s = s.Trim().TrimEnd('i');
    s = s.Trim().TrimEnd('*');
    string[] digits = s.Split('+', '-');
    Complex c;
    c = new Complex(Convert.ToDouble(digits[0]), Convert.ToDouble(digits[1]));
    return c;
}
```

重载了这种转换运算符后,就可以进行类似下面语句的赋值。

```
Complex c = "100 + 200 * i";
```

4.5 接口及其实现

在生活中,接口可以说是无处不在。例如,电源插座就是一种接口。对电力生产来说,不管是哪里生产,以什么方式生产,其最终输出方式都要符合插座这个接口的要求;对电力消费来说,不管是什么电器,在哪里使用,用电的方式也必须满足插座的既定要求。这样,电厂只需考虑如何让输出的电满足插座的要求,而电器厂也只需考虑如何以插座的要求来设计满足既定功能用电器。可见,插座这个接口对规范电力生产和应用起着重要的作用。本章介绍的接口也有着类似的作用,它为不同应用的实现之间提供一种规范和约束,只要每个应用都遵守这种规范和约束,整个系统就可以得到有效的组织,从而为应用系统的低代价开发提供有效的途径。

4.5.1 接口的声明

接口要先声明,然后通过继承来实现。例如,下面是一个简单的接口声明及其实现的例子。

```
interface I
{
    void f(int x);
}
class A : I
```

```
{
    public void f(int x)
    {
    }
}
```

其中，先声明了接口 I，然后定义类 A，该类继承了接口 I，在 A 中实现了 I 中定义的方法。

接口声明的格式如下：

```
接口修饰符 interface 接口名 [: 基类名, 接口名 1, 接口名 2, … ]
{
    接口成员
}
```

接口名是任意合法的标识符，声明的接口可以继承一个基类和多个其他接口。接口修饰符可以是 new、public、protected、internal、private。接口成员前面不允许有修饰符，都默认为公有成员。接口成员可以分为四类：方法、属性、事件和索引器，而不能包含成员变量。

例如，下面声明的接口 I1 刚好包含了这四种类型的成员。

```
interface I1
{
    void f(int x);                              //方法
    int att { get; set; }                       //属性(可读、可写)
    event EventHandler OnDraw;                  //事件
    string this[int index] { get; set; }        //索引器
}
```

4.5.2　接口的实现

接口要通过继承才能实现，即定义继承接口的类，并在类中实现所有的接口成员。用类实现接口的语法格式如下：

```
class 类名 : [基类名] , 接口名 1, 接口名 2, …
{
    类成员
}
```

类的成员由基类中可被继承的成员、所有被继承接口中的全部成员以及自己定义的成员组成。需要特别指出的是，定义的类必须提供被继承接口中所有成员的实现，否则将产生编译错误。

为说明类对接口的多重继承以及接口中各成员的实现方法，下面进一步定义接口 I2。

```
interface I2
{
    void g();
}
```

然后定义类 A，使之继承接口 I1 和 I2，给出了这两个接口中各个成员的实现代码。

```
public class A : I1, I2
{
    private string[] strs = new string[100];
    public void g() { }                          //实现接口 I2 中的方法
    public void f(int x)                         //实现接口 I1 中的方法
    {
    }
    public event EventHandler OnDraw             //实现接口中的事件
    {
        add { }
        remove { }
    }
    public int att                               //实现接口中的属性
    {
        get
        {
            return 1;
        }
        set { }
    }
    public string this[int index]                //实现接口中的索引器
    {
        get
        {
            if (index < 0 || index >= 100) return "";
            return strs[index];
        }
        set
        {
            if (!(index < 0 || index >= 100)) strs[index] = value;
        }
    }
}
```

上述各接口成员的实现代码中,除了索引器的实现代码有具体功能外,其他的都是空代码,读者需要根据实际需要扩展或填补。但在语法上这些代码是完整的,并且是可以运行的。

利用代码中的索引器,可以实现下列的访问。

```
A a = new A();
a[2] = "中国人";
a[3] = "世博会";
//…
```

4.6 方法的委托

委托(delegate)是 C# 特有的功能,它也可以翻译为代理、代表、指代等。C# 中没有指针的概念,但通过委托可以实现 C/C++ 中函数指针的功能,且比函数指针具有更强大的能力。简单地理解,方法的委托就是方法的别名(或者是方法的代理),通过委托不仅可以执行方法，还可以将方法传到其他的方法中，实现方法回调等。

4.6.1　一个简单的方法委托程序

创建控制台应用程序 simpleDelegatePro，在文件 Program.cs 中编写如下代码：

```
using System;
using System.Collections.Generic;
using System.Linq;
using System.Text;
using System.Threading.Tasks;
namespace simpleDelegatePro
{
    delegate void MyDelegate(string s);          //声明委托 MyDelegate
    class A
    {
        public void f(string msg)
        {
            Console.WriteLine(msg);
        }
        public static void g(string msg)
        {
            Console.WriteLine(msg);
        }
    }
    class B
    {
        public void h(MyDelegate m)
        {
            m("通过委托传递过来的是方法" + m.Method.Name + ",这是调用该方法输出的结果。");
        }
    }
    class Program
    {
        static void Main(string[] args)
        {
            MyDelegate gd = new MyDelegate(A.g);
            //此后,"gd"与"A.g"同等,同一函数名
            A a = new A();
            MyDelegate fd = new MyDelegate(a.f);
            //此后,"fd"与"a.f"同等,同一函数名
            gd("这里是静态方法 A.g()的委托 gd 输出的结果.");
            //等效于 A.g("这里是静态方法 A.g()的委托 gd 输出的结果.");
            Console.WriteLine("");
            fd("这里是对象 a 的方法 f()的委托 fd 输出的结果.");
            //等效于 a.f("这里是对象 a 的方法 f()的委托 fd 输出的结果.");
            Console.WriteLine("");
            B b = new B();
            b.h(fd);                             //通过委托将方法 a.f 到方法 b.h 中
            Console.ReadKey();
        }
    }
}
```

该程序运行结果如图 4.9 所示。

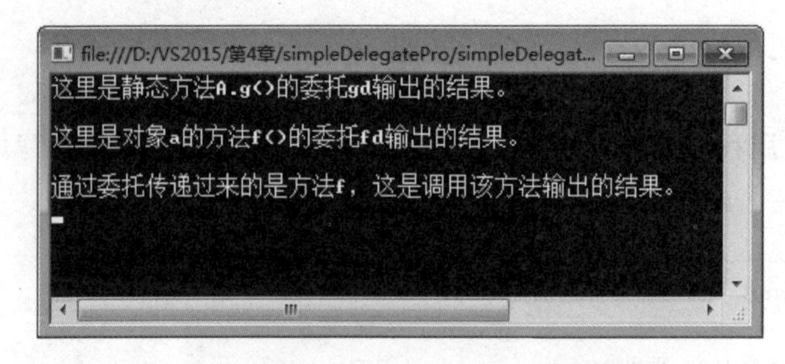

图 4.9 程序 simpleDelegatePro 的运行结果

该程序首先声明了委托 MyDelegate。

```
delegate void MyDelegate(string s);                //声明委托 MyDelegate
```

该委托可以与所有以参数列表为“string s”的函数相关联，即可以作为这些函数的代理。

然后该程序定义了两个类：类 A 和类 B。类 A 定义了方法 f()和方法 g()，g()为静态方法；类 B 定义方法 h()，该方法是以委托为参数。

下列语句创建了委托对象 gd，它与静态方法 A. g()相关联。

```
MyDelegate gd = new MyDelegate(A.g);
```

这样，以下两条语句是等价的。

```
gd("这里是静态方法 A.g()的委托 gd 输出的结果。");        //使用委托调用方法
A. g("这里是静态方法 A.g()的委托 gd 输出的结果。");      //使用方法名调用方法
```

但由于 gd 是一种对象，因此它能提供比函数名 A. g 更为强大的操作功能。

类似地，下列语句创建了委托对象 fd，它与对象 a 的方法 f()相关联。

```
MyDelegate fd = new MyDelegate(a.f);
```

类 B 定义的方法 h()是以委托为参数，通过该参数，可以将其他方法传递到该方法中。

```
b. h(fd);                                          //通过委托将方法 a.f 到方法 b.h 中
```

【注意】

能被委托的方法必须是在运行时内存中已经确定的方法，如：静态方法、对象的方法。例如，下面的语句是错误。

```
MyDelegate fd1 = new MyDelegate(f);                //错误
MyDelegate fd2 = new MyDelegate(A.f);              //错误
```

4.6.2 委托类型的声明和实例化

1. 委托类型的声明

委托类型声明的格式如下。

```
属性 修饰符 delegate 返回类型 委托类型名(参数列表);
```

属性、修饰符是可选项,可选的修饰符包括 new、public、internal、protected 和 private。参数列表和返回类型共同决定了委托类型能够关联的一组方法。

例如,下列代码声明了三种委托类型。

```
public delegate void Delegate1();
public delegate int Delegate2(string s);
public delegate string Delegate3(int i, int j);
```

委托类型 Delegate3 可以关联下列方法。

```
string f(int m, int n);
string g(int x, int y);
```

但不能关联下列方法。

```
int f(int m, int n);
string g(int x);
```

2. 委托的实例化

委托类型名和类名一样,都是用于创建对象。用委托类型名实例化的对象就是委托对象。委托对象的实例化格式如下。

```
委托对象 = new 委托类型(关联方法);
```

例如,下面第一条语句用于创建委托对象 fg,它关联对象 a 的方法 f();第二条语句关联类 A 的静态方法 g()。

```
MyDelegate fd = new MyDelegate(a.f);
MyDelegate gd = new MyDelegate(A.g);
```

此后,fg 就是 a.f 的委托,gd 就是 A.g 的委托。

【注意】

能被委托的方法必须是在运行时内存中已经能确定的方法,如静态方法、对象的方法,而类的非静态方法(还没有实例化)是不能委托的。

4.6.3　委托的引用

在创建委托对象以后,通过引用该对象可以实现对其关联方法的调用,简而言之,就是把委托对象名当作方法名来使用。

例如,对于定义的类 C,代码如下。

```
class C
{
    public string fucn(int i, int j)
    {
    return i.ToString() + ":" + j.ToString();
    }
}
```

声明委托类型。

```
delegate string fDelegate(int i, int j);
```

然后创建 C 的对象 a,并创建委托对象 de。

```
C a = new C();
fDelegate de = new fDelegate(a.fucn);                //创建委托对象
```

最后通过引用委托对象 de 来执行对象 a 的方法。

```
string s1 = de(1, 2);
```

这等价于:

```
string s1 = a.fucn(1, 2);
```

实际上,委托的重要应用是方法回调,这已在程序 simpleDelegatePro 中得到体现。下面再通过一个例子来说明。

【例 4.7】 定义一个有学生类——student 类,然后定义一个方法 fun(),通过委托实现方法回调,使之既能求出成绩好的学生,也能求成绩差的学生。

创建控制台应用程序 usingDelegate,编写文件 Program.cs 的代码,结果如下。

```
using System;
using System.Collections.Generic;
using System.Linq;
using System.Text;
using System.Threading.Tasks;
namespace usingDelegate
{
    class student
    {
        private string name;                          //姓名
        private double score;                         //成绩
        public student(string name, double score)     //定义构造函数,以初始化姓名和成绩
        {
            this.name = name;
            this.score = score;
        }
        public void showInfo()                        //显示学生信息
        {
            Console.WriteLine("姓名:{0},\t成绩:{1}", name, score.ToString());
        }
        public static object max(object obj1, object obj2)     //求最大者(静态方法)
        {
            student st1 = (student)obj1;
            student st2 = (student)obj2;
            if (st1.score > st2.score) return st1;
            return st2;
        }
        public static object min(object obj1, object obj2)     //求最小者(静态方法)
        {
```

```
            student st1 = (student)obj1;
            student st2 = (student)obj2;
            if (st1.score > st2.score) return st2;
            return st1;
        }
    }
    //声明委托类型,它可以关联静态方法 student.max()和 student.min()
    delegate object xnDelegate(object o1, object o2);
    class Program
    {
        //以委托作为参数,定义方法 fun(),以求 st1 和 st2 中成绩较好或较差的学生
        static student fun(student st1, student st2, xnDelegate fxn)
        {
            return (student)fxn(st1, st2);
        }
        static void Main(string[] args)
        {
            student[] sts =                          //创建学生对象数组
            {
                new student("罗振晋",90),
                new student("蒙舒意",100),
                new student("李丽",80),
                new student("周芷",60),
                new student("王惠",70),
            };
            //创建委托对象 mx,它关联静态方法 student.max
            xnDelegate mx = new xnDelegate(student.max);
            //创建委托对象 mn,它关联静态方法 student.min
            xnDelegate mn = new xnDelegate(student.min);
            student maxst, minst;
            maxst = minst = sts[0];
            sts[0].showInfo();
            //利用 fun()方法求成绩最好的学生和成绩最差的学生
            for (int i = 1; i < sts.Length; i++)
            {
                sts[i].showInfo();
                maxst = fun(maxst, sts[i], mx);
                minst = fun(minst, sts[i], mn);
            }
            Console.WriteLine("--------------------------");
            Console.WriteLine("成绩最好的学生:");
            maxst.showInfo();
            Console.WriteLine("--------------------------");
            Console.WriteLine("成绩最差的学生:");
            minst.showInfo();
            Console.ReadKey();
        }
    }
}
```

运行该程序,结果如图 4.10 所示。

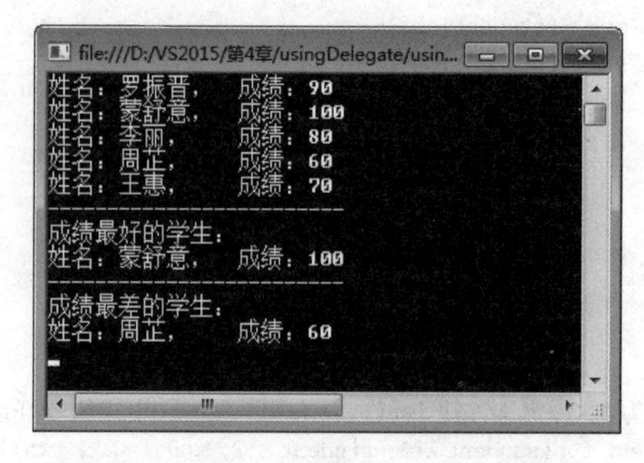

图 4.10　程序 usingDelegate 的运行结果

该程序中，方法的回调体现在方法 fun()中，它包含一个 xnDelegate 类型的参数 fxn。通过该参数，可以将 student.max()方法传递到方法 fun()中，以求得成绩较好的学生；同样，可以将 student.min()方法传递到方法 fun()中，以求得成绩较差的学生。利用方法 fun()就可以求出数组 sts[]中成绩最好和最差的学生。

4.6.4　委托的组合

委托作为一种对象，它较 C/C++中的函数指针的功能强得多。例如，委托还可以进行委托的“加”“减”运算，而这就是委托的组合。

委托的组合，又称为委托的多播，它是指一个委托可以封装其他的委托，即将其他委托加入到这个委托当中，也可以将其中的委托移出。

委托的“加”“减”运算符分别是“+”和“-”。例如，

```
delegate string MyDelegate(int n);
MyDelegate a, b, c, d;
//在对 a, b, c, d 进行赋值后，可以进行下面的运算
d = a + b + c;                                  //委托组合
d = d - a;
```

【例 4.8】　委托组合的例子。

创建程序 DelegateCom，在文件 Program.cs 编写如下代码。

```
using System;
using System.Collections.Generic;
using System.Linq;
using System.Text;
using System.Threading.Tasks;
namespace DelegateCom
{
    delegate string MyDelegate(int n);
    class A
    {
        public string f1(int i1)
        {
            string s = "函数 f1()输出的结果:" + i1.ToString();
```

```
            Console.WriteLine(s);
            return s;
        }
        public string f2(int i2)
        {
            string s = "函数 f2()输出的结果:" + i2.ToString();
            Console.WriteLine(s);
            return s;
        }
        public string f3(int i3)
        {
            string s = "函数 f3()输出的结果:" + i3.ToString();
            Console.WriteLine(s);
            return s;
        }
    }
    class Program
    {
        static void Main(string[] args)
        {
            A ca = new A();
            MyDelegate a, b, c, d;
            a = new MyDelegate(ca.f1);
            b = new MyDelegate(ca.f2);
            c = new MyDelegate(ca.f3);
            d = a + b + c;                          //委托组合
            a(100);
            b(200);
            c(300);
            Console.WriteLine("--------------------------");
            string s = d(800);
            Console.WriteLine("--------------------------");
            Console.WriteLine("委托 d 的返回结果:{0}", s);
            Console.ReadKey();
        }
    }
}
```

该程序的运行结果如图 4.11 所示。

图 4.11 程序 DelegateCom 的运行结果

该程序中,委托 d 将委托 a、b、c 封装(组合)起来。从程序的运行结果可以看出,调用委托 d 就是调用其包含的所有委托,并将 d 的参数值传给这些委托;如果委托关联的方法具有返回值,则组合的委托(如委托 d)返回委托列表中最后一个委托的返回值。

4.7 泛型类

在编写应用程序的时候经常出现这样的情况:当对不同类型的数据进行相同的操作时,由于数据类型不同,需要编写多套相似的代码。这样就会造成工作效率低,代码利用率低的现象,同时还使得程序结构变得很复杂。为此,C#语言自从 2.0 版本开始引入了泛型技术。该技术的主要思想是将算法从数据结构"脱离"出来,使得预定义操作能够作用于多种不同的数据类型,从而提高代码利用率和代码编写效率,同时也提高代码的运行效率和提升了代码的安全性。

4.7.1 泛型类的定义

泛型类也是一种类,与一般类的定义相似。不同的是,泛型类的定义需要在类名后面添加一对尖括号"<>",括号中放置类型参数(多用"T"作为参数),表示抽象数据类型。定义格式如下。

```
class 类名<T>
{
    T 变量名;                                //成员变量
    T 方法名及参数;                          //成员方法
}[;]
```

其中,T 就是类型参数。在用泛型类创建对象的时候需要用具体的数据类型来替代 T 即可。例如,下面代码定义了泛型类 A<T>。

```
public class A<T>
{
    private  T  x;
    public   A(T x) { this.x = x; }            //构造函数
    public   T  getx() { return x; }
}
```

以下代码则是利用该泛型类来创建对象 a 并调用函数 getx()将成员变量 x 的值输出。

```
A<int>  a;
a = new A<int>(2);
Console.WriteLine(a.getx());
```

其中,类型参数 T 被具体的数据类型 int 替代了。下面用一个例子来说明泛型类的作用。

【例 4.9】 定义一个函数,使得它能够交换两个参数的值,且适用于多种不同类型的参数。

对于这类需求,显然适合用泛型类解决。为此,创建控制台应用程序 genericClass,先定义泛型类 B<T>，并在其中定义满足上述需求的函数 swap()，此外还给出了调用此函数的测试代码。该程序完整的代码如下。

```
using System;
using System.Collections.Generic;
using System.Linq;
using System.Text;
using System.Threading.Tasks;
namespace genericClass
{
    class Program
    {
        class B<T>                                        //定义泛型类
        {
            public static void swap(ref T x, ref T y)     //定义函数
            {
                T t = x;
                x = y;
                y = t;
            }
        }
        static void Main(string[] args)          //调用函数 swap()的测试代码
        {
            int a, b;
            a = 100; b = 200;
            Console.WriteLine("交换前:a = {0}, b = {1}", a, b);
            B<int>.swap(ref a, ref b);
            Console.WriteLine("交换后:a = {0}, b = {1}", a, b);
            Console.WriteLine("-----------------------------------");
            string s1, s2;
            s1 = "西游记"; s2 = "红楼梦";
            Console.WriteLine("交换前:s1 = {0}, s2 = {1}", s1, s2);
            B<string>.swap(ref s1, ref s2);
            Console.WriteLine("交换后:s1 = {0}, s2 = {1}", s1, s2);
            Console.ReadKey();
        }
    }
}
```

执行该程序，其输出结果如图 4.12 所示。

从运行结果可以发现，静态函数 swap()成功地完成了两个参数值的交换，并且适用于不同类型的参数。

当然，通过将参数定义为 object 类型并利用装箱和拆箱的方法也可以实现上述中泛型类的功能，但是装箱和拆箱是耗时和低效的。相对而言，泛型类解决方法是高效的。

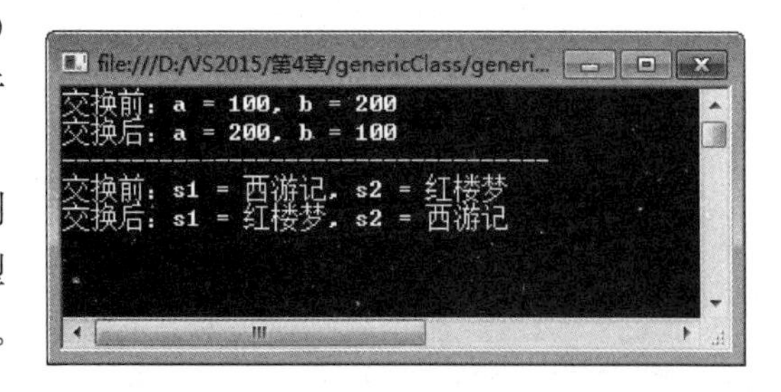

图 4.12 程序 genericClass 的运行结果

在一个泛型类中，也可以使用多个类型变

量,其定义方法是在尖括号中列出多个类型变量并用逗号分隔。例如,下面将定义一个带有两个类型变量 T1 和 T2 的泛型类 C,这两个类型参数分别用于定义类中的两个数组 a1 和 a2。

```
class C<T1, T2>
{
    int x;
    public T1[] a1 = new T1[100];
    public T2[] a2 = new T2[200];
}
```

利用泛型类 C<T1, T2>可以创建和应用相应的对象,例如:

```
C<int, string> c = new C<int, string>();        //利用泛型类创建对象
for (i = 0; i < 100; i++) c.a1[i] = i * 2;      //访问对象中的数组
for (i = 0; i < 200; i++) c.a2[i] = (i * 10).ToString();
```

4.7.2 泛型数组类——List<T>类

数组可以将同类型的数据聚集在一起,通过下标可以方便地访问数组中的元素。数组一旦被定义以后,就只能适用于一种数据类型,且其长度是固定的;另外,数组中元素的插入、删除、排序等操作都需要自己编写代码来实现,这样操作起来比较麻烦。为此,C#提供了一种泛型类——List<T>类。该泛型类具备数组的全部功能,适用于不同的数据类型,而且提供针对数组操作的大量方法(如添加、删除和排序等),其长度可以动态地增加或缩小。但 List<T>类只能处理一维数据。

List<T>作为一个泛型类,其使用方法与一般的类一样:先用 List<T>创建对象,然后调用对象的方法,从而实现对元素的操作。例如,可以利用 List<T>来定义整数数组,也可以定义字符串数组等。

```
List<int> intList = new List<int>();            //整型数组
List<string> strList = new List<string>();      //字符串数组
```

也可以在定义时赋初值:

```
List<int> intList = new List<int>() {1,2,3,4,5};
```

还可以在定义时利用数组来赋初值。

```
int[] a = { 1,2,3,4,5 };
List<int> intList = new List<int>(a);           //利用数组 a 来赋初值
```

【举一反三】

这里已经讲述了将一般数组元素添加到泛型数组中去的方法。反过来,也可以将泛型数组中的元素复制到一般数组中。例如:

```
int[] a;
a = intList.ToArray();                          //将泛型数组 intList 中的元素复制到数组 a 中
```

下面主要介绍 List<T>类的一些常用方法。

1. 添加元素的方法

(1) add()

利用 List<int>类的方法 add()可以为 List<T>数组添加元素。例如，下列三条语句分别为数组 intList 添加三个元素：10、20 和 30。

```
intList.Add(10);
intList.Add(20);
intList.Add(30);
```

下面语句则为数组 strList 添加两个元素："西游记"和"红楼梦"。

```
strList.Add("西游记");
strList.Add("红楼梦");
```

(2) Insert()

List<T>数组中元素的下标从 0 开始编号，依次是 1,2,…。利用 Insert()方法可以在指定的位置上插入元素。例如，下列方法是在数组 strList 中下标为 0 的位置上插入元素"傲慢与偏见"。

```
strList.Insert(0, "傲慢与偏见");
```

【注意】

假设当前数组中有 n 个元素，那么数组中元素的编号依次是 0,1,…,$n-1$。这样，Insert()方法的插入位置只能是{0,1,…,n}其中之一，如果位置参数为其他数值则会产生异常。

(3) AddRange()

利用 AddRange()方法为泛型数组进行批量元素追加，这些批量元素来自其他集合对象或结构，如其他的泛型数组或一般的数组。例如，以下先定义泛型数组 strList2 并为之添加两个元素，然后利用 AddRange()方法将 strList2 中的元素全部追加到泛型数组 strList 中。

```
List<string> strList2 = new List<string>();   //定义泛型数组 strList2
strList2.Add("傲慢与偏见");                    //添加两个元素
strList2.Add("孤星血泪");
strList.AddRange(strList2);                   //将 strList2 中元素全部追加到 strList 中
```

下面代码则是将一般数组中的元素追加到泛型数组 strList 中的例子。

```
string[] str = { "水浒传", "三国演义" };
strList.AddRange(str);
```

2. 访问(遍历)元素的方法

对于泛型数组，可以像普通数组那样按下标对之进行遍历。例如，输出泛型数组 strList 中的元素，可以用下列代码来实现。

```
for (i = 0; i < strList.Count; i++) Console.WriteLine(strList[i]);
```

其中，strList.Count 返回泛型数组 strList 中的元素个数。Capacity 属性易与 Count 属性混淆，它表示的是数组容量。在任何时候，Capacity 属性值均大于或等于 Count 属性值。

不利用下标，而使用 foreach 语句也可以遍历其中的所有元素。

```
foreach (string e in strList) Console.WriteLine(e);
```

3. 删除元素的方法

(1) Remove(T item)用于删除指定的元素 item。例如，下列语句从 strList 中删除元素"水浒传"。

```
strList.Remove("水浒传");
```

(2) RemoveAt(int index)用于删除下标为 index 的元素，如果下标超出范围{0,1,…,$n-1$}将出现异常。例如，下列语句将下标为 2 的元素从泛型数组 strList 中删除。

```
strList.RemoveAt(2);
```

(3) RemoveRange(int index, int count)用于批量删除，表示从下标值为 index 的元素开始，一直删除 count 个元素。如果 count 大于 strList.Count-index(即数组中的元素不够删除)，则会出现异常。下列语句的作用是删除下标值为 1、2 和 3 的元素，一共三个元素。

```
strList.RemoveRange(1, 3);
```

(4) Clear()方法用于删除数组中所有的元素，即清空泛型数组。例如，下列语句可将数组 strList 中的元素全部删除。

```
strList.Clear();
```

(5) RemoveAll(Predicate<T> match)方法用于删除与指定的谓词所定义的条件相匹配的所有元素。

Predicate 是对方法的委托，如果传递给它的对象与委托中定义的条件匹配，则该方法返回 true。泛型数组中的元素逐个传递给 Predicate 委托，传递的顺序是从左到右，每次传递一个元素，直至检测到最后一个元素。

Predicate 通常委托给一个拉姆达表达式或一个函数。拉姆达表达式由三个部分组成：中间部分是固定的符号“=>”；左边是一个参数列表，如(x,y,z)；右边是具体要实现的代码段，代码段里面可以使用参数列表中的参数进行各种运算，运算结果应该返回 true 或 false。如果返回 true，则表示对应的元素满足条件而被删除。

例如，下列语句用于删除长度小于或等于 3 的元素。

```
strList.RemoveAll(s =>(s.Length <= 3));        //删除长度小于等于 3 的元素
```

该语句中，s 是自己定义的变量(只要是合法的标识符即可)。执行时，s 会依次取自泛型数组 strList 中的每个元素。当表达式 s.Length <= 3 返回 true 时，对应的元素会被删除。上述语句也等价于下列语句。

```
strList.RemoveAll(s =>
    {
        if (s.Length <= 3) return true;
        else return false;
    });
```

4. 判断一个元素是否存在的方法

Contains(T item)方法可用于判断元素 item 是否在泛型数组中。例如,下面代码就是用该方法判断“傲慢与偏见”是否在泛型数组中。

```
List<string> strList = new List<string>() { "西游记", "红楼梦", "水浒传" };
if (strList.Contains("傲慢与偏见"))
{
    Console.WriteLine("\"傲慢与偏见\" 已经在数组中!");
}
else
{
    strList.Add("傲慢与偏见");
    Console.WriteLine("\"傲慢与偏见\" 已经成功添加到数组中!");
}
```

5. 排序数组元素的方法

元素的排序是利用 Sort()方法来实现的。但该方法比较复杂,下面仅介绍常用的调用方式。

考虑下面两个泛型数组 strList 和 intList。

```
List<string> strList = new List<string>() { "西游记", "红楼梦", "水浒传", "三国演义" };
List<int> intList = new List<int>() { 2,1,9,5,8 };
```

其中,strList 是字符串数组,intList 是整型数组。

在默认情况下,Sort()方法是按升序进行排列。对字符串数组,是按照元素的字典顺序升序排序;对于数值型数组,则按照数值大小升序排列,代码如下。

```
strList.Sort();                              //按字典顺序升序排列
intList.Sort();                              //按数值大小升序排列
```

执行上述两条语句后,数组 strList 和数组 intList 中的元素顺序分别为{1,2,5,8,9}和{"红楼梦","三国演义","水浒传","西游记"}。

如果要执行降序排列,需要用到拉姆达表达式。

```
strList.Sort((x, y) => - x.CompareTo(y));    //按字典顺序降序排列
intList.Sort((x, y) => - x.CompareTo(y));    //按数值大小降序排列
```

显然,去掉“-x.CompareTo(y)”中的负号“-”后,上述语句的效果就变为升序排列,这时它们分别等效于 strList.Sort()和 intList.Sort()。

6. 查找元素的方法

下面介绍两种从泛型数组中查找元素的方法。

(1) Find()方法用于查找满足条件的第一个元素(从左到右)。例如,执行下列语句。

```
int k;
List<int> intList = new List<int>() { 2,1,9,5,8 };
```

```
k = intList.Find(x => x >= 3);                    //查找第一个大于等于 3 的元素
Console.WriteLine(k);
```

结果输出“9”,因为“9”是{2,1,9,5,8}中第一个大于等于 3 的元素。

又如,执行下列代码,结果输出“西游记”。

```
string s;
List<string> strList = new List<string>() { "西游记", "红楼梦", "水浒传", "三国演义" };
s = strList.Find(x => x.Length >= 3);
Console.WriteLine(s);
```

FindLast()方法和 Find()方法的调用方法相同,不同的是,FindLast()方法返回最后一个满足条件的元素。

(2) FindAll()方法用于查找满足条件的所有元素。它的调用方式与 Find()方法相同,不同的是,其返回的结果是一个子泛型数组 List<T>,是原来泛型数组的一个子集。例如,下列代码中“strList.FindAll(s=> (s.Length <=3))”返回由所有长度小于等于 3 的元素构成的泛型数组。

```
List<string> strList = new List<string>() { "西游记", "红楼梦", "水浒传", "三国演义" };
List<string> subList = strList.FindAll(s =>(s.Length <= 3));
for (i = 0; i < subList.Count; i++) Console.WriteLine(subList[i]);
```

执行上述代码,输出结果如下:

```
西游记
红楼梦
水浒传
```

4.8 常用的几个类

.NET Framework 类库十分丰富,封装了大量的常用功能。本节只简要介绍类库中常用的类及其相关方法,以满足读者日常编程的需要。有关类库的详细资料可参阅微软的官方网站 http://msdn.microsoft.com/。

4.8.1 String 类

String 类提供了强大的字符串数据处理能力,可以非常方便地用于日常的编程工作中。例如,IndexOf()方法可以用于在指定字符串中查找给定的子串,如果找到则返回子串在该字符串中第一个匹配项的索引(注意,索引是从 0 开始,即字符串中的第一字符的索引为 0),否则返回-1。对于下列代码:

```
string s = "abcdeabfghijk";
int n = s.IndexOf("cd");
```

执行后,n 的值为 2,也就是说"cd"在字符串"abcdeabfghijk"中的第一个匹配字符的索引为 2。

表 4.1 列出了类 String 提供的常用方法,并对其使用方法提供了简要的实例说明。

表 4.1　类 String 的常用方法(默认 s = "abcdeabfghijk",s 为 string 类型变量)

方　　法	作　　用	实　　例
s. IndexOf(String sub)	返回子串 sub 在母串 s 中的第一个匹配项的索引,如果没有匹配项则返回－1	n = s. IndexOf("ab");//结果 n 为 0
s. IndexOf(String sub,m)	返回子串 sub 在母串 s 中的第一个匹配项的索引,其中搜索从以 m 为索引的字符开始,如果没有匹配项则返回－1	n = s. IndexOf("ab", 2);//结果 n 为 5
s. LastIndexOf(String sub)	返回子串 sub 在母串 s 中的最后一个匹配项的索引,如果没有匹配项则返回－1	n = s. LastIndexOf("ab"); //结果 n 为 5
s. LastIndexOf(String sub,m)	返回子串 sub 在母串 s 中的最后一个匹配项的索引,该搜索从索引为 m 的字符开始向前搜索到第一个字符,如果没有匹配项则返回－1	n = s. LastIndexOf("ab", 6);//结果 n 为 5
s. Remove(int m)	在字符串 s 中删除从索引为 m 的字符到最后位置的所有字符	s. Remove(4)返回"abcd"
s. Remove(int m1, int m2)	在字符串 s 中删除从索引为 m 的字符开始,一共 m2 个字符	s. Remove(2, 3)返回"ababfghijk"
s. Replace(string sub1, string sub2)	将字符串 s 中所有与子串 sub1 匹配的项替换为子串 sub2	s. Replace("ab", "xy")返回"xycdexyfghijk"

s. Split(char c)	以字符 c 为分隔符,将字符串 s 分割成若干子串,结果返回由这些子串构成的字符串数组	string[] strs = s. Split('b');//获得长度为 3 的字符串数组 strs,其中 strs[0]= "a"、strs[1]="cdea"、strs[2]="fghijk"
		string[] strs = s. Split('b', 'e'); //获得长度为 4 的字符串数组 strs,其中 strs[0]= "a"、strs[1]="cd"、strs[2]="a"、strs[3]="fghijk"

续表

方　法	作　用	实　例
s. Substring(int m)	从字符串 s 中获取一个子串,该子串从索引为 m 的字符开始,一直到最后一个字符	s. Substring(7)返回"fghijk"
s. Substring(int m1, int m2)	从字符串 s 中获取一个子串,该子串从索引为 m1 的字符开始,一直到索引为 m2 的字符为止	s. Substring(7, 3)返回"fgh

s. ToCharArray()	将字符串 s 中的字符复制到字符数组中	char[] chars = s. ToCharArray();//将字符串 s 中的字符依
		//次"分散"到长度为 13 的字符数组 chars 中;如果由字符数
		//组获得字符串,可以利用类 string 的构造函数来实现,即
		//new String(chars)将返回一个字符串对象

s. ToCharArray(int m1, int m2)	将字符串 s 中从索引为 m1 的字符开始连续 m2 个字符复制到字符数组中	char[] chars = s. ToCharArray(3, 7);//结果将 s 的子串
		//"deabfgh"依次复制到字符数组 chars 中

s. ToLower()	将字符串 s 中的字符变成小写字符	s = "AbcDe"; s = s. ToLower();//字符串 s 变为"abcde"
s. ToUpper()	将字符串 s 中的字符变成大写字符	s = "AbcDe"; s = s. ToUpper();//字符串 s 变为"ABCDE"
s. Trim()	删除字符串 s 中头部和尾部的空格字符	s = "abc"; s = s. Trim();//结果 s 变成"abc"
s. Trim(char c1, char c2)	删除字符串 s 的头部和尾部中与字符 c1 或 c2 相匹配的字符	s = "xxxabaaxxcxa"; s = s. Trim('a', 'x');//结果 s 变为"baaxxc"
s. Insert(int m, string sub)	在字符串 s 中从索引为 m 的字符开始插入子串 sub	s = s. Insert(3, "xy");//结果 s 变为"abcxydeabfghijk"

4.8.2 DateTime 类

许多实际编程应用都会涉及日期时间问题。C#提供了 DateTime 类来处理日期时间问题。DateTime 对象表示的日期时间范围在 0001 年 1 月 1 日午夜 12:00:00 到 9999 年 12 月 31 日晚上 11:59:59 之间的日期和时间,时间值是以 100ns 为单位进行计算的。本节主要介绍几个常用的日期时间计算问题,包括日期时间的获取和设置、日期时间成份的提取以及日期时间值的计算等。

1. 日期时间值的获取和设置

获取系统当前时刻的日期时间值可用下面语句实现。

```
DateTime dt = System.DateTime.Now;
```

执行后,日期时间变量 dt 就包含了当前系统的日期和时间值,精确到 100ns。可用下面语句输出:

```
Console.WriteLine(dt.ToString());
```

笔者执行时输出:

```
2017 - 10 - 19 21:59:41
```

虽然没有看到时间的毫秒和纳秒部分,但可以用稍后介绍的日期时间成分提取方法来获取。

对于日期时间变量的赋值,可以用 DateTime 类的构造函数来实现。

```
DateTime dt;
dt = new DateTime(2017, 10, 19);                    //结果 dt 的值为 2017 - 10 - 19 00:00:00
dt = new DateTime(2017, 10, 19, 22, 01, 30);        //结果 dt 的值为 2017 - 10 - 19 22:01:30
dt = new DateTime(2017, 10, 19, 22, 01, 30,999);    //结果 dt 输出的值为 2017 - 10 - 19
                                                    //22:01:30,毫秒没有显示
```

也可以通过字符串来对象 dt 赋值,但需要显式转换。

```
dt = DateTime.Parse("2017, 10, 19");                //但不能写成:dt = "2017, 10, 19";,
                                                    //dt 的值为 2017 - 10 - 19 0:00:00
```

当把时间部分也写到字符串里面时,小时、分、秒之间要用冒号隔开。例如:

```
dt = DateTime.Parse("2017, 10, 19, 22:01:30");
```

其中,字符串部分也可以写成"2017, 10, 19 22:01:30"(日期和时间部分之间的逗号可以省略),但不能写成"2017, 10, 19, 22, 01, 30";此外,毫秒不能用字符串的方式赋值。例如,下面的赋值语句都是错误的。

```
dt = DateTime.Parse("2017, 10, 19, 22:01:30");          //错误,小时、分、秒之间要用冒号隔开
dt = DateTime.Parse("2017, 10, 19, 22:01:30: 999");     //错误
```

当然,用类型转换函数转换 Convert()可以将更多字符串类型数据转变为日期时间值,

由于篇幅有限,在此不做介绍。

此外,利用 DateTimePicker 控件可以通过鼠标选择指定的日期时间值,然后将该值赋给 DateTime 类型变量。关于 DateTimePicker 控件的使用方法,将在 6.3.3.6 节中介绍。

2. 日期时间成分的提取

日期时间变量包含了日期和时间的各种成分,如年、月、日、小时、分、秒、毫秒、星期等。如何提取这些成分呢?下面通过具体的例子来介绍各种成分的提取方法。

例如,先定义日期时间变量 dt,并令它保存当前时刻的日期时间值。

```
DateTime dt = DateTime.Now;
```

然后可用下面的方法提取各种成份。

```
int n;
n = dt.Year;                                   //提取年份
n = dt.Month;                                  //提取月份
n = dt.Day;                                    //提取日期
n = dt.Hour;                                   //提取小时
n = dt.Minute;                                 //提取分钟
n = dt.Second;                                 //提取秒数
n = dt.Millisecond;                            //提取毫秒
n = Convert.ToInt16(dt.DayOfWeek);             //当前日期在本周中的第几天
n = Convert.ToInt16(dt.DayOfYear);             //当前日期在本年度中的第几天
```

3. 日期时间值的增减运算

这里所讲的日期时间值的增减运算是指对日期时间值增加或减去指定的时间间隔值后得到新的日期时间值,或者将两个日期时间值进行相减而得到一个时间间隔值的计算过程。

例如,假设 dt1 的值为 2017 年 10 月 19 日 22 时 01 分 30 秒,如果求 dt1 经过整整 10 年(时间间隔值)后这个时候的日期时间值 dt2,则可用下面代码来实现。

```
DateTime dt1 = new DateTime(2017, 10, 19, 22, 01, 30);
DateTime dt2 = dt1.AddYears(10);
```

结果 dt2 的值为 2027-10-19 22:01:30。对于给定其他时间间隔值,我们也可以用类似的方法来求这个间隔后的时间值。下面给出一些常用的经典而简单的例子,供读者参考。

```
DateTime dt1 = new DateTime(2017, 10, 19, 22, 01, 30);
DateTime dt2;
dt2 = dt1.AddYears(10);                //dt2 的值为 2027 - 10 - 19 22:01:30(10 年后的值)
dt2 = dt1.AddYears( - 10);             //dt2 的值为 2007 - 10 - 19 22:01:30(10 年前的值)
dt2 = dt1.AddMonths(5);                //dt2 的值为 2018 - 3 - 19 22:01:30(5 个月后的值)
dt2 = dt1.AddDays(30);                 //dt2 的值为 2017 - 11 - 18 22:01:30(30 天后的值)
dt2 = dt1.AddHours(10);                //dt2 的值为 2017 - 10 - 20 8:01:30(10 个小时后的值)
dt2 = dt1.AddMinutes( - 120);          //dt2 的值为 2017 - 10 - 19 20:01:30(120 分钟前的值)
dt2 = dt1.AddSeconds(10);              //dt2 的值为 2017 - 10 - 19 22:01:40(10 秒钟后的值)
dt2 = dt1.AddMilliseconds(100);        //dt2 为 dt1 的 100 毫秒后的值
```

另一个常用的日期时间值的增减运算是计算两个日期时间值之间的时间间隔。例如，计算 2017 年 1 月 10 日 11 时 20 分 30 秒 100 毫秒与 2018 年 1 月 13 日 11 时 50 分 30 秒 300 毫秒这两个日期时间值之间总共相差多少个小时，则可以用下面语句来实现。

```
DateTime dt1 = new DateTime(2017, 1, 10, 11, 20, 30, 100);
DateTime dt2 = new DateTime(2018, 1, 13, 11, 50, 30, 300);
double n = dt2.Subtract(dt1).Duration().TotalHours;
```

执行后，n 的值即为这两个日期时间值之间相差的总共小时数，n 为双精度浮点数。其中，方法 Duration()是用于获取两个时间差的绝对值。此外，还可以获取以天、分、秒等为单位的两个日期时间值之间的间隔值。以下是一些常用的经典例子。

```
DateTime dt1 = new DateTime(2017, 1, 10, 11, 20, 30, 100);
DateTime dt2 = new DateTime(2018, 1, 13, 11, 50, 30, 300);
double n;
n = dt2.Subtract(dt1).Duration().TotalDays;         //n 的值为 368.020835648148(以天为单位)
n = dt2.Subtract(dt1).Duration().TotalHours;        //n 的值为 8832.50005555555(以小时为单位)
n = dt2.Subtract(dt1).Duration().TotalMinutes;      //n 的值为 529950.00333333(以分钟为单位)
n = dt2.Subtract(dt1).Duration().TotalSeconds;      //n 的值为 31797000.2(以秒为单位)
n = dt2.Subtract(dt1).Duration().TotalMilliseconds;     //n 的值为 3179700020(以毫秒为单位)
```

有时候可能需要计算两个日期时间值在某个时间成份上的间隔。例如，日期时间值 2017 年 1 月 10 日 11 时 20 分 30 秒 100 毫秒和 2018 年 1 月 13 日 11 时 50 分 30 秒 300 毫秒在分钟成分上的时间间隔为 30 分钟。为示范各种不同时间成分之间间隔的计算方法，下面仍然给一些例子来说明。

```
DateTime dt1 = new DateTime(2017, 1, 10, 11, 20, 30, 100);
DateTime dt2 = new DateTime(2018, 1, 13, 11, 50, 30, 300);
int m;
m = dt2.Subtract(dt1).Duration().Hours;             //计算小时成份上的时间间隔,结果 m 为 0
m = dt2.Subtract(dt1).Duration().Minutes;           //计算分钟成份上的时间间隔,结果 m 为 30
m = dt2.Subtract(dt1).Duration().Seconds;           //计算秒钟成份上的时间间隔,结果 m 为 0
m = dt2.Subtract(dt1).Duration().Milliseconds;      //计算毫秒成份上的时间间隔,结果 m 为 200
```

【注意】

dt2.Subtract(dt1).Duration().Days 并不是返回 dt1 和 dt2 在“天”这个成份上的时间间隔，即它并不是返回 3，而是 368。实际上，它返回的是 dt1 和 dt2 之间相差总的天数，其功能与 dt2.Subtract(dt1).Duration().TotalDays 基本相同；不同的是，前者返回整数，后者返回浮点数。

4. 日期时间值的比较

日期时间值大小的比较也是常用的操作之一，如比较两个人的年龄大小等。常用的比较操作包括<、<=、==、>、>=、!=等。下面给出关于日期时间值比较的例子，从中不难总结出这种比较的一般方法：

```
DateTime birthday1 = new DateTime(2006, 11, 29, 03, 45, 00);        //李思的生日
DateTime birthday2 = new DateTime(2004, 01, 12, 11, 20, 00);        //赵慧的生日
```

```
string answer;
Console.WriteLine("李思比赵慧的年龄大吗?");
if (birthday1 < birthday2)                    //注意,出生日期时间值小的,其年龄就大
    answer = "是的!";
else if (birthday1 == birthday2)
    answer = "一样大!";
else
    answer = "不是,李思比赵慧小!";
Console.WriteLine(answer);
```

4.8.3 Math 类和 Random 类

1. Math 类

Math 类为数值计算提供了用于计算一些常用数学函数的静态成员和方法,包括绝对值、三角函数、对数函数等。这些方法是静态的,因此不需要实例化即可引用。例如,计算 $\sqrt{3}$ 的值,可用下列语句实现:

```
double f = System.Math.Sqrt(3);
```

结果,其 f 的值为 1.73205080756888。

Math 类中常用的静态方法如表 4.2 所示。

表 4.2 Math 类的常用成员

方法和常数	作　用	实　例
PI	圆周率	其值为 3.141 592 653 589 79
E	自然对数的底数 e	其值为 2.718 281 828 459 05
double Abs(double v)	求 v 的绝对值	Abs(−2.3)返回 2.3
double Sin(double a)	求 a 的正弦函数值	Sin(2)返回 0.909 297 426 825 682
doubleCos(double a)	求 a 的余弦函数值	Cos(2)返回−0.416 146 836 547 142
doubleTan(double a)	求 a 的正切函数值	Tan(2)返回−2.185 039 863 261 52
double Max(double v1, double v2)	求 v1 和 v2 中的最大值	Max(2, 5)返回 5
double Min(double v1, double v2)	求 v1 和 v2 中的最小值	Min(2, 5)返回 2
doubleCeiling(double d)	对 d 向上取整	Ceiling(2.4)返回 3
double Floor(double d)	对 d 向下取整	Floor(2.4)返回 2
double Exp(double d)	求 E^d 的值	Exp(3)返回 20.085 536 923 187 7
double Log(double d)	求 $\log_E(d)$的值	Log(3)返回 1.098 612 288 668 11
double Log10(double d)	求 $\log_{10}(d)$的值	Log10(1000)返回 3
Double Pow(double x, double y)	求 x^y 的值	Pow(2, 3)返回 8
double Sqrt(double d)	求$\sqrt{d}$的值	Sqrt(3)返回 1.732 050 807 568 88
double Round(double x)	对 x 进行四舍五入	Round(2.6)返回 3,Round(2.4)返回 2
int Sign(double x)	分段函数,x 大于 0 则返回 1,等于 0 则返回 0,否则返回−1	Sign(0)返回 0

2. Random 类

System.Random 类提供了用于产生伪随机数的成员方法，这些方法主要包括 Next()方法和 NextDouble()方法。方法的原型及其作用说明如下所述。

- public virtual intNext()：返回一个非负的随机整数。
- public virtual intNext(int maxValue)：返回一个小于 maxValue 的非负随机整数。
- public virtual intNext(int minValue, int maxValue)：返回一个大于 minValue、小于 maxValue 的非负随机整数。
- public virtual doubleNextDouble()：返回一个[0, 1]中的 double 类型随机浮点数。

由于这些方法是非静态成员方法，故需要实例化后通过对象名来引用它们。例如

```
double f;
System.Random r = new System.Random();
f = r.Next();
f = r.Next(10);
f = r.Next(10,20);
f = r.NextDouble();
```

下面通过一个例子来说明如何使用 Math 类和 Random 类提供的方法。

【例 4.10】 近似估计圆周率 π 的值。

南北朝时期我国杰出的数学家祖冲之首次将圆周率 π 的值计算到小数点后七位，即 3.141 592 6～3.141 592 7。此后经过众多学者的努力，现在已经能够精确到小数点后上亿位了。本例中，我们通过产生随机数的方法来近似计算圆周率 π。

假设有一个圆 O 内切于一个正方形，该正方形的边长为 a，它们在坐标系中的位置关系如图 4.13 所示。

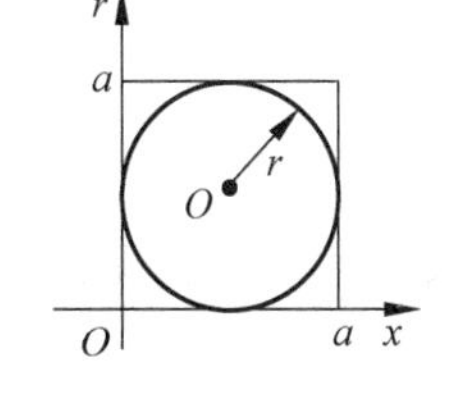

图 4.13　内切于正方形的圆

圆 O 和正方形的面积计算方法分别如下：

$$S_c = \pi * r^2$$

$$S_r = a^2$$

由于 $r = a/2$，将 r 带入上式后可以推出：

$$\pi = 4 * (S_c/S_r)$$

为计算 S_c/S_r，在正方形所在的区域内随机产生一定数量的点，点的总数用整型变量 sr 统计，落在圆形区域内的点的总数用整型变量 sc 统计。这样，S_c/S_r 的值就可以用 sc/sr 的值近似估计，从而可以近似计算圆周率 π 的值，即 π=4.0 * sc/sr。

```
using System;
using System.Collections.Generic;
using System.Linq;
using System.Text;
class Program
{
    static void Main(string[ ] args)
    {
        double a, r, pi, x, y;
```

```
            long sc = 0, sr = 0;
            System.Random ran = new System.Random();
            a = 10.0;                                    //正方形的边长
            r = a/2;                                     //圆半径
            int i = 0;
            while (i < 5000000)
            {
                x = ran.NextDouble() * a;
                y = ran.NextDouble() * a;
                sr++;
                //判断点(x,y)是否落在圆里面
                Boolean flag = Math.Pow(x - a/2, 2) + Math.Pow(y - a/2, 2)<= Math.Pow(a/2, 2);
                if (flag) sc++;
                i++;
            }
            pi = 4.0 * sc/sr;                            //近似估计圆周率的值
            Console.WriteLine("圆周率π的值近似为:{0}", pi.ToString());
        }
    }
```

输出结果为：

圆周率π的值近似为：3.1421224

4.9 命名空间

命名空间是C#中的一个重要的概念，它为程序逻辑结构提供了一种组织方式。本节介绍命名空间的声明、导入和使用方法。

4.9.1 命名空间的声明

命名空间的声明由关键词 namespace 来实现，格式如下：

```
namespace 命名空间名
{
    命名空间成员;
}
```

其中，命名空间名可以是任意合法的标识符，命名空间成员通常是类，但还可以是结构、接口、枚举、委托等，也可以是其他的命名空间，即命名空间可以嵌套定义。在同一个命名空间中，命名空间成员不能重名，但在不同的命名空间中，命名空间成员可以重名。

【注意】

命名空间的修饰符都是隐含为 public 的类型，不能在声明时显式指定任何的修饰符。

如果在一个命名空间中访问另外一个命名空间中的成员，则必须通过命名空间名来实现，格式如下：

```
命名空间名.命名空间成员;
```

命名空间的出现有效地减少了由于成员名的重名而带来的麻烦。程序员只需保证自己编写的命名空间中代码的有效性,而不必考虑其他命名空间中成员的命名问题,这样就使得程序员能够将更多精力集中在值得关注的问题上,从而提高项目开发的效率。

考虑下列代码声明的两个命名空间:

```
namespace np1
{
    class A
    {
        public void f() { }
    }
    class B
    {
        public int x;
        public void h()
        {
            A a = new A();              //访问同一命名空间中的成员,故不需要前缀命名空间名
        }
    }
}
namespace np2
{
    class A
    {
        public void g()
        {
            np1.B b = new np1.B();      //访问不同命名空间中的成员,故需要前缀命名空间名
            b.x = 1;
        }
    }
}
```

上述代码声明了两个命名空间:np1 和 np2。虽然 np1 和 np2 都存在名为“A”的类,但由于这两个类成员分别位于不同的命名空间中,因此这两个成员的定义都是合法和有效的。

命名空间 np1 包含类 A 和类 B 两个成员。类 B 中的方法 h()引用了类 A,由于类 A 与类 B 中同一命名空间中,因此在引用时“A”不需要前缀命名空间名“np1”,即不需要写成下列的形式:

```
np1.A a = new np1.A();                  //"np1."可以省略
```

当然,写成上述形式也可以,不会出现语法错误,只是形式显得烦琐。

命名空间 np2 中的成员——类 A 的方法 g()引用了命名空间 np1 中的成员——类 B,由于这种引用是跨空间的,因此需要在成员名前冠以命名空间名,即:

```
np1.B b = new np1.B();                  //"np1."不能省略
```

语句中的“np1.”是不能省略的,除非在命名空间 np2 中导入命名空间 np1(这将在 4.9.2 节中介绍)。

4.9.2 命名空间的导入

先考察下列代码声明的嵌套命名空间：

```
namespace np1
{
    namespace np2
    {
        namespace np3
        {
            class A { }
            class B { }
            class C { }
        }
    }
}
```

然后引用其中的类 A、B 和 C 来创建对象：

```
namespace test
{
    class Program
    {
        static void Main(string[] args)
        {
            np1.np2.np3.A a = new np1.np2.np3.A();
            np1.np2.np3.B b = new np1.np2.np3.B();
            np1.np2.np3.C c = new np1.np2.np3.C();
        }
    }
}
```

是不是觉得类 A、B 和 C 的引用方式很烦琐？实际上，只需利用 using 导入相应的命名空间，即可省略类名前面的“np1.np2.np3.”，使得代码更加简洁、明了。

使用 using 导入命名空间的格式如下：

```
using 命名空间;
```

例如，对于命名空间 test，只需在其开头处添加下列导入命令，即可省略类名前面的“np1.np2.np3.”：

```
using np1.np2.np3;
```

结果，命名空间 test 的代码如下：

```
namespace test
{
    using np1.np2.np3;
    class Program
    {
```

```
        static void Main(string[] args)
        {
            A a = new A();
            B b = new B();
            C c = new C();
        }
    }
}
```

当然,命名空间导入语句也可以写在文件的开头处,与其他导入语句放在一起。例如:

```
using System;
using System.Collections.Generic;
using System.Linq;
using System.Text;
using np1.np2.np3;
```

4.10 习题

一、选择题

1. 下面关于类的定义,错误的是(　　)。

A.
```
class A
{
    void f() { }
}
```

B.
```
class A
{
    void f() { }
};
```

C.
```
class A
{
    private void f() { return; }
}
```

D.
```
class A
{
    f() { }
}
```

2. 假设类 B 继承了类 A,下列说法错误的是(　　)。

A. 类 B 中的成员可以访问类 A 中的公有成员

B. 类 B 中的成员可以访问类 A 中的保护成员

C. 类 B 中的成员可以访问类 A 中的私有成员

D. 类 B 中的成员可以访问类 A 中的静态成员

3. 在类 A 中试图重载构造函数,并使用构造函数创建对象:

```
class A
{
    A() { }                             //语句 1
    public void A(int x) { }            //语句 2
    public A(int x, int y) { }          //语句 3
}
class Program
{
    static void Main(string[] args)
    {
```

```
        A a = new A();                  //语句 4
        A b = new A(100,200);           //语句 5
    }
}
```

其中,正确的语句包括(　　)。

A. 语句 2 和语句 4　　B. 语句 1、语句 3 和语句 5

C. 语句 1、语句 2 和语句 3　　C. 语句 4 和语句 5

4. 在类 A 中定义了属性 y:

```
class A
{
    public int y
    {
        get { return 1; }
        set { }
    }
}
```

并试图通过下列代码来实现对属性 y 的访问:

```
A b = new A();
b. y = 2;
int x = b. y;
```

对此,下列说法正确的是(　　)。

A. 属性 y 可读可写,因此变量 x 的值为 2

B. 属性 y 可读,但不可写,因此语句“b. y=2;”是错误的

C. 属性 y 可写,但不可读,因此语句“int x=b. y;”是错误的

D. 属性 y 可读可写,变量 x 的值为 1

5. 关于静态成员,下列说法正确的是(　　)。

A. 同一个类中的静态成员,类实例化后,在不同的对象中形成不同的静态成员

B. 在类实例化后,同类型的对象都共享类的静态成员,静态成员只有一个版本

C. 在类定义时静态成员属于类,在类实例化后静态成员属于对象

D. 在类实例化后静态成员属也被实例化,因此不同的对象有不同的静态成员

6. 关于多态,下列说法错误的是(　　)。

A. 多态实际上就是重载,它们本质上是一样的

B. 多态可以分为编译时多态和运行时多态。前者的特点是在编译时就能确定要调用成员方法的哪个版本,后者则是在程序运行时才能确定要调用成员方法的哪个版本

C. 编译时多态是在程序运行时才能确定要调用成员方法的哪个版本,而运行时多态在编译时就能确定要调用成员方法的哪个版本

D. 多态和重载是两个完全不同的概念,前者是通过定义虚方法和重写虚方法来实现,后者是通过对同一个函数名编写多个不同的实现代码来完成

7. 下面代码在类 A 中重载了减号"－"：

```
class A
{
    private int x;
    public static A operator - (A b, A c)
    {
        A a = new A();
        a.x = b.x * c.x;
        return a;
    }
    public void setx(int x) { this.x = x; }
    public int getx() { return x; }
}
```

执行下列语句：

```
A a = new A(); a.setx(3);
A b = new A(); b.setx(6);
A c = a - b;
int n = c.getx();
```

结果 n 的值为(　　)。

A. －3　　B. －6　　C. 18　　D. 9

8. 下面关于接口的说法，正确的是(　　)。

A. 接口中定义的方法都必须是虚方法

B. 接口中定义的方法可以编写其实现代码

C. 继承接口的类可提供被继承接口中部分成员的实现代码

D. 接口中的所有方法都必须在其派生类中得到实现

9. 下面关于命名空间的说法，错误的是(　　)。

A. C#中，命名空间可有可无，看需要来定义和使用

B. 同一个命名空间中的成员不能重名，不同命名空间中的成员可以重名

C. 使用命名空间的好处是，不但在不同命名空间中成员可以重名，而且在同一个命名空间中成员也可以重名

D. 命名空间为程序的逻辑结构提供了一种良好的组织方法

10. 执行下列两条语句后，结果 s2 的值为(　　)。

```
string s = "abcdefgh";
string s2 = s.Substring(2, 3);
```

A. "bc"　　B. "cd"　　C. "bcd"　　D. "cde"

11. 对于下面声明的委托和定义的类：

```
delegate int MyDelegate(int n);
class A
{
    public int f(int i)
    {
```

```
        return 0;
    }
    public void g(int j)
    {
    }
    public static int h(int k)
    {
        return 0;
    }
}
```

下面语句中,正确的是(　　)。

```
MyDelegate d1 = new MyDelegate(A.h);          //语句 1
A a = new A();
MyDelegate d2 = new MyDelegate(a.f);          //语句 2
MyDelegate d3 = new MyDelegate(a.g);          //语句 3
MyDelegate d4 = new MyDelegate(a.h);          //语句 4
```

A. 语句 1、语句 2、语句 3、语句 4　　B. 语句 1、语句 2

C. 语句 3、语句 4　　D. 语句 2、语句 3

二、改错题和填空题

(说明:下列程序中部分下画线的代码有错误,请将有错误的部分改正过来,并说明原因。)

1.

```
class A
{
    A() { }
}
A a = new A();
```

2.

```
class A
{
    public A(int x) { }
}
class B : A
{
    public B(int x) { }
}
```

3.

```
class A
{
    public int x = 100;
}
class B : A
{
    new public int x;
```

```
    public B(int y, int z)
    {
        x = y;
        base.x = z;
    }
    public int getx1() { return base.x; }
    public int getx2() { return x; }
}
```

执行下面语句：

```
B b = new B(3,6);
int n = b.getx1();
int m = b.getx2();
```

结果，n 和 m 的值分别为________和________。

4.

```
class A
{
    public static int x = 100;
    public int y = 200;
}
class Program
{
    static void Main(string[] args)
    {
        A a = new A();
        a.x = 10;
        a.y = 20;
    }
}
```

5.

```
class A
{
    A() { }
    void A() { }
    private A(int x) { }
    private A(int y) { }
}
```

6.

```
interface I
{
    int x;
    void f(int x);
    void g(int x);
    int h(int x) { return 1; }
}
class A : I
{
```

```
    public void f(int x) { }
    public int h(int x) { }
}
```

7.

```
class A
{
}
class B
{
}
class C: A,B
{
}
```

8.

```
class A
{
    int f() { return 1; }
    void f() {  }
    void g(int x) { }
    void g(int y) { }
}
```

9.

```
class A
{
    protected static void f() { }
    protected void g() { }
}
class B : A
{
    new public static void f() { }
    new public void g() { }
    public void h()
    {
        base.f();
        base.g();
        f();
        g();
    }
}
```

三、上机题

1. 利用静态方法,从优化程序性能的角度考虑来计算 1!+2!+…+n! 的值。

2. 定义一个大整数类,使得基于此类可以实现对最高有 100 位的整数进行加、减法运算,以及进行大整数比较(包括相等、大于和小于的比较)。

3. 定义一个快速排序函数 QuickSort(Params int[] a, int i, int h),它能够对整型数组 a 中自下标为 i 的元素至下标为 h 的元素进行升序排序,并给出测试该函数的代码。

第5章 异常处理

主要内容：程序的健壮性和稳定性是应用程序的基本要求。C#提供了强有力的异常处理能力，为程序的健壮性和稳定性奠定了技术基础。本章介绍了异常的概念、异常捕获和处理的基本原理，详细介绍了基于try-catch结构及相关结构进行异常捕获和处理的多种方法，并介绍了异常的抛出、重写以及用户自定义异常的相关技术。

教学目标：熟练掌握各种异常捕获和处理的方法以及它们之间的区别与联系，能够根据实际情况自定义满足需要的异常。

5.1 一个产生异常的简单程序

5.1.1 程序代码

创建一个C#控制台应用程序ExceptionPro，该程序能够捕获产生的异常，并进行相应的处理。代码如下：

```
using System;
using System.Collections.Generic;
using System.Linq;
using System.Text;
using System.Threading.Tasks;
namespace ExceptionPro
{
    class Program
    {
        static void Main(string[] args)
        {
            int n, m;
            string s = Console.ReadLine();
            n = 0;
            try
            {
                m = Convert.ToInt16(s);                    //产生异常的语句
                Console.WriteLine("m = {0}", m);
            }
            catch (Exception e)                            //捕获异常
            {
```

```
                Console.WriteLine("产生异常:{0}", e.Message);    //处理异常
            }
            Console.ReadKey();
        }
    }
}
```

运行该程序,并输入相关字符串,如图 5.1 所示。

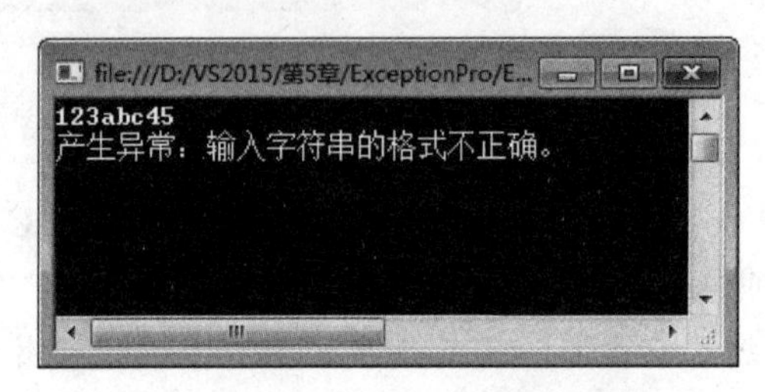

图 5.1　程序 ExceptionPro 的运行结果

5.1.2　异常处理过程分析

在上述程序运行过程中,由于输入了"12345abc78",结果函数 Convert.ToInt16()试图将其转换为整数时产生了异常。但由于该异常被捕获,因而没有导致程序执行的非正常中止,而是在产生该异常时自动转向执行下列语句。

```
Console.WriteLine("产生异常: {0}", e.Message);
```

该语句的作用是输出产生异常的原因。

显然,可能出现异常的代码放在 try 块中,处理异常的代码则放在 catch 块中。当程序在运行过程中产生异常时,则会转向执行 catch 块中的代码,从而避免因异常的产生而导致程序运行的非正常中止。

由此可见,这种程序具有较强的错误处理能力,使得程序更加健壮和稳定。而这就是 try-catch 结构的作用。除了这种结构以外,还有 try-catch-catch、try-catch-catch-finally 等多种异常处理结构,它们的使用方法不尽相同,作用也不完全一样。下面将介绍异常的概念及它们的使用方法。

5.2　异常的捕获与处理

5.2.1　异常的概念

异常是指程序在运行过程(而非编译过程)中产生的错误。编译过程中的错误可以通过代码调试来避免,而对于一个中大规模的程序来说,异常一般是不能避免的(只能是减少)。而如何实现对难以预测的异常进行捕获和处理,这是一个健壮、稳定的程序所必须解决的问题。

C#从 Java 语言中引入异常处理的概念,并对其进行了扩展,从而形成了 try-catch 及

其相关结构。

5.2.2　try-catch 结构

最简单的异常处理结构是 try-catch 结构，其格式如下：

```
try
{
    //可能产生异常的代码
}
catch [(异常类 对象名)]
{
    //处理异常的代码
}
```

【说明】

(1) 在 try 块中编写可能产生异常的代码；在 catch 块中编写用于处理异常的代码。一旦在 try 块中有某一条语句执行时产生异常，程序立即转向执行 catch 块中的代码，而不会再执行该语句后面的其他语句。当然，如果 try 块中的语句都不产生异常，那么就不会有任何的 catch 块被执行。

(2) “异常类”用于决定要捕获的异常的类型，不同的异常类能捕获和处理不同的异常。常用的异常类如表 5.1 所示，其中 Exception 是所有其他异常类的基类，即其他异常类都是 Exception 类的派生类。显然，用 Exception 类可以捕获所有类型的异常，该类有两个常用的属性。

表 5.1　常用的异常类

ArithmeticException	在进行算术运算时可能会产生的异常，是 DivideByZeroException 和 OverflowException 的基类
ArrayTypeMismatchException	当由于存储元素的类型与数组元素的类型不匹配而导致存储失败时会产生此异常
DivideByZeroException	当用零除一个整型数据时会产生此异常
Exception	是所有异常类的基类，它可用于捕获所有类型的异常
FormatException	参数格式错误而引发的异常
IndexOutOfRangeException	当用一个小于零或大于数组边界的下标来访问一个数组元素时会产生此异常
IOException	该类用于处理进行文件输入输出操作时所引发的异常
NullReferenceException	当试图以 null 作为对象名来引用对象的成员时会产生此异常
OutOfMemoryException	当使用 new 来申请内存而失败时会产生此异常
OverflowException	当选中的上下文中所进行的算术运算、类型转换等而导致存储单元溢出时会产生此异常
SqlException	SQL 操作引起的异常
TypeInitializationException	当一个静态构造函数抛出一个异常且没有任何 catch 结构来捕获它时会产生此异常

① Message：它是一个 string 类型的只读属性，包含了异常原因的描述。例如，在程序 ExceptionPro 中，Message 属性返回的值是“输入字符串的格式不正确”。

② InnerException：它是一个 Exception 类型的只读属性，如果其值为 null，则表示该异常不是由另一个异常引发的，而是由系统内部产生的或者根据相关条件直接抛出的；如果其值不是 null，则表示当前异常是对另外一个异常的回应而被抛出的，“另外一个异常”保存在 InnerException 属性中(见例【5.3】)。

(3) “(异常类 对象名)”部分可以省略。如果省略这部分，则不管在 try 块中产生什么异常，程序都会转向执行 catch 块中的代码，但在这种情况下无法获取此异常的任何信息。

【例 5.1】 内存溢出异常的捕获和处理。

在程序执行过程中，有时需要向操作系统申请存储空间。但再大的内存空间都有可能被用完的时候，因此程序在申请较大块的存储空间时可能出现失败，这时会产生一个内存溢出的异常(OutOfMemoryException)，根据这个异常就可以决定下一步要采取什么样的动作，如中止程序的运行等。

在下面的 OutOfMemExc_Exa 程序中，申请了 20 000×30 000 个存储单元，结果超出了笔者机器的可用内存空间，因而产生了内存溢出异常。代码如下：

```
using System;
using System.Collections.Generic;
using System.Linq;
using System.Text;
using System.Threading.Tasks;
namespace OutOfMemExc_Exa
{
    class Program
    {
        static void Main(string[] args)
        {
            try
            {
                int[,] a = new int[20000, 30000]; //申请存储空间
            }
            catch (OutOfMemoryException e)         //异常捕获与处理
            {
                Console.WriteLine("产生异常:{0}", e.Message);
            }
            Console.ReadKey();
        }
    }
}
```

执行该程序，结果如图 5.2 所示。

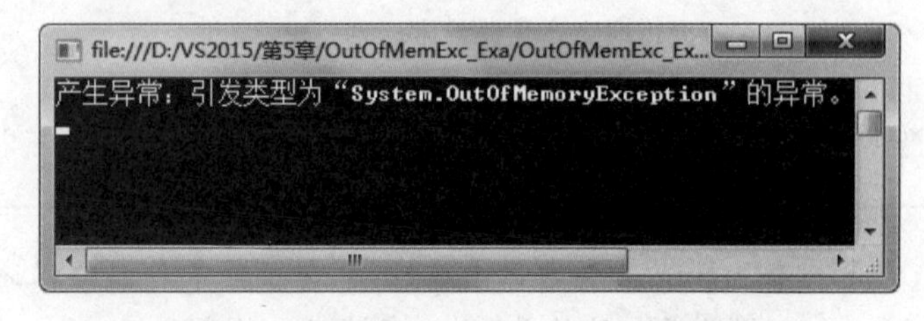

图 5.2 程序 OutOfMemExc_Exa 的运行结果

5.2.3　try-catch-catch 结构

从表 5.1 可以看到，存在多个不同的异常类。这意味着可以捕获和处理 try 块中可能出现的多个不同的异常，这就需要用到带多个 catch 块的 try-catch-catch 结构。

【例 5.2】　多个异常的捕获和处理。

下面程序 MultiExce_Pro 中，try 结构包含的两条语句在执行时都会产生异常，分别为 DivideByZeroException 异常和 OutOfMemoryException 异常。这两个异常分别由两个 catch 结构来捕获和处理。程序代码如下：

```
using System;
using System.Collections.Generic;
using System.Linq;
using System.Text;
using System.Threading.Tasks;
namespace MultiExce_Pro
{
    class Program
    {
        static void Main(string[] args)
        {
            int n, m;
            n = 30000;
            m = 30000;
            try
            {
                n = 1/(n - m);
                int[,] a = new int[n, n];
            }
            catch (OutOfMemoryException e1)
            {
                Console.WriteLine("内存溢出异常:{0}", e1.Message);
            }
            catch (DivideByZeroException e2)
            {
                Console.WriteLine("零除异常:{0}", e2.Message);
            }
            Console.ReadKey();
        }
    }
}
```

运行该程序，结果如图 5.3 所示。

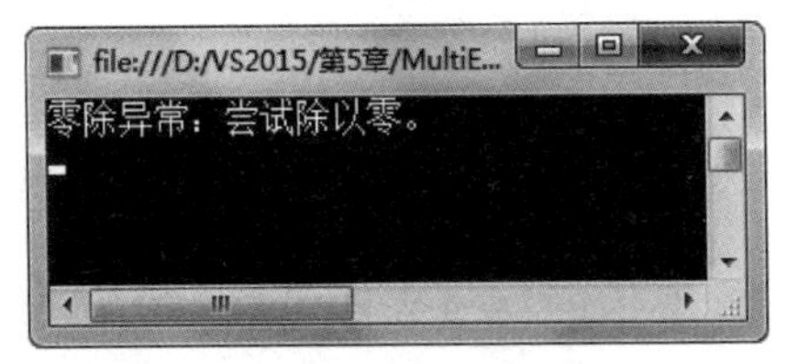

图 5.3　程序 MultiExce_Pro 的运行结果

本例中，try 块中的两条语句都能产生异常。由于第一条语句产生 DivideByZeroException 异常，程序立即转向执行“catch (DivideByZeroException e2)”部分，因此出现如图 5.3 所示的结果。如果将这两条语句的顺序对换，则运行结果将输出“内存溢出异常：

引发类型为'System. OutOfMemoryException'的异常”信息。

多个 catch 块在出现顺序上有何要求呢？这要分两种情况来讨论：①catch 后面的异常类之间没有继承关系(如 DivideByZeroException 和 System. OutOfMemoryException)，这时 catch 块的位置不分先后，即在前、在后都不影响程序的运行结果。例如，例【5.2】中的 catch 结构就属于这种情况。②catch 后面的异常类之间存在继承关系(如 DivideByZeroException 类继承了 ArithmeticException 类、所有异常类都继承了 Exception 类)，这时派生类所在的 catch 块必须放在基类所在的 catch 块的前面，因为前者的捕获范围小，后者的捕获范围大。例如，下面代码中的两个 catch 块的顺序是不能颠倒的，否则无法通过编译检查。

```
int n = 1, m = 1;
try
{
    n = 1/(n - m);
}
catch (DivideByZeroException e)                //派生类所在的 catch 块
{
    Console.WriteLine("产生异常:{0}", e.Message);
}
catch (ArithmeticException ee)                 //基类所在 catch 块
{
    Console.WriteLine("产生异常:{0}", ee.Message);
}
```

同样，由于 Exception 类是所有其他异常类的基类，因此 Exception 类所在的 catch 块必须是最后面的 catch 块，它可以捕获任意类型的异常。

显然，如果不想具体区分是哪一种类型的异常，也不想利用 Exception 派生类更强大、更具针对性的处理能力，可以利用 Exception 类“笼统”地捕获所有的异常。这使代码变得简洁，保证所有的异常都能被捕获，而不会出现遗漏。

5.2.4 try-catch-finally 结构

程序在运行过程中一旦出现异常会立即转向执行相应 catch 块中的语句，执行完后接着执行 try-catch 结构后面的语句。这意味着在出现异常时程序并不是按照既定的顺序执行，而是跳转执行。为维持系统的有效性和稳定性，必须保证有相应的代码能够“弥补”被跨越代码的工作，主要是完成必要的清理工作(如关闭文件、释放内存等)。这种保证机制可以由带 finally 的 try-catch-finally 结构来实现。

try-catch-finally 结构的格式如下：

```
try
{
    //可能产生异常的代码
}
catch [(异常类 对象名)]
{
    //处理异常的代码
```

```
}
finally
{
    //完成清理工作的代码
}
```

【说明】

(1) 根据需要,可以在这种结构中带1个或多个catch块。

(2) 不管在try块中是否产生异常,finally块中的代码都会被执行。也就是说,不管catch块是否被执行,finally块都会被执行。哪怕是在执行catch块中遇到return语句,也会执行finally块中的语句。

例如,下列代码在执行时会产生一个零除异常,当产生异常时程序会转向执行catch块中的语句。

```
int n = 1, m = 1;
try
{
    n = 1/(n - m);
}
catch (Exception e)
{
    Console.WriteLine("产生异常:{0}", e.Message);
    return;
    Console.WriteLine("紧跟在return后面…");      //因有return语句,故该语句没被执行
}
finally
{
    Console.WriteLine("finally块…");          //总是被执行(即使在catch块中遇到return语句)
    Console.ReadKey();                        //让程序"暂停"下来,以观察效果
}
```

因在catch块中遇到return语句,故下列语句没被执行。

```
Console.WriteLine("try - catch - finally结构后面的部分…");
```

该代码段执行后输出的结果如图5.4所示。

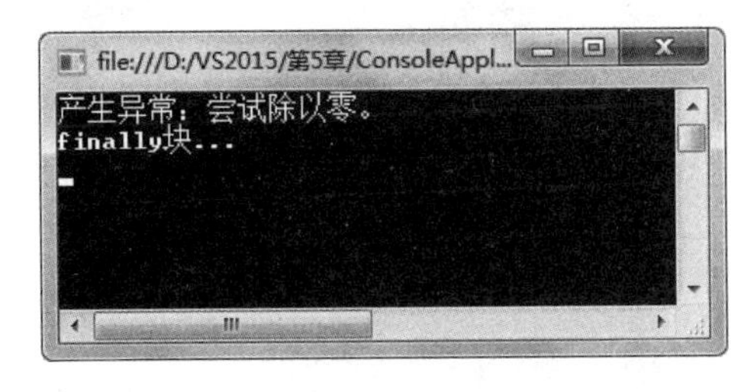

图5.4 检验finally块的作用

由这个结果可以看到,虽然catch块包含了一条return语句,且执行该return语句时也会立即结束当前函数的执行,但在结束之前仍然会执行finally块。这说明,只要程序进入try-catch-finally结构,就会执行finally块。

5.3 异常的抛出及自定义异常

一般来说,异常在被捕获后应进行相应的处理。但是有的代码是为其他代码提供调用服务的,在这种代码中可能难以决定应该对捕获的异常进行何种处理,这时最好将捕获的异常向调用代码抛出,由调用代码捕获后再进行相应的处理。抛出异常有两种方式:一种是将捕获的异常原封不动地直接抛出;另一种是先利用捕获的异常来创建新的异常(在创建过程中可以进行一些必要的处理),然后将新建的异常抛出。

除了系统提供的异常类以外,用户也可以通过继承已有的相关异常类来定义新的、满足特定需要的异常类,这就是用户自定义异常。

5.3.1 抛出异常

抛出异常有两种方式。一种是直接抛出,也称为异常重发,格式如下:

```
throw e;                                    //e为已捕获的异常的名称
```

另一种是先利用捕获的异常来创建新的异常,然后将之抛出,格式如下:

```
throw new 异常类名([参数列表]);
```

当然,也可以写成:

```
异常类名 异常对象名 = new 异常类名([参数列表]);
throw 异常对象名;
```

【例 5.3】 抛出异常的例子。

考虑下面有关抛出异常的 ThrowException 程序。

```
using System;
namespace ThrowException
{
    class testException
    {
        int n, m;
        public void g()
        {
            n = 10;
            m = 10;
            try
            {
                n = 1/(n - m);
            }
            catch (Exception e)
            {
                throw new Exception("这是在方法 g()产生的异常:" + e.Message, e);
                //throw e;                    //异常重发
            }
```

```
            }
        }
        class Program
        {
            static void Main(string[] args)
            {
                testException te = new testException();
                try
                {
                    te.g();
                }
                catch (Exception ex)
                {
                    Console.WriteLine("当前捕获的异常:" + ex.Message);
                    Console.WriteLine("内部的异常(原异常):" + ex.InnerException.Message);
                }
                Console.ReadKey();
            }
        }
    }
```

该程序首先增加了一个类——testException 类，在该类定义的方法 g()中捕获一个零除异常，并利用该异常的 Message 属性值以及该异常本身作为参数来创建一个新的异常并将之抛出：

```
throw new Exception("这是在方法 g()产生的异常: " + e.Message, e);
```

该语句也可以写成

```
Exception ee = new Exception("这是在方法 g()产生的异常: " + e.Message, e);
throw ee;
```

这种抛出方法的优点是程序员可以利用捕获到的异常的相关信息构造满足调用者需要的新异常，同时也可以将原异常"嵌入"到新的异常中而被同时抛出。如果用下列语句对异常进行重发，则程序员不能对要抛出的异常进行任何修改(只能原样抛出)：

```
throw e;                                    //异常重发
```

而且由于抛出的是最初的异常，故其 InnerException 属性值为 null，这会导致下列语句出现错误：

```
Console.WriteLine("内部的异常(原异常): " + ex.InnerException.Message);
```

程序 ThrowException 的运行结果如图 5.5 所示。该结果可以印证上面的分析。

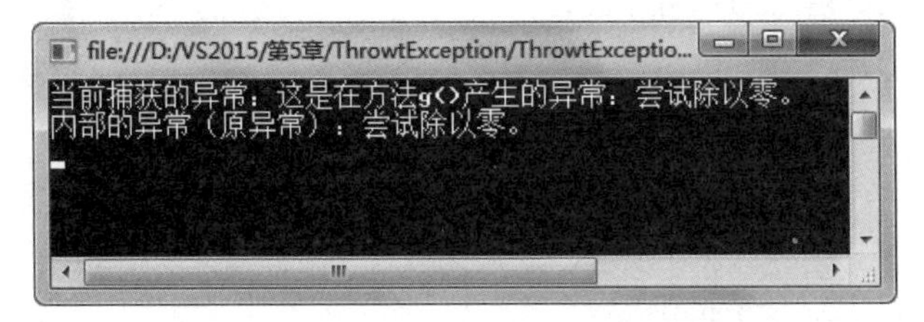

图 5.5 程序 ThrowException 的运行结果

5.3.2 用户自定义异常

在实际应用中,系统提供的异常类也许不能很好地满足大家的需要,这时程序员可以根据需要定义自己的异常类,但定义的异常类必须继承已有的异常类。

【例 5.4】 定义和使用用户自定义异常。

在程序 MyExceptionClass 中先定义了一个学生类——student 类,该类包含两个私有变量成员：name 和 score,分别表示学生姓名和成绩,且 name 的长度不超过 8 个字节,score 的范围为[0,100]；另外还包含一个方法成员 setInfo,用于设置 name 和 score。然后自定义一个异常类 UserException,当对 name 所赋的值的长度超过 8 个字节或者对 score 所赋的值不在[0,100]范围内时都抛出此自定义异常。程序 MyExceptionClass 的代码如下：

```
using System;
namespace MyExceptionClass
{
    class UserException : Exception          //定义用户的异常类
    {
                                             //重载 Exception 类的构造函数
        public UserException() { }
        public UserException(string ms):base(ms) { }
        public UserException(string ms,Exception inner) : base(ms,inner) { }
    }
    class student                            //定义学生类
    {
        private string name;                 //姓名,长度不超过 8 个字节
        private double score;                //成绩,范围为[0,100]
        public void setInfo(string name, double score)
        {
            if (name.Length > 8)
            {
                throw (new UserException("姓名长度超过了 8 个字节!"));
            }
            if (score < 0 || score > 100)
            {
                throw (new UserException("非法的分数!"));
            }
            this.name = name;
            this.score = score;
        }
    }
    class Program
    {
        static void Main(string[ ] args)
        {
            student s = new student();
            try
            {
                s.setInfo("张三", 958.5);
            }
            catch (Exception e)
            {
```

```
                Console.WriteLine("产生异常:{0}", e.Message);
            }
            Console.ReadKey();
        }
    }
}
```

执行该程序,在运行过程中由于试图对 score 赋值 958.5,导致下列异常被创建和抛出:

```
new UserException("非法的分数!")
```

运行结果如图 5.6 所示。

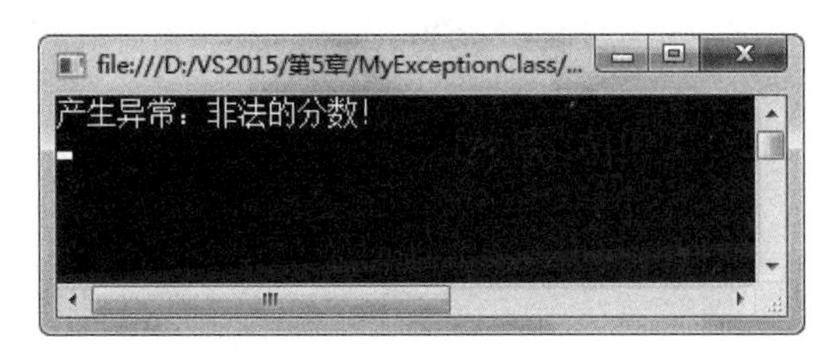

图 5.6 程序 MyExceptionClass 的运行结果

5.4 习题

一、填空题和改错题

1. 常用的异常处理的关键字包括________、________、________、________。

2. 对于下列的代码段:

```
int n, m;
int[] a = new int[5];
n = 10; m = 10;
try
{
    for (int i = 0; i <= a.Length; i++) a[i] = i;
    n = 1/(n - m);
}
catch (DivideByZeroException e1)
{
    Console.WriteLine("产生零除异常!");
}
catch (IndexOutOfRangeException e2)
{
    Console.WriteLine("产生数组访问越界异常!");
}
```

执行后,输出的结果是____________________。

3. 下列代码段中试图用 try-catch-catch 结构捕获和处理异常,其中有的地方是错误的,请将错误的地方纠正过来。

```
int m;
int[] a = new int[5];
```

```
try
{
    m = int.Parse("2000 $ ");
    for (int i = 0; i <= a.Length; i++) a[i] = i;
}
catch (Exception e1)
{
    Console.WriteLine("产生异常:{0}", e1.Message);
}
catch (IndexOutOfRangeException e2)
{
    Console.WriteLine("产生异常:{0}", e2.Message);
}
```

4. 对于下列的代码段:

```
int m,n;
n = 10; m = 10;
try
{
    n = 1/(n - m);
}
catch (Exception e)
{
    Console.WriteLine("产生零除异常!");
    return;
}
finally
{
    Console.WriteLine("在执行 finally 块中的语句…"); Console.ReadKey();
}
Console.WriteLine("在执行 try - catch - finally 结构后面的语句…");
```

执行后,输出的结果是____________________。

5. 对于下面程序:

```
using System;
namespace ThrowException
{
    class testException
    {
        public void g()
        {
            try
            {
                int n = Convert.ToInt16("200 $ ");
            }
            catch (Exception e)
            {
                throw new Exception("抛出新的异常!");
            }
```

```
        }
    }
    class Program
    {
        static void Main(string[] args)
        {
            testException te = new testException();
            try
            {
                te.g();
            }
            catch (Exception ex)
            {
                Console.WriteLine(ex.InnerException.Message);
            }
            Console.ReadKey();
        }
    }
}
```

上述程序中有的地方在运行时会产生没有被捕获的异常,应该如何纠正保证程序的稳定性? 为什么?

6. 对于下面定义的类A:

```
class A
{
    public void g()
    {
        try
        {
            int n = Convert.ToInt16("200 $ ");
        }
        catch (Exception e)
        {
        }
    }
}
```

执行下列语句时是否会出现异常? 为什么?

```
A a = new A();
a.g();
```

7. 阅读下列程序,请将其运行结果写出来。

```
using System;
namespace ThrowException
{
    class myException : Exception
    {
        public myException(string ms) : base(ms) { }
        public myException(string ms, Exception e) : base(ms,e) { }
```

```
    }
    class A
    {
        public void f()
        {
            int n, m = 0;
            if (m == 0) throw new myException("在函数 f()中抛出的零除异常!");
            else n = 1/m;
        }
    }
    class B
    {
        public void g()
        {
            try
            {
                A a = new A();
                a.f();
            }
            catch (myException e)
            {
                throw new myException("在函数 g()中抛出的异常!",e);
            }
        }
    }
    class Program
    {
        static void Main(string[] args)
        {
            B b = new B();
            try
            {
                b.g();
            }
            catch (myException e)
            {
                Console.WriteLine(e.Message);
                Console.WriteLine(e.InnerException.Message);
            }
        }
    }
}
```

运行后输出的结果是：________________。

二、上机题

1. 编写一个能够进行加、减、乘、除的计算器程序(窗体应用程序)，并能够处理可能产生的异常。

2. 编写一个控制台应用程序，将一组数据写到一个文本文件中，并保证即使在写数据的过程中产生异常而退出程序时也能将已打开的文本文件关闭。

第6章 窗体应用程序设计

主要内容：窗体应用程序是C#应用程序最常见的一种形式，它是由若干个窗体、控件和组件的有机“叠加”而成。本章先介绍窗体、控件和组件的公共基类——Object类和Control类的常用属性、方法和事件，然后据此介绍各种常见控件、对话框、菜单的使用方法，最后通过举例说明如何开发多文档界面应用程序。

教学目标：了解常用控件(包括按钮类控件、文本类控件、列表类控件)、消息对话框、菜单和工具栏的常用属性、方法和事件，掌握基于这些控件和组件的窗体应用程序(包括多文档界面应用程序)的开发方法。

6.1 一个简单的文本编辑器

本节开发一个简单的文本编辑器应用程序，可以实现对txt文件的读取和保存以及对字符的简单编辑操作。其目的是让读者对窗体应用程序的设计方法有一个大致的认识。

6.1.1 创建文本编辑器程序的步骤

本节中的文本编辑器应用程序的创建步骤如下所述。

(1) 创建一个C#窗体应用程序TxtEditApp，将窗体Form1的text属性值设置为“简单的文本编辑器”，然后在窗体上分别添加控件richTextBox1和组件openFileDialog1、saveFileDialog1、toolStrip1，并将控件richTextBox1的Dock属性值设置为Fill，使之充满整个窗体。设计界面如图6.1所示。

(2) 选择菜单“项目”|“添加组件”命令，在打开的“添加新项”对话框中选择“Windows窗体”项，然后单击“添加”按钮，即可为程序添加一个新的窗体(其默认名为Form2)。在新窗体上添加几个Label控件，以显示相关信息，结果如图6.2所示。

(3) 单击控件richTextBox1上方的菜单栏，然后依次输入相应的菜单项，结果如图6.3所示。

(4) 在如图6.3所示的菜单设计界面中双击Open file项，在自动形成的openFileToolStripMenuItem_Click()函数中编写相关代码，结果如下：

```
//Open file 菜单项
private void openFileToolStripMenuItem_Click(object sender, EventArgs e)
{
```

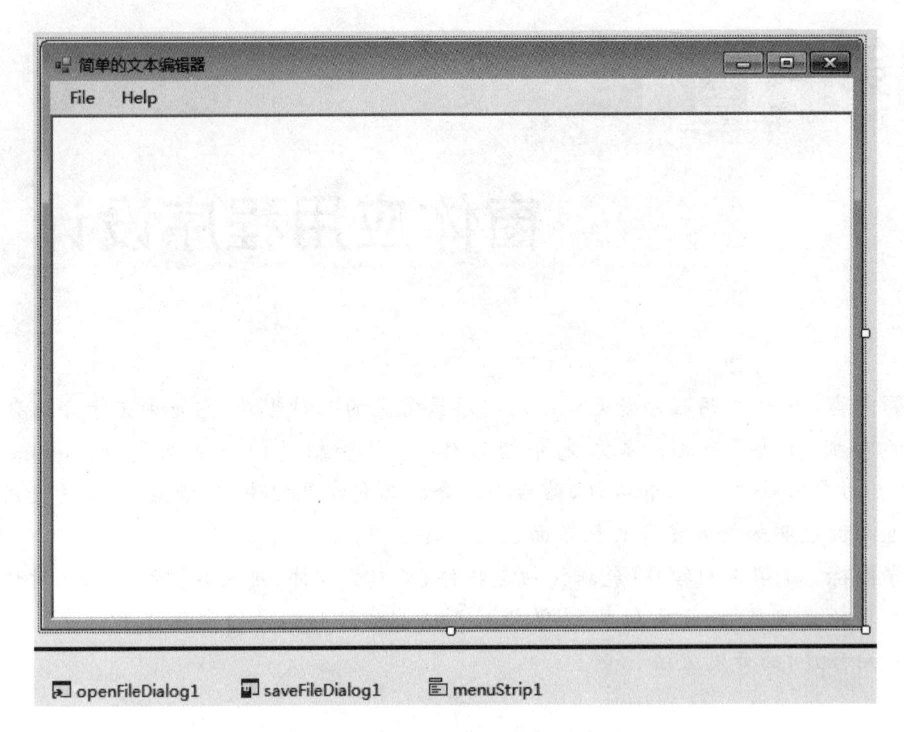

图 6.1　程序 TxtEditApp 的设计界面

图 6.2　新窗体的设计界面

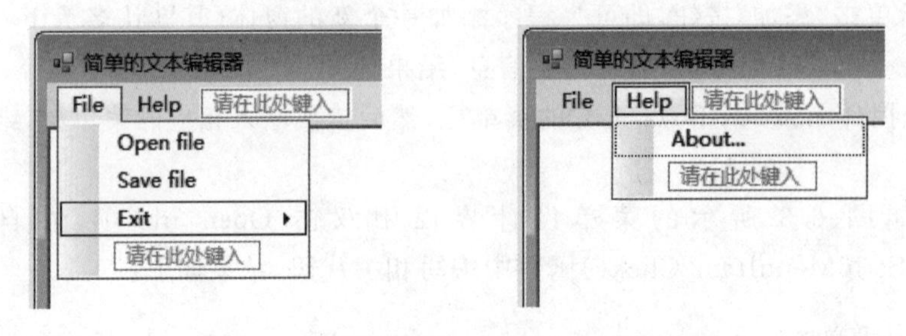

图 6.3　程序 TxtEditApp 的菜单设计界面

```
    openFileDialog1.Filter = "txt files( * .txt)| * .txt";
    if (openFileDialog1.ShowDialog() == DialogResult.OK)
    {
        richTextBox1.LoadFile(openFileDialog1.FileName, RichTextBoxStreamType.PlainText);
    }
}
```

用同样的方法为其他菜单项编写事件处理代码,结果如下:

```
//Save file 菜单项
private void saveFileToolStripMenuItem_Click(object sender, EventArgs e)
{
    saveFileDialog1.Filter = "txt files( * .txt)| * .txt";
    if (saveFileDialog1.ShowDialog() == DialogResult.OK)
    {
        richTextBox1.SaveFile(saveFileDialog1.FileName,
            RichTextBoxStreamType.PlainText);
    }
}
//Exit 菜单项
private void exitToolStripMenuItem_Click(object sender, EventArgs e)
{
    Close();
}
//About… 菜单项
private void aboutToolStripMenuItem_Click(object sender, EventArgs e)
{
    Form2 frm = new Form2();
    frm.ShowDialog();
}
```

(4) 执行该程序后,选择相应的菜单命令,可以打开 txt 文件,也可以在 richTextBox1 上编辑文本后保存到 txt 文件中,如图 6.4 所示。

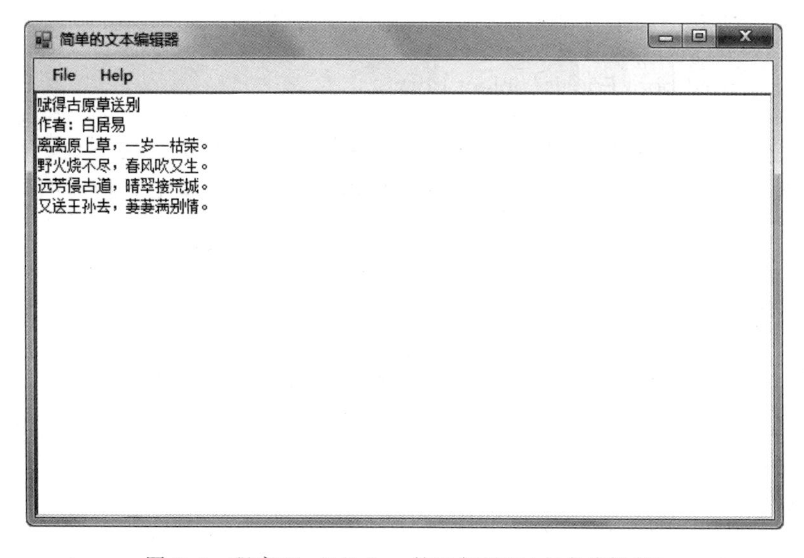

图 6.4 程序 TxtEditApp 的运行界面(文本编辑器)

6.1.2 程序结构解析

程序 TxtEditApp 是一种 C# 窗体应用程序，整个程序是由窗体 Form1 以及控件 richTextBox1 和组件 openFileDialog1、saveFileDialog1、toolStrip1 组成。开发的过程实际上就是往窗体上拖曳相关组件和控件并用代码(或在属性框中)对这些组件和控件的属性进行设置的过程。这也是窗体应用程序设计开发的共同特征。也可以这样理解，窗体应用程序是由组件和控件这些“砖块”堆砌而成，用于控制和设置属性的代码就相当于黏合“砖块”的“水泥浆”。因此，在窗体应用程序设计中，了解常用组件和控件的相关属性、事件和方法对应用程序的开发是十分必要的。当然，能熟悉各种组件的使用方法是最好。但由于 Visual C# 提供的组件非常多，全部了解是不太现实的。

【说明】

控件和组件的区别在于，控件是一种有界面的组件，即在运行时可以看到的组件。为了表述上的区别，一般情况下组件是指没有界面的组件(运行时不可见)，而控件是指有界面的组件(运行时可见)。但有时也把两者统称为组件，其具体意义要根据上下文来区别。

6.2 组件的公共属性、事件和方法

C# 中的组件都继承 System. Object 类，即使在定义类时没有显式指定基类，编译器也会自动假定这个类派生于 Object 类。因此了解 System. Object 类的一些常用属性、事件和方法对掌握下文要介绍的常用组件的使用方法有着事半功倍的效果。

另外，窗体控件都继承了 System. Windows. Forms. Control 类(该类也继承 Object 类)，因此了解此类的特征也有同样的意义。

6.2.1 Object 类

Object 类是所有类和组件的基类，其提供的主要方法如下。

1. public virtual bool Equals(object obj)

该方法用于判断当前对象和给定的对象是否相等。在默认情况下(没有重写该方法时)，对象 a 和 b 相等(a. Equals(b)返回 true)是指 a 和 b 是非空的且指向同一个对象。例如，假设已定义类 A 和类 B：

```
class A { }
class B { }
```

则在执行下列代码过程中，方法 Equals()返回值的情况同时说明如下：

```
A a = new A();
B b = new B();
//此处 a.Equals(b)返回 false
//此处 a.Equals(a)返回 true
A a2 = new A();
```

```
//此处 a.Equals(a2)返回 false
a2 = a;
//此处 a.Equals(a2)返回 true,因为 a2 和 a 指向同一个对象
```

由于 Equals()方法是一个虚方法，可以在定义的类中重写它。这样，对象 a 和 b 在什么情况下才算相等是完全由重写代码来决定的。实际上，C# 的许多类都重写了 Equals()方法。例如，类 string 中的 Equals()方法就已重写 object 类中的 Equals()方法，可以通过下列代码来验证。

```
string s1 = "abc";
string s2 = "abc";
if (s1.Equals(s2)) textBox1.Text = "true ";
else textBox1.Text = "false";
```

执行结果会看到，输出的是 true。由于 s1 和 s2 是两个不同的对象，但在这里却被认为是相等，可见这里的相等与类 object 定义的相等是两个不同的概念，实际上是被重写的结果。

2. public virtual int GetHashCode()

类 object 的 GetHashCode()方法返回 object 对象的哈希码，哈希码是通过一定的算法并根据对象在内存中的地址来计算的。此算法可以保证不同对象的哈希码重复的可能性很小。这样就可以利用对象的哈希码作为散列集合(如 HashTable、Dictionary)的键值，从而使得基于散列集合可以实现对大量数据对象的快速查找。

例如，下列代码先创建了一个散列集合，然后以哈希码为键值添加记录，最后通过对象的哈希码快速查找对象的相关信息。

```
System.Collections.Hashtable ht = new System.Collections.Hashtable();
A a1 = new A();
A a2 = new A();
A a3 = new A();
ht.Add(a1.GetHashCode(), "关于对象 a1 的信息");
ht.Add(a2.GetHashCode(), "关于对象 a2 的信息");
ht.Add(a3.GetHashCode(), "关于对象 a3 的信息");
textBox1.Text = ht[a2.GetHashCode()].ToString();
```

也可以重载 GetHashCode()方法，但重载该方法的同时也应该重载 Equals()，以保证 Equals()值相等的两个对象，它们的 GetHashCode()也应该相等，否则会出现编译警告。

例如，下面定义的类 A 中，重载了 GetHashCode()方法，同时也重载了 Equals()方法。

```
class A
{
    public int x = 100;
    public override int GetHashCode()
    {
        return x.GetHashCode();
    }
    public override bool Equals(object obj)
    {
        A o = (A)obj;
        if (this.x == o.x) return true;
```

```
            return false;
        }
    }
```

3. public virtual string ToString()

在定义的类中可以重写 ToString()方法。如果没有重写,则该方法返回对象所属类的名称。例如,对于下列代码,方法 a. ToString()将返回为"A"。

```
class A {}
A a = new A();
```

实际上,C# 提供的类几乎都重写了该方法,其中大部分的功能是将相应类型的数据转化为字符串数据。

6.2.2 Control 类

窗体上的可视控件一般都是 Control 类的派生类,它实现了窗体控件的基本功能,如处理键盘输入、消息驱动、限制控件的大小等。Control 类的属性、方法和事件是所有窗体控件公有的。了解 Control 类的特征对窗体应用程序设计是至关重要的。

1. Control 类的属性

(1) Text 属性

Text 属性值就是控件显示的文本内容,也是用户输入字符地方,其类型为字符串型。在程序运行的过程中,该属性值可读可写。如:

```
Edit1 -> Text = "北京奥运";                    //向文本框写字符串
String str = Edit1 -> Text;                   //读取文本框中的内容
```

(2) Anchor 属性

该属性用于设定控件与其容器控件在四个边沿(左、右、上、下)距离上的固定位置关系。其可能的取值包括 AnchorStyles. Left、AnchorStyles. Right、AnchorStyles. Top、AnchorStyles. Bottom。其意义也是明显的,例如,如果 Anchor 属性取值为 AnchorStyles. Bottom,则不管容器控件(如窗体)的位置、大小如何发生变化时,控件与其容器控件在下边沿上的距离永远是固定不变的。

Anchor 属性是一种集合类型,可以同时取多个值,如:

```
richTextBox1. Anchor = (AnchorStyles. Top|AnchorStyles. Bottom);
```

(3) Dock 属性

该属性用于设定子控件在其容器控件中的填充方式,其取值和意义是:

- DockStyle. Fill:任何时候子控件都填充整个容器控件。
- DockStyle. None:子控件按照设计时的界面出现,不随容器控件的大小发生变化而变化。
- DockStyle. Top、DockStyle. Bottom、DockStyle. Left、DockStyle. Right:分别表示子控件向上、向下、向左和向右充满半个容器控件,容器控件的大小发生变化时子控件仍然保持这种状态。

Control 类有很多属性，不能一一说明。表 6.1 分类列出了 Control 类常用的属性。

表 6.1 Control 类的常用属性

属性功能	属 性	说 明
控件界面元素的显示属性	BackColor	控件的背景颜色，如： `richTextBox1.BackColor = Color.Blue;`
	ForeColor	控件的前景颜色
	Font	控件的字体。例如，下面语句将文本框的字体设置为“隶书”、大小 18 号、粗体、斜体、下画线： textBox1.Font= new Font("隶书", 18, FontStyle.Bold | FontStyle.Italic | FontStyle.Underline);
	Cursor	当鼠标移动到控件之上时，鼠标的形状由该属性的值来决定，属性值与鼠标形状的关系如图 6.5 所示。例如，执行下列语句后鼠标在控件 listBox1 上的形状为加号“+”： `listBox1.Cursor = Cursors.Cross;`
控件在容器中的位置	Anchor	设置控件边沿与容器边沿的固定距离(在设计界面定的距离)
	Dock	设置控件在容器中的填充方式
	AutoSize	是否按照控件的“内容”自动调整控件的大小
控件的尺寸和位置	Top	控件与容器顶部的距离(单位为像素)，如： `richTextBox1.Top = 200;`
	Bottom	控件与容器底部的距离
	Left	控件与容器左边的距离
	Right	控件与容器右边的距离
	Height	控件的高度(单位为像素)
	Width	控件的宽度
控件的状态	Enabled	控件是否有效(值为 true 表示有效，为 false 表示无效，这时变灰色)
	Focused	只读属性。值为 true 表示该控件获得焦点
	Visible	控件是否可见(值为 true 表示可见，为 false 表示不可见)
控件的 Tab 顺序	TabIndex	设置控件获取焦点的顺序(当按 Tab 键的时候)
	TabStop	如果该属性被设置为 false，则当按 Tab 键时该控件不会获得焦点
控件的透明度	Opacity	该属性用于设置控件的透明度，其值取值范围为[0,1]，0 表示完全透明，1 表示完全不透明
控件的名称	Name	该属性返回控件的名称
控件的“值”	Text	该属性显示与控件联系的字符串数据

容器(父控件)和子控件	Controls	返回容器包含的子控件的集合，类型为 Control.ControlCollection。例如，下列语句可获得 groupBox1 包含的所有子控件的名称：
		`foreach (Control control in groupBox1.Controls)`
		`    listBox1.Items.Add(control.Name);`

	Parent	返回控件的容器控件(父控件)
程序集信息	ProductName	返回程序集的名称，如 Microsoft® .NET Framework
	ProductVersion	返回控件在程序集中的版本号

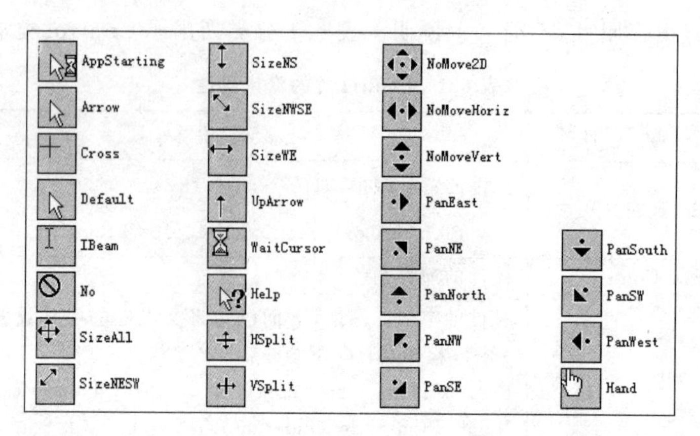

图 6.5 属性 Cursor 的取值与鼠标形状的对应关系

2. Control 类的方法

Control 类还提供了大量方法，这些方法可以获取和设置控件的相关信息。当然，部分方法的功能也可以通过利用属性来实现。

下面给出 Control 类常用的方法及其使用说明。

(1) FindForm()方法

该方法返回控件所在的窗体。例如，下列语句先获取控件 richTextBox1 所在的窗体，然后将窗体的前景色设置为红色。

```
Form fr = richTextBox1.FindForm();            //获取控件所在窗体
fr.ForeColor = Color.Red;
```

(2) Focus()方法

该方法的作用是使控件获得焦点。例如，执行下列语句后，控件 richTextBox1 将获得焦点。

```
richTextBox1.Focus();
```

(3) GetContainerControl()方法

该方法返回父控件链的下一个 ContainerControl。

(4) Hide()方法

该方法用于隐藏控件，使之不可见，但控件并没有被销毁，相当于令 visible 属性值为 false。

(5) Show()方法

该方法用于显示控件，使之可见，但控件并不是创建一个新的控件，而是显示已有的控件，相当于令 visible 属性值为 true。

(6) Scale(int m)方法

将控件放大(或缩小)控件为原来的 m$\left(\text{或}\frac{1}{m}\right)$倍。

(7) Contains(Control ctl)方法

该方法判断控件 ctl 是否为当前控件的子控件，如果是则返回 true，否则返回 false。

(8) GetTopLevel()方法

判断当前控件是否为顶层控件，如果是则返回 true，否则返回 false。

3. Control 类的事件

单击、滚动、移动鼠标，按下键盘等操作都会产生相应的事件，事件发生时会调用相应的事件处理函数。这种处理函数实际上也是 Control 类的方法，与上面方法不同的是，事件处理函数是在事件发生时由系统自动调用(而不是由用户代码调用)；而上面方法则是由用户代码调用。显然，利用事件和处理函数之间的自动调用关系，可以方便地实现上面方法难以完成的一些功能。

Control 类定义了大量的事件，当在属性编辑框中双击事件名右边的空白处时即可自动产生事件处理函数的框架，只需在函数框架中编写相应的事件处理代码即可。

Control 类提供的常用事件及其作用如表 6.2 所示。

表 6.2　Control 类提供的常用事件及其作用

事件分类	事　　件	事件触发条件
鼠标事件	Click	鼠标单击时发生
	DoubleClick	鼠标双击时发生
	MouseEnter	鼠标进入控件区域时发生
	MouseLeave	鼠标离开控件区域时发生
	MouseDown	鼠标键在控件区域按下时发生，e.X 和 e.Y 分别返回鼠标键按下时鼠标在控件区域中的 X 和 Y 坐标
	MouseUp	鼠标键在控件区域按下后再抬起时发生，e.X 和 e.Y 分别返回鼠标键抬起时鼠标在控件区域中的 X 和 Y 坐标
	MouseMove	鼠标每移动一个像素会发生一次，同时 e.X 和 e.Y 分别返回鼠标当前在控件区域中的 X 和 Y 坐标
	MouseHover	当鼠标进入控件区域后并悬停片刻时发生，且只发生一次(除非重新进入并悬停)。注意，是悬停，而不是移动，如果持续移动是不会发生的
键盘事件	KeyPress	按键时发生，通过参数 e 可以获取被按键的有关信息，如键的 ASCII 码等
	KeyDown	键按下时发生，通过参数 e 可以获取被按键的有关信息
	KeyUp	键抬起时发生，通过参数 e 可以获取被按键的有关信息
拖动事件	DragDrop	在当前控件上完成拖动其他控件时发生
	DragEnter	其他控件被拖进到当前控件时发生
	DragLeave	其他控件被拖离当前控件时发生
	DragOver	在当前控件上拖动其他控件时发生
焦点事件	Enter	获得焦点时发生
	Leave	失去焦点时发生
其他事件	SizeChanged	控件大小改变时发生
	TextChanged	Text 属性值变动时发生
	Load	控件刚形成时发生

6.3 常用的控件

本节将分类介绍一些常用控件的使用方法，而且只介绍控件的关键属性、方法和事件，其他内容请参见第6.2节的内容。

6.3.1 按钮类控件

1. Button控件

Button控件是最常用的按钮控件，几乎在窗体应用程序中都涉及它。它允许用户通过单击操作来执行某些代码。单击一个按钮相当于执行相应的一个函数，该函数就是单击Button时产生的Click事件的事件处理函数。在设计界面中双击Button控件（或选中该按钮后在属性框中双击Click项右边的空白处）即可自动形成该函数框架。

```
private void radioButton1_CheckedChanged(object sender, EventArgs e)
{
    //事件处理代码
}
```

当单击Button控件时，该函数被执行。下面需要做的是，根据需要在该函数中编写相应的代码，以完成既定的功能。

该函数有两个参数（其他许多事件处理函数也有这两个参数）：sender和e。可以简单理解：sender保存了导致该事件发生的控件，e则保存了所发生的事件。例如，可以用下列代码显示这两个参数的相关信息。

```
private void button1_Click(object sender, EventArgs e)
{
    Button bt = (Button)sender;
    textBox1.Text = bt.Text;
    Type ty = e.GetType();
    textBox2.Text = ty.ToString();
}
```

结果textBox1和textBox2分别显示button1和System.Windows.Forms.MouseEventArgs。

在程序中充分利用这两个参数可以提高函数的处理能力。

另外，Button控件的FlatStyle属性可以用于设置按钮的外观，以美化程序界面。例如，FlatStyle属性取值为FlatStyle.Flat时，可以使按钮呈现Web风格的平面外观。

2. RadioButton按钮（单选按钮）

单选按钮一般是成组出现，用一组单选按钮可以实现“从多个选项选择其一”的功能。这是因为同一容器之中的多个单选按钮具有选择排斥的特性，即选中了一个单选按钮，同一容器中的其他单选按钮自动变为未选中状态，且任一时刻至多只能有一个单选按钮处于选中状态。

Checked 属性是单选按钮最重要的属性。单选按钮是否处于被选中状态完全由 Checked 属性的值来决定。当该值为 true 时，处于选中状态；当该值为 false 时，处于未选中状态。如果将一个单选按钮的 Checked 属性值设置为 true，则同一容器内的其他单选按钮的 Checked 属性值会自动地被设置为 false，由此来保证单选按钮的选择排斥性。

CheckedChanged 事件是单选按钮最常用的事件。当单选按钮的状态发生改变（Checked 属性值由 true 变为 false，或由 false 变为 true）时，CheckedChanged 事件被触发，紧接着执行 CheckedChanged()方法。因此，如果希望在单选按钮的状态发生改变时完成一些操作，相应代码应该在该方法中编写。在设计界面中双击该按钮即可自动生成 CheckedChanged()方法的框架，然后在其中编写代码即可。

```
private void radioButton1_CheckedChanged(object sender, EventArgs e)
{
    //事件处理代码
}
```

3. CheckBox 按钮（复选按钮）

复选按钮与单选按钮很相似，通常也成组出现，其选中与否也完全由它的 Checked 属性值来决定。不同的是，在同一时刻允许有 0 个或多个复选按钮被选中。CheckedChanged 事件也是复选按钮最常用的事件，其触发方式和处理函数的调用和编写方法与单选按钮的相同。

【例 6.1】 按钮类控件的应用举例。

本例创建一个窗体应用程序 ButtonApp，其设计界面如图 6.6 所示。其实现的功能包括：①将输入的字符串转换为相应的大写或小写字符串；②可以指定转换的方式（大写或小写），如果不指定方式则原样输出；③可以限制输入字符的范围：字母、数字或其他可视字符。

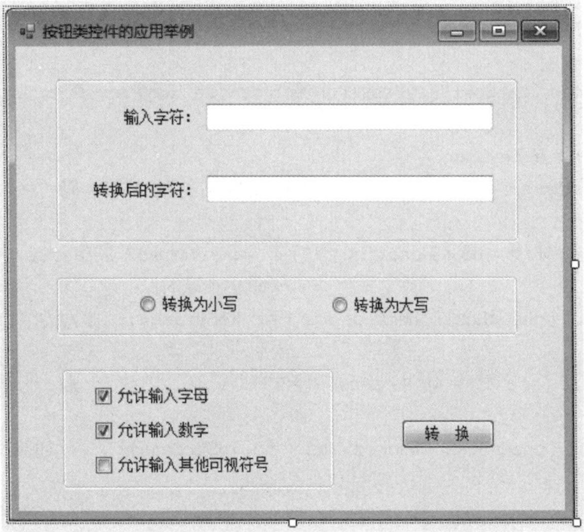

图 6.6 程序 ButtonApp 的设计界面

字符串的大、小写转换可以用类 string 的 ToLower()和 ToUpper()方法来实现；转换方式的指定通过单选按钮来辅助完成；字符输入范围的限制则由复选按钮来辅助完成，其中还用到了 TextBox 类型控件的 KeyPress 事件和 KeyUp 事件。程序代码及其部分说明如下：

```
using System;
using System.Windows.Forms;
namespace ButtonApp
{
    public partial class Form1 : Form
    {
        private int flag = 0;
        private string str = "";
        public Form1()
        {
            InitializeComponent();
        }
        private void button1_Click(object sender, EventArgs e)
        {
            str = textBox1.Text;
            if (flag == 1) str = str.ToLower();
            else if (flag == 2) str = str.ToUpper();
            //如果 flag = 0,则表示原样输出
            textBox2.Text = str;
        }
        private void radioButton1_CheckedChanged(object sender, EventArgs e)
        {
            flag = 1;                         //1 表示转换为小写字符
        }
        private void radioButton2_CheckedChanged(object sender, EventArgs e)
        {
            flag = 2;                         //2 表示转换为大写字符
        }
        private void textBox1_KeyPress(object sender, KeyPressEventArgs e)
        {
            char c = e.KeyChar;
            int ascii = c;                    //获取字符的 ASCII 码

            if ((ascii >= 65 && ascii <= 90) || (ascii >= 97 && ascii <= 122))
            {                                 //c 为字母时
                if (checkBox1.Checked) str += c.ToString();   //如果允许输入数字
            }
            else if (ascii >= 48 && ascii <= 57)              //c 为数字时
            {
                if (checkBox2.Checked) str += c.ToString();   //如果允许输入数字
            }
            else                                              //c 为其他可视符号
            {
                                                              //如果允许输入其他可视符号
                if (checkBox3.Checked) str += c.ToString();
```

```
            }
        }
        private void textBox1_KeyUp(object sender, KeyEventArgs e)
        {
            textBox1.Text = str;
            textBox1.Focus();
            textBox1.Select(textBox1.Text.Length, 0);       //将光标置于最后一个字符后面
        }
    }
}
```

6.3.2 文本类控件

1. TextBox 控件(文本框)

文本框经常用于获取用户输入的文本或显示程序以文本方式输出的结果,可以用于简单的文本编辑操作。

1) 重要属性

(1) Text 属性

该属性是文本框最常用的属性,其显示的文本正是包含在此属性中,类型为 string。默认情况下,Text 属性可以保存最大长度为 2048 个字符。该属性可读可写,如:

```
textBox1.Text = "中华人民共和国!";
string s = textBox1.Text;
```

(2) SelectedText 属性

该属性值返回文本框中已被选中的文本。

(3) SelectionLength 属性

该属性值返回文本框中已被选中的文本的长度,即 SelectedText 的长度。

(4) SelectionStart 属性

该属性值返回文本框中已被选中的文本的开始位置,如果没有文本被选中,则返回紧跟在当前光标后面的字符的位置。利用这一点可以获取光标的在文本框中的当前位置。

(5) Modified 属性

当更改文本框的内容时,该属性被设置为 true。一般来说,在保存文本框中的内容后应该将其设置为 false。

(6) ReadOnly 属性

ReadOnly 为布尔型属性。当 ReadOnly 属性值为 true 时文本框中的字符只能被读,(如可复制等),而不能进行写操作(如修改、删除等)。ReadOnly 属性的默认值为 false,这时文本框可读可写。但不管 ReadOnly 属性取何值,在程序运行时可用代码改写文本框的内容(即 Text 属性值)。

(7) PasswordChar 属性

有时候文本框被用做密码输入框,而密码输入一般是不让别人看到的。为此,可以把 PasswordChar 属性值设置为“*”,这样在用该编辑框输入字符时它显示的都是“*”(显示星号),这样别人也就不知道你输入的内容。当然也可以 PasswordChar 属性值设置为其他

字符,那么在输入时就显示相应的字符。该属性的默认值为空,这时输入的字符被原样显示。

(8) BorderStyle 属性

BorderStyle 属性有三个值: None、FixedSingle 和 Fixed3D(默认值),不同取值的效果如图 6.7 所示。

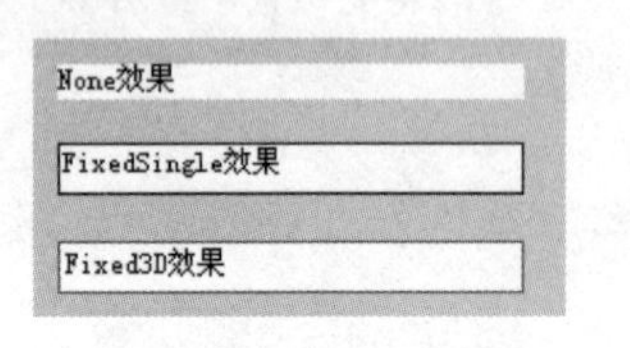

图 6.7 文本框在不同 BorderStyle 属性值下的效果

(9) HideSelection 属性

该属性值也为布尔型。当取值为 true 时,如果文本框失去焦点,则被选中的文本不再保持被选中状态(只是视觉上没有被选中——没有使得背景变黑色而前景变白色,而实际上组件还是默认被选中);而当该属性取值为 false 时,如果文本框失去焦点,则被选中的文本仍然保持被选中状态。

(10) Multiline 属性

Multiline 为布尔型属性。当其取值为 false(默认值)时,表示只能输入一行字符;当取值为 true 时,表示允许输入多行字符,"\r\n"表示换行。例如,下列代码将在 textBox1 中输出两行字符:

```
textBox1.Text += "aaaaaaa\r\n";
textBox1.Text += "ccc";
```

(11) ScrollBars 属性

该属性用于设置文本框的滚动条。它有四种取值: None、Horizontal、Vertical 和 Both,分别表示没有滚动条、只有水平方向上有滚动条、只有垂直方向上有滚动条和垂直和水平方向上都有滚动条。

(12) Lines 属性

当 Multiline 属性为 true 时,文本框中允许编辑多行字符。如果这时仍然通过 Text 属性来访问文本框中的数据,则只能得到由各行按先后顺序连接在一起而得到的字符串,而无法实现逐行访问。但利用文本框的 Lines 属性则可以实现逐行访问,即一行一行地访问文本框中的数据。

Lines 属性值的类型为字符串数组——string[]。例如,可以通过下列语句将文本框 textBox1 中的数据逐行读出来:

```
string[] lines = textBox1.Lines;
for (int i = 0; i < lines.Length; i++)
{
    //处理第 i + 1 行数据 lines[i]
}
```

2) 重要方法

(1) SelectAll()方法

该方法用于选中文本框中所有的文本。

(2) Select(int start, int length)方法

该方法用于选中文本框中从索引为 start 的字符开始一共 length 个字符的文本。如果

length 设置为 0，则返回字符串，但这时该方法起另外一个作用：将光标置于索引为 start－1 和索引为 start 的字符之间。

(3) Undo()方法

该方法用于撤销上一次的操作。

(4) Copy()方法

该方法用于将文本框中被选中的字符复制到剪贴板中。

(5) Paste()方法

该方法用于将剪贴板中的内容替换到文本框中被选中的内容。

(6) Cut()方法

该方法用于将文本框中被选中的字符剪切到剪贴板中。

3) 重要事件

(1) ModifiedChanged 事件

当 Modified 属性值发生变动(由 true 变为 false，或由 false 变为 true)时该事件发生。

(2) TextChanged 事件

一旦文本框的内容发生改变，就会立即触发该事件，从而调用相应的事件处理函数。显然，利用该事件可以有效地监控文本框的内容是否受到更改，以便做出相应的处理。

文本框的这些属性、方法和事件的具体应用可参见第 6.7 节介绍的实例。

2. RichTextBox 控件

如果说 TextBox 控件具有 Windows 操作系统中的记事本功能，那么 RichTextBox 控件则具有写字板的功能。与 TextBox 控件相比，RichTextBox 控件除了可以处理纯文本(txt 文本)外，还可以处理带有一定格式的文本(rtf 文本)。

容易看到，RichTextBox 控件和 TextBox 控件的不同之处在于，在 TextBox 控件中，针对文本格式的设置是整体的，即所有文本只能被设置为同一种格式，而不会出现有不同格式的文本。例如，将文本字号设置为 13 号，则所有的文本都是 13 号，而不会出现有的是 10 号、有的是 13 号的情况。但在 RichTextBox 控件中，就可以对不同的文本设置不同的格式。

RichTextBox 控件的这种更强大的文本处理能力当然是由相应的属性、方法和事件来支持的，这是 TextBox 控件所不具有的，下面将对此进行介绍(RichTextBox 控件的属性、方法和事件很多与 TextBox 控件相同，相同部分在此不重复)。

1) RichTextBox 控件重要的属性

(1) SelectionColor 属性

该属性用于设置被选中文本的颜色。例如，下列语句将 richTextBox1 控件中被选中文本的颜色设置为红色：

```
richTextBox1.SelectionColor = Color.Red;
```

(2) SelectionFont 属性

该属性用于设置被选中文本的字体。例如，下列语句将 richTextBox1 控件中被选中文本的字体设置为隶书、字号为 18 号、粗体、斜体和下画线：

```
richTextBox1.SelectionFont = new Font ( "隶书", 18, FontStyle.Bold | FontStyle.Italic |
FontStyle.Underline);
```

属性 Text 和属性 Lines 用于读写 RichTextBox 控件的内容,是十分重要的属性。但其使用方法与文本框的相同,故不再介绍。

2) RichTextBox 控件重要的方法

(1) Find()方法

该方法用于在 RichTextBox 控件中寻找一个给定的字符串,返回字符串在 RichTextBox 控件中第一个匹配字符的索引,如果查找失败则返回-1。它有多个重载版本,常用的包括:

```
intrichTextBox1.Find(string str);
intrichTextBox1.Find(string str, RichTextBoxFinds option);
intrichTextBox1.Find(string str, int start, RichTextBoxFinds option);
intrichTextBox1.Find(string str, int start, int end, RichTextBoxFinds option);
```

其中,str 为待查找的字符串,start 和 end 分别表示查找开始字符和末尾字符的索引,option 表示匹配的方式,其可能取值及其意义是:

- MatchCase:区分大小写。
- NoHighlight:无高亮度显示被匹配的文本。
- None:没有使用匹配方式。
- Reverse:从后向前搜索。
- WholeWord:整字匹配。

它们也可以组合使用,两项之间用符号"|"隔开。

例如,下面是调用 Find()方法的例子,供读者参考:

```
int n;
n = richTextBox1.Find("bcDE");                          //查找字符串"bcDE"
//查找字符串"bcDE",区分大小写
n = richTextBox1.Find("bcDE", RichTextBoxFinds.MatchCase);
//查找字符串"bcDE",搜索从索引为 6 的字符开始,不用高亮度显示被匹配的文本
n = richTextBox1.Find("bcDE", 6, RichTextBoxFinds.NoHighlight);
//查找字符串"bcDE",从后面向前面搜索,搜索范围是索引为 6 至 31 的字符之间
n = richTextBox1.Find("bcDE", 6, 31, RichTextBoxFinds.Reverse);
//查找字符串"bcDE",从后向前搜索且整字匹配,搜索是索引为 6 至 31 的字符之间
n = richTextBox1.Find("bcDE", 6, 31, RichTextBoxFinds.Reverse | RichTextBoxFinds.WholeWord);
```

(2) SaveFile()方法

该方法将 RichTextBox 控件中文本数据保存到指定的文件中。它有三个重载版本,常用的有:

```
voidSaveFile(string path)
voidSaveFile(string path, RichTextBoxStreamType fileType)
```

其中,path 为包含文件名的路径,fileType 为文件的存储类型,其常用的取值及其意义是:

- RichTextBoxStreamType.RichText:rtf 格式(保存字体等设置信息)。

- RichTextBoxStreamType. UnicodePlainText：unicode 格式(支持多种语言的纯文本)。
- RichTextBoxStreamType. PlainText：纯文本格式(不保存字体等设置信息)。

例如，将控件 richTextBox1 中的文本保存到 C:/text. rtf，可用下列语句来实现：

```
richTextBox1.SaveFile("C:/text.rtf");                    //默认以 rtf 格式保存文本
```

也可以写为：

```
richTextBox1.SaveFile("C:/text.rtf", RichTextBoxStreamType.RichText);
```

以 RichText 格式保存的文本可以用写字板打开，且所看到字符信息与在 richTextBox1 中看到的完全一致，如果用记事本打开将看到乱码。相反，如果以 PlainText 格式保存，则可以用记事本打开，但只是一种纯文本格式，没有任何字体等设置信息。

(3) LoadFile()方法

该方法用于将指定的文件加载到 RichTextBox 控件中，它也有三种重载版本，与上述 SaveFile()方法分别对应的是：

```
voidLoadFile(string path)
voidLoadFile(string path, RichTextBoxStreamType fileType)
```

其中，参数 path 和 fileType 的意义与 SaveFile()方法相同。

需要强调的是，在 LoadFile()方法中参数 fileType 的设置是由具体文件的格式来决定的，例如，rtf 格式的文件只能选用 RichText 等，否则将出现乱码。

例如，下列语句将在控件 richTextBox2 中打开 C:/text. rtf 文件：

```
richTextBox2.LoadFile("C:/text.rtf");
```

或者，

```
richTextBox2.LoadFile("C:/text.rtf", RichTextBoxStreamType.RichText);
```

3) RichTextBox 控件重要的事件

(1) ModifiedChanged 事件

RichTextBox 控件中的文本一旦受到更改，立即触发该事件。

(2) SelectionChanged 事件

RichTextBox 控件的多数事件与 TextBox 控件相同，但 SelectionChanged 事件却是 TextBox 控件没有的，且它也有着重要作用。

SelectionChanged 事件的触发条件是光标移动，即一旦移动光标，该事件即可发生。因此可以利用该事件监控光标。

【例 6.2】 用 RichTextBox 控件构造一个文本编辑器，使其能够设置文本的字体、字号和颜色等信息，并能打开和保存 rtf 格式文件。

创建窗体应用程序 RTBoxEditer，其设计界面如图 6.8 所示，设计界面上各控件属性的设置情况如表 6.3 所示。

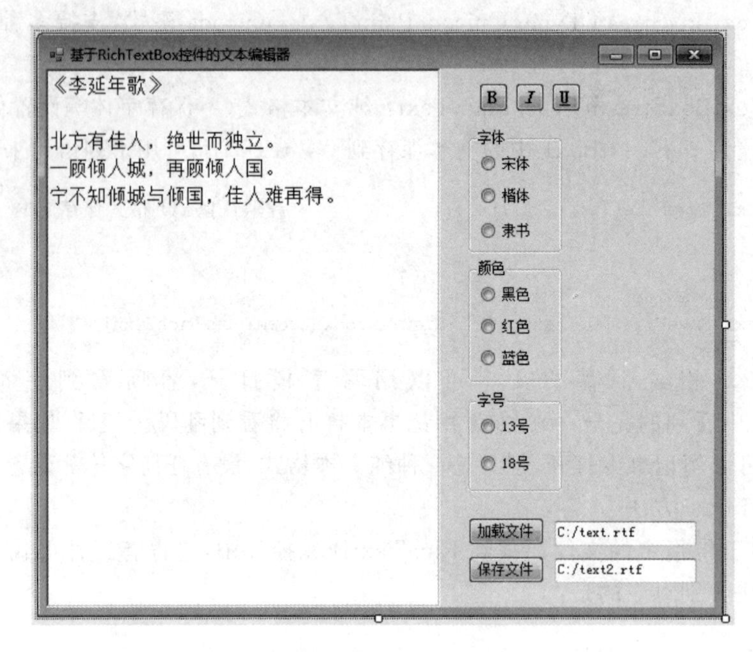

图 6.8 程序 RTBoxEditer 的设计界面

表 6.3 各控件属性的设置情况

控件类型	控件名称	属性设置项目	设置结果
Button	button1	Text	B
		Font. Size	11
		Font. Bold	true
	button2	Text	I
		Font. Size	11
		Font. Bold	true
		Font. Italic	true
	button3	Text	U
		Font. Size	11
		Font. Bold	true
		Font. Underline	true
	button4	Text	加载文件
	button5	Text	保存文件
TextBox	textBox1	Text	C:/text. rtf
	textBox2	Text	C:/text2. rtf
RadioButton	radioButton1	Text	宋体
	radioButton2	Text	楷体
	radioButton3	Text	隶书
	radioButton4	Text	黑色
	radioButton5	Text	红色
	radioButton6	Text	蓝色
	radioButton7	Text	13 号
	radioButton8	Text	18 号

续表

控件类型	控件名称	属性设置项目	设置结果
GroupBox	groupBox1	Text	字体
	groupBox2	Text	颜色
	groupBox3	Text	字号
RichTextBox	richTextBox1	Lines	《李延年歌》 北方有佳人，绝世而独立。 一顾倾人城，再顾倾人国。 宁不知倾城与倾国，佳人难再得。
		HideSelection	false
		Font	(宋体，13pt)
		Dock	Left
Form	Form1	Text	基于 RichTextBox 控件的文本编辑器

该程序设计的基本思想是，利用 RichTextBox 控件提供的相关属性、方法和事件对被选中的文本设置字体、字号、颜色等信息。其难点在于，C# 不提供对被选中文本分别单独进行字体、字号或样式的设置，而这几个必须同时进行(对颜色可以单独设置)，例如，下面两条语句是错误的。

```
richTextBox1.SelectionFont.Name = "宋体";          //错误,不能对只读属性赋值
richTextBox1.SelectionFont.Size = 18;              //错误,不能对只读属性赋值
```

而必须采用下列形式的语句来设置。

```
richTextBox1.SelectionFont = new Font("宋体", 18, FontStyle.Bold | FontStyle.Italic);
```

这样，在设置某一项属性时，必须先获得其他属性的设置信息，然后以该属性要设置的新值以及获得的其他属性的设置信息作为参数，调用 new()方法创建新的 Font 对象并赋给 richTextBox1.SelectionFont，从而完成对该属性的设置，而其他属性的设置信息保持不变。

此外，还有一个问题：当被选中的文本是由不同字体、字号或样式的字符组成，那么 richTextBox1.SelectionFont 将返回 null，这时引用 richTextBox1.SelectionFont 将出现异常。为此，对被选中的文本，应逐一对其中的每个字符进行设置，从而解决这个问题。

程序代码如下：

```
using System;
using System.Drawing;
using System.Windows.Forms;
namespace RTBoxEditer
{
    public partial class Form1 : Form
    {
        private void SetFont(String fontname)          //重载(设置字体)
        {
            Font ft;
            textBox1.Text = richTextBox1.SelectionStart.ToString();
            int start = richTextBox1.SelectionStart;
            int end = richTextBox1.SelectionStart + richTextBox1.SelectionLength - 1;
```

```
        for (int i = start; i <= end; i++)        //逐个字符进行设置
        {
            richTextBox1.Select(i, 1);
            ft = richTextBox1.SelectionFont;
            ft = new Font(fontname, ft.Size, ft.Style);
            richTextBox1.SelectionFont = ft;
        }
        richTextBox1.Select(start, end - start + 1);
        richTextBox1.Focus();
    }
    private void SetFont(int fontsize)            //重载(设置字号)
    {
        Font ft;
        textBox1.Text = richTextBox1.SelectionStart.ToString();
        int start = richTextBox1.SelectionStart;
        int end = richTextBox1.SelectionStart + richTextBox1.SelectionLength - 1;
        for (int i = start; i <= end; i++)        //逐个字符进行设置
        {
            richTextBox1.Select(i, 1);
            ft = richTextBox1.SelectionFont;
            ft = new Font(ft.Name, fontsize, ft.Style);
            richTextBox1.SelectionFont = ft;
        }
        richTextBox1.Select(start, end - start + 1);
        richTextBox1.Focus();
    }
    private void SetFont(FontStyle style,char c)//重载(设置字形)
    {
        Font ft;
        int start = richTextBox1.SelectionStart;
        int end = richTextBox1.SelectionStart + richTextBox1.SelectionLength - 1;
        for (int i = start; i <= end; i++)        //逐个字符进行设置
        {
            richTextBox1.Select(i, 1);
            ft = richTextBox1.SelectionFont;
            System.Drawing.FontStyle fs = ft.Style;
            if (c == '+') fs = (System.Drawing.FontStyle)(fs | style);
            else fs = (System.Drawing.FontStyle)(fs - style);
            if (fs.ToString().IndexOf("Strikeout")>= 0)
                fs = (System.Drawing.FontStyle)(fs - FontStyle.Strikeout);
            ft = new Font(ft.Name, ft.Size, fs);
            richTextBox1.SelectionFont = ft;
        }
        richTextBox1.Select(start, end - start + 1);
        richTextBox1.Focus();
    }
    public Form1()
    {
        InitializeComponent();
    }
    private void button1_Click(object sender, EventArgs e)      //粗体
```

```
{
    System.Drawing.FontStyle fs = FontStyle.Regular;
    if (button1.FlatStyle == FlatStyle.Flat)
    {
        button1.FlatStyle = FlatStyle.Standard;
        button1.BackColor = Color.White;
        fs = System.Drawing.FontStyle.Bold;
        SetFont(fs,'-');
    }
    else
    {
        button1.FlatStyle = FlatStyle.Flat;
        button1.BackColor = Color.Silver;
        fs = System.Drawing.FontStyle.Bold;
        SetFont(fs,'+');
    }
}
private void button2_Click(object sender, EventArgs e)        //斜体
{
    System.Drawing.FontStyle fs = FontStyle.Regular;
    if (button2.FlatStyle == FlatStyle.Flat)
    {
        button2.FlatStyle = FlatStyle.Standard;
        button2.BackColor = Color.White;
        fs = System.Drawing.FontStyle.Italic;
        SetFont(fs, '-');
    }
    else
    {
        button2.FlatStyle = FlatStyle.Flat;
        button2.BackColor = Color.Silver;
        fs = System.Drawing.FontStyle.Italic;
        SetFont(fs, '+');
    }
}
private void button3_Click(object sender, EventArgs e)        //下画线
{
    System.Drawing.FontStyle fs = FontStyle.Regular;
    if (button3.FlatStyle == FlatStyle.Flat)
    {
        button3.FlatStyle = FlatStyle.Standard;
        button3.BackColor = Color.White;
        fs = System.Drawing.FontStyle.Underline;
        SetFont(fs, '-');
    }
    else
    {
        button3.FlatStyle = FlatStyle.Flat;
        button3.BackColor = Color.Silver;
        fs = System.Drawing.FontStyle.Underline;
```

```
            SetFont(fs, '+');
        }
    }
    private void radioButton1_CheckedChanged(object sender, EventArgs e)
    {
        SetFont("宋体");
    }
    private void radioButton2_CheckedChanged(object sender, EventArgs e)
    {
        SetFont("楷体_GB2312");
    }
    private void radioButton3_CheckedChanged(object sender, EventArgs e)
    {
        SetFont("隶书");
    }
    private void radioButton4_CheckedChanged(object sender, EventArgs e)
    {
        richTextBox1.SelectionColor = Color.Black;
    }
    private void radioButton5_CheckedChanged(object sender, EventArgs e)
    {
        richTextBox1.SelectionColor = Color.Red;
    }
    private void radioButton6_CheckedChanged(object sender, EventArgs e)
    {
        richTextBox1.SelectionColor = Color.Blue;
    }
    private void radioButton7_CheckedChanged(object sender, EventArgs e)
    {
        SetFont(13);
    }
    private void radioButton8_CheckedChanged(object sender, EventArgs e)
    {
        SetFont(18);
    }
    private void button4_Click(object sender, EventArgs e)
    {
        try
        {
         richTextBox1.LoadFile(textBox1.Text, RichTextBoxStreamType.RichText);
        }
        catch (Exception ex)
        {
            MessageBox.Show("打开文件出现错误:" + ex.ToString());
        }
    }
    private void button5_Click(object sender, EventArgs e)
    {
```

```
                try
                {
                  richTextBox1.SaveFile(textBox2.Text, RichTextBoxStreamType.RichText);
                }
                catch (Exception ex)
                {
                    MessageBox.Show("保存文件出现错误:" + ex.ToString());
                }
            }
        }
    }
```

该程序运行结果如图 6.9 所示。

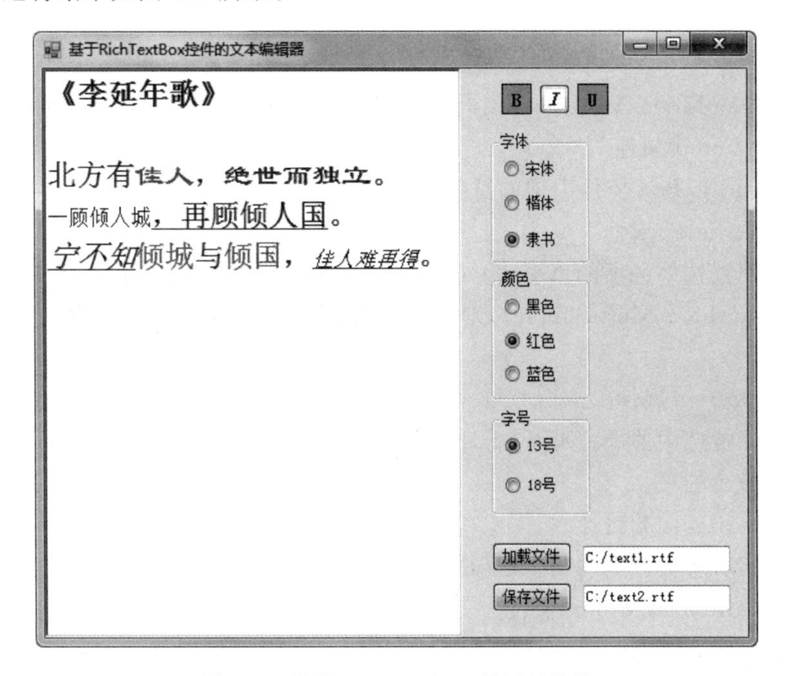

图 6.9　程序 RTBoxEditer 的运行结果

3. Label 控件和 LinkLabel 控件

Label 控件与 TextBox 控件在使用方法上基本相同，不同的是 Label 控件只能用于显示文本信息，而用户不能在 Label 控件中编辑文本。

LinkLabel 控件将文本显示为 Web 样式的超链接，当用户单击该链接时会触发 LinkClicked 事件。这种控件通常用于打开一个网页。例如，将控件 linkLabel1 的 Text 属性值设置为“清华大学出版社”，并在 LinkClicked 事件的处理函数编写如下代码。

```
private void linkLabel1_LinkClicked(object sender, LinkLabelLinkClickedEventArgs e)
{
    System.Diagnostics.Process.Start("http://www.tup.tsinghua.edu.cn/");
    linkLabel1.LinkVisited = true;                    //访问后变颜色
}
```

结果在运行时,当单击"清华大学出版社"时,就会打开清华大学出版社的主页。

6.3.3 列表类控件

列表类控件比较多,包括ListBox、CheckedListBox、ComboBox、ListView、TreeView等。

1. ListBox控件(列表框)

1) 重要属性

(1) SelectionMode属性

当该属性取值为SelectionMode.One时表示一次只能选中ListBox控件中的1项(默认设置):

```
listBox1.SelectionMode = SelectionMode.One;
```

当为SelectionMode.MultiSimple时表示可以选择多项,为None时不能选择任何项。

(2) Items.Count属性

该属性返回ListBox控件中项的总数。

(3) SelectedIndex属性

该属性返回被选中的项的索引值;如果ListBox控件允许选择多项(SelectionMode属性值取SelectionMode.MultiSimple),则该属性返回所有被选中的项中索引值最小的项的索引值。

(4) SelectedItem属性

该属性返回被选中的项;如果ListBox控件允许选择多项,则该属性返回所有被选中的项中索引值最小的项。

(5) SelectedItems[i]属性

该属性返回所有被选中的项中索引值为i的项。

(6) SelectedIndices.Count属性

该属性返回所有被选中项的总数。例如,利用下列语句可以将listBox1控件中所有被选中的项复制到listBox2控件中。

```
for (int i = 0; i < listBox1.SelectedIndices.Count; i++)
{
    listBox2.Items.Add(listBox1.SelectedItems[i].ToString());
}
```

(7) Items[i]属性

该属性返回索引值为i的项。

为理解SelectedItem属性和Items[i]属性的区别,考虑图6.10所示的ListBox控件。这时执行下列语句后分别返回"fffffffffffffffffff"和"bbbbbbbbbbb",由此不难理解这两个属性的区别:

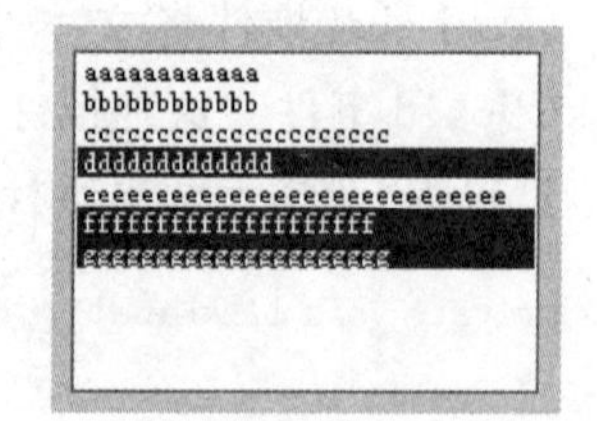

图6.10 允许选择多项的ListBox控件

```
listBox2.Items.Add(listBox1.SelectedItems[1].ToString());
listBox2.Items.Add(listBox1.Items[1].ToString());
```

2）重要方法

（1）Items.Add()方法

该方法用于一个字符串添加到 ListBox 控件中。如：

```
listBox1.Items.Add("中国");
```

（2）SetSelected()方法

该方法用于将指定的项设置为选中状态或为未被选中状态。如：

```
listBox1.SetSelected(1, true);                    //将索引号为 1 的项设置为选中状态
listBox1.SetSelected(3,false);                    //将索引号为 3 的项设置为未被选中状态
```

（3）IndexFromPoint()方法

利用该方法可以获取 ListBox 控件中鼠标所指向的项的索引号(这时与项是否被选中无关),从而可以方便地读取 ListBox 控件中的任意一项。该方法通常是在有关鼠标事件处理函数中调用,如：

```
private void listBox1_MouseDown(object sender, MouseEventArgs e)
{
    int index = listBox1.IndexFromPoint(e.X, e.Y);  //获取索引
    //其他处理代码
}
```

（4）Items.RemoveAt()方法

该方法根据给定的索引号从 ListBox 控件中删除相应的项。例如,下面语句是将索引为 2 的项从 listBox1 控件中删除：

```
listBox1.Items.RemoveAt(2);
```

（5）Clear()方法

该方法用于清空 ListBox 控件中的内容。

（6）ClearSelected()方法

该方法用于清空被选择的项,使得所有项都变为未被选中的状态。

3）重要事件

（1）SelectedIndexChanged 事件

当焦点在 ListBox 控件中的项之间发生变动或单击 ListBox 控件时都会触发该事件。相应的处理函数如下：

```
private void listBox1_SelectedIndexChanged(object sender, EventArgs e)
{
    //事件处理代码
}
```

此外,DoubleClick 和 Click 事件也是经常用到的,但它们的应用很普遍,也容易掌握,故不介绍它们。

【例 6.3】 实现在两个 ListBox 控件之间传递数据。

创建窗体应用程序 lBoxTolBox,其设计界面如图 6.11 所示。其中,“>”按钮用于将左

边列表框中被选中的项移到右边的列表框中,“>>”按钮则将左边列表框中所有的项都移到右边的列表框中。其他两个按钮也有类似的功能,只是移动的方向刚好相反。

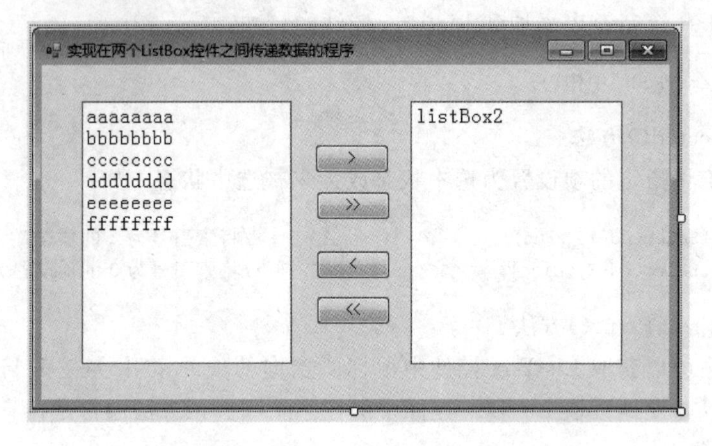

图 6.11 程序 lBoxTolBox 的设计界面

设计界面上各控件属性的设置情况如表 6.4 所示。

表 6.4 各控件属性的设置情况

控件类型	控件名称	属性设置项目	设置结果
ListBox	listBox1	SelectionMode	MultiSimple
		Items	aaaaaaaa bbbbbbbb cccccccc dddddddd eeeeeeee ffffffff
		Font. Size	13
	listBox2	SelectionMode	MultiSimple
		Items	
		Font. Size	13
Button	button1	Text	>
	button2	Text	>>
	button3	Text	<
	button4	Text	<<
Form	form1	Text	实现在两个 ListBox 控件之间传递数据的程序

程序中定义了两个函数:

```
private void TransferSelectedData(ListBox lb1, ListBox lb2)
private void TransferAllData(ListBox lb1, ListBox lb2)
```

它们的作用分别是将 lb1 中被选中的项移到 lb2 中和将 lb1 中所有的项移到 lb2 中。这样,各个 Button 的 Click 事件处理函数只需调用上述相应的函数即可完成在两个 ListBox 控件之间传递数据的功能。

该程序完整的代码如下：

```
using System;
using System.Windows.Forms;
namespace lBoxTolBox
{
    public partial class Form1 : Form
    {
        //将 lb1 中被选中的数据移到 lb2 中
        private void TransferSelectedData(ListBox lb1, ListBox lb2)
        {
            int index = lb1.SelectedIndex;
            while (index != -1)
            {
                string s = lb1.Items[index].ToString();
                lb2.Items.Add(s);
                lb1.Items.RemoveAt(index);
                index = lb1.SelectedIndex;
            }
        }
        //将 lb1 中的所有数据移到 lb2 中
        private void TransferAllData(ListBox lb1, ListBox lb2)
        {
            for (int i = 0; i < lb1.Items.Count; i++)
            {
                string s = lb1.Items[i].ToString();
                lb2.Items.Add(s);
            }
            lb1.Items.Clear();
        }
        public Form1()
        {
            InitializeComponent();
        }
        private void button1_Click(object sender, EventArgs e)
        {
            TransferSelectedData(listBox1, listBox2);
        }
        private void button2_Click(object sender, EventArgs e)
        {
            TransferAllData(listBox1, listBox2);
        }
        private void button3_Click(object sender, EventArgs e)
        {
            TransferSelectedData(listBox2, listBox1);
        }
        private void button4_Click(object sender, EventArgs e)
        {
            TransferAllData(listBox2, listBox1);
        }
    }
}
```

2. CheckedListBox 控件

CheckedListBox 控件和 ListBox 控件的方法、属性和事件基本相同，不同的是，前者的每项旁边增加了一个复选框，表示该项是否被选中。因此，CheckedListBox 控件增加了一些支持访问这种复选框的属性等。例如，CheckedListBox 控件的 CheckedItems.Count 属性值表示一共被选中的复选框的个数，CheckedItems[i]属性则返回索引为 i 的在复选框中被选中的项。

例如，创建一个窗体应用程序 cltBoxtoBox，分别添加一个 CheckedListBox 控件、ListBox 控件和一个 Button 控件(使用默认名称)，并适当调整它们的大小和位置，然后在 Button 控件的 Items 属性中添加下列几行字符串：

```
aaaaaaa
bbbbbbb
ccccccc
ddddddd
```

接着，将下列代码放在 Button 的 Click 事件处理函数中：

```
listBox1.Items.Add("----以下是复选框被选中的项----");
for (int i = 0; i < checkedListBox1.CheckedItems.Count; i++)
{
    listBox1.Items.Add(checkedListBox1.CheckedItems[i].ToString());
}
listBox1.Items.Add("--以下是项的标题被选中(选框被选中)的项--");
for (int i = 0; i < checkedListBox1.SelectedIndices.Count; i++)
{
    listBox1.Items.Add(checkedListBox1.SelectedItems[i].ToString());
}
```

然后执行程序 cltBoxtoBox，结果如图 6.12 所示。从这个运行结果中不难理解 CheckedItems[i]属性的真实意义。

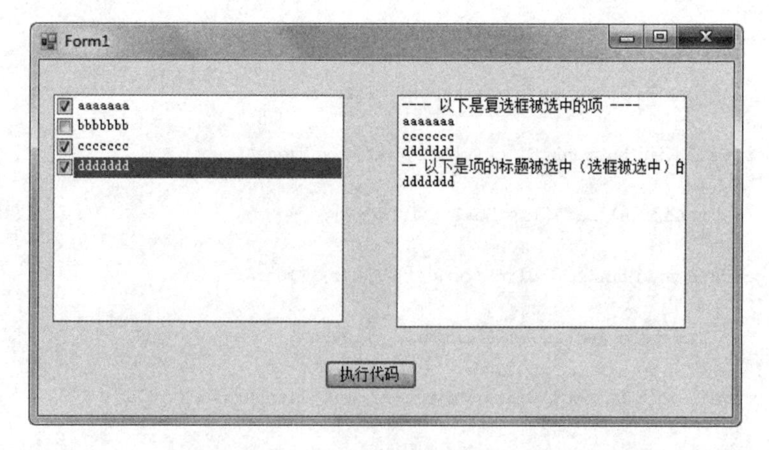

图 6.12 属性 CheckedItems[i]和 SelectedItems[i]的比较

3. ComboBox 控件(组合框)

ComboBox 控件和 ListBox 控件也比较相似,不同的是,前者是将其包含的项"隐藏"起来(后者是全部显示),通过单击下拉按钮来选择所需的项(只能选一项),被选中的项将在文本框中显示出来,其界面如图 6.13 所示。

被选中的项可以通过 ComboBox 控件的 Text 属性来访问:

```
string s = comboBox1.Text;
```

图 6.13 ComboBox 控件的界面

也可以这样访问:

```
string s = comboBox1.SelectedItem.ToString()
```

属性 SelectedIndex 则返回被选中的项的索引。反之,通过设置该属性值,也可以指定相应项为被选中的项。例如,下列语句则将索引为 2 的项设置成被选中的项,该项会在其文本框中显示:

```
comboBox1.SelectedIndex = 2;
```

事件 SelectedIndexChanged 是在单击 ComboBox 控件的下拉按钮时被触发,因此对于在单击该下拉按钮时要完成的工作,相应的实现代码应该在事件 SelectedIndexChanged 的处理函数中编写。

4. ListView 控件

ListView 控件在很多场合都有着重要的应用,Windows 操作系统文件夹就是一种典型的 ListView 控件界面。

1) 重要属性

(1) Items.Count 属性和 SelectedItems.Count 属性

属性 Items.Count 返回 ListView 控件所包含的项的总数;属性 SelectedItems.Count 则返回 ListView 控件中已被选中的项的个数。

【说明】

在 ListView 控件中添加项的方法是,单击 ListBox 控件的 Items 属性右边的省略号按钮,打开"ListViewItem 集合编辑器"对话框,在此对话框中通过"添加"按钮来添加所需的项,如图 6.14 所示。

当然,也可以利用 ListView 控件的 Items.Add()方法来添加项,其使用方法见下文说明。

(2) Items[i]属性

该属性返回 ListView 控件中索引为 i 的项,如果要返回项的标题,则用 Items[i].Text 属性。例如,如果要访问 ListView 控件中所有的项,则可以用下列代码实现:

```
for (int i = 0; i < listView1.Items.Count; i++)
{
    string s = listView1.Items[i].Text;
}
```

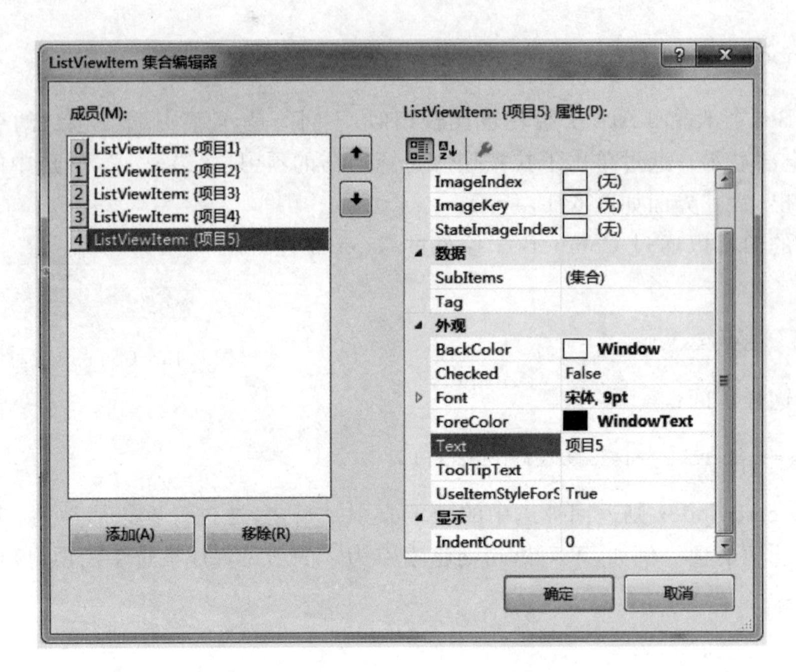

图 6.14 “ListViewItem 集合编辑器”对话框

(3) SelectedItems[i]属性

该属性返回在被选中的项中索引为 i 的项。它一般与 SelectedItems. Count 属性搭配使用。例如,下列代码的作用是在 ListBox1 控件中列出 listView1 控件中所有已被选中的项的 Text 值:

```
for (int i = 0; i < listView1.SelectedItems.Count; i++)
{
    string s = listView1.SelectedItems[i].Text + " - 已 - 被选中";    //项被选中
    listBox1.Items.Add(s);
}
```

(4)MultiSelect 属性

当该属性被设置为 true(默认值)时,允许在 ListView 控件中选择多项。选择方法是,按 Ctrl 的同时用鼠标单击要选的项。

(5) CheckBoxes 属性

当该属性被设置为 true(默认值为 false)时,在每项的前面会增加一个复选框。

【说明】

ListView 控件多与 ImageList 控件搭配使用。ImageList 控件的作用是相当于一个图标库,可以保存多个图标或图像,但这些图像不显示在窗体上,而是被任何具有 ImageList 属性的控件使用。ListView 控件可以利用 ImageList 控件中的图标作为项的图标。在 ImageList 控件中添加图标的方法是,在 ImageList 控件的属性框中单击 images 项右边的省略号按钮,然后在打开的“图像集合编辑器”中添加,如图 6.15 所示。

然后将 ListView 控件的 LargeImageList 属性值设置为 ImageList 控件的实例对象(如 imageList1),接着单击 ListView 控件的 Items 属性右边的省略号按钮,打开“ListViewItem

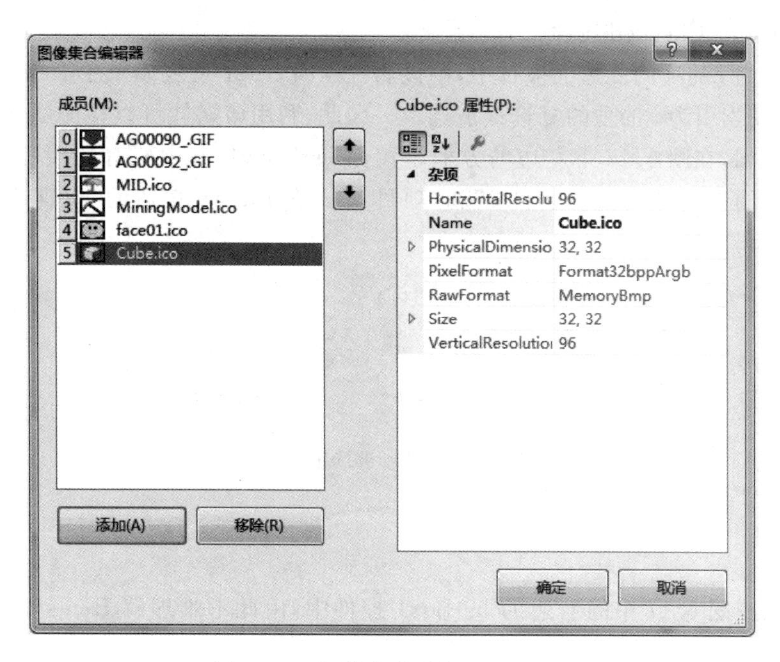

图 6.15　“图像集合编辑器”对话框

集合编辑器”对话框，如图 6.16 所示。

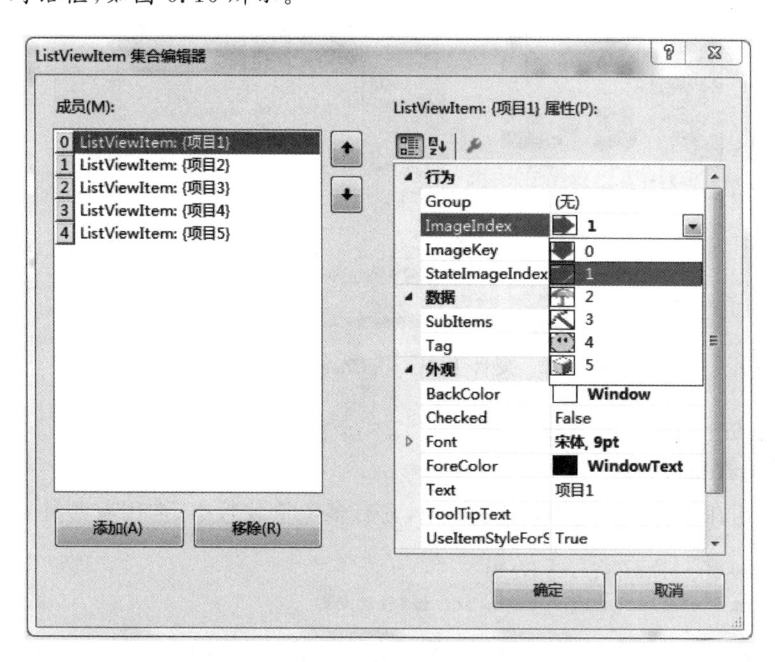

图 6.16　在“ListViewItem 集合编辑器”中设置项的图标

在 ListViewItem 集合编辑器左边的方框中选择相应的项目，然后在右边的方框中通过选择 ImageIndex 的值来为指定的项设置图标。

当然，也可以通过执行代码来为项添加图标，具体参考如下有关 ListView 控件的 Items. Add()方法部分。

(6) Items[i]. Checked 属性

如果索引为 i 的项的复选框被选中,则该属性返回 true;反之如果令 Items[i]. Checked 的值为 true,则索引为 i 的项的复选框被选中。因此,利用该属性可以检测哪些项的复选框已被选中。例如,在图 6.17 中左边的方框是控件 listView1,其中所有的项都已被选中,但复选框被选中的只有“项目 1”“项目 3”和“项目 5”。在 Button 按钮的 Click 事件处理函数中执行下列代码:

```
for (int i = 0; i<listView1.Items.Count; i++)
{
    string s;
    if (listView1.Items[i].Checked == true)           //复选框被选中
    {
        s = listView1.Items[i].Text + " - 已 - 被选中";
        listBox1.Items.Add(s);
    }
}
```

结果显示在图 6.17 中的右边的 listBox1 控件中,由此不难理解 Items[i]. Checked 属性的含义。

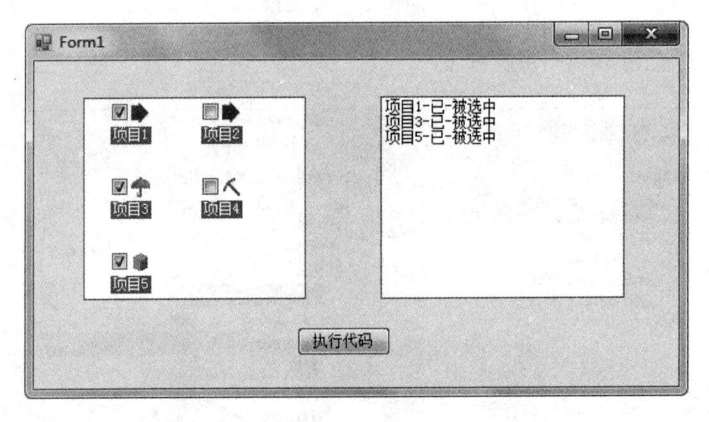

图 6.17　属性 Items[i]. Checked 的应用举例

2) 重要方法

(1) Items. Add()方法

该方法用于在 ListView 控件中添加项,它有多个重载版本,常用有两种:

```
ListViewItem Items.Add(string text)
ListViewItem Items.Add(string text, int imageIndex)
```

其中,参数 text 用于设置项的 Text 属性值,imageIndex 用于设置项的图标。例如:

```
listView1.Items.Add("项目 6");                    //添加项目"项目 6",没带图标
//添加项目"项目 7",其图标是 ImageList 控件中索引为 1 的图片
listView1.Items.Add("项目 7", 1);
```

(2) Items. Clear()方法

该方法用于清空 ListView 控件中所有的项。

(3) Items[i].Remove()方法

该方法用于删除索引为 i 的项。

3) 重要事件

(1) Click 事件

只要单击 ListView 控件中的任意一项，就会触发该事件。

(2) SelectedIndexChanged 事件

ListView 控件中任意一项的选中状态发生变化时都会触发该事件，但项前的复选框的选中状态发生变化时不会触发该事件。

(3) ItemCheck 和 ItemChecked 事件

这两个事件十分相似：项的复选框的状态发生改变时都会触发这两个事件。但它们还是有区别的，其区别主要体现在，它们的事件处理函数的参数 e 返回的值不一样。其中，对于 ItemCheck 事件，e.Item 返回的是复选框状态被改变的项；对于 ItemChecked 事件，e.CurrentValue 返回的是在状态改变之前项的复选框的值(Checked 或 Unchecked)，e.NewValue 返回的是在状态改变之后项的复选框的值。通过运行下列代码可以理解这两者的区别：

```
private void listView1_ItemChecked(object sender, ItemCheckedEventArgs e)
{
    listBox1.Items.Add(e.Item.Text );                //返回复选框状态改变的项
}
private void listView1_ItemCheck(object sender, ItemCheckEventArgs e)
{
    listBox1.Items.Add("状态改变之 - 前 - 复选框的值:" + e.CurrentValue.ToString());
    listBox1.Items.Add("状态改变之 - 后 - 复选框的值:" + e.NewValue.ToString());
}
```

5. TreeView 控件

TreeView 控件是以树状的形式显示其包含的项。例如，Windows 操作系统中的资源管理器就是以树状的形式展示目录。

TreeView 控件也通常与 ImageList 组件搭配使用，以使每项前面都有一个图标。在 TreeView 控件中添加项可以在 TreeView 控件的属性编辑器中完成，方法是：先创建 ImageList 控件对象并通过 TreeView 控件的 ImageList 属性建立与 ImageList 控件的关联；然后在属性编辑器中设置属性 SelectedImageIndex 的值(选中相应的图标)，当程序运行时如果选中某一项，则该项左边会显示该图标；最后单击 Nodes 项右边的省略号按钮，打开“TreeNode 编辑器”对话框，在对话框中可以添加根节点、子节点以及设置节点的图标，如图 6.18 所示。

TreeView 控件中的节点实际上就是由 TreeNode 类的对象构成，以下介绍 TreeView 控件和 TreeNode 类的重要属性、方法和事件。

1) TreeView 控件的重要属性和方法

(1) ImageList 属性

该属性用于加载 ImageList 控件对象，以为 TreeView 控件中的节点提供图标。

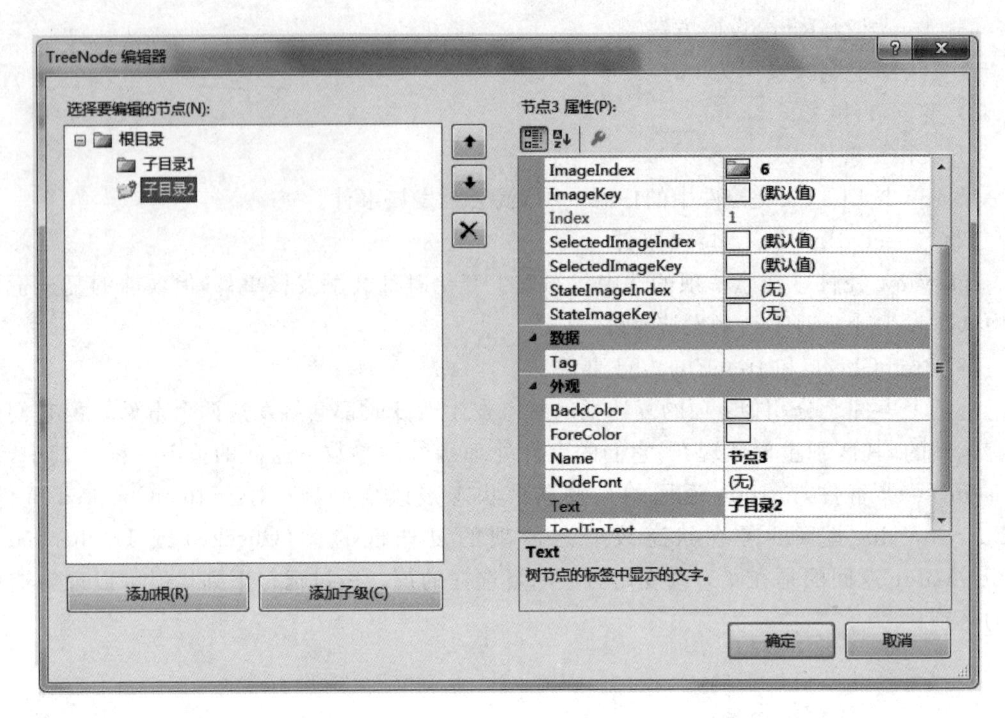

图 6.18 “TreeNode 编辑器”对话框

(2) Nodes.Count 属性

该属性返回 TreeView 控件中根节点的数量。

(3) Nodes[i]属性

该属性返回 TreeView 控件中索引为 i 的根节点。

(4) Parent 属性

该属性返回 TreeView 控件所在的容器对象,如 Form1 等。

(5) TopNode 属性

该属性返回 TreeView 控件中的第一个根节点(索引为 0 的根节点)。如果 TreeView 控件中没有节点,则返回 null。因此,利用这个特性可以判断 TreeView 控件中的节点是否为空。

(6) CheckBoxes 属性

当该属性的值被设置为 true 时,在每个节点前面都增加一个复选框。

(7) Nodes.Clear()方法

该方法用于清空 TreeView 控件中的所有节点,如:

treeView1.Nodes.Clear();

2) TreeNode 类的重要方法和属性

(1) TreeNode 类的构造函数

TreeView 控件中的节点实际上是由 TreeNode 类的对象构成。TreeNode 类提供了重载构造函数的多种版本,用于创建 TreeNode 类的对象(节点)。其中,常用的包括两种:

```
TreeNode TreeNode(string text)
TreeNode TreeNode(string text, int imageIndex, int selectedImageIndex)
```

其中，参数 text 用于设置节点的名称(Text 属性值)；imageIndex 和 selectedImageIndex 分别用于设置节点未被选中和已被选中时要显示的图标的索引(此索引与图标的对应关系在 ImageList 控件设置)，如果不设置这两个参数，则默认均使用索引为 0 的图标。

例如，下面代码将创建名为“中国大学”的节点，并添加为控件 treeView1 的一个根节点：

```
TreeNode node = new TreeNode("中国大学");
treeView1.Nodes.Add(node);
```

如果使用下列代码，则表示在未被选中时节点“中国大学”使用索引为 0 的图标(显示在其左边)，在已被选中时使用索引为 1 的图标：

```
TreeNode node = new TreeNode("中国大学",0,1);
```

(2) Nodes.Add()方法

该方法用于为当前节点增加子节点。

```
TreeNode node, parentnode;
node = new TreeNode("中国大学");
treeView1.Nodes.Add(node);                //在 treeView1 控件中增加根节点"中国大学"
parentnode = node;
node = new TreeNode("清华大学");
parentnode.Nodes.Add(node);               //为"中国大学"增加子节点"清华大学"
node = new TreeNode("北京大学");
parentnode.Nodes.Add(node);               //为"中国大学"增加子节点"北京大学"
```

执行上述代码后，效果如图 6.19 所示。

(3) Expand()和 ExpandAll()方法

这两个方法都是用于展开节点，不同的是，Expand()方法用于展开当前节点的所有子节点，而不展开子孙节点(即子节点以下的节点不展开)；而 ExpandAll()方法则展开以当前节点为根节点的所有节点(包括子节点和子孙节点)。

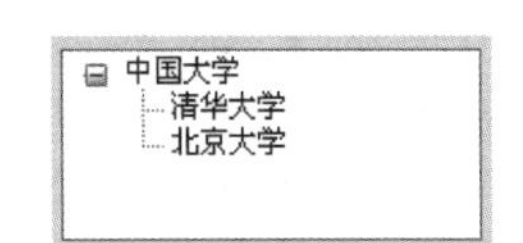

图 6.19　使用 Nodes.Add()方法增加节点

(4) Collapse()方法

该方法则收缩以当前节点为根节点的子树(变为一个节点)。

(5) Remove()方法

该方法用于删除当前节点及其子节点和子孙节点。

(6) GetNodeCount(bool includeSubTree)方法

该方法返回子节点和子孙节点的个数，其中，如果参数 includeSubTree 的值为 true，则返回当前节点的子节点以及所有子孙节点的数量；如果参数 includeSubTree 的值为 false，则仅返回子节点的数量。

下面介绍 TreeNode 类的常用属性。

(1) Text 属性

该属性用于设置或获取节点所显示的文本。

(2) Nodes[i]属性

该属性返回当前节点的子节点中索引为 i 的子节点。

据此,可以搜索一个给定节点的所有子节点。例如,控件 treeView1 的内容如图 6.20 所示。

执行下列代码:

```
TreeNode treenode = treeView1.Nodes[0];    //treenode 指向节点"中国大学"
treenode = treenode.Nodes[0];              //treenode 指向节点"清华大学"
//以下搜索节点"清华大学"的所有子节点
for (int i = 0; i < treenode.GetNodeCount(false); i++)
    listBox1.Items.Add(treenode.Nodes[i].Text);
```

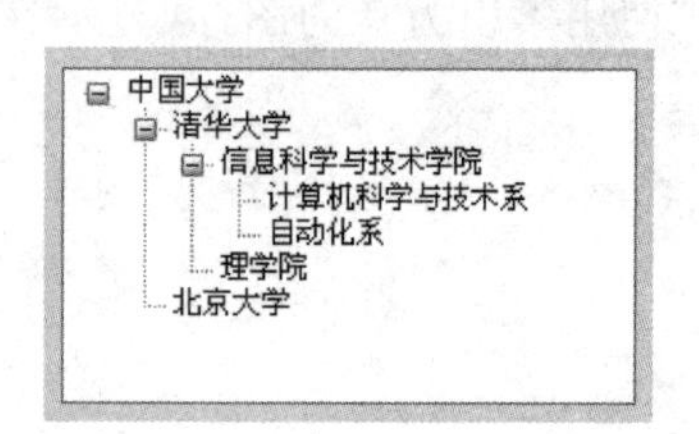

图 6.20 控件 treeView1 的内容

结果输出:

计算机科学与技术学院
理学院

(3) Checked 属性

当节点前面的复选框被选中时,该属性值为 true; 反之,当令该属性值为 true 时,相应节点前面的复选框处于被选中状态。当然,只有当 TreeView 控件的 CheckBoxes 属性的值被设置为 true 时,才能看到复选框。

(4) FullPath 属性

该属性返回从根节点到当前节点的路径。例如,对于图 6.20 所示控件 treeView1 中的树,执行下列代码:

```
TreeNode treenode = treeView1.Nodes[0];    //treenode 指向节点"中国大学"
treenode = treenode.Nodes[0];              //treenode 指向节点"清华大学"
treenode = treenode.Nodes[0];              //treenode 指向节点"信息科学与计算学院"
treenode = treenode.Nodes[1];              //treenode 指向节点"自动化系"
textBox1.Text = treenode.FullPath;
```

结果 treenode.FullPath 返回"中国大学\清华大学\信息科学与技术学院\自动化系"。

(5) Parent 属性

该属性返回父节点。

(6) ImageIndex 和 SelectedImageIndex 属性

如果 ImageIndex 属性的值被设置为 n,则表示使用索引为 n 的图标作为该节点在未被选中时显示的图标; 如果 SelectedImageIndex 属性的值被设置为 m,则表示使用索引为 m 的图标作为该节点在已被选中时显示的图标。显然,使用这两个属性的前提是,先创建有 ImageList 对象,并已在此对象中建立了索引为 n 和 m 的图标。

3) TreeView 控件的重要事件

(1) AfterSelect 和 BeforeCheck 事件

AfterSelect 事件是在选中节点后发生,但单击节点前面的"+"或"-"时不会发生。其事件处理函数如下:

```
private void treeView1_AfterSelect(object sender, TreeViewEventArgs e)
{
}
```

其中，利用参数 e 可以获得被选中的节点——e. Node。

BeforeCheck 事件则是在选中节点前发生。

(2) Click 事件

单击 TreeView 控件中的任何内容都会触发该事件，包括单击节点前面的“+”或“—”。

(3) AfterExpand 和 BeforeExpand 事件

AfterExpand 和 BeforeExpand 事件分别是在展开节点后和展开节点前发生。

(4) AfterCollapse 和 BeforeCollapse 事件

AfterCollapse 和 BeforeCollapse 事件分别是在搜索节点后和搜索节点前发生。

(5) AfterCheck 和 BeforeCheck 事件分别是在节点前面的复选框的状态发生改变后和改变前发生。

【例 6.4】 开发一个包含 TreeView 控件的程序，该程序可以创建任意一棵树，也可以删除树中的任一节点，并且每个节点前都有复选框，当单击一个节点的复选框时，其子节点和孙子节点的复选框也发生相同的变化。

创建窗体应用程序 ManageTreeView，其设计界面如图 6.21 所示。

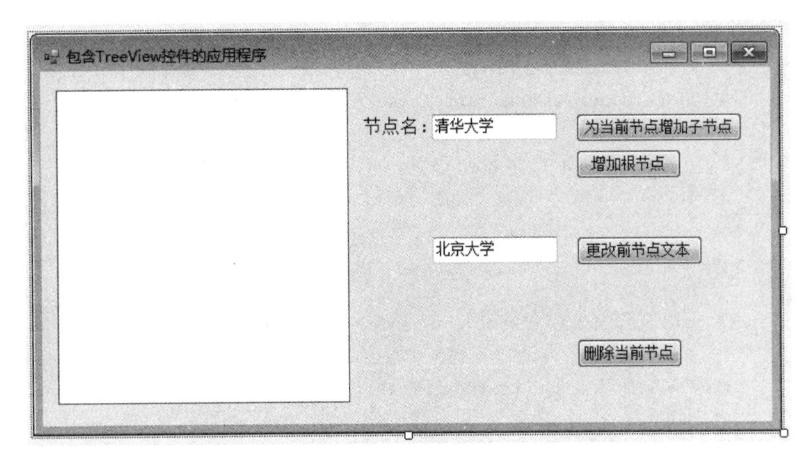

图 6.21　程序 ManageTreeView 设计界面

控件的属性设置情况如表 6.5 所示。

表 6.5　各控件属性的设置情况

控件类型	控件名称	属性设置项目	设置结果
Button	button1	Text	为当前节点增加子节点
	button2	Text	增加根节点
	button3	Text	删除当前节点
	button4	Text	更改前节点文本
TextBox	textBox1	Text	清华大学
	textBox2	Text	北京大学
TreeView	treeView1	CheckBoxes	true
		HideSelection	false
Label	label1	Text	节点名：
Form	Form1	Text	包含 TreeView 控件的应用程序

程序代码如下：

```
using System;
using System.Windows.Forms;
namespace ManageTreeView
{
    public partial class Form1 : Form
    {
        private TreeNode curNode = null;
        private int exeFlag = 0;
        public Form1()
        {
            InitializeComponent();
        }
        private void TraNodes(TreeNode node, bool flag)  //遍历以 node 为根节点的子树
        {
            TreeNode t_node;
            for (int i = 0; i < node.GetNodeCount(false); i++)
            {
                t_node = node.Nodes[i];
                t_node.Checked = flag;
                if (t_node.GetNodeCount(false)> 0)
                {
                    TraNodes(t_node, flag);
                }
            }
            exeFlag = 0;
        }
        private void button2_Click(object sender, EventArgs e)
        {
            treeView1.Nodes.Add(textBox1.Text);
        }
        private void button1_Click(object sender, EventArgs e)
        {
            if (curNode == null)
            {
                MessageBox.Show("请选择节点!");
                return;
            }
            curNode.Nodes.Add(textBox1.Text);
            curNode.Expand();
        }
        private void treeView1_AfterSelect(object sender, TreeViewEventArgs e)
        {
            curNode = e.Node;                              //获取被选中的节点
        }
        private void button3_Click(object sender, EventArgs e)
        {
            if (curNode == null)
            {
                MessageBox.Show("请选择要删除的节点!");
```

```
                return;
            }
            curNode.Remove();
        }
        private void button4_Click(object sender, EventArgs e)
        {
            if (curNode == null)
            {
                MessageBox.Show("请选择要更改的节点!");
                return;
            }
            curNode.Text = textBox2.Text;
        }
        private void treeView1_AfterCheck(object sender, TreeViewEventArgs e)
        {
            exeFlag++;                                    //避免函数的无限递归调用
            if (exeFlag == 1) TraNodes(e.Node, e.Node.Checked);
        }
    }
}
```

上述代码中，为实现搜索给定节点的所有子节点的功能，定义了一个递归函数TraNodes(TreeNode node, bool flag)。该函数在 AfterCheck 事件的处理函数 treeView1_AfterCheck()中调用。这样，TraNodes()函数修改节点的 Checked 属性值后又触发AfterCheck 事件，从而又调用 treeView1_AfterCheck()函数，于是造成对 TraNodes()函数的无限递归调用。为此，程序定义了私有成员变量 exeFlag 来解决这个问题。

图 6.22 是程序运行的一个结果。

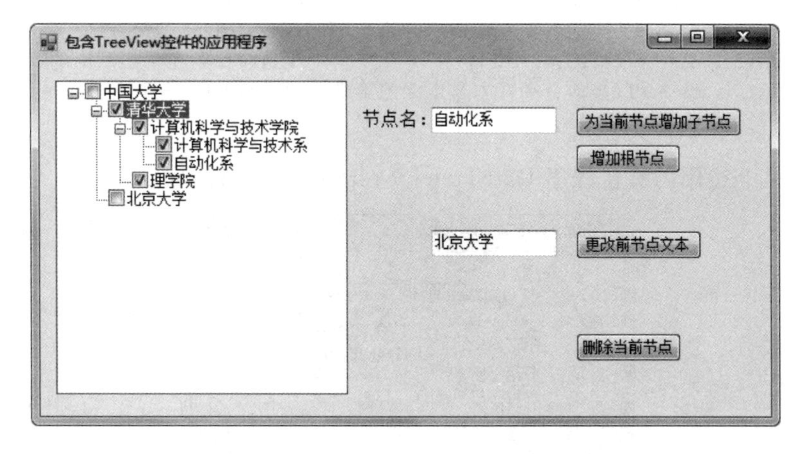

图 6.22　程序 ManageTreeView 的运行结果

5. DateTimePicker 控件

DateTimePicker 控件可以通过鼠标选择指定的日期。在默认情况下，DateTimePicker 控件以文本框形式出现，并带有一个下拉箭头。用户单击下拉箭头时，会出现一个日历窗口，用户可从中选择日期。

DateTimePicker 控件常用的事件是 ValueChanged 事件，当用户在运行时单击该控件会产生该事件。因此，通常在此事件的处理函数中编写处理代码。

当用户从日历窗口选择一个日期后，获得的日期值将保存在属性 Value 中。因此，一般要通过该属性来获取相应的日期成分，如：

```
DateTime dt = dateTimePicker1.Value;
```

例如，下面在 ValueChanged 事件处理函数中编写的代码是用于提取已选中日期的各种成分：

```
private void dateTimePicker1_ValueChanged(object sender, EventArgs e)
{
    DateTime dt = dateTimePicker1.Value;
    listBox1.Items.Clear();
    int n;
    n = dt.Year;                                    //提取年份
    listBox1.Items.Add("年份:" + n.ToString());
    n = dt.Month;                                   //提取月份
    listBox1.Items.Add("月份:" + n.ToString());
    n = dt.Day;                                     //提取日期
    listBox1.Items.Add("日期:" + n.ToString());
    n = dt.Hour;                                    //提取小时
    listBox1.Items.Add("小时:" + n.ToString());
    n = dt.Minute;                                  //提取分钟
    listBox1.Items.Add("分钟:" + n.ToString());
    n = dt.Second;                                  //提取秒数
    listBox1.Items.Add("秒数:" + n.ToString());
    n = dt.Millisecond;                             //提取毫秒
    n = Convert.ToInt16(dt.DayOfWeek);              //当前日期在本周中的第几天
    listBox1.Items.Add("当前日期在本周中的第 " + n.ToString() + " 天");
    n = Convert.ToInt16(dt.DayOfYear);              //当前日期在本年度中的第几天
    listBox1.Items.Add("当前日期在本年度中的第 " + n.ToString() + " 天");
}
```

图 6.23 是上述代码所在程序 DateTimePickerExa 的运行界面。

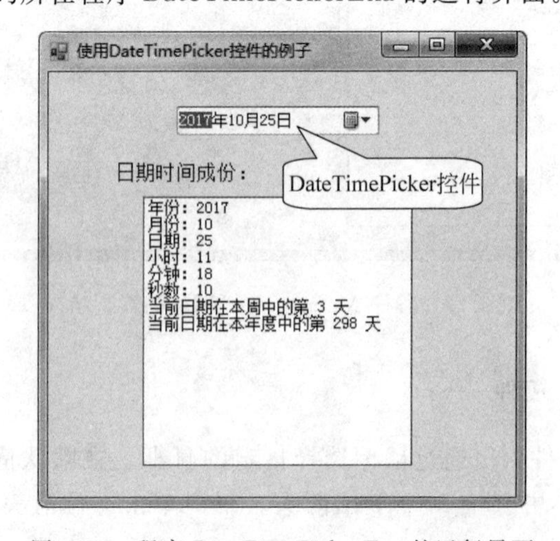

图 6.23　程序 DateTimePickerExa 的运行界面

6.3.4 其他常用控件

TrackBar 控件和 ProgressBar 控件都是条形控件，但二者的功能不同，以下分别说明。

1. TrackBar 控件（滑动条）

TrackBar 控件在形状上是带有一个滑块的条形控件，也称滑块控件或跟踪条控件。通过滑动该滑块，可以实时改变其属性 Value 的值，利用该属性的实时变化特性可以实时控制其他控件的功能。

1）重要属性

（1）Minmum 属性

用于获取或设置 TrackBar 控件可表示的范围下限，即最大值，默认为 0。

（2）Maximum 属性

用于获取或设置 TrackBar 控件可表示的范围上限，即最小值，默认为 10。

（3）Value 属性

用于获取或设置滑块在 TrackBar 控件上当前位置的值。当用代码设置该值时，滑块就显示在设置值指定的位置上；当用鼠标滑动该滑块时，属性 Value 的值就自动变为相应的位置值。

（4）LargeChange 属性

该属性用于获取或设置一个值，该值指示当用鼠标单击滑块左侧或右侧时，Value 属性值减少或增加的量。

（5）SmallChange 属性

该属性用于获取或设置一个值，该值指示当单击键盘上左箭头或上箭头时，Value 属性值减少的量，以及当单击键盘上右箭头或下箭头时，Value 属性值增加的量。当然，在单击箭头键时，滑块也同时跟着移动。

（6）Orientation 属性

该属性的取值有两个：Horizontal 和 Vertical。前者表示滚动条水平放置，后者表示垂直放置。

（7）TickFrequency 属性

该属性用于获取或设置一个值，该值指定控件上绘制的刻度之间的增量。例如，如果设置为 5，则表示两个刻度之间增量为 5。

（8）TickStyle 属性

该属性的可能取值有四种：None、TopLeft、BottomRight 和 Both，其中 TopLeft 表示刻度显示在滑块的上方或左方，BottomRight 表示在下方或右方，Both 表示滑块的左右或上下均有刻度，None 表示没有刻度。

2）主要事件

TrackBar 控件常用的主要事件有两个：Scroll 和 ValueChanged。当滚动滑块时会触发事件 Scroll，在设计界面上双击控件时，会自动进入 Scroll 事件的处理代码框架；当控件的 Value 属性值发生改变时，会触发事件 ValueChanged。当用鼠标或键盘去移动滑块时，都会触发这两个事件。不同的是，当通过代码去改变 Value 属性值而导致滑块自动移动时，只触发事件 ValueChanged,而不触发事件 Scroll。

为了解 TrackBar 控件的主要功能,在一个窗体上分别添加一个 TrackBar 控件和一个 TextBox 控件,并适当调整它们的大小和位置,然后双击 TrackBar 控件即可自动产生该事件处理函数的框架,编写如下代码:

```
private void trackBar1_Scroll(object sender, EventArgs e)
{
    textBox1.Text = trackBar1.Value.ToString();
}
```

运行该程序,在界面上滑动滑块时,就可以看到文本框显示的 Value 值的实时变动情况,如图 6.24 所示。

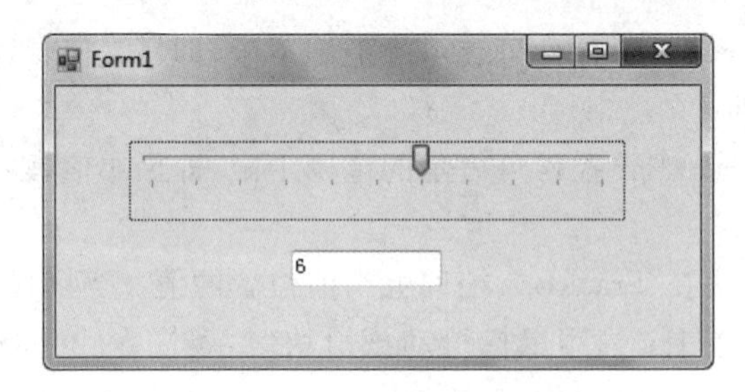

图 6.24 控件 TrackBar 的 Value 属性值的变动

2. ProgressBar 控件(进度控件)

程序完成一个任务(如复制文件)可能需要一定的时间。在这个过程中,最好在视觉上给用户一个图示,以表示任务完成的程度,以免用户认为程序不响应而关闭程序。ProgressBar 控件正是这样的一种图示。

ProgressBar 控件又称为进度条控件,它用颜色填充一个矩形框的比例来形象说明一个任务的完成程度。其常用属性和方法说明如下。

1) 常用属性

(1) Minimum 属性和 Maximum 属性

Minimum 属性和 Maximum 属性分别用于设置或获取进度条能够显示的最小值和最大值,它们的默认值分别为 0 和 100。

(2) Value 属性

该属性用于设置或获取进度条的当前位置值。该属性值改变时,进度条中的填充颜色也跟着改变,程序正是通过改变该属性值来实现任务完成进度的图示说明。

(3) Step 属性

该属性一般用于调用 PerformStep 方法时,设置 Value 属性值的增幅。例如,如果设置为 5,则每调用一次 PerformStep 方法时,Value 属性值会自动增加 5。

2) 常用方法

ProgressBar 控件的常用方法有两个:Increment 方法和 PerformStep 方法。Increment 方法带一个整型参数。每当执行一次 Increment 方法时,Value 属性值就会以该方法指定的参数值为增幅,增加一次。而 PerformStep 方法无参数,每当执行一次 PerformStep 方法时,Value 属性值会按 Step 属性值为增幅,增加一次。例如,下面三条语句是等价的。

```
progressBar2.Value = progressBar2.Value + 10;
progressBar2.Increment(10);
progressBar2.PerformStep();                               //假设 Step 属性值已经被设置为 10
```

【注意】

用第二条或第三条语句来改变属性 Value 的值时,若 Value 属性值大于 Maximum 属性值,则 Value 属性就取 Maximum 值;若 Value 属性值小于 Minimum 属性值,则 Value 属性就取 Minimum 值。在这个过程中不会出现异常。如果用第一条语句来增加属性 Value 的值,则将导致 Value 属性值超出范围[Minimum, Maximum],产生异常。

3. Timer 控件(定时器)

Timer 控件用于每隔一定时间执行一段代码,起到定时执行代码的作用。Timer 控件常用的属性和事件说明如下。

(1) Enabled 属性

该属性是逻辑属性,其可能取值包括 True 和 False。True 表示控件有效,False 表示控件无效(无法使用)。

(2) Interval 属性

该属性用于设置 Timer 控件两次 Tick 事件发生的时间间隔,以毫秒(ms)为单位。例如,如果其值设置为 500,则表示每隔 0.5s 发生一个 Tick 事件。

(3) Start 方法和 Stop 方法

Start 方法用于启动 Timer 控件,相当于令 Enabled 等于 true;Stop 方法用于停止 Timer 控件,相当于令 Enabled 等于 false。例如:

```
timer1.Start();
timer1.Stop();
```

Timer 控件响应的事件只有 Tick,每隔由 Interval 指定的时间后,将触发一次该事件。需要定期执行的代码则要在此事件处理函数中编写。

4. PictureBox 控件(图片框)

PictureBox 控件也称为图片框,用于在窗体上显示图片。该控件可以加载的图像文件格式包括位图文件(.Bmp)、图标文件(.ICO)、图元文件(.wmf)、.JPEG 和.GIF 文件。

在 PictureBox 控件中显示的图片需要通过设置 Image 属性来完成,可以通过以下三种方式将文件图片加载到 PictureBox 控件中。

(1) 在设计界面中,单击 PictureBox 控件 Image 属性右边的省略号按钮,在弹出的"选择资源"对话框中导入相应的图片文件即可。

(2) 使用 Bitmap 类来加载图片。假设已知图片的绝对路径为"D:\VS2015\第 6 章\Images\img.jpg",则可以用下面语句在 pictureBox1 中加载图片。

```
pictureBox1.Image = new Bitmap(@"D:\VS2015\第 6 章\Images\img.jpg");
```

Application.StartupPath 返回的是当前工作目录(exe 文件所在的目录)。如果当前工作目录是"D:\VS2015\第 6 章",则可以用下面语句加载图片,以提供程序的可移植性。

```
pictureBox1.Image = new Bitmap(Application.StartupPath + @"\images");
```

(3) 使用 Image 类的 FromFile 方法来加载图片。例如,下面语句与上述两条语句具有相同的加载作用。

```
pictureBox1.Image = Image.FromFile(@"D:\VS2015\第 6 章\Images\img.jpg");
pictureBox1.Image = Image.FromFile(Application.StartupPath + @"\images");
```

SizeMode 属性是 PictureBox 控件的一个最为常用的属性,它用于决定图像的显示模式。其取值说明如下。

① Normal: 图片置于 PictureBox 框的左上角,超出 PictureBox 框的图像部分都将被剪裁掉。

② StretchImage: 对图像进行适当的纵向或横向拉伸或收缩,以使图像刚好"填满"PictureBox 框,但图像一般会变形。

③ AutoSize: 自动适应图像的大小,即调整 PictureBox 框的大小(包括纵向和横向),使其大小跟图像的原始大小一样,刚好能"装下"图像。

④ CenterImage: 使图像居于 PictureBox 框的中心,图像大小不变。

⑤ Zoom: 按图像的原始纵横比进行拉伸或收缩,以使图像刚好能够"装在"PictureBox 框中,图像可能放大或缩小,但不变形。

例如,将 pictureBox1 控件的 SizeMode 属性值设置为 Normal,可以用下列语句来实现。

```
pictureBox1.SizeMode = PictureBoxSizeMode.Normal;
```

还有两个常用的属性是 Width 和 Height,它们分别用于设置 PictureBox 框的宽度和高度,单位为像素。当在设计界面中,用鼠标调整 PictureBox 框的大小时,这两个属性的值会自动改变。

例如,下面两条语句将控件 pictureBox1 的宽和高分别设置为 400px 和 300px。

```
pictureBox1.Width = 400;
pictureBox1.Height = 300;
```

下面的例子主要说明使用上述四种控件的基本方法。

【例 6.5】 一个综合使用 TrackBar 控件、ProgressBar 控件、Timer 控件和 PictureBox 控件的例子。

创建名为 TPTP 的窗体应用程序,实现以下三个功能:(1)自动显示指定目录下所有的 jpg 图像文件(每隔 0.5s 显示一张图片);(2)用进度条控件形象说明图像显示的完成情况;(3)通过利用 TrackBar 控件,实时调整图像的大小。为此,在窗体上添加 Button、TextBox、TrackBar、PictureBox、ProgressBar、Label 等六类控件,适当调整它们的位置和大小并做相应的属性设置,设计界面如图 6.25 所示,相应设置情况如表 6.6 所示。

表 6.6 各控件属性的设置情况

控件类型	控件名称	属性设置项目	设置结果
Button	button1	Text	开始自动显示指定目录下的图片文件
TextBox	textBox1	Text	D:\VS2015\第 6 章\Images

续表

控件类型	控件名称	属性设置项目	设置结果
TrackBar	trackBar1	Minmum	0
		Maximum	100
		Value	100
		Orientation	Vertical
		TickStyle	TopLeft
PictureBox	pictureBox1	Width	361
		Height	266
		SizeMode	Zoom
ProgressBar	progressBar1		所有属性采用默认值
Label	label1	Text	指定目录：
	label2	Text	显示进度：
Form	Form1	Text	一个综合使用 TrackBar 控件、ProgressBar 控件、Timer 控件和 PictureBox 控件的例子

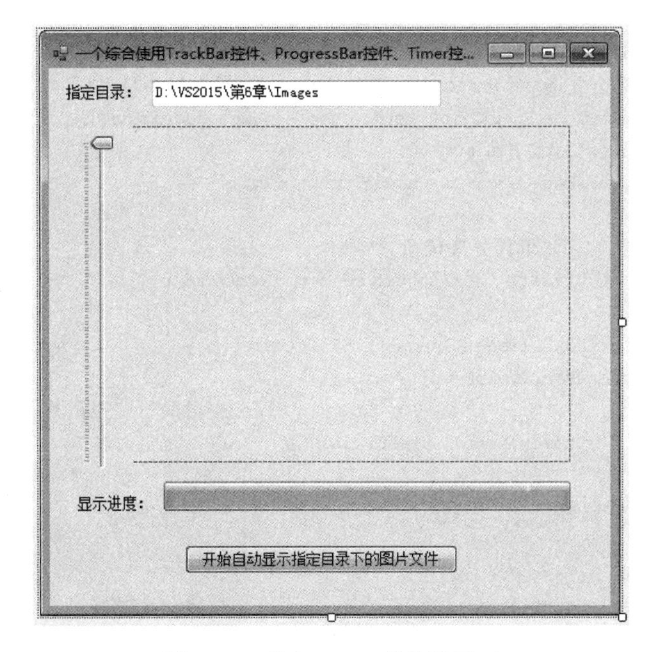

图 6.25　程序 TPTP 的设计界面

该程序的基本思想是，利用 Directory 类的静态方法 GetFile()获得指定目录下所有的 jpg 文件的绝对路径，并在程序加载窗体时将它们先保存到泛型数组 imgs 当中，然后调用定时器的 Tick 事件，每隔 0.5s 显示数组 imgs 中的一个图像文件，直到显示完毕。将数组 imgs 的长度赋给 progressBar1 对象的 Maximum 属性，将当前显示的图像的下标值赋给 progressBar1 对象的 Value 属性。该程序代码如下：

```
using System;
using System.Collections.Generic;
using System.ComponentModel;
```

```
using System.Data;
using System.Drawing;
using System.Linq;
using System.Text;
using System.Threading.Tasks;
using System.Windows.Forms;
using System.IO;                                      //需要手动添加
namespace TPTP
{
    public partial class Form1 : Form
    {
        public Form1()
        {
            InitializeComponent();
        }
        List<string> names = new List<string>();  //字符串数组,用于存放图片的路径
        int p = 0;                                    //初始化
        private void Form1_Load(object sender, EventArgs e)
        {
            string path = textBox1.Text;
            string[] imgs = Directory.GetFiles(path, "*.jpg");
            for (int i = 0; i < imgs.Length; i++) names.Add(imgs[i]);
            progressBar1.Minimum = 0;
            progressBar1.Maximum = names.Count - 1;
        }
        //定时器的 Tick 事件处理函数
        private void timer1_Tick(object sender, EventArgs e)
        {
            pictureBox1.Image = Image.FromFile(names[p]);      //显示 p 指向的图片
            progressBar1.Value = p;
            p++;                                      //指向下一张图片
            if (p == names.Count) timer1.Stop();      //关闭定时器
        }
        private void button1_Click(object sender, EventArgs e)
        {
            p = 0;
            timer1.Start();                           //启动定时器
        }
        //利用滑动条控件实时调整图像的大小
        private void trackBar1_Scroll(object sender, EventArgs e)
        {
            int x, w, h;
            x = trackBar1.Value;
            float f = x/100.0f;
            w = 361; h = 266;
            pictureBox1.Width = (int)(w * f);
            pictureBox1.Height = (int)(h * f);
        }
    }
}
```

执行程序 TPTP，其运行界面如图 6.26 所示。在该界面中，通过滑块可以实时缩放图像的大小（不变形），从进度条可以看出指定目录下图像文件显示的完成情况。

图 6.26 程序 TPTP 的运行界面

5. TabControl 控件（选项卡）

一个应用程序界面的大小是有限的。当有很多控件需要摆放或需要按功能分类摆放控件时，就需要用到 TabControl 控件，也称为选项卡控件。TabControl 控件提供了一种简单的方式把众多需要摆放的控件进行组织，使之具有合乎逻辑的结构，以便根据控件顶部的选项卡来访问。

一个 TabControl 包含若干个 TabPage，每个 TabPage 都具有同等大小的界面。可以根据需要添加、删除 TabControl 中的 TabPage，也可以调整各个 TabPage 的顺序。例如，TabControl 控件的设计界面如图 6.27 所示。TabControl 控件包含三个 TabPage，其当前界面是 tabPage1 的设计界面；如果单击 tabPage2 即可打开 tabPage2 的设计界面，依次类推。

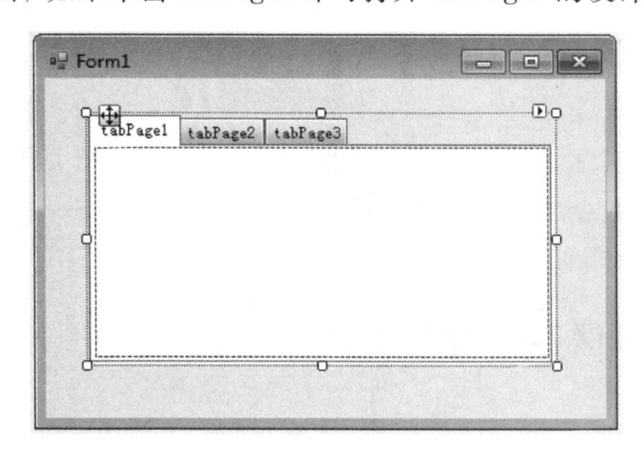

图 6.27 TabControl 控件的设计界面

以下说明 TabControl 控件的常用属性和事件。

(1) Alignment 属性

该属性用于设置选项卡(标签)的显示位置,其可能的四种取值是 Top, Buttom, Left, Right,分别表示在 TabControl 控件区域的上部、底部、左边和右边显示,其中 Top 是默认值。

(2) Appearance 属性

该属性用于设置选项卡的显示外观,其可能取值包括 Normal(默认)、Button 和 FlatButtons。

(3) SelectedIndex 属性

该属性用于设置或获取选中选项卡的索引号。选项卡索引号的编号方式是从左到右,依次是 0,1,2,…。

(4) SelectedTab 属性

该属性用于获取或设置选中的选项卡,这个属性在 TabPages 的实例上使用。

(5) TabCount 属性

该属性返回选项卡的个数。

(6) TabPages 属性

该属性是 TabControl 控件中 TabPage 对象的集合,使用这个集合可以添加和删除 TabPage 对象。当然,也可以在对象的属性框中添加和删除 TabPage 对象,还可以调整 TabPage 对象的顺序,方法是:先选中 TabControl 控件,然后在属性框中单击 TabPages 项右边的省略号按钮,最后在打开的 TabPage 集合编辑器添加和删除 TabPage 对象,以及调整它们的顺序。

(7) Dock 属性

TabControl 控件一般放在一个容器控件(如 Form)中,该属性用于设置 TabControl 控件在容器中的填充方式,其取值包括 None、Fill、Left、Right、Top、Bottom。None 表示非自动填充容器,由用户来调整它的位置和大小;Fill 表示自动填满整个容器控件;Left、Right、Top、Bottom 则分别表示向左部、右部、上部、下部填充容器控件。

事件 SelectedIndexChanged 是 TabControl 控件比较常用的事件。当用户单击不同的选项卡而导致 SelectedIndex 属性值发生改变时会触发该事件,用户可根据需要在此事件的处理函数中编写相关的逻辑。

6.4 常用的对话框

本节介绍的对话框实际上是运行时不可见的组件,在执行相关代码后,才显示出来。这类组件也很多,只介绍常见的一些组件,包括 OpenFileDialog、SaveFileDialog、FontDialog、ColorDialog、PrintDialog 等组件。

6.4.1 打开和保存文件对话框

1. 打开文件对话框

打开文件对话框(OpenFileDialog)用于显示让用户定位文件和选择文件的对话框,其作用是方便、快速地让用户找到文件的路径。

图 6.28 是一个典型的打开文件对话框。

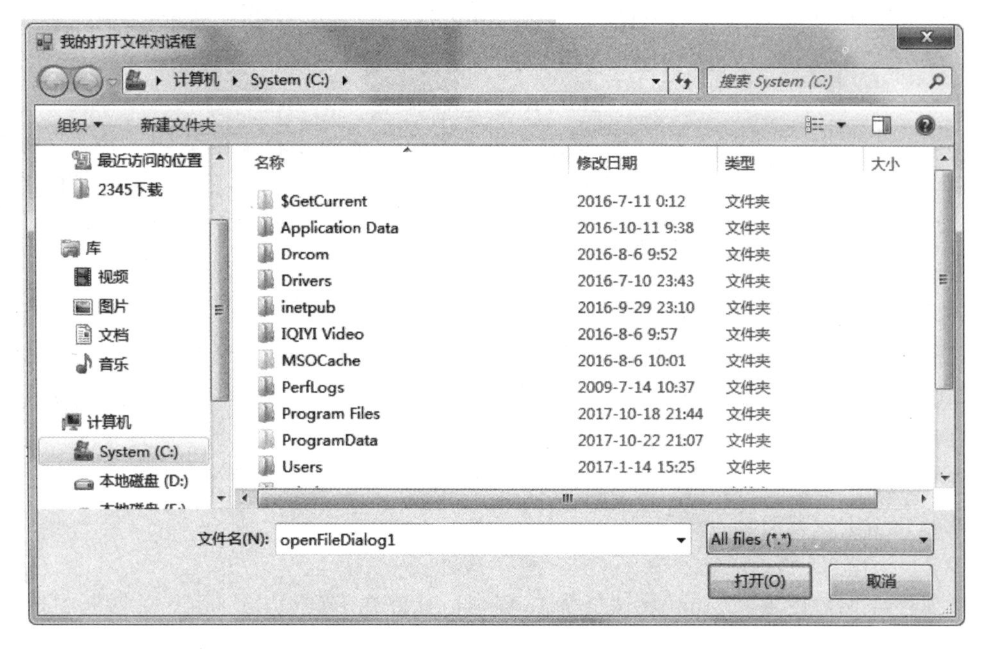

图 6.28　“我的打开文件”对话框

以下结合图 6.28 所示的对话框对 OpenFileDialog 对话框的常用方法和属性进行介绍。

1）ShowDialog()方法

当调用该方法时会弹出如图 6.28 所示的对话框。当单击对话框中的“打开”按钮时该函数返回 DialogResult.OK；当单击“取消”按钮时该函数返回 DialogResult.Cancel。因此，据此可以判断 OpenFileDialog 对话框是通过单击“打开”按钮关闭还是通过单击“取消”按钮关闭。实际上，该方法经常采用如下的调用方式。

```
if (openFileDialog1.ShowDialog() == DialogResult.OK)
{
    //相关代码
}
```

2）InitialDirectory 属性

该属性用于设定 OpenFileDialog 对话框要显示的初始目录。例如，图 6.28 所示对话框的 InitialDirectory 属性值设置为"C:\\"，因此一打开此对话框，它就自动显示 C:\下面的内容。

3）Filter 属性

该属性用于设置对话框中过滤文件字符串，即设置的字符串决定了哪些类型的文件能在对话框中可见。如图 6.28 所示，设置的字符串体现在“文件类型”下拉列表框中。例如，如果将 Filter 属性值设置为如下的字符串。

```
openFileDialog1.Filter = "txt 文件(*.txt)|*.txt|rtf 文件(*.rtf)|*.rtf|All files (*.*)
|*.*";
```

则“文件类型”下拉列表框中的内容如图 6.29 所示。

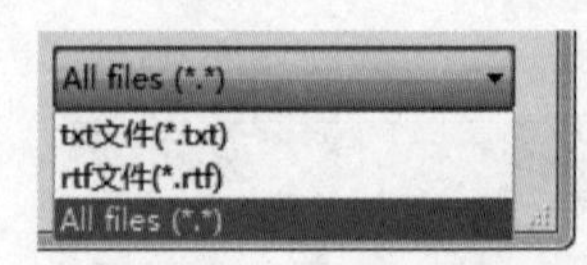

图 6.29 “文件类型”下拉列表框中的内容

如果在“文件类型”下拉列表框中选择了“rtf 文件(*.rtf)”,则 OpenFileDialog 对话框中只显示以.rtf 为扩展名的文件(目录不受此限制)。

4) FilterIndex 属性

该属性用于设定显示的字符串的索引。图 6.29 所示的下拉框列出了三个选项,从上到下,各选项的索引分别为 1、2 和 3。当 FilterIndex 属性值被设置为 3 时,OpenFileDialog 对话框一打开,索引为 3 的选项自动被选中。

5) FileName 属性

该属性返回被选中文件的绝对路径,这也是 OpenFileDialog 对话框的最终输出结果。例如,在如图 6.28 所示的情况下,如果用鼠标选择文件“text2.rtf”,则在单击“打开”按钮后,该属性返回的值就是“C:\text2.rtf”。

6) Title 属性

该属性用于设置对话框的标题。

7) Multiselect 属性

该属性如果被设置为 true(默认值为 false)时,允许在 OpenFileDialog 对话框中选择多个文件(通过按 Ctrl 键来选择多个文件)。

8) SafeFileNames 属性

该属性的值为字符串数组类型(string [])。当 Multiselect 属性被设置为 true 时,可选择多个文件,而被选中的文件的文件名则保存在此属性中。可以通过下列方式来访问其中的文件名。

```
for (int i = 0; i < openFileDialog1.SafeFileNames.Length; i++)
{
    listBox1.Items.Add(openFileDialog1.SafeFileNames[i]);
}
```

当然,也可以先将文件名放到一个字符串数据组中,然后再逐一访问:

```
string[] strs = openFileDialog1.SafeFileNames;
for (int i = 0; i < strs.Length; i++) listBox1.Items.Add(strs[i]);
```

注意,SafeFileNames 里面存放的仅仅是文件名,不包含其所在的目录路径。为获取目录路径,可用下面语句实现:

```
int pos = openFileDialog1.FileName.LastIndexOf('\\');
string dirpath = openFileDialog1.FileName.Substring(0, pos);
```

以下打开文件对话框常用的、相对完整的代码:

```
openFileDialog1.InitialDirectory = "C:\\";
openFileDialog1.Filter = "txt 文件(*.txt)|*.txt|rtf 文件(*.rtf)|*.rtf|All files (*.*)
|*.*";
openFileDialog1.FilterIndex = 3;
openFileDialog1.Title = "我的打开文件对话框";
```

```
if (openFileDialog1.ShowDialog() == DialogResult.OK)
{
    int pos = openFileDialog1.FileName.LastIndexOf('\\');
    //获取文件的路径(不含文件名)
    string dirpath = openFileDialog1.FileName.Substring(0, pos);
    string filename = openFileDialog1.FileName.Substring(pos + 1);      //获取文件名
    //其他处理代码
}
```

2. 保存文件对话框

保存文件对话框(SaveFileDialog)让用户为保存文件而定位到相应目录下的对话框，其作用是方便、快速地让用户找到要保存文件的路径。

SaveFileDialog 对话框也有 ShowDialog()方法以及 InitialDirectory、Filter、FilterIndex、FileName、Title、Multiselect、SafeFileNames 等属性，其意义与 OpenFileDialog 对话框的相同。但作为保存文件对话框，以下两个属性对它也十分重要。

1) AddExtension 属性

当该属性值被设置为 true(默认值)时，如果用户在“文件名”下拉列表框中没有指定文件的扩展名，则系统会自动添加由“文件类型”下拉列表框选中的扩展名(除非选中的是.*类型文件)。

2) OverwritePrompt 属性

当该属性值被设置为 true(默认值)时，如果在“文件名”下拉列表框中设置的文件名与当前目录下的某一个文件名相同，则系统会给出一个有关文件已重名的提示框，让用户确认是否要使用重名的文件名。

6.4.2 字体对话框和颜色对话框

字体对话框(FontDialog)对各种字体进行了封装。这样，利用字体对话框用户可以对指定的文本设置字体和样式。

字体对话框的主要方法是 ShowDialog()方法，该方法与打开文件对话框和保存文件对话框中的 ShowDialog()方法一样。字体对话框的主要属性是 Font 属性，该属性返回 Font 类的对象，利用该对象可以对指定的文本设置字体和样式。例如，在执行下列语句时将弹出字体对话框，如果单击“确定”按钮关闭对话框，则所设置的字体和样式将作用到 richTextBox1 控件中被选中的文本。

```
if (fontDialog1.ShowDialog() == DialogResult.OK)
{
    richTextBox1.SelectionFont = fontDialog1.Font;
}
```

当然，也可以提取 FontDialog 对话框中设置的各种“成分”。

```
textBox1.Text = fontDialog1.Font.Bold.ToString();
textBox1.Text = fontDialog1.Font.Name;
textBox1.Text = fontDialog1.Font.Style.ToString();
textBox1.Text = fontDialog1.Font.Size.ToString();
```

```
textBox1.Text = fontDialog1.Font.GdiCharSet.ToString();
```

颜色对话框(ColorDialog)的主要方法和属性分别是 ShowDialog()方法和 Color 属性。其使用方法与字体对话框的相似,例如:

```
if (colorDialog1.ShowDialog() == DialogResult.OK)
{
    richTextBox1.SelectionColor = colorDialog1.Color;
}
```

6.4.3 文件夹浏览对话框

文件夹浏览对话框(FolderBrowserDialog)用于方便、快速地定位到相应的文件夹,并获取该文件夹的绝对路径。其主要方法和属性如下:

1. ShowDialog()方法

该方法与前面介绍的一样,执行下列语句会弹出"浏览文件夹"对话框,如图 6.30 所示。

```
if (folderBrowserDialog1.ShowDialog() == DialogResult.OK)
{
    //相应处理代码
}
```

2. ShowNewFolderButton 属性

当该属性的值被设置为 true(默认值)时,在对话框的左下角显示"新建文件夹"按钮。利用该按钮可以在选定的文件夹中创建子文件夹。

3. Description 属性

该属性的值为 string 类型,用于描述对话框。例如,图 6.30 所示的对话框的左上角显示的"浏览文件夹"正是对该属性设置的结果。

```
folderBrowserDialog1.Description = "文件夹浏览器";
```

图 6.30 "浏览文件夹"对话框

4. RootFolder 属性

该属性用于指定对话框要浏览的根文件夹,例如,下面语句指示对话框以逻辑桌面为浏览的根文件夹(图 6.30 所示的对话框正是下面设置的结果)。

```
folderBrowserDialog1.RootFolder = Environment.SpecialFolder.Desktop;      //默认设置
```

此外,该属性通常用的设置值还包括 Environment.SpecialFolder.ProgramFiles("Program Files"文件夹)、Environment.SpecialFolder.MyComputer("我的电脑"文件夹)、Environment.SpecialFolder.MyDocuments("我的文档"文件夹)、Environment.SpecialFolder.MyPictures("My Pictures"文件夹)等。

5. SelectedPath 属性

当在对话框中选择相应的文件夹并单击“确定”按钮(ShowDialog() 方法返回DialogResult.OK)时,该属性将返回被选中文件夹的绝对路径。

RootFolder 属性只能用于设置根目录。如果希望文件夹浏览对话框一打开就能定位到指定的目录,可以通过设置该属性的值来实现,即将 SelectedPath 属性值设置为指定的目录。

6.5 消息对话框

消息对话框一般用于在程序运行过程中显示相关提示信息,以增加程序与用户的交互能力。C#提供了实现消息对话框功能的多种途径。实际上,上面介绍的打开和保存文件对话框等都属于消息对话框。本节将进一步介绍消息对话框的分类和一些“小”的对话框。

6.5.1 模式对话框与非模式对话框

对话框可以分为模式对话框与非模式对话框。模式对话框的特点是“霸道”,这是指当模式对话框被打开时同程序中的其他对话框和窗体都不能“动”,即模式对话框处于活动状态时程序就不能切换到其他对话框和窗体中,除非关闭它。例如,上面介绍的打开和保存文件对话框等都属于模式对话框。与此相反,当非模式对话框处于活动状态时程序可以切换到其他对话框和窗体中。

From 类提供的 ShowDialog()方法和 Show()方法分别用于实现模式对话框和非模式对话框的显示。例如:

```
Form frm1 = new Form();
Frm1.ShowDialog();                                    //打开模式对话框
Form frm2 = new Form();
Frm2.Show();                                          //打开非模式对话框
```

有一个问题是,如何将打开的对话框中的相关值传递到打开的它的窗体中?下面通过一个例子来说明。

【例 6.6】 开发一个如图 6.31 所示的自定义模式对话框,要求当单击“是”或“否”按钮时能够返回相应值。

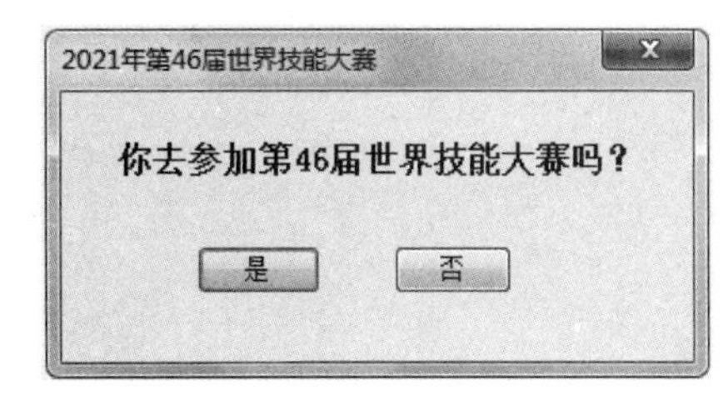

图 6.31 自定义模式对话框

开发步骤如下:

(1) 创建窗体应用程序 MyDialog,会自动形成一个名为 Form1 的窗体。选择菜单“项目”|“添加组件”命令,在打开的“添加新项”对话框中选择“Windows 窗体”项并单击“添加”按钮,便生成另一个名为 Form2 的窗体。

(2) 在窗体 Form2 的设计界面中,添加一个 Label 控件和两个 Button 控件,相关属性设置情况如表 6.7 所示,效果如图 6.31 所示。

表 6.7 窗体 Form2 上各个控件的属性设置情况

控件类别	控 件 名	设置的属性	属 性 值
Label	label	Text	你去参加第 46 届世界技能大赛吗?
		Font. Size	12
		Bold	true
Button	button1	Text	
	button2	Text	
Form	Form2	Text	2021 年第 46 届世界技能大赛
		MaximizeBox	false
		MinimizeBox	false
		ForeBorderStyle	FixedDialog

(3) 在窗体 Form1 中添加一个 TextBox 控件和一个 Button 控件,并进行适当设计,将 TextBox 控件的 BorderStyle 属性的值设置为 FixedSingle,结果如图 6.32 所示。

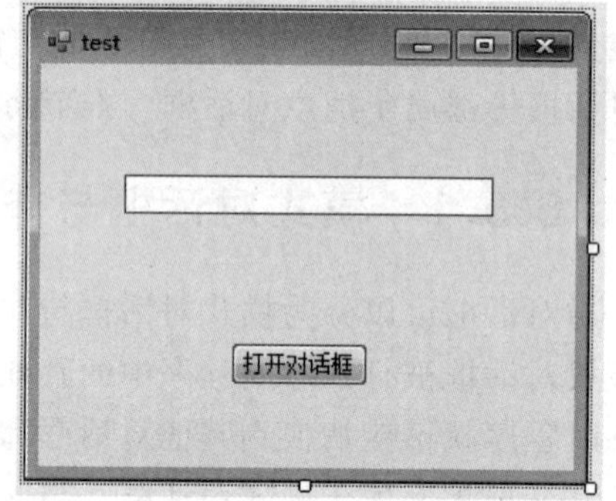

图 6.32 窗体 Form1 的设计界面

(4) 对两个窗体中的相关控件编写代码,结果如下:

```
//文件 Form1.cs 中的代码
using System;
using System.Windows.Forms;
namespace MyDialog
{
    public partial class Form1 : Form
    {
        public Form1()
        {
            InitializeComponent();
        }
        private void button1_Click(object sender, EventArgs e)
        {
            Form2 frm2 = new Form2();
            //调用 ShowDialog2()以模式对话框的方式打开窗体 frm2
            if (frm2.ShowDialog2() == "Yes")
            {
                textBox1.Text = "他想去参加第 46 届世界技能大赛.";
            }
            else
            {
                textBox1.Text = "他不想去参加第 46 届世界技能大赛.";
            }
        }
    }
}
//文件 Form2.cs 中的代码
using System;
```

```
using System.Windows.Forms;
namespace MyDialog
{
    public partial class Form2 : Form
    {
        private string answer;                          //增加一个成员变量
        public Form2()
        {
            InitializeComponent();
        }
        public string ShowDialog2()                     //增加带返回结果的一个方法
        {
            base.ShowDialog();
            return answer;
        }
        private void button1_Click(object sender, EventArgs e)  //"是"按钮
        {
            answer = "Yes";
            this.Close();
        }
        private void button2_Click(object sender, EventArgs e)  //"否"按钮
        {
            answer = "No";
            this.Close();
        }
    }
}
```

运行该程序,单击"打开对话框"按钮后,在打开的对话框中单击"是"按钮,结果如图 6.33 所示。

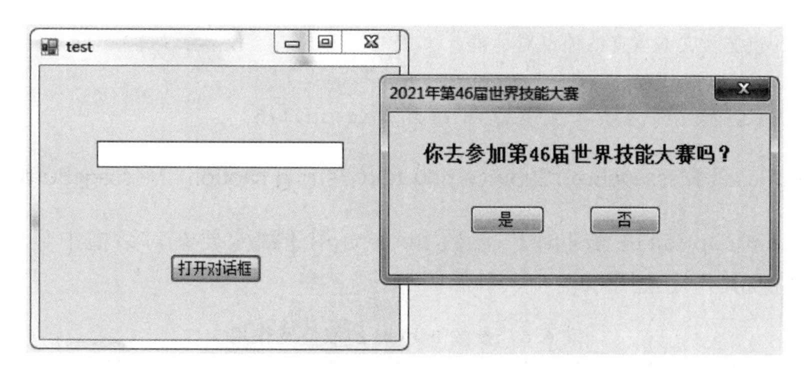

图 6.33 程序 MyDialog 的运行结果

【举一反三】

当添加多个窗体后,如 Form1、Form2、Form3,一旦运行,程序总是自动打开 Form1 窗体,而不打开 Form2 或 Form3。如果要求程序一旦运行就自动打开 Form3,那应该怎么办呢?方法很简单,打开文件 Program.cs,将其中的代码"Application.Run(new Form1())"改为"Application.Run(new Form3())"即可。

6.5.2 基于 MessageBox 类的消息对话框

实际上,在 C# 中通常是利用 MessageBox 类来实现消息对话框的功能。MessageBox 类提供静态方法——Show()方法来显示消息对话框。Show()方法是一个重载的方法,一共有 21 个实现版本。下面通过举例介绍四种常用的版本。

1. DialogResult MessageBox.Show(string text)

这种格式最简单,text 为要显示的文本信息。例如,执行下列语句后出现如图 6.34 所示的结果。

```
MessageBox.Show("我要去参观第 46 届世界技能大赛!");
```

当单击"确定"按钮后,该方法返回 DialogResult.OK。

2. DialogResult MessageBox.Show(string text, string caption)

参数 text 是要显示的文本信息,caption 是要显示的标题信息。例如,执行下列语句后出现如图 6.35 所示的结果。

```
MessageBox.Show("我要去参观第 46 届世界技能大赛!", "第 46 届世界技能大赛");
```

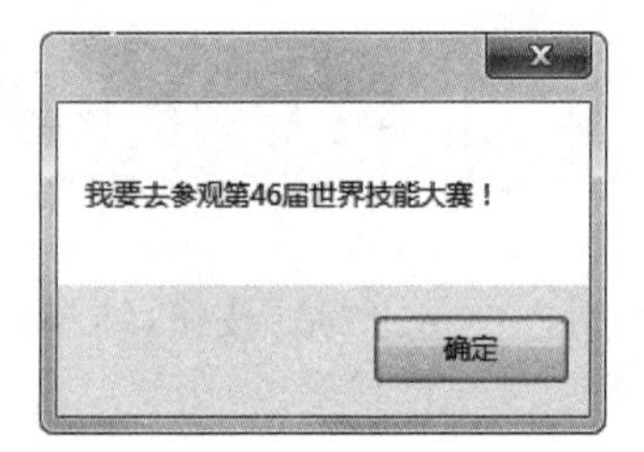

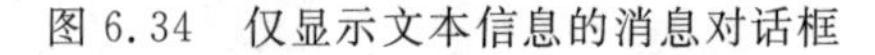
图 6.34　仅显示文本信息的消息对话框

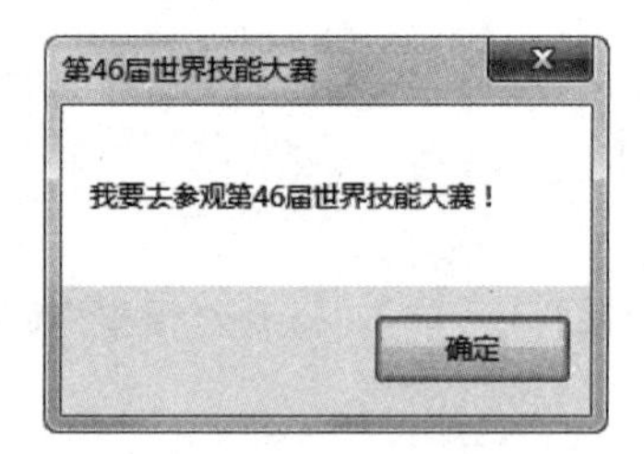

图 6.35　仅显示文本信息的消息对话框

当单击"确定"按钮后,该方法也返回 DialogResult.OK。

3. DialogResult MessageBox.Show(string text, string caption, MessageButtons buttons)

参数 text 和 caption 的意义同上,参数 buttons 用于决定要在对话框中显示哪些按钮,该参数的取值及其作用说明如表 6.8 所示。

表 6.8　参数 buttons 的取值及作用

参数 buttons 的值	作　用
MessageBoxButtons.AbortRetryIgnore	显示三个按钮:"终止""重试"和"忽略",当单击这三个按钮时分别返回 DialogResult.Abort、DialogResult.Retry 和 DialogResult.Ignore
MessageBoxButtons.OK	显示一个按钮:"确定",当单击这个按钮时返回 DialogResult.OK
MessageBoxButtons.OKCancel	显示两个按钮:"确定"和"取消",当单击这两个按钮时分别返回 DialogResult.OK 和 DialogResult.Cancel

续表

参数 buttons 的值	作　用
MessageBoxButtons. RetryCancel	显示两个按钮："重试"和"取消"，当单击这两个按钮时分别返回 DialogResult. Retry 和 DialogResult. Cancel
MessageBoxButtons. YesNo	显示两个按钮："是"和"否"，当单击这两个按钮时分别返回 DialogResult. Yes 和 DialogResult. No
MessageBoxButtons. YesNoCancel	显示三个按钮："是""否"和"取消"，当单击这三个按钮时分别返回 DialogResult. Yes、DialogResult. No 和 DialogResult. Cancel

可以根据不同需要对参数 buttons 选取不同的值，然后利用 Show()方法返回的结果进行相应的处理。例如：

```
if (MessageBox. Show ( "你要去参观第 46 届世界技能大赛吗?", "第 46 届世界技能大赛",
MessageBoxButtons.YesNo) == DialogResult.Yes)
{
    //相应处理的代码
}
```

4. DialogResult MessageBox.Show(string text, string caption, MessageButtons buttons,MessageBoxIcon icon)

该实现版本多了参数 icon，它用于决定在对话框左边要显示的图标。其可能取值及其含义如表 6.9 所示。

表 6.9　参数 buttons 的取值及其含义

参数 icon	显示的图标	参数 icon	显示的图标
MessageBoxIcon. Asterisk MessageBoxIcon. Information		MessageBoxIcon. Exclamation MessageBoxIcon. Warning	
MessageBoxIcon. Error MessageBoxIcon. Hand MessageBoxIcon. Stop		MessageBoxIcon. Question	
		MessageBoxIcon. None	不显示图标

例如，执行下列语句会出现如图 6.36 所示的消息对话框。

```
if (MessageBox. Show ( "你要去参观第 46 届世界技能大赛吗?", "第 46 届世界技能大赛",
MessageBoxButtons.YesNoCancel, MessageBoxIcon.Question) == DialogResult.Yes)
{
}
```

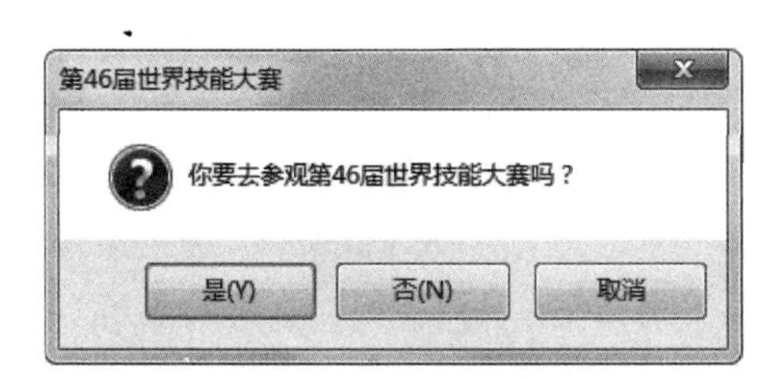

图 6.36　含图标的消息对话框

6.6 菜单和工具栏的设计

目前绝大部分窗体应用程序都有菜单,菜单是窗体应用的重要组成部分。菜单又分为主菜单和弹出式菜单。工具栏通常是菜单的快捷方式。本节将介绍菜单和工具栏的设计方法。

C#提供三个 Menu 类的派生类来实现菜单功能,它们是 MainMenu 类、MenuItem 类和 ContexMenu 类,分别用实现主菜单、菜单项和弹出式菜单。

6.6.1 主菜单

主菜单位于应用程序窗体的顶部,以菜单栏的形式出现,它是 MenuItem 对象的容器。

1. 创建主菜单

创建主菜单的方法是从工具栏中将 MenuStrip 组件拖到窗体上,这时在窗体的顶部会出现一条淡蓝色的、空的主菜单栏,它实际上是菜单项(MenuItem 对象)的容器;左下角出现 MenuStrip 对象的图标,如图 6.37 所示。

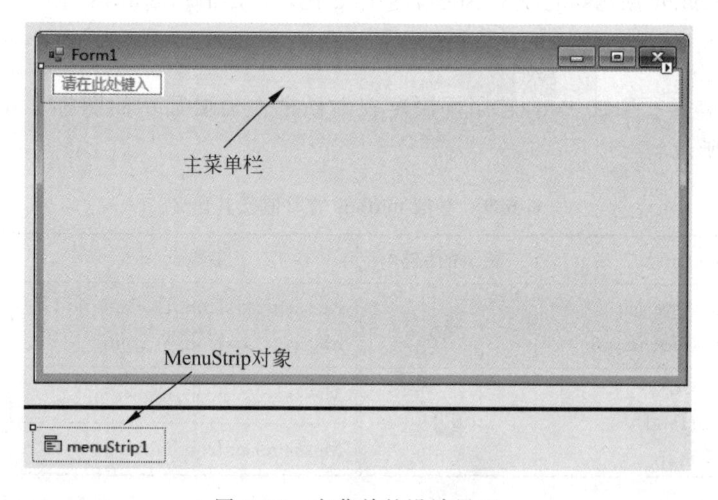

图 6.37 主菜单的设计界面

2. 创建菜单项(子菜单)

主菜单栏只是菜单项的一个容器,它并不真正具有菜单的功能,需要添加菜单项才能形成完整的菜单,即需要在 MenuStrip 对象这个容器中添加 MenuItem 对象。为此,先选择窗体顶部的主菜单栏,这时在主菜单栏的最左边会出现“请在此键入”的编辑框,在此处输入相应的名称(如“文件(&F)”);然后在其下面又出现一个“请在此键入”的编辑框,在此处输入相应的名称(如“新建文件(&N)”),这时将形成“文件”这主菜单的第一个菜单项;此后,在该菜单项下面的“请在此键入”编辑框中另一个菜单项的名称(如“打开文件(&O)”),形成主菜单的第二菜单项;依次类推,创建其他菜单项,如“保存文件(&S)”“-”“退出系统

(&X)”等,如图 6.38 所示。

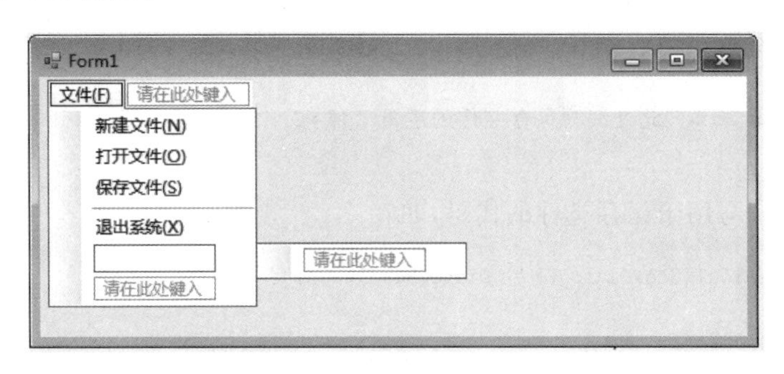

图 6.38　创建主菜单的菜单项

【说明】

符号“&”是用于定义菜单的快捷访问键,当在一个字符前面加上符号“&”时,该字符便成为对应菜单的快捷访问键,在视觉上该字符是以下画线的形式显示。例如,“新建文件(&N)”显示为“新建文件”,在程序运行时可以使用 Alt+N 组合键来访问对应的菜单。另外,当输入减号“-”的时候,在界面上会形成一条线,用于分隔菜单项。

如果要添加菜单项的子菜单项,在输入该菜单项的名称以后,在其右边出现的“请在此键入”编辑框中输入子菜单项的名称,便形成第一子菜单项;以此类推,可以创建其他子菜单项,如图 6.39 所示。

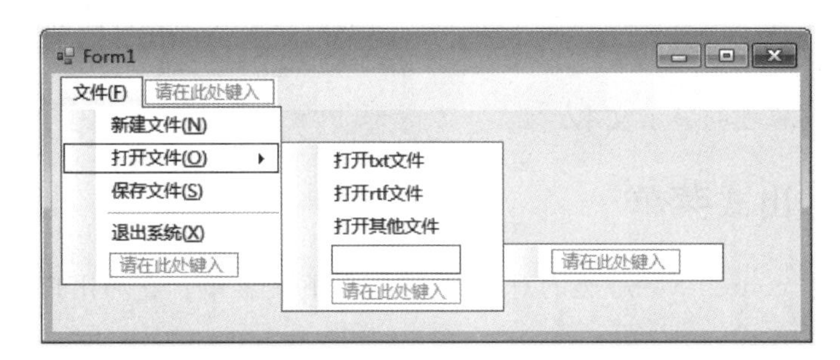

图 6.39　创建菜单项的子菜单项

如果要删除某一个菜单项,只需选中该菜单项,然后按 Del 键即可。

3. 菜单项(MenuItem 对象)的事件和属性及其应用

每一个菜单项实际上都是一个 MenuItem 对象,因此菜单项的属性、方法和事件也就是 MenuItem 对象的属性、方法和事件。当选中一个菜单项时,其属性和事件将在属性编辑器中显示出来。

菜单项常用的事件和属性如下所述。

1) Click 事件

这是菜单项最重要和最常用的事件。在程序运行时,单击一个菜单项就触发该菜单项的 Click 事件,从而调用相应事件处理函数,以完成相应的功能。

编写菜单项事件处理函数的方法是在设计界面中双击菜单项,这时会自动形成事件处理函数的框架,只需在其中编写相应的代码来实现既定的功能即可。例如,在图 6.39 所示的界面中双击“保存文件”项,会自动形成如下的函数框架。

```
private void 保存文件SToolStripMenuItem_Click(object sender, EventArgs e)
{
    MessageBox.Show("此处编写保存文件的逻辑.");
}
```

只需在其中编写用于保存文件的代码,如:

```
if (saveFileDialog1.ShowDialog() == DialogResult.OK)
{
    //相关代码
}
```

2) Checked 属性

当该属性值被设置为 true(默认值为 false),对应菜单项的左边将显示符号“√”。

3) Enabled 属性

当该属性值被设置为 false(默认值为 true),对应菜单项变成不可用状态,呈现灰色。

4) ShortcutKeys 属性

用于设置菜单项的快捷键。例如,如果设置为 Ctrl+Alt+A,则在程序运行时按 Ctrl+Alt+A 组合键会触发该菜单项的事件处理函数。

5) ShowShortcutKeys 属性

该属性值被设置为 true(默认值)时,在菜单项的右边会显示其快捷键。

6) Text 属性

该属性即为菜单项的显示文本。

6.6.2 弹出式菜单

弹出式菜单是 contextMenu 类的对象,也称为上下文菜单。它为用户使用菜单提供了更为灵活和便利的方式。

弹出式菜单是在运行时通过右击某一个控件而弹出的,因此它总是与给定的控件相关联。所以,开发弹出式菜单的基本方法时,先创建弹出式菜单,然后建立与给定控件的关联。

创建弹出式菜单的方法是从工具箱中将 ContextMenuStrip 组件拖到窗体上,然后选择弹出式菜单对象,接着采用与主菜单相似的设计方法设计弹出式菜单的各个菜单项。建立关联的方法是选中给定的窗体控件,将它的 ContextMenuStrip 属性值设置为弹出式菜单对象的名称。

【例 6.7】 创建窗体应用程序 MyContextMenu,在窗体上添加一个 RichTextBox 控件,然后为该控件设计一个具有撤销、剪切、复制等常用编辑功能的弹出式菜单。

该程序创建步骤如下:

(1) 创建窗体应用程序 MyContextMenu,然后从工具箱中将 RichTextBox 控件和 ContextMenuStrip 组件拖到窗体上,并设计该弹出式菜单,如图 6.40 所示。

(2) 将 RichTextBox 控件的 ContextMenuStrip 属性值设置为弹出式菜单对象的名

称——contextMenuStrip1。

(3) 在设计逐一双击各个菜单项，编写相应的事件处理代码，Form1.cs 文件中的代码如下：

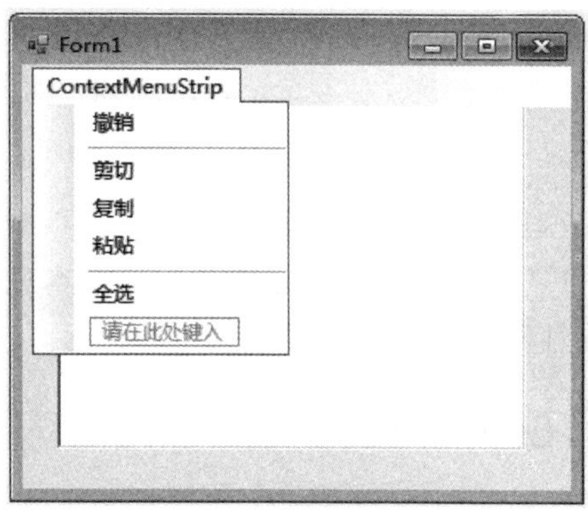

图 6.40 设计的弹出式菜单

```
using System;
using System.Windows.Forms;
namespace MyContextMenu
{
    public partial class Form1 : Form
    {
        public Form1()
        {
            InitializeComponent();
        }
        private void 撤销ToolStripMenuItem_Click(object sender, EventArgs e)
        {
            richTextBox1.Undo();
        }
        private void 剪切ToolStripMenuItem_Click(object sender, EventArgs e)
        {
            richTextBox1.Cut();
        }
        private void 复制ToolStripMenuItem_Click(object sender, EventArgs e)
        {
            richTextBox1.Copy();
        }
        private void 粘贴ToolStripMenuItem_Click(object sender, EventArgs e)
        {
            richTextBox1.Paste();
        }
        private void 全选ToolStripMenuItem_Click(object sender, EventArgs e)
        {
            richTextBox1.SelectAll();
        }
        private void richTextBox1_SelectionChanged(object sender, EventArgs e)
        {
            if (richTextBox1.SelectionLength == 0)
            {
                剪切ToolStripMenuItem.Enabled = false;
                复制ToolStripMenuItem.Enabled = false;
            }
            else
            {
                剪切ToolStripMenuItem.Enabled = true;
                复制ToolStripMenuItem.Enabled = true;
            }
        }
        private void Form1_Load(object sender, EventArgs e)
        {
            剪切ToolStripMenuItem.Enabled = false;
```

```
            复制 ToolStripMenuItem.Enabled = false;
        }
    }
}
```

运行该程序后，通过右击 richTextBox1 控件可以利用弹出式菜单对被选中的文本进行剪切、复制、粘贴等编辑操作，如图 6.41 所示。

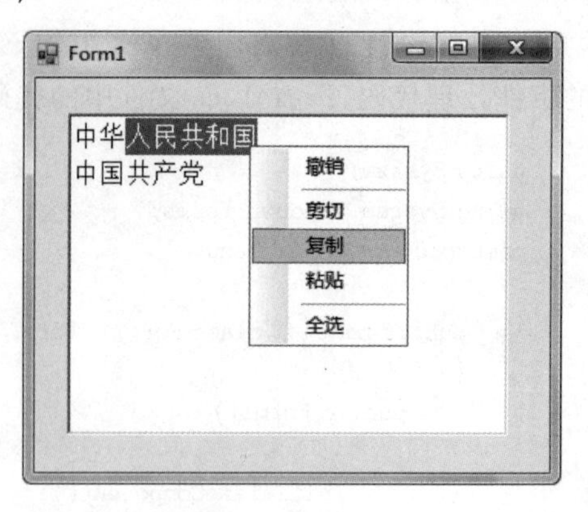

图 6.41　程序 MyContextMenu 的运行结果

6.6.3　工具栏

工具栏是由 ToolStripButton 按钮等控件排列在一起而构成，有的控件可以设置图标，使得程序界面得到有效的美化和改善。

1. 创建工具栏

创建工具栏的方法是从工具箱中将 ToolStrip 控件拖到窗体上，然后选择该控件，这时在控件的最左边出现一个下拉按钮，单击该按钮会出现一个下拉框，下拉框列出了工具栏中可选的所有控件，如图 6.42 所示。

如果选择 Button 控件(也是工具栏常用的控件)，可以通过其 Image 属性设置控件上要显示的图标，通过 Text 属性设置控件的提示文本，即当鼠标指针停留在控件上时，会显示 Text 属性值，具有提示作用。例如，在图 6.42 所示的工具栏中选择三个 Button 控件，并通过 Image 属性设置其图标(导入 ICO 资源文件)，通过 Text 属性设置其提示信息，其效果如图 6.43 所示。

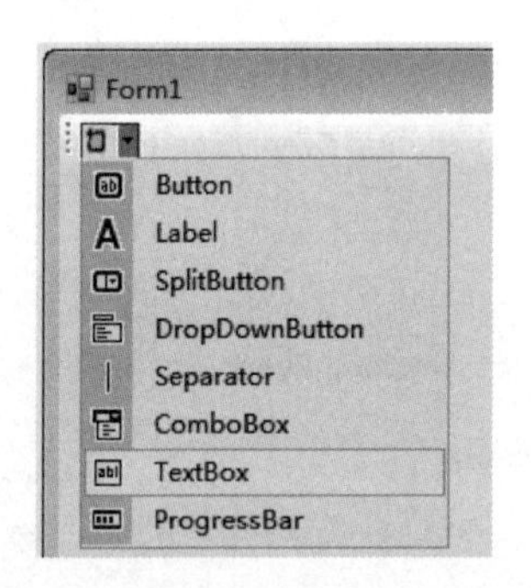

图 6.42　工具栏中可选的控件

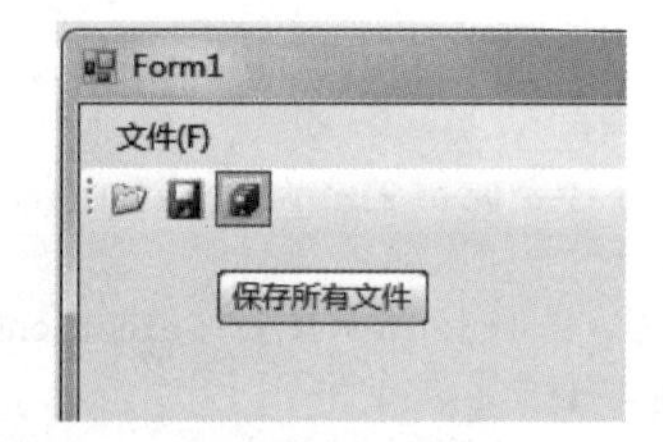

图 6.43　包含三个 Button 控件的工具栏

2. 编写工具栏的事件处理函数

这是指对工具栏中的每个控件编写事件处理函数。方法是在工具栏中双击要编写事件处理函数的控件，然后会自动形成 Click 事件处理函数的框架。例如，当双击图 6.43 中工具栏上的第一个按钮，会自动形成下列的函数框架。

```
private void toolStripButton1_Click(object sender, EventArgs e)
{
```

```
    //事件处理代码
}
```

只需根据需要，在此函数中编写相应的代码即可。如果该按钮是要完成与“打开文件”菜单项相同的功能，那么只要在上述函数中调用该菜单的事件处理函数即可，如：

```
private void toolStripButton1_Click(object sender, EventArgs e)
{
    打开文件OToolStripMenuItem_Click(null, null);
}
```

其中，“打开文件OToolStripMenuItem_Click”为“打开文件”菜单项的Click事件处理函数的函数名。

另外，一个重要的属性是Dock，通过对该属性的设置还可以将工具栏摆在窗体左边、右边、底部或中间。

6.7 实例——多文档界面编辑器

标准的窗体应用程序有三种形式：对话框应用程序、单文档界面(SDI)应用程序和多文档界面(MDI)应用程序。前面两种形式在前面章节都有所接触，本节将介绍MDI应用程序的开发方法。

6.7.1 创建MDI应用程序框架

在MDI应用中，有且仅有一个窗体称为父窗体，在父窗体中打开的窗体称为子窗体。父窗体和子窗体的构造是通过对窗体的IsMDIContainer属性和MdiParent属性的设置来完成的。

- 属性IsMDIContainer：当该属性值被设置为true时，表示其窗体为父窗体。
- 属性MdiParent：该属性是用于指示其父窗体，实际上是在父窗体的代码中设置的，如：

```
Form2 Child1 = new Form2();
Child1.MdiParent = this;
```

如创建窗体应用程序MDIEditer，会自动形成一个窗体Form1，然后再添加一个窗体，形成窗体Form2。将Form1的IsMDIContainer属性值设置为true，将Text属性值设置为“MDI应用程序——多文档界面编辑器”，如图6.44所示。此外，还将属性WindowState的值设置为Maximized，使得父窗体在运行时自动最大化。

此外，在父窗体中常用的属性和事件如下所述。

1. ActiveMdiChild属性

该属性用于获取或设置当前的活动窗口，例如：

```
Child1 = (Form2)this.ActiveMdiChild;          //获取当前活动的窗口
```

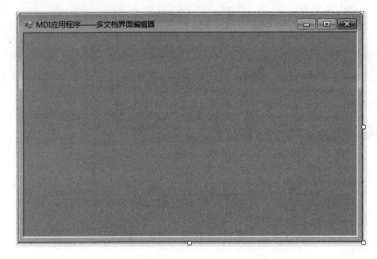

图 6.44　父窗体的设计界面

2. MdiChildren 属性

该属性是一个窗体类型对象的数组，可以通过下列代码访问父窗体中所有的子窗体：

```
for (int i = 0; i < this.MdiChildren.Length; i++)
{
    MessageBox.Show(this.MdiChildren[i].ToString());
}
```

3. Activate()方法

这是子窗体的方法，其作用是将指定的子窗体激活并使它在前面显示，如：

```
this.MdiChildren[2].Activate();                //子窗体 MdiChildren[2]将被激活,并在前面显示
```

4. MdiChildActivate 事件

该事件是父窗体常用的事件，当在父窗体中激活或关闭子窗体时发生。

6.7.2　设计菜单和工具栏

在父窗体 Form1 上添加一个 MenuStrip 控件和一个 ToolStrip 控件，分别用于设计主菜单和工具栏。然后分别添加各菜单项和工具栏中的按钮，结果如图 6.45 所示。

子窗体 Form2 上添加一个 RichTextBox 控件，并将其 Dock 属性的值设置为 Fill，使之充满整个子窗体；添加一个 MenuStrip 控件和一个 ContextMenuStrip 控件，分别用于设计子窗体上的主菜单和弹出式菜单，并添加各菜单项，同时将 MenuStrip 控件的 Visible 属性值设置为 false(使之不可见，以免挡住 RichTextBox 控件)。设计结果如图 6.46 所示。

注意，主菜单项的快捷键(如 Ctrl＋X)是通过 ShortcutKeys 属性来设置的；为了使得弹出式菜单 contextMenuStrip1 变成编辑框 richTextBox1 的弹出式菜单，需要在属性编辑器中将 richTextBox1 的属性 ContextMenuStrip 的值设置为 contextMenuStrip1。

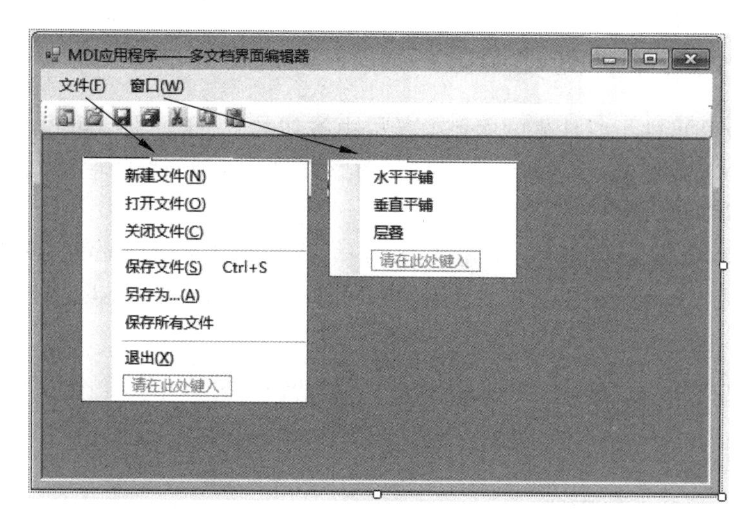

图 6.45　父窗体及其菜单和工具栏的设计效果

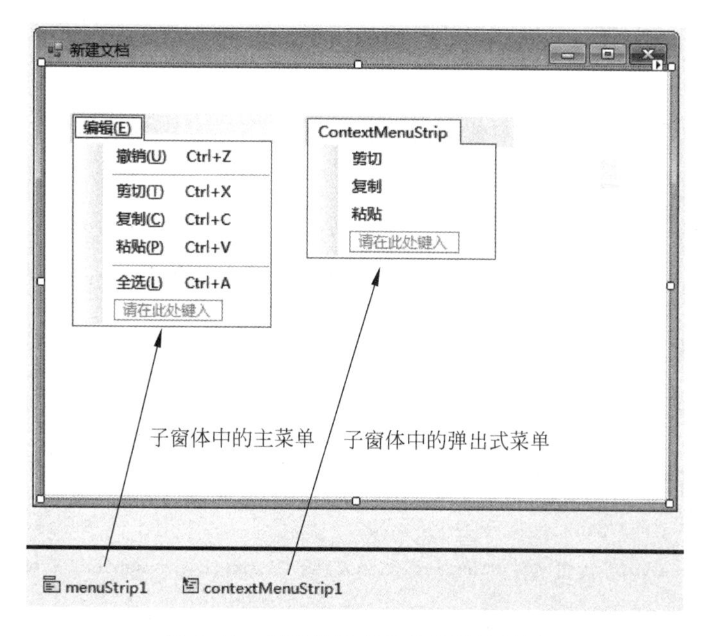

图 6.46　子窗体及其菜单的设计效果

读者可能注意到，主窗体和子窗体都有自己的主菜单栏，那么在程序运行时这两种菜单要摆成两栏吗？显然不是。实际上，在程序运行时这两种菜单将合并成一栏菜单，那么菜单的顺序应该怎么决定呢？这是由主菜单栏中菜单项的 MergeAction 和 MergeIndex 属性来决定的。例如，对于上面的例子，如果希望菜单合并后以下列顺序显示菜单栏：

“文件”→“编辑”→“窗口”

那么，主窗体 Form1 中主菜单栏中“文件”和“窗口”项的 MergeIndex 属性值分别设置为 0 和 2，将子窗体 Form2 中主菜单栏中“编辑”项的 MergeAction 属性值设置为“Insert”，MergeIndex 属性值设置为 1，这就可以实现上述的菜单显示要求。

6.7.3 编写事件处理函数

此程序涉及的事件主要是菜单项和工具栏中按钮的Click事件，因此编写的方式基本一样。选择菜单项或按钮，然后双击它即可自动形成事件处理函数的框架，最后在其中编写相应的实现代码即可。

为了实现文件的保存和打开，还需在窗体Form2中添加OpenFileDialog控件和SaveFileDialog控件(如果还想设置字体、颜色，可进一步加入FontDialog和ColorDialog等对话框)。

编写各事件处理代码后，文件Form1.cs和Form2.cs的代码如下：

```
//文件Form1.cs的代码
using System;
using System.Windows.Forms;
namespace MDIEditer
{
    public partial class Form1 : Form
    {
        private Form2 Child1;
        private int docnum = 1;
        public Form1()
        {
            InitializeComponent();
        }
        private void toolStripButton1_Click(object sender, EventArgs e)
        {
            新建文件NToolStripMenuItem_Click(null,null);
        }
        public void setSomeMenuTrue()
        {
            toolStripButton3.Enabled = true;
            保存文件toolStripMenuItem.Enabled = true;
        }
        private void 新建文件NToolStripMenuItem_Click(object sender, EventArgs e)
        {
            Child1 = new Form2();
            Child1.MdiParent = this;
            Child1.Text = "新建文档" + (docnum++).ToString();
            Child1.Show();
            打开文件sToolStripMenuItem.Enabled = true;
            关闭文件CToolStripMenuItem.Enabled = true;
            另存为SToolStripMenuItem.Enabled = true;
            保存所有文件sToolStripMenuItem.Enabled = true;
            toolStripButton2.Enabled = true;
            toolStripButton3.Enabled = true;
            toolStripButton3.Enabled = true;
            toolStripButton4.Enabled = true;
            toolStripButton7.Enabled = true;
        }
```

```
private void toolStripButton2_Click(object sender, EventArgs e)
{
    打开文件sToolStripMenuItem_Click(null,null);
}
private void toolStripButton3_Click(object sender, EventArgs e)
{
    保存文件toolStripMenuItem_Click(null, null);
}
private void toolStripButton4_Click(object sender, EventArgs e)
{
    保存所有文件sToolStripMenuItem_Click(null,null);
}
private void toolStripButton5_Click(object sender, EventArgs e)
{
    Child1.剪切ToolStripMenuItem1_Click(null,null);
}
private void toolStripButton6_Click(object sender, EventArgs e)
{
    Child1.复制ToolStripMenuItem1_Click(null, null);
}
private void toolStripButton7_Click(object sender, EventArgs e)
{
    Child1.粘贴ToolStripMenuItem1_Click(null, null);
}
private void toolStripButton8_Click(object sender, EventArgs e)
{
    for (int i = 0; i < this.MdiChildren.Length; i++)
    {
       MessageBox.Show(this.MdiChildren[i].ToString());
    }
}
private void 水平平铺ToolStripMenuItem_Click(object sender, EventArgs e)
{
    this.LayoutMdi(MdiLayout.TileHorizontal); //水平平铺所有子窗体
}
private void 垂直平铺ToolStripMenuItem_Click(object sender, EventArgs e)
{
    this.LayoutMdi(MdiLayout.TileVertical);   //垂直平铺所有子窗体
}
private void 层叠ToolStripMenuItem_Click(object sender, EventArgs e)
{
    this.LayoutMdi(MdiLayout.Cascade);         //层叠所有子窗体
}
private void 打开文件sToolStripMenuItem_Click(object sender, EventArgs e)
{
    openFileDialog1.InitialDirectory = "C:\\";
    openFileDialog1.Filter =
            "txt文件(*.txt)|*.txt|rtf文件(*.rtf)|*.rtf|All files (*.*)|*.*";
    openFileDialog1.FilterIndex = 2;
    if (openFileDialog1.ShowDialog() == DialogResult.OK)
    {
```

```
            Child1 = (Form2)this.ActiveMdiChild;  //获取当前活动的窗口
            if (Child1 == null)
            {
                新建文件NToolStripMenuItem_Click(null,null);
                Child1 = (Form2)this.ActiveMdiChild;
            }
            Child1.getRichTextBox().LoadFile(openFileDialog1.FileName);
            Child1.Text = openFileDialog1.FileName;
        }
    }
    private void 关闭文件CToolStripMenuItem_Click(object sender, EventArgs e)
    {
        Child1.Close();
        Child1 = (Form2)this.ActiveMdiChild;
        if (Child1 == null) { Form1_Load(null, null); return; }
    }
    private void 保存所有文件sToolStripMenuItem_Click(object sender, EventArgs e)
    {
        for (int i = 0; i < this.MdiChildren.Length; i++)
        {
            string FileName = this.MdiChildren[i].Text;
            //如果包含":",则表示打开了已有文件,否则是新建的文件
            if (FileName.IndexOf(":")>= 0)
            {
                Child1.getRichTextBox().SaveFile(FileName);
            }
            else
            {
                另存为SToolStripMenuItem_Click(null, null);
            }
        }
    }
    private void 退出XToolStripMenuItem_Click(object sender, EventArgs e)
    {
        this.Close();
    }
    public void setToolStripButton(string tb, bool b)
    {
        if (tb == "toolStripButton5") toolStripButton5.Enabled = b;
        else if (tb == "toolStripButton6") toolStripButton6.Enabled = b;
        else if (tb == "toolStripButton7") toolStripButton7.Enabled = b;
    }
    private void Form1_Load(object sender, EventArgs e)
    {
        保存文件toolStripMenuItem.Enabled = false;
        关闭文件CToolStripMenuItem.Enabled = false;
        另存为SToolStripMenuItem.Enabled = false;
        保存所有文件sToolStripMenuItem.Enabled = false;
        toolStripButton3.Enabled = false;
        toolStripButton4.Enabled = false;
        toolStripButton5.Enabled = false;
```

```
            toolStripButton6.Enabled = false;
            toolStripButton7.Enabled = false;
        }
        private void Form1_MdiChildActivate(object sender, EventArgs e)
        {
            if (MdiChildren.Length == 1) setToolStripButton("toolStripButton7", false);
        }
        private void 保存文件 toolStripMenuItem_Click(object sender, EventArgs e)
        {
            Child1 = (Form2)this.ActiveMdiChild;
            string FileName = Child1.Text;
            //如果包含":",则表示打开了已有文件,否则是新建的文件
            if (FileName.IndexOf(":")>= 0)
            {
                Child1.getRichTextBox().SaveFile(FileName);
                Child1.getRichTextBox().Modified = false;
                toolStripButton3.Enabled = false;
                保存文件 toolStripMenuItem.Enabled = false;
            }
            else
            {
                //文本没有变动,就不需要保存
                if (Child1.getRichTextBox().Modified == false) return;
                saveFileDialog1.Title = "保存新文件";
                另存为 SToolStripMenuItem_Click(null,null);
            }
        }
        private void 另存为 SToolStripMenuItem_Click(object sender, EventArgs e)
        {
            saveFileDialog1.InitialDirectory = "C:\\";
            saveFileDialog1.Filter =
                "txt 文件(*.txt)|*.txt|rtf 文件(*.rtf)|*.rtf|All files (*.*)|*.*";
            saveFileDialog1.FilterIndex = 2;
            saveFileDialog1.FileName = Child1.Text;
            if (saveFileDialog1.ShowDialog() == DialogResult.OK)
            {
                Child1.getRichTextBox().SaveFile(saveFileDialog1.FileName);
                Child1.Text = saveFileDialog1.FileName;
                Child1.getRichTextBox().Modified = false;
                saveFileDialog1.Title = "另存为…";
                toolStripButton3.Enabled = false;
                保存文件 toolStripMenuItem.Enabled = false;
            }
        }
    }
}
```

执行程序 MDIEditer,然后即可创建文本文档并进行编辑操作。例如,多次单击工具栏上的“新建文件”快捷菜单,打开编辑窗口,输入文本进行编辑和保存等,结果如图 6.47 所示。

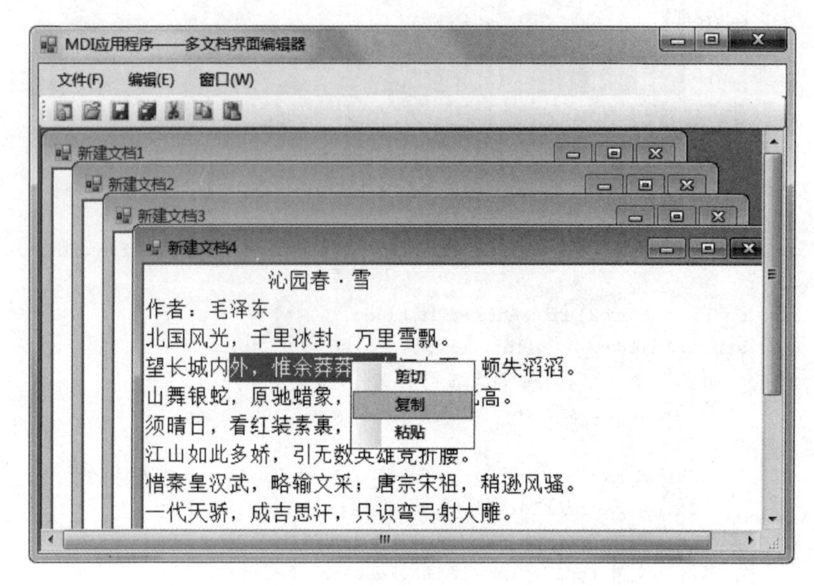

图 6.47 程序 MDIEditer 的运行界面

6.8 习题

一、填空题和简答题

1. 标准窗体应用程序有三种类型：________、________和________。

2. C＃中所有的类都继承________类，所有的窗体控件类都继承________类。

3. 字体对话框类和打开文件对话框类分别是________和________。

4. 控件中用于设置弹出式对话框的属性是________。

5. Form 类(窗体类)的 FormClosing(object sender, FormClosingEventArgs e)事件处理函数中，利用参数 e 可以阻止窗口的关闭，实现的代码是________。

6. 菜单可以分为两种形式：________和________。

7. 如果需要将一个文本框用做密码输入框，应该如何设置它的属性？

8. 在 RichTextBox 控件中，如何获取光标所在的位置？如何将光标设置到指定的位置？

9. RichTextBox 控件通常包含多行文本，如何将文本逐行读出来？如何将文本放在一个字符串数组中？对 ListBox 控件又该如何处理？

10. 对于教材中 6.7 节介绍的程序 MDIEditer，如果希望它在运行时显示如图 6.48 所示的主菜单栏，应如何更改程序？

图 6.48 程序 MDIEditer 的主菜单栏(更改后)

11. 什么是模式对话框与非模式对话框？如何利用 Form 类来实现这两种对话框？

二、上机题

1. 对 6.7.1 节创建的 MDI 应用程序 MDIEditer，在 Form2 窗体中增加针对 RichTextBox

控件的查找功能,相应菜单改为如图 6.49 所示:

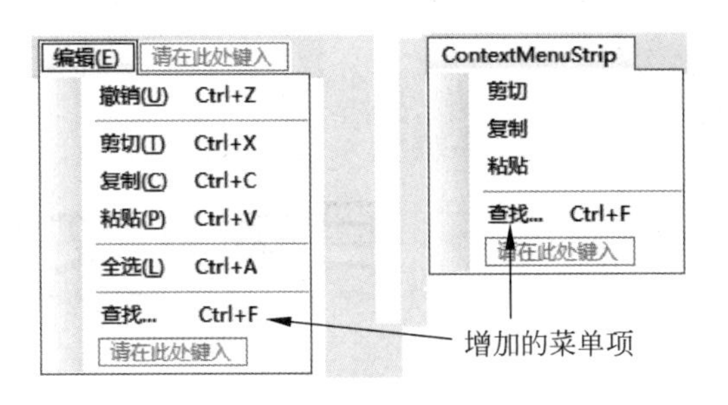

图 6.49 程序 MDIEditer 的菜单(更改后)

并要求,在选择"查找"菜单命令时,弹出如图 6.50 所示的对话框,然后从该对话框中查找内容实现,以对指定字符串的查找。

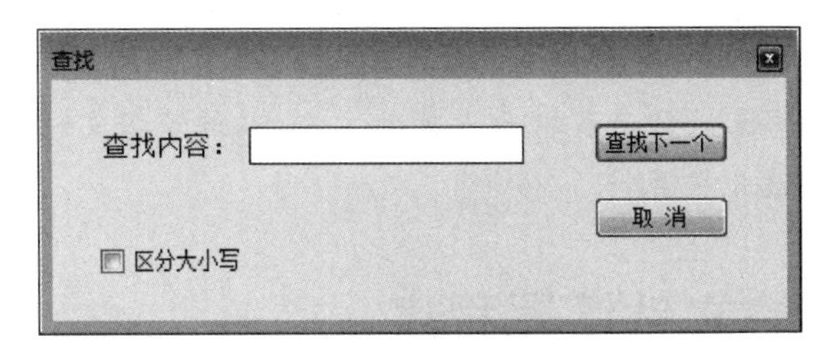

图 6.50 "查找"对话框

2. 编写一个包含两个 ListBox 控件的窗体应用程序,要求实现下列功能:①通过鼠标可以将一个 ListBox 控件中的任意一项拖到另一个 ListBox 控件中,反之亦然;②拖动时,鼠标呈手势状,使得拖动操作更具形象化。

3. 在例 6.5 中,请在程序 TPTP 的设计界面中添加一个按钮,并编程实现下列功能:当图片在滚动显示时,如果单击该按钮,则停止图片的滚动显示,以观看当前的图片,同时按钮上显示"继续";当图片处于暂停滚动显示时,如果这时单击该按钮,则图片进入滚动显示状态,同时按钮上显示"暂停"。

目录和文件操作

主要内容：文件是数据在计算机上最终存放的地方。在应用开发中，有时候需要对数据进行有效的文件存储管理，这要求掌握必要的目录和文件管理及文件的读写操作等技术。本章主要介绍目录和文件常用的管理操作、文本文件的读写操作和二进制文件的读写操作等内容。

教学目标：掌握文件属性信息获取和设置的方法，熟练掌握文件的读写操作，了解目录大小和文件大小之间的量化关系。

7.1 一个简单的文件读写程序

本节先介绍如何开发一个简单的文件读写程序，它能打开指定目录下任意一个文件，编辑后还可以保存该文件。

7.1.1 创建 C#窗体应用程序

创建窗体应用程序 ReadWriteFile，在窗体上添加 TreeView 等控件，适当调整各控件的大小和位置，各控件的属性设置情况如表 7.1 所示，设计界面如图 7.1 所示。

表 7.1 各控件属性的设置情况

控件类型	控件名称	属性设置项目	设置结果
TextBox	textBox1	Multiline	True
		Font. Size	12
	textBox2	Text	D:\VS2015\第 7 章\Files
Button	button1	Text	列出目录下的文本文件
	button2	Text	保存当前文件
TreeView	treeView1	ImageList	imageList1
ImageList	imageList1	Images	单击该属性右边的省略号按钮，添加三个图标，如图 7.2 所示
GroupBox	groupBox1 groupBox2 groupBox3	Text	（留空）
Form	Form1	Text	一个简单的文件读写程序

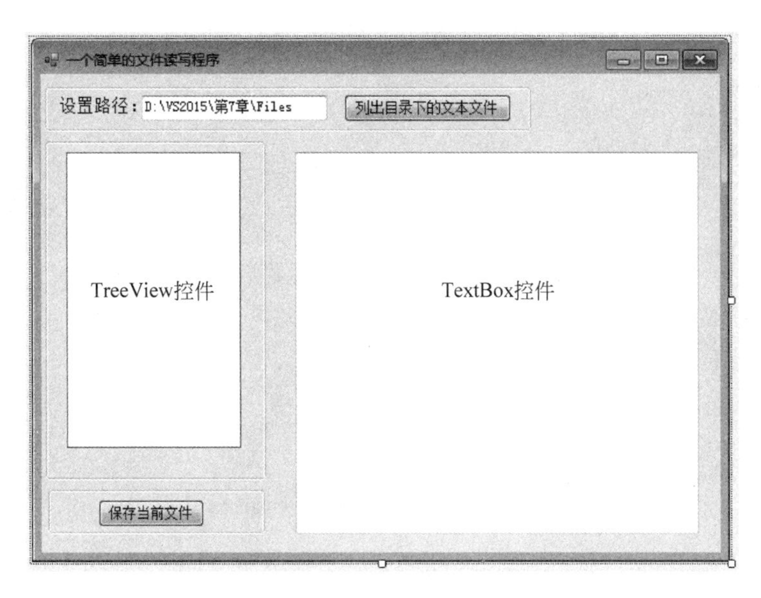

图 7.1 程序 ReadWriteFile 的设计界面

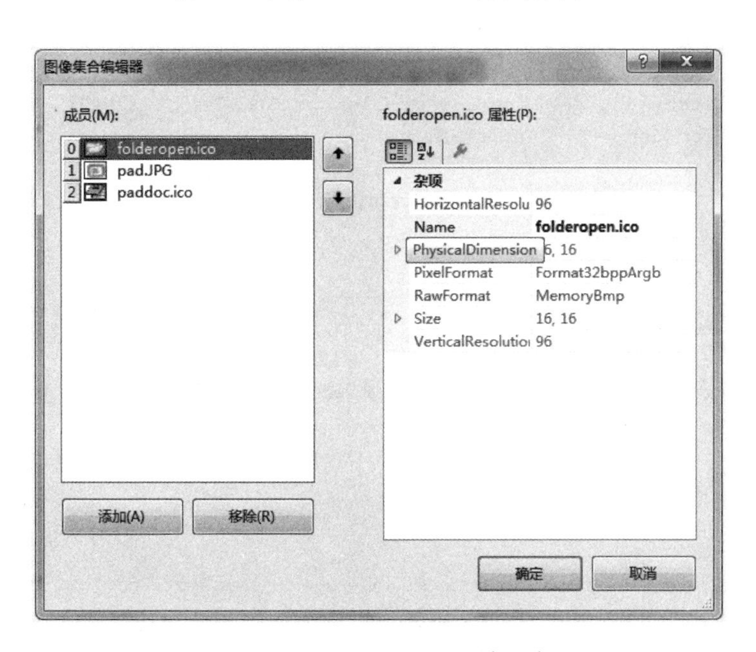

图 7.2 通过 Images 属性添加图标

首先在 Form1.cs 文件的前面引入命名空间：

```
using System.IO;
```

并为 Form1 类添加一个私有成员变量：

```
private string filename = "";
```

然后在如图 7.1 所示的设计界面中双击“列出目录下的文本文件”和“保存当前文件”按钮，分别编写这两个按钮的 Click 事件处理代码；最后为控件 treeView1 编写 AfterSelect

事件的处理代码。结果,文件 Form1.cs 中的代码如下:

```
using System;
using System.IO;
using System.Windows.Forms;
namespace ReadWriteFile
{
    public partial class Form1 : Form
    {
        private string filename = "";
        public Form1()
        {
            InitializeComponent();
        }
        //"列出目录下的文本文件"按钮
        private void button1_Click(object sender, EventArgs e)
        {
            TreeNode node = new TreeNode(textBox2.Text, 0, 0);
            treeView1.Nodes.Clear();
            treeView1.Nodes.Add(node);
            TreeNode topnode = treeView1.TopNode;
            //获取指定目录下的所有文件,该目录必须已经存在,否则会出现异常
            string[] Files = Directory.GetFiles(textBox2.Text," *.txt");
            for (int i = 0; i<Files.Length; i++)
            {
                string s = Files[i].Substring(Files[i].LastIndexOf('\\') + 1);
                node = new TreeNode(s, 1, 2);
                topnode.Nodes.Add(node);
            }
            topnode.Expand();
        }
        private void treeView1_AfterSelect(object sender, TreeViewEventArgs e)
        {
            filename = textBox2.Text + "\\" + treeView1.SelectedNode.Text;
            StreamReader reader = null;
            try
            {
                reader = new StreamReader(filename, System.Text.Encoding.Default);
                string line = reader.ReadLine();
                textBox1.Text = "";
                while (line != null)
                {
                    textBox1.Text += line + "\r\n";
                    line = reader.ReadLine();
                }
            }
            catch (IOException ex)
            {
                MessageBox.Show(ex.Message);
            }
            finally
```

```
            {
                if (reader != null)
                    reader.Close();
            }
        }
        //"保存当前文件"按钮
        private void button2_Click(object sender, EventArgs e)
        {
            StreamWriter writer = null;
            try
            {
                writer = new StreamWriter(filename,
                        false, System.Text.Encoding.Default);
                writer.WriteLine(textBox1.Text);
            }
            catch (Exception ex)
            {
                MessageBox.Show(ex.Message);
            }
            finally
            {
                if(writer!= null) writer.Close();
            }
        }
    }
}
```

运行该程序，先在左上角的文本框中输入已有的目录路径，然后单击运行界面上的"列出目录下的文本文件"按钮，在TreeView控件中将列出给定目录下的所有文本文件，选择相应的文件即在右边的文本框中打开被选定的文件。当单击"保存当前文件"按钮时，将在文本框中被打开的文件保存到原文件中。图7.3是程序ReadWriteFile运行的界面。

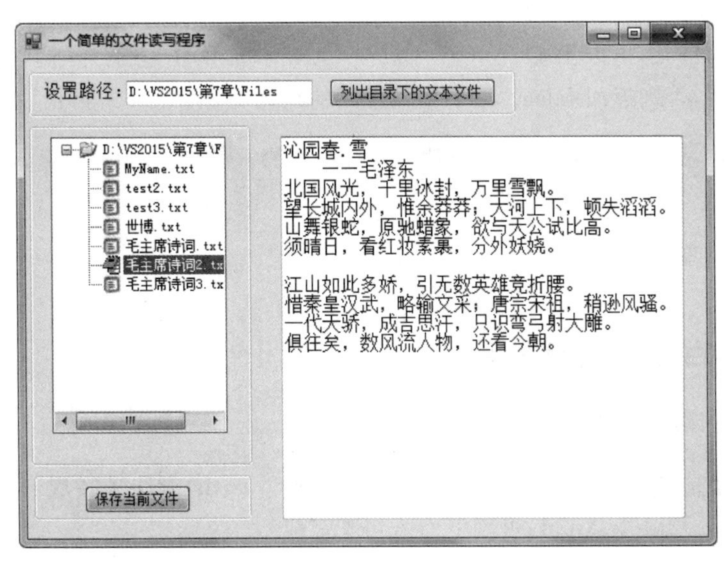

图7.3 程序ReadWriteFile的运行界面

7.1.2 程序结构解析

程序 ReadWriteFile 中,"列出目录下的文本文件"按钮用于获得指定目录下的所有 txt 文件,并将文件名在 TreeView 控件中列出。其中,使用 Directory 类的静态方法 GetFiles()来获取目录下的所有文件,Directory 类还提供了大量用于管理目录的静态方法,包括判断指定目录是否存在、创建新目录、删除已有目录、获取目录的基本信息等。介绍该类提供的常用方法是本章的重点内容之一。

当选择 TreeView 中的项时,会将被选项对应的文件打开并将其内容显示在文本框中,文件的打开主要是利用 StreamReader 类的构造函数来实现。StreamReader 类主要提供对文件进行读操作的方法,如 ReadLine()用于读文本等。"保存当前文件"按钮则用于将文本框中的文本内容写到被打开的文件中,这里文件的写操作是由 StreamWriter 类提供的 WriteLine()方法来完成。介绍 StreamReader 类、StreamWriter 类以及其他相关类常用的属性、方法和事件是本章的核心内容。

Directory 类、StreamReader 类、StreamWriter 类及有关目录和文件操作的类都是放在命名空间 System.IO 中,因此在程序开头要使用下列语句引入该命名空间。

```
using System.IO;
```

7.2 目录管理

这里的目录管理是指创建目录、删除目录、判断目录是否存在以及获取目录的有关属性信息和与此相关的操作等。目录的这些管理操作主要是利用 Directory 类提供的方法来完成,这些方法都是静态方法,因此不需要实例化就可以直接引用。

7.2.1 目录存在的判断

对于指定的目录,可以由 Directory.Exists(string path)方法来判断其是否存在,如果存在则返回 true,否则返回 false。以下是其常用的调用方法。

```
string path = @"C:\Inetpub";      //如果省略符号@,则需要使用转义字符,应写成"C:\\Inetpub"
if (Directory.Exists(path) == true)
{
    //相关处理代码
}
```

7.2.2 目录的创建和删除

1. 目录的创建

目录的创建是用 Directory.CreateDirectory(string path)方法来实现。例如,创建目录 D:\VS2015\第 7 章\Files\dir1,可用下面语句来完成:

```
string path = @" D:\VS2015\第 7 章\Files\dir1";
```

```
Directory.CreateDirectory(string path);
```

不管 D:\VS2015\第 7 章\Files\dir1 目录是否已存在，执行上述语句时不会给出任何提示。但如果该目录已经存在，执行上述语句时也不会删除其中包含的文件和子目录。

2. 目录的删除

目录的删除是由 Directory.Delete()方法来实现，该方法有两个重载版本。

```
void Directory.Delete(string path)
void Directory.Delete(string path,bool recursive)
```

第一个方法用于删除空目录，如果目录非空或指定的目录不存在都会产生异常；第二个方法多了一个 bool 类型的参数 recursive，该参数值为 true 时，表示删除指定的目录及该目录下的所有子目录，如果指定目录不存在会产生异常。

例如，下面代码用于删除由 path 指定的目录，并在删除过程中给出相关的提示信息。

```
string path = @" D:\VS2015\第 7 章\Files\dir1";
if (Directory.Exists(path) == true)
{
    if (MessageBox.Show("确认要删除该目录及其子目录吗?", "删除目录",
        MessageBoxButtons.YesNo, MessageBoxIcon.Warning) == DialogResult.Yes)
    {
        Directory.Delete(path, true);
    }
}
```

7.2.3　当前工作目录的获取

当前应用程序(.exe 文件)的当前工作目录可由 Directory.GetCurrentDirectory()方法获取。例如，对于下列语句：

```
textBox1.Text = Directory.GetCurrentDirectory();
```

执行后在 textBox1 控件中显示"D:\VS2015\第 7 章\test\test\bin\Debug"，这是笔者应用程序(test.exe 文件)的工作目录。另外，Application.StartupPath 也是返回当前工作目录，因此上面一句和下面一句是等效的：

```
textBox1.Text = Application.StartupPath;
```

7.2.4　目录相关信息的获取

1. 获取指定目录下的所有子目录和文件

获取指定目录下的所有子目录可由 Directory.GetDirectories()方法来实现，例如：

```
string path = @"D:\VS2015";
string[] Dirs = Directory.GetDirectories(path);    //获取指定目录下的所有子目录
for (int i = 0; i < Dirs.Length; i++)
{
```

```
        listBox1.Items.Add(Dirs[i]);
    }
```

获取指定目录下的所有文件可由 Directory.GetFiles()方法来实现，例如，下列代码将获得 D:\VS2015 目录下所有的 txt 文件，并将放到字符串数组 Files 中，然后逐一输出到 listBox1 控件中。

```
string path = @"D:\VS2015";
string[] Files = Directory.GetFiles(path, "*.txt");
for (int i = 0; i<Files.Length; i++)
{
    listBox1.Items.Add(Files[i]);
}
```

如果要获取 D:\VS2015 目录下所有类型的文件，则可以用下列语句之一。

```
string[] Files = Directory.GetFiles(path);
string[] Files = Directory.GetFiles(path, "*.*");
```

2. 获取指定目录的上级目录和根目录

获取指定目录的上级目录可由 GetParent()方法来实现，该方法返回类型为 DirectoryInfo。例如：

```
string path = @"D:\VS2015\第7章\Files\dir1";
textBox1.Text = Directory.GetParent(path).ToString();
```

执行后，textBox1 控件将显示“D:\VS2015\第 7 章\Files”。

如果需要获取 D:\VS2015\第 7 章\Files 目录的根目录，可采用下列方法，执行后它将返回“D:\”。

```
Directory.GetDirectoryRoot(path)
```

3. 获取指定目录所在驱动器的相关信息

驱动器信息主要包括驱动器名称、总容量、剩余空间、驱动器格式等。获取方法是先利用给定的目录创建 DriveInfo 类的对象，然后通过对象的属性和方法来获取。例如，下列代码将获取 D:\VS2015\第 7 章\Files\dir1 目录所在驱动器的若干信息。

```
string path = @"D:\VS2015\第7章\Files\dir1";
DriveInfo di = new DriveInfo(path);
listBox1.Items.Add("驱动器名称:" + di.Name);
listBox1.Items.Add("驱动器根目录:" + di.RootDirectory);
listBox1.Items.Add("剩余空间:" + (double)di.TotalFreeSpace/1024/1024/1024 + " GB");
listBox1.Items.Add("驱动器容量:" + (double)di.TotalSize/1024/1024/1024 + " GB");
listBox1.Items.Add("可用空间:" + (double)di.AvailableFreeSpace/1024/1024/1024 + " GB");
listBox1.Items.Add("驱动器格式:" + di.DriveFormat.ToString());
listBox1.Items.Add("驱动器类型:" + di.DriveType);
listBox1.Items.Add("驱动器卷标:" + di.VolumeLabel);
```

执行上述代码后，结果如图 7.4 所示。

【说明】

如果需要获取计算机所有的驱动器名，可用下列语句实现（GetLogicalDrives()方法返回的是字符串数组）。

```
for (int i = 0; i < Directory.GetLogicalDrives().Length; i++)
    listBox1.Items.Add(Directory.GetLogicalDrives()[i]);
```

4. 获取指定目录的相关信息

目录的创建时间、最近访问时间、最近对目录进行写操作的时间、目录是否就绪等信息都是常用的目录信息。从下列代码中不难理解这些信息的获取方法。

```
string path = @"D:\VS2015\第 7 章\Files\dir1";
listBox1.Items.Add("创建时间：" + Directory.GetCreationTime(path));
listBox1.Items.Add("最近访问时间：" + Directory.GetLastAccessTime(path));
listBox1.Items.Add("最近写目录时间：" + Directory.GetLastWriteTime(path));
DriveInfo di = new DriveInfo(path);
listBox1.Items.Add("是否就绪：" + di.IsReady.ToString());
```

执行上述代码，结果如图 7.5 所示。

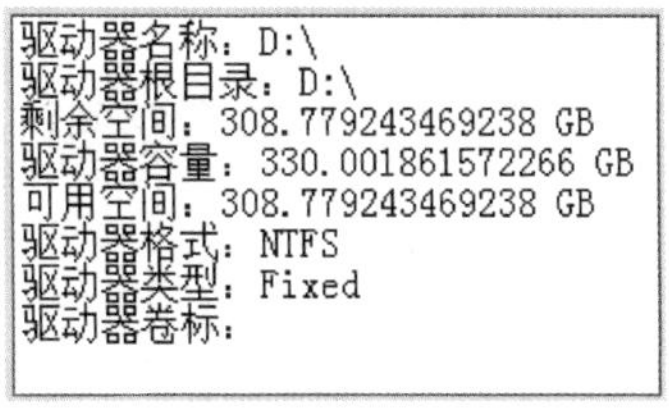

```
驱动器名称：D:\
驱动器根目录：D:\
剩余空间：308.779243469238 GB
驱动器容量：330.001861572266 GB
可用空间：308.779243469238 GB
驱动器格式：NTFS
驱动器类型：Fixed
驱动器卷标：
```

图 7.4　获取指定目录所在驱动器的相关信息

```
创建时间：2017-10-30 10:25:40
最近访问时间：2017-10-30 10:25:44
最近写目录时间：2017-10-30 10:25:40
是否就绪：True
```

图 7.5　获取指定目录的相关信息

7.2.5　目录大小的获取

这里，目录大小是指目录所占用磁盘空间的大小。但 C# 中没有能够直接获取指定目录大小的方法，因此需要自定义这样的方法。下面通过一个例子来说明。

【例 7.1】　定义用于获取目录大小的方法。

一个目录所占用的磁盘空间是其包含的所有文件（包括其子目录下的文件）的磁盘空间大小的总和。因此，要计算一个目录的大小，需要搜索该目录包含的所有文件，并把这些文件的磁盘空间大小加起来。为此，定义一个递归函数 DirSize，用于搜索其包含的所有文件并求这些文件磁盘空间大小的总和。

该函数代定义为类 A 中的静态函数，代码如下：

```
class A
{
    static public long DirSize(string path) //static
    {
        long size = 0;
```

```
        string[] files = Directory.GetFiles(path);
        FileInfo fi;
        for (int i = 0; i < files.Length; i++)
        {
                fi = new FileInfo(files[i]);
                int clusum;
                if (fi.Length == 0) clusum = 0;          //实际长度为 0 的文件没有分配簇
                else clusum = (int)((double)fi.Length/4096) + 1;  //为该文件分配的簇数
                size += clusum * 4096;                 //clusum * 4096 为文件占用磁盘空间,单位为 B
        }
            string[] dirs = Directory.GetDirectories(path);
            for (int i = 0; i < dirs.Length; i++)
            {
                size += DirSize(dirs[i]);
            }
            return size;
        }
}
```

此后,就可以调用该静态方法来获取目录占用磁盘空间大小了,例如:

```
string path = @"D:\VS2015\第 7 章";
textBox1.Text = (A.DirSize(path)).ToString();
```

执行后,textBox1 控件将显示 D:\VS2015\第 7 章目录所占用磁盘空间的大小,单位为字节(B)。

【说明】

文件的实际长度(包含字节数,如上述代码中的 fi.Length 就是文件的实际长度)和文件占用磁盘空间的大小是两个不同的概念。Windows 操作系统是以簇为单位来来为文件分配磁盘空间的。如果文件的实际长度是簇大小的倍数,那么文件的实际长度和文件占用磁盘空间大小是相等的;如果不是,比如说文件的实际长度是 26.3 个簇的空间,那么需要为文件分配 27 个簇的空间。另外,如果文件的实际长度为 0,操作系统将不为它分配任何的簇。

如果磁盘格式为 NTFS,那么一个簇占用的空间是 4096B(4kB)。磁盘格式及簇占用磁盘空间的大小(簇大小)可以通过在提示符下运行 Chkdsk 命令来查看,不过它把簇称之为"分配单元"或者"Allocation unit"。

这样,就可以推出文件所占用磁盘空间与文件实际长度的关系:

$$\text{簇数} = \begin{cases} (\text{int})(\text{文件实际长度} / \text{簇大小}) + 1, & \text{当文件实际长度} > 0 \\ 0, & \text{当文件实际长度} = 0 \end{cases}$$

$$\text{文件所占用磁盘空间的大小} = \text{簇数} \times \text{簇大小}$$

7.3 文件管理

文件的管理是指对文件进行创建、删除、复制、移动等操作以及获取文件的信息等。这些管理操作通常是由 File 类、FileInfo 类、FileStream 类提供的方法来完成,所以本节仍然是按主题分类来介绍基于这些类的文件管理操作方法。

7.3.1　文件的复制、移动和删除

1. 复制文件

文件的复制可利用 File 类提供的静态方法 Copy()来实现，它有两个重载版本。

```
publicstatic void Copy(string sourceFileName, string destFileName)
publicstatic void Copy(string sourceFileName, string destFileName, bool overwrite)
```

其中，参数 sourceFileName 和 destFileName 分别表示源文件名和目标文件名；当 overwrite 的值为 true 时，表示要覆盖已存在的同名文件，当参数 overwrite 默认时（见第一个方法），相当于取值 false，即不允许覆盖。

例如，下列代码的作用是将文件 MyName. txt 复制为文件 MyName2. txt（如果存在同名文件则将之覆盖）。

```
string sourceFileName = @"D:\VS2015\第 7 章\Files\MyName.txt";
string destFileName = @"D:\VS2015\第 7 章\Files\MyName2.txt";
File.Copy(sourceFileName, destFileName, true);
```

2. 移动文件

文件的移动可利用 File 类提供的静态方法 Move()来实现，该方法的原型如下：

```
publicstatic void Move(string sourceFileName, string destFileName)
```

其参数意义同 Copy()方法。

下面代码的作用是将 D:\VS2015\第 7 章\Files\dir1 目录下的文件 MyName. txt 移动到 D:\VS2015\第 7 章\Files\dir2 目录中。

```
string sourceFileName = @"D:\VS2015\第 7 章\Files\dir1\MyName.txt";
string destFileName =   @"D:\VS2015\第 7 章\Files\dir2\MyName.txt";
File.Move(sourceFileName, destFileName);
```

显然，Copy()方法也具有更名的作用。

3. 删除文件

文件的删除可利用 File 类提供的静态方法 Delete()来实现。例如，下面语句的作用是删除 D:\VS2015\第 7 章\Files 目录下的文件 MyName. txt。

```
string path = @"D:\VS2015\第 7 章\Files\MyName.txt";
File.Delete(path);
```

7.3.2　文件信息的获取和设置

FileInfo 类通常用于获取或设置文件的有关信息和属性，方法是先利用 FileInfo 类的构造函数和文件名创建文件的 FileInfo 类对象，然后通过对象的方法来实现相关信息和属性

的获取和设置。

例如,下列代码显示了如何获取文件所在的目录等信息。

```
string path = @"D:\VS2015\第 7 章\Files\MyName.txt";
FileInfo fi = new FileInfo(path);
string info;
info = "文件所在的目录:" + fi.DirectoryName;          //返回类型是 string
listBox1.Items.Add(info);
info = "文件所在的目录:" + fi.Directory.ToString(); //返回类型是 Directory
listBox1.Items.Add(info);
info = "文件的绝对路径:" + fi.FullName;
listBox1.Items.Add(info);
info = "文件名:" + fi.Name;
listBox1.Items.Add(info);
info = "创建时间:" + fi.CreationTime.ToString();
listBox1.Items.Add(info);
info = "文件的扩展名:" + fi.Extension;
listBox1.Items.Add(info);
info = "文件的最近访问时间:" + fi.LastAccessTime;
listBox1.Items.Add(info);
info = "最近写文件的时间:" + fi.LastWriteTime;
listBox1.Items.Add(info);
info = "文件的实际长度(包含的字节数):" + fi.Length.ToString();
listBox1.Items.Add(info);
info = "是否只读:" + fi.IsReadOnly.ToString();
listBox1.Items.Add(info);
//fi.IsReadOnly = true;                                //可以设置这个属性,使文件变为只读
```

执行上述代码后,结果如图 7.6 所示。

```
文件所在的目录: D:\VS2015\第7章\Files
文件所在的目录: D:\VS2015\第7章\Files
文件的绝对路径: D:\VS2015\第7章\Files\MyName.txt
文件名: MyName.txt
创建时间: 2017-10-30 9:53:02
文件的扩展名: .txt
文件的最近访问时间: 2017-10-30 10:52:37
最近写文件的时间: 2017-10-30 10:52:35
文件的实际长度(包含的字节数): 23
是否只读: False
```

图 7.6 获取文件的信息

文件还有三种属性是经常用到的,那就是只读(FileAttributes.ReadOnly)、隐藏(FileAttributes.Hidden)和存档(FileAttributes.Archive)。它们都包含在 FileInfo 类对象的 Attributes 属性集中。Attributes 是一种属性集,要通过"|"运算来添加相关属性,如要添加只读属性和隐藏通性,可用下列语句实现。

```
fi.Attributes = fi.Attributes | FileAttributes.ReadOnly | FileAttributes.Hidden;
```

注意,如果写成:

```
fi.Attributes = FileAttributes.ReadOnly | FileAttributes.Hidden;
```

这表示相应文件只拥有只读属性和隐藏属性，而以前拥有的其他属性将被覆盖。

如果需要将某一种属性从 fi. Attributes 中删除，可以利用“&”和“～”运算来实现。例如，删除只读属性，可以利用下列语句实现。

```
fi.Attributes = fi.Attributes & ~FileAttributes.ReadOnly
```

这条语句也等效于：

```
fi.IsReadOnly = true;
```

以下给出如何判断一个文件是否拥有某种属性的例子。

```
string path = @"D:\VS2015\第 7 章\Files\MyName.txt";
FileInfo fi = new FileInfo(path);
if ((fi.Attributes & FileAttributes.ReadOnly) == FileAttributes.ReadOnly)
{
    listBox1.Items.Add(fi.Name + "是只读文件!");
}
else
{
    listBox1.Items.Add(fi.Name + "不是只读文件!");
}
if ((fi.Attributes & FileAttributes.Hidden) == FileAttributes.Hidden)
{
    listBox1.Items.Add(fi.Name + "是隐藏文件!");
}
else
{
    listBox1.Items.Add(fi.Name + "不是隐藏文件!");
}
```

7.4　文本文件的读写

C＃中有许多类都可以实现读写文件的功能。但 C＃提供的 StreamReader 类和 StreamWriter 类却是分别专门用于文本文件的读取和写入操作，它们具有更为广泛的文件读写操作能力。本节将介绍基于这两个类的文本文件读写操作方法。

7.4.1　读文本文件

StreamReader 类提供构造函数来对指定的文件创建文件的输入流。StreamReader 类定义了 10 个版本的重载构造函数，其中常用的有两种。

```
public StreamReader(string path)
public StreamReader(path, System.Text.Encoding encoding)
```

其中，参数 path 为文件路径，encoding 用于设置编码方式，如果文件中包含中文，该参数一般设置为 System. Text. Encoding. Default。

StreamReader 类的常用方法主要包括如下三个方面。

1. BaseStream.Seek()方法

该方法用于指定在输入流中读取字符的位置,其原型如下:

```
longBaseStream.Seek(long offset, SeekOrigin origin)
```

其中,参数 origin 用于设置在输入流中读取字符的初始位置,其可能取值包括 SeekOrigin.Begin、SeekOrigin.Current 和 SeekOrigin.End,分别表示初始位置为输入流的开始处、当前位置和流的末尾;参数 offset 是相对于 origin 参数的字节偏移量,初始位置+offset 就是在输入流中读取字符的真正位置。

例如,下列语句的作用可以理解为,准备从文件 D:\testtxt 中的第 10 个字符开始读入文本。

```
StreamReader reader = new StreamReader(@"D:\testtxt");
reader.BaseStream.Seek(10, SeekOrigin.Begin);
```

2. Read()方法

该方法用于读取输入流中的下一个字符,同时使输入流的当前位置加 1。该函数返回的是字符的 ASCII 码的 int 型整数,因此需要进行一定的转换。

例如,下面代码是用 Read()方法读取文本的例子。

```
string path = @"D:\test.txt";
StreamReader reader;
reader = new StreamReader(path, System.Text.Encoding.Default);
int ascii = reader.Read();                          //获得字符的 ASCII 码
char ch = (char)ascii;                              //转换为字符
while (ascii != -1)
{
    richTextBox1.Text += ch.ToString();
    ascii = reader.Read();
    ch = (char)ascii;
}
reader.Close();
```

【说明】

从 richTextBox1 中显示的结果可以看到,在两行之间被插入了一个空白行。其原因在于,换行符("\n",ASCII 码为 10)和回车符("\r",ASCII 码为 13)在 richTextBox1 中解释时都被执行了换行操作,这样由源文件中的一行就变成了 richTextBox1 中的两行。其解决办法是可以通过判断语句来消除多余的一行。

3. ReadLine()方法

该方法用于从输入流中读取一行字符,并将结果以字符串返回。

例如,下列代码用于从文本文件"毛主席诗词 2.txt"中的第 10 个字符开始,逐行读取文本,并将结果显示在 richTextBox1 控件中。

```
string path = @"D:\VS2015\第 7 章\Files\毛主席诗词 2.txt";
```

```
StreamReader reader = new StreamReader(path, System.Text.Encoding.Default);
reader.BaseStream.Seek(10, SeekOrigin.Begin);
string line = reader.ReadLine();
while (line != null)
{
    richTextBox1.Text += line + "\n";
    line = reader.ReadLine();
}
reader.Close();
```

7.4.2　写文本文件

StreamWriter 类也提供构造方法来对指定的文件创建输出流。StreamWriter 类定义了 7 个版本的重载构造函数，其中常用的有三种。

```
public StreamWriter(string path)
public StreamWriter(string path, bool append)
public StreamWriter(string path, bool append, System.Text.Encoding encoding)
```

其中，参数 path 和 encoding 同 StreamReader 类的构造函数，参数 append 的值如果设置为 true，表示追加写入，为 false 表示覆盖写入。

例如，下列代码是以追加方式创建基于文件 D:\test2.txt 的输出流。

```
string path = @"D:\test2.txt";
StreamWriter writer = new StreamWriter(path, true, System.Text.Encoding.Default);
```

StreamWriter 类提供的常用方法包括：

1. Write()方法

该方法用于向输出流写入字符串、字符、字符数组、实数和整数等。它一共有 17 个重载版本，其中常用的包括：

```
public override void Write(string value)
public override void Write(char value)
public override void Write(char[] buffer)
public override void Write(double value)
public override void Write(float value)
public override void Write(decimal value)
public override void Write(int value)
public override void Write(long value)
```

Write()方法执行完后，不会自动添加回车换行符。如果需要，必须显式添加。请考虑下面的代码：

```
string path = @"D:\test3.txt";
StreamWriter writer = new StreamWriter(path, false, System.Text.Encoding.Default);
writer.Write("aaaaaaa");
writer.Write("BBBBB");
writer.Write('\r'); writer.Write('\n');        //这两个语句相当于回车换行的作用
writer.Write("ccccc");
```

```
writer.Close();
```

执行上述代码后,文件 D:\test3. txt 中的内容如下:

```
aaaaaaaBBBBB
ccccc
```

2. WriteLine()方法

该方法与 Write()方法的功能和用法基本相同,也是用于将字符串、字符、字符数组、实数和整数等写入输出流中。主要不同之处在于,WriteLine()方法执行后会自动添加一个回车换行符“\r\n”,而 Write()方法没有。

例如,下列代码利用 WriteLine()方法将 richTextBox1 控件中的文本写入文件 D:\test4. txt,并捕获可能出现的 IO 异常。

```
string path = @"D:\VS2015\第 7 章\Files\毛主席诗词 3.txt";
StreamWriter writer = null;
try
{
    writer = new StreamWriter(path, false, System.Text.Encoding.Default);
    writer.Write("以下是控件 richTextBox1 中的内容");
    writer.Write('\r'); writer.Write('\n');         //加入回车换行符
    writer.WriteLine("----------------------------------------");
    for (int i = 0; i < richTextBox1.Lines.Length; i++)
    {
        writer.WriteLine(richTextBox1.Lines[i]);
    }

}
catch (IOException ex)
{
    MessageBox.Show(ex.ToString());
}
finally
{
    if (writer != null) writer.Close();
}
```

7.5 二进制文件的读写

二进制文件的读、写操作分别由 BinaryReader 类和 BinaryWriter 类来实现。这两个类一般都要与 FileStream 类结合使用,即由 FileStream 类创建文件流,然后利用 BinaryReader 类和 BinaryWriter 类实现对文件流的读写操作,从而实现对文件的读写操作。为此,先简要地介绍 FileStream 类的属性和函数。

FileStream 类提供一共 15 个重载构造函数,常用的有以下两种。

```
publicFileStream(string path, FileMode mode)
publicFileStream(string path, FileMode mode, FileAccess access)
```

其中,参数 path 用于设置文件路径;access 表示对文件的访问方式,可能取值包括 FileMode.Read、FileMode.Write、FileMode.ReadWrite,分别表示只读、只写、可读写;mode 的可能取值及其意义如下:

- FileMode.Append:表示以追加方式打开文件(打开后文件位置移动到文件的末尾)。FileMode.Append 仅可以与 FileAccess.Write 联合使用。
- FileMode.Create:创建新的文件,如果已存在同名的文件,则覆盖它。
- FileMode.CreateNew:创建新的文件,但如果已经存在同名的文件,则抛出异常。
- FileMode.Open:打开已有的文件,但如果不存在所指定的文件,则抛出异常。
- FileMode.OpenOrCreate:如果文件已存在,则打开它,否则创建新的文件。
- FileMode.Truncate:打开已有的文件,当写入数据时将覆盖文件中原有的数据,但文件的基本属性保持不变(如初始创建日期等)。如果指定的文件不存在则抛出异常。

FileStream 类有一个常用的属性是 Position 属性,它表示文件流中的当前位置,可以设置或获取该属性的值,以实现文件的定位读写功能。

7.5.1 写二进制文件

BinaryWriter 类提供了两个版本的构造函数。

```
public BinaryWriter(Stream output,)
public BinaryWriter(Stream output, Encoding encoding)
```

其中,参数 output 用于设置流对象,通常是由 FileStream 类实例化的对象。

BinaryWriter 类常用的方法主要是有以下两种。

1. BaseStream.Seek()方法

用于设置输出流中当前的位置,其参数意义在前面已有说明。

2. Write()方法

该方法一共重载了 18 个版本,其中大部分与 StreamWriter 类的 Write()方法相似。但由于 BinaryWriter 类的 Write()方法是写二进制文件的,且在很多时候是将数据转化为字节数组,然后将字节数组保存到文件中,所以在许多情况可能会经常使用下列的版本实现。

```
public override void Write(byte[ ] buffer)
public override void writer.Write(byte[ ] buffer, int index, int count)
```

前者表示将字节数组 buffer 中所有字节全部保存到二进制文件中,后者则表示将数组 buffer 中从索引为 index 开始、一共 count 个字节保存到二进制文件中。

下面给出写二进制文件的关键代码,读者可以由此举一反三。

```
string path = @"C:\test.dat";
FileStream fs = new FileStream(path, FileMode.OpenOrCreate, FileAccess.Write);
BinaryWriter writer = new BinaryWriter(fs);
writer.BaseStream.Seek(0, SeekOrigin.Begin);          //设置当前位置
```

```
writer.Write("中华人民共和国");                    //写入数据
writer.Close();
fs.Close();
```

7.5.2 读二进制文件

类 BinaryReader 提供许多用于读取输入流数据的方法，主要包括：

```
public abstract int Read(byte[] buffer, int index, int count)
public abstract byte ReadByte()
public abstract byte[] ReadBytes()
public abstract char ReadChar()
public abstract char[] ReadChars()
public abstract decimal ReadDecimal()
public abstract double ReadDouble()
public abstract short ReadInt16()
public abstract int ReadInt32()
public abstract long ReadInt64()
public abstract float ReadSingle()
public abstract string ReadString()
```

下面给出读二进制文件的关键代码：

```
string path = @"C:\test.dat";
FileStream fs = new FileStream(path, FileMode.Open);
BinaryReader reader = new BinaryReader(fs);
reader.BaseStream.Seek(0, SeekOrigin.Begin);        //设置当前位置
//可通过判断 fs.Position 是否等于 fs.Length 来断定是否已经读完
string s = reader.ReadString();
reader.Close();
fs.Close();
```

注意，读文件语句的写法和顺序完全由写文件的格式来决定，相应的语句要一一对应，不能有差错，否则将读出乱码。例如，下列的写文件语句和读文件语句必须一一对应，否则将导致错误读出数据：

```
writer.Write("张三");          ◄······► string name = reader.ReadString();
writer.Write((long)22);        ◄······► long age = reader.ReadInt64();
writer.Write('M');             ◄······► char sex = reader.ReadChar();
writer.Write((double)97.6);    ◄······► double grade = reader.ReadDouble();
```

下面给出一个相对完整的例子来说明如何对二进制文件进行读写操作。

【例 7.2】 创建一个能读、写二进制文件的程序。

创建窗体应用程序 WriReaBiFile，在窗体上分别添加两个 RichTextBox 控件和两个 Button 按钮，并适当设计相关的属性，程序 WriReaBiFile 的设计界面如图 7.7 所示。

“写二进制文件”按钮用于将左边 RichTextBox 控件中的内容写到文件 C:\test.dat 中，“读二进制文件”按钮则将文件 C:\test.dat 中的内容读到右边的 RichTextBox 控件中。

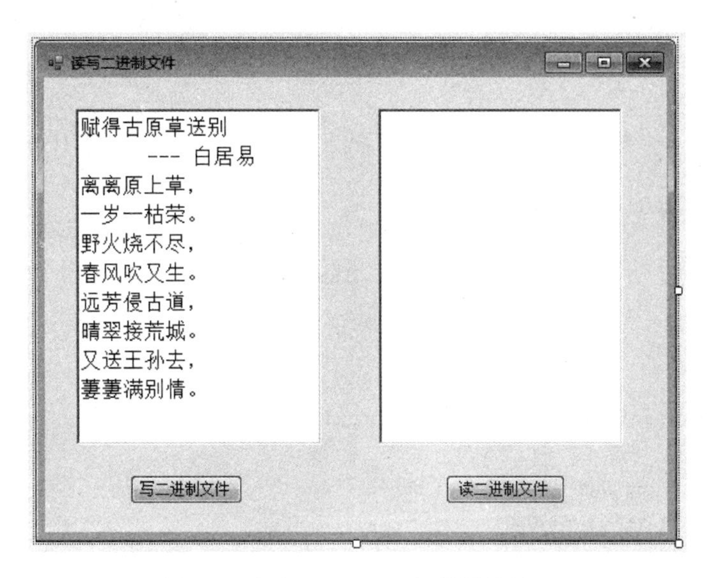

图 7.7　程序 WriReaBiFile 的设计界面

结果，Form1.cs 文件中的代码如下：

```
using System;
using System.Text;
using System.IO;
using System.Windows.Forms;
namespace WriReaBiFile
{
    public partial class Form1 : Form
    {
        public Form1()
        {
            InitializeComponent();
        }
        private void button1_Click(object sender, EventArgs e)
        {
            string path = @"C:\test.dat";
            FileStream fs = null;
            BinaryWriter writer = null;
            try
            {
                fs = new FileStream(path, FileMode.OpenOrCreate, FileAccess.Write);
                writer = new BinaryWriter(fs);
                writer.BaseStream.Seek(0, SeekOrigin.Begin);
                for (int i = 0; i < richTextBox1.Lines.Length; i++)
                {
                    writer.Write(richTextBox1.Lines[i]);
                }
                writer.Flush();
```

```
            }
            catch (Exception ex)
            {
                MessageBox.Show(ex.ToString());
            }
            finally
            {
                if (writer != null) writer.Close();
                if (fs != null) fs.Close();
            }
        }
        private void button2_Click(object sender, EventArgs e)
        {
            string path = @"C:\test.dat";
            FileStream fs = null;
            BinaryReader reader = null;
            richTextBox2.Text = "";
            try
            {
                fs = new FileStream(path, FileMode.Open);
                reader = new BinaryReader(fs);
                reader.BaseStream.Seek(0, SeekOrigin.Begin);
                string s = reader.ReadString();
                while (true) //也可以利用(fs.Position < fs.Length)
                {
                    richTextBox2.Text += s + "\n";
                    s = reader.ReadString();
                }
            }
            catch (Exception ex)
            {
                        //MessageBox.Show(ex.ToString());
            }
            finally
            {
                if (reader != null) reader.Close();
                if (fs != null) fs.Close();
            }
        }
    }
}
```

【说明】

有时候需要将字符串转化成为字节数组,并以字节数组的形式写入到文件中,然后在读取操作时再读到字节数组中,最后再转变为相应的字符串。这种读写和转变方法的关键代码如下:

```
Encoding gb = Encoding.GetEncoding("gb2312");
byte[] bytes = gb.GetBytes("美国人 abc");              //将字符串转变成字节数组
writer.Write(bytes);
byte[] bytes = reader.ReadBytes((int)fs.Length);
Encoding gb = Encoding.GetEncoding("gb2312");
string s = gb.GetString(bytes);                         //将字节数组转变成字符串
```

7.6 习题

一、填空题

1. File 类中用判断给定文件是否存在的方法是________，Directory 类中用判断给定文件是否存在的方法是________。

2. Directory 类中用于创建和删除目录的方法分别是________和________。

3. Directory 类中用于获取应用程序当前工作目录的方法是________。

4. File 类中用于实现文件复制、移动和删除的方法分别是________、________和________。

5. C#中，专门用于读写文本文件的类是________和________；专门用于读写二进制文件的类是________和________。

6. 欲增加设置文件 MyName.txt 的只读属性和隐藏属性，请补全下列代码：

```
string path = @"D:\VS2015\第 7 章\Files\MyName.txt";
FileInfo fi = new FileInfo(path);
fi.Attributes = ____________________;
```

如果要取出它的只读属性和隐藏属性，则上述空格又应该填上什么代码？

7. 已有代码：

```
string path = @"D:\VS2015\第 7 章\Files\MyName.txt";
FileInfo fi = new FileInfo(path);
```

则 fi.Length 表示的意义是____________________。

8. 假设文件 test.txt 的实际大小为 20398B，那么它占用的磁盘空间的大小为________B(假设 1 个簇的磁盘空间为 4096B)。

二、简答题

1. 简述获取指定目录下所有的 txt 文件和所有子目录的方法。

2. 简述获取文件基本信息(如创建时间、长度等)的方法。

3. 简述获取指定目录的实际大小和其占用磁盘空间大小的基本原理。

三、上机题

1. 利用本章介绍的文本文件的读写方法，开发一个“记事本”程序，要求能够实现文件的打开、编辑、保存功能，并能够处理可能出现的异常。

2. 对 7.1.1 节所创建的应用程序 ReadWriteFile，增加 TreeView 控件的弹出式菜单，菜单有两个菜单项：“删除”和“属性”。当右击 TreeView 控件中的节点时弹出该菜单，如果选择“删除”项则删除被选中的文件；如果选择“属性”则显示被选中文件的相关属性，如

图 7.8 所示。

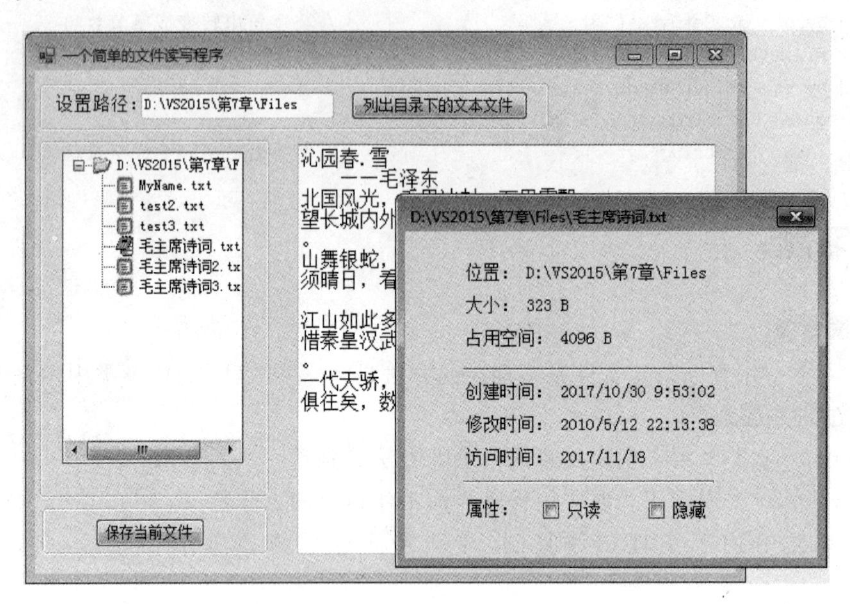

图 7.8　利用弹出式菜单查看文件的属性

第8章 ActiveX控件和自定义组件开发

主要内容：组件和控件是应用程序"成品"的组装部件，它们通常是为了满足某种通用功能而开发的。有效地利用组件和控件可以提高应用程序开发的效率，降低开发成本。本章主要介绍 ActiveX 控件和无界面组件的开发方法，并给出了详细的实例说明。

教学目标：熟练掌握通过继承 UserControl 类来开发 ActiveX 控件的方法以及面向既定需求开发无界面组件的方法，了解控件和无界面组件的区别与联系。

8.1 一个简单 ActiveX 控件的开发

ActiveX 控件可以简单地理解为(由第三方开发的)能够实现特定功能的控件。在 VS2015 中开发 ActiveX 控件与在 VS2008 等以前版本中开发有很大的不同。下面先通过一个简单的例子来理解如何在 VS2015 中开发和使用 ActiveX 控件。

8.1.1 创建 ActiveX 控件程序

在 VS2015 界面中，选择"文件"|"新建"|"项目"命令，打开的"新建项目"对话框。在 VS 2008 中，此对话框中包含 Windows 窗体控件库，但在 VS2015 中，却没有此控件库模板。为创建 ActiveX 控件程序，可以先创建类库程序，然后通过添加"用户控件"项构建 ActiveX 控件程序。操作方法如下所述。

(1) 在打开的"新建项目"对话框中，选择"类库"，并将程序的名称设置为 MyFirstActiveX，单击"确定"按钮，保存到 D:\VS2015\第 8 章\目录下，如图 8.1 所示。

(2) 在解决方案资源管理器中，右击程序名称"MyFirstActiveX"，在打开的菜单中选择"添加"|"新建项"，打开"添加新项"对话框，从中选择"用户控件"项，如图 8.2 所示，使用默认名称"UserControl1.cs"，最后单击"添加"按钮即可形成一个用户控件程序。

(3) 在打开的设计界面中添加一个 Button 控件和一个 TextBox 控件，并进行适当的设置，结果如图 8.3 所示。

(4) 在设计界面中双击"我的控件"按钮，进入该按钮的事件处理函数，编写相应代码，结果如下：

```
private void button1_Click(object sender, EventArgs e)
{
    textBox1.Text = "这是我的第一个 ActiveX 控件!";
}
```

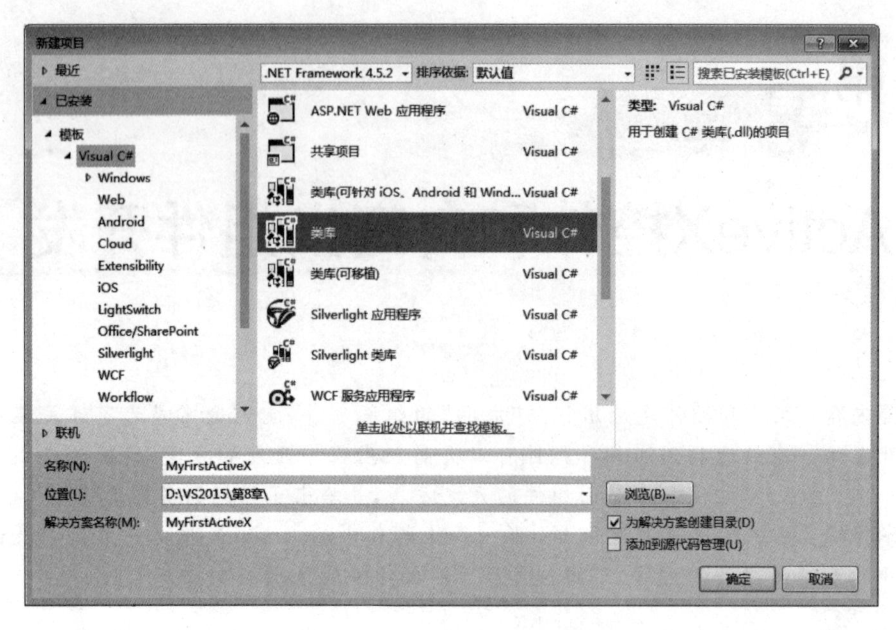

图 8.1 “新建项目”对话框

图 8.2 “添加新项”对话框

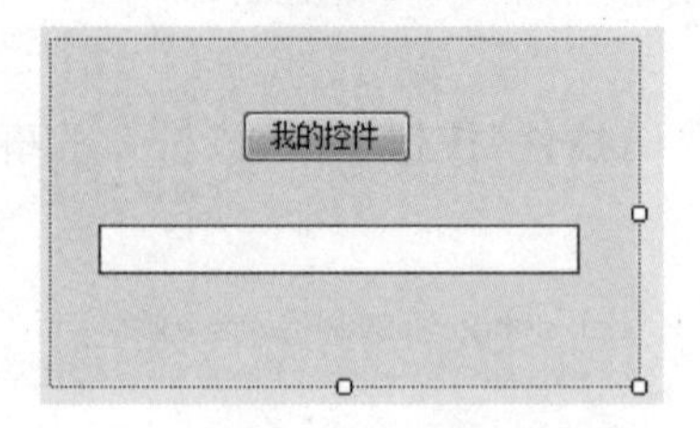

图 8.3 ActiveX 控件的设计界面

在 VS2015 中，用户控件程序不能直接运行，无法直接体验其运行效果，需要带有输出效果的程序引用它，才能看到效果。

8.1.2 生成和调用 ActiveX 控件

控件程序不能直接运行，但在选择“生成”|“生成解决方案”菜单命令（也可以按 F6 键）时，如果没有语法错误，都会自动生成与程序名同名的 dll 文件（这可以简单地理解为生成的 ActiveX 控件），该文件默认位于程序目录的“程序名”\bin\Debug 子目录下。例如，对于上面的程序 MyFirstActiveX，生成的 dll 文件是 MyFirstActiveX. dll，位于 D:\VS2015\第 8 章\MyFirstActiveX\MyFirstActiveX\bin\Debug 目录下。

ActiveX 控件本身不能独立运行，而应嵌入其他应用程序中才能发挥其作用。为此，创建一个调用该 ActiveX 控件的窗体应用程序，步骤如下所述。

创建窗体应用程序 testMyFirstActiveX，方法是在已打开程序 MyFirstActiveX 的 VS2015 中选择“文件”|“添加”|“新建项目”菜单命令，然后在打开的“添加新项目”对话框选择创建窗体应用程序，设置程序名为 testMyFirstActiveX。这样，程序 testMyFirstActiveX 和程序 MyFirstActiveX 就出现在同一个解决方案资源管理器中。

【注意】

之所以选择“文件”|“添加”|“新建项目”菜单命令来创建窗体应用程序，是为了在形成的窗体应用程序的工具箱中自动显示在程序 MyFirstActiveX 中创建的 ActiveX 控件。

在形成的程序 testMyFirstActiveX 中，其工具箱中自动显示刚才创建的 ActiveX 控件；将该控件拖曳到窗体的适当设置，如图 8.4 所示。

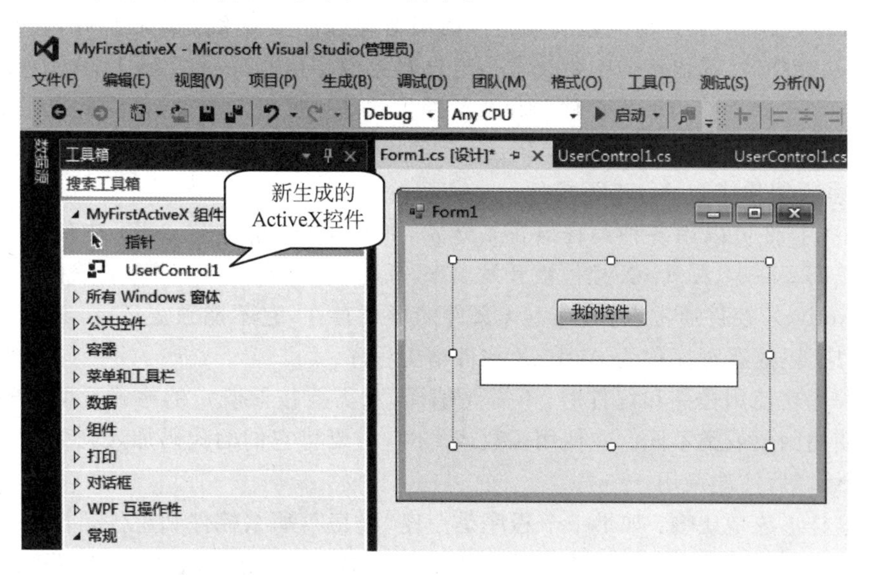

图 8.4 工具箱中形成的 ActiveX 控件和程序的设计界面

这时解决方案资源管理器中包含两个应用程序：程序 MyFirstActiveX 和程序 testMyFirstActiveX。如果通过菜单或工具栏直接执行程序，则会执行程序 MyFirstActiveX（而不会执行程序 testMyFirstActiveX）。原因在于，第一个创建的程序 MyFirstActiveX 会自动被设置为启动项目（项目名会加粗显示）。如果要使得解决方案资源管理器中被执行的程序是 testMyFirstActiveX,需要将其设置为启动项目,方法是右击该项目名,在弹出的菜单中选择"设启动项目"即可。

在将程序 testMyFirstActive 设置为启动项目后,运行该程序,并单击运行界面上的"我的控件"按钮,将出现如图 8.5 所示的界面。这表明,所创建的 ActiveX 控件确实已经在该窗体应用程序中"工作"了。

图 8.5 程序 testMyFirstActiveX 的运行结果

8.2 ActiveX 控件

8.2.1 什么是 ActiveX 控件

ActiveX 是 Microsoft 对一系列策略性面向对象程序技术和工具的称呼,它与 Java 中的 Applet 功能类似,其依赖的主要技术是组件对象模型(COM)。实际上,ActiveX 控件是在 OLE 控件"对象链接与嵌入控件"和 OCX 控件的基础发展起来的,其重要作用是可以插入到网页或应用程序中使用。由于 Microsoft 使用 COM 逐步取代 OLE,因此 OLE 控件和 OCX 控件也就演化成为 ActiveX 控件。

ActiveX 控件可以用各种编程语言来开发,如 C、C++,也包括 .NET 中的 C#、Visual Basic.NET 等。一旦 ActiveX 控件被开发出来,任何基于 Windows 平台的编程语言都可以使用它。ActiveX 控件通常以 dll 或 ocx 文件的形式存在,它不能独立运行,必须依赖于其他程序,相应地,这些程序称为 ActiveX 控件宿主程序。

宿主程序在使用控件和组件时,不需要编译,只需要按照既定的格式说明进行调用即可。这与使用函数或类不同。在使用函数或类时,需要将它们的代码加入到程序中相应的位置,并在编译后才能调用。

可以这样形象地比喻:如果一个程序是一座"板房",那么控件和组件是构成板房的一块块成品的"板",在使用时不需要再加工和装饰,只需利用螺丝将它们扣紧、组装即可;而函数和类则是未加工(或半加工)的木板,在利用它们组建板房时,还需要进行加工和装饰,然后才能利用螺丝将它们组装成板房。

创建 ActiveX 控件最简便的方法是通过继承 UserControl 类来实现。因为 UserControl 类为控件提供特定的功能和图形界面,使得创建控件的过程变得十分直观和便利。如果从继承 Control 类的方法来创建控件,用户必须为控件的 OnPaint 事件以及所需要的功能编写代码，这样会增加大量的工作量。

8.2.2 ActiveX 控件开发实例

理论上，ActiveX 控件的开发可以通过继承任意窗体控件类的方法来实现，但这样做可能需要编写大量额外的代码，降低开发的效率。一般来说，通过继承 UserControl 类来开发 ActiveX 控件是最常用、也是最经济的方法。

本小节将通过开发几个 ActiveX 控件实例来说明 ActiveX 控件开发的一般方法，它们都是通过继承 UserControl 类来实现的。

1. 电子时钟控件

【例 8.1】 开发一个具有电子时钟功能的 ActiveX 控件，该自定义控件还提供用于获取或设置时间的属性。

该控件开发的步骤如下所述。

(1) 在 VS2015 中选择“文件”|“新建”|“项目”命令，在打开的“新建项目”对话框中选择左边方框中的“Visual C#”项，在右边的方框中选择“类库”，然后将项目名设置为 AccutronControl，单击“确定”按钮。

(2) 在解决方案资源管理器中右击项目名称“AccutronControl”，选择菜单“文件”|“添加”|“新建项”，打开“添加新项”对话框，从中选择“用户控件”项，使用默认名称“UserControl1. cs”。

(3) 为使在其他宿主程序中显示具有特定意义的控件名，需要将类名更改为“MyAccutronControl”，这涉及三个地方的修改：在解决方案资源管理器中右击节点“UserControl1. cs”，在打开的菜单中选择“查看代码”，然后打开代码编辑器，将自动形成的类名和构造函数名“UserControl1”都改为“MyAccutronControl”；其次，双击解决方案资源管理器中的节点“UserControl1. Designer. cs”，在编辑器中打开 UserControl1. Designer. cs 文件，将其中的类名由原来的“UserControl”改为“MyAccutronControl”。

(4) 双击节点“UserControl1. cs”，打开自定义控件的设计界面，添加一个 Label 控件和 Timer 组件。对这两个控件的属性设置情况如表 8.1 所示。

表 8.1 Label 控件的属性设置情况

控件名	属性项	属性值
label1	AutoSize	False
	Font. Size	28
	Font. Bold	True
	ForeColor	Lime
	BackColor	Black
	Text	00:00:00
timer1	Enabled	True
	Interval	1000(注：表示每隔 1000ms 自动调用 timer1_Tick()方法一次)

00:00:00

图 8.6　自定义控件的设计界面

并合适调整窗体的大小,结果如图 8.6 所示。

(5) 为开发的控件编写代码。其中,先在 MyAccutronControl 类中声明三个成员变量(分别用作小时计数器、分钟计数器和秒计数器)。

```
private int hour = 0;
private int minute = 0;
private int second = 0;
```

然后在 Timer 组件的 Tick 事件处理函数中编写实现 hour、minute 和 second 之间计数关系的代码。

```
private void timer1_Tick(object sender, EventArgs e)
{
    string hs,ms,ss,timeStr;
    hs = ms = "";
    second++;
    if (second == 60)
    {
        second = 0;
        minute++;
        if (minute == 60)
        {
            minute = 0;
            hour++;
            if (hour == 24) hour = 0;
        }
    }
    hs = hour.ToString();
    if (hs.Length == 1) hs = "0" + hs;                //保证以两个字符显示分钟数
    ms = minute.ToString();
    if (ms.Length == 1) ms = "0" + ms;                //保证以两个字符显示分钟数
    ss = second.ToString();
    if (ss.Length == 1) ss = "0" + ss;                //保证以两个字符显示秒数
    timeStr = hs + ":" + ms + ":" + ss;
    label1.Text = timeStr;
}
```

为了让宿主程序能够对时间的各种成份(小时、分、秒)进行设置,还分别定义三种属性。

```
public int hours                                      //获取或设置小时数的属性
{
    get { return hour; }
    set { hour = value; }
}
public int minutes                                    //获取或设置分钟数的属性
{
    get { return minute; }
    set { minute = value; }
}
public int seconds                                    //获取或设置秒数的属性
```

```
{
    get { return second; }
    set { second = value; }
}
```

(6) 生成控件。选择菜单“生成”|“生成解决方案”命令(也可以按 F6 键),将生成名为 AccutronControl.dll 的文件,它们默认位于程序目录下的 AccutronControl\bin\Debug 子目录下。

至此,名为 MyAccutronControl 的自定义控件已经成功创建。注意,控件名是由对应的类名来决定的。这时,文件 UserControl1.cs 中的全部代码如下:

```
using System;
using System.Windows.Forms;
namespace AccutronControl
{
    public partial class MyAccutronControl : UserControl
    {
        private int hour = 0;                         //小时计数器
        private int minute = 0;                       //分钟计数器
        private int second = 0;                       //秒计数器
        public MyAccutronControl()                    //UserControl1
        {
            InitializeComponent();
        }
        public int hours                              //获取或设置小时数的属性
        {
            get { return hour; }
            set { hour = value; }
        }
        public int minutes                            //获取或设置分钟数的属性
        {
            get { return minute; }
            set { minute = value; }
        }
        public int seconds                            //获取或设置秒数的属性
        {
            get { return second; }
            set { second = value; }
        }
        private void timer1_Tick(object sender, EventArgs e)
        {
            string hs,ms,ss,timeStr;
            hs = ms = "";
            second++;
            if (second == 60)
            {
                second = 0;
                minute++;
                if (minute == 60)
                {
                    minute = 0;
```

```
                hour++;
                if (hour == 24) hour = 0;
            }
        }
        hs = hour.ToString();
        if (hs.Length == 1) hs = "0" + hs;           //保证以两个字符显示小时数
        ms = minute.ToString();
        if (ms.Length == 1) ms = "0" + ms;           //保证以两个字符显示分钟数
        ss = second.ToString();
        if (ss.Length == 1) ss = "0" + ss;           //保证以两个字符显示秒数
        timeStr = hs + ":" + ms + ":" + ss;
        label1.Text = timeStr;
    }
  }
}
```

下面介绍如何在窗体应用程序中使用该控件,步骤如下所述。

(1) 在 VS2015 中选择"文件"|"添加"|"新建项目"命令,通过打开的"添加新项目"对话框创建一个窗体应用程序(可以是 Visual Basic.NET 或 Visual C++.NET 应用程序,本例为 C# 应用程序),程序名设置为 testAccutronControl。

创建后,将自动在工具箱中显示已创建的控件 MyAccutronControl,如图 8.7 所示。

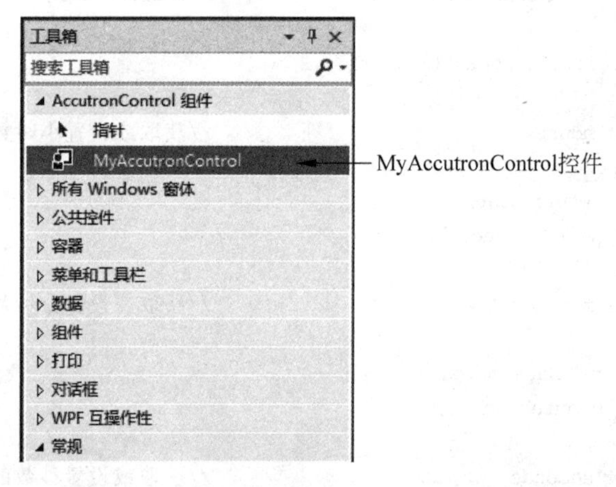

图 8.7　工具箱中的 MyAccutronControl 控件

(2) 将控件 MyAccutronControl 拖到窗体中,形成名为 myAccutronControl1 的控件实例。选择该控件,可以在"属性"对话框中看到为控件 MyAccutronControl 定义的可读、可写属性 hours、minutes 和 seconds(其他属性、方法和事件是继承而来的),如图 8.8 所示。

(3) 将这三个属性设置为相应的值(也可以用代码动态设置和引用),然后运行该窗体应用程序,程序 testAccutronControl 的运行结果如图 8.9 所示。

2. 文件复制控件

【例 8.2】 通过文件读写创建一个文件复制控件,该控件可以复制任意类型的文件,调用时宿主程序需要为控件提供源文件和目标文件的路径,要求在文件复制过程中显示复制的进度。

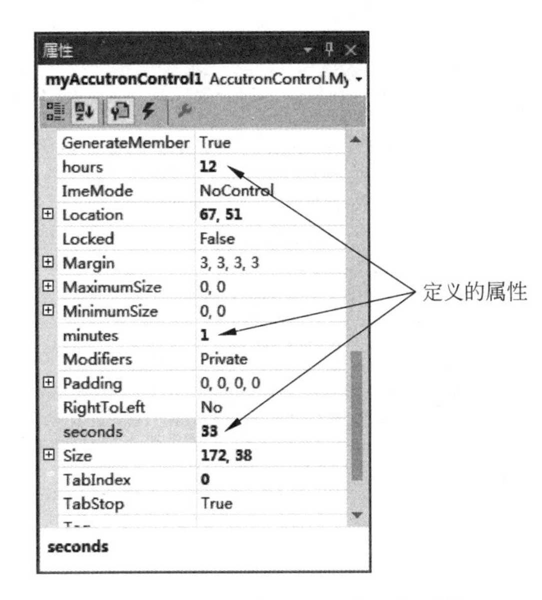

图 8.8 属性编辑器显示定义的属性

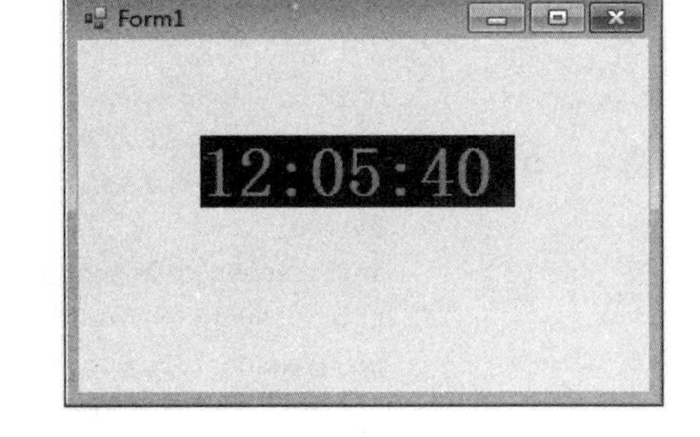

图 8.9 程序 testAccutronControl 的运行结果

文件复制的原理是从源文件中读取数据，然后将数据写至目标文件，从而实现文件的复制。但由于要实现对任意类型文件的复制，因而需要以字节流的方式从源文件中读取字节，然后以字节流的方式写到目标文件中，这样不管对什么类型的文件都可以进行复制。

文件复制进度的显示可用 ProgressBar 控件来实现。

基于以上思路，开发满足这些功能需求的文件复制控件的步骤如下所述。

(1) 在 VS2015 中选择“文件”|“新建”|“项目”命令，在打开的“新建项目”对话框中选择左边方框中的“Visual C #”项，在右边的方框中选择“类库”，创建控件程序 MyCopyControl，然后在解决方案资源管理器中右击程序名称“MyCopyControl”，在打开的菜单中选择“添加”|“新建项”，打开“添加新项”对话框，从中选择“用户控件”项，使用默认名称“UserControl1. cs”，最后单击“添加”按钮即可形成一个用户控件程序。

(2) 参照【例 8.1】的方法，将默认的类名“UserControl1”改为“文件复制控件”(这将成为工具箱中要显示的控件名称)。

(3) 在解决方案资源管理器中双击节点“UserControl1. cs”，打开控件的设计界面，适当调整容器对象——UserControl 对象的大小，然后在其中添加一个 ProgressBar 控件，并将其 Dock 属性值设置为 Fill，使之充满整个容器。

(4) 右击节点“UserControl1. cs”，在弹出的菜单中选择“查看代码”项，打开代码编辑器，在此为控件添加一个 Copy()方法和一个 curValue 属性。Copy()方法实现文件复制，curValue 属性用于设置进度条的当前位置。结果，UserControl1. cs 文件的代码如下：

```
using System;
using System.IO;
using System.Windows.Forms;
namespace MyCopyControl
{
    public partial class 文件复制控件 : UserControl
    {
```

```
        public 文件复制控件()
        {
            InitializeComponent();
        }
        public int Copy(string sourcefilepath, string targetfilepath)   //实现文件复制的方法
        {
            FileStream fsr = null;
            FileStream fsw = null;
            BinaryWriter writer = null;
            BinaryReader reader = null;
            try
            {
                fsr = new FileStream(sourcefilepath, FileMode.Open, FileAccess.Read);
                fsw = new FileStream(targetfilepath, FileMode.OpenOrCreate, FileAccess.Write);
                byte b;
                int filelength = (int)fsr.Length;
                progressBar1.Minimum = 0;
                progressBar1.Maximum = filelength;
                while (fsr.Position < filelength)   //以字节流的方式读写文件
                {
                    b = (byte)fsr.ReadByte();
                    fsw.WriteByte(b);
                    progressBar1.Value = (int)fsr.Position;
                }
                return 1;
            }
            catch (Exception ex)
            {
                MessageBox.Show(ex.ToString());
            }
            finally
            {
                if (reader != null) reader.Close();
                if (fsr != null) fsr.Close();
                if (writer != null) writer.Close();
                if (fsw != null) fsw.Close();
            }
            return 0;
        }
        public int curValue                                     //设置进度条的 value 属性值
        {
            set { progressBar1.Value = value; }
        }
    }
}
```

(5) 选择菜单“生成”|“生成解决方案”命令(或按 F6 键),生成的 dll 文件即为所需的文件复制控件。

为了验证已创建的文件复制控件,在解决方案资源管理器中添加窗体应用程序 testMyCopyControl,并将之设置为启动项目。在该程序窗体上添加一个刚生成的“文件复制控件”、一个 Button 控件和两个 TextBox 控件及 Label 控件,并设置相应的属性和适当调整它们的位置和大小,程序 testMyCopyControl 的设计界面如图 8.10 所示。

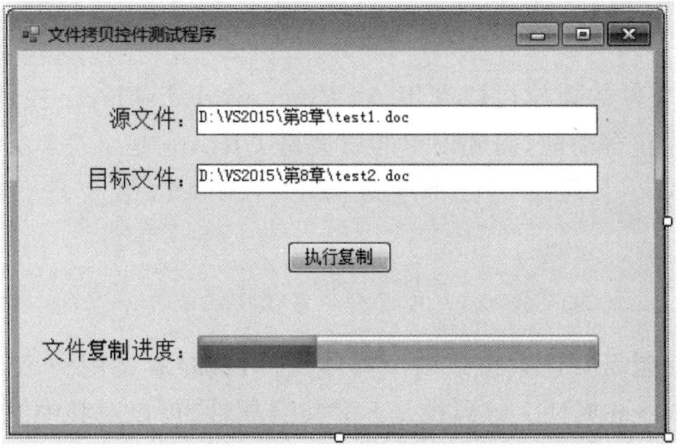

图 8.10　程序 testMyCopyControl 的设计界面

然后为"执行复制"按钮编写事件处理代码：

```
private void button1_Click(object sender, EventArgs e)
{
    int isSucc = 文件复制控件 1.Copy(textBox1.Text, textBox2.Text);
    if (isSucc == 1) MessageBox.Show("文件复制成功!");
    else MessageBox.Show("文件复制失败!");
}
```

为了使程序在刚刚运行时，文件复制进度显示没有复制进展，需要在窗体的 Load 事件处理函数中将"文件复制控件"的 curValue 属性值设置为 0：

```
private void Form1_Load(object sender, EventArgs e)
{
    文件复制控件 1.curValue = 0;
}
```

至此，测试程序 testMyCopyControl 创建完毕。运行该程序，然后单击"执行复制"按钮，可以通过"文件复制控件"看到文件进度，程序 testMyCopyControl 的运行界面如图 8.11 所示。

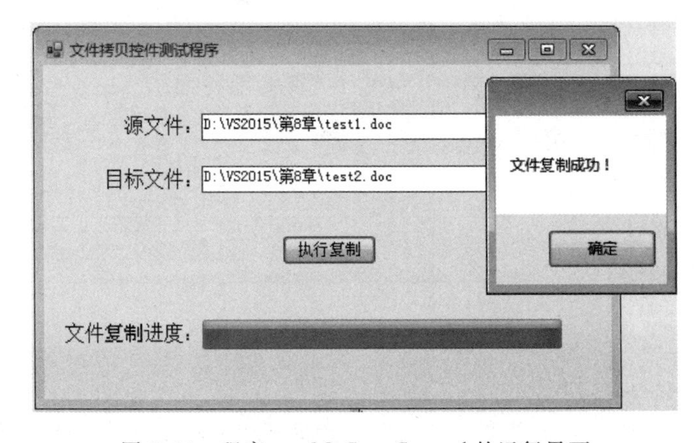

图 8.11　程序 testMyCopyControl 的运行界面

3. 视音频控件

在C#中,媒体文件的播放可以利用AxWindowsMediaPlayer控件来实现。该控件自身带有播放、暂停、停止等功能,需要设置的属性是URL,它是字符串类型,用于设置媒体文件的路径。例如,执行下列语句后将播放“D:\VS2015\第8章\AVI”目录下的文件clock.avi:

```
axWindowsMediaPlayer1.URL = @"D:\VS2015\第8章\AVI\clock.avi";
```

但在很多时候可能需要连续播放多个媒体文件,这时就要用到AxWindowsMediaPlayer控件的playlistCollection属性。该属性是一种集合属性,可以对其中的元素进行添加、删除等操作。请看【例8.3】。

【例8.3】 创建一个能够播放视频和音频的ActiveX控件,提供多个媒体文件的选择和连续播放功能。

在VS2015中创建用户控件程序video_audioControl,然后按下列步骤开发此控件。

(1) 在工具箱中添加AxWindowsMediaPlayer控件。在Visual Studio中,该控件不会自动在工具箱中显示,需要手动添加。方法是,右击工具箱中适当的选项卡(如“常规”选项卡),在弹出的菜单中选择“选择项”,然后在打开的“选择工具箱项”对话框中选择“COM组件”选项卡,在其中选择“Windows Media Player”项,“选择工具箱项”对话框如图8.12所示,最后单击“确定”按钮。此后,工具箱中将出现“AxWindowsMediaPlayer”一项。

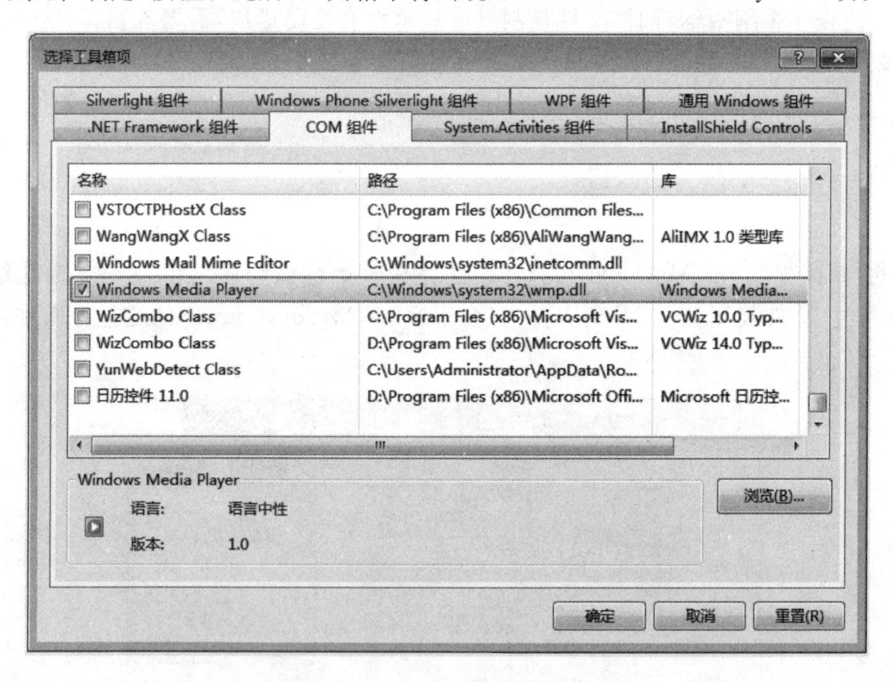

图8.12 “选择工具箱项”对话框

【说明】

AxAnimation控件是C#中用于播放无声音的视频(如文件复制的动画)的控件,该控件在C#工具箱中同样不会自动显示,其添加方法与AxWindowsMediaPlayer控件类似,只要在图 8.12 所示的选项卡中选择 Microsoft Animation Control 6.0 即可。以下是 AxAnimation 控件常用的播放语句：

```
string path = @"D:\VS2015\第 8 章\AVI\filecopy.avi";
    axAnimation1.Open(path);                    //加载动画文件
    axAnimation1.Play();                        //播放
    axAnimation1.Close();                       //关闭,动画全部消失
    axAnimation1.AutoPlay = true;               //设置为自动播放,否则非自动播放
```

(2) 将工具箱中新出现的 Windows Media Player 控件添加到窗体上，然后继续添加两个 Button 控件、一个 ListBox 控件、一个 Label 控件一个 OpenFileDialog 对话框组件，并适当调整它们的位置和大小以及设置它们的有关属性，控件程序 video_audioControl 的设计界面如图 8.13 所示。

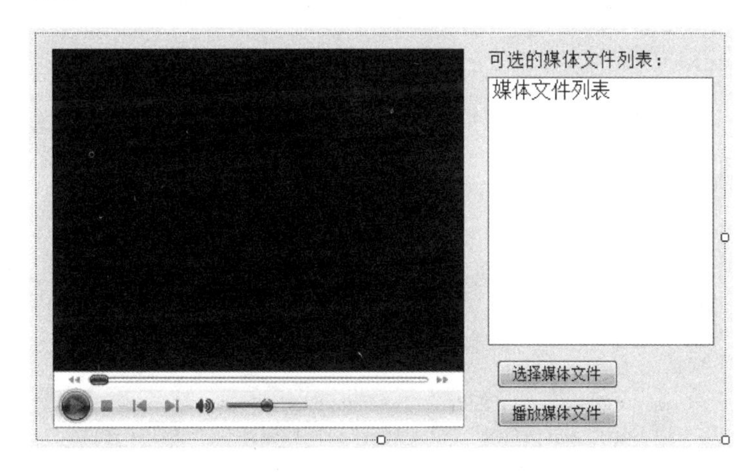

图 8.13　控件程序 video_audioControl 的设计界面

(3) 添加代码。有三个地方需要添加代码："选择媒体文件"按钮的 Click 事件处理函数、"播放媒体文件"按钮的 Click 事件处理函数以及 AxWindowsMediaPlayer 控件的 MediaChange 事件处理函数。代码添加以后，UserControl1.cs 文件的代码(含部分代码作用的简要说明)如下：

```
using System;
using System.Windows.Forms;
namespace video_audioControl
{
    public partial class UserControl1 : UserControl
    {
        public UserControl1()
        {
            InitializeComponent();
        }
        private string dirpath = "";                //文件目录
        private void button1_Click(object sender, EventArgs e)
        {
            openFileDialog1.InitialDirectory = @"D:\VS2015\第 8 章\AVI";
            openFileDialog1.Filter
```

```
                = "avi 文件( *.avi)|*.avi|mp3 文件( *.mp3)|*.mp3|All files (*.*)|*.*";
            openFileDialog1.Multiselect = true;
            openFileDialog1.FileName = "";
            openFileDialog1.Title = "选择媒体文件";
            listBox1.Items.Clear();
            if (openFileDialog1.ShowDialog() == DialogResult.OK)
            {
                string[] URLs = openFileDialog1.SafeFileNames;
                for (int i = 0; i < URLs.Length; i++) listBox1.Items.Add(URLs[i]);
            }
            int pos = openFileDialog1.FileName.LastIndexOf('\\');
            dirpath = openFileDialog1.FileName.Substring(0, pos);
        }
        private void button4_Click(object sender, EventArgs e)
        {
            if (dirpath == "")
            {
                MessageBox.Show("请选择媒体文件");
                return;
            }
            //创建播放列表
            WMPLib.IWMPPlaylist pl =
               axWindowsMediaPlayer1.playlistCollection.newPlaylist("mylist");
            WMPLib.IWMPMedia im;
            for (int i = 0; i < listBox1.Items.Count; i++)
            {
                im = (WMPLib.IWMPMedia) axWindowsMediaPlayer1.newMedia(
                        dirpath + "\\" + listBox1.Items[i].ToString());
                pl.appendItem(im);
            }
            axWindowsMediaPlayer1.currentPlaylist = pl;
        }
        private void axWindowsMediaPlayer1_MediaChange(object sender,
                    AxWMPLib._WMPOCXEvents_MediaChangeEvent e)
        {
            string curMedial = axWindowsMediaPlayer1.currentMedia.sourceURL;
            this.Text = "正在播放 " + curMedial;
            for (int i = 0; i < listBox1.Items.Count; i++)
            {
                if (curMedial == dirpath + "\\" + listBox1.Items[i].ToString())
                {
                    listBox1.SelectedIndex = i;     //加亮显示正在播放的媒体文件名
                    return;
                }
            }
        }
    }
}
```

可以通过调试运行看到该控件执行时的界面。至于调用程序，由于与前几个创建的方法和调用控件的方法一样，在此不重复。

8.3 自定义组件

组件是能够完成某种既定功能并且向外提供若干个使用这种功能接口的、已编译好的可重用代码集(通常是二进制代码)。可以这样形象理解:组件是成品的程序部件,它位于程序的外部(独立于程序),使用时不需要编译,只要按照接口要求进行"组装"即可;而函数、类、代码模块等是程序的半成品部件,它们要嵌入程序内部,是程序代码的一部分,使用时需要与其他代码一起编译。

严格地说,控件是能够提供用户界面接口(UI)功能的组件,因此控件是一种特殊的组件。但在一般情况下所说的组件大多是指没有用户界面的组件(无界面组件),本节正是介绍这种组件的开发方法。在本质上,组件和控件都是通过类来实现,但由于组件不提供用户界面,因此在定义用于实现组件的类时,不需要考虑如何显示界面的问题,而只需定义为宿主程序所调用的属性和方法,这使得组件的创建和使用变得十分方便和灵活。

在C#中创建组件的方法与创建控件的方法有所不同,前者是通过在"新建项目"对话框中选择"类库"模板来创建的,后者则是需要添加"用户控件"项来创建控件程序。下面通过例子来说明创建组件和使用组件的方法。

8.3.1 创建自定义组件

【例8.4】 开发具有对英文文本进行加密和解密功能的组件。

本节介绍的是一个简单的、具有加密和解密功能的组件。这里假设英文文本是由大小写字母、逗号、点号和空格组成。加密的原理是,先将这些字符随机地排成一圈,为叙述方便,假设排成如下的圈(□表示空格):

a→b→c→…→z→A→B→C→…→Z→,→.→□ →(返回a)

令key表示密钥(这里为整数),对于英文文本(明文)中的每个字符,用其在圈中所在位置后面的第key个字符表示,这样就会得到一串"杂乱无章"的英文文本(密文)。例如,如果key为4,则文本"I am a boy. "加密后就变成密文"MdeqdedfsCc"。

解密方法是显然的,只需将密文中的字符用其在圈中所在位置前面的第key字符来表示即可。当然,解密用户必须知道密钥key,否则就算已有解密组件也无法还原密文。

创建类库程序EnDecrypting,它依照上述原理创建具有加密和解密功能的组件,步骤如下所述。

(1) 创建类库程序EnDecrypting。其方法是在VS2015中选择"文件"|"新建"|"项目"命令,在打开的"新建项目"对话框中选择左边方框中的"Visual C#"项,在右边的方框中选择"类库",然后将项目名设置为EnDecrypting,单击"确定"按钮。

(2) 命名空间采用默认设置EnDecrypting,而将类名改为EnDecryptingClass;然后在该类中添加一个私有成员。

```
private string matrix =
    "abcdefghijklmnopqrstuvwxyzABCDEFGHIJKLMNOPQRSTUVWXYZ,. ";
```

(3) 接着在 EnDecryptingClass 类中添加两个方法,分别用于实现加密和解密。

```
public string Encrypting(string plaintext, int keycode)          //加密
public string Decrypting(string ciphertext, int keycode)         //解密
```

在为这两个方法编写实现代码后,文件 Class1.cs 的全部代码如下:

```
using System;
using System.Text;
namespace EnDecrypting
{
    public class EnDecryptingClass
    {
        private string matrix =
            "abcdefghijklmnopqrstuvwxyzABCDEFGHIJKLMNOPQRSTUVWXYZ,. ";
        public string Encrypting(string plaintext, int keycode)  //加密方法
        {
            char[] chars = matrix.ToCharArray();
            char[] ciphertext_arr = plaintext.ToCharArray();     //将明文散列到字符数组中
            int i = 0, j = 0;
            for (i = 0; i < ciphertext_arr.Length; i++)
            {
                for (j = 0; j < chars.Length; j++)
                {
                    if (matrix[j] == ciphertext_arr[i]) break;
                }
                if (j == matrix.Length) throw new Exception("明文中包含非法字符!");
                int k = 0;
                while (k < keycode)
                {
                    k++;
                    j++;
                    if (j == matrix.Length) j = 0;
                }
                ciphertext_arr[i] = matrix[j];                   //明文转换为密文
            }
            return new String(ciphertext_arr);                   //返回密文
        }
        public string Decrypting(string ciphertext, int keycode) //解密方法
        {
            char[] chars = matrix.ToCharArray();
            char[] plaintext_arr = ciphertext.ToCharArray();     //将密文散列到字符数组中
            int i = 0, j = 0;
            for (i = 0; i < plaintext_arr.Length; i++)
            {
                for (j = 0; j < chars.Length; j++)
                {
                    if (matrix[j] == plaintext_arr[i]) break;
```

```
            }
            if (j == matrix.Length) throw new Exception("密文中包含非法字符!");
            int k = keycode - 1;
            while (k >= 0)
            {
                k--;
                j--;
                if (j == -1) j = matrix.Length - 1;
            }
            plaintext_arr[i] = matrix[j];                    //密文转换为明文
        }
        return new String(plaintext_arr);                    //返回明文
    }
  }
}
```

(4) 生成加密、解密组件。方法是选择菜单“生成”|“生成 EnDecrypting”命令，即可在程序根目录的 EnDecrypting\bin\Release 子目录下生成以文件 EnDecrypting.dll 表示的加密、解密组件。

【说明】

类库程序也不能直接测试运行，因此不利于程序的调试。建议先在窗体应用程序中编写实现相同功能的代码，然后将代码复制到类库程序中，并作适当的修改，以提高开发效率。

8.3.2 使用自定义组件

自定义组件和 ActiveX 控件的引用方法也不相同，由于组件不提供界面，因此不需要将它先添加到工具箱。下面介绍自定义组件的使用方法。

【例 8.5】 调用在例 8.4 中创建的加密、解密组件 EnDecrypting，实现对给定英文文本的加密和解密功能。

(1) 创建名为 testEnDecrypting 的窗体应用程序，然后选择菜单“项目”|“添加应用”命令，在打开的“引用管理器”对话框中选择“浏览”选项卡，定位到 EnDecrypting.dll 文件所在的目录，并选择该文件，如图 8.14 所示，然后单击“确定”按钮即可引入已创建的组件，以后就可以直接调用它了。

(2) 在窗体上分别添加三个 TextBox 控件和三个 Label 控件以及两个 Button 控件，并对它们的有关属性、位置和大小作适当的设置和调整，并将窗体的 Text 属性值设置为“加密、解密程序”，程序 testEnDecrypting 的设计界面如图 8.15 所示。

(3) 制作用于输入密钥的对话框。由于 C# 中没有像 Visual Basic .NET 那样提供 InputBox 输入框，因此需要自己制作。其方法是在程序中再添加一个窗体，形成窗体 Form2，并在该窗体上添加一个 TextBox 控件和一个 Label 控件，并做适当的调整和设置，输入框的设计界面如图 8.16 所示。

(4) 为了使窗体 Form2 中输入的数据能传递到 Form1 中，需要编写相关代码，结果文件 Form2.cs 中的代码如下：

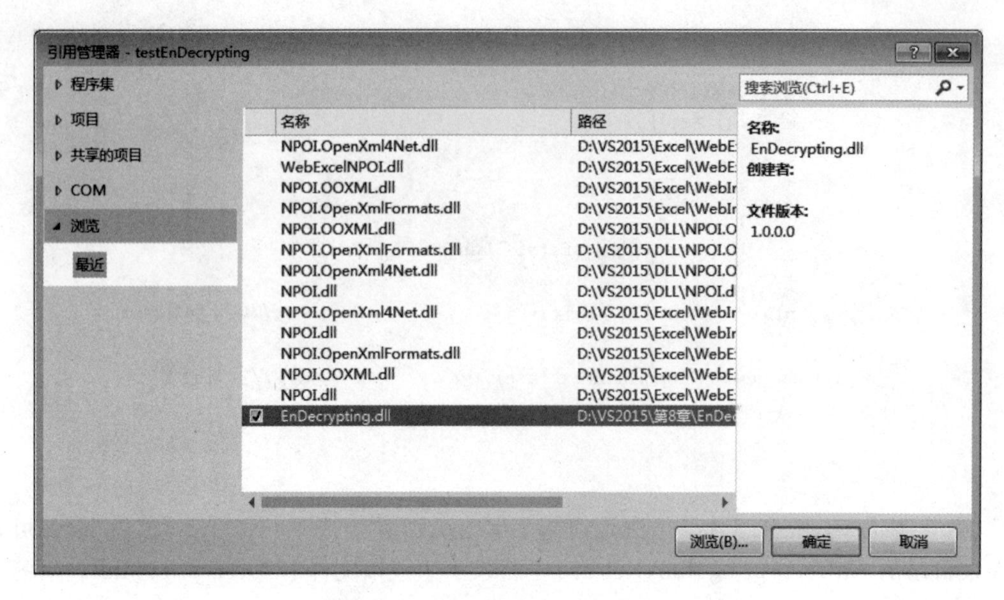

图 8.14 引入 EnDecrypting 组件

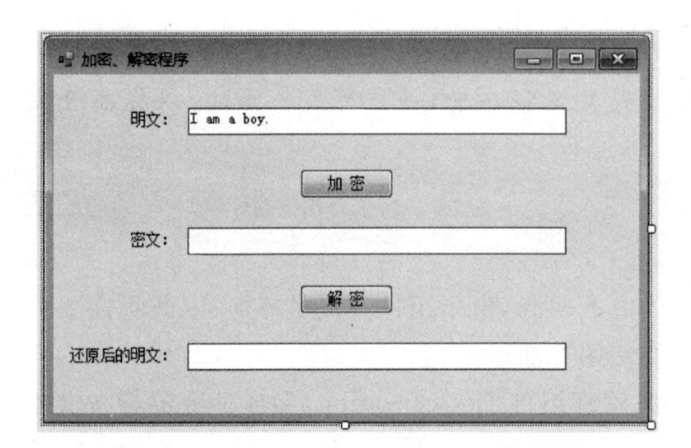

图 8.15 程序 testEnDecrypting 的设计界面

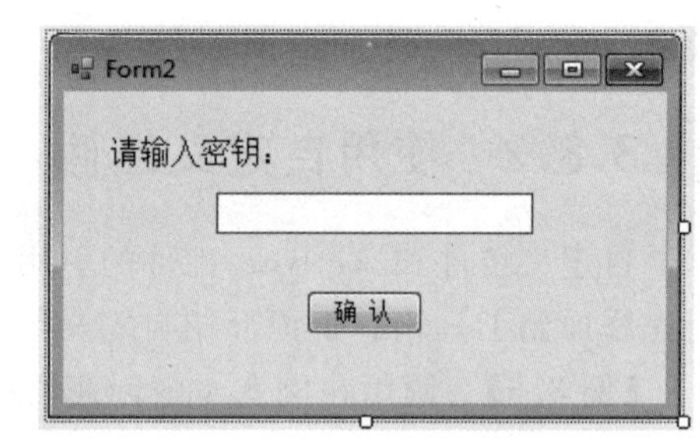

图 8.16 输入框的设计界面

```
using System;
using System.Windows.Forms;
namespace testEnDecrypting
{
    public partial class Form2 : Form
    {
        public Form2()
        {
            InitializeComponent();
        }
        private int keycode = -1;
        public int keycodeValue                    //Form1 利用该属性可以访问 Form2 中输入的数据
        {
            get { return keycode; }
        }
```

```
        private void button1_Click(object sender, EventArgs e)
        {
            keycode = Convert.ToInt16(textBox1.Text);
            this.Close();
        }
    }
}
```

(5) 对于图 8.15 所示的界面，编写相关事件的处理函数，需要做以下两项工作。

① 编写显示用于输入密钥的对话框的实现函数——ShowForm2Dia()。

② 为“加密”和“解密”按钮编写事件处理函数。

结果，文件 Form1.cs 的代码如下：

```
using System;
using System.Windows.Forms;
namespace testEnDecrypting
{
    public partial class Form1 : Form
    {
        public Form1()
        {
            InitializeComponent();
        }
        private int ShowForm2Dia()              //显示用于输入密钥的对话框的实现代码
        {
            Form2 frm2 = new Form2();
            frm2.MaximizeBox = false;
            frm2.MinimizeBox = false;
            frm2.FormBorderStyle = FormBorderStyle.FixedSingle;
            frm2.Text = "密钥";
            frm2.ShowDialog();
            return frm2.keycodeValue;
        }
        //“加密”按钮事件处理函数
        private void button1_Click(object sender, EventArgs e)
        {
            int keycode = ShowForm2Dia();
            try
            {
                EnDecrypting.EnDecryptingClass obj =
                    new EnDecrypting.EnDecryptingClass();
                textBox2.Text = obj.Encrypting(textBox1.Text, keycode);
            }
            catch (Exception ex)
            {
                MessageBox.Show(ex.ToString());
            }
        }
        //“解密”按钮事件处理函数
        private void button2_Click(object sender, EventArgs e)
```

```
            {
                int keycode = ShowForm2Dia();
                try
                {
                    EnDecrypting.EnDecryptingClass obj =
                            new EnDecrypting.EnDecryptingClass();
                    textBox3.Text = obj.Decrypting(textBox2.Text, keycode);
                }
                catch (Exception ex)
                {
                    MessageBox.Show(ex.ToString());
                }

            }
        }
    }
```

执行该程序运行过程,如图 8.17 所示。

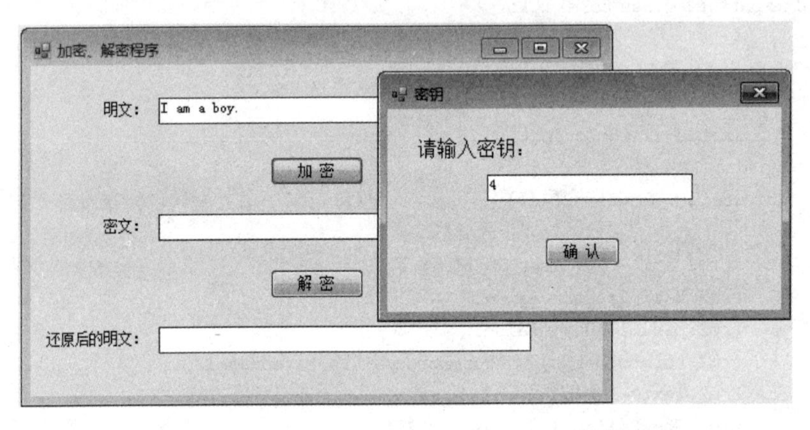

图 8.17 程序 testEnDecrypting 的运行结果

显然,密钥在加密和解密过程中是十分重要的。即使已经获得解密组件,但如果没有加密时所使用的密钥,那么你也不能对密文进行解密。

当然,这个所谓的加密、解密组件所使用的算法过于简单,不具实际应用价值的加密、解密功能。但从学习组件开发和使用方法的角度看,本小节所介绍的内容已经达到了应有的教学目的。如果要开发真正意义的加密、解密组件,这还需要读者对加密算法做更深入的探讨或利用已有的、成熟的算法来开发。

8.4 习题

一、简答题

1. 什么是控件,什么是组件?它们之间有何区别与联系?
2. 什么是 ActiveX 控件?
3. 在 VS2015 中,如何创建 ActiveX 控件程序?

4. 请简述在 VS2015 中开发和使用 ActiveX 控件的基本步骤。

5. 请简述在 VS2015 中开发和使用组件的基本步骤。

6. 在 VS2015 中,怎样才能找到 AxWindowsMediaPlayer 控件和 AxAnimation 控件?它们的功能有何区别?

二、上机题

1. 开发一个具有选择显示文件复制、文件删除、删除到回收站、清空回收站动画功能的控件。

2. 开发一个能够播放 Flash 动画的控件。

3. 开发一个组件,它能够对给定的一元二次方程进行求根计算,并处理可能出现的异常,如无实数根。

第9章 多线程

主要内容：多线程为实现程序的并发执行提供了技术基础，其主要作用是提高机器资源的利用率，实现多任务的并发执行，从而提高代码的执行效率。本章主要介绍线程的概念、多线程的实现方法、线程的同步控制、线程池以及线程对控件的调用方法等内容。

教学目标：了解线程并发执行的机制，熟练掌握线程创建和运行方法、线程的同步控制和线程对控件的调用方法，多线程的同步控制方法是本章的难点。

9.1 一个简单的多线程应用程序

多线程技术使得程序的并行执行(实际上是并发执行)成为可能。例如，可以让一个线程在放音乐，另一个线程在下载文件，它们可以“同时”使用一个 CPU 和内存等资源，彼此却没有因此而受到影响(从用户的角度看)。因而多线程技术在实际应用中十分有意义。

本节先创建一个简单的多线程应用程序，以便让读者快速入门和了解多线程应用程序开发的基本原理和方法。

9.1.1 创建控制台多线程应用程序

本小节创建的多线程应用程序一共包含两个线程，这两个线程并发地在屏幕上输出相关的字符串。

创建控制台应用程序 ThreadCopyControl，在该程序中创建并运行两个线程，文件 Program.cs 的代码如下：

```
using System;
using System.Collections.Generic;
using System.Linq;
using System.Text;
using System.Threading.Tasks;
using System.Threading;                          //需要手工添加
namespace ThreadCopyControl
{
    class A
    {
        public static int n = 0;
        public void f()
        {
```

```
            for (int i = 0; i < 10; i++)
            {
                Console.WriteLine("f()在输出:{0}", A.n);
                A.n++;
                Thread.Sleep(100);
            }
        }
    }
    class B
    {
        public static void g()
        {
            for (int i = 0; i < 10; i++)
            {
                Console.WriteLine("g()在输出:{0}", A.n);
                A.n++;
                Thread.Sleep(100);
            }
        }
    }
    class Program
    {
        static void Main(string[] args)
        {
            A a = new A();
            ThreadStart thst1 = new ThreadStart(A.f);
            ThreadStart thst2 = new ThreadStart(B.g);
            Thread th1 = new Thread(thst1);
            Thread th2 = new Thread(thst2);
            th1.Start();                    //启动线程 th1
            th2.Start();                    //启动线程 th2
            Console.ReadKey();
        }
    }
}
```

该程序运行结果,如图 9.1 所示。

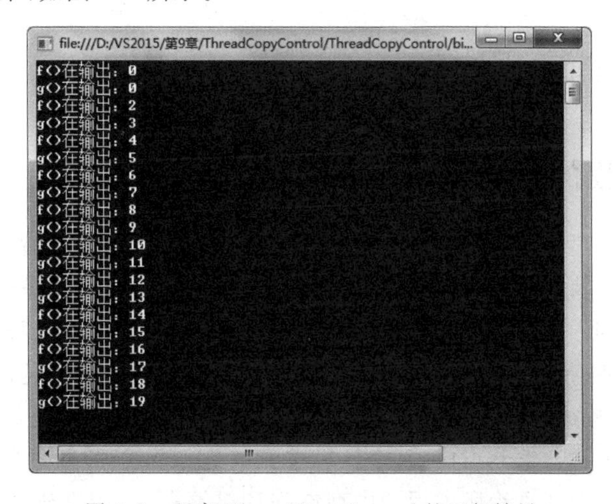

图 9.1 程序 ThreadCopyControl 的运行结果

由图 9.1 可以看出,线程 th1 和线程 th2 在交叉输出信息,而不是先执行线程 th1 以后再执行线程 th2。

9.1.2 程序说明

在该程序中创建了两个线程：th1 和 th2。创建语句如下：

```
Thread th1 = new Thread(thst1);
Thread th2 = new Thread(thst2);
```

可见,每个线程实际上是 Thread 类的对象,它是通过 Thread 类的构造函数来创建。该构造函数需要以委托对象为参数,而该委托对象通过委托类型 ThreadStart 来建立与某一个方法的关联(一个线程必须与某一个方法关联)：

```
ThreadStart thst1 = new ThreadStart(a.f);
ThreadStart thst2 = new ThreadStart(B.g);
```

实际上,每个线程对应着一个方法,例如,线程 th1 对应对象 a 的方法 a. f(),线程 th2 对应静态方法 B. g()。

下列语句的作用是让线程睡眠 100ms,其目的是让这两个线程能够“交叉”执行。

```
Thread.Sleep(100);
```

线程的运行是通过调用 Thread 类对象的 Start()方法来完成。

```
th1.Start();
th2.Start();
```

这样,执行线程 th1 和 th2 实际上是执行方法 a. f()和方法 B. g()。

这两个线程都访问同一个“全局”变量——类 A 的静态变量 n,显然,通过静态变量可以实现不同线程之间的通信。当然,这里还涉及访问控制问题,这些问题将在后面介绍。

由这个例子可以看到,Thread 类、委托类型 ThreadStart 等是多线程程序设计中的核心内容。下面将基于这些类和委托类型全面介绍多线程程序设计的相关概念、方法和技术。

9.2 线程及其实现方法

9.2.1 线程的概念

线程的概念与程序、进程的概念密切相关。程序是程序员编写的静态代码文本。进程则是程序的一次动态执行过程,进程运行时需要占用装载程序代码(编译后的可执行代码)以及存放其所需数据的内存空间和其他的机器资源(如文件等),当进程终止时这些内存空间和资源也随之释放。显然,同一个程序,它可以被多次加载到不同的内存区域中、使用不同的机器资源,从而形成多个不同的进程,即一个程序可以形成多个进程。

一个进程由多个执行单元组成,每个执行单元就是一个线程,即进程是由多个线程组成的。每个线程都共享着其进程所占用的内存空间和机器资源(如堆栈、CPU、寄存器等),实际上，一个线程是一组机器指令以及它共享的内存和资源。

在 Windows 系统中，线程的执行是由 Windows 核心来调度的。如果是在单 CPU 的机器上运行，线程并不能实现真正意义上的并行执行，因为它们需要“排队”通过 CPU，实际上是并发执行。

线程和进程的主要区别在于：

(1) 进程是由多个线程组成的，即线程是进程的一个组成部分。

(2) 线程的划分尺度小，具有较高的并发效率。

(3) 进程独占相应的内存和资源（其他进程不能使用），线程则是共享进程所拥有的内存和资源（其他线程也可以使用），从而极大地提高运行效率。

(4) 进程提供多个线程执行控制，而每个线程只能有一个运行入口、顺序执行序列和出口（“线序”执行）。

(5) 进程可以独立执行，但线程不能独立执行，必须依赖于进程所提供的环境。

9.2.2 线程的实现方法

C# 提供多个类来实现线程的应用和开发。这些类都包含在命名空间 System.Threading 中，其中常用的类包括 Timer 类、ThreadPool 类和 Thread 类，尤其是 Thread 类，它提供了创建线程、控制线程的能力，是最常用的类。

表 9.1 列出了命名空间 System.Threading 中几乎所有类、委托等成员。

表 9.1 命名空间 System.Threading 中的成员

成员	作用
AutoResetEvent 类	通知正在等待的线程已发生事件，无法继承此类
EventWaitHandle 类	表示一个线程同步事件
Interlocked 类	为多个线程共享的变量提供原子操作
ManualResetEvent 类	通知一个或多个正在等待的线程已发生事件，无法继承此类
Monitor 类	提供同步访问对象的机制
Overlapped 类	提供一个 Overlapped 结构的托管表示形式
RegisteredWaitHandle 类	表示在调用 RegisterWaitForSingleObject 时已注册的句柄，无法继承此类
SynchronizationContext 类	提供在各种同步模型中传播同步上下文的基本功能
SynchronizationLockException 类	异常类，当某个方法请求调用方拥有给定 Monitor 上的锁时将引发该异常
Thread 类	创建和控制线程，并获取其状态
ThreadAbortException 类	异常类，当对 Abort 方法发出调用时引发的异常。无法继承此类
ThreadPool 类	提供一个线程池
ThreadStartException 类	异常类，当基础操作系统线程已启动但该线程尚未准备好执行用户代码前，托管线程中出现错误，则会引发该异常
ThreadStateException 类	异常类，当 Thread 处于对方法调用无效的 ThreadState 时引发的异常
Timeout 类	包含用于指定无限长的时间的常量，无法继承此类
Timer 类	提供以指定的时间间隔执行方法的机制，无法继承此类

续表

成　员	作　用
WaitHandle 类	用于封装一些特定的操作系统对象,这些对象的等待对共享资源进行独占访问
TimerCallback 委托	表示处理来自 Timer 的调用的方法
ThreadStart 委托	不带参数的委托类型,表示在 Thread 上执行的方法
ParameterizedThreadStart 委托	带参数的委托类型,表示在 Thread 上执行的方法
IOCompletionCallback 委托	此委托类型具有 SecurityCriticalAttribute 属性,此属性将其限定为只能由 Silverlight 类库在内部使用
SendOrPostCallback 委托	此委托类型表示在消息即将被调度到同步上下文时要调用的方法
WaitCallback 委托	表示线程池线程要执行的回调方法
WaitOrTimerCallback 委托	表示当 WaitHandle 超时或终止时要调用的方法
ThreadState 枚举	指定 Thread 的执行状态

命名空间 System. Threading 中,常用的成员是 Thread 类和 ThreadStart 委托。

1. Thread 类的构造函数和主要方法

(1) 构造函数

Thread 类构造函数的作用是用于创建线程,它主要有两个重载版本:

```
public Thread(ThreadStart start)
public Thread(ParameterizedThreadStart start)
```

其中,参数 start 是 ThreadStart 类型或 ParameterizedThreadStart 类型的变量。这两种委托类型的声明如下:

```
public delegate void ThreadStart()
public delegate void ParameterizedThreadStart(Object obj)
```

可见,用第一个构造函数创建的线程关联没有参数的方法,而由第二个构造函数创建的线程关联带一个 object 类型参数的方法,这些方法的返回类型都必须是 void(无返回类型)。也就是说,每个线程都必须关联一个无返回类型的方法(称为线程方法)。如果关联的方法无参数,则用第一个构造函数创建线程;如果关联的方法带一个参数,则用第二个构造函数创建线程。当然,线程间数据的传递也可以使用对象的成员变量或方法来实现,这也是常用的方法,但要在线程的同步控制下进行。

例如,下面代码先定义类 A,它有两个静态方法 f()和 g(),其中后者带有 object 类型的参数 obj。

```
class A
{
    public static void f()
    {
        Console.WriteLine("这是关联方法 f()的线程");
    }
    public static void g(object obj)
    {
```

```
        Console.WriteLine("这是关联方法 g()的线程:" + obj.ToString());
    }
}
```

然后用上述两种构造函数分别通过委托类型 ThreadStart 和 ParameterizedThreadStart 创建线程 th1 和 th2，它们分别关联方法 f()和 g()，并(在 Main()方法中)执行它们。

```
ThreadStart thst = new ThreadStart(A.f);
ParameterizedThreadStart pthst = new ParameterizedThreadStart(A.g);
Thread th1 = new Thread(thst);                //关联方法 f()
Thread th2 = new Thread(pthst);               //关联方法 g(),带一个参数
th1.Start();                                  //启动线程 th1(执行方法 f())
th2.Start(200);                //启动线程 th2(执行方法 g(),并将 200 作为参数值传给该方法)
```

执行后，将输出如下结果：

```
这是关联方法 f()的线程
这是关联方法 g()的线程: 200
```

需要注意的是，线程关联的方法必须与所使用的委托类型相一致，返回类型必须为 void，且在创建委托对象时关联的方法必须是已经确定了的。这些方法通常是类的静态方法和对象的方法。下列代码是从正反两方面对此进行了举例和分析。

```
class B
{
    public void fb1()                         //非静态方法
    {
    }
    public static void fb2()                  //静态方法
    {
    }
    public static int fb3()                   //静态方法
    {
    return 0;
    }
    public int test()
    {
        ThreadStart thst0 = new ThreadStart(fb1);       //正确
        //注:这里的方法 fb1()虽然是非静态方法,但由于 test()也是非静态方法,在使用 test()
        //时必须先对类 B 进行实例化,这意味着 fb1()和 test()将一起被实例化,因此 fb1()相对
        //于 test()来说,在运行时是确定的
        Thread th0 = new Thread(thst0);
        th0.Start();
        return 1;
    }
}
class C
{
    public void fc1()
    {
        B b = new B();
        ThreadStart thst1 = new ThreadStart(b.fb1);      //正确,b.fb1()为对象的方法
```

```
            Thread th1 = new Thread(thst1);
            th1.Start();
            ThreadStart thst2 = new ThreadStart(B.fb1);      //错误
            ThreadStart thst3 = new ThreadStart(fb1);        //错误
            //因为 fb1()是未实例化的非静态方法
            ThreadStart thst4 = new ThreadStart(B.fb2);      //正确,B.fb2()为静态方法
            Thread th4 = new Thread(thst1);
            th4.Start();
            ThreadStart thst5 = new ThreadStart(B.fb3);      //错误
            //因为 B.fb3()的返回类型为 int,与 ThreadStart 委托类型不一致,必须为 void
        }
    }
```

(2) Start()方法

该方法的作用是用于启动已经创建的线程,线程将进入 Running 状态(线程刚创建完时是处于 Unstarted 状态)。它有两个重载版本:

```
voidStart()
voidStart(object parameter)
```

显然,前者是用于启动通过 ThreadStart 委托类型创建的、不带参数的线程,后者则用于启动通过 ParameterizedThreadStart 委托类型创建的、带一个参数的线程。例如,以下代码是在前面代码中已经出现过的调用语句:

```
th1.Start();
th2.Start(200);
```

(3) Abort()方法

该方法用于终止线程,使线程进入 AbortRequested 状态。

例如,终止线程 th 的语句是:

```
th.Abort();
```

(4) Suspend()方法和 Resume()方法

Suspend()方法用于挂起线程,使线程进入 SuspendRequested 状态;Resume()方法则用于使被挂起的线程重新工作,从而使得它进入 Running 状态。

(5) Join()方法

假设在线程 th1 中对线程 th2 执行下列语句:

```
th2.Join();
```

这表示,将阻止线程 th1 的执行,直到 th2 执行完为止(才继续执行 th1)。如果写成下列的形式,则表示阻止线程 th1,直到 500ms 以后 th1 才运行。

```
th2.Join(500);
```

2. Thread 类的主要属性

(1) CurrentCulture 属性

该属性用于获取或设置当前线程的区域性。

(2) CurrentThread 属性

该属性用于获取当前正在运行的线程。

(3) CurrentUICulture 属性

该属性用于获取或设置资源管理器使用的当前区域性，以便在运行时查找区域性特定的资源。

(4) IsAlive 属性

该属性返回指示当前线程执行状态的值。

(5) IsBackground 属性

该属性用于获取或设置指示当前线程是否为后台线程。值为 true 时表示为后台线程，这时该线程随着主进程的结束而结束，而不管该线程是否已经运行结束；值为 false（默认值）时表示为前台线程，只有所有的前台线程运行结束后，主线程才能终止。

对于下列程序，读者可以通过修改 th.IsBackground 的值来体会 IsBackground 属性的作用。

```
using System;
using System.Threading;
using System.Text;
namespace ConsoleApplication1
{
    class A
    {
        public static void f()
        {
            for (int i = 0; i < 50; i++)
            {
                Console.WriteLine("在运行…{0}", i);
                Thread.Sleep(100);
            }
        }
    }
    class Program
    {
        static void Main(string[] args)
        {

            ThreadStart thst = new ThreadStart(A.f);
            Thread th = new Thread(thst);
            th.IsBackground = false;            //为 true 时,一闪而过
            th.Start();
                                                //Console.ReadKey(); //注意,不能加该语句
        }
    }
}
```

(6) ManagedThreadId 属性

该属性用于获取当前托管线程的唯一标识符。

(7) Name 属性

该属性用于获取或设置线程的名称。

例如,下面代码是利用属性 Name 和属性 CurrentThread 的举例。

```
class A
{
    public static void f()
    {
        Thread th = Thread.CurrentThread;
        Console.WriteLine("正在运行的线程是:{0}", th.Name);
    }
}
class Program
{
    static void Main(string[] args)
    {
        ThreadStart thst = new ThreadStart(A.f);
        Thread th = new Thread(thst);
        th.Name = "方法 f 的线程";
        th.Start();
    }
}
```

运行结果是:

```
正在运行的线程是: 方法 f 的线程
```

(8) ThreadState 属性

该属性返回当前线程的状态。线程的状态包括 Running、StopRequested、SuspendRequested、Background、Unstarted、Stopped、WaitSleepJoin、Suspended、AbortRequested 和 Aborted。

注意,不要用线程的状态来进行线程的同步控制,但可以通过线程状态的值来判断线程是否还运行。例如,如果下列表达式的值为 0,则表示线程 myThread 还在运行(因为 Running 的值为 0):

```
myThread.ThreadState & (ThreadState.Stopped | ThreadState.Unstarted)
```

9.2.3 线程的优先级

线程的优先级是用 Thread 类的 Priority 属性来设置的,其值集是一个枚举,即{Lowest, BelowNormal, Normal, AboveNormal, Highest},它们的优先级别依次从低到高,Priority 属性的默认设置是 ThreadPriority.Normal。

注意,操作系统并不能够保证拥有高优先级的线程每次都能够获得比低优先级线程更高的执行权限,这与操作系统的调度算法有关。

在下列的程序代码中,创建了三个线程 th1、th2、th3,它们的优先级分别设置为 ThreadPriority.Lowest、ThreadPriority.Normal、ThreadPriority.Highest,依次是最低、中等、最高:

```
using System;
using System.Threading;
using System.Text;
namespace ConsoleApplication1
{
    class A
    {
        public static void f()
        {
            Thread th = Thread.CurrentThread;
            for (int i = 0; i<10; i++)
            {
                Console.WriteLine("线程{0}在运行…", th.Name);
                //Thread.Sleep(100);
            }
        }
    }
    class Program
    {
        static void Main(string[] args)
        {
            Thread th1 = new Thread(new ThreadStart(A.f));
            th1.Name = "th1";
            th1.Priority = ThreadPriority.Lowest;      //优先级最低
            th1.Start();
            Thread th2 = new Thread(new ThreadStart(A.f));
            th2.Name = "th2";
            th2.Priority = ThreadPriority.Normal;      //优先级中等
            th2.Start();
            Thread th3 = new Thread(new ThreadStart(A.f));
            th3.Name = "th3";
            th3.Priority = ThreadPriority.Highest;     //优先级最高
            th3.Start();
            Console.ReadKey();                         //注意,不能加该语句
        }
    }
}
```

从多次的运行结果可以看出，虽然 th1 的优先级最低，然而它的输出结果并不是每次都排在最后面，同样，th3 的输出结果也不是每次都排最前面。但在总体上，th3 的输出结果排在前面、th1 的输出结果排在后面的频率是很高的。

9.3 线程的同步控制

9.3.1 为什么要同步控制

【例 9.1】 存在同步访问问题的多线程程序。

创建控制台应用程序 BankTransfering，它只是简单地模拟银行用户进行转账和取款的

程序，其 Program. cs 文件的代码如下：

```
using System;
using System.Collections.Generic;
using System.Linq;
using System.Text;
using System.Threading.Tasks;
using System.Threading;
namespace BankTransfering
{
    class Program
    {
        class Bank
        {
            private double account1 = 2500;
            private double account2 = 1000;
            public void transfering()                    //转账
            {
                Console.WriteLine("转账 前 账户 account1 还剩余的金额:" +
                          account1.ToString());
                Console.Write("转账金额(元):");
                double sum = double.Parse(Console.ReadLine());    //输入转账金额
                if (sum > account1)
                {
                Console.WriteLine("转账金额超出了账户 account1 所剩的金额," +
                          "转账失败!");
                    return;
                }
                account1 = account1 - sum;
                account2 = account2 + sum;
                Console.WriteLine("转账 后 账户 account1 还剩余的金额:" +
                                account1.ToString());
            }
            public void fetching()                       //取款
            {
                Thread.Sleep(100);
                account1 = account1 - 2000;              //取款 2000 元
            }
        }
        static void Main(string[] args)
        {
            Bank a = new Bank();
            Thread user1 = new Thread(new ThreadStart(a.transfering));
            Thread user2 = new Thread(new ThreadStart(a.fetching));
            user1.Start();
            user2.Start();
            Console.ReadKey();
        }
    }
}
```

程序中的类 Bank 定义了两个方法：fetching()和 transfering()，它们分别用于实现取款和转账操作，并基于这两个方法分别创建了线程 user1 和 user2。程序运行时，user1 和 user2 几乎是同时开始工作，随后 user1 从键盘接收转账金额，然后完成转账操作；但 user2 的“动作”比较快，立刻就取出 2000 元。程序 BankTransfering 的运行界面如图 9.2 所示。

```
file:///D:/VS2015/第9章/BankTransfering/BankTransfering/...
转帐 前 帐户account1还剩余的金额：2500
转帐金额（元）：2000
转帐金额超出了帐户account1所剩的金额，转帐失败！
```

图 9.2 程序 BankTransfering 的运行界面

可以看到，user1 查询账户 account1 时，明明显示了还剩 2500 元的信息，但在执行从 account1 向 account2 转 2000 元时，却出现了操作失败的提示（即使转账操作成功了，结果显示的剩余金额也不对）。其原因在于，恰好在 user1 等待接收从键盘输入的转账金额时，user2 从账户 account1 上提走了 2000 元（这种情况发生的概率非常小，但不能排除这种可能性）。显然，大家不希望发生这种情况，这就需要线程的同步控制来解决。

9.3.2 使用 ManualResetEvent 类

ManualResetEvent 类的作用是通知一个或多个正在等待的线程已发生事件。ManualResetEvent 类对象有两种状态：有信号状态和无信号状态。其状态常通过两种方法设置：一种是使用构造函数；另一种是对象方法。例如：

```
ManualResetEvent mre = new ManualResetEvent(false);    //初始化 mre 为无信号状态
ManualResetEvent mre = new ManualResetEvent(true);     //初始化 mre 为有信号状态
mre.Reset();                                           //使 mre 处于无信号状态
mre.Set();                                             //使 mre 处于有信号状态
```

与状态密切相关的是 ManualResetEvent 类的 WaitOne()方法。当 ManualResetEvent 类对象处于无信号状态时，调用该对象 WaitOne()方法的线程将被阻止运行（暂停）；当该对象变为处于有信号状态（WaitOne()方法收到信号）时，WaitOne()方法将解除该线程的暂停状态，使它继续运行。

这样，利用 Reset()、Set()和 WaitOne()方法就可以实现线程的同步控制。其方法是将被视为一体的语句序列（执行过程中不允许其他线程读写共享数据）置于 Reset()和 Set()方法之间（称为“加锁”），与它们并发的线程在读取共享变量前先调用 WaitOne()方法；这样在执行这些语句序列时由于 ManualResetEvent 类对象无信号，因此该线程被暂停，直到它们执行完了以后才有信号，该线程才能继续执行，因而避免读取不正确的数据，从而实现线程的同步控制。

下面分两种情况来介绍如何对多线程进行同步控制。

1. 单线程的加锁

对于第 9.3.1 小节介绍的程序 BankTransfering，为解决其存在的问题，可将文件 Program.cs 修改为如下代码即可。

```
using System;
using System.Collections.Generic;
using System.Linq;
using System.Text;
using System.Threading.Tasks;
using System.Threading;
namespace BankTransfering2
{
    class Bank
    {
        private double account1 = 2500;
        private double account2 = 1000;
        //创建 ManualResetEvent 类的对象 mre
        public ManualResetEvent mre = new ManualResetEvent(false);
        public void transfering()                        //转账
        {
            mre.Reset();                                 //设置对象 mre 处于无信号状态
            Console.WriteLine("转账 前 账户 account1 还剩余的金额:" +
                account1.ToString());
            Console.Write("转账金额(元):");
            double sum = double.Parse(Console.ReadLine());
            if (sum > account1)
            {
                Console.WriteLine("转账金额超出了账户 account1 所剩的金额," +
                            "转账失败!");
                return;
            }
            account1 = account1 - sum;
            account2 = account2 + sum;
            Console.WriteLine("转账 后 账户 account1 还剩余的金额:" +
                    account1.ToString());
            mre.Set();                                   //设置对象 mre 处于有信号状态
        }
        public void fetching()                           //取款
        {
            //阻止当前线程(线程 user2)的运行,直到收到对象 mre 发的信息
            mre.WaitOne();
            Thread.Sleep(100);
            account1 = account1 - 2000;
        }
    }
    class Program
    {
        static void Main(string[] args)
        {
```

```
                Bank a = new Bank();
                Thread user1 = new Thread(new ThreadStart(a.transfering));
                Thread user2 = new Thread(new ThreadStart(a.fetching));
                user1.Start();
                user2.Start();
                Console.ReadKey();
            }
        }
    }
```

上述代码只使用了一个 ManualResetEvent 类对象，仅对一个线程中的语句序列进行加锁。如果有多个线程中的语句序列需要加锁，那应该怎么办呢？这就涉及多线程的加锁问题。

2. 多线程的加锁

进一步分析以上代码可以知道，一个 ManualResetEvent 类对象只能对一个线程中的语句序列进行加锁；如果需要对多个线程中的语句序列进行加锁，则需要创建与线程数量一样多的 ManualResetEvent 类对象。

【例 9.2】 下列是控制台应用程序 BankTransfering2 中文件 Program.cs 的代码，它仍然模拟银行转账、查账的功能，但对代码进行了简化。

```
using System;
using System.Collections.Generic;
using System.Linq;
using System.Text;
using System.Threading.Tasks;
using System.Threading;
namespace BankTransfering2
{
    class Program
    {
        class Bank
        {
            private double account1 = 2500;
            private double account2 = 1000;
            public void transfering()           //将 100 元从账户 account1 转到账户 account2
            {
                account1 = account1 - 100;
                Thread.Sleep(100);
                account2 = account2 + 100;
            }
            public void transfering2()          //将 300 元从账户 account2 转到账户 account1
            {
                account1 = account1 + 300;
                Thread.Sleep(200);
                account2 = account2 - 300;
            }
            public void querying()              //查询账户 account1 和 account2 上的余额
```

```
                {
                    Console.WriteLine("账户 account1 上的余额为:{0} 元", account1);
                    Console.WriteLine("账户 account2 上的余额为:{0} 元", account2);
                }
            }
            static void Main(string[] args)
            {
                Bank a = new Bank();
                Thread user1 = new Thread(new ThreadStart(a.transfering));    //转账用户 1
                Thread user2 = new Thread(new ThreadStart(a.transfering2));   //转账用户 2
                Thread user3 = new Thread(new ThreadStart(a.querying));       //查账用户
                user1.Start();                       //执行转账(account1 到 account2)
                user2.Start();                       //执行转账(account2 到 account1)
                user3.Start();                       //查账用户
                Console.ReadKey();
            }
        }
    }
```

运行该程序,结果如图 9.3 所示。显然,该结果并不是预期的结果。

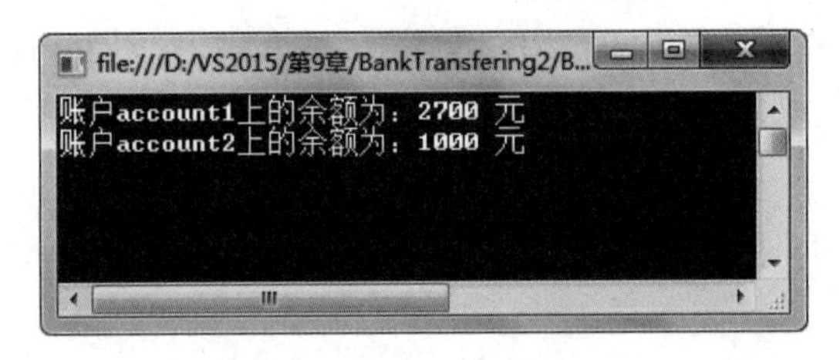

图 9.3　程序 BankTransfering2 的运行结果

显然,为了查账用户(线程 user3)能看到一致的数据,需要对方法 transfering()和方法 transfering2()中的代码都应该加锁,这就是涉及对两个线程中的语句进行加锁的问题。为此,先创建一个包含两个 ManualResetEvent 类对象的 ManualResetEvent 数组 mres。

```
ManualResetEvent[] mres = { new ManualResetEvent(false),
                            new ManualResetEvent(false)
                          };
```

然后用数组 mres 中的两个对象分别对方法 transfering()和方法 transfering2()中的代码进行加锁。最后在方法 querying()中查询语句之前调用 WaitHandle.WaitAll()方法,该方法的参数类型是 ManualResetEvent 数组,其作用是当数组中所有的对象都接收到信号后,才允许方法 querying()继续执行。对本例来说,对应语句是:

```
WaitHandle.WaitAll(mres);
```

当然,也可以用下列两条语句等效代换它。

```
mres[0].WaitOne();
mres[1].WaitOne();
```

以下是修改后文件 Program.cs 的代码。

```
using System;
using System.Collections.Generic;
using System.Linq;
using System.Text;
using System.Threading.Tasks;
using System.Threading;
namespace BankTransfering2
{
    class Bank
    {
        private double account1 = 2500;
        private double account2 = 1000;
        ManualResetEvent[] mres = { new ManualResetEvent(false),
                                    new ManualResetEvent(false)
                         };            //创建包含两个 ManualResetEvent 类对象的数组
        public void transfering()            //将 100 元从账户 account1 转到账户 account2
        {
            mres[0].Reset();
            account1 = account1 - 100;
            Thread.Sleep(100);
            account2 = account2 + 100;
            mres[0].Set();
        }
        public void transfering2()           //将 300 元从账户 account2 转到账户 account1
        {
            mres[1].Reset();
            account1 = account1 + 300;
            Thread.Sleep(200);
            account2 = account2 - 300;
            mres[1].Set();
        }
        public void querying()               //查询账户 account1 和 account2 上的余额
        {
            //mres[0].WaitOne();
            //mres[1].WaitOne();
            WaitHandle.WaitAll(mres);
            Console.WriteLine("账户 account1 上的余额为:{0} 元", account1);
            Console.WriteLine("账户 account2 上的余额为:{0} 元", account2);
        }
    }
    class Program
    {
        static void Main(string[] args)
        {
            Bank a = new Bank();
            Thread user1 = new Thread(new ThreadStart(a.transfering));    //转账用户 1
            Thread user2 = new Thread(new ThreadStart(a.transfering2));   //转账用户 2
            Thread user3 = new Thread(new ThreadStart(a.querying));       //查账用户
```

```
            user1.Start();                    //执行转账(account1 到 account2)
            user2.Start();                    //执行转账(account2 到 account1)
            user3.Start();                    //查账用户
            Console.ReadKey();
        }
    }
}
```

修改后的程序 BankTransfering2 的运行结果如图 9.4 所示。该结果与预想的完全一致,这说明已经正确实现线程的同步控制。

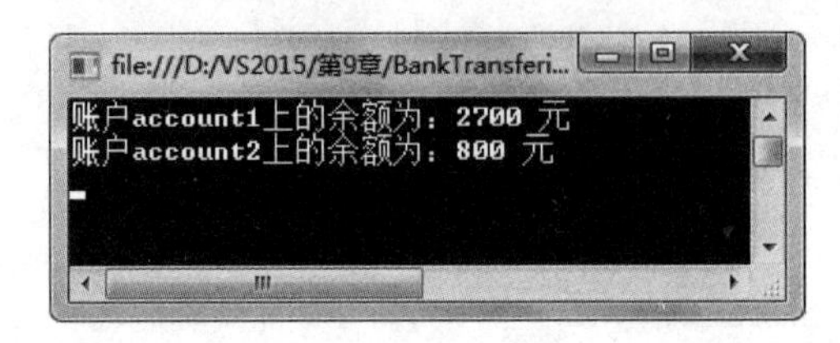

图 9.4　修改后的程序 BankTransfering2 的运行结果

修改后的文件 Program.cs 代码展示了如何对两个线程进行同步控制的方法。读者不难由此举一反三,推广到多个线程的同步控制方法。

9.3.3　使用 AutoResetEvent 类

当使用 ManualResetEvent 类来进行多线程的同步控制时,创建的 ManualResetEvent 类对象的数量要与线程的个数相同,这使程序代码显得比较累赘。如果这时使用 AutoResetEvent 类来实现线程的同步控制,程序代码会显得更为简洁,编写效率也会更高。

与 ManualResetEvent 类不同的是,在执行 AutoResetEvent 的 Set()方法时,AutoResetEvent 对象仅发出"一条"信号,这样也就仅仅"消掉"一个 WaitOne()方法;如果还有其他 WaitOne()方法在等待信号,那么 AutoResetEvent 对象会自动变为无信号状态(如果没有就不改变其状态),直到再次执行一个 Set()方法才能"消掉"下一个 WaitOne()方法。

根据这一点,只需要创建一个 AutoResetEvent 对象,就可以完成对多个线程的同步控制。请看下面的例子。

【例 9.3】 修改程序 BankTransfering2(见例 9.2),使用 AutoResetEvent 类实现对其所涉及线程的同步控制。

创建控制台应用程序 BankTransfering3,将程序 BankTransfering2 中的代码复制过来,并做相应的修改,结果文件 Program.cs 的代码如下:

```
using System;
using System.Collections.Generic;
using System.Linq;
using System.Text;
using System.Threading.Tasks;
using System.Threading;
```

```
namespace BankTransfering3
{
    class Bank
    {
        private double account1 = 2500;
        private double account2 = 1000;
        AutoResetEvent are = new AutoResetEvent(false);
        public void transfering()              //将 100 元从账户 account1 转到账户 account2
        {
            are.Reset();
            account1 = account1 - 100;
            Thread.Sleep(100);
            account2 = account2 + 100;
            are.Set();
        }
        public void transfering2()             //将 300 元从账户 account2 转到账户 account1
        {
            are.Reset();
            account1 = account1 + 300;
            Thread.Sleep(200);
            account2 = account2 - 300;
            are.Set();
        }
        public void querying()                 //查询账户 account1 和 account2 上的余额
        {
            are.WaitOne();
            are.WaitOne();
            Console.WriteLine("账户 account1 上的余额为:{0} 元", account1);
            Console.WriteLine("账户 account2 上的余额为:{0} 元", account2);
        }
    }
    class Program
    {
        static void Main(string[] args)
        {
            Bank a = new Bank();
            Thread user1 = new Thread(new ThreadStart(a.transfering));   //转账用户 1
            Thread user2 = new Thread(new ThreadStart(a.transfering2));  //转账用户 2
            Thread user3 = new Thread(new ThreadStart(a.querying));      //查账用户
            user1.Start();               //执行转账(account1 到 account2)
            user2.Start();               //执行转账(account2 到 account1)
            user3.Start();               //查账用户
            Console.ReadKey();
        }
    }
}
```

该程序的运行结果与图 9.4 所示的结果完全一样。

可以看到,在该程序中只创建了一个 AutoResetEvent 类对象,就可以实现对多个线程的同步控制,这就是 AutoResetEvent 类的优势。但要注意,有多少个 Set()方法就应该有多少个 WaitOne()方法与之对应,否则会出现无限等待或其他问题。

9.4 线程池

多线程技术主要解决 CPU 中多个线程执行的问题,它可以显著地减少 CPU 的闲置时间,提高 CPU 的吞吐能力。但如果频繁地对大量的线程执行创建、销毁等操作,其代价是昂贵的,可能导致系统性能严重下降。为避免创建、销毁线程时会消耗大量额外时间的情况,可以使用线程池来解决。

线程池(ThreadPool)可以简单地理解为存放线程的容器。线程池中存放若干线程,当有任务要执行时,从线程池中唤醒一个线程,令它执行该任务;任务执行完毕后,重新将线程放回线程池(而不是销毁),并令其处于休眠状态。这样,就不需要对线程进行创建和销毁操作,从而节省时间并使系统更加稳定。

实际上,线程池是一种线程管理器,由 ThreadPool 类提供的方法来维护线程。其中,ThreadPool. QueueUserWorkItem()方法用于将线程存放到线程池中,该方法原型如下:

```
public static bool QueueUserWorkItem(WaitCallback);
```

被放到线程池中的线程的 Start()方法将调用 WaitCallback 代理对象代表的函数。该方法的重载定义如下:

```
public static bool QueueUserWorkItem(WaitCallback, object);
```

参数 object 将被传递给 WaitCallback 所代表的方法,由此可以实现参数传递。

利用线程池,无须显示创建线程,而只需将要完成的任务写成函数,然后将之作为参数通过 WaitCallback 代理对象传递给 QueueUserWorkItem()方法即可,而后由线程池自动建立、管理、运行相应的线程。

注意,ThreadPool 类是一个静态类,因此不能也没有必要生成它的对象。一旦使用该方法在线程池中添加了一个线程,那么该线程将是无法销毁的。

【例 9.4】 使用线程池的简单例子。

(1) 创建一个 C# 控制台应用程序,程序名为 SimpleThreadPool。

(2) 引用名字空间 System. Threading。

```
using System.Threading;
```

(3) 添加一个类。

```
public class MyThreadClass
{
    public void MyMethod(object parameter)
    {
        string str = (string)parameter;
        for (int i = 1; i < 10; i++)
        {
            Console.Write(str + "(任务" + i + ")\n");
            Thread.Sleep(100);
```

```
        }
    }
}
```

(4) 在 Main 方法中创建 MyThreadClass 类的实例。

```
MyThreadClass instance = new MyThreadClass();
```

然后将实例 instance 的 MyMethod 方法通过 WaitCallback 代理对象传递给方法 ThreadPool.QueueUserWorkItem。再然后,线程池将自动地创建或唤醒一个线程来执行该带参数的函数。最后,文件 Program.cs 的完整代码如下:

```
using System;
using System.Collections.Generic;
using System.Linq;
using System.Text;
using System.Threading.Tasks;
using System.Threading;
namespace SimpleThreadPool
{
    public class MyThreadClass
    {
        public void MyMethod(object parameter)
        {
            string str = (string)parameter;
            for (int i = 1; i < 10; i++)
            {
                Console.Write(str + "(任务" + i + ")\n");
                Thread.Sleep(100);
            }
        }
    }
    class Program
    {
        static void Main(string[] args)
        {
            MyThreadClass instance = new MyThreadClass();
            string myParameter = "线程 1…";
            ThreadPool.QueueUserWorkItem(new
                    WaitCallback(instance.MyMethod), myParameter);
            myParameter = "线程 2…";
            ThreadPool.QueueUserWorkItem(new
                    WaitCallback(instance.MyMethod), myParameter);
            myParameter = "线程 3…";
            ThreadPool.QueueUserWorkItem(new
                    WaitCallback(instance.MyMethod), myParameter);
            Console.ReadLine();
        }
    }
}
```

(5) 执行该程序,结果如下:

```
线程 1…(任务 1)
线程 2…(任务 1)
线程 3…(任务 1)
线程 2…(任务 2)
线程 3…(任务 2)
线程 1…(任务 2)
线程 2…(任务 3)
线程 1…(任务 3)
线程 3…(任务 3)
线程 3…(任务 4)
线程 2…(任务 4)
线程 1…(任务 4)
线程 3…(任务 5)
线程 2…(任务 5)
线程 1…(任务 5)
线程 2…(任务 6)
线程 3…(任务 6)
线程 1…(任务 6)
线程 2…(任务 7)
线程 3…(任务 7)
线程 1…(任务 7)
线程 2…(任务 8)
线程 1…(任务 8)
线程 3…(任务 8)
线程 2…(任务 9)
线程 3…(任务 9)
线程 1…(任务 9)
```

此结果表明,该程序已经成功并发执行三个线程。

另外,线程池通常与 ManualResetEvent 对象结合使用。该对象就像一个信号灯,利用这种信号可以通知其他线程,以采取相应的措施。

以下通过一个例子说明如何使用 ManualResetEvent 对象来“控制”线程。

【例 9.5】 线程池与 ManualResetEvent 对象结合使用实例。

本例将对 0～9 的 10 个随机产生的整数求阶乘(n!),分别用 10 个线程来完成这些任务。程序中,用 ManualResetEvent 对象的信号来标记计算任务是否完成,当所有的计算任务都完成后才显示计算结果。

相应的 C# 控制台应用程序名为 fac,文件 Program. cs 的完整代码如下:

```
using System;
using System.Collections.Generic;
using System.Linq;
using System.Text;
using System.Threading.Tasks;
using System.Threading;
namespace fac
{
    public class Fac
```

```
{
    public int N { get { return _n; } }
    private int _n;
    public int FacOfN { get { return _facOfN; } }
    private int _facOfN;
    private ManualResetEvent _doneEvent;
    public Fac(int n, ManualResetEvent doneEvent)
    {
        _n = n;
        _doneEvent = doneEvent;
    }
    public void ThreadPoolCallback(Object threadContext)
    {
        int threadIndex = (int)threadContext;
        Console.WriteLine("thread {0} started…", threadIndex);
        _facOfN = Calculate(_n);
        Console.WriteLine("thread {0} result calculated…", threadIndex);
        _doneEvent.Set();              //将_doneEvent设置为有信号状态
    }
    public int Calculate(int n)        //计算阶乘(n!)
    {
        if ((n == 0) || (n == 1))
        {
            return 1;
        }
        return n * Calculate(n - 1);
    }
}//end public class Fac
class Program
{
    static void Main(string[] args)
    {
        const int FacCalculations = 10;
        ManualResetEvent[] doneEvents = new ManualResetEvent[FacCalculations];
        Fac[] facArray = new Fac[FacCalculations];
        Random r = new Random();
        Console.WriteLine("launching {0} tasks…", FacCalculations);
        for (int i = 0; i < FacCalculations; i++)
        {
            //创建ManualResetEvent对象,并初始化为无信号状态
            doneEvents[i] = new ManualResetEvent(false);
            Fac f = new Fac(r.Next(5, 10), doneEvents[i]);
            facArray[i] = f;
            ThreadPool.QueueUserWorkItem(f.ThreadPoolCallback, i);
        }
        //等待直到doneEvents中的各个ManualResetEvent对象均有信号为止
        //(所有计算任务均完成)
        WaitHandle.WaitAll(doneEvents);
        Console.WriteLine("All calculations are complete.");
        //显示结果
        for (int i = 0; i < FacCalculations; i++)
```

```
                {
                    Fac f = facArray[i];
                    Console.WriteLine("Fac({0}) = {1}", f.N, f.FacOfN);
                }
                Console.ReadLine();
            }
        }
    }
```

执行该程序,结果如图 9.5 所示。该结果表明,已经成功运行 10 个线程,并得到有效控制,结果是正确的。

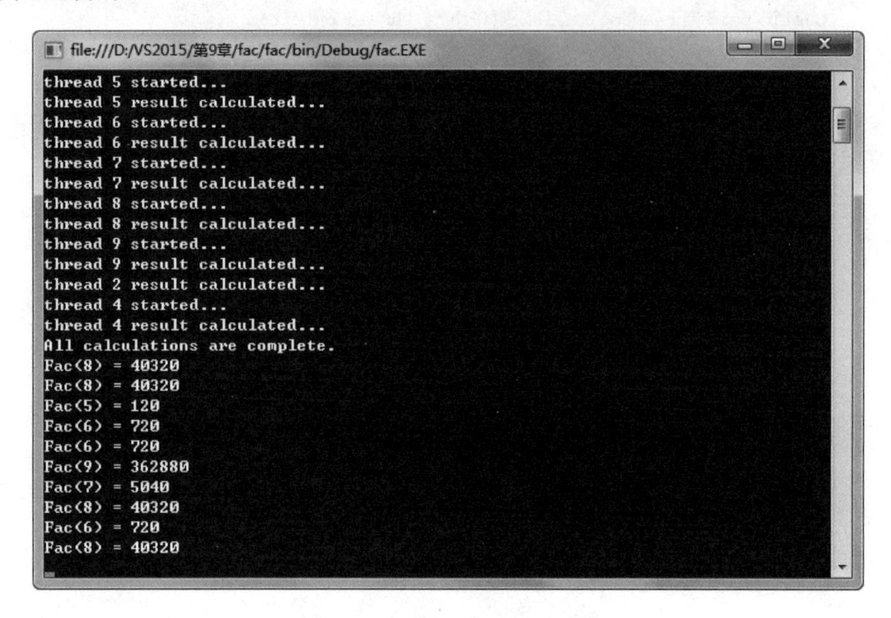

图 9.5　程序 fac 的运行结果

9.5 线程对控件的访问

在多线程编程设计中,不允许一个线程访问在另外一个线程中创建的对象,这是一个基本的原则。但在许多应用中,恰恰需要这么做,例如一个线程需要访问其主线程中的控件(以显示数据或获得数据等),应该怎么办呢? Control 类提供的 Invoke()方法可以解决这个问题。

Invoke()方法可以调用窗体界面线程(主线程)中的任何一个委托对象,其原型如下:

```
object Control.Invoke(Delegate method)
object Control.Invoke(Delegate method, params object[] args)
```

参数 method 用于传递已创建的委托对象,该对象关联的方法的参数值则放在数组 args 中。如果关联的方法没有参数,则使用第一个 Invoke()方法。

【例 9.6】 线程访问控件的例子。

创建窗体应用程序 ThreadVisitingControl,在窗体上添加一个 ListBox 控件和一个

Button 控件,并适当设置它们的属性、调整它们的位置和大小。然后在文件 Form1.cs 中编写如下代码:

```
using System;
using System.Threading;
using System.Windows.Forms;
namespace ThreadVisitingControl
{
    public partial class Form1 : Form
    {
        public Form1()
        {
            InitializeComponent();
        }
        //本例中的线程要通过这个方法来访问主线程中的控件
        private void showStuIfo(string no, string name, double score)
        {
            listBox1.Items.Add("学号:" + no);
            listBox1.Items.Add("姓名:" + name);
            listBox1.Items.Add("成绩:" + score.ToString());
        }
        //声明与方法 showStuIfo(string no, string name, double score)匹配的委托类型
        public delegate void stuInfoDelegate(string no, string name, double score);
        private void stuThread()             //线程方法
        {
            //线程通过方法的委托执行 showStuIfo(),实现对 ListBox 控件的访问
            Invoke(new stuInfoDelegate(showStuIfo),
                  new object[] { "20101001", "张三", 95.5 });
        }
        private void button1_Click(object sender, EventArgs e)
        {
            Thread stuth = new Thread(new ThreadStart(stuThread));     //创建线程
            stuth.Start();                   //执行线程
        }
    }
}
```

本例中基于 stuThread() 方法创建了线程 stuth,该线程调用 Invoke() 方法来执行由 stuInfoDelegate 关联的方法 showStuIfo(),该方法使用的三个参数放在对象数组中,从而使得线程能够实现将学生信息(学号、姓名和成绩)输出到 ListBox 控件中的功能。程序运行结果如图 9.6 所示。

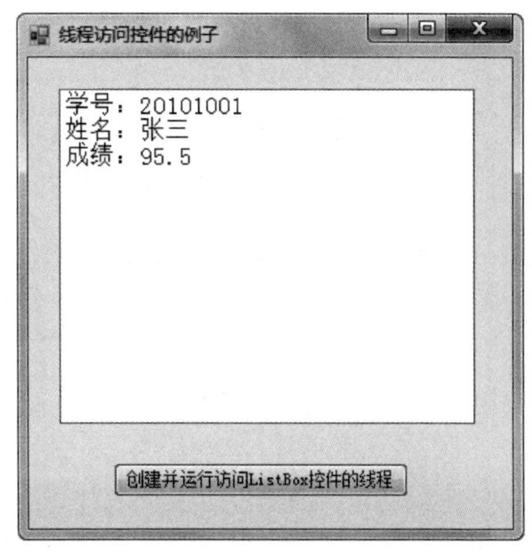

图 9.6 程序 ThreadVisitingControl 的运行界面

【例 9.7】 创建一个线程,用 ProgressBar 控件形象地显示该线程的运行进度,并利用 ManualResetEvent 类实现线程的暂停(Suspend()方法)和继续(Resume()方法)功能。

由于安全因素和其他不确定性因素，现在C#并不提倡使用Suspend()和Resume()方法对线程进行挂起和继续执行的功能。本例中，通过基于ManualResetEvent类的线程同步控制技术来实现这两个方法的功能。

实现的基本原理是方法WaitOne()在收到信号时，它就"走"，否则就"停"。利用这一点，在线程的循环语句中调用方法WaitOne()，在"暂停"按钮中调用方法Reset()，使得事件对象处于无信号状态，这时线程将处于等待状态；在"继续"按钮中调用方法Set()，使得事件对象处于有信号状态，这时由于方法WaitOne()收到信号而使得线程得以继续执行。

基于上述考虑，创建窗体应用程序SuspendResume，在窗体上添加一个ProgressBar控件、三个Button按钮以及一个Label控件，适当设置它们的属性、位置和大小，结果如图9.7所示。

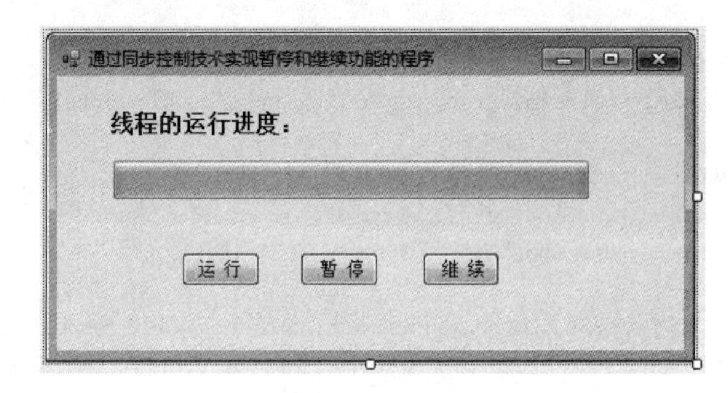

图9.7 程序SuspendResume的设计界面

然后在文件Form1.cs中编写如下代码：

```
using System;
using System.Threading;
using System.IO;
using System.Windows.Forms;
namespace SuspendResume
{
    public partial class Form1 : Form
    {
        public Form1()
        {
            InitializeComponent();
        }
        Thread progressBar = null;
        public delegate void ShowProgressDelegate(int i);
        public delegate void ShowCopyCartoonDelegate(bool isShow);
        public ManualResetEvent mre = new ManualResetEvent(false);
        private void setProgressBar(int i)
        {
            progressBar1.Value = i;
        }
        private void showProgressThread()  //线程方法(模拟线程运行进度)
        {
            ShowProgressDelegate sid = new ShowProgressDelegate(setProgressBar);
```

```
            object[ ] objs = new object[1];
            for (int i = 0; i < 10000; i += 10)
            {
                objs[0] = i;
                Invoke(sid, objs);
                Thread.Sleep(1);
                mre.WaitOne();
            }
        }
        private void button1_Click(object sender, EventArgs e) //"运行"按钮
        {
            //避免连续单击"运行"按钮而创建多个线程
            if (progressBar != null && progressBar.IsAlive) progressBar.Abort();
            progressBar = new Thread(new ThreadStart(showProgressThread));
            mre.Set();                      //设置对象 mre 处于有信号状态
            progressBar.Start();
        }
        private void button2_Click(object sender, EventArgs e) //"暂停"按钮
        {
            mre.Reset();                    //设置对象 mre 处于无信号状态
        }
        private void button3_Click(object sender, EventArgs e) //"继续"按钮
        {
            mre.Set();                      //设置对象 mre 处于有信号状态
        }
        private void Form1_Load(object sender, EventArgs e)
        {
            progressBar1.Maximum = 10000;
            progressBar1.Minimum = 0;
        }
        //在关闭窗口时,先终止线程,否则会产生异常
        private void Form1_FormClosing(object sender, FormClosingEventArgs e)
        {
            if (progressBar != null && progressBar.IsAlive) progressBar.Abort();
        }
    }
}
```

执行该程序,先后单击"运行"和"暂停"按钮就可以看到相应的效果,如图 9.8 所示。

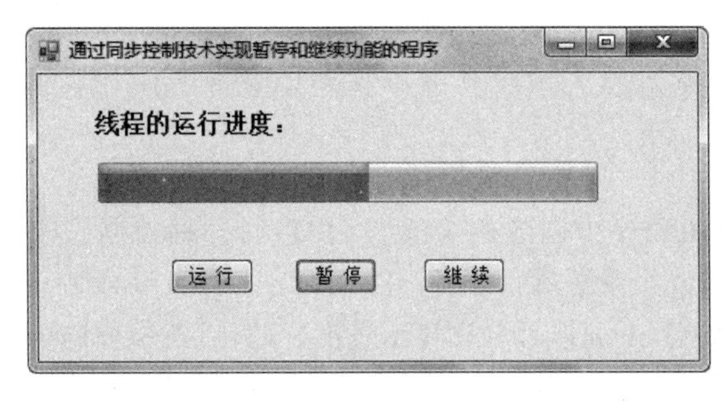

图 9.8 程序 SuspendResume 的运行界面

9.6 习题

一、简答题

1. 程序、进程和线程有何区别与联系?
2. 线程在什么情况下可以实现真正意义上的并行执行?
3. 简述多线程技术的意义。
4. 简述创建线程的基本步骤。
5. 简述基于 ManualResetEvent 类的线程同步机制。
6. 简述委托在多线程程序设计中的作用。
7. 使用线程池有什么意义?

二、代码补充和填空题

1. 已知方法 f()和方法 g()的定义代码如下:

```
class A
{
    public void f(){}
    public static void g(object o){}
}
```

要求以 f()和 g()方法为线程方法,分别创建线程 fth 和 gth,请写出创建这两个线程的代码。

2. 假设在窗体(Form1)上分别添加了一个控件 TextBox(name 属性值为 textBox1)和一个 Button 控件,请编写相关代码,使得当单击 Button 控件时,创建一个线程,该线程在 TextBox 控制中输出信息“访问主线程中的控件”(给出关键代码,说明代码的位置)。

3. 已知某个线程的线程方法如下:

```
private void f()
{
    … //其他语句
    mre.WaitOne();
    … //其他语句
}
```

执行该线程时,发现它处于暂停状态。为使它继续执行下去,这时应该执行的语句是____________________。

三、上机题

1. 在一个窗体应用程序中创建两个线程,使它们分别控制三个控件,其中一个控件(AxAnimation)用于播放文件复制的动画,另一个控件(ProgressBar)显示进度条(用语句实现其进度),第三个控件(Label)以百分比显示进度。此外,还添加四个 Button 按钮,分别用于显示、暂停、继续、停止显示动画和进度(待创建程序的设计界面如图 9.9 所示),其中暂停和继续功能由线程的同步控制技术来实现。

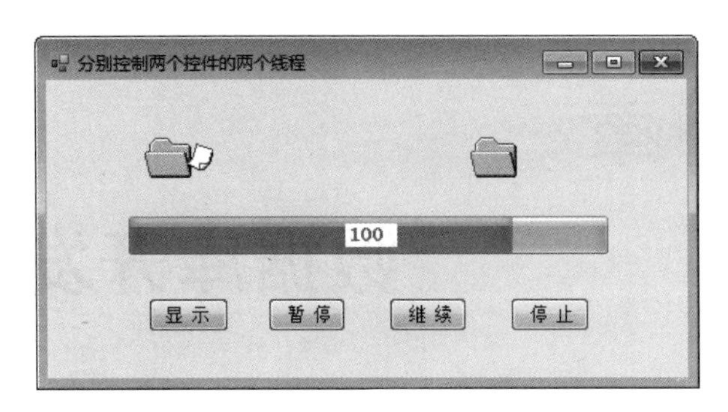

图 9.9　待创建程序的设计界面

2. 创建一个文件复制控件，宿主程序需要为控件提供源文件和目标文件的路径，要求在文件复制过程中能以动画的形式形象地显示复制的过程(像 Windows 复制文件一样)，同时通过文件读写操作复制文件。

第10章 数据库开发技术

主要内容：在以海量信息处理为主要特征的时代，数据库应用程序已经成为一种十分重要的应用程序。本章介绍数据库系统的基本概念、ADO.NET 的体系结构、SQL 语言的数据查询语句和数据操纵语句，着重介绍 ADO.NET 的五个对象，并通过举例说明如何使用这些对象访问和操作数据库的方法。

教学目标：了解 ADO.NET 体系结构，熟悉 Select、Insert、Update 和 Delete 语句的基本使用方法，了解 Connection、Command、DataReader 和 DataAdapter 对象的作用并掌握它们常用的属性和方法，熟练掌握使用这些对象实现对数据库进行访问和操作的方法，具备开发数据库应用程序的能力。

10.1 一个简单的 C# 数据库应用程序

请读者先按照本节介绍的步骤创建一个简单的 C# 数据库应用程序，该程序可以浏览指定数据表中的数据，并根据自己已有的知识体会（或猜测）每一个操作和每一行代码的作用。

10.1.1 创建数据库和数据表

先创建数据库和数据表。具体操作如下：

(1) 启动 SQL Server 2008 Management Studio(SSMS)，单击左上角的“新建查询”按钮，打开 SQL 代码编辑器(笔者机器上安装的是 SQL Server 2008。如果读者机器上安装的是 SQL Server 2000，请打开查询分析器)，如图 10.1 所示。

【说明】

本书选用的数据库管理系统是 SQL Server 2008，但选用其他版本的数据库管理系统也可以实现本书介绍的数据管理功能，如 SQL Server 2000，或比 SQL Server 2008 更高的版本。

(2) 创建数据库 MyDatabase 和数据表 student。表 student 的结构如表 10.1 所示。

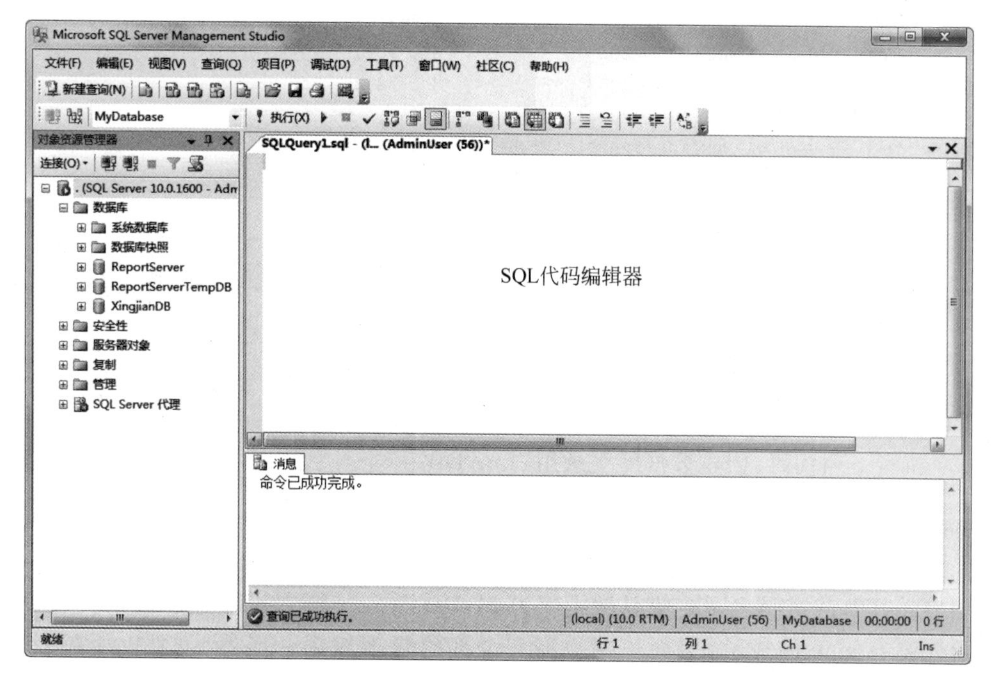

图 10.1　SQL 代码编辑器

表 10.1　表 student 的结构

学　号	姓　名	性　别	成　绩
20172001	阎妮	女	98
20172002	张有来	男	58
20172003	王文喜	男	72
20172004	赵敏	女	66
20172005	罗莎	女	88.5
20172006	蒙恬	男	93

创建数据库 MyDatabase 和数据表 student 的 SQL 代码如下(将它们复制到 SQL 代码编辑器中，然后单击“执行”按钮——“!”按钮)。

```
Use Master;
GO
CREATE Database MyDatabase;
GO
Use MyDatabase;
GO
CREATE TABLE student
(
    学号 char(8)          PRIMARY KEY,
    姓名 varchar(8)       NOT NULL,
    性别 char(2)          CHECK(性别 = '男' OR 性别 = '女'),
    成绩 numeric(4,1)     CHECK(成绩>= 0 AND 成绩 <= 100)
);
GO
```

```
INSERT INTO student VALUES('20172001','阎妮','女', 98);
INSERT INTO student VALUES('20172002','张有来','男', 58);
INSERT INTO student VALUES('20172003','王文喜','男', 72);
INSERT INTO student VALUES('20172004','赵敏','女', 66);
INSERT INTO student VALUES('20172005','罗莎','女', 88.5);
INSERT INTO student VALUES('20172006','蒙恬','男', 93);
GO
```

执行这些代码后就创建了数据库 MyDatabase 和数据表 student,并在表 student 中添加了相应的数据,可以用下列 Select 语句查询,结果如图 10.2 所示。

```
Select * From student;
```

	学号	姓名	性别	成绩
1	20172001	阎妮	女	98.0
2	20172002	张有来	男	58.0
3	20172003	王文喜	男	72.0
4	20172004	赵敏	女	66.0
5	20172005	罗莎	女	88.5
6	20172006	蒙恬	男	93.0

图 10.2 表 student 中的数据

(3) 执行下列代码,创建数据库登录用户 myDB。

```
create login myDB with password = 'abc', default_database = MyDatabase
exec sp_addsrvrolemember 'myDB', 'sysadmin'
```

用户 myDB 的密码为 abc,默认数据库为 MyDatabase。第二条语句是将用户 myDB 添加为角色 sysadmin 的成员,因而该用户拥有全部的管理权限。当然,也可以用超级用户"sa"及其密码来完成本书介绍的数据管理功能。

【说明】

如不特别说明,本书用到的登录名和密码都是上面介绍的 myDB 和 abc。

10.1.2 创建数据库应用程序

创建 C# 窗体应用程序 MyDBApp,在窗体上添加一个 DataGridView 控件和 Button 控件,并适当调整它们的大小和位置,设置其 Text 属性(其他属性不用设置),结果如图 10.3 所示。

图 10.3 程序 MyDBApp 的设计界面

假设数据库服务器名称为"DB_server",服务器的登录名和密码分别为"myDB"和"abc",则可以按照下列步骤来连接数据库 MyDatabase 并显示表 student 中的数据。

在设计界面上双击"浏览数据"按钮，编写该按钮的 Click 事件处理代码，保证引入下列的命名空间。

```
using System.Data;                              //需要引入(VS2015 版中会自动添加)
using System.Data.SqlClient;                    //需要引入
```

结果文件 Form1.cs 的代码如下：

```
using System;
using System.Collections.Generic;
using System.ComponentModel;
using System.Data;
using System.Drawing;
using System.Linq;
using System.Text;
using System.Threading.Tasks;
using System.Windows.Forms;
using System.Data.SqlClient;                    //需要手工引入
namespace MyDBApp
{
    public partial class Form1 : Form
    {
        public Form1()
        {
            InitializeComponent();
        }
        private void button1_Click(object sender, EventArgs e)
        {
            //设置连接字符串
            //SQL Server 身份验证方式
            string ConnectionString = "Data Source = DB_server;Initial Catalog = " +
                "MyDatabase; Persist Security Info = True; User ID = myDB;" +
                "Password = abc";
            /*
            //Windows 身份验证方式
            string ConnectionString = "Data Source = DB_server; Initial Catalog = " +
                "MyDatabase; Integrated Security = True";
            */
            DataSet dataset = new DataSet();      //创建数据集
            //创建一个新连接
            SqlConnection conn = new SqlConnection(ConnectionString);
            try
            {
                //创建数据提供者
                SqlDataAdapter DataAdapter =
                new SqlDataAdapter("SELECT * FROM student", conn);
                //填充数据集 dataset,并为本次填充的数据起名"student_table"
                DataAdapter.Fill(dataset, "student_table");
                dataGridView1.DataSource = dataset;
                //在 dataGridView1 控件中显示名为 student_table 的填充数据
                dataGridView1.DataMember = "student_table";
```

```
                }
                catch (Exception ex)
                {
                    MessageBox.Show(ex.ToString());
                }
                finally
                {
                    conn.Close();
                    conn.Dispose();
                    dataset.Dispose();
                }
            }
        }
    }
```

执行该程序,在运行界面上双击“浏览数据”按钮即可看到数据库 MyDatabase 中数据表 student 所包含的内容,程序 MyDBApp 的运行界面如图 10.4 所示。可见,该程序已经可以连接到数据库 MyDatabase 并访问其中的数据。

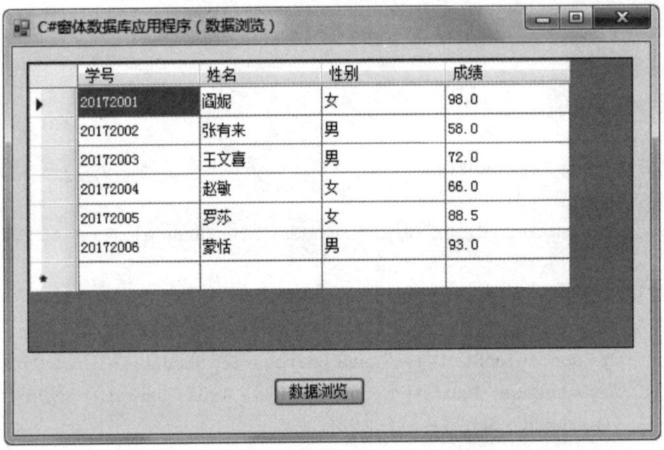

C#窗体数据库应用程序(数据浏览)

学号	姓名	性别	成绩
20172001	阎妮	女	98.0
20172002	张有来	男	58.0
20172003	王文喜	男	72.0
20172004	赵敏	女	66.0
20172005	罗莎	女	88.5
20172006	蒙恬	男	93.0

数据浏览

图 10.4 程序 MyDBApp 的运行界面

10.1.3 程序结构解析

该程序使用两个关键的类:SqlConnection 和 DataSet,它们分别包含在命名空间 System.Data.SqlClient 和 System.Data 中。因此,在文件开头处要保证已引入这两个命名空间。

下列字符串称为**连接字符串**,表示准备用于连接到数据库服务器 DB_server 上的数据库 MyDatabase,使用登录名是 myDB,密码为 abc。

```
"Data Source = DB_server; Initial Catalog = MyDatabase; Persist Security Info = True; User ID =
myDB; Password = abc";
```

如果数据库服务器是本地的,可以用点号“.”来代替机器名“DB_server”,即“Data Source=DB_server”可以写成:“Data Source=.”。

当然，在实际应用中密码应该设置得复杂些，比如包含大小写字母、数字，而且有长度要求等。这里为叙述和记忆之便，故设置得简单些。

这是采用 SQL Server 身份验证方式连接数据库。如果采用 Windows 身份验证方式连接 SQL Server 数据库，则改用下面的连接字符串。

```
"Data Source = DB_server; Initial Catalog = MyDatabase; Integrated Security = True";
```

但这种模式只允许连接本机上的数据库服务器。如果是远程登录模式，那么就必须使用 SQL Server 身份验证方式连接。

下列语句则分别表示用于创建数据集对象 datase 和利用上述的连接字符串创建连接对象 conn。

```
DataSet dataset = new DataSet();
SqlConnection conn = new SqlConnection(ConnectionString);
```

下列语句则用于创建数据提供者 DataAdapter。

```
SqlDataAdapter DataAdapter = new SqlDataAdapter("SELECT * FROM student", conn);
```

下列语句则将 DataAdapter 中的数据填充到数据集 dataset 中，并为本次填充的数据起名 student_table，然后将数据集 dataset 中名为“student_table”的这批数据显示在控件 dataGridView1 中。

```
DataAdapter.Fill(dataset, "student_table");
dataGridView1.DataSource = dataset;
dataGridView1.DataMember = "student_table";
```

也就是说，在数据集 dataset 中可以填充“多批”数据并给它们起名，此后通过它们的名称就可以实现对“多批”数据的访问操作。

SqlConnection 和 DataSet 实际上是 ADO.NET 组件包含的内容，因此要开发基于 C# 的数据库应用程序，需要对数据库及 ADO.NET 组件有一定的了解。

10.2 数据库系统与 ADO.NET 概述

10.2.1 数据库系统

首先，需要了解数据库系统、数据库和数据库管理系统（DBMS）之间的区别和联系。从组成的角度看，数据库系统是一种引进了数据库的计算机系统，其组成部分主要包括硬件、软件、数据库、系统涉及的人员等，其中，软件包括数据库管理系统（DBMS）和支持 DBMS 运行的其他相关软件，以及基于 DBMS 的应用程序等。数据库管理系统则是数据库的“操作系统”，是管理数据库的软件系统，如 SQL Server 2008、DB2、Oracle 等都是数据库管理系统。

由此可见，数据库系统是一个广泛的概念，凡是以数据库应用为核心的系统所涉及的部分都是它的组成部分。DBMS 是数据库系统的一个组成部分，数据库则是 DBMS 管理的对象。

从数据库本身的逻辑结构看，数据库是多张数据表（table）的集合，每张数据表由若干行和若干列组成,一行称为一条记录(record/row),一列称为一个字段(field)。能唯一标识每条记录且不含空值(NULL)的一个或多个字段可以定义为主键,每张表至多有一个主键。利用相同字段的对应关系可以建立两张表之间的一对一关系、一对多关系或多对多关系。

10.2.2 ADO.NET 概述

现代应用程序所处理的数据量通常十分庞大,不是使用内存中的几个变量就能存放的,而是需要将数据存放到数据库中。这样,应用程序对数据库的访问方式就显得格外重要。早期,不同的数据库提供不同的访问接口,不同应用程序开发工具也有自己的数据库访问方法。这样,程序员不但要熟悉开发工具提供对数据库的访问方法,而且要面对各种数据库类型,熟悉数据库复杂的命令集,同时还要面对网络编程模式的选择,令程序员(特别是初学者)眼花缭乱、无所适从。因此,制定应用程序和数据库之间访问模式的统一标准显得十分重要,而 ADO.NET 正式这种标准之一。

ADO.NET 是在 ADO 的基础上发展而来的一种数据库访问接口,被认为是一个"跨时代的产品"。它提供了平台互用性和可伸缩的数据访问功能,可以使用它来访问关系数据库系统(如 SQL Server 2005、Oracle)和其他许多具有 OLE DB 或 ODBC 提供程序的数据源。

ADO.NET 是专门为.NET 框架而设计的(是.NET 框架中的核心技术),是构建.NET 数据库应用程序的基础。与 ADO 不同的是,ADO 使用 OLE DB 接口并基于微软的 COM 技术,而 ADO.NET 拥有自己的 ADO.NET 接口并且基于微软的.NET 体系架构。另外,ADO 是采用记录集(Recordset)存储数据,而 ADO.NET 则以数据集(DataSet)来存储。数据集是数据库数据在内存中的备份副本,一个数据集包含多个数据表,这些表就组成了一个非连接的数据库数据视图。这种非连接的结构体系使得只有在读写数据库时才需要使用数据库服务器资源,因而提供了更好的可伸缩性。

ADO 是在线方式运作,而 ADO.NET 则以离线方式运作。所以,使用 ADO 连接数据库会占较大的服务器系统资源,而采用 ADO.NET 技术的应用程序则具有较高的系统性能。

ADO.NET 只是一种接口、一种通道,要通过 ADO.NET 访问数据库还需要有相应的操纵语言,而这种语言就是 SQL 语言。本章后面部分将先简要介绍 SQL 语言的常用语句,然后再介绍 ADO.NET 常用的几个对象,最后介绍如何使用这些对象操作数据库。

10.3 SQL 语言简介

SQL 语言是关系数据库的标准查询语言,是面向非过程化的第四代语言(4GL)。市场上几乎所有流行的数据库产品(如 Oracle、DB2、SQL Server)都支持 SQL 语言,或者提供了支持 SQL 语言的接口。SQL 语言具有四大功能:数据查询、数据操纵、数据定义和数据控制。这些功能所对应的 SQL 语句如表 10.2 所示。

在前面,已经使用过 SQL 语言的数据定义功能:数据表 student 的创建正是利用了它的定义功能。本小节主要介绍 SQL 语言的数据查询和数据操纵功能,即介绍简要介绍 Select、Insert、Update 和 Delete 的使用方法。

表 10.2 SQL 的四大功能与 SQL 语句的对应关系

SQL 功能	SQL 语句	SQL 功能	SQL 语句
数据查询	Select	数据定义	Create,Drop,Alter
数据操纵	Insert,Update,Delete	数据控制	Grant,Revoke

注：SQL 语言对大小写不敏感，即大小都一样。

以下介绍的 SQL 语句都是以 10.1.1 节中创建的数据表 student 为操作对象。这些语句都是在 SQL 代码编辑器中编辑、调试和执行。

10.3.1 Select 语句

Select 语句用于查询数据表中的数据，其格式如下：

```
SELECT 字段列表
FROM 表名
[Where 查询条件]
[ORDER BY 字段名 [ASC|DESC]]
```

其中，Where 子句是可选项。如果没有 Where 子句，则表示查询表中所有的记录，否则查询表中满足查询条件的记录；ORDER BY 子句用于排序查询结果，ASC 表示升序（默认），DESC 表示降序。

1. 查询所有记录

例如，下列语句是查询表 student 中的所有数据。

```
Select * From student;
```

符号"*"是代表所有的字段。此句也可以写成：

```
Select 学号, 姓名, 性别, 成绩 From student;
```

2. 查询满足一定条件的记录

如果要查询成绩在区间[60,70]内的学生，并列出他们的姓名和成绩信息，则可用下面的语句。

```
Select 姓名, 成绩
From student
Where 成绩>= 60 and 成绩< 70;
```

3. 排序查询结果

查询成绩及格的学生，并按照成绩降序显示查询结果。

```
Select *
From student
Where 成绩>= 60
ORDER BY 成绩 DESC;  -- DESC 表示降序,ASC 表示升序(默认设置)
```

4. “模糊”查询

“模糊”查询需要通过通配符来实现。通配符“%”可以匹配任意的字符串，例如，查询所有姓王的学生。

```
SELECT *
FROM student
WHERE 姓名 LIKE '王%';
```

通配符“_”则只能匹配一个字符，例如，查询姓王且姓名仅由两个字构成的学生。

```
SELECT *
FROM student
WHERE 姓名 LIKE '王_';
```

5. 分组查询

例如，按性别分组查询男、女的人数。

```
SELECT 性别, count( * ) 人数
FROM student
GROUP BY 性别;
```

6. 空值查询

空值查询是指查询记录在某个字段上取值是否为 NULL。例如，查询缺少成绩的学生。

```
SELECT *
FROM student
WHERE 成绩 IS NULL
```

10.3.2 Insert 语句

该语句用于向数据表中添加数据，其格式如下：

```
INSERT[ INTO] 表名(字段列表) VALUES(字段值列表);
```

其中，字段列表和字段值列表中的项要一一对应。如果字段列表是数据表的所有字段名列表，且字段名顺序与表定义时的字段名顺序一样，那么字段列表可以省略。

例如，如果要将下列记录插入的数据表 student 中。

```
('20172001','阎妮','女', 98)
```

则可以使用：

```
INSERT INTO student VALUES('20172001','阎妮','女', 98);
```

它等价于：

```
INSERT INTO student(学号,姓名,性别,成绩) VALUES('20172001','阎妮','女', 98);
```

下面语句只插入学号和姓名部分的信息。

```
INSERT INTO student(学号,姓名) VALUES('20172001','阎妮');
```

这里,"(学号,姓名)"是不能省略的。

10.3.3 Update 语句

该语句用于更新数据表中的数据,其格式如下:

```
Update  表名
SET     字段名 1 = 值 1,
        字段名 2 = 值 2,
          …
        字段名 n = 值 n
[Where 更新条件]
```

如果 Update 语句包含 Where 子句,则表示更新满足更新条件的记录的相关字段值,否则更新所有记录的相关字段值。

例如,以下语句是对男同学的成绩减少 5%。

```
Update student
Set 成绩 = 成绩 - 成绩 * 0.05
Where 性别 = '男';
```

10.3.4 Delete 语句

该语句用于从数据表中删除部分或全部记录,格式如下:

```
Delete [FROM] 表名 [Where 删除条件];
```

如果省略 Where 子句,则表示删除表中的所有记录,否则将删除满足删除条件的记录。

例如,下列语句将删除表 student 中所有成绩不及格的学生记录。

```
Delete From student Where 成绩< 60;
```

而下列语句则表示清空表 student 中的所有数据。

```
Delete From student;
```

10.4 ADO.NET 对象

10.4.1 ADO.NET 体系结构

从.NET Framework 类库的组成结构上看,ADO.NET 就是.NET Framework 类库中用于实现对数据库中的数据进行操作的一些类的集合。它分为两个部分:数据集(DataSet)和数据提供者。DataSet 对象是内存中以"表格的形式"保存一批批的数据,也可以理解为若干张数据表(DataTable)的集合,每张数据表也有自己的"表名"。数据提供者包含许多针对数据源的组件，应用程序主要是通过这些组件来完成针对指定数据源的连接、提取数据、操作数据、执行数据命令。这些组件主要包括 Connection、Command、DataReader 和 DataAdapter。ADO.NET 体系结构如图 10.5 所示。

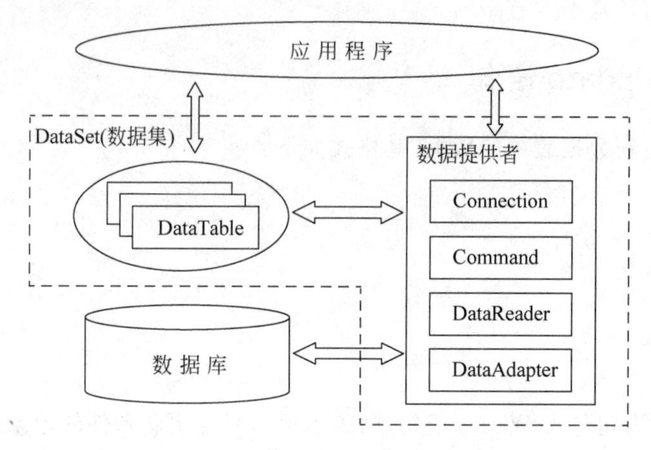

图 10.5　ADO.NET 的体系结构(虚线部分)

10.4.2　Connection 对象

Connection 对象用于连接数据库，不同的数据库有不同的 Connection 对象。例如，连接 SQL Server 数据库用 SqlConnection 对象(在 System.Data.SqlClient 命名空间中)，连接 Access 数据库用 OleDbConnection 对象(在 System.Data.OleDb 命名空间中)。下面是创建 Connection 对象的例子。

```
//创建连接到 SQL Server 数据库的 Connection 对象
string ConnectionString = "Data Source = DB_server;Initial Catalog = " +
    "MyDatabase; Persist Security Info = True; User ID = myDB;" +
    "Password = abc";
SqlConnection conn = new SqlConnection(ConnectionString);
//创建连接到 Access 数据库的 Connection 对象
string ConnectionString = "Provider = Microsoft.Jet.OLEDB.4.0;Data Source = C:\\book.mdb";
OleDbConnection conn = new OleDbConnection(ConnectionString);
```

Connection 对象有两个重要的方法。

(1) Open()方法：打开与数据库的连接。

(2) Close()方法：关闭与数据库的连接。

例如：

```
conn.Open();
conn.Close();
```

10.4.3　Command 对象

该对象用于执行针对数据库的 SQL 命令。其常用属性如下所述。

1. Connection 属性

用于设置 Command 对象所依赖的连接对象，例如：

```
SqlCommandcommand = new SqlCommand();
command.Connection = conn;
```

2. CommandText 属性

用于设置 Command 对象要执行的命令文本，例如：

```
command.CommandText = "Select * From student";
```

3. CommandType 属性

CommandType 属性用于决定 CommandText 属性值的格式。当 CommandType 属性值取 Text 时，CommandText 属性值为 SQL 语句；当 CommandType 属性值取 StoredProcedure 时，则 CommandText 属性值为存储过程；当 CommandType 属性值取 TableDirect 时，则 CommandText 属性值为要读取的表。

例如：

```
command.CommandType = CommandType.Text;
```

4. CommandTimeOut 属性

用于设置或返回终止执行命令之前需要等待的时间(单位为秒)，默认为 30。

常用方法如下所述。

(1) 构造函数

有多个重载版本，以 SqlCommand 对象为例，其主要版本包括：

```
publicSqlCommand()
publicSqlCommand(string cmdText)
publicSqlCommand(string cmdText, SqlConnection connection)
```

其中，第一构造函数用于创建一个 SqlCommand 对象，但没有做其他的初始化工作；第二个是在创建对象的同时用参数 cmdText 定义命令文本初始化；第三个则是在创建的同时用用参数 cmdText 定义命令文本和已有的 SqlConnection 对象初始化。

例如，假设 strSQL 已经定义如下：

```
string strSQL = "INSERT INTO student VALUES('20172001','阎妮','女', 98)";
```

且 conn 是已经创建的 SqlConnection 对象，则下面三组语句是等价的。

```
//第一组
SqlCommand command = new SqlCommand();
command.Connection = conn;
command.CommandText = strSQL;
//第二组
SqlCommand command = new SqlCommand(strSQL);
```

```
command.Connection = conn;
//第三组
SqlCommand command = new SqlCommand(strSQL, conn);
```

(2) ExecuteNonQuery()方法

该方法用于执行没有返回结果集的 SQL 语句，如建表语句、Insert、Update、Delete 语句等。这些命令的文本是在 CommandText 属性中设置的。其返回结果是执行命令后受到影响的行数。

至此，已经可以用上面介绍有关 Connection 对象和 Command 对象的属性和方法来对数据表 student 执行下列插入语句。

```
INSERT INTO student VALUES('20172001','阎妮','女', 98)
```

代码如下(在 C# 程序中)：

```
string ConnectionString = "Data Source = DB_server;Initial Catalog = " +
"MyDatabase; Persist Security Info = True; User ID = myDB;" +
"Password = abc";
SqlConnection conn = new SqlConnection(ConnectionString);
string strSQL = "INSERT INTO student VALUES('20172001','阎妮','女', 98)";
SqlCommand command = new SqlCommand();
command.Connection = conn;
command.CommandText = strSQL;
conn.Open();
int n = command.ExecuteNonQuery();        //执行 SQL 语句
```

实际上，为在 C# 中执行存储过程，只需将存储过程的名称(连参数一起)直接赋给属性 command.CommandText 即可。例如，假设已知带一个参数的存储过程 mypro 定义如下：

```
Create proc mypro                    --将所有学生的成绩都改为由参数@g 设定的分值
@g numeric(4,1)
As Update student Set 成绩 = @g
```

为执行该存储过程，以将学生成绩均改为 60 分，只需对变量 strSQL 改为赋值如下(其他代码不变)，然后运行修改后的上述代码即可。

```
string strSQL = "mypro 60";
```

(3) ExecuteReader()方法

执行有返回结果集的 SQL 语句(Select)、存储过程等，返回结果集存放在 DataReader 对象中(返回 DataReader 类型的对象)。例如：

```
string ConnectionString = "Data Source = DB_server;Initial Catalog = " +
    "MyDatabase; Persist Security Info = True; User ID = myDB;" +
    "Password = abc";
SqlConnection conn = new SqlConnection(ConnectionString);
string strSQL = "SELECT * FROM student";
SqlCommand Command = new SqlCommand(strSQL, conn);
conn.Open();
SqlDataReader reader = Command.ExecuteReader();      //结果放到 reader 对象中
```

【说明】

ExecuteNonQuery()方法用于执行没有返回结果的 SQL 语句或存储过程，如 Insert、Update、Delete 等；而 ExecuteReader()方法则用于执行带返回结果的 SQL 语句或存储过程，如 Select 语句等。这就是这两种方法的区别。

利用上面介绍的方法，可以通过一个举例来说明如何在 C#程序中执行 SQL 语言的四大语句——Select，Insert，Update，Delete 语句。

【例 10.1】 开发一个窗体应用程序，使之可以执行 SQL 语言的四大语句——Select，Insert，Update，Delete 语句。

创建窗体应用程序 SIUD，在窗体上添加一个 DataGridView 控件、两个 Button 控件、两个 TextBox 控件及三个 Label 控件，适当调整它们的大小和位置并设计它们的有关属性。各控件属性的设置情况如表 10.3 所示，程序 SIUD 的设计界面如图 10.6 所示。

表 10.3　各控件属性的设置情况

控件类型	控件名称	属性设置项目	设置结果
Button	button1	Text	执行查询语句
	button2	Text	执行操纵语句
TextBox	textBox1	Text	SELECT * FROM student
	textBox2	Text	INSERT INTO student VALUES('20172001','阎妮','女', 98)
DataGridView	dataGridView1		所有属性采用默认值
Label	label1	Text	输入操纵语句：
	label2	Text	(包括 Insert,Delete,Update 语句及存储过程名)
	label3	Text	Select 语句：
Form	Form1	Text	语句执行示范程序——能够执行四种 SQL 语句(Select, Insert, Update, Delete)

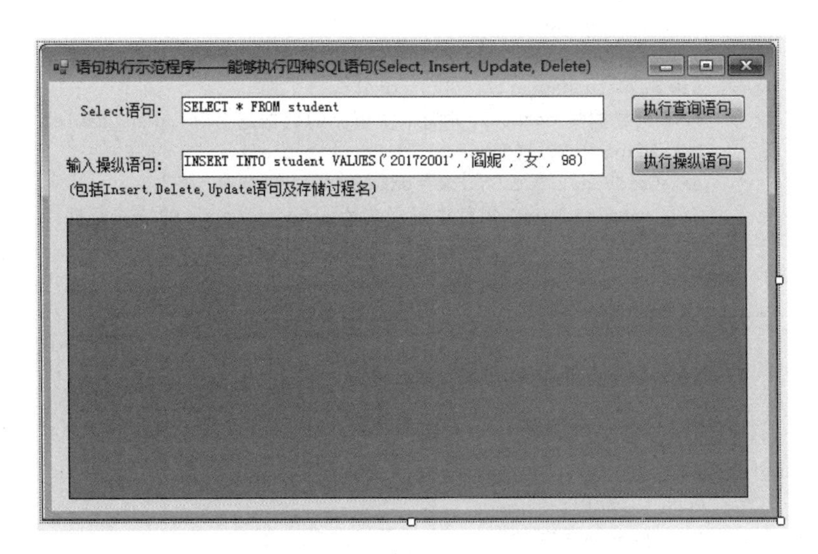

图 10.6　程序 SIUD 的设计界面

程序 SIUD 的 Form1. cs 文件代码如下：

```
using System;
using System.Collections.Generic;
using System.ComponentModel;
using System.Data;
using System.Drawing;
using System.Linq;
using System.Text;
using System.Threading.Tasks;
using System.Windows.Forms;
using System.Data.SqlClient;                                    //需要引入
namespace SIUD
{
    public partial class Form1 : Form
    {
        public Form1()
        {
            InitializeComponent();
        }
        string ConnectionString = "Data Source = DB_server;Initial Catalog = " +
             "MyDatabase; Persist Security Info = True; User ID = myDB;" +
             "Password = abc";
        string strSQL;
        private void button1_Click(object sender, EventArgs e)  //"执行查询语句"按钮
        {
            DataSet dataset = new DataSet();             //创建数据集
            //创建一个新连接
            SqlConnection conn = new SqlConnection(ConnectionString);
            try
            {
                //创建数据提供者
                strSQL = textBox1.Text;
                SqlDataAdapter DataAdapter =
                new SqlDataAdapter(strSQL, conn);
                //填充数据集 dataset,并为本次填充的数据起名"student_table"
                DataAdapter.Fill(dataset, "student_table");
                dataGridView1.DataSource = dataset;
                //在 dataGridView1 控件中显示名为 student_table 的填充数据
                dataGridView1.DataMember = "student_table";
            }
            catch (Exception ex)
            {
                MessageBox.Show(ex.ToString());
            }
            finally
            {
                conn.Close();
                conn.Dispose();
                dataset.Dispose();
            }
```

```
        }
        private void button2_Click(object sender, EventArgs e)   //"执行操纵语句"按钮
        {
            SqlConnection conn = new SqlConnection(ConnectionString);
            strSQL = textBox2.Text;
            SqlCommand command = new SqlCommand();
            command.Connection = conn;
            command.CommandText = strSQL;
            try
            {
                conn.Open();
                int n = command.ExecuteNonQuery();               //执行 SQL 语句
                MessageBox.Show("有 " + n.ToString() + " 条数据记录受影响!");
            }
            catch (Exception ex)
            {
                MessageBox.Show(ex.ToString());
            }
            finally
            {
                conn.Close();
                conn.Dispose();
            }
        }
    }
}
```

执行该程序,其运行界面如图 10.7 所示。在其运行界面中,理论上可以执行任何一条 SQL 语句和存储过程。重要的是,它示范了如何执行 Select, Insert, Update, Delete 语句的方法。这四条语句是 SQL 语句的基础语言,其他复杂操作基本都可以归结为这四条语句的执行。因此,该程序虽然简单,但它展示了数据库应用开发的底层技术。

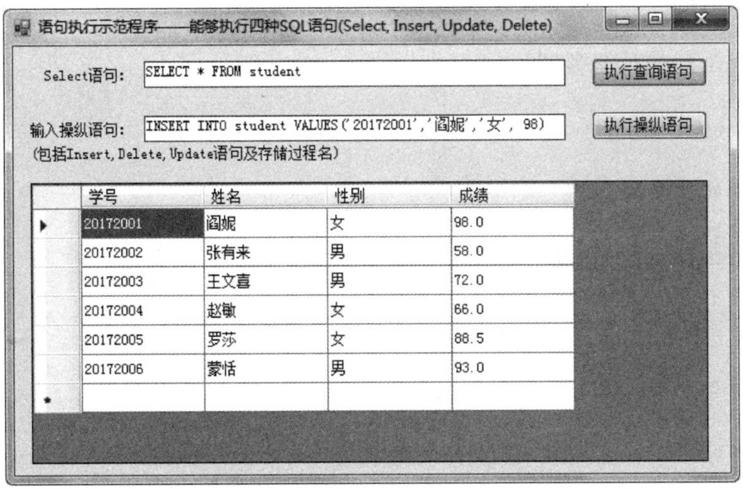

图 10.7　程序 SIUD 的运行界面

10.4.4 DataReader 对象

该对象最大优点就是执行效率高，在体积和开销上它比 DataSet 对象小，占用内存少。但它是服务端的游标，在读取数据时它与服务器的连接始终是打开的，只能以单项向前的次序访问记录，所以仅可用于数据浏览等功能非常单一的设计中。也就是说，DataReader 对象可从数据源中提供高性能的数据流，但只能检索数据流，不能写入，并且只能从头至尾往下读，而不能只读某行记录。

下面介绍 DataReader 对象常用的属性和方法。

1. FieldCount

返回字段的数目。

2. IsClosed

返回 DataReader 对象是否关闭的状态，如果关闭则返回 True，否则返回 False。

3. RecordsAffected

返回执行 Insert、Delete 或 Update 后受到影响的行数。

4. CLose()方法

用于关闭 DataReader 对象。

5. GetDataTypeName(n)方法

返回第 n+1 列的源数据类型名称。

6. GetFileType(n)方法

返回第 n+1 列的数据类型。

7. GetName(n)方法

返回 n+1 列的字段名称。

8. GetOrdinal(name)方法

返回字段名称为 name 的字段列号。

9. GetValue(int n)方法

返回当前行中第 n+1 列的内容。由 Read()方法决定当前行。

10. GetValues(object[] arrays)方法

返回所有字段的内容，并将内容放在 arrays 数组中，数组大小与字段数目相等。

11. IsDBNull(int n)方法

判断当前行中第 n+1 列是否为 Null，为 Null 则返回 True，否则返回 False。

12. Read()方法

把记录指针往下一行移动，如果下一行没有了，则返回 False，否则返回 True。使用该方法可以从查询结果中读取数据。

注意，由于 DataReader 对象与服务器的连接在读取数据时始终打开，所以每次使用 DataReader 对象完后要及时调用 Close 方法关闭它。

例如，下面代码先利用 Command 对象执行 Select 语句，并将返回的结果集放到 DataReader 对象中，然后利用 DataReader 对象提供的属性和方法逐行、逐项提取结果集中的数据，并显示到 ListBox 对象中。代码如下：

```
string ConnectionString = "Data Source = DB_server;Initial Catalog = " +
    "MyDatabase; Persist Security Info = True; User ID = myDB;" +
    "Password = abc";
SqlConnection conn = new SqlConnection(ConnectionString);
string strSQL = "SELECT * FROM student";
SqlCommand Command = new SqlCommand(strSQL, conn);
conn.Open();
SqlDataReader reader = Command.ExecuteReader();          //结果集放到 reader 对象中
object[] row = new object[reader.FieldCount];
while(reader.Read() == true)
{
    reader.GetValues(row);                               //获取结果集的当前行
    for (int i = 0; i < reader.FieldCount; i++)
    {
        listBox1.Items.Add(row[i].ToString());           //将逐项输出行中的项
    }
    listBox1.Items.Add("---------------");
}
```

注意，SqlDataReader 对象不能直接绑定 DataGridView 控件。为在 DataGridView 控件上显示 SqlDataReader 对象中的数据，以利用 BindingSource 类对象来实现。例如：

```
SqlDataReader reader = Command.ExecuteReader();
BindingSource bs = new BindingSource();
bs.DataSource = reader;
dataGridView1.DataSource = bs;
```

10.4.5 DataAdapter 对象

DataAdapter 对象除了可以实现 DataReader 对象的功能以外，还可以执行对数据库的插入、更新和删除等操作，其功能要比 DataReader 对象的功能强得多（但它需要与 DataSet 对象结合使用）。当然，强功能的实现一般意味着要付出更多的机器资源，使用起来就显得特别“沉重”。因此，如果 DataReader 对象已经能完成的任务就不必使用 DataAdapter

对象。

下面介绍 DataAdapter 对象的主要属性和方法。

1. 构造函数

DataAdapter 对象的构造函数有四个重载版本。

```
publicSqlDataAdapter()
publicSqlDataAdapter(SqlCommand selectCommand)
publicSqlDataAdapter(string selectCommandText, SqlConnection selectConnection)
publicSqlDataAdapter(string selectCommandText, string selectConnectionString)
```

其中,参数 selectCommand 用于设置实现 Select 语句的命令对象(SqlCommand 类型),selectCommandText 用于设置 Select 语句文本,selectConnection 用于设置连接对象。

例如,下面四组语句是等价的(其作用都是从数据表 student 提取所有的数据)。

```
//第一组
SqlDataAdapter DataAdapter = new SqlDataAdapter();
DataAdapter.SelectCommand = cmd;
//第二组
SqlDataAdapter DataAdapter = new SqlDataAdapter(cmd);
//第三组
SqlDataAdapter DataAdapter = new SqlDataAdapter(strSQL, conn);
//第四组
SqlDataAdapter DataAdapter = new SqlDataAdapter(strSQL, ConnectionString);
```

其中,在执行上述四组语句之前要先执行下列代码:

```
string strSQL = "SELECT * FROM student";
string ConnectionString = "Data Source = DB_server;Initial Catalog = " +
    "MyDatabase; Persist Security Info = True; User ID = myDB;" +
    "Password = abc";
SqlConnection conn = new SqlConnection(ConnectionString);
conn.Open();
SqlCommand cmd = new SqlCommand();
cmd.Connection = conn;
cmd.CommandText = strSQL;
```

2. DeleteCommand 属性

用于获取或设置一个 SQL 语句或存储过程,以从数据集中删除记录。而要执行相应的 SQL 语句和存储过程,可调用 ExecuteNonQuery()来实现。

例如,从表 student 中删除学号为“20172002”的记录,可以用下列代码实现。

```
string ConnectionString = "Data Source = DB_server;Initial Catalog = " +
    "MyDatabase; Persist Security Info = True; User ID = myDB;" +
    "Password = abc";
SqlConnection conn = new SqlConnection(ConnectionString);
conn.Open();
SqlDataAdapter DataAdapter = new SqlDataAdapter();
SqlCommand cmd = new SqlCommand();
```

```
cmd.Connection = conn;
cmd.CommandText = "delete from student where 学号 = '20172002'";
DataAdapter.DeleteCommand = cmd;
int n = DataAdapter.DeleteCommand.ExecuteNonQuery();
MessageBox.Show("有条 " + n.ToString() + " 记录被删除!");
```

3. InsertCommand 和 UpdateCommand 属性

这两个属性也是用于获取或设置一个 SQL 语句或存储过程，但前者用于实现向数据源插入记录，后者用于更新记录。它们的使用方法与 DeleteCommand 属性相同，这里不再举例。

4. SelectCommand 属性

获取或设置一个 SQL 语句或存储过程，用于在数据源中选择一个记录集。例如，执行下列代码后，将数据表 student 中的数据提取到 DataAdapter 对象中。

```
string ConnectionString = "Data Source = DB_server;Initial Catalog = " +
    "MyDatabase; Persist Security Info = True; User ID = myDB;" +
    "Password = abc";
SqlConnection conn = new SqlConnection(ConnectionString);
conn.Open();
SqlCommand cmd = new SqlCommand();
cmd.Connection = conn;
cmd.CommandText = "SELECT * FROM student";
SqlDataAdapter DataAdapter = new SqlDataAdapter();
DataAdapter.SelectCommand = cmd;
```

5. Fill()方法

执行 SelectCommand 中的查询，并将结果填充到 DataSet 对象的一个数据表(DataTable)中。DataSet 对象可以理解为元素为 DataTable 类型的数组，每次填充时是按照既定的设置将结果集填充到对应的元素中。该方法有多个重载版本，其中常用的有两种。

```
Fill(DataSet dataset)
Fill(DataSet dataset, string srcTable)
```

当调用这些构造函数时，一般都会将 DataAdapter 产生的结果集填充到紧跟最后一个数据表后面的数据表(空表)中。其中，参数 srcTable 是用于设置所填充的数据表的名称。

例如，下列语句都是将 DataAdapter 中的数据填充到 dataset 对象中，但这两次填充分别位于 dataset 对象不同的两个数据表中，表名分别为 t1 和 t2。

```
DataAdapter.Fill(dataset, "t1");
DataAdapter.Fill(dataset, "t2");
```

6. Update()

该方法向数据库提交存储在 DataSet(或 DataTable、DataRows)中的更改。该方法会返回一个整数值,表示成功更新的记录的数量。

但在执行该方法之前,要先形成相应的 Update 语句,语句文本保存在 UpdateCommand 属性中。Update 语句的生成可有 SqlCommandBuilder 的构造函数自动完成。例如:

```
SqlCommandBuilder builder = new SqlCommandBuilder(DataAdapter);
DataAdapter.Update(dataset, "Table");
```

10.4.6 DataSet 对象

DataAdapter 对象是把数据库中的数据映射到内存缓存后所构成的数据容器,对于任何数据源,它都提供一致的关系编程模型。DataAdapter 对象与 ADO 中的 RecordSet 对象有相似的功能,但它要比 RecordSet 对象复杂得多,功能也更为强大。例如,每一个 DataSet 对象通常是一个或多张数据表(DataTable 对象)的集合,而 RecordSet 只能存放单张数据表。

当 DataAdapter 对象将数据填充到 DataSet 对象以后,就可以利用 DataSet 对象提供的属性和方法对数据进行离线或在线操作。这些操作可以是查询记录、添加记录、修改记录和删除记录,并通过 DataAdapter 对象的 Update()方法可以将对记录的更新结果提交到数据库中。

以下分主题并通过举例来介绍 DataSet 对象的数据提取和更新功能。

1. 获取 DataSet 对象中所有的数据表(DataTable 对象)

下面代码是获取对象 dataset 中的所有数据表。

```
for (int i = 0; i < dataset.Tables.Count; i++)
{
    DataTable dt = dataset.Tables[i];                    //获取所有的数据表
    listBox1.Items.Add(dt.ToString());                   //将表名输出到 listBox1 中
}
```

其中,dataset. Tables. Count 返回 dataset 中表的数量,dataset. Tables[i]返回索引为 i 的数据表(DataTable 对象)。

2. 获取指定数据表中的所有字段名

下面代码是获取数据表 t2 的所有字段名。

```
for (int i = 0; i < dataset.Tables["t2"].Columns.Count; i++)
{
    listBox1.Items.Add(dataset.Tables["t2"].Columns[i].ToString());      //获取列名
}
```

其中,dataset. Tables["t2"]. Columns. Count 返回表 t2 的字段的数量,如果表 t2 在 dataset 中的索引为 0,“Tables["t2"]”也可以写成“Tables[0]”(下同)。

3. 提取指定数据表中的所有数据项

下面代码是提取对象 dataset 中数据表 t2 的所有数据项。

```
for (int i = 0; i < dataset.Tables["t2"].Rows.Count; i++)
{
    DataRow dr = dataset.Tables["t2"].Rows[i];          //获取索引为 i 的行
    string s = "";
    for (int j = 0; j < dataset.Tables["t2"].Columns.Count; j++)
    {
        s += dr[j].ToString() + "\t";                   //获取行 dr 中索引为 j 的数据项
    }
    listBox1.Items.Add(s);
}
```

其中,dataset. Tables["t2"]. Rows. Count 返回表 t2 的行数,dataset. Tables["t2"]. Rows[i]返回索引为 i 的行,dataset. Tables["t2"]. Columns. Count 返回表的列数。

【举一反三】

数据集(DataSet)是由若干张数据表(DataTable 对象)构成。上面提到的 dataset. Tables["t2"]实际上就是一个 DataTable 对象。DataTable 对象是数据库应用程序中非常重要而又常用的一种内存对象。不仅要学会遍历其中数据的方法,而且还有熟悉利用已有数据来构造 DataTable 对象的方法。

假设有一张如表 10.4 所示的二维数据表,其中第一行是标题行,其他两行是数据行。

表 10.4 一张二维数据表

T1	T2	T3
a11	a12	a13
a21	a22	a23

如果要创建一个 DataTable 对象来保存该二维数据表,则可以用下列代码来构建这样的 DataTable 对象。

```
DataRow dr = null;
DataColumn col = null;
DataTable dt = new DataTable();                        //创建一个空的 DataTable 对象
col = new DataColumn("T1"); dt.Columns.Add(col);  //添加第 1 列
col = new DataColumn("T2"); dt.Columns.Add(col);  //添加第 2 列
col = new DataColumn("T3"); dt.Columns.Add(col);  //等价于 dt.Columns.Add("T3");
//注:列的类型和数量决定了一个 DataTable 对象的结构,后面添加的数据行应与列结构对应和一致
dr = dt.NewRow();                                      //创建一个空的行对象
dr[0] = "a11"; dr[1] = "a12"; dr[2] = "a13";          //添加行的元素,行的元素个数不能超过列数
dt.Rows.Add(dr);                                       //将行对象添加到 DataTable 对象中
dr = dt.NewRow();                                      //下面添加第二个数据行
dr[0] = "a21"; dr[1] = "a22"; dr[2] = "a23";
dt.Rows.Add(dr);
```

上述代码等价于下面更简洁的代码。

```
DataTable dt = new DataTable();
dt.Columns.Add("T1");
dt.Columns.Add("T2");
dt.Columns.Add("T3");
```

```
dt.Rows.Add(new object[] { "a11", "a12", "a13" });
dt.Rows.Add(new object[] { "a21", "a22", "a23" });
//GridView1.DataSource = dt;                          //可以放在 GridView 控件上显示
//GridView1.DataBind();
```

4. 数据绑定

简单的绑定方法是利用控件的 DataBindings 属性的 Add 方法把 DataSet 中某一个数据表中的某一行和组件的某个属性绑定起来,从而达到显示数据的效果。例如,下列语句将 dataset 中表 t2 的"姓名"字段绑定到控件 textBox1 的 Text 属性中。

```
textBox1.DataBindings.Add("Text", dataset, "t2.t_name");
```

下列语句则将 dataset 中表 t2 的"姓名"字段绑定到控件 comboBox1 中,当下拉该控件时可以看到列 t_name 的所有内容。

```
comboBox1.DataSource = dataset.Tables["t2"];
comboBox1.DisplayMember = "t_name";
```

还有一种常用的绑定方法是将数据绑定到 DataGridView 控件中,方法是将控件的 DataSource 属性值设置为相应的 DataSet 对象,将控件的 DataMember 属性值设置为 DataSet 对象中的表名。例如,下列语句是将 dataset 中数据表 t2 中的数据显示到控件 dataGridView1 中。

```
dataGridView1.DataSource = dataset;
dataGridView1.DataMember = "t2";
```

有关 DataGridView 控件的使用方法,将在第 12 章中详细介绍。

5. 数据更新

可以利用 DataAdapter 对象的 Update()方法来保存在 DataSet 对象所做的更新。例如:

```
DataAdapter.Fill(dataset, "t2");
dataGridView1.DataSource = dataset;
dataGridView1.DataMember = "t2";                     //将数据显示在 dataGridView1 中
//在对控件 dataGridView1 中的数据进行修改后,可以用下列语句将更新保存到数据库
SqlCommandBuilder builder = new SqlCommandBuilder(DataAdapter);   //此句不能缺少
DataAdapter.Update(dataset, "t2");                   //将所作的更新保存到数据库中
```

注意,在调用 Update()方法更新数据时,要保证 Select 返回的结果集包含主键列(当然,对应的数据表要定义主键),否则会出现这样的异常提示信息:"对于不返回任何键列信息的 SelectCommand 不支持 UpdateCommand 的动态 SQL 生成!"。

【例 10.2】 DataSet 对象的使用方法(多次填充 DataSet 的方法)。

本例将综合上面介绍有关 DataSet 对象的使用方法,以使读者对其常用的属性和方法有一个相对完整的理解。

创建窗体应用程序 DataSetApp,在窗体上添加 Button、TextBox、DataGridView 和 ListBox,并适当设置它们的属性、位置和大小,程序 DataSetApp 的设计界面如图 10.8 所示。

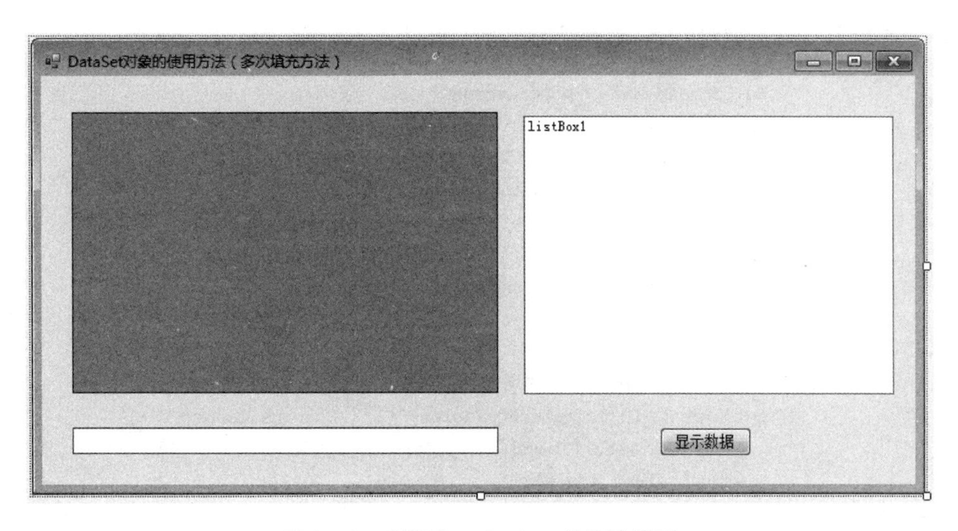

图 10.8 程序 DataSetApp 的设计界面

该程序要展示的功能是将两个数据源(对应于对数据表 student 的两次查询结果)的数据分别填充到 DataSet 对象中,形成该对象中的两个表 t1 和表 t2;然后提取 t1 的所有字段名以及 t1 中所有的数据项,并显示在 listBox1 控件中;同时将 t2 绑定到 dataGridView1 控件并显示 t1 中的数据,而且将表 t2 中的字段"姓名"绑定到 textBox1 并显示该字段的数据项。

文件 Form1.cs 的代码如下:

```
using System;
using System.Data;
using System.Data.SqlClient;
using System.Windows.Forms;
namespace DataSetApp
{
    public partial class Form1 : Form
    {
        public Form1()
        {
            InitializeComponent();
        }
        private void button1_Click(object sender, EventArgs e)
        {
            SqlConnection conn = null;
            SqlDataAdapter DataAdapter = null;
            DataSet dataset = null;
            try
            {
                string ConnectionString = "Data Source = DB_server;Initial Catalog = " +
                    "MyDatabase; Persist Security Info = True; User ID = myDB;" +
                    "Password = abc";
                conn = new SqlConnection(ConnectionString);
                conn.Open();
```

```
                DataAdapter = new SqlDataAdapter();
                dataset = new DataSet();
                SqlCommand cmd = new SqlCommand();
                cmd.Connection = conn;
                cmd.CommandText = "SELECT * FROM student";
                DataAdapter.SelectCommand = cmd;
                DataAdapter.Fill(dataset, "t1");    //第一次填充
                cmd.CommandText = "Select * From student where 性别 = '女'";
                DataAdapter.SelectCommand = cmd;
                DataAdapter.Fill(dataset, "t2");    //第二次填充
                string s = " ";
                //获取表 t1 中的所有列名
                for (int i = 0; i < dataset.Tables["t1"].Columns.Count; i++)
                    s += dataset.Tables["t1"].Columns[i].ToString() + "\t";
                listBox1.Items.Add(s);
                //提取表 t1 中的数据项
                for (int i = 0; i < dataset.Tables[0].Rows.Count; i++)
                {
                    DataRow dr = dataset.Tables[0].Rows[i];
                    s = "";
                    for (int j = 0; j < dataset.Tables[0].Columns.Count; j++)
                    {
                        s += dr[j].ToString() + "\t";
                    }
                    listBox1.Items.Add(s);
                }
                //将表 t2 中的字段 t_name 绑定到 textBox1
                textBox1.DataBindings.Add("Text", dataset, "t2.姓名");
                //将 dataset 绑定到 dataGridView1
                dataGridView1.DataSource = dataset;
                //在 dataGridView1 中显示表 t2 中的数据
                dataGridView1.DataMember = "t2";
            }
            catch (Exception ex)
            {
                MessageBox.Show(ex.Message);
            }
            finally
            {
                if (conn != null) conn.Dispose();
                if (dataset != null) dataset.Dispose();
                if (DataAdapter != null) DataAdapter.Dispose();
            }
        }
    }
}
```

执行该程序，在运行界面上单击"显示数据"按钮，在 DataGridView 控件中单击不同的数据记录，文本框中将显示相应学生的姓名(这就是绑定的作用)，程序 DataSetApp 的运行界面如图 10.9 所示。

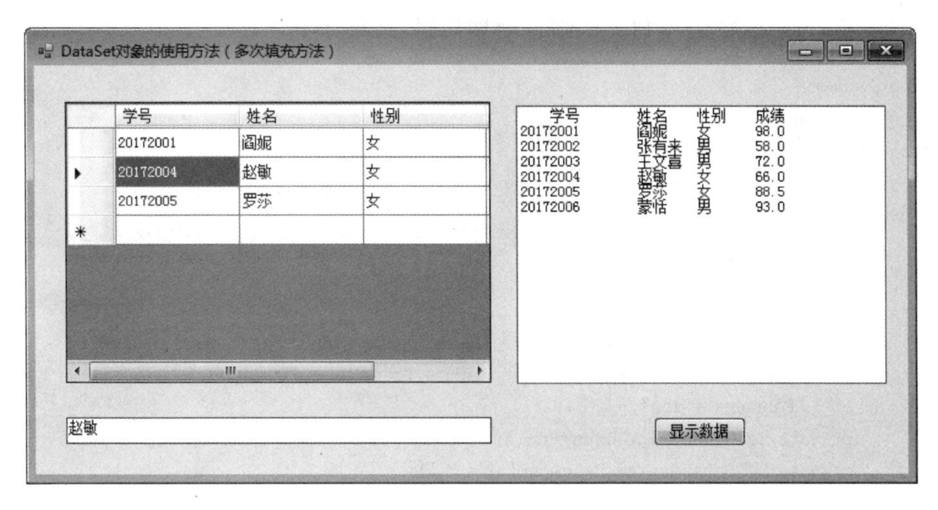

图 10.9 程序 DataSetApp 的运行界面

10.5 数据库操作举例

对数据库的操作主要体现为对数据表的四大操作：查询数据（Select）、添加数据（Insert）、修改数据（Update）和删除数据（Delete）。掌握这四大操作也就掌握数据库应用程序的核心技术。

10.5.1 数据检索

数据检索是指按照既定的检索条件查询满足要求的记录的过程。请考虑下面的例子。

【例 10.3】 数据检索的例子。

创建窗体应用程序 DataSearching，在窗体上添加 Label 控件和 ComboBox 控件各两个，TextBox、Button 和 DataGridView 控件各一个，并适当设置它们的相关属性、大小和位置，程序 DataSearching 的设计界面如图 10.10 所示。

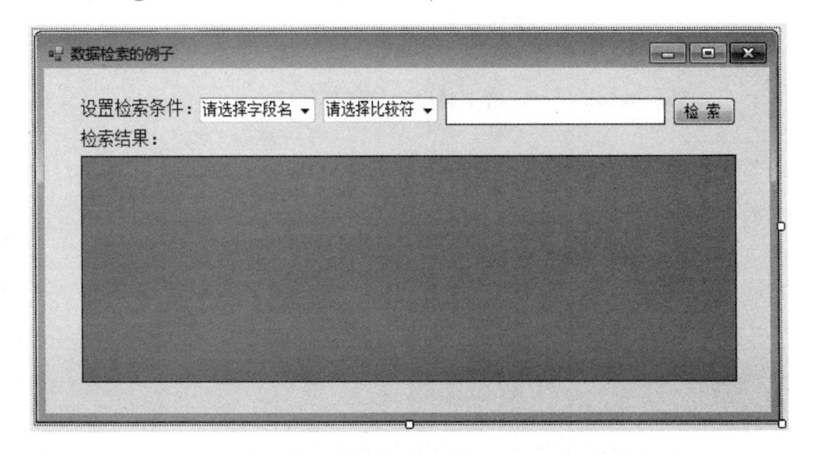

图 10.10 程序 DataSearching 的设计界面

在文件 Form1.cs 中编写相关的事件处理代码，结果如下：

```
using System;
using System.Data;
using System.Data.SqlClient;
using System.Windows.Forms;
namespace DataSearching
{
    public partial class Form1 : Form
    {
        private string ConnectionString = "Data Source = DB_server;Initial Catalog = " +
            "MyDatabase; Persist Security Info = True; User ID = myDB;" +
            "Password = abc";
        private SqlConnection conn = null;
        private SqlDataAdapter DataAdapter = null;
        private DataSet dataset = null;
        private SqlCommand cmd = null;
        public Form1()
        {
            InitializeComponent();
        }
        private void button1_Click(object sender, EventArgs e)
        {
            string tb1 = textBox1.Text;
            if (comboBox2.Text == " like ") tb1 = " % " + textBox1.Text + " % ";
            string strSQL = "SELECT * FROM student Where ";
            strSQL += comboBox1.Text + comboBox2.Text + "'" + tb1 + "'";
            try
            {
                cmd.CommandText = strSQL;
                DataAdapter.SelectCommand = cmd;
                dataset.Clear();
                DataAdapter.Fill(dataset, "t1");
                dataGridView1.DataSource = dataset;
                dataGridView1.DataMember = "t1";
            }
            catch
            {
                MessageBox.Show("请正确设置检索条件!");
            }
            finally
            {
                if (conn != null) conn.Close();
            }
        }
        private void Form1_Load(object sender, EventArgs e)
        {
            try
            {
                conn = new SqlConnection(ConnectionString);
                conn.Open();
```

```
                DataAdapter = new SqlDataAdapter();
                dataset = new DataSet();
                cmd = new SqlCommand();
                cmd.Connection = conn;
                cmd.CommandText = "SELECT * FROM student";
                DataAdapter.SelectCommand = cmd;
                DataAdapter.Fill(dataset, "t1");
                comboBox1.Items.Clear();
                //先获取所有的字段,以用于构造查询条件
                for (int i = 0; i < dataset.Tables["t1"].Columns.Count; i++)
                    comboBox1.Items.Add(dataset.Tables["t1"].Columns[i].ToString());
                dataset.Clear();
                comboBox2.Items.Add(" = ");            //设置比较运算符
                comboBox2.Items.Add("<");
                comboBox2.Items.Add(">");
                comboBox2.Items.Add(" like ");
            }
            catch (Exception ex)
            {
                MessageBox.Show(ex.Message);
            }
        }
    }
}
```

运行该程序,结果如图 10.11 所示。

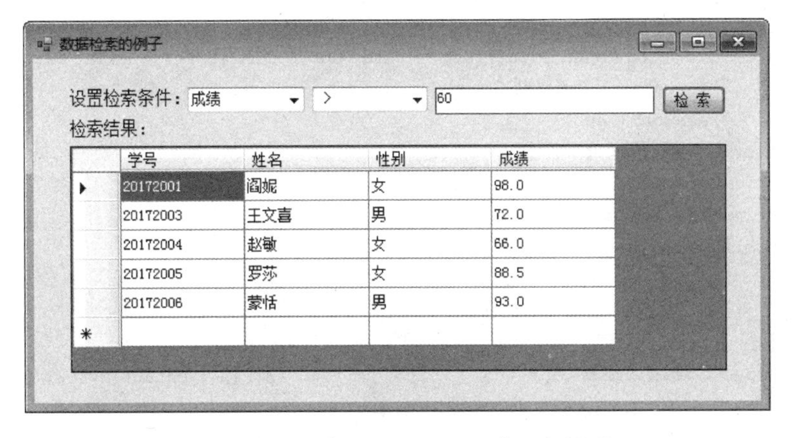

图 10.11　程序 DataSearching 的运行界面

10.5.2　数据添加

【例 10.4】　数据添加的例子。

创建窗体应用程序 DataInserting,在窗体上添加 Label 控件和 TextBox 控件各四个,Button 和 DataGridView 控件各一个,并适当设置它们的相关属性、大小和位置,程序 DataInserting 的设计界面如图 10.12 所示。

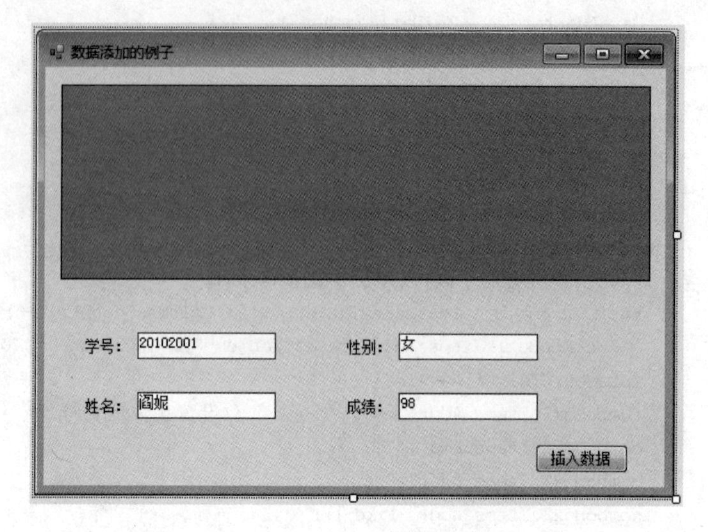

图 10.12　程序 DataInserting 的设计界面

在文件 Form1.cs 中编写相关的事件处理代码,结果如下:

```
using System;
using System.Data;
using System.Data.SqlClient;
using System.Windows.Forms;
namespace DataInserting
{
    public partial class Form1 : Form
    {
        private string ConnectionString = "Data Source = DB_server;Initial Catalog = " +
            "MyDatabase; Persist Security Info = True; User ID = myDB;" +
            "Password = abc";
        private SqlConnection conn = null;
        private SqlDataAdapter DataAdapter = null;
        private DataSet dataset = null;
        public Form1()
        {
            InitializeComponent();
        }
        private void showData()                         //在控件 dataGridView1 显示数据
        {
            try
            {
                conn.Open();
                DataAdapter = new SqlDataAdapter("SELECT * FROM student", conn);
                dataset = new DataSet();
                DataAdapter.Fill(dataset);
                dataGridView1.DataSource = dataset;
                dataGridView1.DataMember = dataset.Tables[0].ToString();
            }
            catch (Exception ex)
            {
```

```
                MessageBox.Show(ex.ToString());
            }
            finally
            {
                conn.Close();
                dataset.Dispose();
            }
        }
        private void button1_Click(object sender, EventArgs e)
        {
            string strSQL = "INSERT INTO student VALUES(";
            strSQL += "'" + textBox1.Text;
            strSQL += "','" + textBox2.Text;
            strSQL += "','" + textBox3.Text;
            strSQL += "'," + textBox4.Text + ")";
            SqlCommand command = null;
            try
            {
                command = new SqlCommand();
                command.Connection = conn;
                command.CommandText = strSQL;
                conn.Open();
                int n = command.ExecuteNonQuery();    //执行 Insert 语句
                if(n > 0) MessageBox.Show("成功插入数据!");
            }
            catch (Exception ex)
            {
                MessageBox.Show(ex.Message);
            }
            finally
            {
                if(conn!= null) conn.Close();
                command.Dispose();
            }
            showData();
        }
        private void Form1_Load(object sender, EventArgs e)
        {
            conn = new SqlConnection(ConnectionString);
            showData();
        }
    }
}
```

10.5.3 数据更新

【例 10.5】 数据更新的例子。

数据更新有很多种方式,在这里提供两种修改方式。

(1) 一种是直接修改在 DataGridView 控件中以表格显示的数据;

(2) 当单击 DataGridView 控件中的数据行时，该行中的数据项分别显示在下方的文本框中，可以在这些文本框中修改这些数据，这是另一种方法。

显然，前者是通过 DataAdapter 对象(结合 DataSet)的 Update 方法来实现，后者通过 Command 对象来完成。

创建窗体应用程序 DataUpdating，在窗体上添加 DataGridView、TextBox、Button 等控件，并适当设置它们的属性、位置、大小，程序 DataUpdating 的设计界面如图 10.13 所示。

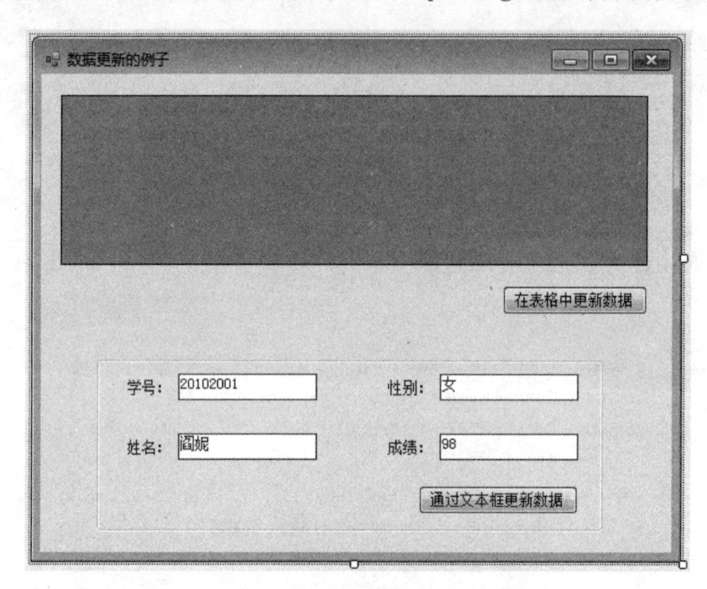

图 10.13 程序 DataUpdating 的设计界面

在文件 Form1.cs 中编写相关的事件处理代码，结果如下：

```
using System;
using System.Data;
using System.Data.SqlClient;
using System.Windows.Forms;
namespace DataUpdating
{
    public partial class Form1 : Form
    {
        private string ConnectionString = "Data Source = DB_server;Initial Catalog = " +
            "MyDatabase; Persist Security Info = True; User ID = myDB;" +
            "Password = abc";
        private SqlConnection conn = null;
        private SqlDataAdapter DataAdapter = null;
        private DataSet dataset = null;
        public Form1()
        {
            InitializeComponent();
        }
        private void showData2()                          //在控件 dataGridView1 显示数据
        {
            string tname = "";
```

```
    try
    {
        if (conn == null) conn.Open();
        DataAdapter = new SqlDataAdapter("SELECT * FROM student", conn);
        dataset = new DataSet();
        DataAdapter.Fill(dataset);
        dataGridView1.DataSource = dataset;
        dataGridView1.DataMember = dataset.Tables[0].ToString();
        tname = dataset.Tables[0].ToString();
        //先清除所有绑定,然后再重新绑定
        textBox1.DataBindings.Clear();
        textBox2.DataBindings.Clear();
        textBox3.DataBindings.Clear();
        textBox4.DataBindings.Clear();
        textBox1.DataBindings.Add("Text", dataset, "table.学号");  //数据绑定
        textBox2.DataBindings.Add("Text", dataset, "table.姓名");
        textBox3.DataBindings.Add("Text", dataset, "table.性别");
        textBox4.DataBindings.Add("Text", dataset, "table.成绩");
    }
    catch (Exception ex)
    {
        MessageBox.Show(ex.ToString());
    }
}
private void button1_Click(object sender, EventArgs e)
{
    //构造 Update 语句
    string strSQL = "Update student set ";
    strSQL += "姓名 = '" + textBox2.Text;
    strSQL += "',性别 = '" + textBox3.Text;
    strSQL += "',成绩 = " + textBox4.Text;
    strSQL += " Where 学号 = '" + textBox1.Text + "'";
    int index = dataGridView1.CurrentRow.Index;  //获取当记录的索引号
    SqlCommand command = null;
    try
    {
        command = new SqlCommand();
        command.Connection = conn;
        command.CommandText = strSQL;
        conn.Open();
        int n = command.ExecuteNonQuery();          //执行 SQL 语句
        if (n > 0) MessageBox.Show("成功更新数据,有" +
                n.ToString() + "行受到更新!");
    }
    catch (Exception ex)
    {
        MessageBox.Show(ex.Message);
    }
    finally
    {
        if (conn != null) conn.Close();
```

```
                command.Dispose();
            }
            showData2();
            //将索引为 index 的行设置为当前行
            this.dataGridView1.CurrentCell = this.dataGridView1.Rows[index].Cells[0];
            dataGridView1.Rows[index].Selected = true;    //加亮显示
        }
        private void Form1_Load(object sender, EventArgs e)
        {
            conn = new SqlConnection(ConnectionString);
            textBox1.ReadOnly = true;                    //不允许修改学号,因为它是主键
            showData2();
        }
        private void button2_Click(object sender, EventArgs e)
        {
            try
            {
                SqlCommandBuilder builder = new SqlCommandBuilder(DataAdapter);
                int n = DataAdapter.Update(dataset, "Table");
                MessageBox.Show("成功更新数据,有"
                      + n.ToString() + "行受到更新!");
            }
            catch
            {
                MessageBox.Show("更新不成功!");
            }
        }
    }
}
```

运行该程序,结果如图 10.14 所示。

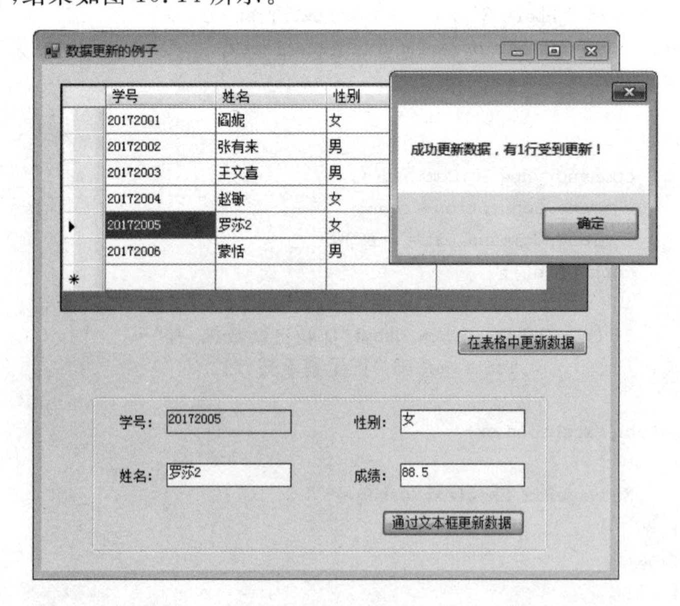

图 10.14　程序 DataUpdating 的运行界面

注意，在调用 DataAdapter 对象的 Update()方法更新数据时，可能会出现这样的异常提示信息："对于不返回任何键列信息的 SelectCommand 不支持 UpdateCommand 的动态 SQL 生成！"。这主要是因为对应的数据表没有主键，准确地说，是 Select 返回的结果集不包含主键列。

10.5.4　数据删除

【例 10.6】　数据删除的例子。

创建窗体应用程序 DataDeleting，在窗体上添加一个 DataGridView 控件和一个 Label 控件，并适当设置它们的相关属性、大小和位置，程序 DataDeleting 的设计界面如图 10.15 所示。

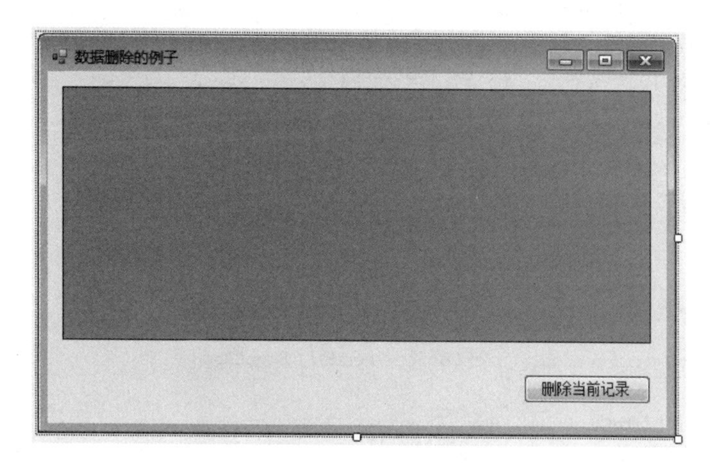

图 10.15　程序 DataDeleting 的设计界面

该程序的功能是，当单击"删除当前记录"按钮时，删除 DataGridView 控件中的当前记录。当前记录的设置可通过鼠标的单击操作来完成。

在文件 Form1.cs 中编写相关的事件处理代码，结果如下：

```
using System;
using System.Data;
using System.Data.SqlClient;
using System.Windows.Forms;
namespace DataDeleting
{
    public partial class Form1 : Form
    {
        private string ConnectionString = "Data Source = DB_server;Initial Catalog = " +
            "MyDatabase; Persist Security Info = True; User ID = myDB;" +
            "Password = abc";
        private SqlConnection conn = null;
        private SqlDataAdapter DataAdapter = null;
        private DataSet dataset = null;
        private string curNo = "";
        public Form1()
        {
```

```
        InitializeComponent();
    }
    private void showData3()                          //在控件 dataGridView1 显示数据
    {
        try
        {
            if (conn == null) conn.Open();
            DataAdapter = new SqlDataAdapter("SELECT * FROM student", conn);
            dataset = new DataSet();
            DataAdapter.Fill(dataset, "t1");
            dataGridView1.DataSource = dataset;
            dataGridView1.DataMember = "t1";
        }
        catch (Exception ex)
        {
            MessageBox.Show(ex.ToString());
        }
        finally
        {
            if (conn != null) conn.Close();
            DataAdapter.Dispose();
            dataset.Dispose();
        }
    }
    private void button1_Click(object sender, EventArgs e)
    {
        if (dataGridView1.Rows.Count <= 1) return;
        int index = dataGridView1.CurrentRow.Index;   //获取当记录的索引号
        dataGridView1.Rows[index].Selected = true;    //加亮显示
        curNo = this.dataGridView1.Rows[index].Cells[0].Value.ToString();
        SqlCommand command = null;
        string strSQL = "Delete From student Where 学号 = '" + curNo + "'";
        try
        {
            command = new SqlCommand();
            command.Connection = conn;
            command.CommandText = strSQL;
            conn.Open();
            int n = command.ExecuteNonQuery();          //执行 Delete 语句
        }
        catch (Exception ex)
        {
            MessageBox.Show(ex.Message);
        }
        finally
        {
            if (conn != null) conn.Close();
            command.Dispose();
        }
        showData3();
    }
```

```
        private void Form1_Load(object sender, EventArgs e)
        {
            conn = new SqlConnection(ConnectionString);
            showData3();
        }
    }
}
```

实际上，上述介绍的数据检索、添加、更新和删除功能，可以通过 TabControl 控件将它们集成到一个程序中；同时可以基于面向对象的方法将访问数据库的操作定义为访问类，其他的功能也可以封装在一个类中。

10.6 习题

一、简答题

1. ADO 与 ADO.NET 的主要区别是什么？
2. 简述 ADO.NET 的体系结构。
3. SQL 语言的主要功能是什么？
4. DataReader 对象和 DataAdapter 对象的主要区别是什么？
5. 教材中多处提到"Connection"和"SqlConnection"，这两者有何区别与联系？
6. Connection 对象和 Command 对象的作用什么？
7. 简述数据库系统、数据库和数据库管理系统(DBMS)之间的区别和联系。

二、填空题

1. 下面代码用于连接到服务器 myServer 上的数据库 DB1，已知该数据库有一个登录 MyLog，密码为 sql123，请补充下列代码：

```
string ConnectionString = "________;________; ________;________; Persist Security Info = True";
SqlConnection conn = new SqlConnection(ConnectionString);
```

2. SQL 语言的数据操纵包括________、________、________。

3. 已知数据表 student 依序包含学号、姓名、性别和成绩四个字段，为使下面两条语句等效，填上缺少的代码：

```
INSERT INTO student VALUES('20172001','阎妮','女', 98);
INSERT INTO student(________,________,________,________,)
VALUES(98,'阎妮','女', '20172001');
```

4. 将数据表 student 中学号为 20172003 的学生的成绩减去 10 分，相应的 Update 语句是：____________________。

5. 假设已对 DataSet 对象作了如下填充：

```
DataAdapter.Fill(dataset, "t1");
DataAdapter.Fill(dataset, "t2");
DataAdapter.Fill(dataset, "t3");
```

则提取表 t3 中第 3 行、第 4 列中的数据项的代码是：________________。

三、上机题

1. 表 10.5 给出了教师信息表(teacher)的基本结构。表中列出了所有的列名及其数据类型和约束条件。

表 10.5　表 teacher 的结构说明

字 段 名	数 据 类 型	约 束 条 件	说　　明
t_no	int	主键	教师编号
t_name	varchar(8)	非空	教师姓名
t_sex	char(2)		性别
t_salary	money		工资
d_no	char(2)	非空	所在院系编号
t_remark	varchar(200)		评论

根据上表，构造相应的 CREATE TABLE 语句，用于创建教师信息表 teacher。并指出如何在数据库 MyDatabase 中形成数据表 teacher。

2. 创建一个数据库应用程序，使它能够对表 teacher 进行简单的数据浏览、插入、更新和删除操作。

第11章 ASP.NET Web应用开发

主要内容：与窗体应用程序相比，Web 应用程序的主要特点是以网页为界面。这种程序的优点是提供基于网络(包括 Internet)的远程服务，用户只需利用浏览器就可以访问 Web 应用程序，而不需要安装专门的客户端程序。ASP.NET 就是实现这种 Web 应用的技术平台之一。ASP.NET 有两种编程模型：Web Form 和 Web Service。为了便于区别，前者通常称为 Web 窗体，它是以网页的形式呈现给用户；后者称为 Web 服务，它虽然没有可视化的用户界面，但它可以为其他应用程序提供安全、共享的网络服务。本章主要介绍 Web 窗体应用程序和 Web 服务应用程序的开发方法。

教学目标：了解 Web 窗体应用程序和 Web 服务应用程序的区别，掌握 Response 对象、Request 对象、Session 对象和 Application 对象的常用属性，掌握 ASP.NET 数据库应用程序的开发方法，熟悉 Web 服务的创建和调用方法。

11.1 一个简单的 ASP.NET Web 应用程序

在本节中，将创建一个简单的 ASP.NET Web 应用程序(后面简写为"Web 应用程序")，让读者初步理解 Web 应用程序的开发步骤及其工作原理。该程序的功能是将文本框中输入的字符串显示在网页上。

11.1.1 创建 Web 应用程序

Web 应用程序需要在 Visual Studio.NET 集成开发环境中创建和开发。Web 应用程序的开发可以选用 C#、Visual Basic.NET 或 Visual C++.NET 语言，本章是介绍如何创建基于 C#语言的 Web 应用程序。

【例 11.1】 基于 C#的简单 Web 应用程序。

这是一个简单的 Web 应用程序，其作用是将文本框中输入的字符串显示在网页上。创建步骤如下：

(1) 启动 VS2015，选择"文件"|"新建"|"项目"，打开"新建项目"对话框。在此对话框的"项目类型"框中选择"Visual C#"项，在"模板"框中选择"ASP.NET Web 应用程序"，表示要创建基于 C#的 Web 应用程序，将程序名设置为 MyFirstWebApp，"新建项目"对话框如图 11.1 所示。

(2) 单击"确定"按钮，然后在生成的"新建 ASP.NET 项目"对话框中选择空模板

Empty,并选中 Web Forms 选项,表示创建基于 Web 窗体的 Web 应用程序,如图 11.2 所示。

图 11.1 “新建项目”对话框

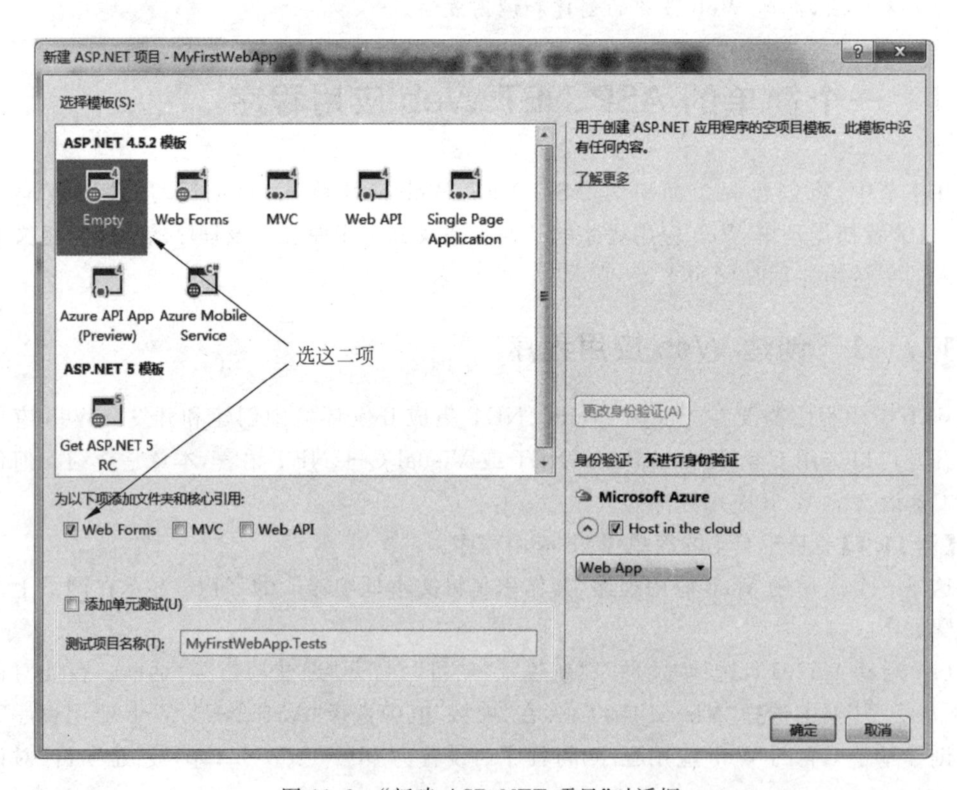

图 11.2 “新建 ASP.NET 项目”对话框

(3) 单击“确定”按钮，打开 Configure Microsoft Azure Web App 对话框，单击“取消”按钮（暂不考虑将应用发布到 Mircosoft azure 云上），之后生成一个 Web 应用框架。

以上步骤(1)～(3)创建的是一个空的 Web 应用框架，它不包含任何的 Web 页面。实际上，如果在图 11.2 所示的界面中选择“Web Forms”模板，生成的 Web 应用程序将包含一个 Web 页面，但在这种模板生成的页面中夹杂太多无关的元素和代码，不利于阐述问题。因此，本书一般都是采用先创建一个空的 ASP.NET Web 应用程序，然后再添加 Web 窗体（页面）的方法来介绍 Web 应用开发方法。

(4) 为添加一个 Web 窗体，选择菜单“项目”|“添加新项”，在弹出的对话框中选择“Web 窗体”，最后单击“添加”按钮，这时会在“解决方案资源管理器”中增加一个新的节点 WebForm1.aspx。右击 WebForm1.aspx 节点，在弹出的快捷菜单中选择“查看设计器”命令，打开页面的视图设计器。

(5) 将工具箱中的三个控件拖到设计界面中，这三个控件分别是 Label、TextBox 和 Button 控件，并适当设置它们的属性和位置，文件 WebForm1.aspx 的设计界面如图 11.3 所示。

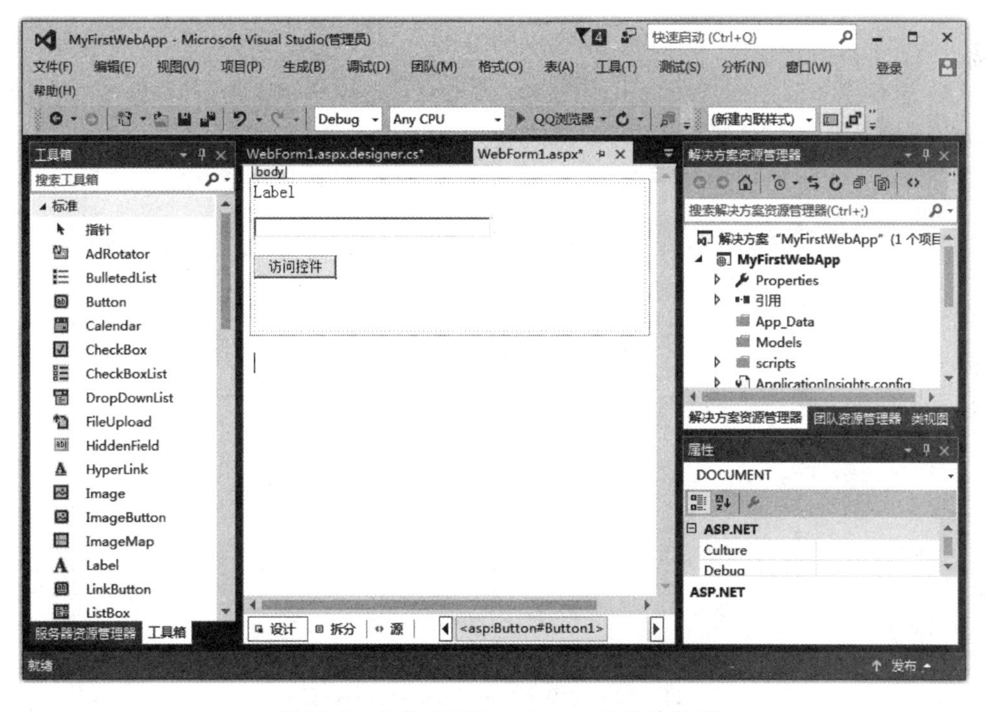

图 11.3 文件 WebForm1.aspx 的设计界面

(6) 在设计界面中，双击“访问控件”按钮，即可进入到该按钮的事件处理函数中，实际上是在 WebForm1.aspx.cs 文件中生成了 Button1_Click 函数。在该函数中，添加下列代码。

```
Label1.Text = TextBox1.Text;
Label1.Font.Size = 20;
```

结果 WebForm1.aspx.cs 文件的代码如下：

```
using System;
using System.Collections.Generic;
using System.Linq;
using System.Web;
using System.Web.UI;
using System.Web.UI.WebControls;
namespace MyFirstWebApp
{
    public partial class WebForm1 : System.Web.UI.Page
    {
        protected void Page_Load(object sender, EventArgs e)
        {
        }
        protected void Button1_Click(object sender, EventArgs e)
        {
            Label1.Text = TextBox1.Text;
            Label1.Font.Size = 20;
        }
    }
}
```

(7) 运行程序 MyFirstWebApp。方法是：按 Ctrl+F5 组合键直接运行，也可以单击快捷菜单栏上的“启动调试”按钮▶(相当于按 F5 键)。在打开的 IE 浏览器界面的文本框中输入一些字符串，然后单击“访问控件”按钮，文件 WebForm1.aspx 的运行界面如图 11.4 所示。

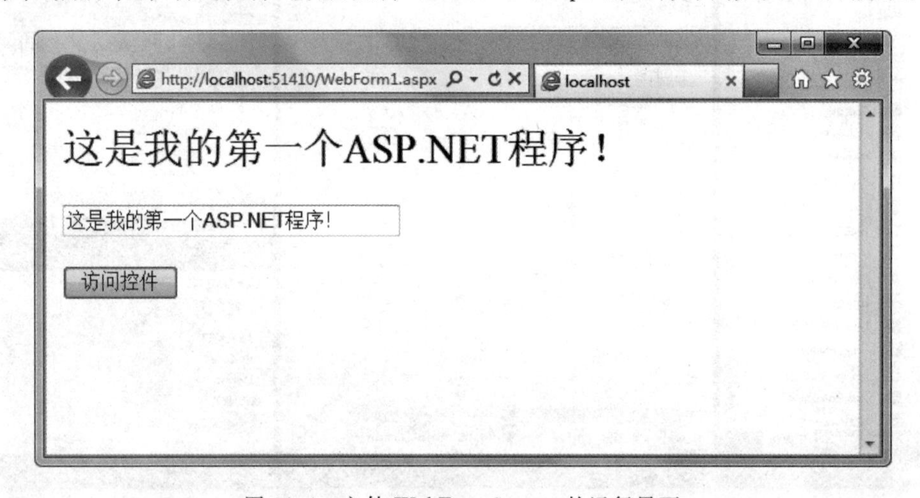

图 11.4　文件 WebForm1.aspx 的运行界面

至此，一个简单的 Web 应用程序开发完毕。

11.1.2　程序结构解释

读者可能注意到，虽然做的是网页程序，但没有感觉到要编写任何的网页代码(编写 HTML 代码是一件繁杂的事情)，而只是进行控件的拖曳、控件属性的设置以及 C#代码的编写，这与开发 C#窗体应用程序几乎没有什么区别。这就是 ASP.NET 对 Web 应用程序设计的极大改进。

这种改进主要是由于.NET平台采用了界面和代码分开的策略，即网页文件放在WebForm1.aspx文件中，而C#代码则放在WebForm1.aspx.cs文件中。

WebForm1.aspx文件的代码如下：

```
<!-- WebForm1.aspx 文件的代码 -->
<%@ Page Language="C#" AutoEventWireup="true" CodeBehind="WebForm1.aspx.cs" Inherits=
"MyFirstWebApp.WebForm1" %>
<!DOCTYPE html>
<html xmlns="http://www.w3.org/1999/xhtml">
<head runat="server">
<meta http-equiv="Content-Type" content="text/html; charset=utf-8"/>
    <title></title>
</head>
<body>
    <form id="form1" runat="server">
    <div>
        <asp:Label ID="Label1" runat="server" Text="Label"></asp:Label><br /><br />
        <asp:TextBox ID="TextBox1" runat="server" Width="217px"></asp:TextBox>
            <br /><br />
        <asp:Button ID="Button1" runat="server" OnClick="Button1_Click" Text="访问控
件" /><br /><br /><br />
    </div>
    </form>
</body>
</html>
```

在WebForm1.aspx文件中，Page Language属性指示了页面所使用的编程语言，AutoEventWireup属性指示了在加载时是否自动调用页面中定义的Page_init和Page_Load方法，CodeBehind指示了与页面元素相关联的代码文件，Inherits则用于指示当前页面所继承的类(父类)。

WebForm1.aspx.cs文件的代码如下：

```
using System;
using System.Collections.Generic;
using System.Linq;
using System.Web;
using System.Web.UI;
using System.Web.UI.WebControls;
namespace MyFirstWebApp
{
    public partial class WebForm1 : System.Web.UI.Page
    {
        protected void Page_Load(object sender, EventArgs e)
        {
        }
        protected void Button1_Click(object sender, EventArgs e)
        {
            Label1.Text = TextBox1.Text;
            Label1.Font.Size = 20;
        }
    }
}
```

WebForm1.aspx.cs 文件是与页面元素相关联的 C# 文件(如果是基于 Visual Basic.NET 创建的 Web 应用程序,则以.vb 为扩展名),它就是 ASP.NET 代码隐藏的地方。对 Web 应用程序来说,这里就是程序员的"用武之地"。前面所述的"界面元素和代码分开",指的就是将程序文件分为 Web 应用中的.aspx 文件和.aspx.cs 文件。

11.2 关于 ASP.NET

要想了解 ASP.NET,就不得不提到 ASP。ASP(Active Server Pages)是 Microsoft 公司于 1996 年 11 月推出的面向 Web 应用程序开发的技术框架,但它不是程序设计语言,也不是开发工具。简单地说,ASP 主要是由"<%"和"%>"挂起来的代码嵌入到 HTML 中的一种技术。这些代码在服务器端执行,执行时无须编译,可以用任何的文本编辑器编写(如记事本等)。此外,ASP 可以通过内置的组件实现更强大的功能,如使用 ADO 可以轻松地访问数据库。

ASP.NET 则是从 HTML 发展到 ASP,然后伴随着微软的.NET 技术的推出而出现的。ASP.NET 不是 ASP 的简单升级,而是全新一代的动态网页开发系统,用于在一台 Web 服务器上建立强大的应用程序。它是 Microsoft.NET 技术的一个组成部分,是 ASP 和.NET 技术结合的产物。在 Microsoft Visual Studio 2005/2008 中,利用.NET 提供的控件,可快速地开发 Web 应用程序,大大简化了编码的过程。

相对 ASP 而言,ASP.NET 具有的主要优势包括以下三点。

1. 实现界面和代码的分开

从前面的介绍知道,ASP 代码是嵌入 HTML 代码中,这就使得程序结构变得十分繁杂,降低了程序的可读性,加大了程序维护的难度。在 Web 应用中,C# 代码可保存在独立于 HTML 文件的.cs 文件中,从而实现了界面元素(HTML 标签等)和 C# 代码的分开。这好像是将 C# 代码隐藏起来,也就是所谓的代码隐藏技术。这样,开发 Web 应用程序也就变得跟开发窗体应用程序一样轻松。

注意,在 ASP.NET 中,"界面和代码的分开"并非强制性的,也可以在 ASP.NET 页面中使用 ASP 元素。实际上,.asp 文件也可以改名为.aspx 文件(但反之不然)。也就是说,ASP.NET 语法兼容 ASP 语法,反之不兼容。

2. 编译执行

ASP 应用所使用的编程语言(如 VBScript、Jscript 等)都是解释执行的。这意味着,在每次响应客户端请求时,服务器都要调用相应语言引擎解释脚本,这通常会降低程序的执行效率。ASP.NET 则不然,它可以在 Microsoft Visual Studio.NET 集成开发环境中像 Visual Basic.NET、Visual C++.NET 那样开发,经过一次编译即可,往后执行就不需再编译,从而提高执行效率。

3. 使用强类型(strongly-type)编程语言

ASP.NET 可以使用任意一种.NET 平台下的编程语言,如 C#、Visual Basic 等(因此,

C#、Visual Basic 程序员很容易就可以转化为 ASP.NET 程序员)，也允许使用潜力巨大的.NET Framework，而 ASP 仅局限于使用 non-type 脚本语言来开发。这决定了 ASP.NET 更易于实现功能强大、任务复杂的 Web 应用程序。

ASP.NET 主要包括 Web Form 和 Web Service 两种编程模型。前者提供了建立功能强大、外观丰富的基于表单(Form)的可编程 Web 页面，这几乎与 Visual Basic.NET、C#.NET 的窗体开发界面是一样的；后者通过对 HTTP、XML、SOAP、WSDL 等 Internet 标准的支持提供在异构网络环境下获取远程服务、连接远程设备、交互远程应用的编程界面。

本章后面的部分将介绍基于这两种编程模型的 Web 应用程序开发方法。

11.3 ASP.NET 控件和对象

11.3.1 ASP.NET 控件

ASP.NET 提供了大量的控件，当用户将控件拖到 Web 窗体设计界面时，会自动生成相应的 HTML 代码和 C#代码。这为 Web 应用程序的可视化界面设计提供极大的便利，避免了使用 HTML 标记语言编写大量代码的麻烦。

ASP.NET 控件主要分为两大类：Web 窗体控件和 HTML 控件。HTML 控件位于工具箱的 HTML 选项卡上，HTML 控件如图 11.5 所示。其他控件一般都属于 Web 窗体控件。

对于 Web 窗体控件和 HTML 控件，需要注意以下三点。

(1) Web 窗体控件是服务器端控件，即它们在服务器端运行，因此不要求客户端浏览器支持 Web 窗体控件(如不要求安装.NET Framework 等)，在浏览器看到的只是这些控件运行后输出的结果；HTML 控件是客户端控件，只有满足浏览器支持这些控件的条件下，它们才能运行。

(2) Web 窗体控件是以 C# 为脚本语言，其功能十分强大。HTML 控件则以 JavaScript 等为脚本语言，其功能较前者弱得多。

(3) 在设计界面上，当双击 Web 窗体控件时，会自动在.cs 文件中形成并打开控件的 Click 事件处理函数(C#语言)，以供用户编写代码；当双击 HTML 控件时，则会自动在.aspx 文件中形成并打开控件的 onclick 事件处理函数(JavaScript 语言)。

当然，读者要开发 Web 应用程序，除了需要掌握.NET 平台相关的编程语言(如 C#)以外，还需要对 HTML 标记语言和 JavaScript 语言等有一定程度的了解。但本书不对这些语言进行介绍，请参阅网页制作的相关书籍。

下面通过一个例子来说明如何使用 ASP.NET 控件，同时介绍一种实现在两个页面之间传递数据的方法，此方法在 Web 应用程序中经常被使用。

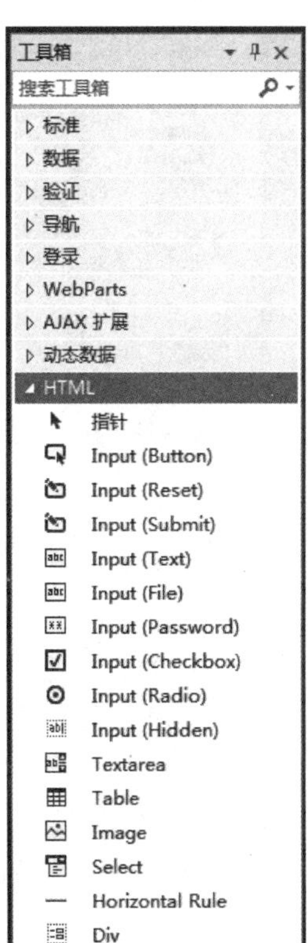

图 11.5　HTML 控件

【例 11.2】 使用 ASP.NET 控件实现页面之间传递数据的 Web 应用程序。

在传统的 ASP 中，通过使用 POST 方法很容易实现页面间的数据传递，但在 ASP.NET 中这个问题却变得有点不同。解决这个问题的方法有多种(如使用 Server.Transfer 或 Session 对象等)。下面介绍如何使用 QueryString 来解决这个问题。

使用 QueryString 方法比较简单、直观，但不够安全。但是在传递的数据量少且安全性要求不高的情况下，这个方法还是一个不错的选择。

这个 Web 应用程序的创建步骤如下：

(1) 在 VS2015 中创建一个空的 Web 应用程序 testWebControlApp。

(2) 添加两个 Web 页，方法是：选择"项目"|"添加新项"命令，在打开的"添加新项"对话框中选择"Web 窗体"按钮，"添加新项"对话框如图 11.6 所示。进行两次这样相同的操作即可添加两个 Web 页。

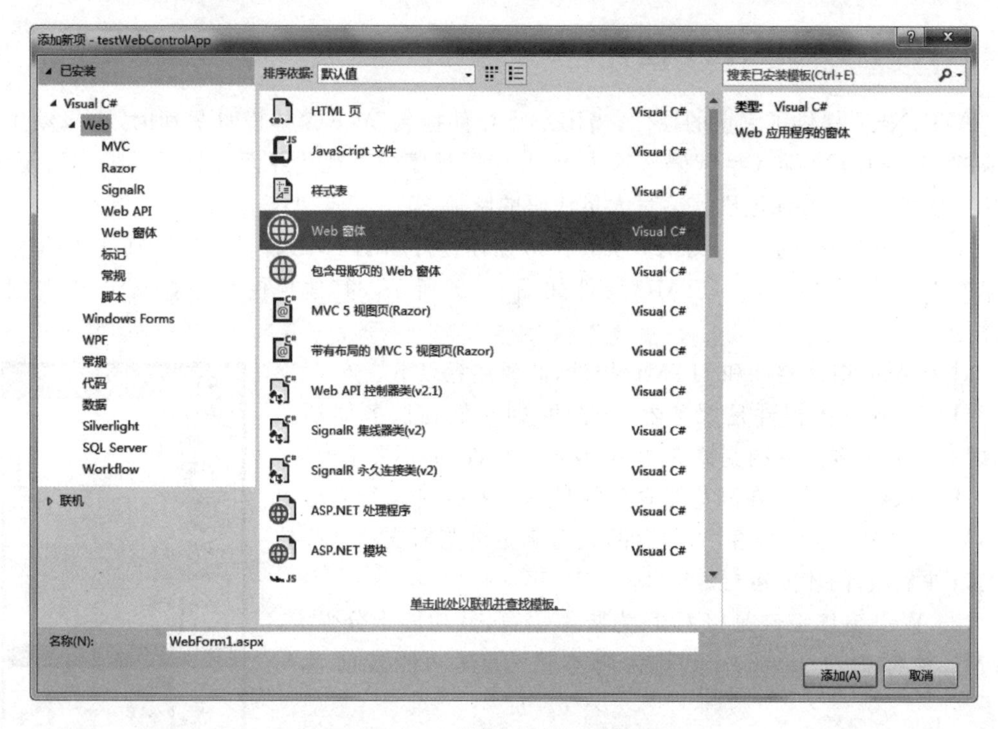

图 11.6 "添加新项"对话框

这时，程序 testWebControlApp 已经包含了两个.aspx 文件：WebForm1.aspx 和 WebForm2.aspx，它们分别对应两个 Web 页。下面进一步介绍如何实现将 WebForm1.aspx 页中的数据传递到 WebForm2.aspx 对应的页面中。

(3) 在视图设计器中打开文件 WebForm1.aspx 的设计界面，然后在其设计界面中分别添加两个 Label 控件、两个 TextBox 控件和一个 Button 控件，并在属性编辑器中修改 Label 和 Button 控件的 Text 属性、将 TextBox 控件的 ID 分别改为 username 和 password，还将后一个 TextBox 控件的 TextModel 属性值设置为 password，以将此框作为密码输入框。WebForm1.aspx 的设计界面如图 11.7 所示。

(4) 在视图设计器中打开文件 WebForm2.aspx 的设计界面，在设计界面中直接添加两

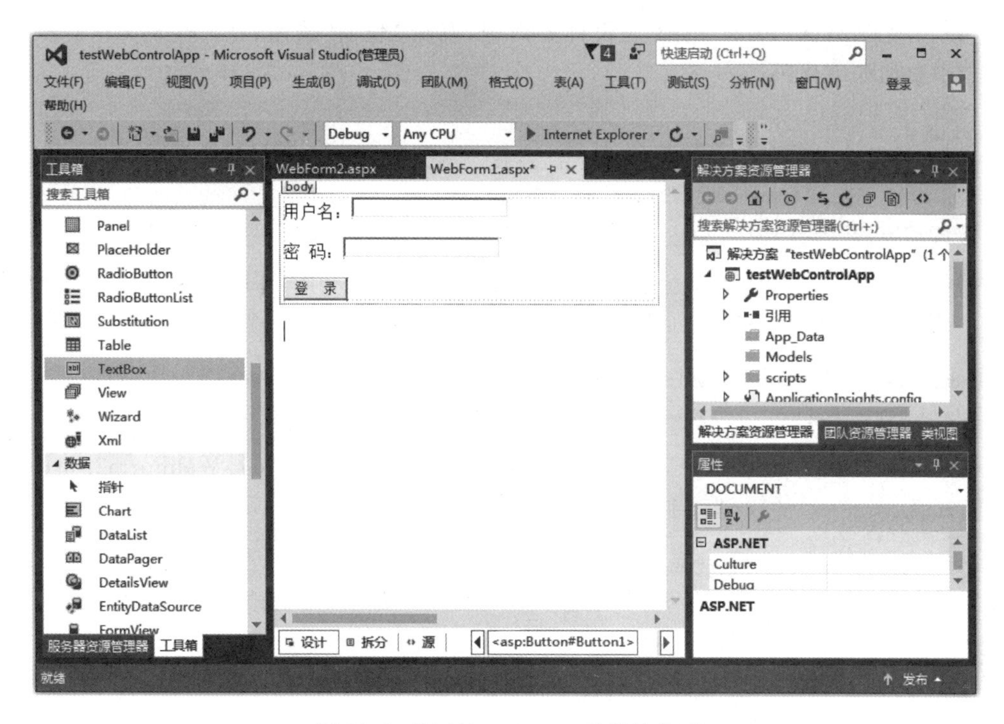

图 11.7　WebForm1.aspx 的设计界面

个 Label 控件即可，它们的 ID 自动被设置为 Label1 和 Label2，WebForm2.aspx 的设计界面如图 11.8 所示。

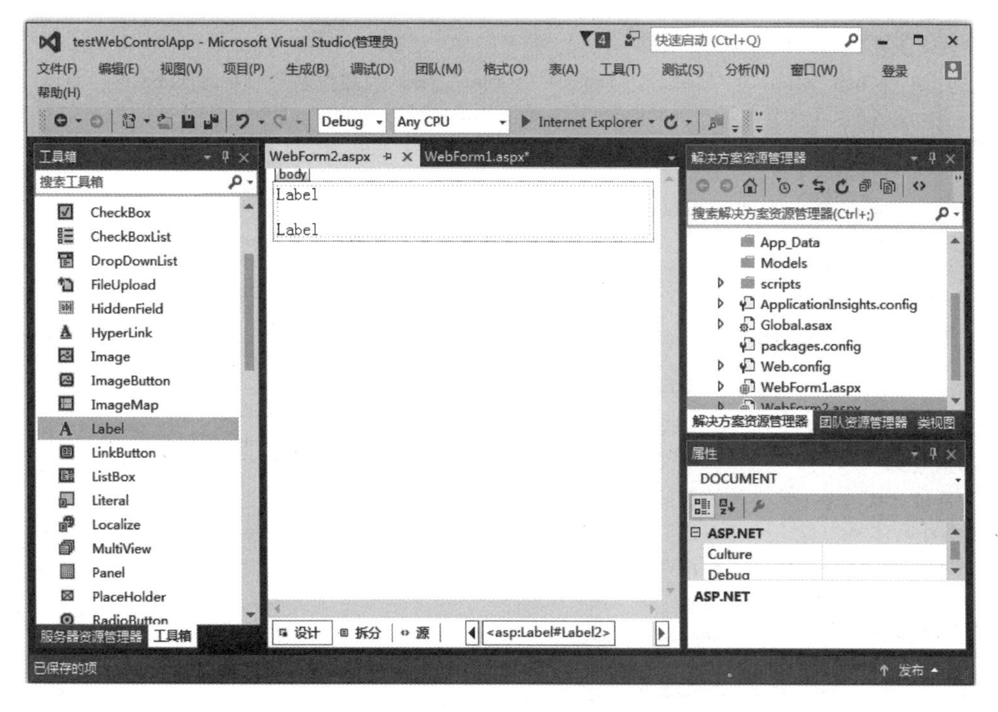

图 11.8　WebForm2.aspx 的设计界面

(5) 在文件 WebForm1.aspx 的设计界面中,双击"登录"按钮,在产生的 Click 事件处理函数中添加如下代码。

```
string dataStr;
dataStr = "WebForm1.aspx?username = " + username.Text
                + "&password = " + password.Text;
Response.Redirect(dataStr);
```

(6) 在文件 WebForm2.aspx 的设计界面中,双击任意一个空白处,将自动产生 Page_Load 函数,在该函数中添加下列代码。

```
Label1.Text = Request.QueryString["username"];
Label2.Text = Request.QueryString["password"];
```

结果,这四个文件(WebForm1.aspx 和 WebForm1.aspx.cs、WebForm2.aspx 和 WebForm2.aspx.cs)的代码分别如下:

```
<!-- WebForm1.aspx 文件的代码 -->
<%@ Page Language = "C#" AutoEventWireup = "true" CodeBehind = "WebForm1.aspx.cs" Inherits =
"testWebControlApp.WebForm1" %>
<!DOCTYPE html>
<html xmlns = "http://www.w3.org/1999/xhtml">
<head runat = "server">
<meta http-equiv = "Content-Type" content = "text/html; charset = utf-8"/>
    <title></title>
</head>
<body>
    <form id = "form1" runat = "server">
    <div>
        <asp:Label ID = "Label1" runat = "server" Text = "用户名:"></asp:Label>
        <asp:TextBox ID = "username" runat = "server"></asp:TextBox>
        <br />
        <br />
        <asp:Label ID = "Label2" runat = "server" Text = "密 码:"></asp:Label>
        <asp:TextBox ID = "password" runat = "server" TextMode = "Password"></asp:TextBox>
        <br />
        <br />
        <asp:Button ID = "Button1" runat = "server" OnClick = "Button1_Click" Text = "登 录" />
    </div>
    </form>
</body>
</html>
//WebForm1.aspx.cs 文件的代码
using System;
using System.Collections.Generic;
using System.Linq;
using System.Web;
using System.Web.UI;
using System.Web.UI.WebControls;
namespace testWebControlApp
{
```

```
    public partial class WebForm1 : System.Web.UI.Page
    {
        protected void Page_Load(object sender, EventArgs e)
        {
        }
        protected void Button1_Click(object sender, EventArgs e)
        {
            string dataStr;
            dataStr = "WebForm2.aspx?username = " + username.Text
             + "&password = " + password.Text;
            Response.Redirect(dataStr);
        }
    }
}
<!-- WebForm2.aspx 文件的代码 -->
<%@ Page Language = "C#" AutoEventWireup = "true" CodeBehind = "WebForm2.aspx.cs" Inherits =
"testWebControlApp.WebForm2" %>
<!DOCTYPE html>
<html xmlns = "http://www.w3.org/1999/xhtml">
<head runat = "server">
<meta http-equiv = "Content-Type" content = "text/html; charset = utf-8"/>
    <title></title>
</head>
<body>
    <form id = "form1" runat = "server">
    <div>
        <asp:Label ID = "Label1" runat = "server" Text = "Label"></asp:Label>
        <br />
        <br />
        <asp:Label ID = "Label2" runat = "server" Text = "Label"></asp:Label>
    </div>
    </form>
</body>
</html>
//WebForm2.aspx.cs 文件的代码
using System;
using System.Collections.Generic;
using System.Linq;
using System.Web;
using System.Web.UI;
using System.Web.UI.WebControls;
namespace testWebControlApp
{
    public partial class WebForm2 : System.Web.UI.Page
    {
        protected void Page_Load(object sender, EventArgs e)
        {
            Label1.Text = Request.QueryString["username"];
            Label2.Text = Request.QueryString["password"];
        }
    }
}
```

(7) 运行文件 WebForm1. aspx,在文本框中输入用户名和密码,WebForm1. aspx 运行页面如图 11. 9 所示。然后单击“登录”按钮,结果输入的用户名和密码被传送到文件 WebForm2. aspx 对应的页面中,如图 11. 10 所示。

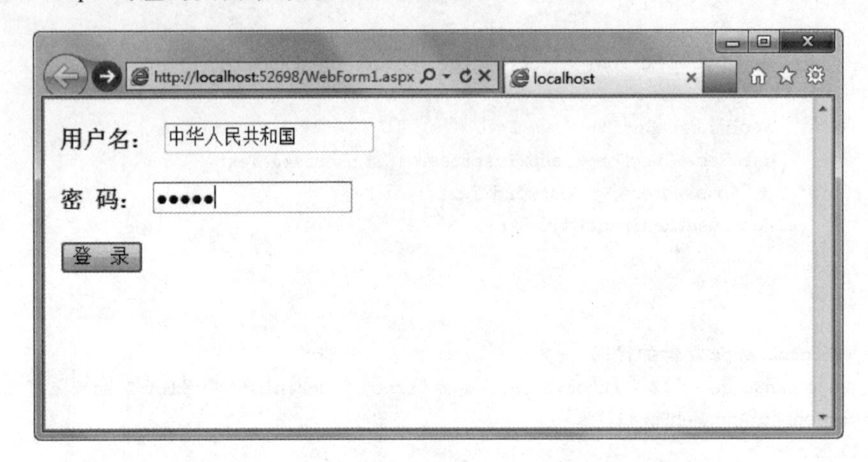

图 11. 9　WebForm1. aspx 运行页面

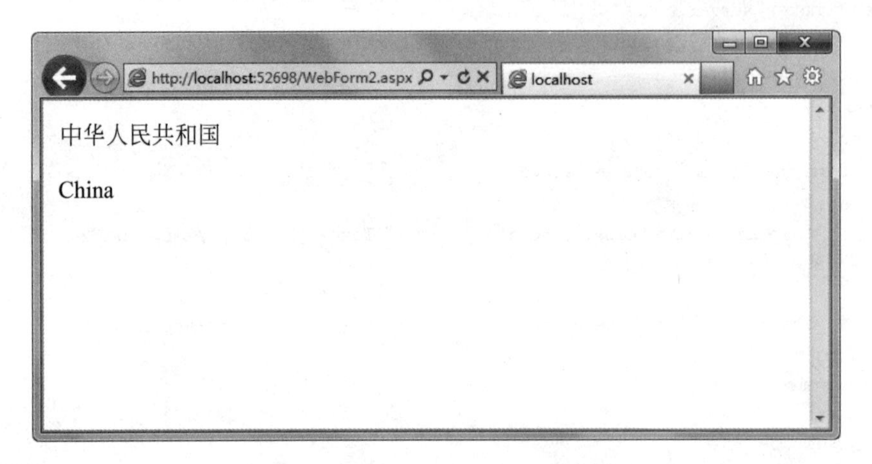

图 11. 10　WebForm2. aspx 运行页面

从运行结果可以看到,WebForm1. aspx 页面中的数据已经成功传送到 WebForm2. aspx 页面中。

11.3.2　ASP. NET 常用对象

除了控件以外,ASP. NET 还提供许多对象,利用这些对象可以轻松地完成 Web 应用程序的设计。

1. Response 对象

系统根据用户的请求(打开一个页面)自动创建一个 Response 对象。该对象用于向客户端传递或输出相关的信息,这些信息包括用户定义的内容、内容的报头、服务器的状态等。下面介绍 Response 对象常用的属性和方法。

1）Buffer 属性

该属性用于设置服务器端是否开启缓存功能。如果其值为 True，表示开启 IIS 缓存功能，这时服务器会处理整个页面后再发给客户端，这样用户就可以看到连续的界面，当然这是以牺牲服务器的内存资源为代价；如果其值为 False，表示不开启 IIS 缓存功能，此时服务器会一边处理一边发送，则用户看到的界面可能是间断的。

2）Expires 属性

该属性的值表示页面的有效期，单位为分钟。如果用户请求其有效期满之前的相同页面，将直接读取显示缓冲区中的内容，这个有效期间过后，页面将不再保留缓冲区中的内容。

3）Status 属性

该属性用于指示发回客户的响应的 HTTP 报头中表明错误或页面处理是否成功的状态值和信息。例如，“200 OK”和“404 Not Found”。

4）Write()方法

该方法用于向客户端输出指定的内容，由客户端解释执行。例如：

```
Response.Write("今天的日期时间：");
Response.Write(DateTime.Now.ToString());
```

5）Redirect()方法

该方法用于重定向到指定的 URL。例如：

```
Response.Redirect("http://www.sohu.com/");          //重定向到"搜狐"主页
Response.Redirect("WebForm1.aspx");                  //重定向到 WebForm1.aspx 页面
```

也可以在重定向的同时传递一些数据，例如，下列语句在重定向到 WebForm1.aspx 页面的同时传递字符串“abc”。

```
Response.Redirect("WebForm1.aspx?strname = " + "abc");
```

在 WebForm1.aspx 页面中可用 Request 对象来接收此数据，稍后将介绍。

6）AddHeader()方法

该方法用于增加 HTTP 头的集合中的元素。例如：

```
Response.AddHeader("headname","headvalue");
```

7）Clear()方法

该方法用于清空 IIS 缓冲区中的内容(Response.Buffer 为 True 时)。

8）Flush()方法

执行该方法时，将 IIS 缓冲区中的内容发给客户端(Response.Buffer 为 True 时)，对客户端来说，其作用就是刷新网页。

9）End()方法

当程序执行到该方法时，将终止脚本的处理，起到终止程序继续运行的作用。

2. Request 对象

当客户端浏览器向 ASP.NET 服务器端程序发出请求时，服务器端程序将针对请求的应答信息封装在 Request 对象中，客户端通过调用 Request 对象的属性和方法可以获取想要的信息。

下面介绍 Request 对象的常用属性和方法。

1) ApplicationPath 属性

返回服务器上 Web 应用程序的虚拟根路径(string 类型)。

2) Path 属性

返回当前请求页的虚拟路径(包含请求页对应的 .aspx 文件名)。

3) PhysicalPath 属性

返回与请求的 URL 相对应的物理文件系统的绝对路径(包含请求页对应的 .aspx 文件名)。

4) PhysicalApplicationPath 属性

返回当前正在执行的服务器应用程序的根目录在物理文件系统中的绝对路径。

5) ContentLength 属性

返回所获得内容的长度。

6) ContentEncoding 属性

返回所获得内容的编码方式。

7) ContentType 属性

返回所获得内容的类型。

8) Headers 属性

返回 HTTP 头的集合。例如:

```
System.Collections.Specialized.NameValueCollection heads = Request.Headers;
for (int i = 0; i < heads.Count; i++)
{
    Response.Write("<br>");
    Response.Write(heads[i].ToString());
}
```

9) HttpMethod 属性

返回客户端使用的 HTTP 数据传输的方法,如 GET、POST 或 HEAD。

10) Url 属性

返回当前请求的 URL。

11) Browser 属性

这个属性返回浏览器的有关信息,这些信息十分丰富,包括浏览器是否支持 ActiveX 控件、是否为测试版、浏览器的名称和版本号等信息。

例如,在.aspx.cs 文件中执行下列代码后可以得到浏览器的部分信息。

```
HttpBrowserCapabilities browser = Request.Browser;
string s;
s = browser.ActiveXControls.ToString();
Response.Write("浏览器是否支持 ActiveX 控件:" + s + "<br>");
s = browser.Beta.ToString();
Response.Write("浏览器是否测试版:" + s + "<br>");
s = browser.ClrVersion.ToString();
Response.Write("浏览器上安装的.NET 框架的版本:" + s + "<br>");
```

```
s = browser.Cookies.ToString();
Response.Write("浏览器是否支持 Cookies:" + s + "<br>");
s = browser.JavaApplets.ToString();
Response.Write("浏览器是否支持 JavaApplets:" + s + "<br>");
s = browser.Platform;
Response.Write("浏览器使用的平台:" + s + "<br>");
s = browser.JavaScript.ToString();
Response.Write("浏览器是否支持 JavaScript:" + s + "<br>");
s = browser.Type;
Response.Write("浏览器是名称和版本号:" + s + "<br>");
s = browser.VBScript.ToString();
Response.Write("浏览器是否支持 VBScript:" + s + "<br>");
s = browser.Version;
Response.Write("浏览器完整的版本号:" + s + "<br>");
s = browser.Win16.ToString();
Response.Write("浏览器是否是基于 Win16 的计算机:" + s + "<br>");
s = browser.Win32.ToString();
Response.Write("浏览器是否是基于 Win32 的计算机:" + s + "<br>");
```

运行上述代码,结果如图 11.11 所示。

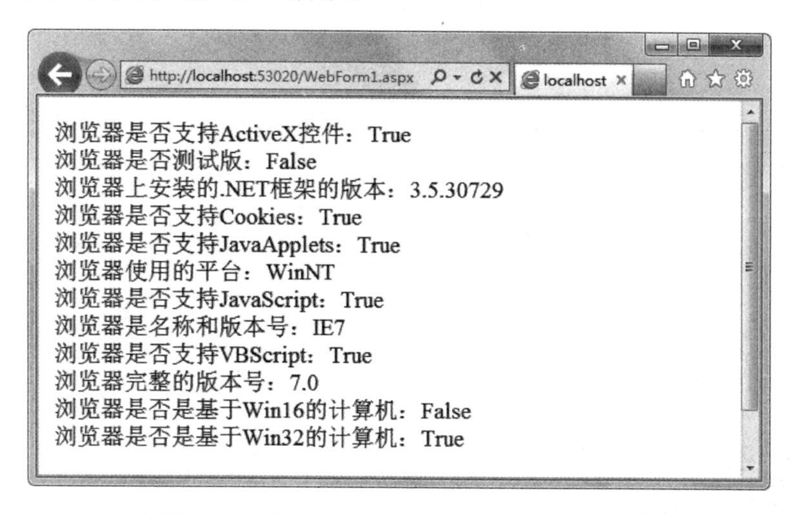

图 11.11 使用 Browser 属性获取浏览器的信息

12) UserHostAddress 属性

返回客户机的 IP 地址(string 类型)。利用这个属性可以拒绝恶意用户的访问。

13) UserHostName 属性

返回客户机的 DNS 名称。

14) QueryString 属性

该属性返回 URL 所带的附加信息项的集合,集合的类型为 System.Collections.Specialized.NameValueCollection,通常用于实现页面之间的数据传递。

例如,下面语句重定向到 WebForm1.aspx 页面,同时传递三个信息项。

```
Response.Redirect("WebForm1.aspx?s1 = str1&s2 = str2&s3 = str3");
```

在 WebForm1.aspx 页面中可以用下面三条语句分别获取这三项信息。

```
string s;
s = Request.QueryString["s1"];                          //结果 s = " str1"
s = Request.QueryString["s2"];                          //结果 s = " str2"
s = Request.QueryString["s3"];                          //结果 s = " str3"
```

当然,也可以通过下标访问集合中的元素来获取信息项。

```
string s;
System.Collections.Specialized.NameValueCollection strs = Request.QueryString;
for (int i = 0; i < strs.Count; i++)
{
    s = strs[i];
}
```

显然,QueryString 属性通常与 Response 对象的 Redirect 属性搭配使用。实际上,例 11.2 中的程序 testWebControlApp 已经使用过这两个属性来实现页面之间的数据传递。

15) ServerVariables 属性

该属性是一个 string 类型对象的集合,它保存了服务器的有关信息。例如,可以用下列语句输出该属性包含的所有有关服务器的信息。

```
for (int i = 0; i < Request.ServerVariables.Count; i++)
{
    Response.Write((i + 1).ToString() + ":" + Request.ServerVariables[i].ToString() + "<br
>");
}
```

一般情况下是通过对象的名称来访问 ServerVariables 属性中有关服务器的信息。常用的包括:

```
Request.ServerVariables["Local_Addr"]                   //返回服务器的 IP
Request.ServerVariables["Path_Info"]                    //返回被请求页的虚拟路径
Request.ServerVariables["Path_Translated"]              //返回被请求页的绝对路径
Request.ServerVariables["Server_Name"]                  //返回服务器的名称
Request.ServerVariables["Server_Port"]                  //返回服务器所使用的端口
Request.ServerVariables["Url"]                          //返回请求页的 URL 地址
```

3. Server 对象

Server 对象封装了服务器的相关信息,利用该对象提供的方法可以获取这些信息。

1) MapPath()方法

返回与 Web 服务器上的指定虚拟路径相对应的物理文件路径,如 Server. MapPath("\\WebForm1. aspx")返回"D:\VS2015\第 11 章\test\test\WebForm1. aspx"。

2) Redirect()方法

该方法与 Response 对象的 Redirect()方法具有相同的调用方法。例如,下面两个语句的作用是一样的。

```
Response.Redirect("WebForm1.aspx?s1 = str1&s2 = str2");
Server.Transfer("WebForm1.aspx?s1 = str1&s2 = str2");
```

3）HtmlEncode()方法

对给定的字符串进行 HTML 编码，使得浏览器不再按照 HTML 语法对其进行解释，而是原样输出。例如，对于下面的两条语句：

```
Response.Write("<h1>中国人</h1>" + "<br>");
Response.Write(Server.HtmlEncode("<h1>中国人</h1>") + "<br>");
```

运行代码，其结果如图 11.12 所示。

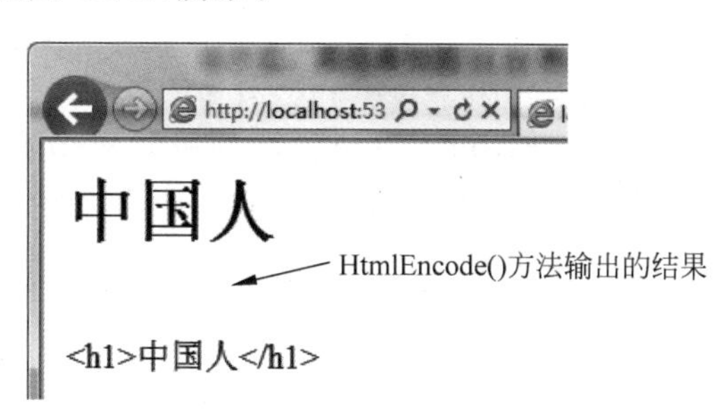

图 11.12　HtmlEncode()方法的效果对比

因此，如果想将 HTML 语法中的代码在浏览器输出，就需要使用 HtmlEncode()方法。

4. Session、Application 和 ViewState 对象

Session 对象和 Application 对象都是用于在服务器端保存数据和对象，它们都是 object 类型的数组，可以通过对象名或下标引用其中的对象。通常用于保存用户信息、实现网站访问计数等功能。但 ViewState 对象是页面对象，在客户端运行时，不能跨页使用。

Session、Application 和 ViewState 对象的使用方法完全相同，三者的不同之处是它们的作用范围不同。Session 对象的作用范围是一次会话期内（简单地说，就是从打开网页到关闭网页这个时间段），只为一个用户所拥有；Application 对象的作用范围则是 Web 服务器的一次生存期（从启动服务器到关闭服务器这个时间段），可为所有用户共享；而 ViewState 的生命周期则是该页面结束之前，为一个页面所拥有（仅在一个页面内有效）。

例如，下面两条语句的作用是将字符串"Petter"和"C_sharp"依次添加到 Session 对象中（Application 和 ViewState 对象的访问方法是一样的）。

```
Session["username"] = "Petter";
Session["userpass"] = "C_sharp";
```

这两个字符串在 Session 中的“名称”分别为 username 和 userpass，通过它们的名称即可访问相应的数据和对象。例如，对于下列语句：

```
Response.Write(Session["username"] + "<br>");
Response.Write(Session["userpass"] + "<br>");
```

执行后将输出：

```
Petter
C_sharp
```

当然，也可以通过下标来访问 Session 对象中的数据。

```
Response.Write(Session[0] + "<br>");
Response.Write(Session[1] + "<br>");
```

实际上，可以用下列语句输出 Session 对象中的所有数据。

```
for (int i = 0; i < Session.Count; i++)
{
    Response.Write(Session[i] + "<br>");
}
```

【例 11.3】 Session、Application 和 ViewState 对象的区别。

创建 Web 应用程序 testSessionApplication 并添加一个 Web 窗体 WebForm1.aspx，然后在该 Web 窗体的 Load 事件处理函数中添加有关实现计数功能的测试代码，结果如下：

```
protected void Page_Load(object sender, EventArgs e)
{
    if (Session["sCount"] == null) Session["sCount"] = 1;           //初始化
    else Session["sCount"] = (int)Session["sCount"] + 1;            //自加 1
    Response.Write("Session 对象的计数结果：" + Session["sCount"] + "<br>");
    if (Application["aCount"] == null) Application["aCount"] = 1; //初始化
    else Application["aCount"] = (int)Application["aCount"] + 1;  //自加 1
    Response.Write("Application 对象的计数结果：" + Application["aCount"] + "<br>");

    if (ViewState["aCount"] == null) ViewState["aCount"] = 1;       //初始化
    else ViewState["aCount"] = (int)ViewState["aCount"] + 1 ;       //自加 1
    Response.Write("ViewState 对象的计数结果：" +
    ViewState["aCount"].ToString() + "<br>");
}
```

运行该程序，然后对网页刷新两次，结果如图 11.13 所示；然后另一次打开浏览器并使用相同的 URL 地址(无须刷新，且不关闭第一个浏览器，以保证 Web 服务器不被关闭)，显示的计数结果如图 11.14 所示。

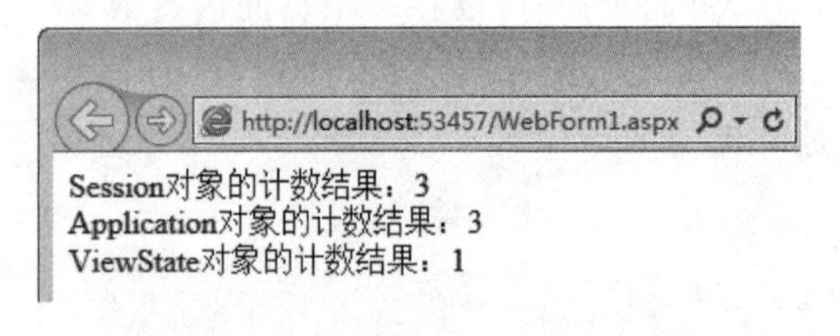

图 11.13 第一个浏览器的运行结果(刷新两次)

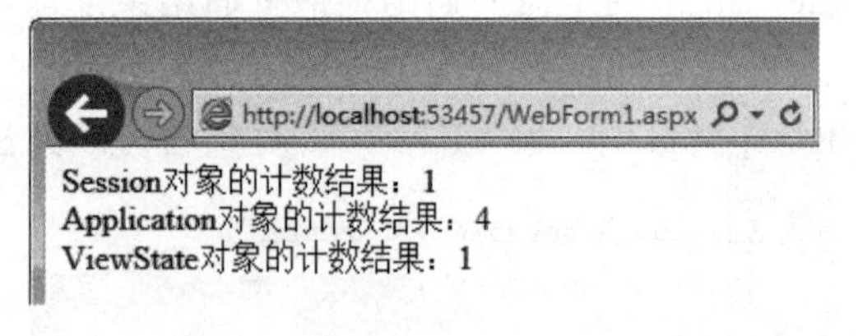

图 11.14 第二个浏览器的运行结果(没有刷新)

从图 11.13 和图 11.14 中可以看到，另打开一个网页后，Session 对象中的数据不复存在，每次打开网页时都要从头创建；而对 Application 对象来说，只要不关闭 Web 服务器，其中的数据一直被保存下来；而对于 ViewState 对象来说，刷新页面时产生的新页面是另外一个页面，因此在这种情况下其值是空的，因而无法计数，并且其值总是 1。

总之，Session、Application 和 ViewState 三个对象的使用方法相同，它们生命周期按大到小的顺序排列依次是 Application(整个 Web 服务器周期)、Session(一次会话)、ViewState(一个页面)。ViewState 对象能够支持的数据类型有限，主要支持 String、

Integer、Boolean、Array、ArrayList、Hashtable 以及自定义的一些类型；虽然 Session 和 Application 支持的类型比较多，但它们可以在服务器端运行，占用的是服务器资源。当然，由于 ViewState 对象将数据存储在一个隐藏域里面，这是一个安全隐患。

11.4　ASP.NET 数据库应用程序

ASP.NET 数据库应用程序和 C# 窗体数据库应用程序的开发在原理上是一样的，不同的是，前者使用 Web 界面(网页)，后者使用 C# 窗体界面。因此，如果是开发基于 C# 语言的 ASP.NET 数据库应用程序，那么这种开发就变得很容易了，因为可以直接利用第 10 章学过的内容来实现对数据库的操作。

11.4.1　数据库的连接和数据浏览

在 Web 应用程序中，为使用数据库控件，需要手工引入下列的命名空间：

```
using System.Data;
using System.Data.SqlClient;
```

然后就可以使用数据库控件和对象。例如，使用 ADO.NET 中 Connection 对象来连接数据库。下面语句将建立一个可以连接到数据库 MyDatabase 的 Connection 对象。

```
string ConnectionString = "Data Source = DB_server;Initial Catalog = " +
    "MyDatabase; Persist Security Info = True; User ID = myDB;" +
    "Password = abc";
SqlConnection conn = new SqlConnection(ConnectionString);
```

其中，ConnectionString 表示的字符串是连接字符串，“DB_server”是数据库服务器的名称，“MyDatabase”是一个数据库的名称，“myDB”为数据库的登录名，“abc”为登录的密码。本章中，凡是涉及数据库的，如果没有特别说明，用的都是这个连接字符串。

利用该 Connection 对象，就可以实现对数据库的各种操作，如查询数据、插入数据等。下面是一个关于数据浏览的例子。

【例 11.4】 浏览指定数据表中的数据。

创建一个空的 Web 应用程序 ConnectionDB 并添加一个 Web 窗体，在 Web 窗体上添加一个 GridView 控件，并适当调整它的位置和大小；然后双击 Web 窗体，进入窗体的 Load 事件处理函数，在此函数中编写实现数据库连接和数据浏览功能的代码。结果如下：

```
using System;
using System.Collections.Generic;
using System.Linq;
using System.Web;
using System.Web.UI;
using System.Web.UI.WebControls;
using System.Data;                                     //需要引入
using System.Data.SqlClient;                           //需要引入
namespace ConnectionDB
{
```

```
public partial class WebForm1 : System.Web.UI.Page
{
    protected void Page_Load(object sender, EventArgs e)
    {
        string ConnectionString = "Data Source = DB_server;Initial Catalog = " +
            "MyDatabase; Persist Security Info = True; User ID = myDB;" +
            "Password = abc";
        SqlConnection conn = new SqlConnection(ConnectionString);
        DataSet dataset = new DataSet();          //创建数据集
                                                  //创建数据提供者
        SqlDataAdapter DataAdapter =
            new SqlDataAdapter("SELECT * FROM student", conn);
        //填充数据集 dataset,并为本次填充的数据起名"student_table"
        DataAdapter.Fill(dataset, "student_table");
        GridView1.DataSource = dataset;
        GridView1.DataMember = "student_table";
        GridView1.DataBind();                     //必须绑定数据
    }
}
}
```

运行该程序,结果如图 11.15 所示。这表明,上述代码已经正确地连接了数据库 MyDatabase,并获取和显示表 student 中的数据。

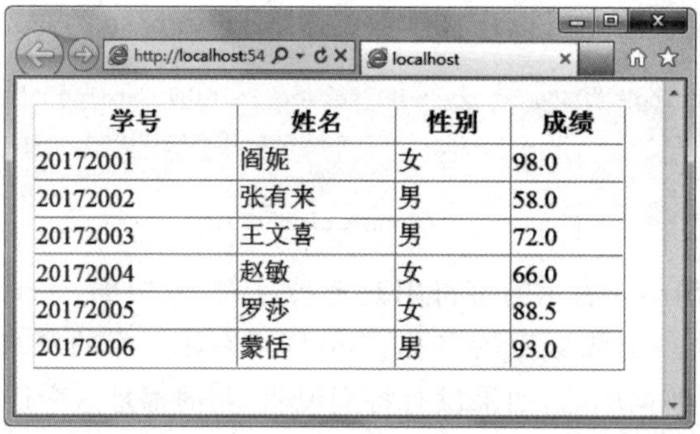

学号	姓名	性别	成绩
20172001	阎妮	女	98.0
20172002	张有来	男	58.0
20172003	王文喜	男	72.0
20172004	赵敏	女	66.0
20172005	罗莎	女	88.5
20172006	蒙恬	男	93.0

图 11.15　程序 ConnectionDB 的运行结果

【说明】

下列代码也同样可以完成数据库连接和数据浏览的功能。

```
SqlDataSource sds = new SqlDataSource();
sds.ConnectionString = "Data Source = DB_server;Initial Catalog = " +
    "MyDatabase; Persist Security Info = True; User ID = myDB;" +
    "Password = abc";                                 //设置连接字符串
sds.SelectCommand = "SELECT * FROM student;";
GridView1.DataSource = sds;
GridView1.DataBind();
```

请读者分析这些代码与【例 11.4】中代码的区别。

11.4.2　对数据库的增、删、查、改操作

数据记录的增、删、查、改是对数据库的基本操作,其他的复杂操作几乎都是通过转化为

这些基本操作来实现的。增、删、查、改对应的 SQL 语句分别是 Insert、Delete、Select 和 Update 语句。实际上，前面已经介绍了如何在 ASP.NET 程序中执行 Select 语句，下面进一步介绍 Insert、Delete 和 Update 语句在 ASP.NET 程序中的执行方法。

Insert、Delete 和 Update 语句属于数据操纵语句，在 ASP.NET 程序中可利用 ADO.NET 中的 Command 对象来执行它们。

【例 11.5】 SQL 代码执行器。

在本例中，创建一个 Web 应用程序，它提供一个用于输入 SQL 代码的文本框，在该文本框中可以输入 Insert、Delete 或 Update 语句文本(一次只能执行一条语句)，执行后将实时显示对应表中的当前数据。

该程序的开发步骤如下所述。

(1) 创建 Web 应用程序 SQLSIDU 并添加 Web 窗体 WebForm1.aspx，在 Web 窗体上分别添加 GridView、Label、TextBox 和 Button 控件，并适当设置它们的属性、大小和位置，如图 11.16 所示。

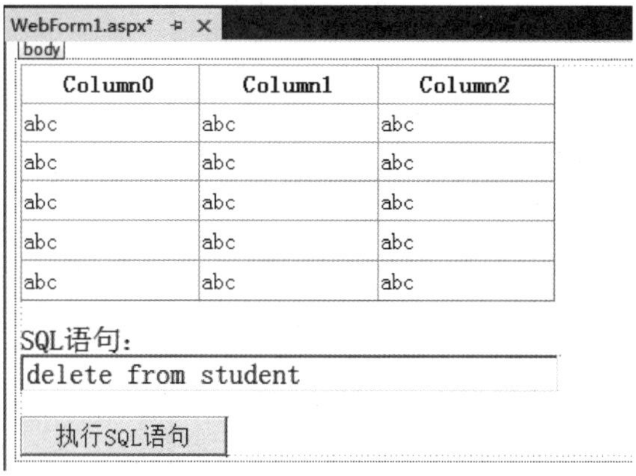

WebForm1.aspx*

body

Column0	Column1	Column2
abc	abc	abc
abc	abc	abc
abc	abc	abc
abc	abc	abc
abc	abc	abc

SQL语句:

delete from student

执行SQL语句

图 11.16 程序 SQLSIDU 的设计界面

(2) 在 WebForm1.aspx.cs 文件中编写"执行 SQL 语句"按钮的事件处理代码及其他相关代码，结果如下：

```
//WebForm1.aspx.cs 文件的代码
using System;
using System.Collections.Generic;
using System.Linq;
using System.Web;
using System.Web.UI;
using System.Web.UI.WebControls;
using System.Data;                                          //需要引入
using System.Data.SqlClient;                                //需要引入
namespace SQLSIDU
{
    public partial class WebForm1 : System.Web.UI.Page
    {
        string ConnectionString = "Data Source = DB_server;Initial Catalog = " +
            "MyDatabase; Persist Security Info = True; User ID = myDB;" +
            "Password = abc";
```

```
        private SqlConnection conn = null;
        private SqlDataAdapter DataAdapter = null;
        private DataSet dataset = null;
        private SqlCommand Command = null;
        protected void Page_Load(object sender, EventArgs e)
        {
            try
            {
                conn = new SqlConnection(ConnectionString);
                dataset = new DataSet();
                DataAdapter = new SqlDataAdapter("SELECT * FROM student", conn);
                DataAdapter.Fill(dataset, "student_table");
                GridView1.DataSource = dataset;
                GridView1.DataMember = "student_table";
                GridView1.DataBind();                    //必须绑定数据
            }
            catch (Exception ex)
            {
                Response.Write("语法错误:" + ex.Message);
                Response.End();
            }
            finally
            {
                if (conn != null) conn.Dispose();
                if (dataset != null) dataset.Dispose();
            }
        }
        protected void Button1_Click(object sender, EventArgs e)
        {
            string strSQL = TextBox1.Text;
            try
            {
                conn = new SqlConnection(ConnectionString);
                Command = new SqlCommand(strSQL, conn);
                conn.Open();
                int n = Command.ExecuteNonQuery();    //执行 SQL 语句
                Response.Write("<script language = javascript > alert('有 "
                    + n.ToString() + " 记录受到影响!');</script >");
            }
            catch (Exception ex)
            {
                Response.Write("语法错误:" + ex.Message);
            }
            finally
            {
                if (conn != null) conn.Close();
                if (Command != null) Command.Dispose();
            }
            Page_Load(null, null);                        //实时刷新页面数据
        }
    }
}
```

执行该程序，在文本框中输入 Insert、Update 或 Delete 语句，然后单击“执行 SQL 语句”按钮，即可对数据表 student 执行相应的语句。执行 Insert 语句的结果如图 11.17 所示。

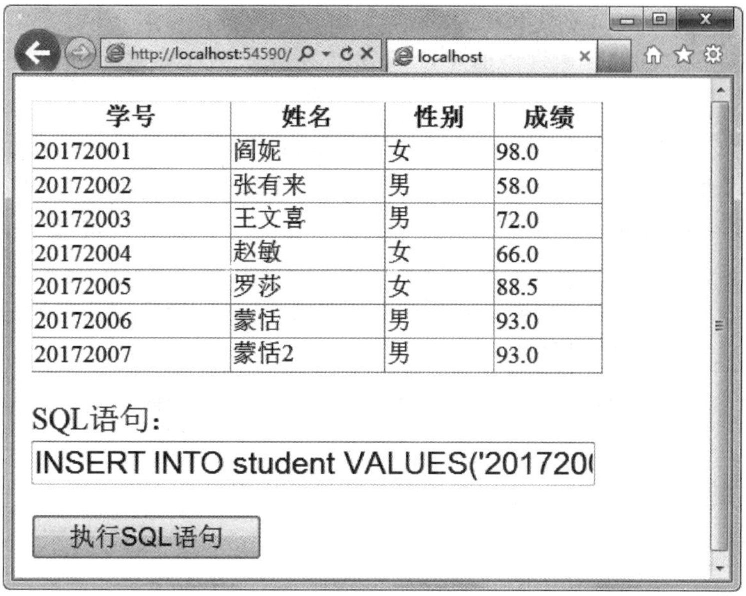

http://localhost:54590/　localhost

学号	姓名	性别	成绩
20172001	阎妮	女	98.0
20172002	张有来	男	58.0
20172003	王文喜	男	72.0
20172004	赵敏	女	66.0
20172005	罗莎	女	88.5
20172006	蒙恬	男	93.0
20172007	蒙恬2	男	93.0

SQL语句：

INSERT INTO student VALUES('201720(

执行SQL语句

图 11.17　程序 SQLSIDU 的运行结果(执行 Insert 语句)

11.5　Web 服务的应用

11.5.1　什么是 Web 服务

与 Web 窗体应用程序相对应，Web 服务是 Web 应用程序的另一种编程模型，它是基于 HTTP、SOAP、WSDL 等协议、提供在异构网络环境下提供远程服务的一种应用程序。

从调用方法上看，Web 服务与前面介绍的组件相似，它也是向外部应用程序提供对其进行调用的 API。对外部应用程序来说，Web 服务是一个能够实现特定功能的黑箱，这些程序不需要知道 Web 服务是怎么实现这些功能的，而只需按照它指定的函数名和参数列表来调用即可。与组件不同的是，组件必须与调用它的应用程序安装在同一台机器上，而 Web 服务可以安装在任何一台服务器上，只要应用程序能够通过网络访问到这台服务器即可。

Web 服务的主要作用是提供安全的信息共享服务。信息共享是当今信息服务的主流，但信息共享有级别和程度上的限制，不可能提供无限制的共享。例如，想要通过网络向客户用户端提供一些共享数据，但出于安全或其他原因的考虑，一般不会公开数据库的密码。这样，用户就无法真正共享这些数据，而利用 Web 服务则可以在不需要提供密码并且在确保安全的前提下提供一个数据共享的访问接口。从这个意义看，Web 服务是各种 Web 应用程序实现信息共享的安全访问接口。

11.5.2 Web 服务的创建

下面介绍在 VS2015 中创建 Web 服务的方法。

在 VS2015 中,Web 服务可以视为 Web 应用程序的一种特例,其创建方法是先创建一个空的 Web 应用程序,然后通过添加 Web 服务页来创建 Web 服务程序。下面具体介绍一个 Web 服务程序的创建方法。

(1) 在 VS2015 中选择菜单"文件"|"新建"|"项目"命令,在打开的"新建项目"对话框中,选择 Visual C# 项目类型和"ASP.NET Web 应用程序"项来创建 Web 应用程序,程序名设置为 MyFirstWebService,如图 11.18 所示。单击"确定"按钮后,在打开的"新建 ASP.NET 项目"对话框中选择空模板 Empty,一般不选中其下面三项: Web Forms、MVC、Web API。然后单击"确定"按钮,这样就创建了一个空的 Web 应用程序。也就是说,先创建一个空的 ASP.NET Web 应用程序。

图 11.18 "新建项目"对话框(用于创建 Web 服务)

(2) 选择菜单"项目"|"添加新项",在打开的"添加新项"对话框中选择"Web 服务(ASMX)"选项,如图 11.19 所示。单击"添加"按钮,将添加一个 Web 服务页,在解决方案资源管理器中增加 WebService1.asmx 节点,如图 11.20 所示。也就是说,在一个空的 Web 应用程序中添加一个 Web 服务页即可得到一个 Web 服务程序。

(3) 在代码编辑窗口中再增加两个 Web 服务方法: add()和 sub(),结果类 Service1 的代码如下:

```
public class Service1 : System.Web.Services.WebService
{
    public class WebService1 : System.Web.Services.WebService
```

图 11.19　“添加新项”对话框

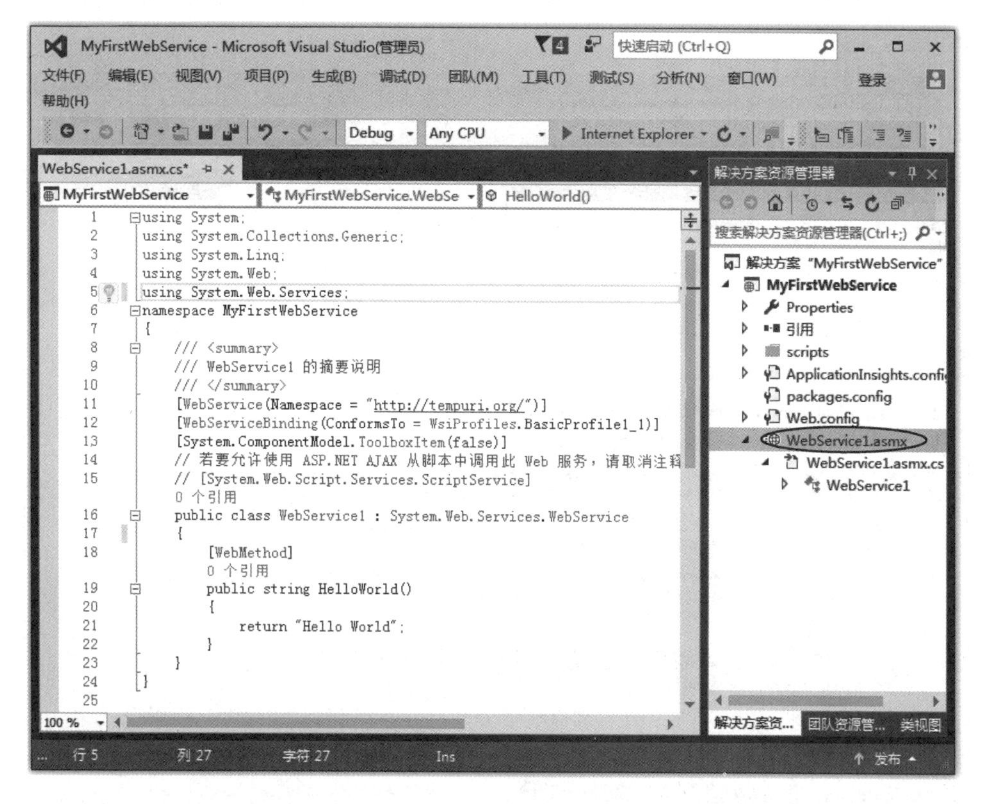

图 11.20　程序 MyFirstWebService 的代码编辑窗口

```
    {
        [WebMethod]
        public string HelloWorld()
        {
            return "Hello World";
        }
        [WebMethod]
        public int add(int x, int y)
        {
            return x + y;
        }
        [WebMethod]
        public int sub(int x, int y)
        {
            return x - y;
        }
    }
}
```

注意,关键字“[WebMethod]”用于说明其后的方法为 Web 服务方法,如果缺少此关键字,则相应的方法对其他应用程序是不可见的。

(4) 执行该程序,结果如图 11.21 所示。其中,“http://localhost:57027/WebService1.asmx”表示 Web 服务 Service1 所在的 URL 地址(后面需要使用这个地址,请不要关闭这个网页)。

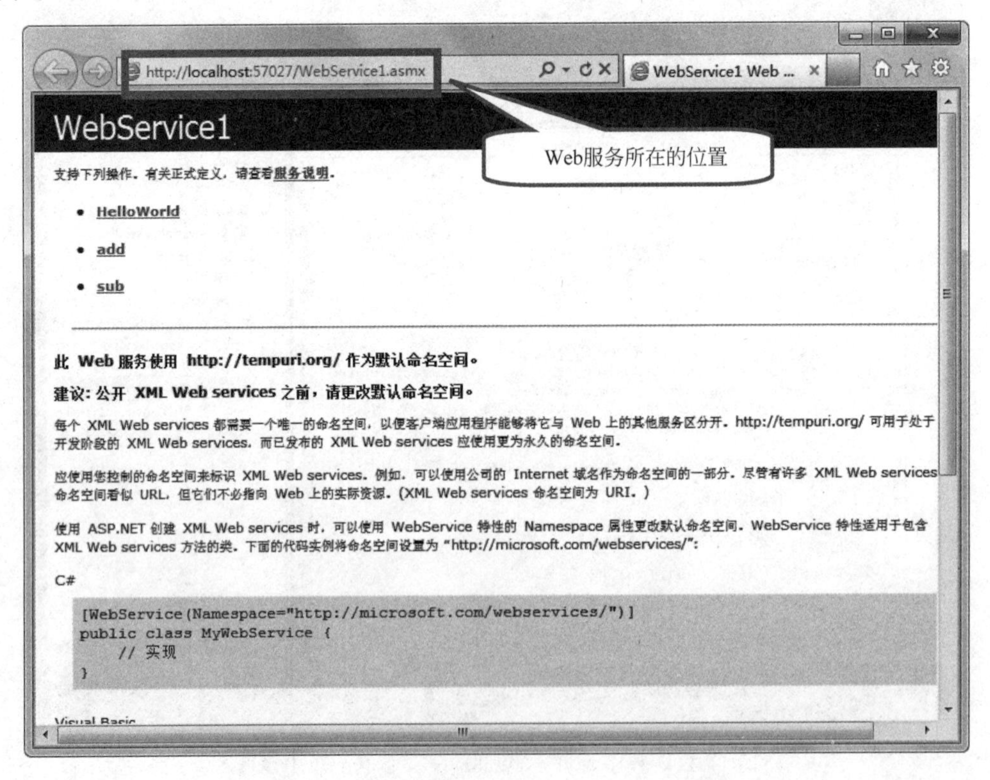

图 11.21 程序 MyFirstWebService 的运行界面

图11.21列出了Web服务Service1所提供的三个方法HelloWorld()、add()和sub()方法。单击这些方法对应的超链接，如单击add，打开测试方法的界面，如图11.22所示。

图11.22 方法add()的调用界面

在调用界面中输入方法所需要的参数(如果有的话)，然后单击“调用”按钮，这时将打开一个新的IE浏览器界面，其中有一些XML代码，这些代码就包含了执行Web服务方法所获得的结果“9”，测试后返回的结果(XML代码)如图11.23所示。这表明所创建的Web服务Service1已经能够正常工作了。

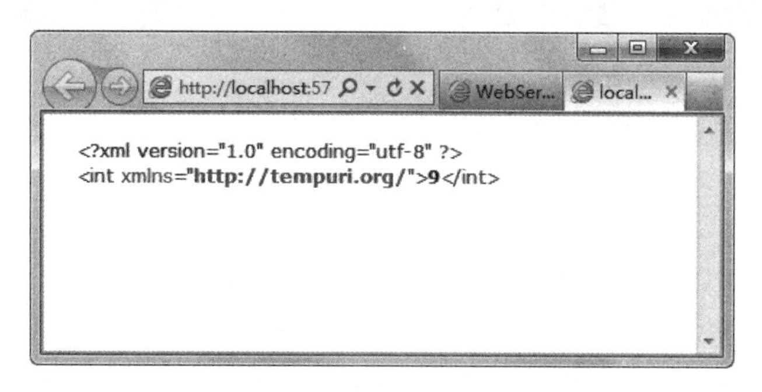

图11.23 测试后返回的结果(XML代码)

创建Web服务的目的是为其他应用程序提供远程Web服务。下面将介绍如何创建能够远程调用这种Web服务的应用程序。

11.5.3 Web服务的调用

可以在多种应用程序中调用Web服务。本小节将介绍如何在C#窗体应用程序和C# Web应用程序中调用Web服务。

1. 在窗体应用程序中调用Web服务

(1) 创建窗体应用程序WinAppService1，在窗体上添加三个TextBox控件、两个

Button 控件和两个 Label 控件,并适当设置它们的属性、大小和位置,结果如图 11.24 所示。

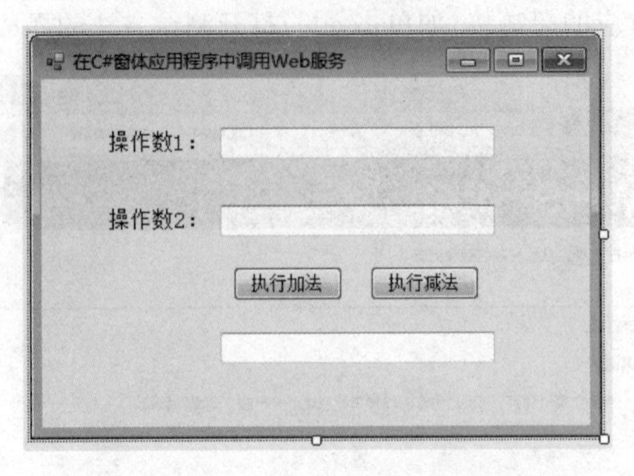

图 11.24 程序 WinAppService1 的设计界面

(2) 然后添加准备要调用的 Web 服务。方法是选择菜单"项目"|"添加服务引用"命令,然后在打开的"添加服务引用"对话框的地址框中设置 Web 服务所在 URL 地址 http://localhost:57027/WebService1.asmx,接着单击"转到"按钮,并在对话框底部的"命名空间"框中设置命名空间的名称(该名称将在以后的代码中引用),如图 11.25 所示。

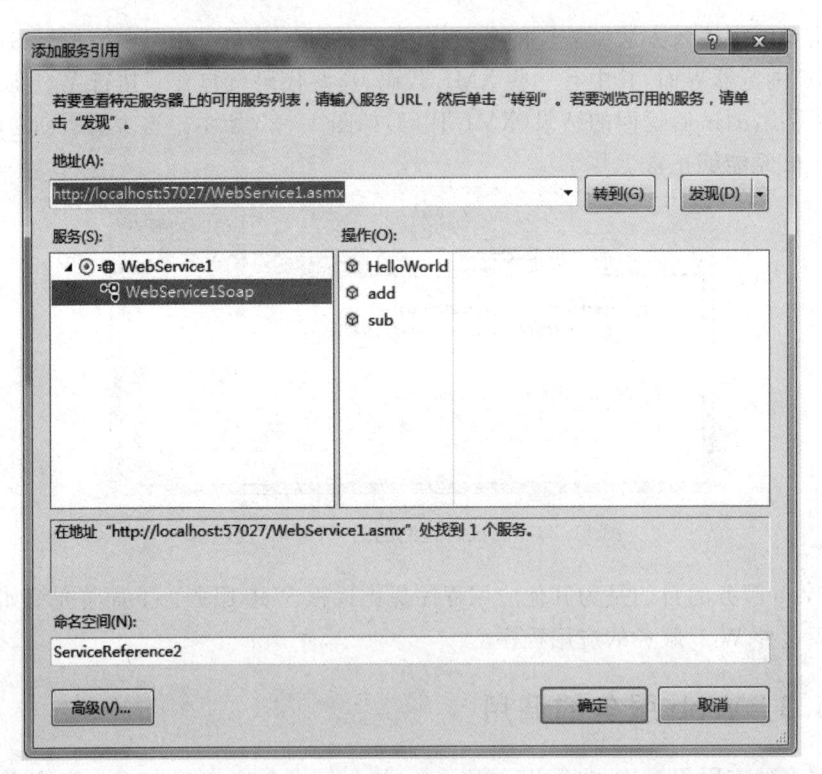

图 11.25 "添加服务引用"对话框

(3) 在单击"确定"按钮后,可以看到新添加的服务引用,如图 11.26 所示。

(4) 为"执行加法"和"执行减法"按钮编写事件处理代码,结果 Form1.cs 文件的代码如下:

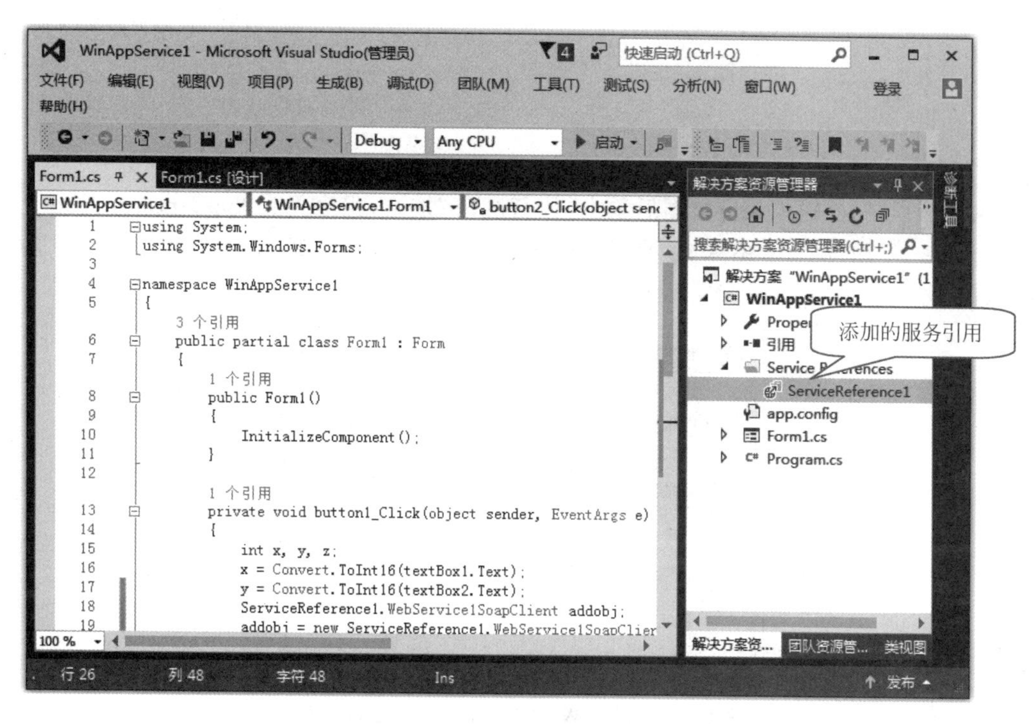

图 11.26 "添加的服务引用"对话框

```
using System;
using System.Windows.Forms;
namespace WinAppService1
{
    public partial class Form1 : Form
    {
        public Form1()
        {
            InitializeComponent();
        }
        private void button1_Click(object sender, EventArgs e)    //加法
        {
            int x, y, z;
            x = Convert.ToInt16(textBox1.Text);
            y = Convert.ToInt16(textBox2.Text);
            ServiceReference1.WebService1SoapClient addobj;
            addobj = new ServiceReference1.WebService1SoapClient();    //Web 服务对象
            z = addobj.add(x, y);                                    //调用 Web 服务对象的方法
            textBox3.Text = z.ToString();
        }
        private void button2_Click(object sender, EventArgs e)    //减法
        {
            int x, y, z;
            x = Convert.ToInt16(textBox1.Text);
            y = Convert.ToInt16(textBox2.Text);
            ServiceReference1.WebService1SoapClient addobj;
            addobj = new ServiceReference1.WebService1SoapClient();    //Web 服务对象
```

```
                z = addobj.sub(x, y);                              //调用 Web 服务对象的方法
                textBox3.Text = z.ToString();
            }
        }
    }
```

执行该程序,并输入相应数据后单击"执行减法"按钮,程序 WinAppService1 的运行界面如图 11.27 所示。该结果表示,程序 WinAppService1 已经成功调用了 Web 服务 Service1。

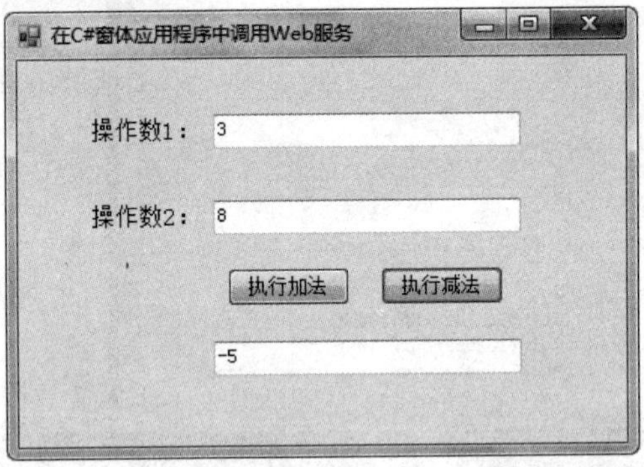

图 11.27 程序 WinAppService1 的运行界面

可以看到,上述操作并没有为程序 WinAppService1 编写加法或减法逻辑,但它却能执行加法和减法操作。实际上,该程序是调用了程序 MyFirstWebService 提供的远程 Web 服务(这里是加法和减法)。如果提供 Web 服务的应用程序是一个高性能的数据处理平台,那么就可以利用 Web 服务平台提供的调用接口,远程提交数据,然后由 Web 服务平台进行处理,最后将结果返回。这种处理方法的好处在于,不需要耗费巨资搭建高性能数据处理平台,而只需支付少量费用即可完成数据加工和处理任务。

【说明】

在调用服务时,被调用的服务要处于运行状态。对本例来说,由于是处于程序调试阶段,程序 MyFirstWebService 要处于打开状态,否则执行程序 WinAppService1 的时候会出现异常。

2. 在 ASP.NET 程序中调用 Web 服务

在调用 Web 服务问题上,Web 应用程序和窗体应用程序所使用的方法是一样的,开发过程也十分相似,包括使用同样的方法添加服务引用。

下面简要介绍 Web 应用程序 WebAppService1 的开发,其创建过程就不再赘述,该程序的设计界面如图 11.28 所示。

文件 Default.aspx.cs 的代码如下:

```
using System;
using System.Collections.Generic;
using System.Linq;
using System.Web;
using System.Web.UI;
```

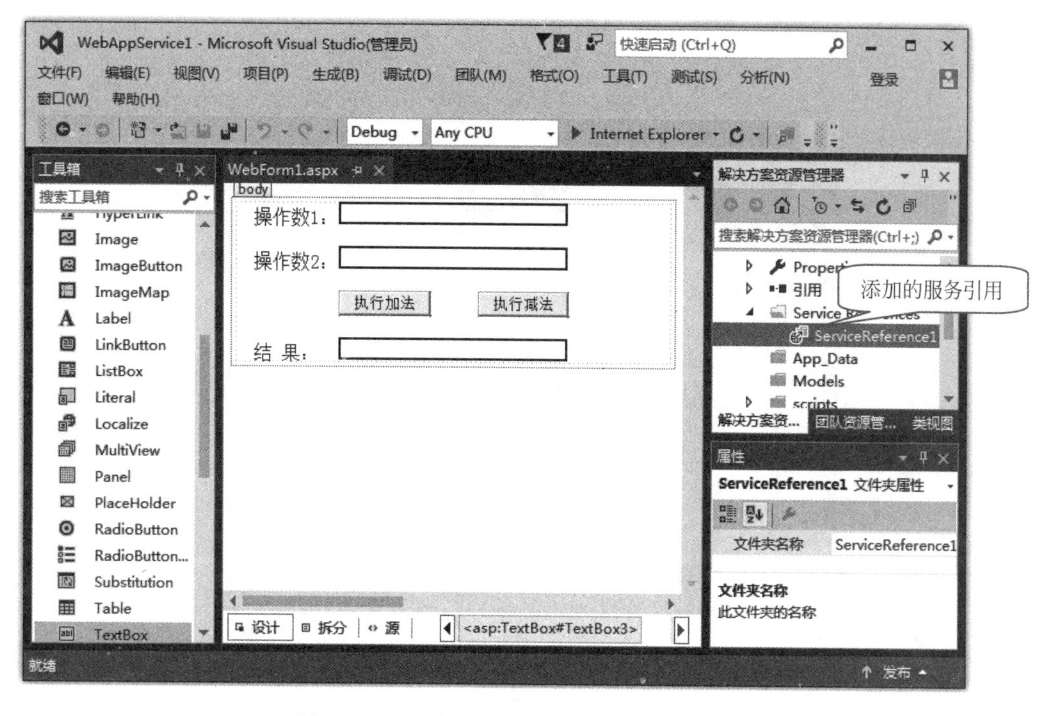

图 11.28　程序 WebAppService1 的设计界面

```
using System.Web.UI.WebControls;
namespace WebAppService1
{
    public partial class WebForm1 : System.Web.UI.Page
    {
        protected void Page_Load(object sender, EventArgs e)
        {
        }
        protected void Button1_Click(object sender, EventArgs e) //执行加法
        {
            int x, y, z;
            x = Convert.ToInt16(TextBox1.Text);
            y = Convert.ToInt16(TextBox2.Text);
            ServiceReference1.WebService1SoapClient addobj;
            addobj = new ServiceReference1.WebService1SoapClient();    //Web 服务对象
            z = addobj.add(x, y);                                      //调用 Web 服务对象的方法
            TextBox3.Text = z.ToString();
        }
        protected void Button2_Click(object sender, EventArgs e) //执行减法
        {
            int x, y, z;
            x = Convert.ToInt16(TextBox1.Text);
            y = Convert.ToInt16(TextBox2.Text);
            ServiceReference1.WebService1SoapClient addobj;
            addobj = new ServiceReference1.WebService1SoapClient();    //Web 服务对象
            z = addobj.sub(x, y);                                      //调用 Web 服务对象的方法
            TextBox3.Text = z.ToString();
```

```
        }
    }
}
```

执行该程序,运行界面如图 11.29 所示。

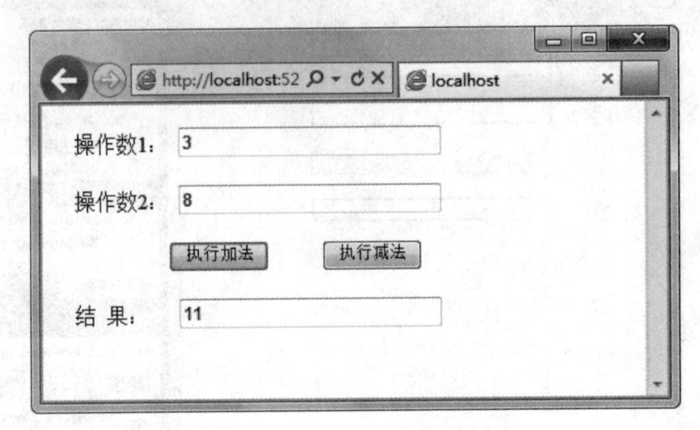

图 11.29 程序 WebAppService1 的运行界面(执行了加法运算)

11.6 习题

一、简答题

1. Request 对象和 Response 对象的主要区别是什么?

2. Session 对象和 Application 对象的主要区别是什么?

3. ADO.NET 对象在 ASP.NET 数据库应用程序和在一般的窗体数据库应用程序中的使用方法有何区别?

4. 请写出在网页上输出服务器 IP 和客户端机器 IP 的代码。

5. 要在网页上输出字符串"< html >学习 C# 编程技术</html >",请写出相应的代码。

6. ASP.NET Web 应用程序有哪两种编程模型?

7. 什么是 Web 服务?

8. 以下代码试图编写两个 Web 服务的方法,请指出其中的错误。

```
[WebMethod]
public string getStr1() {return "string1";}
public string getStr2() {return "string2";}
```

9. 简述 Web 应用程序和窗体应用程序添加 Web 服务引用的方法。

二、上机题

1. 完善【例 11.5】中的程序 SQLSIDU,使之不仅可以执行 Insert、Update 和 Delete 语句,还可以执行 Select 语句。

2. 创建一个 Web 服务程序,它针对指定的数据表提供共享的 DataSet 对象;同时创建一个窗体应用程序,通过利用由 Web 服务共享的 DataSet 对象来实现数据浏览功能。

第12章 基于数据控件的应用程序开发

主要内容：在数据时代，人们对数据的呈现方式有较高的要求。DataGridView 控件和 GridView 控件都以行列二维表的形式显示数据，符合人类感知数据的习惯，因而在各类系统中受到广泛应用。本章着重介绍利用 DataGridView 控件和 GridView 控件及其相关辅助控件的使用方法，涉及内容包括两个控件的基本结构、主要属性、方法和事件，还包括控件加载数据和绑定数据的方法、基于 DataGridView 控件的窗体应用程序开发技术和基于 GridView 控件的 Web 应用程序开发技术以及页面重复加载问题和重复提交问题等。

教学目标：了解 DataGridView 控件和 GridView 控件的基本构成，熟悉这两个控件常用的属性、方法和事件，能够灵活运用它们对控件进行编程并显示数据，掌握基于 DataGridView 控件的窗体应用程序开发技术和基于 GridView 控件的 Web 应用程序开发技术，掌握解决页面重复加载问题和重复提交问题的方法。

12.1 数据显示控件

在数据时代，有效、简洁、良好的数据显示方式是人们对数据可视化的一种渴望，它甚至决定着一个数据系统的质量。Visual Studio 2015 提供了大量用于显示数据的控件，这在前面已经接触了很多，如 ListBox 控件、RichTextBox 控件等。本章将主要介绍两大类型的数据显示控件：DataGridView 控件和 GridView 控件。这两个控件都以行列二维表的形式显示数据，符合人类感知数据的习惯，因而在各类系统中得到广泛应用。

DataGridView 控件应用于设计窗体应用程序界面（非 Web 页面），而 GridView 控件则用于设计 Web 窗体界面（Web 页面）。由于所处的环境不一样，虽然它们呈现数据的形式很相似，但它们大部分的属性、方法和事件是不一样的。这决定了对它们的编程方法有很大的差异。本章将重点介绍针对这两种控件及相关辅助控件的编程方法，目的是让读者掌握一种有效的、完美的数据展现方式。

12.2 DataGridView 控件的结构

DataGridView 控件是窗体应用程序用于显示和编辑数据的可视化控件，其样式与 Excel 表格相似，操作很方便，因而受到用户的青睐。DataGridView 控件拥有许多属性，用于设置它的相关特征，如颜色、字体、字号、编辑模式、位置、大小等。但从其显示的内容上看，它是由行和列组成的一张二维表，而行列的交汇处就是单元格。因此，从显示内容上看，DataGridView 控件的结构可以这样理解：它是由若干行组成，而每行则由单元格组成。

DataGridView 控件的“内容”是由属性 Rows 保存，其类型是 DataGridViewRowCollection。于是，可以这样理解 DataGridView 控件的结构：DataGridViewRowCollection 包含若干行，行的类型是 DataGridViewRow；行则由若干单元格组成，单元格的类型是 DataGridViewCell。换言之，如果掌握了类 DataGridViewRowCollection、类 DataGridViewRow 和类 DataGridViewCell 的有关属性、方法和事件，就能够轻松地运用 DataGridView 控件。

例如，先观察下面一段代码。

```
string s;
DataGridViewRowCollection rows = dataGridView1.Rows;
for (int i = 0; i < rows.Count; i++)                    //遍历控件中的数据
{
    s = "";
    DataGridViewRow row = dataGridView1.Rows[i]; //获取当前行
    for (int j = 0; j < row.Cells.Count; j++)
    {
        DataGridViewCell cell = row.Cells[j];     //获取当前单元格
        if (cell.Value != null) s += cell.Value.ToString() + "     ";
        //cell.Style.ForeColor = Color.Green;     //可以设置单元格的属性
    }
    listBox1.Items.Add(s);
}
```

该代码段的作用是先将 DataGridView 控件的内容保存到对象 rows 中(实际上是令 rows 指向该内容，下同)，然后逐一从 rows 中取出每一行 row，接着从行 row 中提取每一单元格 cell 并读取单元格 cell 的内容(当然，也可以设置单元格的内容)，最后将读到的内容输出到 ListBox 框中。

显然，这段代码运用了类 DataGridViewRowCollection、类 DataGridViewRow 和类 DataGridViewCell 的有关属性和方法。下一节将详细地介绍 DataGridView 控件的常用属性、方法和事件，其中包括这些类的部分属性和方法。

12.3 DataGridView 控件的属性和方法

12.3.1 DataGridView 控件的常用属性

1. AllowUserToAddRows 属性和 NewRowIndex 属性

AllowUserToAddRows 属性用于获取或设置一个布尔值，true 表示显示添加的行，位于控件的末尾，行头显示星号(*)，意味着可以增加新行(每次在该输入数据时，会自动增加新的一行)；False 表示不显示添加行，不能从界面上增加数据。默认值为 True。

NewRowIndex 属性返回添加行的索引号。如果 AllowUserToAddRows 属性为 False (表示没有添加行)，则该属性值为－1。可以用下列语句查看该属性的值。

```
textBox1.Text = dataGridView1.NewRowIndex.ToString();
```

2. AllowUserToDeleteRows 属性

程序运行时，单击行头而选中该行，然后单击 Delete 键，可以将该行删除。如果该属性值设置为 True（默认值），则表示允许用 Delete 键删除行，为 False 则表示不允许删除。

3. AllowUserToOrderColumns 属性

该属性用于获取或设置一个布尔值，True 表示允许通过手动对列重新定位，False 表示不允许。默认值为 True。

4. AllowUserToResizeColumns 属性

该属性用于获取或设置一个布尔值，True 表示允许调整列的宽度，False 表示不允许。默认值为 True。

5. AllowUserToResizeRows 属性

该属性用于获取或设置一个布尔值，True 表示允许调整行的高度，False 表示不允许。默认值为 True。

【举一反三】

禁止改变 dataGridView1 的第一列的列宽和第一列的行宽，可以分别用下面代码实现：

```
dataGridView1.Columns[0].Resizable = DataGridViewTriState.False;
dataGridView1.Rows[0].Resizable = DataGridViewTriState.False;
```

如果 Resizable 属性的值被设置为 DataGridViewTriState.NotSet，则实际上会默认以 DataGridView 的 AllowUserToResizeColumns 和 AllowUserToResizeRows 的属性值进行设定。

6. Anchor 属性

该属性用于获取或设置控件相对容器边缘的移动方式，它是集合类型属性，可能包含的元素包括 Top、Bottom、Left、Right 和 None，分别表示当容器大小发生变化时随容器边缘向上、向下、向左、向右移动，无变化。例如：

```
dataGridView1.Anchor = AnchorStyles.Bottom | AnchorStyles.Top;
```

默认值为 Top | Left。

7. AutoSizeColumnsMode 属性和 AutoSizeRowsMode 属性

AutoSizeColumnsMode 属性用于设置列宽度的调整方式，其可能取值及意义如下所述。

（1）AllCells：按照所有单元格的内容（含标题单元格），调整列宽，以适合所有单元格的显示。

（2）AllCellsExceptHeader：除标题单元格外，按其余单元格的内容调整列宽。

(3) ColumnHeader：按标题单元格的内容，调整列宽。

(4) DisplayedCells：按屏幕上能看到的单元格的内容(含标题单元格)，调整列宽。

(5) DisplayedCellsExceptHeader：按屏幕上能看到的、除标题单元格外的其余单元格的内容来调整列宽。

(6) Fill：列宽调整到使所有列宽精确填充控件的显示区域。

(7) None：列宽不会自动调整。

例如，执行下列语句后，列的宽度将随全部内容自动调整。

```
dataGridView1.AutoSizeColumnsMode = DataGridViewAutoSizeColumnsMode.AllCells;
```

AutoSizeRowsMode 属性和 AutoSizeColumnsMode 属性的作用类似，不同的是前者针对行，后者针对列，它们的默认值均为 None。

【举一反三】

也可以设置某一列的调整模式，比如，下列语句可以将第一列设置为自动调整模式。

```
dataGridView1.Columns[0].AutoSizeMode =
    DataGridViewAutoSizeColumnMode.DisplayedCells;
```

执行该语句后，第一列的宽度将自动随其内容进行动态调整。AutoSizeMode 被设定为 NotSet 时，默认继承的是 DataGridView. AutoSizeColumnsMode 属性。

8. BackgroundColor 属性

该属性用于获取或设置控件的背景色，例如，下列语句将背景设置为蓝色。

```
dataGridView1.BackgroundColor = Color.Blue;
```

9. BorderStyle 属性

该属性用于获取或设置控件边框的样式，其取值包括三个：FixedSingle(默认)、Fixed3D 和 None，其中，FixedSingle 表示单线平坦模式，Fixed3D 表示 3D 效果。例如，下列语句可以实现将 DataGridView 边框线样式设定为 3D 效果。

```
dataGridView1.BorderStyle = BorderStyle.Fixed3D;
```

10. Top、Left、Bottom 和 Right 属性

该属性用于获取或设置控件边缘与容器边缘之间的距离(以像素为单位)，其中 Bottom 和 Right 为只读属性。例如，下面语句让 dataGridView1 控件距容器上边缘和左边缘的距离分别为 100px 和 200px。

```
dataGridView1.Top = 100;
dataGridView1.Left = 200;
```

11. ColumnCount 属和 RowCount 属性

两个属性分别用于获取或设置控件的列数和行数。

12. Columns 属性

该属性用于获取一个包含控件中所有列的集合，其类型为 DataGridViewColumnCollection，其元素的类型为 DataGridViewColumn。例如，可以用下面代码将所有列的相关信息输出。

```
DataGridViewColumnCollection cols = dataGridView1.Columns;
foreach (DataGridViewColumn col in cols) listBox1.Items.Add(col.Name);
```

当然，上述语句也同等于下列语句。

```
DataGridViewColumnCollection cols = dataGridView1.Columns;
for(int i = 0;i < cols.Count; i++) listBox1.Items.Add(cols[i].Name);
```

利用 DataGridViewColumnCollection 类提供的方法，可以为 DataGridView 控件进行添加列和删除列等操作。例如，下列代码可以为 dataGridView1 添加两个列。

```
DataGridViewButtonColumn col_1 = new DataGridViewButtonColumn();
col_1.Name = "col1";                              //设定列的名称
col_1.HeaderText = "第 1 列";                     //设定列的标题
col_1.Width = 100;                                //设定列的宽度,单位为像素
dataGridView1.Columns.Insert(0, col_1);           //插入列
DataGridViewTextBoxColumn col_2 = new DataGridViewTextBoxColumn();
col_2.Name = "col2";
col_2.HeaderText = "第 2 列";
col_2.Width = 100;
dataGridView1.Columns.Insert(1, col_2);
```

当然，在创建对象 col_1 和 col_2 并对它们进行初始化以后，也可以用 DataGridViewColumnCollection 类的 Add()方法来添加。

```
dataGridView1.Columns.Add(col_1);
dataGridView1.Columns.Add(col_2);
```

其效果等同于：

```
dataGridView1.Columns.Insert(dataGridView1.Columns.Count, col_1);
dataGridView1.Columns.Insert(dataGridView1.Columns.Count, col_2);
```

如果要删除某一行，可以用 Remove()等方法来实现。例如，下列语句都可以将第二列删除。

```
dataGridView1.Columns.RemoveAt(1);                          //删除索引号为 1 的列
dataGridView1.Columns.Remove(dataGridView1.Columns[2]);     //删除索引号为 2 的列
dataGridView1.Columns.Remove("Column1");                    //删除名称为 Column1 的列
```

下列语句则可以将名称为"姓名"的列删除。

```
dataGridView1.Columns.Remove(dataGridView1.Columns["姓名"]);
```

利用 DataGridViewColumn 类的属性和方法，可以获得或设置列的有关信息，如：

```
string s;
s = dataGridView1.Columns[0].HeaderText;          //返回列的标题
```

```
s = dataGridView1.Columns[0].Index.ToString();    //返回列的索引
s = dataGridView1.Columns[0].Name;                //返回列的名称
dataGridView1.Columns[1].Visible = false;         //隐藏第 2 列(隐藏列),但不删除
```

注意,DataGridViewColumn 类是下面六个类的抽象类,在创建列对象的时候必须使用下面具体的类。

(1) DataGridViewTextBoxColumn

(2) DataGridViewComboBoxColumn

(3) DataGridViewButtonColumn

(4) DataGridViewCheckBoxColumn

(5) DataGridViewImageColumn

(6) DataGridViewLinkColumn

13. CurrentCell 属性

该属性用于返回当前单元,其类型为 DataGridViewCell。利用该类的属性和方法,可以获取或设置当前单元的有关信息。例如:

```
DataGridViewCell cell = dataGridView1.CurrentCell;  //令 cell 指向当前单元格
int n = cell.ColumnIndex;                           //获取当前单元格的列索引
int m = cell.RowIndex;                              //获取当前单元格的行索引
textBox1.Text = cell.Value.ToString();              //获取当前单元格的值
cell.Value = "aaaa";                                //设置当前单元格的值
cell.Style.ForeColor = Color.Red;                   //设置单元格字体的颜色(前景色)
cell.Style.Font = new Font("宋体", 6, FontStyle.Strikeout);    //设置单元格的字体
```

引用单元格内容时,最好先判断它是否为空,否则会出现异常。引用的例子如下:

```
if (dataGridView1.CurrentCell == null) return;
int insertRowIndex = dataGridView1.CurrentCell.RowIndex;
```

【举一反三】

也可以用下面语句获取当前单元格的行和列索引号。

```
int x = dataGridView1.CurrentCellAddress.X;         //获取当前单元格的列索引
int y = dataGridView1.CurrentCellAddress.Y;         //获取当前单元格的行索引
```

14. CurrentRow 属性

该属性用于返回当前行,其类型为 DataGridViewRow,其包含一系列的单元格。例如,用下面语句可以输出当前行中的所有单元格的内容。

```
DataGridViewRow cr = dataGridView1.CurrentRow;
for(int i = 0;i < cr.Cells.Count;i++) listBox1.Items.Add(cr.Cells[i].Value.ToString());
```

15. Cursor 属性

该属性用于获取或设置当鼠标位于控件上时所显示的光标。例如,执行下列语句后,鼠标位于控件上面时,将变成十字形。

```
dataGridView1.Cursor = Cursors.Cross;
```

16. DataBindings 属性

该属性用于为该控件获取数据绑定。

17. DataMember 属性

该属性用于获取或设置控件数据源中要显示其数据的列表或表的名称(并非数据库中的数据表名)。

18. DataSource 属性

该属性用于获取或设置控件的数据源。

19. DefaultFont 属性

该属性用于获取控件的默认字体。

20. DefaultForeColor 属性

该属性用于获取控件的默认前景色。

21. Dock 属性

该属性用于获取或设置控件在其容器中的填充方式,其中 Fill 表示填充整个容器,None 表示不使用填充方式,Top、Bottom、Left、Right 分别表示控件向上、向下、向左和向右充满半个容器控件。例如:

```
dataGridView1.Dock = DockStyle.Top;
```

22. EditMode 属性

该属性用于设置控件的编辑模式,其可能取值及含义说明如下所述。

(1) EditOnEnter:当单元格获得焦点时即进入编辑状态。

(2) EditOnF2:当单元格获得焦点时,按 F2 键即进入编辑状态,光标自动位于单元格内容的末尾。

(3) EditOnKeystroke:当该单元格获得焦点时,按任意字母数字键即进入编辑状态。

(4) EditOnKeystrokeOrF2:当该单元格获得焦点时,按任意字母键、数字键或双击鼠标即进入编辑状态,默认值。

(5) EditProgrammatically:在该模式下,用户不能手动编辑单元格的内容,但可以通过执行代码,使单元格进入编辑模式进行编辑,例如:

```
dataGridView1.EditMode = DataGridViewEditMode.EditOnKeystrokeOrF2;
```

23. Enabled 属性

该属性用于获取或设置一个布尔值,True 表示控件处于有效状态,False 表示无效状态。

24. Font 属性

该属性用于获取或设置控件的文本字体。例如,下列语句可以实现将控件的字体设置为宋体、12 号、带删除线。

```
dataGridView1.Font = new Font("宋体", 12, FontStyle.Strikeout);
```

25. ForeColor 属性

该属性用于获取或设置控件的前景色。例如,下列语句可以实现将控件的前景色设置为蓝色。

```
dataGridView1.ForeColor = Color.Blue;
```

26. Frozen 属性

该属性的值为 True 时,可以用于冻结行或列。当第 i 行被冻结时,第 1～i 行均被固定,纵向滚动时固定行不随滚动条滚动而上下移动;当第 j 列被冻结时,第 1～j 列均被固定,横向滚动时固定行不随滚动条滚动而左右移动。行和列的冻结对于重要的行和列的固定显示很有用。例如,下列语句分别可以实现对第 2 行和第 3 列进行冻结。

```
dataGridView1.Rows[1].Frozen = true;
dataGridView1.Columns[2].Frozen = true;
```

27. GridColor 属性

该属性用于获取和设置网格线的颜色。

28. Height 属性

该属性用于获取或设置控件的高度。

29. HeaderCell 属性和 TopLeftHeaderCell 属性

HeaderCell 属性可用于设置列标题和行标题。TopLeftHeaderCell 属性则用于设置左上角单元的内容。例如,下面语句分别用于设置第 1 列标题、第 1 行标题和左上角单元的内容。

```
dataGridView1.Columns[0].HeaderCell.Value = "第 1 列";
//上述语句同等于:dataGridView1.Columns[0].HeaderText = "第 1 列";
dataGridView1.Rows[0].HeaderCell.Value = "第 1 行";
dataGridView1.TopLeftHeaderCell.Value = "左上角";
```

执行这三条语句后,其效果如图 12.1 所示。

30. Location 属性

该属性用于获取该控件左上角相对于其容器的左上角的坐标。例如:

左上	第一列	姓名	性别	成绩
▸ 第一行	20172001	阎妮	女	98.0
	20172002	张有来	男	58.0
	20172003	王文喜	男	72.0
	20172004	赵敏	女	66.0
	20172005	罗莎	女	88.5
	20172006	蒙恬	男	93.0
*				

图 12.1 HeaderCell 属性和 TopLeftHeaderCell 属性的效果

```
textBox1.Text = dataGridView1.Location.X.ToString();
textBox1.Text = dataGridView1.Location.Y.ToString();
```

31. MultiSelect 属性

该属性用于获取或设置一个布尔值，True 表示允许一次选择多个单元格、行或列，False 表示不允许。默认值为 True。选择多行或多列的方法是，按住 Ctrl 键，然后单击要选中的行。

32. Name 属性

该属性用于获取或设置控件的名称。

33. NewRowIndex 属性

该属性用于获取新记录所在行的索引。

34. ReadOnly 属性

该属性用于获取一个布尔值，True 表示可以编辑控件的单元格，False 表示不可以。

35. RowHeadersVisible 属性和 ColumnHeadersVisible 属性

RowHeadersVisible 属性用于获取或设置一个布尔值，True 表示显示包含行标题，False 表示不显示。默认值为 True。ColumnHeadersVisible 属性则针对列标题。例如，执行下列语句后，行标题和列标题都不显示。

```
dataGridView1.RowHeadersVisible = false;          //隐藏行标题
dataGridView1.ColumnHeadersVisible = false;       //隐藏列标题
```

36. Rows 属性

该属性用于返回控件中所有行的集合，其类型为 DataGridViewRowCollection，其元素是行，行的类型为 DataGridViewRow。利用这两个类提供的属性和方法，可以遍历控件中所有的单元格。例如，下面的代码将 dataGridView1 中所有单元格的内容输出到 listBox1 中。

```
for (int i = 0; i < dataGridView1.Rows.Count; i++)
```

```
{
    s = "";
    for (int j = 0; j < dataGridView1.Columns.Count; j++)
    {
        if (dataGridView1.Rows[i].Cells[j].Value != null)
            s += dataGridView1.Rows[i].Cells[j].Value.ToString() + "      ";
    }
    listBox1.Items.Add(s);
}
```

上面的 for 嵌套语句等同于下列的 foreach 嵌套语句。

```
foreach (DataGridViewRow dr in dataGridView1.Rows)
{
    s = "";
    foreach (DataGridViewCell ce in dr.Cells)
    {
        if (ce.Value != null) s += ce.Value.ToString() + "      ";
    }
    /* //下面的 for 语句等同于上述的 foreach 语句
    for (int j = 0; j < dr.Cells.Count; j++)
    {
        if(dr.Cells[j].Value != null)
        s += dr.Cells[j].Value.ToString() + " ";
    }
     */
    listBox1.Items.Add(s);
}
```

也可以对指定单元进行赋值。例如,下列语句将行 3、列 1 的单元格内容更改为“赵敏 2”。

```
dataGridView1.Rows[3].Cells[1].Value = "赵敏 2";
```

下段代码是一个相对完整的代码,其作用是创建标题行,然后再创建一个行对象(包括三种不同类型的单元格实例),最后将行对象添加到控件 DataGridView 中。

```
//先创建标题行
//也可以用 dataGridView1.Columns.Add()方法依次添加下面 4 列
dataGridView1.ColumnCount = 4;
dataGridView1.Columns[0].Name = "col1";
dataGridView1.Columns[1].Name = "col2";
dataGridView1.Columns[2].Name = "col3";
dataGridView1.Columns[3].Name = "col4";
dataGridView1.Columns[0].HeaderText = "第 1 列";
dataGridView1.Columns[1].HeaderText = "第 2 列";
dataGridView1.Columns[2].HeaderText = "第 3 列";
dataGridView1.Columns[3].HeaderText = "第 4 列";
//在创建一个行对象,并初始化
DataGridViewRow row = new DataGridViewRow();          //创建行对象
//以下先初始化行对象
DataGridViewTextBoxCell textboxcell = new DataGridViewTextBoxCell();  //创建第一个单元格对象
textboxcell.Value = "中国人";
```

```
row.Cells.Add(textboxcell);                          //在行 row 中添加单元格
DataGridViewComboBoxCell comboxcell = new DataGridViewComboBoxCell();
comboxcell.Items.Add("项 1");
comboxcell.Items.Add("项 2");
comboxcell.Items.Add("项 3");
row.Cells.Add(comboxcell);                           //在行 row 中添加单元格
DataGridViewCheckBoxCell checkboxcell = new DataGridViewCheckBoxCell();
checkboxcell.Value = true;
row.Cells.Add(checkboxcell);                         //在行 row 中添加单元格
//在控件 dataGridView1 中添加刚创建的行对象 row
dataGridView1.Rows.Add(row);
```

上段代码运行的效果如图 12.2 所示。

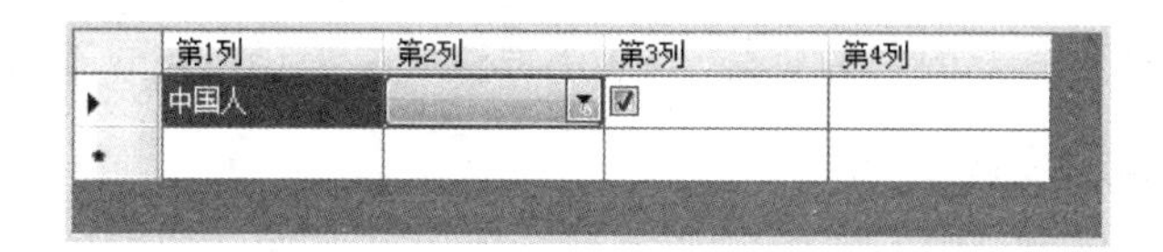

图 12.2 逐项构造的 dataGridView1 对象

如果不对创建的行进行初始化，而直接添加或插入到 DataGridView 控件中，则相当于添加或插入空行，例如：

```
dataGridView1.Rows.Insert(1, new DataGridViewRow()); //插入空行
dataGridView1.Rows.Add(new DataGridViewRow());       //添加空行
```

利用 Remove()等方法，可以删除 DataGridView 控件中的行。例如：

```
dataGridView1.Rows.Remove(dataGridView1.Rows[1]);    //删除索引号为 1 的行
dataGridView1.Rows.RemoveAt(2);                      //删除索引号为 2 的行
//删除被选中的第一行:
dataGridView1.Rows.RemoveAt(dataGridView1.SelectedRows[0].Index);
```

以下 foreach 语句则用于删除所有被选中的行(可能是多行)。

```
foreach (DataGridViewRow r in dataGridView1.SelectedRows)
{
    if (!r.IsNewRow)                                 //如果不是添加行
    {
        dataGridView1.Rows.Remove(r);
    }
}
```

如果不想删除某一行，而只是想暂时隐藏，则可以用下列语句对行进行隐藏。

```
dataGridView1.Rows[1].Visible = false;               //隐藏第 2 行(隐藏行)
```

注意，如果 DataGridView 控件是绑定数据源的，则一般不能调用上述行的增加和删除等方法，但可以调用列的增加和删除方法。

37. ScrollBars 属性

该属性用于获取或设置要在控件中显示的滚动条的类型。

38. SelectedCells 属性

该属性用于返回被选中的单元格的集合，其类型为 DataGridViewSelectedCellCellection。例如，可以用下面语句将集合中的元素逐一输出。

```
for (int i = 0; i < dataGridView1.SelectedCells.Count; i++)
{
    string s = dataGridView1.SelectedCells[i].Value.ToString();
    listBox1.Items.Add(s);
}
```

39. SelectedColumns 属性

该属性用于获取被选定的列的集合，其使用方法可参考 Columns 属性。

40. SelectedRows 属性

该属性用于获取被选定的行的集合，其使用方法可参考 Rows 属性。

41. SelectionMode 属性

该属性用于设置控件中行被选中的方式，其取值及意义如下所述。

(1)ColumnHeaderSelect：单击列头就可以选择整列。

(2)FullColumnSelect：单击列头或列中的单元格就可以选择整列。

(3)FullRowSelect：单击行头或行中的单元格就可以选择整行。

(4)RowHeaderSelect：单击行头就可以选择整行。

(5)CellSelect：可以选定一个或多个单元格。

例如，执行下列语句后，当单击一个单元格时，该单元格所在的整行都被选中。

```
dataGridView1.SelectionMode = DataGridViewSelectionMode.FullRowSelect;
```

如果欲将该属性值设置为 ColumnHeaderSelect 或 FullColumnSelect，则任何一列的排序模式 SortMode 都不能设置为自动排序模式 Automatic(默认是自动模式)。因此，每一列的 SortMode 属性值应先设置为非 Automatic，然后才能将 SelectionMode 属性值设置为 ColumnHeaderSelect 或 FullColumnSelect。例如：

```
for(int i = 0;i < dataGridView1.Columns.Count;i++)
    dataGridView1.Columns[i].SortMode = DataGridViewColumnSortMode.NotSortable;
dataGridView1.SelectionMode = DataGridViewSelectionMode.ColumnHeaderSelect;
```

42. ToolTip 属性和 ToolTipText 属性

ToolTip 属性用于设置单元格的提示信息，ToolTipText 属性则用于设置行标题或列标题的提示信息。当鼠标停留在这些单元格或标题处时，会自动弹出设置的提示信息。例如，下列三条语句分别设置单元格[1,1]、第 2 列标题和第 3 行标题的提示信息。

```
dataGridView1[1, 1].ToolTipText = "该单元格的内容不能修改";
dataGridView1.Columns[1].ToolTipText = "该列只能输入时间数据";
```

```
dataGridView1.Rows[2].HeaderCell.ToolTipText = "该行单元格内容不能修改";
```

43. Visible 属性

该属性用于获取或设置一个布尔值，True 表示控件可见，False 表示控件不可见。

44. Width 属性和 Height 属性

这两个属性分别用于获取或设置控件的宽度和高度，单位为像素。

12.3.2　DataGridView 控件的常用事件

1. CellClick 和 CellContentClick 事件

在单元格内容被单击时都会触发这两个事件。不同的是，当单击单元格的边框和空白处等任何部分都会触发 CellClick 事件，所以 CellClick 事件显得比 CellContentClick 事件更“灵敏”。

这两个事件处理函数的参数都是 object sender, DataGridViewCellEventArgs e，其中参数 e 可以返回被单击单元格的行索引号和列索引号。如果单击在标题行或标题列上，将返回－1，据此可以作相应的处理。例如，执行下列代码，将在 ListBox 框中输出被单击单元的行索引号和列索引号。

```
int n = e.RowIndex;                                    //获取行索引号
int m = e.ColumnIndex;                                 //获取列索引号
listBox1.Items.Add(" 单击的单元格:(" + n.ToString() + "," + m.ToString() + ")" + s);
```

2. CellEnter 和 CellLeave 事件

当一个单元格获得焦点时触发 CellEnter 事件，当失去焦点时触发 CellLeave 事件。注意，按“箭头”键和移动鼠标都可以触发这两个事件。

3. CellMouseDoubleClick 事件

当双击单元格时，触发该事件。

4. CellBeginEdit 事件和 CellEndEdit 事件

当单元格进入编辑状态时触发 CellBeginEdit 事件。当编辑状态结束时触发 CellEndEdit 事件。

5. CellValueChanged 事件

当单元格的内容发生改变时触发该事件，因此利用该事件可以对发生值变动的单元格进行相应处理，例如用于提示保存或实现自动保存功能等。

6. Click 事件

当单击 DataGridView 控件的单元格区域时都会触发该事件。上述事件的处理函数都包含参数 DataGridViewCellEventArgs e,而该事件的处理函数包含的参数是 EventArgs e。

7. Sorted 事件

在 DataGridView 控件进行排序操作时发生,其事件处理函数的参数跟 Click 事件的一样。

8. DefaultValuesNeeded 事件

当添加行被选择为当前行时,DefaultValuesNeeded 事件会被触发。因此,该事件处理函数可以用于为添加行设置初值。例如,下列事件处理函数为第一列单元格设置初值为"2017200"。

```
private void dataGridView1_DefaultValuesNeeded(object sender,
    DataGridViewRowEventArgs e)
{
    e.Row.Cells[0].Value = "2017200";
}
```

9. UserDeletingRow 事件

当在按 Delete 键并且删除选中的行时,会触发该事件。利用该事件处理函数的参数 DataGridViewRowCancelEventArgs e 可以获得行的有关信息或阻止删除操作。例如,如果该参数的 Cancel 属性被设置为 True 时,删除操作将被取消。据此,让用户对删除操作做最后一步确认。

```
private void dataGridView1_UserDeletingRow(object sender,
        DataGridViewRowCancelEventArgs e)
{
    if (MessageBox.Show("确认要删除该行数据吗?", "删除确认",
        MessageBoxButtons.OKCancel, MessageBoxIcon.Question) != DialogResult.OK)
    {
        e.Cancel = true;                              //取消删除操作
    }
}
```

12.4 对 DataGridView 控件加载数据

加载数据是指将数据添加到 DataGridView 控件中进行显示的过程。加载数据有很多方法,这里主要其分为两种类型:一种是通过绑定数据源而将数据显示在控件中,这种加载方法称为数据绑定;另一种是将数据逐项添加到控件中,用 DataGridView 控件对其进行格式化显示,本书将这种方法称为数据添加。下面分别介绍这两种方法。

12.4.1 数据绑定

数据绑定的步骤是,首先创建数据源,将数据源赋给 DataGridView 控件的 DataSource

属性；其次，由于一个数据源中可能包含多个数据集，还需要将数据集赋给 DataMember 属性。经过这两步后，DataGridView 控件才能显示数据。

例如，下面第一条语句是将数据源 dataset(DataSet 的对象)赋给属性 DataSource，第二条语句则将 dataset 中的数据集"student_table"赋给属性 DataMember。

```
dataGridView1.DataSource = dataset;
dataGridView1.DataMember = "student_table";
```

实际上，数据绑定在前面已经多次遇到过。下面再举一个例子说明如何将数据源中的多个数据集分别绑定到不同的 DataGridView 控件中。

【例 12.1】 创建包含四个数据集的数据源，并将这些数据集分别显示到 DataGridView 控件中。

首先，创建一个窗体应用程序 DataGrid_MultiDataset，在设计界面上添加四个 DataGridView 控件和一个 Button 控件，并将 Button 控件的 Text 属性值设置为加载数据。然后，用 SqlCommand 对象执行四种不同的查询，并用 SqlDataAdapter 对象将查询结果都填充到 DataSet 对象中，从而形成包含四个数据集的数据源。最后，以 DataSet 对象作为数据源，将其中的四个数据集分别绑定到 DataGridView 控件，从而实现显示功能。文件 Form1.cs 的完整代码如下：

```
using System;
using System.Collections.Generic;
using System.ComponentModel;
using System.Data;
using System.Drawing;
using System.Linq;
using System.Text;
using System.Threading.Tasks;
using System.Windows.Forms;
using System.Data.SqlClient;                                //需要引入
namespace DataGrid_MultiDataset
{
    public partial class Form1 : Form
    {
        string ConnectionString = "Data Source = DB_server;Initial Catalog = " +
            "MyDatabase; Persist Security Info = True; User ID = myDB;" +
            "Password = abc";
        public Form1()
        {
            InitializeComponent();
        }
        private void button1_Click(object sender, EventArgs e)
        {
            SqlConnection conn;
            SqlCommand Command;
            DataSet dataset;
            SqlDataAdapter DataAdapter;
            string strSQL;
            conn = new SqlConnection(ConnectionString);
```

```
                conn.Open();
                DataAdapter = new SqlDataAdapter();
                Command = new SqlCommand();
                dataset = new DataSet();
                Command.Connection = conn;
                DataAdapter.SelectCommand = Command;
                //-----------------------------------------------------------------
                //以下分别四次将数据集填充到 dataset 对象中
                //第一次填充
                strSQL = "select * from student";
                Command.CommandText = strSQL;
                DataAdapter.Fill(dataset, "t1");
                //第二次填充
                strSQL = "select * from student where 性别 = '男'";
                Command.CommandText = strSQL;
                DataAdapter.Fill(dataset, "t2");
                //第三次填充
                strSQL = "select * from student where 性别 = '女'";
                Command.CommandText = strSQL;
                DataAdapter.Fill(dataset, "t3");
                //第四次填充
                strSQL = "select * from student where 成绩> = 60";
                Command.CommandText = strSQL;
                DataAdapter.Fill(dataset, "t4");
                //-----------------------------------------------------
                //将 dataset 对象中的四个数据集分别绑定到四个 DataGridView 控件中
                dataGridView1.DataSource = dataset;
                dataGridView1.DataMember = "t1";
                //---------
                dataGridView2.DataSource = dataset;
                dataGridView2.DataMember = "t2";
                //---------
                dataGridView3.DataSource = dataset;
                dataGridView3.DataMember = "t3";
                //---------
                dataGridView4.DataSource = dataset;
                dataGridView4.DataMember = "t4";
            }
        }
    }
```

执行该程序,并单击“加载数据”按钮,结果如图 12.3 所示。

图 12.3 表明,该程序已经可以将数据源中的多个数据集绑定到不同的 DataGridView 控件并加以显示。

对于 DataGridView 控件而言,除了 DataSet 对象可以作为数据源外,还可以用鼠标创建数据库的数据源,从而将数据显示到 DataGridView 控件上。例如,如图 12.4 所示设计界面中,随时单击 DataGridView 控件右上角的◀按钮都会出现“DataGridView 任务”对话框。在此对话框中单击“下拉”按钮,在弹出的界面中选择“添加项目数据源”项,然后出现如图 12.5 所示的“数据源配置向导”对话框。此后,按照配置向导对话框的提示进行设置即可创建面向既定数据库的数据源,并将相关数据显示到 DataGridView 控件中。

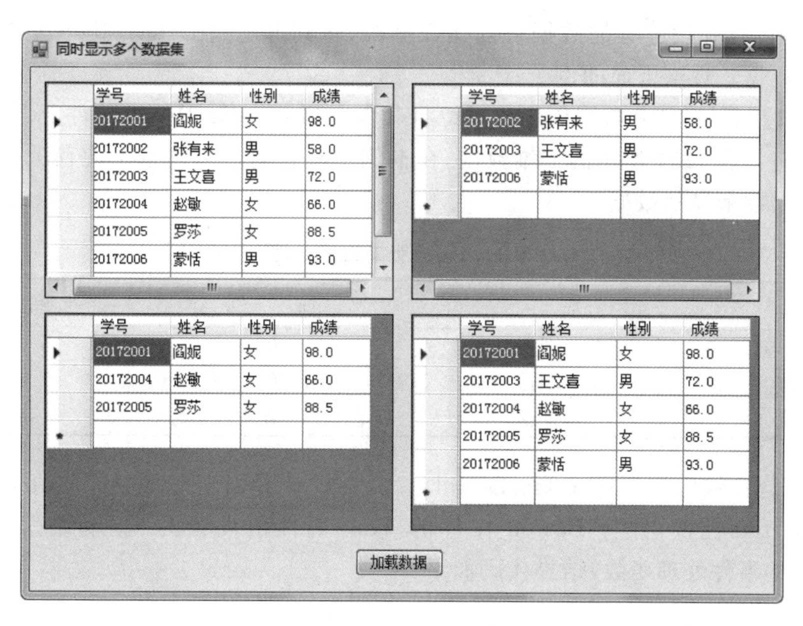

图 12.3　程序 DataGrid_MultiDataset 的运行界面

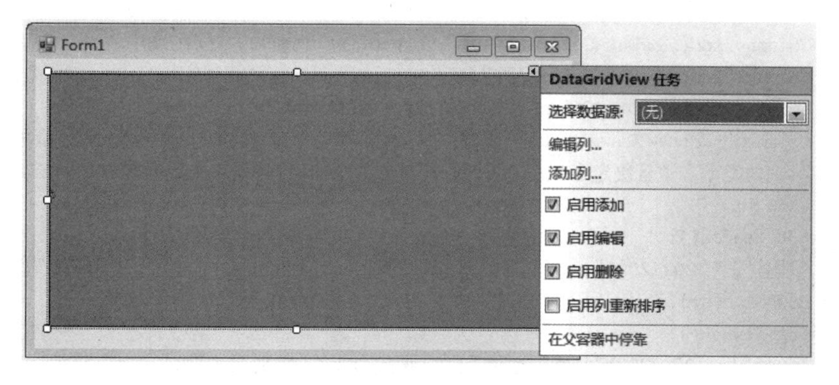

图 12.4　“DataGridView 任务”对话框

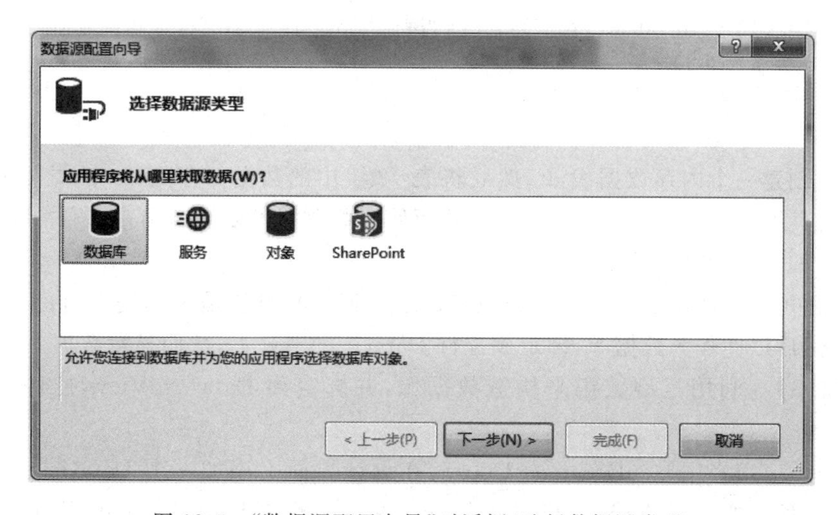

图 12.5　“数据源配置向导”对话框(选择数据源类型)

另外，还可以利用已有的数据来创建数据源，将其绑定到 DataGridView 控件上，从而显示给定的数据。观察下面的例子。

【例 12.2】 利用已有数据创建数据源将其绑定到 DataGridView 控件上，以显示数据。

假设已有如表 12.1 所示的二维数据，在本例中将先通过创建基于内存的数据表，然后以此作为数据源来显示数据。

表 12.1 一张二维表数据

学　号	姓　名	性　别	成　绩
20172001	阎妮	女	98
20172005	罗莎	女	88.5
20172006	蒙恬	男	93

为此，创建窗体应用程序 DTforDGrid，然后在设计界面上添加一个 DataGridView 控件和一个 Button 控件，并将 Button 控件的 Text 属性值设置为"显示数据"，最后编写 Button 控件的事件处理函数，结果代码如下：

```
private void button1_Click(object sender, EventArgs e)
{
    DataTable dt = new DataTable();                          //建立数据表
    dt.Columns.Add(new DataColumn("学号", typeof(string)));  //在表中添加 int 类型的列
    dt.Columns.Add(new DataColumn("姓名", typeof(string)));  //添加 string 类型的列
    dt.Columns.Add(new DataColumn("性别", typeof(string)));
    dt.Columns.Add(new DataColumn("成绩", typeof(float)));   //添加 float 类型的列
    //注：列的类型和数量决定了一个 DataTable 对象的结构，后面添加的数据行应与列结构对应和一致
    DataRow dr;
    dr = dt.NewRow();
    dr["学号"] = "20172001"; dr["姓名"] = "阎妮"; dr["性别"] = "女"; dr["成绩"] = 98;
    dt.Rows.Add(dr);                                         //在表对象中添加第一行
    dr = dt.NewRow();
    dr["学号"] = "20172005"; dr["姓名"] = "罗莎"; dr["性别"] = "女"; dr["成绩"] = 88.5;
    dt.Rows.Add(dr);                                         //在表对象中添加第二行
    dr = dt.NewRow();
    dr["学号"] = "20172006"; dr["姓名"] = "蒙恬"; dr["性别"] = "男"; dr["成绩"] = 93;
    dt.Rows.Add(dr);                                         //在表对象中添加第三行
    dataGridView1.DataSource = dt;
}
```

本例先创建一个内存数据表 dt，然后将表 12.1 中的数据保存到 dt 中，之后以 dt 作为数据源并将其绑定到控件 DataGridView，从而使这些数据可以显示出来，程序 DTforDGrid 的运行界面如图 12.6 所示。

此外，还可以用泛型数组作为数据源来显示数据。其方法是先利用已有的数据来构造泛型数组，然后以此作为数据源，绑定到控件 DataGridView 上，从而显示数据。

【例 12.3】 利用泛型数组来构造数据源，并绑定到 DataGridView 控件上，以显示数据。

创建窗体应用程序 GenDSource_DGrid，在设计界面上添加一个 DataGridView 控件。对于表 12.1 所示的二维数据表，将每行数据定义为一个对象类 Student，其属性包括 no，

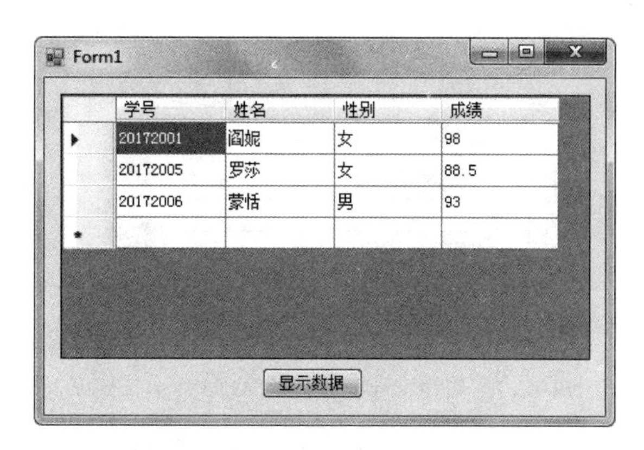

图 12.6　程序 DTforDGrid 的运行界面

name, sex, grade,分别表示学号、姓名、性别和成绩,定义代码如下:

```
class Student
{
    public string no { get; set; }
    public string name { get; set; }
    public string sex { get; set; }
    public float grade { get; set; }
    public Student(string no, string name, string sex, float grade)
    {
        this.no = no;
        this.name = name;
        this.sex = sex;
        this.grade = grade;
    }
}
```

然后在窗体的 Load 事件处理函数中按行创建三个对象,接着创建泛型数组 students 并将上述对象添加到数组中,最后将泛型数组作为数据源绑定到 DataGridView 控件。Load 事件处理函数的代码如下:

```
private void Form1_Load(object sender, EventArgs e)
{
    Student s1 = new Student("20172001", "阎妮", "女", 98.0f);     //构建对象
    Student s2 = new Student("20172005", "罗莎", "女", 88.5f);
    Student s3 = new Student("20172006", "蒙恬", "男", 93.0f);
    List<Student> students = new List<Student>();          //创建泛型数组
    students.Add(s1);                                      //在泛型数组中添加对象
    students.Add(s2);
    students.Add(s3);
    dataGridView1.DataSource = students;                   //绑定数据源
    dataGridView1.GridColor = Color.Blue;                  //设置网格颜色
    dataGridView1.Columns["no"].Width = 60;                //设置列宽
    dataGridView1.Columns["name"].Width = 60;
    dataGridView1.Columns["sex"].Width = 60;
    dataGridView1.Columns["grade"].Width = 60;
}
```

运行该程序，结果如图 12.7 所示。

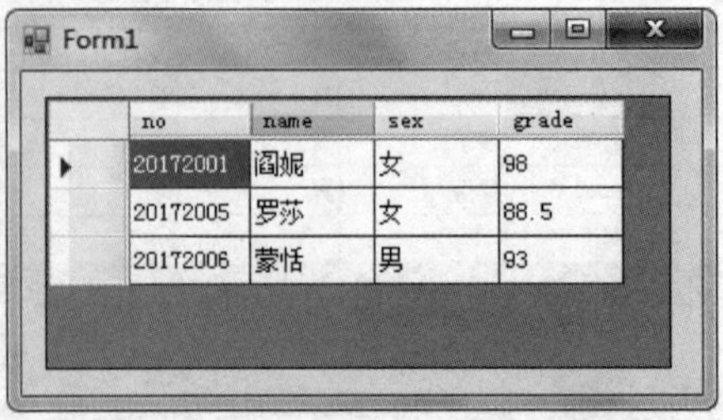

图 12.7　程序 GenDSource_DGrid 的运行界面

12.4.2　数据添加

数据添加是指根据需要，逐项构造数据单元并添加到 DataGridView 控件中适当的单元格，以对数据进行二维格式化显示。作为举例，仍然需要考虑如何利用数据添加的方法来“构造”一个 DataGridView 控件对象的问题，用于显示表 12.1 所示的二维表。

【例 12.4】　利用数据添加的方法在 DataGridView 控件上显示数据。

在本例中，用数据添加的方法将表 12.1 所示的数据逐项添加到 DataGridView 控件中。为此，创建窗体应用程序 AddDataToDGrid，在设计界面上添加一个 DataGridView 控件。首先，设置 DataGridView 控件行数。

```
dataGridView1.ColumnCount = 4;                                  //创建 4 列
```

然后，设置标题行的显示格式和字体等；接着，将每一行定义为 DataGridViewRow 类对象以及将每个数据项定义为一个 DataGridViewTextBoxCell 类对象，将 DataGridViewTextBoxCell 类对象添加到 DataGridViewRow 类对象中，以构建行对象；最后，将每一行都添加到控件中即可。程序中 Form1.cs 文件的代码如下：

```
using System;
using System.Drawing;
using System.Windows.Forms;
namespace AddDataToDGrid
{
    public partial class Form1 : Form
    {
        public Form1()
        {
            InitializeComponent();
        }
        private void Form1_Load(object sender, EventArgs e)
        {
            dataGridView1.ColumnCount = 4;                  //创建 4 列
            //设计标题行的字体、颜色等信息
            DataGridViewCellStyle columnHeaderStyle = new DataGridViewCellStyle();
            columnHeaderStyle.BackColor = Color.Beige;
            columnHeaderStyle.Font = new Font("Verdana", 10, FontStyle.Bold);
            dataGridView1.ColumnHeadersDefaultCellStyle = columnHeaderStyle;
```

```
//设置各列的名称
dataGridView1.Columns[0].Name = "no";
dataGridView1.Columns[1].Name = "name";
dataGridView1.Columns[2].Name = "sex";
dataGridView1.Columns[3].Name = "grade";
//设置各标题行中显示的信息
dataGridView1.Columns["no"].HeaderText = "学号";
dataGridView1.Columns["name"].HeaderText = "姓名";
dataGridView1.Columns["sex"].HeaderText = "性别";
dataGridView1.Columns["grade"].HeaderText = "成绩";
//以下开始添加行
DataGridViewRow row;
DataGridViewTextBoxCell cell;
//以下在 DataGridView 控件中构造和添加第一行
row = new DataGridViewRow();                    //创建行对象
cell = new DataGridViewTextBoxCell();           //创建第一个单元
cell.Value = "20172001";
row.Cells.Add(cell);                            //将 cell 添加到行 row 中的单元格内
cell = new DataGridViewTextBoxCell();           //创建第二个单元
cell.Value = "阎妮";
row.Cells.Add(cell);
cell = new DataGridViewTextBoxCell();           //创建第三个单元
cell.Value = "女";
row.Cells.Add(cell);
cell = new DataGridViewTextBoxCell();           //创建第四个单元
cell.Value = "98.0";
row.Cells.Add(cell);
dataGridView1.Rows.Add(row);                    //在控件 dataGridView1 中添加行 row
//以下在 DataGridView 控件中构造和添加第二行
row = new DataGridViewRow();
cell = new DataGridViewTextBoxCell();
cell.Value = "20172005";
row.Cells.Add(cell);
cell = new DataGridViewTextBoxCell();
cell.Value = "罗莎";
row.Cells.Add(cell);
cell = new DataGridViewTextBoxCell();
cell.Value = "女";
row.Cells.Add(cell);
cell = new DataGridViewTextBoxCell();
cell.Value = "88.5";
row.Cells.Add(cell);
dataGridView1.Rows.Add(row);
//以下在 DataGridView 控件中构造和添加第三行
row = new DataGridViewRow();
cell = new DataGridViewTextBoxCell();
cell.Value = "20172006";
row.Cells.Add(cell);
cell = new DataGridViewTextBoxCell();
cell.Value = "蒙恬";
row.Cells.Add(cell);
```

```
                cell = new DataGridViewTextBoxCell();
                cell.Value = "男";
                row.Cells.Add(cell);
                cell = new DataGridViewTextBoxCell();
                cell.Value = "93.0";
                row.Cells.Add(cell);
                dataGridView1.Rows.Add(row);
                dataGridView1.AutoSizeColumnsMode =
                    DataGridViewAutoSizeColumnsMode.AllCells;
            }
        }
    }
```

执行该程序,结果如图 12.8 所示。

【举一反三】

在本例中,将单元格定义为 DataGridViewTextBoxCell 类。根据需要,也可以将单元格定义为 DataGridViewComboBoxCell 类或 DataGridViewCheckBoxCell 类等。

一般情况下,DataGridView 控件中同一列单元格的类型都是一样的。但 DataGridView 控件允许同一列包含不同类型的单元格,如图 12.9 所示。

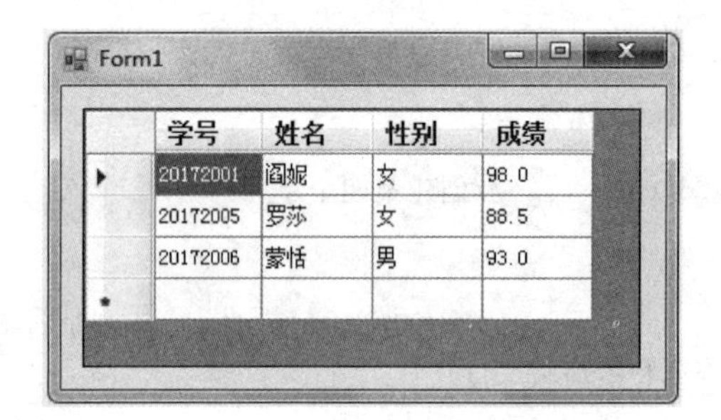

图 12.8 程序 AddDataToDGrid 的运行界面

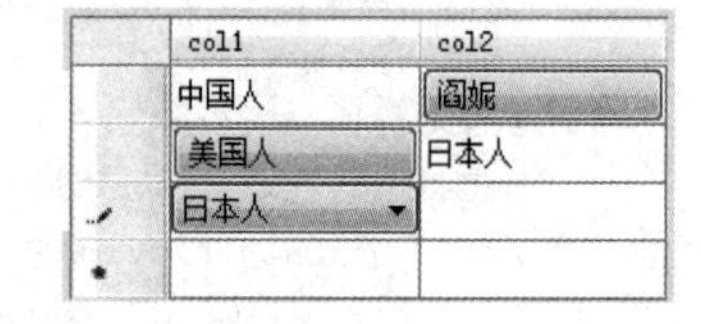

图 12.9 同一列包含不同类型的单元格

运行下列代码即可看到图 12.9 所示的效果。

```
dataGridView1.ColumnCount = 2;
dataGridView1.Columns[0].Name = "col1";
dataGridView1.Columns[1].Name = "col2";
DataGridViewRow row;
row = new DataGridViewRow();
DataGridViewTextBoxCell cell00 = new DataGridViewTextBoxCell();
cell00.Value = "中国人";
row.Cells.Add(cell00);
DataGridViewButtonCell cell01 = new DataGridViewButtonCell();
cell01.Value = "阎妮";
row.Cells.Add(cell01);
dataGridView1.Rows.Add(row);                          //添加第一行
row = new DataGridViewRow();
DataGridViewButtonCell cell10 = new DataGridViewButtonCell();
cell10.Value = "美国人";
row.Cells.Add(cell10);
DataGridViewTextBoxCell cell11 = new DataGridViewTextBoxCell();
```

```
cell11.Value = "日本人";
row.Cells.Add(cell11);
dataGridView1.Rows.Add(row);                              //添加第二行
row = new DataGridViewRow();
DataGridViewComboBoxCell cell20 = new DataGridViewComboBoxCell();
cell20.Items.Add("中国人");
cell20.Items.Add("美国人");
cell20.Items.Add("日本人");
row.Cells.Add(cell20);
dataGridView1.Rows.Add(row);                              //添加第三行
```

12.5 DataGridView 控件的应用举例

本节中，主要介绍如何利用 DataGridView 控件的属性和事件来控制数据的显示方式以及通过 DataGridView 控件在数据库中进行数据查询、插入、更新和删除的方法。为节约篇幅，有时“DataGridView 控件”直接称为“控件”，请读者根据上下文理解。

12.5.1 在控件中查找

在 DataGridView 控件中加载数据后，特别是在用数据库对其加载数据后，直接在 DataGridView 控件中查找实际上是在客户端本地机内存中查找，速度快、效率高。因此，这种查找方法不失为一种理想的选择。下面通过一个例子来说明这种方法的实现原理。

【例 12.5】 在 DataGridView 控件中查找数据。

创建窗体应用程序 CellFindInDGrid，在设计界面中添加 DataGridView 控件、TextBox 控件、Button 控件、Label 控件各一个。实现的效果如图 12.10 所示。其中，在文本框中输入要查找的字符串，然后单击“查找”按钮，匹配的单元格会被设置为选中状态；如果没有匹配的内容，则给出相应的提示。

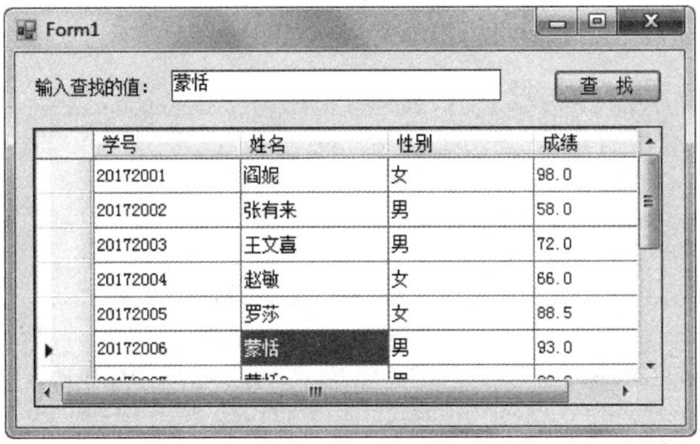

图 12.10　在 DataGridView 控件中查找字串单元格

该程序实现的基本原理是遍历各个单元格，以判断各个单元格内容与给定的字符串是否相匹配。如果匹配，则用下列语句将该单元格设置为当前单元格。

```
dataGridView1.CurrentCell = dataGridView1[j,i];           //注意,列索引号在前,行索引号在后
```

本例中，将数据库中的有关数据加载到 DataGridView 控件中，相关逻辑在窗体的 Load 事件处理函数中实现；查询功能的实现则在 Button 控件的 Click 事件处理函数中完成。文件 Form1.cs 的代码如下：

```
using System;
using System.Data;
using System.Windows.Forms;
using System.Data.SqlClient;
namespace CellFindInDGrid
{
    public partial class Form1 : Form
    {
        public Form1()
        {
            InitializeComponent();
        }
        private void button1_Click(object sender, EventArgs e)
        {
            int i, j;
            string s;
            string strFind = textBox1.Text.Trim();
            for (i = 0; i < dataGridView1.Rows.Count; i++)      //遍历控件中的每个单元
            {
                for (j = 0; j < dataGridView1.Columns.Count; j++)
                {
                    if (dataGridView1.Rows[i].Cells[j].Value != null)
                    {
                        s = dataGridView1.Rows[i].Cells[j].Value.ToString();
                        if (s == strFind)
                        {
                            dataGridView1.CurrentCell = dataGridView1[j,i];
                            return;
                        }
                    }
                }//end for (j = 0; j < dataGridView1.Columns.Count; j++)
            }//end for (i = 0; i < dataGridView1.Rows.Count; i++)
            dataGridView1.CurrentCell = null;
            MessageBox.Show("没有找到!");
        }
        private void Form1_Load(object sender, EventArgs e)
        {
            string ConnectionString = "Data Source = DB_server;Initial Catalog = " +
            "MyDatabase; Persist Security Info = True; User ID = myDB;" +
            "Password = abc";
            DataSet dataset = new DataSet();
            SqlConnection conn = new SqlConnection(ConnectionString);
            try
            {
                SqlDataAdapter DataAdapter =
                new SqlDataAdapter("SELECT * FROM student", conn);
```

```
                DataAdapter.Fill(dataset);
                //指定了 dataset 中具体的数据表,无须再设置 DataMember 属性
                dataGridView1.DataSource = dataset.Tables[0];
            }
            catch (Exception ex)
            {
                MessageBox.Show(ex.ToString());
            }
            finally
            {
                conn.Close();
                conn.Dispose();
                dataset.Dispose();
            }
        }
    }
}
```

12.5.2　在控件中批量删除

有时,需要用鼠标在 DataGridView 控件中选择多行数据,然后删除所有被选中的行。如果 DataGridView 控件绑定了数据库的数据表,那么对这种删除操作将有两个理解。一个理解是,仅仅删除 DataGridView 控件中的数据行,而与之对应的数据表则无变化;另一个理解是,同时删除 DataGridView 控件中的数据行以及与之对应的数据表中的数据行。本节主要讲述如何实现前一个功能,后者留作练习。

【例 12.6】　删除 DataGridView 控件中被选中的行。

创建窗体应用程序 DelMultiRows,在设计界面中添加一个 DataGridView 控件和一个 Button 控件,然后适当调整它们的位置和大小并对其进行相应的设置,其运行效果如图 12.11 所示。当选中多行后,单击"删除所有被选中的行"按钮时即可删除被选中的所有行。

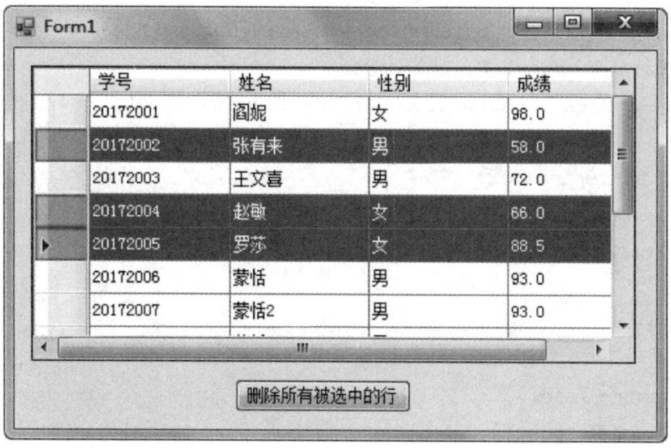

学号	姓名	性别	成绩
20172001	阎妮	女	98.0
20172002	张有来	男	58.0
20172003	王文喜	男	72.0
20172004	赵敏	女	66.0
20172005	罗莎	女	88.5
20172006	蒙恬	男	93.0
20172007	蒙恬2	男	93.0

删除所有被选中的行

图 12.11　程序 DelMultiRows 的运行效果

该程序也是在 Load 事件处理函数中加载数据,删除多行数据的功能则在 Button 控件的事件处理函数中完成。被选中的行都保存在 dataGridView1.SelectedRows 集合中,因此可用下列代码实现多行删除功能。

```
for (i = 0; i < dataGridView1.SelectedRows.Count; i++)
{
    r = dataGridView1.SelectedRows[i];
    if (!r.IsNewRow) dataGridView1.Rows.RemoveAt(r.Index);        //不删除添加行
}
```

程序 DelMultiRows 中文件 Form1.cs 的代码如下：

```
using System;
using System.Data;
using System.Windows.Forms;
using System.Data.SqlClient;
namespace DelMultiRows
{
    public partial class Form1 : Form
    {
        public Form1()
        {
            InitializeComponent();
        }
        private void Form1_Load(object sender, EventArgs e)
        {
            string ConnectionString = "Data Source = DB_server;Initial Catalog = " +
                "MyDatabase; Persist Security Info = True; User ID = myDB;" +
                "Password = abc";
            DataSet dataset = new DataSet();
            SqlConnection conn = new SqlConnection(ConnectionString);
            try
            {
                SqlDataAdapter DataAdapter =
                new SqlDataAdapter("SELECT * FROM student", conn);
                DataAdapter.Fill(dataset);
                //指定了 dataset 中具体的数据表,无须再设置 DataMember 属性
                dataGridView1.DataSource = dataset.Tables[0];
                dataGridView1.SelectionMode =
                    DataGridViewSelectionMode.FullRowSelect;       //选中整行
            }
            catch (Exception ex)
            {
                MessageBox.Show(ex.ToString());
            }
            finally
            {
                conn.Close();
                conn.Dispose();
                dataset.Dispose();
            }
        }
        private void button1_Click(object sender, EventArgs e)
        {
            string s;
```

```
                DataGridViewRow r;
                int i;
                if (dataGridView1.SelectedRows.Count == 0)
                {
                    MessageBox.Show("请选中要删除的行!");
                    return;
                }
                for (i = 0; i < dataGridView1.SelectedRows.Count; i++)
                {
                    r = dataGridView1.SelectedRows[i];
                    //不删除添加行
                    if (!r.IsNewRow) dataGridView1.Rows.RemoveAt(r.Index);
                }
                dataGridView1.CurrentCell = null;
            }
        }
    }
```

12.5.3 在控件中使用复选框和单选框

在显示有多条数据记录的应用中，经常使用单选框或/和复选框，进行多记录删除或编辑等操作。在本小节中，将介绍如何在DataGridView控件中使用单选框和复选框。

【例12.7】 在DataGridView控件中使用单选框和复选框。

创建窗体应用程序CheckForDGrid，在设计界面中添加一个DataGridView控件和一个Button控件，然后适当调整它们的位置和大小并进行对其相应的设置，程序CheckForDGrid的运行效果如图12.12所示。

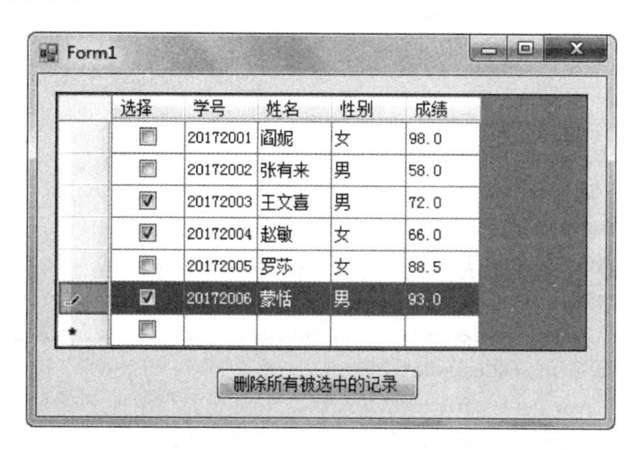

图12.12　程序CheckForDGrid的运行效果

该程序的主要功能是在DataGridView控件中动态添加了一列复选框列，用户可以根据需要选中有关复选框，也可以通过单击该列的标题进行全选或全不选。当列标题显示"选择"或"全选"时，单击该列标题，则整列中所有复选框都变成选中状态，同时列标题显示"全取消"；当列标题显示"全取消"时，单击该列标题，则整列中所有复选框都变成未选中状态，同时列标题显示"全选"。当单击"删除所有被选中的记录"按钮时，所有被选中的数据行(对应的复选框被选中)都会被从数据表从删除，然后重新加载数据类显示。

程序实现的基本思想是先将数据表中的数据加载到 DataGridView 控件,然后在 DataGridView 控件中的第一列插入一列复选框类型的列,利用 DataGridView 控件的 CellClick 事件获取被单击单元格的行索引号和列索引号,并利用索引号的值判断是单击了标题还是单击了普通的单元格,从而实现全选和全取消功能。其中,定义的函数 showDataInDGrid()和函数 exeDelSql(string sql)分别用于加载数据(实际上是重新建立 DataGridView 控件对象)和执行 Delete 语句。文件 Form1.cs 完整的代码如下:

```
using System;
using System.Data;
using System.Windows.Forms;
using System.Data.SqlClient;
namespace CheckForDGrid
{
    public partial class Form1 : Form
    {
        string ConnectionString = "Data Source = DB_server;Initial Catalog = " +
            "MyDatabase; Persist Security Info = True; User ID = myDB;" +
            "Password = abc";                              //设置连接字符串
        public Form1()
        {
            InitializeComponent();
        }
        //在 DataGridView 控件中显示数据(动态添加列及动态加载数据)
        private void showDataInDGrid()
        {
            DataSet dataset = new DataSet();
            SqlConnection conn = new SqlConnection(ConnectionString);
            try
            {
                dataGridView1.Columns.Clear();         //清除所有列
                SqlDataAdapter DataAdapter =
                new SqlDataAdapter("SELECT * FROM student", conn);
                DataAdapter.Fill(dataset);
                dataGridView1.DataSource = dataset.Tables[0];
                dataGridView1.SelectionMode =
                    DataGridViewSelectionMode.FullRowSelect;      //选中整行
                DataGridViewCheckBoxColumn che =
                    new DataGridViewCheckBoxColumn(); //添加复选框类型的列
                che.Name = "selection";
                che.HeaderText = "选择";
                dataGridView1.Columns.Insert(0, che); //插在第一列
                dataGridView1.Columns[0].SortMode =
                    DataGridViewColumnSortMode.Programmatic;
                dataGridView1.AutoSizeColumnsMode =
                    DataGridViewAutoSizeColumnsMode.AllCells;
            }
            catch (Exception ex)
            {
                MessageBox.Show(ex.ToString());
```

```
        }
        finally
        {
            conn.Close();
            conn.Dispose();
            dataset.Dispose();
        }
    }
    private void exeDelSql(string sql)              //执行 Delete 语句
    {
        SqlConnection conn = null;
        SqlCommand command = null;
        try
        {
            conn = new SqlConnection(ConnectionString);
            command = new SqlCommand();
            command.Connection = conn;
            command.CommandText = sql;
            conn.Open();
            int n = command.ExecuteNonQuery();      //执行 SQL 语句
            MessageBox.Show("有" + n.ToString() + "条记录被删除!");
        }
        catch (Exception ex)
        {
            MessageBox.Show(ex.ToString());
        }
        finally
        {
            conn.Close();
            conn.Dispose();
        }
    }
    private void Form1_Load(object sender, EventArgs e)
    {
        showDataInDGrid();                          //加载数据
    }
    //"删除所有被选中的记录"按钮
    private void button1_Click(object sender, EventArgs e)
    {
        string sql = "", s = "";
        int i;
        object value = null;
        string ht = dataGridView1.Columns["selection"].HeaderText;
        if (ht == "选择")                   //这时有些复选框处于被选中状态,而有些不是
        {
            s = "'xx',";                            //赋一个无用的初始值
            for (i = 0; i < dataGridView1.Rows.Count; i++)
            {
                value = dataGridView1.Rows[i].Cells["selection"].Value;
                if (value != null)
                {
```

```
                    object value2 = dataGridView1.Rows[i].Cells["学号"].Value;
                    if ((bool)value == true&& value2 != null) s += "'" +
                        value2.ToString() + "',";
                }
            }
            if (s != "") s = s.Substring(0, s.Length - 1);          //去掉最后面的逗号
            sql = "delete from student where 学号 in (" + s + ")";     //构造 Delete 语句
        }
        else if (ht == "全选")                          //这时复选框全部处于不被选中状态
        {
            sql = "delete from student where 1 = 2";     //构造一个永假的 Delete 语句
        }
        else if (ht == "全取消")                        //这时复选框全部处于被选中状态
        {
            sql = "delete from student";
        }
        exeDelSql(sql);                                 //执行删除语句
        showDataInDGrid();                              //重新加载数据
    }
    private void dataGridView1_CellClick(object sender,
    DataGridViewCellEventArgs e)
    {
        //单击 DataGridView 控件上任何地方都会显示该事件
        //参数 e 将返回被单击单元的行索引号和列索引号
        //当单击在行的标题栏上,返回的行索引号是 - 1;
        //当单击在列的标题栏上,返回的列索引号是 - 1;
        int i;
        //单击复选框所在的列(不含标题)
        if (e.RowIndex != - 1 && e.ColumnIndex == 0)
        {
            dataGridView1.Columns["selection"].HeaderText = "选择";
        }
        //单击复选框所在列的列标题
        if (e.RowIndex == - 1 && e.ColumnIndex == 0)
        {
            string ht = dataGridView1.Columns["selection"].HeaderText;
            if (ht == "全选" || ht == "选择")
            {
                dataGridView1.Columns["selection"].HeaderText = "全取消";
                dataGridView1.CurrentCell = null;
                //将所有的复选按钮设置为 True
                for (i = 0; i < dataGridView1.Rows.Count; i++)
                {
                    dataGridView1.Rows[i].Cells["selection"].Value = true;
                }
            }
            else if (ht == "全取消")
            {
                dataGridView1.Columns["selection"].HeaderText = "全选";
                dataGridView1.CurrentCell = null;
                //将所有的复选按钮设置为 False
```

```
                        for (i = 0; i < dataGridView1.Rows.Count; i++)
                        {
                            dataGridView1.Rows[i].Cells["selection"].Value = false;
                        }
                    }
                }
            }
        }
    }
```

单选按钮(RadioButto 控件)也经常在窗体应用程序中使用,但 DataGridView 控件并不支持 RadioButto 控件。如果在 DataGridView 控件中需要通过单选操作来选择数据记录,然后进行相关操作(如删除),那么该如何实现这种单选功能呢?实现这种功能有很多种方法,如继承-重写等。下面介绍一种在 DataGridView 控件中插入图片列的方法来实现上述要求。

【例 12.8】 DataGridView 控件中单选按钮功能的实现。

创建窗体应用程序 RadForDGrid,与程序 CheckForDGrid 类似,在设计界面中添加一个 DataGridView 控件和一个 Button 控件,然后适当调整它们的位置和大小并对其进行相应的设置,程序 CheckForDGrid 的运行效果如图 12.13 所示。

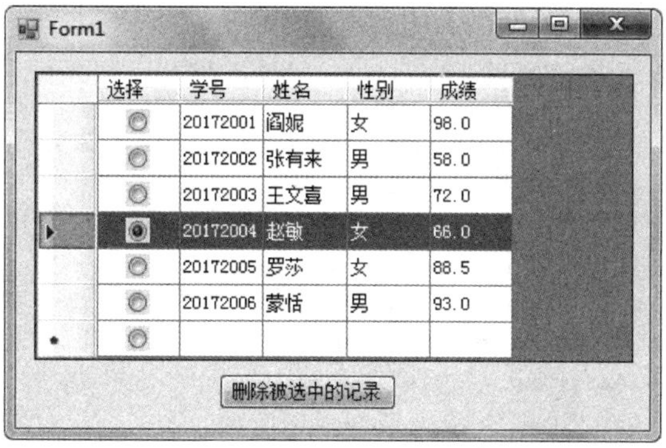

图 12.13 程序 CheckForDGrid 的运行效果

该程序的作用是单击单选框,然后单击"删除被选中的记录"按钮即可删除对应的数据记录。如前所述,该程序的难点在于,DataGridView 控件不支持单选按钮。为此,分别制作未选中效果的图片和已选中效果的图片(见资源目录 ICO 下的文件 Radiocheck.jpg 和 Radiochecked.jpg),并将它们添加到 ImageList 控件的对象 imageList1 中,其中 imageList1.Images[0]和 imageList1.Images[1]分别保存未选中效果的图片和已选中效果的图片。然后,在 DataGridView 控件中添加一个 DataGridViewImageColumn 类型(图片类型)的列,并定义一个 int 型变量 delRosIndex,用于指向被选中行的索引号,同时在 CellClick 事件处理函数中用代码保证:当前只有 delRosIndex 指向的行与图片列交汇的单元显示 imageList1.Images[1]中的图片(选中状态),其他行中的图片列均显示 imageList1.Images[0]中的图片(未选中)。文件 Form1.cs 完整的代码如下:

```
using System;
using System.Data;
```

```
using System.Windows.Forms;
using System.Data.SqlClient;
namespace RadioForDGrid
{
    public partial class Form1 : Form
    {
        string ConnectionString = "Data Source = DB_server;Initial Catalog = " +
            "MyDatabase; Persist Security Info = True; User ID = myDB;" +
            "Password = abc";                                  //设置连接字符串
        private int delRosIndex = -1;
        public Form1()
        {
            InitializeComponent();
        }
        //在 DataGridView 控件中显示数据(动态添加列及动态加载数据)
        private void showDataInDGrid()
        {
            DataSet dataset = new DataSet();
            SqlConnection conn = new SqlConnection(ConnectionString);
            try
            {
                dataGridView1.Columns.Clear();                 //清除所有列
                SqlDataAdapter DataAdapter =
                new SqlDataAdapter("SELECT * FROM student", conn);
                DataAdapter.Fill(dataset);
                dataGridView1.DataSource = dataset.Tables[0];
                dataGridView1.SelectionMode =
                    DataGridViewSelectionMode.FullRowSelect;  //选中整行
                //添加图像类型的列
                DataGridViewImageColumn img = new DataGridViewImageColumn();
                img.Image = imageList1.Images[0];              //未选中效果的图片
                img.HeaderText = "选择";
                dataGridView1.Columns.Insert(0, img);          //插在第一列
                dataGridView1.Columns[0].SortMode =
                    DataGridViewColumnSortMode.Programmatic;
                dataGridView1.AutoSizeColumnsMode =
                    DataGridViewAutoSizeColumnsMode.AllCells;
            }
            catch (Exception ex)
            {
                MessageBox.Show(ex.ToString());
            }
            finally
            {
                conn.Close();
                conn.Dispose();
                dataset.Dispose();
            }
        }
        private void exeDelSql(string sql)                     //执行 Delete 语句
        {
```

```
    SqlConnection conn = null;
    SqlCommand command = null;
    try
    {
        conn = new SqlConnection(ConnectionString);
        command = new SqlCommand();
        command.Connection = conn;
        command.CommandText = sql;
        conn.Open();
        int n = command.ExecuteNonQuery();              //执行 SQL 语句
        MessageBox.Show("有" + n.ToString() + "条记录被删除!");
    }
    catch (Exception ex)
    {
        MessageBox.Show(ex.ToString());
    }
    finally
    {
        conn.Close();
        conn.Dispose();
    }
}
private void Form1_Load(object sender, EventArgs e)
{
    showDataInDGrid();                                  //加载数据
}
//"删除所有被选中的记录"按钮
private void button1_Click(object sender, EventArgs e)
{
    string sql = "delete from student where 1 = 2";    //永假语句
    if (delRosIndex != -1)
    {
        object value = dataGridView1.Rows[delRosIndex].Cells["学号"].Value;
        if (value != null) sql = "delete from student where 学号 = '" +
            value.ToString() + "'";
    }
    exeDelSql(sql);                                     //执行删除语句
    showDataInDGrid();                                  //重新加载数据
}
private void dataGridView1_CellClick(object sender,
DataGridViewCellEventArgs e)
{
    int i;
    //单击复选框所在的列(不含标题)
    if (e.RowIndex != -1 && e.ColumnIndex == 0)
    {
        if (delRosIndex != -1) dataGridView1.Rows[delRosIndex].Cells[0].Value
            = imageList1.Images[0];                     //取消上次的选中状态
        delRosIndex = e.RowIndex;
        dataGridView1.Rows[delRosIndex].Cells[0].Value =
            imageList1.Images[1];                       //设置当前的选中状态
```

```
            }
        }
        private void dataGridView1_DefaultValuesNeeded(object sender,
            DataGridViewRowEventArgs e)
        {
            //对添加行设置初始值(未选中)
            e.Row.Cells[0].Value = imageList1.Images[0];
        }
    }
}
```

该例同时也给出了如何在控件的列中显示图像的方法。

12.5.4 控件列的隐藏和添加

一般来说,往控件中加载数据后,数据会被原样显示出来。但有时候出于某种需求,可能需要变换某一列或某些列的显示方式。当然,其解决方法有很多种,如改变 Select 语句等。但这里要介绍的是,通过对 DataGridView 控件本身的简单编程来实现这一要求。

【例 12.9】 改变 DataGridView 控件列的显示方式(通过列的隐藏和添加的方式来实现)。

将数据表 student 绑定到 DataGridView 控件后,"性别"一列将显示包括"男"和"女"的内容。在本例中,如果希望其显示的是"Male"和"Female"(分别表示"男"和"女"),那么,解决思路是隐藏 DataGridView 控件中"性别"一列,增加另外一列,其标题显示"Sex"(当然,也可以让其显示"性别"),列中的单元格内容由"性别"一列的单元格内容决定。

为此,创建窗体应用程序 ModColForDGrid,在设计界面上添加一个 DataGridView 控件,程序 ModColForDGrid 的运行效果如图 12.14 所示,其中"性别"列已经被改变为"Sex"列。

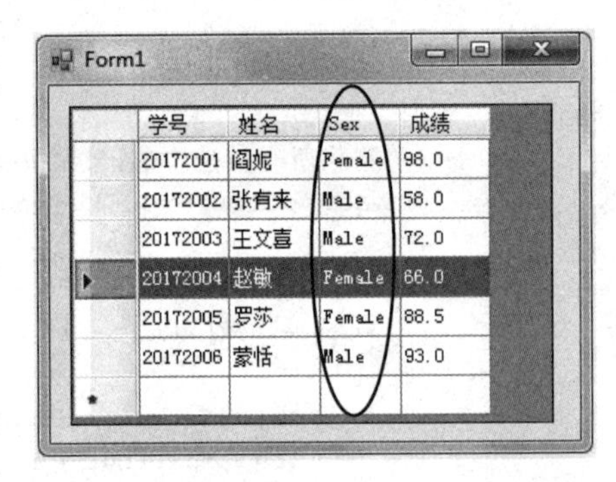

图 12.14 程序 ModColForDGrid 的运行效果

该程序的文件 Form1.cs 代码如下:

```
using System;
using System.Data;
using System.Windows.Forms;
using System.Data.SqlClient;
namespace ModColForDGrid
{
    public partial class Form1 : Form
    {
        string ConnectionString = "Data Source = DB_server;Initial Catalog = " +
            "MyDatabase; Persist Security Info = True; User ID = myDB;" +
            "Password = abc";                                     //设置连接字符串
        public Form1()
        {
```

```
        InitializeComponent();
    }
    private void Form1_Load(object sender, EventArgs e)
    {
        DataSet dataset = new DataSet();
        SqlConnection conn = new SqlConnection(ConnectionString);
        try
        {
            dataGridView1.Columns.Clear();                    //清除所有列
            SqlDataAdapter DataAdapter =
            new SqlDataAdapter("SELECT * FROM student", conn);
            DataAdapter.Fill(dataset);
            dataGridView1.DataSource = dataset.Tables[0];
            dataGridView1.SelectionMode =
                DataGridViewSelectionMode.FullRowSelect;  //选中整行
            DataGridViewTextBoxColumn sextxt =
                    new DataGridViewTextBoxColumn();
            sextxt.HeaderText = "Sex";
            sextxt.Name = "Sex";
            int index = dataGridView1.Columns["性别"].Index;
            //插在"性别"列所在的位置
            dataGridView1.Columns.Insert(index, sextxt);
            dataGridView1.Columns["性别"].Visible = false;      //隐藏"性别"列
            for (int i = 0; i < dataGridView1.Rows.Count - 1; i++)
            {
                dataGridView1.Rows[i].Cells["Sex"].Value =
                    dataGridView1.Rows[i].Cells["性别"].Value;
                object value = dataGridView1.Rows[i].Cells["性别"].Value;
                if (value != null)
                {
                    if(value.ToString().Equals("男"))
                        dataGridView1.Rows[i].Cells["Sex"].Value = "Male";
                    else dataGridView1.Rows[i].Cells["Sex"].Value = "Female";
                }
            }
            dataGridView1.AutoSizeColumnsMode =
                DataGridViewAutoSizeColumnsMode.AllCells;
        }
        catch (Exception ex)
        {
            MessageBox.Show(ex.ToString());
        }
        finally
        {
            conn.Close();
            conn.Dispose();
            dataset.Dispose();
        }
```

```
            }
        }
    }
```

【说明】

一个列被隐藏后，其索引号、Value等属性值均没有发生改变，因此其访问方式和引用方式也没有改变。

12.5.5 控件中隔行换色

这里的隔行换色是指DataGridView控件中行的背景颜色呈现交替变换，即奇数行和偶数行分别有自己的背景颜色，以增强控件的显示效果，便于查看数据记录。这种效果的实现思想比较简单：对奇数行设置一种背景颜色，对偶数行设置另一种背景颜色即可。实际上，由于DataGridView控件已有默认的背景颜色，所以只需对奇数行或偶数行设置有别于背景颜色的另一种颜色即可。例如，下列代码将索引号为奇数的行的背景颜色设置为浅灰色，其结果达到了隔行换色的效果，如图12.15所示。

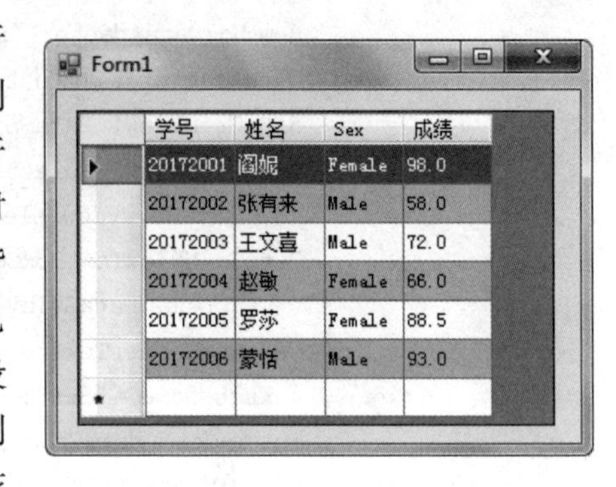

图12.15 隔行换色的效果

```
for (int i = 0; i < dataGridView1.Rows.Count - 1; i++)
{
    if (i % 2 == 1)
        dataGridView1.Rows[i].DefaultCellStyle.BackColor =
            System.Drawing.Color.LightGray;                    //设置行的背景颜色
}
```

12.5.6 行背景色随鼠标移动变色

在用DataGridView控件浏览数据时，很多用户有这样的需求：鼠标移到哪一行，哪一行的背景色就变成另一种颜色。这种效果可以较好地突出鼠标的导航作用，从而使用户可以快速地分辨行信息。下面通过一个例子说明这种效果的制作方法。

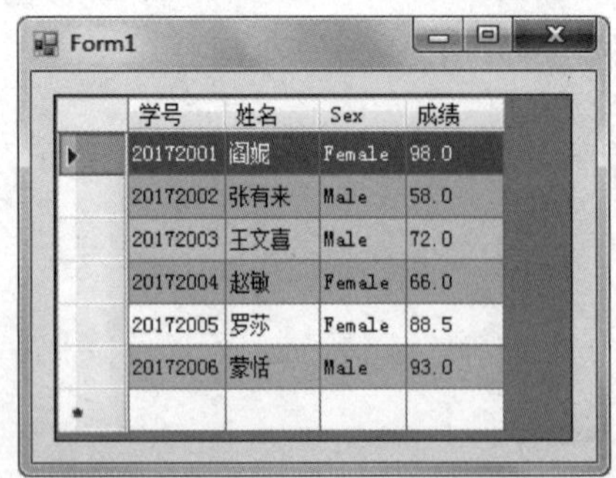

图12.16 程序RowbgColWithMouse的运行效果

【例12.10】 在DataGridView控件中行的背景颜色随鼠标指针而变动。

创建窗体应用程序RowbgColWithMouse，在其设计界面中添加一个DataGridView控件。该程序运行时，鼠标指针移到哪一行，哪一行的背景颜色就变成黄色；移走后，相应的行恢复原来的背景颜色，如图12.16所示。

该程序的实现包含两个关键点。

（1）鼠标移动到某一行上时，要获得该行的索引号。利用 DataGridView 类的 HitTest 方法可以获得控件中任意一个点的行和列索引号。

```
introwIndex = dataGridView1.HitTest(e.X, e.Y).RowIndex;          //获得行索引号
intcolIndex = dataGridView1.HitTest(e.X, e.Y).ColumnIndex;       //获得列索引号
```

其中，e.X 和 e.Y 分别为点（鼠标）在控件中的坐标值。这个坐标值一般都可以利用鼠标事件处理函数的参数获得，如鼠标移动事件处理函数 MouseMove(object sender, MouseEventArgs e)。

（2）在有效行索引号的范围内，先恢复移出行的背景颜色，然后暂存移进行（当前行）的背景颜色，最后将移进行的背景颜色改为黄色。下面定义两个全局变量来辅助实现这种功能。

```
System.Drawing.Color oldBgcolor;
private int oldIndex = -2;
```

其中，oldBgcolor 用来暂存移进行的背景颜色，以备后面用来恢复该行的背景色。oldIndex 用于保存移出行的索引号，通过判断 oldIndex 和当前行号 rowIndex 是否相等来断定鼠标指针是否移到别的行上去了。

该程序 Form1.cs 文件的代码如下：

```
using System;
using System.Data;
using System.Windows.Forms;
using System.Data.SqlClient;
namespace ModColForDGrid
{
    public partial class Form1 : Form
    {
        string ConnectionString = "Data Source = DB_server;Initial Catalog = " +
            "MyDatabase; Persist Security Info = True; User ID = myDB;" +
            "Password = abc";                                   //设置连接字符串
        System.Drawing.Color oldBgcolor;
        private int oldIndex = -2;
        public Form1()
        {
            InitializeComponent();
        }
        private void Form1_Load(object sender, EventArgs e)
        {
            DataSet dataset = new DataSet();
            SqlConnection conn = new SqlConnection(ConnectionString);
            try
            {
                dataGridView1.Columns.Clear();                  //清除所有列
                SqlDataAdapter DataAdapter =
                new SqlDataAdapter("SELECT * FROM student", conn);
                DataAdapter.Fill(dataset);
                dataGridView1.DataSource = dataset.Tables[0];
```

```
            dataGridView1.SelectionMode =
                DataGridViewSelectionMode.FullRowSelect;  //选中整行
            DataGridViewTextBoxColumn sextxt =
                    new DataGridViewTextBoxColumn();
            sextxt.HeaderText = "Sex";
            sextxt.Name = "Sex";
            int index = dataGridView1.Columns["性别"].Index;
            dataGridView1.Columns.Insert(index, sextxt);
            dataGridView1.Columns["性别"].Visible = false;
            for (int i = 0; i < dataGridView1.Rows.Count - 1; i++)
            {
                dataGridView1.Rows[i].Cells["Sex"].Value =
                    dataGridView1.Rows[i].Cells["性别"].Value;
                object value = dataGridView1.Rows[i].Cells["性别"].Value;
                if (value != null)
                {
                    if(value.ToString().Equals("男"))
                        dataGridView1.Rows[i].Cells["Sex"].Value = "Male";
                    else dataGridView1.Rows[i].Cells["Sex"].Value = "Female";
                }
            }
            dataGridView1.AutoSizeColumnsMode =
                DataGridViewAutoSizeColumnsMode.AllCells;
            //隔行换色
            for (int i = 0; i < dataGridView1.Rows.Count - 1; i++)
            {
                if (i % 2 == 1)
                    dataGridView1.Rows[i].DefaultCellStyle.BackColor =
                System.Drawing.Color.LightGray;            //设置行的背景颜色
            }
        }
        catch (Exception ex)
        {
            MessageBox.Show(ex.ToString());
        }
        finally
        {
            conn.Close();
            conn.Dispose();
            dataset.Dispose();
        }
    }
    private void dataGridView1_MouseMove(object sender, MouseEventArgs e)
    {
        int rowIndex = this.dataGridView1.HitTest(e.X, e.Y).RowIndex;   //获行索引号
        if (oldIndex != rowIndex)                          //表示鼠标位置移到其他行上去了
        {
            if ((oldIndex >= 0 && oldIndex <= dataGridView1.Rows.Count - 1))
            {
                dataGridView1.Rows[oldIndex].DefaultCellStyle.BackColor =
                    oldBgcolor;                            //恢复移出行的背景色
```

```
                }
                if (rowIndex >= 0 && rowIndex <= dataGridView1.Rows.Count - 1)
                {
                    oldIndex = rowIndex;
                    //暂存移进行的背景色
                    oldBgcolor =
                        dataGridView1.Rows[rowIndex].DefaultCellStyle.BackColor;
                    //将移进行的背景色改为黄色
                    dataGridView1.Rows[rowIndex].DefaultCellStyle.BackColor =
                        System.Drawing.Color.Yellow;
                }
            }
        }
    }
}
```

12.5.7　与导航控件结合使用

导航控件 BindingNavigator 与 DataGridView 控件结合使用，可以快速地对 DataGridView 控件中的数据记录进行定位。这种结合需要另外一个对象——BindingSource 类的对象来辅助。

【例 12.11】 在 DataGridView 控件中使用导航控件 BindingNavigator 进行快速定位。

创建窗体应用程序 NavigatorInDGrid，在其设计界面中添加一个 DataGridView 控件和一个 BindingNavigator 控件。该程序运行的效果如图 12.17 所示。利用该导航控件可以快速地定位到任何一条数据记录，并可以删除选定的记录或添加新记录等。

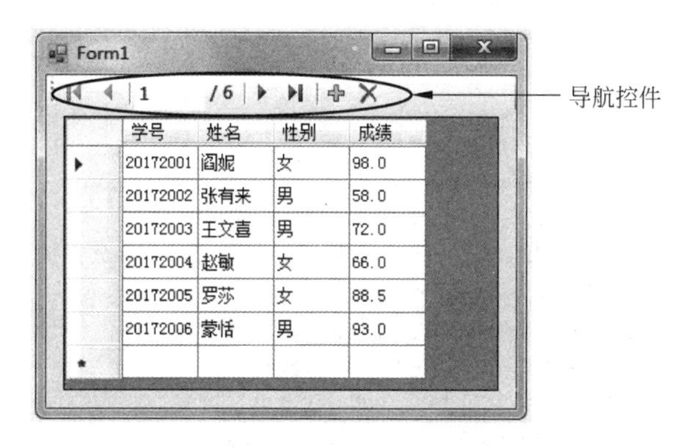

图 12.17　程序 NavigatorInDGrid 的运行效果

为实现导航功能，在窗体的 Load 事件处理函数中，先查询结果集，再将其装载到数据集 DataSet 对象中；然后创建一个 BindingSource 对象，并将 DataSet 对象的一个数据集绑定到 BindingSource 对象上；最后将该对象绑定到 BindingNavigator 对象和 DataGridView 对象上，即可使 BindingNavigator 对象和 DataGridView 对象同步，从而进行数据显示。关键代码如下：

```
BindingSource bs = new BindingSource();
bs.DataSource = dataset.Tables[0];
```

```
bindingNavigator1.BindingSource = bs;
dataGridView1.DataSource = bs;
```

该程序中 Form1.cs 文件的完整代码如下：

```
BindingSource bs = new BindingSource();
bs.DataSource = dataset.Tables[0];
bindingNavigator1.BindingSource = bs;
dataGridView1.DataSource = bs;
该程序中 Form1.cs 文件的完整代码如下:
using System;
using System.Data;
using System.Windows.Forms;
using System.Data.SqlClient;
namespace NavigatorInDGrid
{
    public partial class Form1 : Form
    {
        public Form1()
        {
            InitializeComponent();
        }
        private void Form1_Load(object sender, EventArgs e)
        {
            string ConnectionString = "Data Source = DB_server;Initial Catalog = " +
                "MyDatabase; Persist Security Info = True; User ID = myDB;" +
                "Password = abc";
            DataSet dataset = new DataSet();
            SqlConnection conn = new SqlConnection(ConnectionString);
            try
            {
                SqlDataAdapter DataAdapter =
                new SqlDataAdapter("SELECT * FROM student", conn);
                DataAdapter.Fill(dataset);
                //创建 BindingSource 对象,用来转换 Datatable 数据源
                BindingSource bs = new BindingSource();
                //将一个 DataTable 数据源绑定到到对象 bs 上
                bs.DataSource = dataset.Tables[0];
                //把数据源绑定在 bindingNavigator1 上
                bindingNavigator1.BindingSource = bs;
                //把数据源绑定在 dataGridView1 上
                dataGridView1.DataSource = bs;
                dataGridView1.SelectionMode =
                    DataGridViewSelectionMode.FullRowSelect;  //选中整行
                dataGridView1.AutoSizeColumnsMode =
                    DataGridViewAutoSizeColumnsMode.AllCells; //自动调整列宽
            }
            catch (Exception ex)
            {
                MessageBox.Show(ex.ToString());
            }
```

```
                finally
                {
                    conn.Close();
                    conn.Dispose();
                    dataset.Dispose();
                }
            }
        }
    }
```

注意，对 DataGridView 控件中任何数据的修改、插入和删除操作仅仅会影响 DataGridView 控件中的数据，而不会影响与之绑定的数据源（如数据表等）。要使这些操作作用于数据源（如数据库），必须显式使用代码来实现。在 12.5.8 节说明这个问题。

12.5.8　使用控件操纵数据

DataGridView 控件的主要作用是对数据进行格式化显示，修改控件中的数据一般不会影响到数据源中的数据。因此，如何通过操作 DataGridView 控件中的数据来实现对数据库的更新，这对提高用户体验至关重要。本节将通过代码编程方式来解决 DataGridView 控件和数据库之间的同步更新问题。

【例 12.12】　使用 DataGridView 控件操纵数据库。

创建窗体应用程序 DGridForDB，在其设计界面中添加一个 DataGridView 控件、三个 Button 控件、四个 TextBox 控件等，适当调整它们的位置和大小。该程序运行的效果如图 12.18 所示。

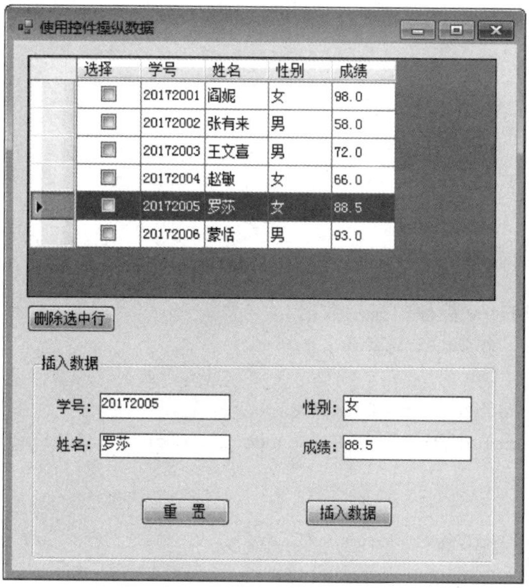

图 12.18　程序 DGridForDB 的运行效果

该程序将数据表 student 绑定到 DataGridView 控件中，通过对 DataGridView 控件的操作，可以实现下列功能。

(1) 添加数据记录：在TextBox控件中输入相应的数据，然后单击“插入数据”按钮即可完成数据添加功能。其设计思想是利用TextBox控件中的数据来构造Insert语句，然后执行该Insert语句即可。此处不建议利用DataGridView控件中的数据添加功能，因为以代码控制其同步性的方式比较烦琐。

(2) 更新数据记录：单击DataGridView控件中的单元格，进入编辑状态，修改完并退出单元格后，程序自动保存更新的内容。其设计思想是当修改单元格中的内容时，会触发CellValueChanged事件，因此只需在该事件处理函数中编写相应的更新逻辑即可。

(3) 删除数据记录：这里提供两种删除数据记录的方式：一种是选择复选框，然后单击“删除选中行”按钮即可；另一种是用鼠标或键盘选中要删除的行，然后按Delete键即可。按Delete键时，会触发UserDeletingRow事件，因此相应的删除逻辑应在此事件的处理函数中编写。

程序DGridForDB中，文件Form1.cs的完整代码如下：

```
using System;
using System.Data;
using System.Windows.Forms;
using System.Data.SqlClient;
namespace DGridForDB
{
    public partial class Form1 : Form
    {
        string ConnectionString = "Data Source = DB_server;Initial Catalog = " +
            "MyDatabase; Persist Security Info = True; User ID = myDB;" +
            "Password = abc";                                   //设置连接字符串
        private int curInserRow = -1;
        public Form1()
        {
            InitializeComponent();
        }
        private void Form1_Load(object sender, EventArgs e)
        {
            showDataInDGrid();                                  //加载数据
        }
        //在DataGridView控件中显示数据
        private void showDataInDGrid()
        {
            DataSet dataset = new DataSet();
            SqlConnection conn = new SqlConnection(ConnectionString);
            try
            {
                dataGridView1.Columns.Clear();                  //清除所有列
                SqlDataAdapter DataAdapter =
                new SqlDataAdapter("SELECT * FROM student", conn);
                DataAdapter.Fill(dataset);
                dataGridView1.DataSource = dataset.Tables[0];
                dataGridView1.SelectionMode =
                    DataGridViewSelectionMode.FullRowSelect;  //选中整行
```

```
            DataGridViewCheckBoxColumn che =
                new DataGridViewCheckBoxColumn();          //添加复选框类型的列
            che.Name = "selection";
            che.HeaderText = "选择";
            dataGridView1.Columns.Insert(0, che);          //插在第一列
            dataGridView1.Columns[0].SortMode =
                DataGridViewColumnSortMode.Programmatic;
            dataGridView1.AutoSizeColumnsMode =
                DataGridViewAutoSizeColumnsMode.AllCells;
            dataGridView1.AllowUserToAddRows = false;
            //"学号"作为主键是不能更改的(只能通过删除再添加来实现更改)
            dataGridView1.Columns["学号"].ReadOnly = true;
        }
        catch (Exception ex)
        {
            MessageBox.Show(ex.ToString());
        }
        finally
        {
            conn.Close();
            conn.Dispose();
            dataset.Dispose();
        }
    }
    private void exeDMLSql(string sql)                     //执行 DML 语句
    {
        SqlConnection conn = null;
        SqlCommand command = null;
        try
        {
            conn = new SqlConnection(ConnectionString);
            command = new SqlCommand();
            command.Connection = conn;
            command.CommandText = sql;
            conn.Open();
            int n = command.ExecuteNonQuery();             //执行 SQL 语句
        }
        catch (Exception ex)
        {
            throw ex;                                      //不处理异常,直接抛出
        }
        finally
        {
            conn.Close();
            conn.Dispose();
        }
    }
    private void button1_Click(object sender, EventArgs e) //"重置"按钮
    {
        textBox1.Text = "";
        textBox2.Text = "";
```

```
        textBox3.Text = "";
        textBox4.Text = "";
    }
    private void dataGridView1_CellClick(object sender,
        DataGridViewCellEventArgs e)
    {    //单击行时,行上的单元格分别被显示到相应的文本框中
        DataGridViewRow rurRow = dataGridView1.CurrentRow;
        textBox1.Text = rurRow.Cells["学号"].Value.ToString();
        textBox2.Text = rurRow.Cells["姓名"].Value.ToString();
        textBox3.Text = rurRow.Cells["性别"].Value.ToString();
        textBox4.Text = rurRow.Cells["成绩"].Value.ToString();
    }
    private void button2_Click(object sender, EventArgs e)  //"插入数据"按钮
    {
        string sql = "";
        if (textBox1.Text.Trim().Equals(""))
            { MessageBox.Show("学号是主键,不能为空!"); return; }
        sql += "'" + textBox1.Text.Trim() + "','";
        sql += textBox2.Text.Trim() + "','";
        sql += textBox3.Text.Trim() + "',";
        sql += textBox4.Text.Trim();
        sql = "Insert into student values(" + sql + ")";      //构造 Insert 语句
        try
        {
            exeDMLSql(sql);                                   //执行 Insert 语句
            showDataInDGrid();                                //显示数据
            for (int i = 0; i < dataGridView1.Rows.Count; i++)
            {
                object value = dataGridView1.Rows[i].Cells["学号"].Value;
                if (value.ToString().Trim().Equals(textBox1.Text.Trim()))
                {
                    //将第 i + 1 行设置为当前行,这样被添加行将自动变为当前行
                    dataGridView1.CurrentCell = dataGridView1[0, i];
                }
            }
        }
        catch (Exception ex)
        {
            MessageBox.Show(ex.ToString());
        }
    }
    private void dataGridView1_CellValueChanged(object sender,
        DataGridViewCellEventArgs e)
    {  //当单元格的值发生改变时,自动保存数据
        if (e.ColumnIndex <= 1) return;                       //选择列和学号列不能更新
        string s = "";
        s = "Update student set ";
        s += dataGridView1.Columns[e.ColumnIndex].Name + " = '";
        s +=
        dataGridView1.Rows[e.RowIndex].Cells[e.ColumnIndex].Value.ToString();
        s += "' where 学号 = '";
```

```
    s += dataGridView1.Rows[e.RowIndex].Cells["学号"].Value.ToString() + "'";
    try
    {
        exeDMLSql(s);                                   //执行 Insert 语句
        showDataInDGrid();                              //显示数据
    }
    catch (Exception ex)
    {
        MessageBox.Show(ex.ToString());
    }
}
private void button3_Click(object sender, EventArgs e)  //"删除选中行"按钮
{
    int i;
    string sql, s = "";
    for (i = 0; i < dataGridView1.Rows.Count; i++)
    {
        object value = dataGridView1.Rows[i].Cells["selection"].Value;
        if (value != null)
        {
            object value2 = dataGridView1.Rows[i].Cells["学号"].Value;
            if ((bool)value == true && value2 != null) s += "'" +
                value2.ToString() + "',";
        }
    }
    if (s == "") { MessageBox.Show("请选择要删除的行!");return; }
        s = s.Substring(0, s.Length - 1);                   //去掉最后面的逗号
    sql = "delete from student where 学号 in (" + s + ")";  //构造 Delete 语句
    try
    {
        exeDMLSql(sql);                                 //执行 Delete 语句
        showDataInDGrid();                              //显示数据
    }
    catch (Exception ex)
    {
        MessageBox.Show(ex.ToString());
    }
}
private void dataGridView1_UserDeletingRow(object sender,
    DataGridViewRowCancelEventArgs e)
{
    string sql;

    if (MessageBox.Show("确认要删除该行数据吗?", "删除确认",
        MessageBoxButtons.OKCancel, MessageBoxIcon.Question) !=
        DialogResult.OK)
    {
        e.Cancel = true;                                //取消删除操作
        return;
    }
    sql = dataGridView1.Rows[e.Row.Index].Cells["学号"].Value.ToString();
```

```
            sql = "Delete from student where 学号 = '" + sql + "'";
            exeDMLSql(sql);                                   //执行 Delete 语句
        }
    }
}
```

12.6 GridView 控件的属性和事件

本节将介绍另一种应用广泛的数据显示控件——GridView 控件。与 DataGridView 控件不同,GridView 控件应用于 Web 页面环境中,大量应用于 Web 窗体应用程序中。在 Web 页面中动态组织和呈现数据是比较困难的事情。GridView 控件以其丰富的属性、方法和事件及良好的与后台服务器"沟通"的能力,使其具备强大的数据动态管理、组织和呈现能力。

12.6.1 一个简单的例子

本节从学习 GridView 控件的属性和事件开始来介绍其使用方法。但考虑到 GridView 控件的特点以及其字段有不同的生成方式的因素,如果单独介绍其属性和事件,会让读者觉得无所适从。因此,下面将从创建一个简单的包含一个 GridView 控件的 Web 应用程序开始介绍,然后再逐步深入剖析 GridView 控件的强大功能及其使用方法。

【例 12.13】 创建带一个 GridView 控件的 Web 数据库应用程序。

创建 Web 应用程序 GridVForDBWeb,添加一个 Web 窗体页面并在设计界面中添加一个 DataGridView 控件和一个 Button 控件。本例中 GridView 控件的字段采用非自动方式生成方式,具体创建方法如下所述。

(1) 单击 GridView 控件右上角的"小三角形"按钮,在弹出的"GridView 任务"框中(放置 GridView 控件时也会自动生成),单击"下拉"按钮,选择"新建数据源"项,"GridView 任务"对话框如图 12.19 所示。

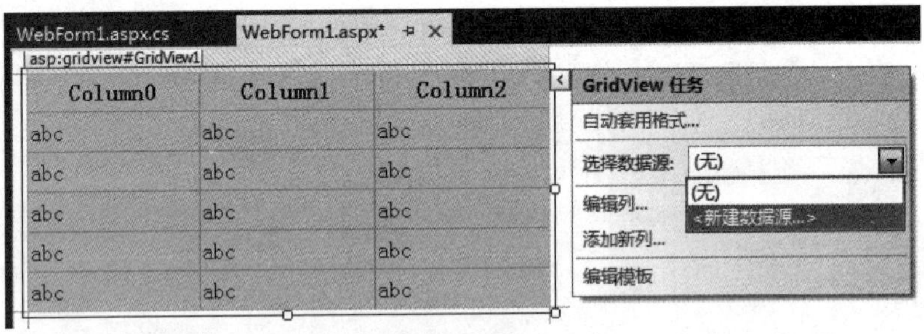

图 12.19 "GridView 任务"对话框

(2) 在弹出的"选择数据源类型"对话框中,选择"数据库"作为数据源类型,将数据源 ID 设置为 SqlDataSource1(默认值),单击"确定"按钮后会打开"数据连接"对话框。在此框中,单击"新建连接"按钮,打开"添加连接"对话框,然后进行如图 12.20 所示的设置。

(3) 设置完毕后单击"确定"按钮,返回"添加连接"对话框,进入连接字符串保存界面,选择默认值即可,继续单击"下一步"按钮,进入"配置 Select 语句"对话框,如图 12.21 所示。

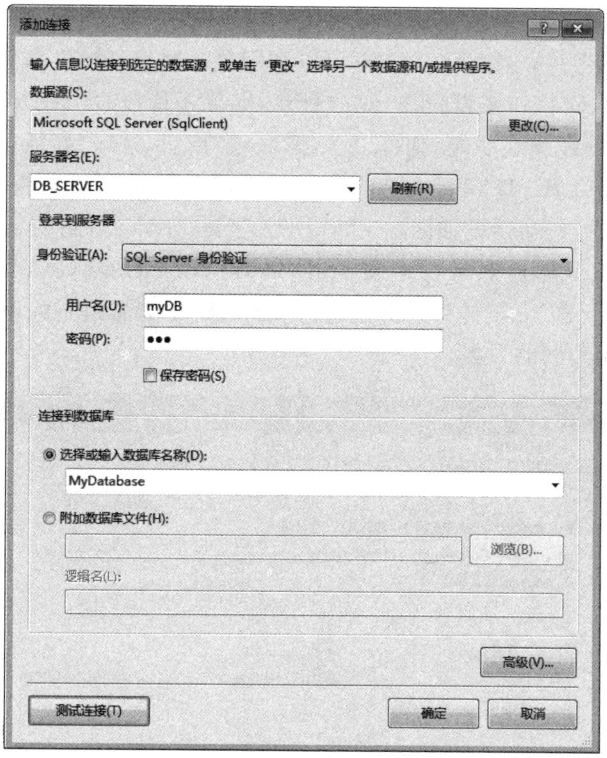

添加连接
输入信息以连接到选定的数据源，或单击“更改”选择另一个数据源和/或提供程序。
数据源(S):
Microsoft SQL Server (SqlClient)
更改(C)...
服务器名(E):
DB_SERVER
刷新(R)
登录到服务器
身份验证(A): SQL Server 身份验证
用户名(U): myDB
密码(P): •••
保存密码(S)
连接到数据库
选择或输入数据库名称(D):
MyDatabase
附加数据库文件(H):
浏览(B)...
逻辑名(L):
高级(V)...
测试连接(T)
确定
取消

图 12.20　“添加连接”对话框

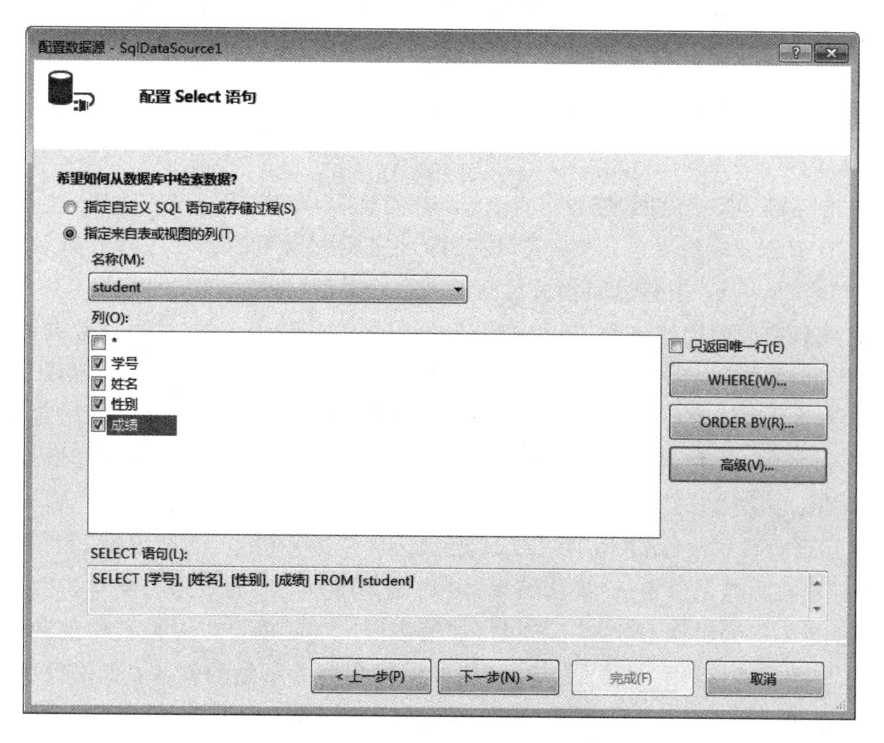

图 12.21　“配置 Select 语句”对话框

(4)“配置 Select 语句”对话框提供了两种方式来设置 SQL 语句。一种方式是选择“指定来自表或视图的列”一项,在这种方式下可以利用鼠标进行可视操作选择。可以通过选择字段,或单击“WHERE”按钮来设置 Where 子句;如果还希望 DataGridView 控件能够自动提供对行的编辑、更新或删除功能,则可以单击“高级”按钮,打开“高级 SQL 生成选项”对话框,选择“生成 INSERT、UPDATE 和 DELETE 语句”项,表示增加数据添加、更新和删除功能,“高级 SQL 生成选项”对话框如图 12.22 所示。当然,如果不在此对话框中选择这一项,而在 DataGridView 控件的属性对话框中将 AutoGenerateDeleteButton、AutoGenerateEditButton 和 AutoGenerateSelectButton 属性的值设置为 True,同时增加相应的事件处理函数并编写相应的逻辑亦可达到相同的效果。

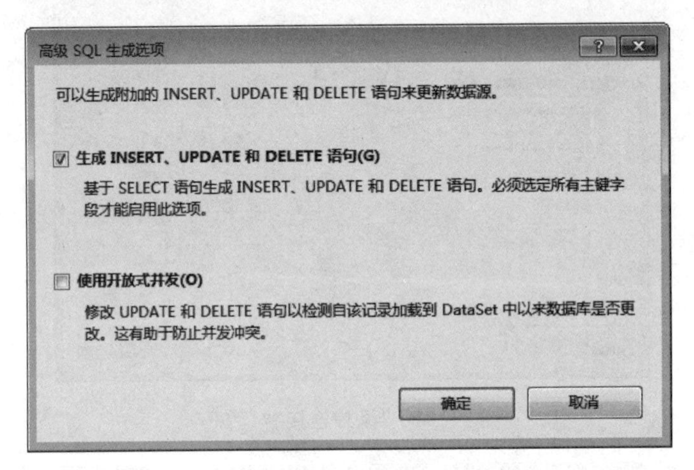

图 12.22 “高级 SQL 生成选项”对话框

另一种方式是选择“指定自定义 SQL 语句或存储过程”项,在这种方式下需要手动编写相应的 SQL 语句。

(5) 单击“确定”按钮返回“配置 Select 语句”对话框,单击“下一步”按钮,进入“测试查询”对话框,查询测试成功后单击“完成”按钮即可完成数据源的创建工作;如果测试不成功,则通过单击“上一步”按钮返回相关对话框进行修改和配置。

(6) 完成数据源的创建工作以后,如果需要为 DataGridView 控件添加数据编辑、更新或删除功能,则通过单击 GridView 控件右上角的“小三角形”按钮再次打开“GridView 任务”对话框,如图 12.23 所示,这时会看到对话框中多了“启用编辑”“启用删除”等选项。选择相关选项,GridView 控件中则增加相应的功能。“GridView 任务”对话框(增加了编辑、更新、删除功能)如图 12.23 所示。

(7) 最后运行该程序,结果如图 12.24 所示。最左边一栏包含了“编辑”和“删除”按钮(实际上是超链接),这是单击了“启用编辑”项和“启用删除”项的效果。当单击“编辑”按钮时,对应行就进入了编辑状态,变成编辑行(如第二行),这时就可以对该行中的数据项进行编辑、修改(主键除外),然后单击“更新”按钮即可保存刚才所做的修改;如果放弃修改,单击“取消”按钮即可。当单击“删除”按钮时,对应行将被删除。

可以看到,该程序从创建到现在,没有编写过一行代码,但它已经具有更新、删除、排序等功能。这就是 GridView 控件的魅力——零代码编程。从文件 WebForm1.aspx.cs 中也

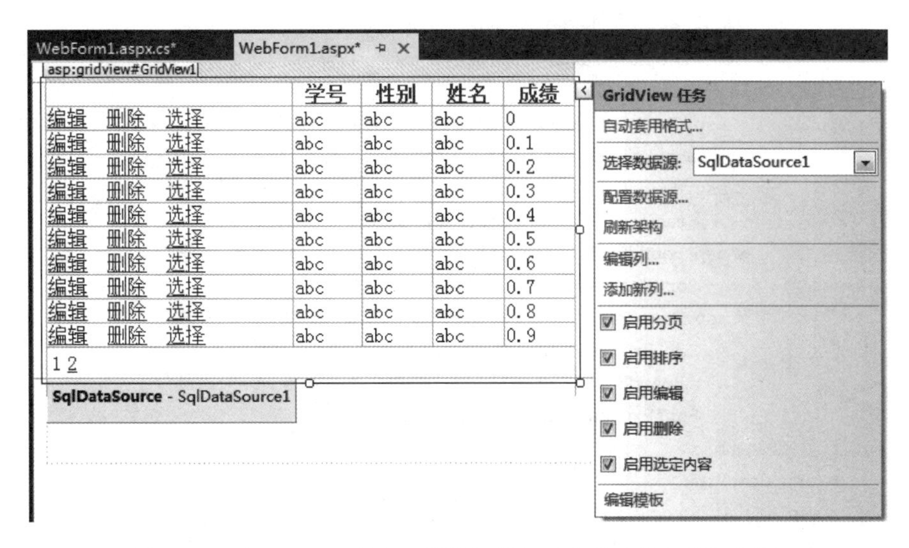

图 12.23　“GridView 任务”对话框(增加了编辑、更新、删除功能)

	学号	性别	姓名	成绩
编辑 删除 选择	20172001	女	阎妮	98.0
更新 取消	20172002	男	张有来	58.0
编辑 删除 选择	20172003	男	王文喜	72.0
编辑 删除 选择	20172004	女	赵敏	66.0
编辑 删除 选择	20172005	女	罗莎	88.5
编辑 删除 选择	20172006	男	蒙恬	93.0

编辑行

图 12.24　程序 GridVForDBWeb 的运行界面

可以看到：打开该文件，其中不包含任何用户编写的代码。

对 Web 应用程序而言，设计界面中的可视化操作最终一般都会反映到 WebForm1.aspx 标记文件中。例如，上述的可视化操作产生的 WebForm1.aspx 文件代码如下：

```
<! -- WebForm1.aspx 文件的代码 -->
<%@ Page Language="C#" AutoEventWireup="true" CodeBehind="WebForm1.aspx.cs" Inherits=
"GridVForDBWeb.WebForm1" %>
<!DOCTYPE html>
<html xmlns="http://www.w3.org/1999/xhtml">
<head runat="server">
<meta http-equiv="Content-Type" content="text/html; charset=utf-8"/>
    <title></title>
</head>
<body>
    <form id="form1" runat="server">
    <div>
        <asp:GridView ID="GridView1" runat="server" AllowPaging="True"
            AllowSorting="True" AutoGenerateColumns="False"
```

```
                DataKeyNames = "学号" DataSourceID = "SqlDataSource1"
                Height = "246px" Width = "784px">
                <Columns>
                    <asp:CommandField ShowDeleteButton = "True"
                        ShowEditButton = "True" ShowSelectButton = "True" />
                    <asp:BoundField DataField = "学号" HeaderText = "学号"
                        ReadOnly = "True" SortExpression = "学号" />
                    <asp:BoundField DataField = "姓名" HeaderText = "姓名"
                        SortExpression = "姓名" />
                    <asp:BoundField DataField = "性别" HeaderText = "性别"
                        SortExpression = "性别" />
                    <asp:BoundField DataField = "成绩" HeaderText = "成绩"
                        SortExpression = "成绩" />
                </Columns>
            </asp:GridView>
            <asp:SqlDataSource ID = "SqlDataSource1" runat = "server"
ConnectionString = "<%$ ConnectionStrings:MyDatabaseConnectionString %>"
DeleteCommand = "DELETE FROM [student] WHERE [学号] = @学号"
InsertCommand = "INSERT INTO [student] ([学号], [姓名], [性别], [成绩]) VALUES (@学号, @姓
名, @性别, @成绩)" SelectCommand = "SELECT [学号], [姓名], [性别], [成绩] FROM [student]"
UpdateCommand = "UPDATE [student] SET [姓名] = @姓名, [性别] = @性别, [成绩] = @成绩 WHERE
[学号] = @学号">
                <DeleteParameters>
                    <asp:Parameter Name = "学号" Type = "String" />
                </DeleteParameters>
                <InsertParameters>
                    <asp:Parameter Name = "学号" Type = "String" />
                    <asp:Parameter Name = "姓名" Type = "String" />
                    <asp:Parameter Name = "性别" Type = "String" />
                    <asp:Parameter Name = "成绩" Type = "Decimal" />
                </InsertParameters>
                <UpdateParameters>
                    <asp:Parameter Name = "姓名" Type = "String" />
                    <asp:Parameter Name = "性别" Type = "String" />
                    <asp:Parameter Name = "成绩" Type = "Decimal" />
                    <asp:Parameter Name = "学号" Type = "String" />
                </UpdateParameters>
            </asp:SqlDataSource>
        </div>
        </form>
</body>
</html>
```

如果能够直接编写出这些标记语言,则可以不需要上述的可视化操作。当然,这需要读者对标记语言有一定的了解。

实际上,要实现一个复杂的任务,还是需要编写一定的代码。所谓"零代码编程",只能应用于实现简单的任务。例如,在程序 GridVForDBWeb 中,单击"删除"按钮时,相应记录会直接被删除,而不给任何的提示。这与习惯性相悖。因此,需要编写相关代码来提供删除确认功能,这就需要对 GridView 控件的属性和事件有一定的了解。

12.6.2　GridView 控件的常用属性

GridView 控件的常用属性可以分为行为属性、样式属性、外观属性和状态属性等四类，它们的功能和使用方法如表 12.2～表 12.5 所示。

表 12.2　行为属性的功能和使用方法

属　　性	描　　述
AllowPaging	该属性为布尔类型，True 表示其支持分页功能，False 表示不支持(默认)
AllowSorting	该属性为布尔类型，True 表示其支持排序功能，False 表示不支持(默认)
AutoGenerateColumns	该属性为布尔类型，用于设置字段的生成方式，即指示是否自动地为数据源中的每个字段创建列，True 表示支持，False 表示否。默认为 True

AutoGenerateDeleteButton、AutoGenerateEditButton 和 AutoGenerateSelectButton	这三个属性都是布尔类型，用于指示控件是否包含一个按钮列，以允许用户分别删除、编辑和选择映射到被单击的行。True 表示包含，False 表示不包含(默认值)。运行时，单击“删除”按钮会触发 RowDeleting 事件和 RowDeleted 事件；单击“编辑”按钮会触发 RowEditing 事件；单击“选择”按钮会触发 SelectedIndexChanged 事件。根据需要，可以在相应事件处理函数中编写代码，以便进行相应处理。例如，在 RowDeleting 事件处理函数中，如果执行到下列语句，删除操作将不被执行，RowDeleted 事件也不会被触发。
	`e.Cancel = true;`
	又如，被选中的行的索引号由 SelectedIndex 属性返回，因此在 SelectedIndexChanged 事件处理函数中可以用下列代码获得每次单击的行的索引号。
	`int index = GridView1.SelectedIndex;`
	`TextBox1.Text = index.ToString();`

DataSource 和 DataMember	DataSource 用于获得或设置填充该控件的数据源对象。DataMember 属性与 DataSource 属性结合使用。当 DataSource 中包含多个成员(数据集)时，由 DataMember 属性指定控件想要显示的成员
DataSourceID	指示所绑定的数据源控件
RowHeaderColumn	用作列标题的列名，该属性旨在改善可访问性
SortDirection	获得列的当前排序方向
SortExpression	获得当前排序表达式
UseAccessibleHeader	规定是否为列标题生成< th >标签(而不是< td >标签)

表 12.3　样式属性的功能和使用方法

属　　性	描　　述
AlternatingRowStyle	设置表中每隔一行的样式
EditRowStyle	设置正在编辑的行的样式
FooterStyle	设置网格的页脚的样式

续表

属　　性	描　　述
HeaderStyle	设置网格的标题的样式
EmptyDataRowStyle	设置空行的样式
PagerStyle	设置网格分页器的样式
RowStyle	设置表中的行的样式
SelectedRowStyle	设置当前所选行的样式

表 12.3 中，各类样式的设置方法基本都一样，一般是在“GridView 控件的属性”对话框中进行设置，如设置背景色、字体大小、前景色等信息。

表 12.4　外观属性的功能和使用方法

属　　性	描　　述
BackImageUrl	用于设置要在控件背景中显示的图像的 URL。使用方法是可以直接将图片拖到资源管理器中的某个目录下，使之变成项目资源文件，然后就可以将该属性设置为背景图

BackColor 和 ForeColor	分别用于设置控件的背景色和前景色。例如：
	`GridView1.BackColor = System.Drawing.Color.Yellow;`
	`GridView1.ForeColor = System.Drawing.Color.Blue;`

Caption	在该控件的标题中显示的文本。例如： `GridView1.Caption = "学生基本信息";`
CaptionAlign	用于设置标题文本的对齐方式。例如： `GridView1.CaptionAlign = TableCaptionAlign.Right;`
CellPadding	用于设置一个单元的内容与边界之间的间隔，单位为像素
CellSpacing	用于设置单元之间的间隔，单位为像素

Font	用于设置显示内容的字体、字号、是否粗体等。例如：
	`GridView1.Font.Bold = true;　　//粗体`
	`GridView1.Font.Italic = true;　　//斜体`
	`GridView1.Font.Size = 20;　　//字号`

GridLines	用于设置该控件的网格线样式，其中 None 表示不显示网格线，Horizontal 表示仅显示水平网格线，Vertical 表示仅显示垂直网格线，Both 表示同时显示水平和垂直网格线。例如，执行下列语句后仅显示垂直网格线。 `GridView1.GridLines = GridLines.Vertical;`
HorizontalAlign	用于设置控件在页面上的水平对齐方式，其可能取值为 NotSet、Left、Center、Right 和 Justify，分别表示不设置水平对齐方式、左对齐、居中、右对齐、与页面的左侧和右侧页边距对齐。例如，执行下列语句后，控件将在页面上以右对齐的方式排列。 `GridView1.HorizontalAlign = HorizontalAlign.Right;`

续表

属　　性	描　　述
PagerSettings	当启用分页器时，该属性对分页器的外观设计十分有用。它可以设置分页器的许多外观性质，如 FirstPageText、Mode、Position 等，请查看"属性"对话框
ShowFooter	该属性为布尔类型，用于设置是否显示页脚行，默认值为 False
ShowHeader	该属性为布尔类型，用于设置是否显示标题行，默认值为 True

表 12.5　状态属性的功能和使用方法

属　　性	描　　述
BottomPagerRow	返回控件底部分页器的 GridViewRow 对象
Columns	返回控件列的对象集合，类型为 DataControlFieldCollection

DataKeyNames 和 DataKeys	DataKeyNames 返回或设置控件包含主键字段名称的数组，DataKeys 返回 DataKeyNames 中设置的主键字段的值。形象地说，先通过 DataKeyNames 属性"告知"GridView 控件，哪些字段构成了主键，然后就可以利用 DataKeys 属性获取主键字段的值。例如，下面语句"告诉"GridView1 对象："学号"和"姓名"为主键字段。
	GridView1.DataKeyNames = new string[] { "学号", "姓名" };
	此后就可以通过 DataKeys 属性引用主键字段的值。例如，在 RowDeleting 事件处理函数中可以引用被选中行的主键值。
	DataKey key = GridView1.DataKeys[e.RowIndex]; //获取主键值
	ListBox1.Items.Add(key[0].ToString()); //主键中第一个字段值
	ListBox1.Items.Add(key[1].ToString()); //主键中第二个字段值

EditIndex	用于将某一行设置为编辑模式(编辑行)，也可以返回处于编辑模式的行的索引号。例如，下列语句将第二行设置为编辑模式，可以修改除了主键字段以外的所有字段值。 GridView1.EditIndex = 1;
FooterRow	返回一个表示页脚的 GridViewRow 对象
HeaderRow	返回一个表示标题的 GridViewRow 对象
PageCount、PageIndex 和 PageSize	PageCount 返回显示数据源的记录所需的页面数；PageIndex 用于获取或设置当前显示的数据页，开始页为 0；PageSize 用于设置在一个页面上能显示的记录数。应用这些属性的前提是 AllowPaging 必须为 True。例如，执行下面语句后，GridView1 对象每页显示五条记录，并显示索引号为 2 的页面。 GridView1.AllowPaging = true; GridView1.PageSize = 5; GridView1.PageIndex = 2;
Rows	返回控件中当前显示的数据行对象的集合，类型为 GridViewRowCollection。

续表

属　性	描　述
SelectedDataKey	返回当前选中的记录的 DataKey 对象(主键)。例如,下面语句获取当前行的主键值: DataKey key = GridView1.SelectedDataKey; ListBox1.Items.Add(key[0].ToString()); ListBox1.Items.Add(key[1].ToString()); ListBox1.Items.Add(key.Values.Count.ToString()); //返回字段数
SelectedIndex	返回或设置控件中被选中的行的索引号
SelectedRow	返回控件中被选中的行对象,类型为 GridViewRow
SelectedValue	返回 DataKey 对象中存储的键的显式值,类似于 SelectedDataKey
TopPagerRow	返回控件中顶部分页器的 GridViewRow 对象

12.6.3 行编程与列编程

GridView 控件的核心内容是 Rows 属性和 Columns 属性,也是编程当中用得比较频繁的两个属性,下面分别重点介绍。

1. Rows 属性

Rows 属性返回的值是 GridViewRow 对象(行对象)的集合,其类型为 GridViewRowCollection,即 GridViewRowCollection 对象可以看作是 GridViewRow 对象的集合。GridViewRow 对象的 Cells 属性返回的是 TableCell 对象的集合,其类型为 TableCellCollection,即 TableCellCollection 对象可以看作是若干个 TableCell 对象构成的集合。于是,可以用下列循环语句遍历 GridView 控件中每一个单元格。

```
GridViewRowCollection gv = GridView1.Rows;
foreach (GridViewRow row in gv)
{
    string s = "";
    TableCellCollection cells = row.Cells;
    foreach (TableCell cell in cells)
    {
        s += cell.Text + ", ";
    }
    ListBox1.Items.Add(s);
}
```

当然,也可以用下面比较直观的方法遍历:

```
for (i = 0; i < GridView1.Rows.Count; i++)
{
    string s = "";
    for (j = 0; j < GridView1.Rows[i].Cells.Count; j++)
    {
        s += GridView1.Rows[i].Cells[j].Text + ", ";
    }
```

```
    ListBox1.Items.Add(s);
}
```

设置每一行和每一个单元格的属性，以达到不同的显示效果。例如，下面语句对第三行的背景色和字体分别设置为黄色和20号字体。

```
GridView1.Rows[2].BackColor = System.Drawing.Color.Yellow;      //设置颜色
GridView1.Rows[2].Font.Size = 20;
```

下列语句则将第五行和第三列交汇处的单元格的背景色和字体分别设置为红色和20号字体。

```
GridView1.Rows[4].Cells[2].ForeColor = System.Drawing.Color.Red;
GridView1.Rows[4].Cells[2].Font.Size = 20;
```

注意，对于GridView控件而言，没有GridView1.Rows.Add()方法，即在GridView控件中不能用代码增加行，这与DataGridView不同。

2. Columns属性

GridView控件的Columns属性返回的是DataControlField类型对象的集合。DataControlField实际上是一种抽象类，即无法用它直接创建对象。

1) Columns的派生类

Columns属性包含的对象实际上是其派生类的对象，其派生类包括以下七种(即以下七种类是GridView控件列的类型)。

(1) BoundField：显示数据源中字段的值，默认列类型。

(2) ButtonField：按钮类型列，可用于建立包含按钮的列，如"添加"按钮、"移除"按钮等。

(3) CheckBoxField：复选框类型列，通常用于创建具有布尔值的列。

(4) CommandField：预定义命令按钮类型列，显示用于执行选择、编辑或删除操作的预定义命令按钮。

(5) HyperLinkField：超链接类型列，用于将字段值显示为超链接。

(6) ImageField：图像类型列，用于在列中显示图像。

(7) TemplateField：模板类型列，此列字段类型允许创建自定义的列字段，是非常有用的一种类型。

2) Columns属性的使用方法

(1) 遍历列标题

Columns属性返回列对象的集合，类型为DataControlFieldCollection，其中列对象的类型为DataControlField。因此，可以用下列代码来遍历控件中每列的标题(仅适用于非自动方式生成的GridView控件)。

```
DataControlFieldCollection cols = GridView1.Columns;
for (i = 0; i < cols.Count; i++)
{
    DataControlField col = cols[i];
    ListBox1.Items.Add(col.HeaderText);
}
```

显然，它等于下列代码：

```
DataControlFieldCollection cols = GridView1.Columns;
foreach (DataControlField col in cols) ListBox1.Items.Add(col.HeaderText);
```

还可用下列更直观的代码来遍历控件中每列的标题。

```
for (i = 0; i < GridView1.Columns.Count; i++)
    ListBox1.Items.Add(GridView1.Columns[i].HeaderText);
```

也就是说，上述三段代码是等价的。

注意，如果 GridView 控件是按自动方式生成的，那么 GridView1. Columns. Count 的值总是等于 0，即上述遍历方法无效，但可以采用下列的遍历方法(也适用于非自动生成的 GridView 控件)。

```
TableCellCollection cols = GridView1.HeaderRow.Cells;
for (i = 0; i < cols.Count; i++)
{
    TableCell col = cols[i];
    ListBox1.Items.Add(col.Text);
}
```

其等价于：

```
foreach (TableCell col in GridView1.HeaderRow.Cells) ListBox1.Items.Add(col.Text);
```

也等价于：

```
for (i = 0; i < GridView1.HeaderRow.Cells.Count; i++)
{
    ListBox1.Items.Add(GridView1.HeaderRow.Cells[i].Text);
    //或者 ListBox1.Items.Add(GridView1.Columns[i].HeaderText);
}
```

以下介绍的代码均是针对按非自动方式生成的 GridView 控件。

(2) 单元格内容的对齐方法

某一列中单元格中内容的水平对齐方式可通过设置列的 ItemStyle 属性来实现。例如，下列语句可以将所有单元格的内容进行居中对齐。

```
for (i = 0; i < GridView2.Columns.Count; i++)
    GridView2.Columns[i].ItemStyle.HorizontalAlign = HorizontalAlign.Center;
```

(3) 列的添加与删除方法

列的添加方法用 Columns 属性的 Add()或 Insert()方法，列的删除方法用 Columns 属性的 RemoveAt()或 Remove()。例如，下列语句的作用是先复制第二列，然后删除第二列，最后将复制的列插入到 GridView 控件中的第一列上，其效果相当于将第一列和第二列进行交换。

```
DataControlField col = GridView1.Columns[1];
GridView1.Columns.RemoveAt(1);
GridView1.Columns.Insert(0, col);
```

其等价于：

```
DataControlField col = GridView1.Columns[1];
GridView1.Columns.Remove(col);
GridView1.Columns.Insert(0, col);
```

如果用下列语句，则将列 col 添加到 GridView 控件的末尾列。

```
GridView1.Columns.Add(col);
```

（4）列的样式

列的样式是通过设置列的 ItemStyle 属性来实现。例如，下列语句将第一列的宽度设置为 100px。

```
GridView1.Columns[0].ItemStyle.Width = 200;
```

（5）使用模板列

模板列可以为用户提供个性化的列的设置方式。有时，由于数据底层设计的需要，列的内容和含义可能并不那么直观和容易理解，这时利用模板列可以根据应用需求对列的呈现形式和内容进行个性化设计，或者提供更为便捷的操作方式。这是一种有效提升用户体验的方法。

创建模板列的步骤如下所述。

① 在“GridView 任务”对话框（如图 12.19 所示）中，单击超链接“编辑列”，打开如图 12.25 所示的“字段”对话框。

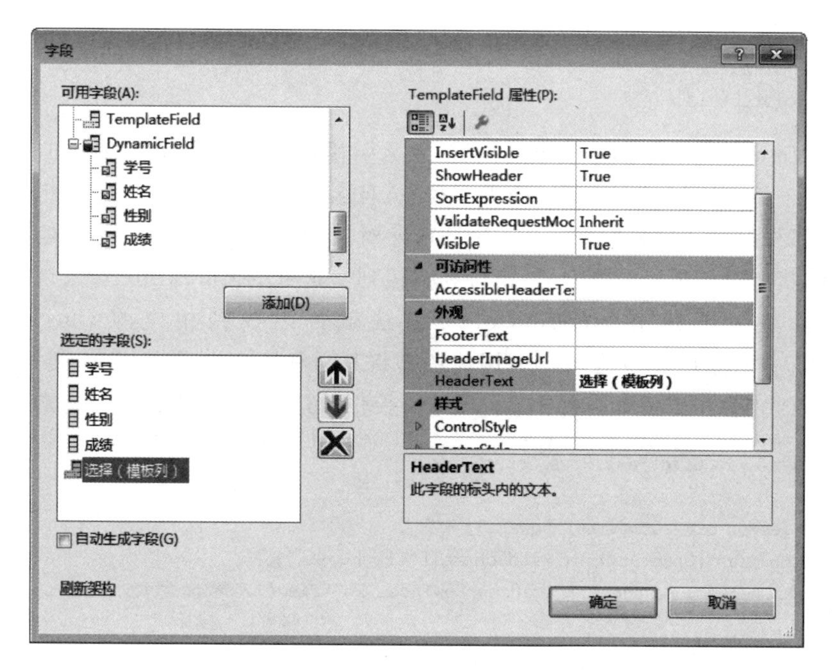

图 12.25　“字段”对话框

② 在“可用字段”框中选择“TemplateField”项，然后单击“添加”按钮，并将标题设为“选择（模板列）”（即令 HeaderText=“选择（模板列）”），最后单击“确定”按钮。这时即可生成

一个空的模板列。

实际上,上述可视化操作的结果就是在aspx文件中生成下面的一段。

```
<asp:TemplateField HeaderText = "选择(模板列)">
</asp:TemplateField>
```

③ 在"GridView任务"对话框(见图12.19)中,单击下部的超链接"编辑模板"按钮,打开如图12.26所示的对话框。

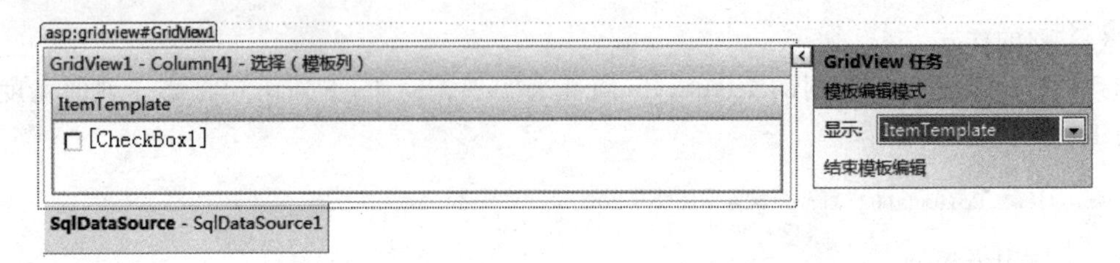

图12.26 "编辑模板"对话框

④ 根据需要,可将工具箱中的控件拖到模板的ItemTemplate框内。在此,添加一个CheckBox控件,然后在"GridView任务"对话框中单击超链接"结束模板编辑"按钮(如果这时没有此对话框,请单击编辑模板对话框右上角的"小三角形"图标),完成模板列的创建。

这时打开aspx文件,可以看到如下的标记代码。

```
<asp:TemplateField HeaderText = "选择(模板列)">
    <ItemTemplate>
        <asp:CheckBox ID = "CheckBox1" runat = "server" />
    </ItemTemplate>
</asp:TemplateField>
```

在GridView控件中添加了模板列以后,怎么引用这些列呢?就上面添加的CheckBox控件而言,由于每一行都有一个CheckBox对象,且名称都是CheckBox1,因此不能像引用一般的控件那样仅仅通过名称来引用CheckBox对象,而是还需要联合行的信息才行。一般的做法是,将行对象视为一个容器,将行和模板列交汇处的CheckBox对象视为该容器中的一个成员,然后再利用FindControl()方法就可以找到相应的CheckBox对象。FindControl()方法返回类型是object,因此还需将其强制转换为CheckBox类型。例如,从下列代码可以找出GridView控件中CheckBox控件被选中的行,并输出行的索引号。

```
for (int i = 0; i < GridView1.Rows.Count; i++)
{
    GridViewRow row = GridView1.Rows[i];
    CheckBox cb = (CheckBox)row.FindControl("CheckBox1");
    if (cb.Checked) Response.Write(row.RowIndex.ToString() + "<br>");
}
```

其中,"CheckBox1"为控件的ID属性值。

CheckBox控件有一个重要的事件——CheckedChanged事件。为模板中的CheckBox控件添加该事件处理函数的方法是打开如图12.26所示的"编辑模板"对话框,右击CheckBox控件,通过选择"属性"项打开属性对话框,然后打开事件面板,双击

“CheckedChanged”项即可形成该事件的处理函数。但是，在运行程序界面上单击CheckBox控件时，并未触发该事件（CheckedChanged()函数中的代码并未被执行）。其解决方法是将CheckBox控件的AutoPostBack属性值改为True即可。

```
<asp:CheckBox ID = "CheckBox1" runat = "server" AutoPostBack = "True"
    OnCheckedChanged = "CheckBox1_CheckedChanged" />
```

【说明】

在设计界面上的任何可视化操作，其最终效果都将转化为aspx文件中的标记代码。因此，如果对标记语言比较熟悉，也可以直接在aspx文件中编辑标记语言，其效果与可视化操作相同，而且其效率可能会更高。

12.6.4　GridView控件的常用事件

1. PageIndexChanging和PageIndexChanged事件

当“分页器”按钮被单击时触发这两个事件，不同的是，它们分别在GridView控件处理分页操作完成之前和之后被触发。分页功能需要编写PageIndexChanging事件处理程序来实现，例如，下列代码可将被选中的页设置为当前页。

```
protected void GridView1_PageIndexChanging(object sender, GridViewPageEventArgs e)
{
    GridView1.PageIndex = e.NewPageIndex;
}
```

2. RowCancelingEdit、RowUpdating和RowUpdated事件

对于处于编辑模式的行，当单击“取消”按钮时，触发RowCancelingEdit事件；当单击“更新”按钮时，在执行更新数据操作完成之前触发RowUpdating事件，而在完成之后触发RowUpdated事件。

RowUpdating事件处理函数的参数e可以提供许多有用的信息。例如，可以获取更新前后的值（但不含主键字段的值），还可以获取被更新行的索引号等。具体可以参考下列代码：

```
protected void GridView1_RowUpdating(object sender, GridViewUpdateEventArgs e)
{
    int i;
    Response.Write("被更新行的行号是:" + e.RowIndex.ToString() + "<br>");
    Response.Write("更新前的值:<br>");
    for (i = 0; i < e.OldValues.Count; i++)
        Response.Write(e.OldValues[i].ToString() + "<br>");
    Response.Write("更新后的值:<br>");
    for (i = 0; i < e.NewValues.Count; i++)
        Response.Write(e.NewValues[i].ToString() + "<br>");
}
```

如果令e.Cancel的值为True，还可以取消更新操作。

主键字段的值则存放在数组e.Keys当中，其他许多事件处理函数也类似。

3. RowCommand 事件

单击控件上任何一个按钮(超链接)时都会触发该事件。通常,利用该事件处理函数参数 e 的 CommandName 属性来判断是哪个按钮被单击了以及该按钮位于哪一行。例如,下面代码可以判断是否是“编辑”按钮(其 CommandName 属性值为 Edit)被单击了并获取其所在行的 GridViewRow 对象。

```
protected void GridView1_RowCommand(object sender,
GridViewCommandEventArgs e)
{
    if (e.CommandName == "Edit")                    //注:Edit 为 CommandName 属性值,而非 ID 值
    {
            //获取被单击的 linkButton 所在的行(GridViewRow 对象)
        GridViewRow row =
        (GridViewRow)(((LinkButton)e.CommandSource).NamingContainer);
            int index = row.RowIndex;                          //获取行的索引号
            //…
    }
}
```

4. RowCreated 事件

GridView 控件由若干行组成,在创建 GridView 控件时,将一行一行地创建。每创建一行,都会触发一次 RowCreated 事件,利用事件处理函数可以获得当前创建的行的索引号。

5. RowDataBound 事件

当一行被创建以后,每绑定一次数据,都会触发一次 RowDataBound 事件。RowDataBound 事件是在 RowCreated 事件之后被触发。利用该事件处理函数的参数可以获得该行的 GridViewRow 对象。

在 RowCreated 和 RowDataBound 事件处理函数中,利用参数 e 可以判断当前创建的行或被绑定的行的类型。例如,下列语句可以判断当前行是否为数据行。

```
if (e.Row.RowType == DataControlRowType.DataRow)
{
}
```

RowType 用于确定 GridView 中行的类型,它是枚举变量 DataControlRowType 中的一个值,这些值包括 taRow、Footer、Header、EmptyDataRow、Pager、Separator。

此外,利用 RowDataBound 事件可以对行进行一些初始化工作。例如,下列代码可以对每一行添加相关事件,从而实现行随鼠标光标移动而改变颜色。

```
protected void GridView1_RowDataBound(object sender, GridViewRowEventArgs e)
{
    GridViewRow row = e.Row;                                //获取当前绑定数据的行
    //为行 row 添加 onmouseover 事件,其作用是当鼠标光标移进时改变行的背景色
    row.Attributes.Add("onmouseover", "c = this.style.backgroundColor;
        this.style.backgroundColor = '#87CEFF'");
```

```
    //为行 row 添加 onmouseout 事件,其作用是当鼠标光标移出时回复行的背景色
    row.Attributes.Add("onmouseout", "this.style.backgroundColor = c");
}
```

【举一反三】

Attributes.Add()方法通常用于为服务器控件添加客户端事件,用于在客户端做一些“拦截”工作。例如,假如按钮 Button1 是用于执行删除操作的,为提醒用户进行删除确认,我们可以给 Button1 按钮添加一个客户端的 onclick 事件,以便让用户确认是否要删除。

```
Page_Load(object sender, EventArgs e)
{
    if (!IsPostBack)
        Button1.Attributes.Add("onclick", "javascript:return confirm('确定要删吗?');");
}
```

当 confirm('确定要删吗?')返回 False 时,不会执行服务器端的事件代码,从而避免删除操作。也可以利用该方法为其他控件添加客户端事件,可以以此类推。

6. RowDeleting 和 RowDeleted 事件

当单击行上的“删除”按钮时,会触发这两个事件。不同的是,RowDeleting 事件在删除数据记录完成之前被触发,而 RowDeleted 事件则在完成之后被触发。

利用 RowDeleting 事件处理函数的参数 e 可以获取被删除行的所有字段值及被删除行的索引号等。例如,下列代码可以输出被删除行中除主键字段值以外的所有字段值。

```
for (int i = 0; i < e.Values.Count; i++)
{
    Response.Write(e.Values[i].ToString() + "<br>");
}
```

7. RowEditing 事件

当一行的“编辑”按钮被单击时,RowEditing 事件在该控件进入编辑模式之前发生,利用该事件处理函数参数 e 的 NewEditIndex 属性获得该行的索引号。

8. SelectedIndexChanging 和 SelectedIndexChanged 事件

当单击“选择”按钮时,会触发这两个事件。不同的是,SelectedIndexChanging 事件在 GridView 控件处理选择操作完成之前发生,而 SelectedIndexChanged 事件则在选择操作完成之后发生。

9. Sorting 和 Sorted 事件

当列标题的超链接被单击时,会对列进行排序,Sorting 事件在排序操作完成之前被触发,而 Sorted 事件则在完成之后被触发。

GridView 控件有一个特点是单次单击操作往往会引发两个事件:一个事件在操作时引发,一个事件在完成之后引发。通常,操作时和操作后引发的事件名分别以 ing 和 ed 结尾。部分单击操作(对应于按钮)与其引发的事件的对应关系说明如图 12.27 所示。

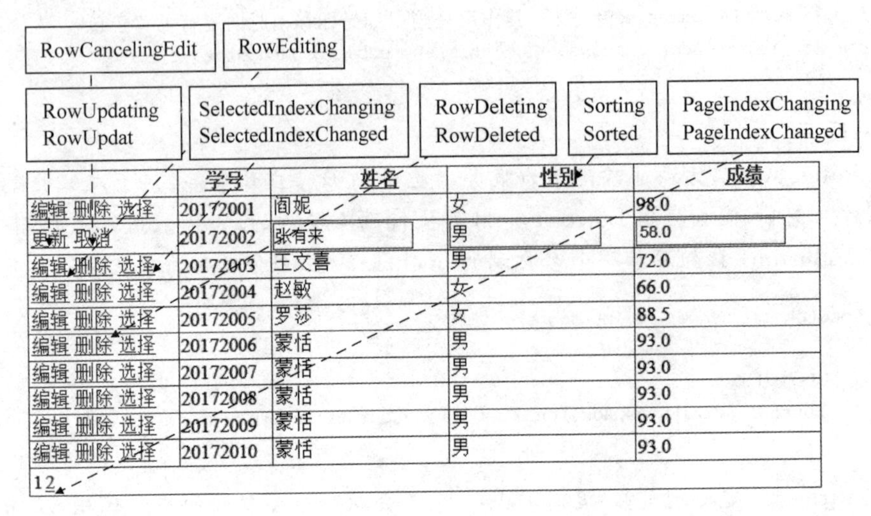

图 12.27 部分按钮和事件的对应关系

12.7 GridView 控件的数据库应用

在对 GridView 控件的属性和事件有较好的了解后,就可以据此对 GridView 控件进行编程,开发基于 GridView 控件的数据库应用程序。欲在 GridView 控件中显示数据,需要为之提供数据源。通常有两种方法可以对 GridView 控件绑定数据源:一种是以 SqlDataSource 对象作为数据源,而 SqlDataSource 对象则连接到数据库并在其中"静态固化"了一些 SQL 操作;另一种是以 DataSet 对象作为数据源,而该对象是用 SQL 语句动态创建的。本节分别介绍这两种方法。

12.7.1 使用 SqlDataSource 对象绑定数据

在这种方法中,首先创建一个连接到指定数据库并"嵌入"相应 SQL 语句的 SqlDataSource 对象,然后将此对象作为 GridView 控件的数据源即可显示数据。该方法操作简单,实现"零代码编程",但实现的功能有限。

【例 12.14】 创建一个 SqlDataSource 对象作为数据源,开发一个基于 GridView 控件的数据库应用程序。

本例拟开发一个 Web 应用程序 GridVDBWebUsingDSource,其运行界面如图 12.28 所示,其功能包括:

- 实现对数据的插入、删除和更新操作,当单击"编辑"或"删除"按钮时,给出相应的操作确认提示;
- 可以根据 TextBox 框输入的字符串实现按姓名查询的功能;
- 当单击超链接"学号""姓名""性别"和"成绩"时,可以分别按相应的列进行排序(升序或降序)。

该程序的开发步骤如下所述。

(1) 创建一个空的 Web 应用程序 GridVDBWebUsingDSource,然后添加一个 Web 窗

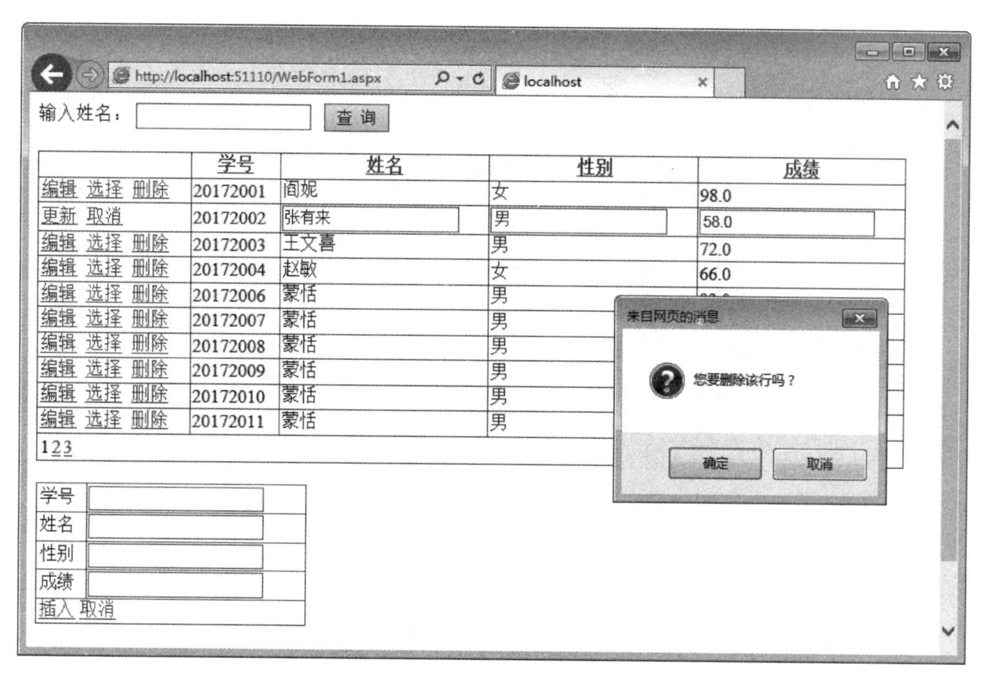

图 12.28 程序 GridVDBWebUsingDSource 的运行界面

体 WebForm1.aspx。

(2) 创建数据源对象。在设计界面中，分别添加 Label 控件、TextBox 控件、Button 控件、GridView 控件、DetailsView 控件和 SqlDataSource 控件各一个，所有控件的对象都采用默认名称。Button 控件只是起到刷新页面的作用。实际上可以删除该控件，因为当在 TextBox 框中输入姓名后，按 Enter 键也可完成查询操作。下面主要介绍 SqlDataSource 控件、GridView 控件和 DetailsView 控件的设置。

(3) 设置数据源对象中的 WHERE 子句。单击 SqlDataSource 控件右上角的“小三角形”按钮，在弹出的“SqlDataSource 任务”对话框中选择“配置数据源”项，然后按照 12.6.1 节介绍的方法创建一个连接到数据库 MyDatabase 的数据源 SqlDataSource1，其中需要增加数据添加、更新和删除功能，如图 12.22 所示。此外，为了实现利用 TextBox 框进行姓名查询，在如图 12.21 所示的界面中单击 WHERE 按钮，打开“添加 WHERE 子句”对话框。此对话框中，在“列”下拉框中选择“姓名”项作为查询列；在“运算符”下拉框中选择 LIKE 项作为 WHERE 子句的运算符；在“源”下拉框中选择 Control 项，表示输入的查询值来自控件；在“控件 ID”下拉框中选择“TextBox1”，表示具体由 TextBox1 作为查询值的输入框。在“默认值(V)”文本框中输入“%”，表示可以匹配任何字符串，相当于显示所有数据(第一次)，设置结果如图 12.29 所示。接着单击“添加”按钮(此步不能缺少)，形成相应 WHERE 子句，最后单击“确定”按钮，完成 WHERE 子句的添加工作。

(4) 设置 GridView 控件。单击 GridView 控件右上角的“小三角形”按钮，在弹出的“GridView 任务”框中选择“SqlDataSource1”作为数据源(也可在 GridView1 的属性对话框中将 SqlDataSourceID 属性的值设置为“SqlDataSource1”)，同时选中“启用分页”“启用排序”“启用编辑”“启用删除”“启用选定内容”复选框，分别增加分页功能、排序功能以及增加

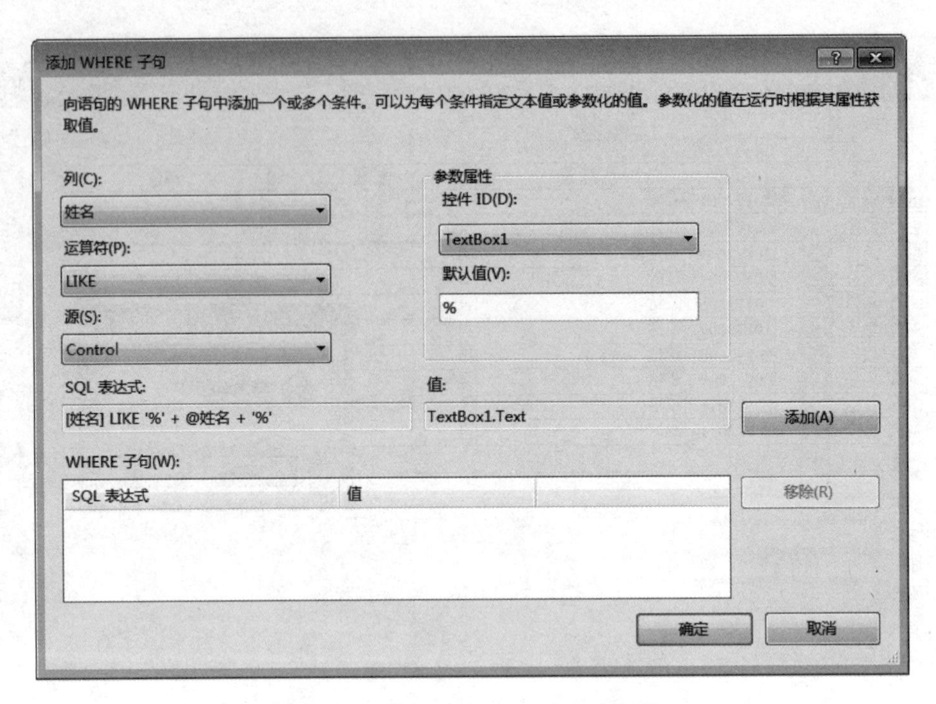

图 12.29 “添加 WHERE 子句”对话框

一个 CommandField 类型的列,此列包含“编辑”“删除”和“选择”按钮。至此,此 GridView 控件已经具备了行的编辑、删除等功能。

(5) 添加客户端事件:根据用户的一般使用习惯,在对数据进行编辑和删除时,应该给出相应的提示,以便让用户确认,如“您确定要删除该行吗?”等。为此,在“GridView 任务”框中单击“编辑列”超链接,打开“字段”对话框,然后在“选定的字段”框中选中“CommandField”项(在“GridView 任务”框中选中“启用编辑”“启用删除”“启用选定内容”复选框才有此项),并在“字段”对话框的右下角选择“将此字段转换为 TemplateField”,最后单击“确定”按钮。

这一步的作用是将“编辑”“删除”和“选择”按钮所在的列转化为模板列(在模板列中,可以对其进行更多的设置)。从标记代码来看(见文件 WebForm1.aspx),此步骤的作用是将下列代码:

```
<asp:CommandField ShowDeleteButton = "True" ShowEditButton = "True"
    ShowSelectButton = "True" />
```

改为:

```
<asp:TemplateField ShowHeader = "False">
    <EditItemTemplate>
        <asp:LinkButton ID = "LinkButton1" runat = "server" CausesValidation = "True"
            CommandName = "Update" Text = "更新"></asp:LinkButton>
        <asp:LinkButton ID = "LinkButton2" runat = "server" CausesValidation = "False"
            CommandName = "Cancel" Text = "取消"></asp:LinkButton>
    </EditItemTemplate>
    <ItemTemplate>
```

```
        <asp:LinkButton ID = "LinkButton1" runat = "server" CausesValidation = "False"
            CommandName = "Edit" Text = "编辑"></asp:LinkButton>
        <asp:LinkButton ID = "LinkButton2" runat = "server" CausesValidation = "False"
            CommandName = "Select" Text = "选择"></asp:LinkButton>
        <asp:LinkButton ID = "LinkButton3" runat = "server" CausesValidation = "False"
            CommandName = "Delete" Text = "删除"></asp:LinkButton>
    </ItemTemplate>
</asp:TemplateField>
```

当然，如果熟悉标记语言，也可以直接在 WebForm1.aspx 文件中编写上述代码，而无须使用上述步骤(5)的可视化操作。

为在进行数据编辑和删除操作时给出相应的提示，在“Text＝"编辑"”项和“Text＝"删除"”项后面分别添加下面两行代码即可。

```
OnClientClick = "javascript:return confirm('您要编辑该行吗?');"
OnClientClick = "javascript:return confirm('您要删除该行吗?');"
```

（6）设置 DetailsView 控件，以实现数据插入功能。由于 GridView 控件本身不支持数据添加功能，因此利用 DetailsView 控件来辅助实现数据的添加功能。为此，单击 DetailsView 控件右上角的“小三角形”按钮，在弹出的“DetailsView 任务”对话框中选择 SqlDataSource1 作为数据源，并选中“启用插入”复选框，然后在 DetailsView 控件的属性对话框中将 DefaultModel 属性的值设置为 Insert。

为 DetailsView 控件添加 ItemInserted 事件处理函数，并添加下列代码，用在插入数据后随即刷新 GridView 控件中显示的数据。

```
protected void DetailsView1_ItemInserted(object sender, DetailsViewInsertedEventArgs e)
{
    GridView1.DataSourceID = "SqlDataSource1";
    GridView1.DataBind();
}
```

至此，程序 GridVDBWebUsingDSource 创建完毕，运行后即可得到如图 12.28 所示的效果。可以看到，几乎不用编写代码就可以实现数据添加、更新、查询和删除功能。这就是所谓的“零代码编程”。但是，这种方法不能完成复杂的数据管理任务，如复杂的查询、异常处理等。

12.7.2 使用 DataSet 对象绑定数据

要实现复杂、灵活的管理功能，一般要通过代码编写来完成。通过创建 DataSet 对象可以灵活地对 GridView 控件进行动态数据源绑定，从而实现复杂的数据管理功能，这是“零代码编程”所难以胜任的。本节介绍的方法没有使用可视化操作，而全部采用代码对控件进行设置和编程，即可完成非常丰富的数据管理功能，这也是有经验程序员经常采用的方法。

【例 12.15】 创建一个基于 DataSet 对象的 Web 数据库应用程序，可以实现数据的查询、更新和删除功能。

为实现既定的功能，拟创建 Web 应用程序 GridVDBWebUsingDataSet，其运行界面如图 12.30 所示。

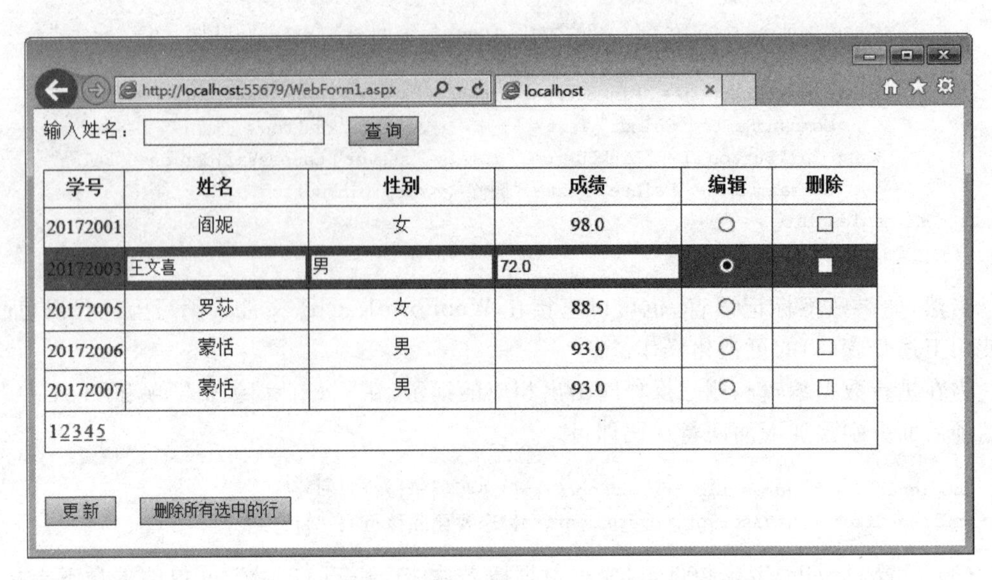

图 12.30 程序 GridVDBWebUsingDataSet 的运行界面

程序 GridVDBWebUsingDataSet 的创建步骤如下所述。

(1) 创建一个空的 Web 应用程序 GridVDBWebUsingDataSet 并添加一个 Web 页面 WebForm1，然后添加一个 GridView 控件、一个 Label 控件、一个 TextBox 控件和三个 Button 控件，并将这三个 Button 控件的 Text 属性值分别设置为"更新""删除所有选中的行"和"查询"，Label 控件的 Text 属性值设置为"输入姓名："。

(2) 引入下列命名控件，并在类 WebForm1 中添加私有字符串类型成员 ConnectionString 和成员 sql，以用于连接到数据库 MyDatabase 和设置 SQL 语句。

```
using System.Data;                                    //需要引入
using System.Data.SqlClient;                          //需要引入

private string ConnectionString = "Data Source = DB_server;Initial Catalog = " +
    "MyDatabase; Persist Security Info = True; User ID = myDB;" +
    "Password = abc";
private string sql = "";
```

(3) 编写两个函数 showData()和 mdl()：函数 showData()用于执行 Select 语句并在 GridView 控件中显示查询结果，函数 mdl()则用于执行操纵语句(DML)。这两个函数都是为其他函数所调用，它们的代码如下：

```
protected void showData(string select_sql)            //执行 Select 语句,并显示查询结果
{
    try
    {
        SqlConnection conn = new SqlConnection(ConnectionString);
        DataSet dataset = new DataSet();
        SqlDataAdapter DataAdapter = new SqlDataAdapter(select_sql, conn);
        DataAdapter.Fill(dataset, "t");
        GridView1.DataSource = dataset;
```

```
        GridView1.DataMember = "t";
        GridView1.DataKeyNames = new string[] { "学号" };
        GridView1.DataBind();
    }
    catch (Exception ex)
    {
        Response.Write(ex.ToString());
    }
}
protected void mdl(string mdl_sql) //执行 MDL 语句
{
    SqlConnection conn = null;
    SqlCommand command = null;
    try
    {
        conn = new SqlConnection(ConnectionString);
        command = new SqlCommand(mdl_sql, conn);
        conn.Open();
        int n = command.ExecuteNonQuery();              //执行 MDL 语句
        Response.Write("<script language = javascript>alert('有 "
            + n.ToString() + " 记录受到影响!');</script>");
    }
    catch (Exception ex)
    {
        Response.Write("语法错误:" + ex.Message);
    }
    finally
    {
        if (conn != null) conn.Close();
        if (command != null) command.Dispose();
    }
}
```

(4) 编写 Load 事件处理函数，以初始化 GridView 控件和加载要显示的数据。

```
protected void Page_Load(object sender, EventArgs e)
{
    if (Session["sql"] != null) sql = Session["sql"].ToString();
    if (!IsPostBack)
    {
        sql = "SELECT * FROM student";
        Session["sql"] = sql;
        GridView1.AutoGenerateColumns = false;      //不使用自动产生列的方式
        GridView1.AllowPaging = true;               //启用分页功能
        GridView1.PageSize = 5;                     //每页显示 5 行
        GridView1.PageIndex = 0;
        showData(sql);
    }
}
```

其中，Session["sql"]是用于保存当前的 Select 语句，以保证 GridView 控件中显示数据的连贯性和一致性。

(5) 为 GridView 控件添加数据列。打开 WebForm1.aspx 文件可以看到,GridView 控件不包含任何列,是"空的",其标记代码如下:

```
<asp:GridView ID = "GridView1" runat = "server" Height = "251px" Width = "632px">
</asp:GridView>
```

下面说明如何添加"学号"列。方法是在上述代码中先添加标记对< Columns ></Columns >(仅需一对),然后在其中添加一个 BoundField 类型的列,其标记代码如下:

```
<asp:BoundField DataField = "学号" HeaderText = "学号" HeaderStyle - Width = "15 % "
    ReadOnly = "true">
</asp:BoundField>
```

上述标记代码亦可简写成:

```
<asp:BoundField DataField = "学号" HeaderText = "学号" HeaderStyle - Width = "15 % "
    ReadOnly = "true"/>
```

其中,DataField 属性的值必须为"学号",要跟数据表 student 中的字段名"学号"完全一致,否则将无法显示数据; HeaderText 属性的值则用于显示列标题,可根据显示的实际需要进行设置; HeaderStyle-Width 属性的值为"15%",表示在占 GridView 控件宽度的 15%,各列的这个属性值之和应该等于 100%; ReadOnly 属性值为 True,表示该列是只读列。

用类似方法为 GridView 控件添加其他数据列,结果 GridView 控件的标记代码如下:

```
<asp:GridView ID = "GridView1" runat = "server" Height = "251px" Width = "632px">
  <Columns>
    <asp:BoundField DataField = "学号" HeaderText = "学号" HeaderStyle - Width = "15 % "
        ReadOnly = "true"/>
    <asp:BoundField DataField = "姓名" HeaderText = "姓名" HeaderStyle - Width = "15 % " />
    <asp:BoundField DataField = "性别" HeaderText = "性别" HeaderStyle - Width = "15 % " />
    <asp:BoundField DataField = "成绩" HeaderText = "成绩" HeaderStyle - Width = "15 % " />
  </Columns>
</asp:GridView>
```

(6) 添加单选框列和复选框列,分别用于实现行数据的编辑和删除功能。添加的方法是先创建模板列,然后在其中添加单选控件或复选控件,代码如下:

```
<asp:TemplateField HeaderText = "编辑" HeaderStyle - Width = "15 % ">
  <ItemTemplate>
      <asp:RadioButton ID = "RadioButton1" runat = "server" AutoPostBack = "true" />
  </ItemTemplate>
</asp:TemplateField>
<asp:TemplateField HeaderText = "删除" HeaderStyle - Width = "15 % ">
  <ItemTemplate>
      <asp:CheckBox ID = "CheckBox1" runat = "server" AutoPostBack = "true" />
  </ItemTemplate>
</asp:TemplateField>
```

其中，属性-值对 AutoPostBack="true"是表示将控件的 AutoPostBack 属性值设置为 True，这样在运行界面中每次单击单选框或复选框时都会向服务器提交页面数据。

至此，运行该程序，在 Web 页面上已经可以显示表 student 中的数据。但还不能使用分页功能，即无法删除和编辑数据等。

(7) 为有关控件添加事件和事件处理函数，以实现相应的功能。

① 分页功能的实现

为 GridView 控件添加 OnPageIndexChanging 事件，方法是在 WebForm1.aspx 文件的 <asp:GridView ID="GridView1" …>一行中添加下列值对。

```
OnPageIndexChanging = "GridView1_PageIndexChanging"
```

结果如下：

```
<asp:GridView ID = "GridView1" runat = "server" Width = "500"
    OnPageIndexChanging = "GridView1_PageIndexChanging">
    ……
```

然后在 WebForm1.aspx.cs 文件的 WebForm1 类中添加对应事件的处理函数，并编写相应的处理代码，结果如下：

```
protected voidGridView1_PageIndexChanging(object sender, GridViewPageEventArgs e)
{
    GridView1.PageIndex = e.NewPageIndex;
    showData(sql);
}
```

这样就将 OnPageIndexChanging 事件和事件处理函数 GridView1_PageIndexChanging()关联起来，并编写了相应的处理代码。为其他控件添加事件和事件处理函数的方法与此类似，以后不再详细说明。

这时运行程序，会发现分页功能已经完全实现了。

② 编辑功能的实现

预设的功能：当单击一个单选框按钮时，对应的行变为编辑状态；编辑后单击下面的"更新"按钮完成数据更新功能。这里要解决两个关键问题：一是保证任何时候都只有一个单选框被选中，二是从编辑框中读取各个属性值来构造 Update 语句，然后执行 Update 语句完成更新功能。

为保证任何时候只有一个单选框被选中，在 WebForm1.aspx 文件中给 RadioButton 控件添加 OnCheckedChanged 事件。

```
<asp:RadioButton ID = "RadioButton1" runat = "server" AutoPostBack = "true"
    OnCheckedChanged = "RadioButton1_CheckedChanged" />
```

然后在 WebForm1.aspx.cs 文件中添加与之关联的事件处理函数 RadioButton1_CheckedChanged()，同时编写相应的处理代码。处理代码要实现的功能是每次单击单选框时，都先清空所有行上的单选框(使之变为未选中状态)，然后将当前行上的单选框设置为选中状态；接着定位到被选中的单选框所在的行，将该行设置为编辑行，同时保存该行的索引号；最后重新加载数据，利用保存的索引号将该行上的单选框设置为选中状态。该事件处理函数的代码如下：

```
protected void RadioButton1_CheckedChanged(object sender, EventArgs e)
{
    int i;
    for (i = 0; i < this.GridView1.Rows.Count; i++)   //将所有单选按钮设置为未选中状态
    {
        RadioButton rb = (RadioButton)GridView1.Rows[i].FindControl("RadioButton1");
        rb.Checked = false;
    }
    RadioButton currb = ((RadioButton)sender);
    currb.Checked = true;                              //将当前单选框设置为选中状态
    for (i = 0; i < GridView1.Rows.Count; i++)         //找到被选中的单选按钮
    {
        RadioButton rb = (RadioButton)GridView1.Rows[i].FindControl("RadioButton1");
        if (rb.Checked == true)
        {
            GridViewRow row = GridView1.Rows[i];
            GridView1.EditIndex = row.RowIndex;        //将被选中的行设置为编辑行
            ViewState["index"] = row.RowIndex;         //保存被选中行的索引号
            showData(sql);                             //重新加载数据,会重新刷新所有的控件,
                                                       //包括单选按钮
            if (ViewState["index"] != null)
            {
                i = Convert.ToInt32(ViewState["index"].ToString());
                //改变被选中行的背景颜色,以提高可读性
                GridView1.Rows[i].BackColor = System.Drawing.Color.DodgerBlue;
                RadioButton rb2 =
                    (RadioButton)GridView1.Rows[i].FindControl("RadioButton1");
                rb2.Checked = true;             //重新将被选中行上的单选按钮设置为选中状态
            }
            break;
        }
    }
}
```

为构造 Update 语句，需要从各个单元格中读取修改后的数据。需要注意，编辑行上处于编辑状态的单元格已经变成了 TextBox 类型的文本框。假设第二行(行索引号为 1)是编辑行，除了“学号”列所在的单元格外，其他单元格都处于编辑状态，因此这些单元格内容的读取需要使用下面代码来实现。

```
string name = ((TextBox)GridView1.Rows[1].Cells[1].Controls[0]).Text;     //“姓名”列
string sex = ((TextBox)GridView1.Rows[1].Cells[2].Controls[0]).Text;      //“性别”列
string grade = ((TextBox)GridView1.Rows[1].Cells[3].Controls[0]).Text;    //“成绩”列
```

而“学号”列所在的单元格因被设置为只读，故未处于编辑状态，需用前面介绍的方法读取其内容。

```
string no = GridView1.Rows[1].Cells[0].Text;
```

据此，就可以构造出相应的 Update 语句，这些语句是在单击 Button 按钮时执行，相应

的事件处理函数代码如下：

```
protected void Button2_Click(object sender, EventArgs e)
{
    int index;
    index = GridView1.EditIndex;                         //获取编辑行的索引号
    if (index < 0) return;
    string no = GridView1.Rows[index].Cells[0].Text;     //读取一般单元格的内容
    //以下读取处于编辑状态中的单元格的内容
    string name = ((TextBox)GridView1.Rows[index].Cells[1].Controls[0]).Text;
    string sex = ((TextBox)GridView1.Rows[index].Cells[2].Controls[0]).Text;
    string grade = ((TextBox)GridView1.Rows[index].Cells[3].Controls[0]).Text;
    string update_sql = "Update student set 姓名 = '" + name + "',性别 = '" + sex +
        "', 成绩 = " + grade;
    update_sql += " where 学号 = '" + no + "'";     //构造 Update 语句
    mdl(update_sql);                               //执行 Update 语句
    showData(sql);                                 //重新加载数据
}
```

③ 删除功能的实现

实现的基本思路是依次检测每行中的 CheckBox 控件：如果 CheckBox 控件被选中，则利用主键值构造 Delete 语句并通过执行 Delete 语句删除被选中的行。相应代码如下：

```
protected void Button3_Click(object sender, EventArgs e) //删除所有选中的行
{
    int i;
    string del_sql;
    for (i = 0; i < GridView1.Rows.Count; i++)     //寻找被选中的行
    {
        CheckBox cb = (CheckBox)GridView1.Rows[i].FindControl("CheckBox1");
        if (cb.Checked == true)
        {
            string no = GridView1.Rows[i].Cells[0].Text;             //获取学号
            del_sql = "Delete from student where 学号 = '" + no + "'";   //构造 Delete 语句
            mdl(del_sql);                          //执行 Delete 语句
        }
    }
    showData(sql);                                 //重新加载数据
}
```

④ 查询功能的实现

作为例子，这里只提供了按照姓名查询学生信息的功能，读者可以据此进行推广。相应的事件处理函数如下：

```
protected void Button1_Click(object sender, EventArgs e)
{
    sql = "Select * from student where 姓名 like '%" + TextBox1.Text.Trim() + "%'";
    Session["sql"] = sql;                          //更新 Session["sql"]
    showData(sql);                                 //重新加载数据
}
```

至此，程序 GridVDBWebUsingDataSet 的代码编写完成，运行该程序即可得到如图 12.30 所示的运行界面。在此界面上，可以查询数据、更新数据和删除数据。读者可进一步为该程序增加数据添加功能。

程序 GridVDBWebUsingDataSet 的两个重要文件——文件 WebForm1.aspx 和文件 WebForm1.aspx.cs 的代码分别如下：

(a) 文件 WebForm1.aspx 的代码

```
<%@ Page Language = "C#" AutoEventWireup = "true" CodeBehind = "WebForm1.aspx.cs" Inherits =
"GridVDBWebUsingDataSet.WebForm1" %>
<!DOCTYPE html><html xmlns = "http://www.w3.org/1999/xhtml">
<head runat = "server">
<meta http-equiv = "Content-Type" content = "text/html; charset = utf-8"/><title>
</title>
</head>
<body>
    <form id = "form1" runat = "server"><div>
        <asp:Label ID = "Label1" runat = "server" Text = "输入姓名:"></asp:Label>
        <asp:TextBox ID = "TextBox1" runat = "server"></asp:TextBox>  
        <asp:Button ID = "Button1" runat = "server" OnClick = "Button1_Click"
            Text = " 查 询 " /><br /><br />
        <asp:GridView ID = "GridView1" runat = "server" Height = "231px" Width = "700px"
            OnPageIndexChanging = "GridView1_PageIndexChanging">
        <Columns>
            <asp:BoundField DataField = "学号" HeaderText = "学号"
                HeaderStyle-Width = "15%" ReadOnly = "true" />
            <asp:BoundField DataField = "姓名" HeaderText = "姓名"
                HeaderStyle-Width = "15%" />
            <asp:BoundField DataField = "性别" HeaderText = "性别"
                HeaderStyle-Width = "15%" />
            <asp:BoundField DataField = "成绩" HeaderText = "成绩"
                HeaderStyle-Width = "15%" />
            <asp:TemplateField HeaderText = "编辑" HeaderStyle-Width = "20%">
                <ItemTemplate>
                  <asp:RadioButton ID = "RadioButton1" runat = "server"
                      AutoPostBack = "true"
                      OnCheckedChanged = "RadioButton1_CheckedChanged"/>
              </ItemTemplate>
            </asp:TemplateField>
            <asp:TemplateField HeaderText = "删除" HeaderStyle-Width = "20%">
              <ItemTemplate>
                  <asp:CheckBox ID = "CheckBox1" runat = "server"
                      AutoPostBack = "true" />
                  </ItemTemplate>
            </asp:TemplateField>
        </Columns>
        <RowStyle HorizontalAlign = "Center" />
        </asp:GridView><br /><br />
        <asp:Button ID = "Button2" runat = "server" Text = " 更新 "
            OnClick = "Button2_Click" />   
```

```
        <asp:Button ID = "Button3" runat = "server" Text = "删除所有选中的行"
            OnClick = "Button3_Click" /></div>
    </form>
</body>
</html>
```

(b) 文件 WebForm1.aspx.cs 的代码

```
using System;
using System.Web;
using System.Web.UI;
using System.Web.UI.WebControls;
using System.Data;                                          //需要引入
using System.Data.SqlClient;                                //需要引入
namespace GridVDBWebUsingDataSet
{
    public partial class WebForm1 : System.Web.UI.Page
    {
        private string ConnectionString = "Data Source = DB_server;Initial Catalog = " +
            "MyDatabase; Persist Security Info = True; User ID = myDB;" +
            "Password = abc";
        private string sql = "";
        protected void showData(string select_sql)          //执行 Select 语句,并显示查询结果
        {
            try
            {
                SqlConnection conn = new SqlConnection(ConnectionString);
                DataSet dataset = new DataSet();
                SqlDataAdapter DataAdapter = new SqlDataAdapter(select_sql, conn);
                DataAdapter.Fill(dataset, "t");
                GridView1.DataSource = dataset;
                GridView1.DataMember = "t";
                GridView1.DataKeyNames = new string[] { "学号" };
                GridView1.DataBind();
            }
            catch (Exception ex)
            {
                Response.Write(ex.ToString());
            }
        }
        protected void mdl(string mdl_sql)                  //执行 MDL 语句
        {
            SqlConnection conn = null;
            SqlCommand command = null;
            try
            {
                conn = new SqlConnection(ConnectionString);
                command = new SqlCommand(mdl_sql, conn);
                conn.Open();
                int n = command.ExecuteNonQuery();          //执行 MDL 语句
                Response.Write("< script language = javascript > alert('有 "
```

```
                + n.ToString() + "记录受到影响!');</script>");
        }
        catch (Exception ex)
        {
            Response.Write("语法错误:" + ex.Message);
        }
        finally
        {
            if (conn != null) conn.Close();
            if (command != null) command.Dispose();
        }
    }
    protected void Page_Load(object sender, EventArgs e)
    {
        if (Session["sql"] != null) sql = Session["sql"].ToString();
        if (!IsPostBack)
        {
            sql = "SELECT * FROM student";
            Session["sql"] = sql;
            GridView1.AutoGenerateColumns = false;     //不使用自动产生列的方式
            GridView1.AllowPaging = true;              //启用分页功能
            GridView1.PageSize = 5;                    //每页显示5行
            GridView1.PageIndex = 0;
            showData(sql);
        }
    }
    protected void GridView1_PageIndexChanging(object sender,
          GridViewPageEventArgs e)
    {
        GridView1.PageIndex = e.NewPageIndex;
        showData(sql);
    }
    protected void RadioButton1_CheckedChanged(object sender, EventArgs e)
    {
        int i;
        //将所有单选按钮设置为未选中状态
        for (i = 0; i < this.GridView1.Rows.Count; i++)
        {
            RadioButton rb =
              (RadioButton)GridView1.Rows[i].FindControl("RadioButton1");
            rb.Checked = false;
        }
        RadioButton currb = ((RadioButton)sender);
        currb.Checked = true;                          //将当前单选框设置为选中状态
        //找到被选中的单选按钮
        for (i = 0; i < GridView1.Rows.Count; i++)
        {
            RadioButton rb =
                (RadioButton)GridView1.Rows[i].FindControl("RadioButton1");
            if (rb.Checked == true)
            {
```

```
                GridViewRow row = GridView1.Rows[i];
                GridView1.EditIndex = row.RowIndex;   //设置为编辑行
                ViewState["index"] = row.RowIndex;    //保存行索引号
                showData(sql);                        //重新加载数据,会刷新所有的控件
                if (ViewState["index"] != null)
                {
                    i = Convert.ToInt32(ViewState["index"].ToString());
                    //改变被选中行的背景颜色,以提高可读性
                    GridView1.Rows[i].BackColor =
                        System.Drawing.Color.DodgerBlue;
                    RadioButton rb2 =
                        (RadioButton)GridView1.Rows[i].FindControl("RadioButton1");
                    rb2.Checked = true;               //重新设置为选中状态
                }
                break;
            }
        }
    }
    protected void Button1_Click(object sender, EventArgs e)     //"查询"按钮
    {
        sql = "Select * from student where 姓名 like '%"
            + TextBox1.Text.Trim() + "%'";
        Session["sql"] = sql;                         //更新 Session["sql"]
        showData(sql);                                //重新加载数据
    }
    protected void Button2_Click(object sender, EventArgs e)     //"更新"按钮
    {
        int index;
        index = GridView1.EditIndex;                           //获取编辑行的索引号
        if (index < 0) return;
        string no = GridView1.Rows[index].Cells[0].Text;       //读取一般单元格的内容
        //以下读取处于编辑状态中的单元格的内容
        string name = ((TextBox)GridView1.Rows[index].Cells[1].Controls[0]).Text;
        string sex = ((TextBox)GridView1.Rows[index].Cells[2].Controls[0]).Text;
        string grade = ((TextBox)GridView1.Rows[index].Cells[3].Controls[0]).Text;
        string update_sql = "Update student set 姓名 = '" + name + "',性别 = '" +
            sex + "', 成绩 = " + grade;
        update_sql += " where 学号 = '" + no + "'";            //构造 Update 语句
        mdl(update_sql);                                       //执行 Update 语句
        showData(sql);                                         //重新加载数据
    }
    //"删除所有选中的行"按钮
    protected void Button3_Click(object sender, EventArgs e)
    {
        int i;
        string del_sql;
        for (i = 0; i < GridView1.Rows.Count; i++)             //寻找被选中的行
        {
            CheckBox cb =
                (CheckBox)GridView1.Rows[i].FindControl("CheckBox1");
            if (cb.Checked == true)
```

```
                {
                    string no = GridView1.Rows[i].Cells[0].Text;      //获取学号
                    //构造 Delete 语句
                    del_sql = "Delete from student where 学号 = '" + no + "'";
                    mdl(del_sql);                                      //执行 Delete 语句
                }
            }
            showData(sql);                                             //重新加载数据
        }
    }
}
```

【举一反三】

实际上,程序 GridVDBWebUsingDataSet 还有一些需要改进的地方。比如,GridView 控件的外观可以进一步美化,为行自动添加序号,删除时提供全选功能,分页器下面的导航链接可以进一步普适化等。

为此,需要在 WebForm1.aspx 文件中做如下修改。

(1) 为行自动添加序号

```
<asp:TemplateField HeaderText = "序号" HeaderStyle - Width = "10 %">
    <itemtemplate>
      <% # Container.DataItemIndex + 1 %>
    </itemtemplate>
</asp:TemplateField>
```

这段代码放在“< Columns >”后面,其作用是增加了一列——“序号”列。注意,增加此列后,其他列的列索引号(下标值)会增加 1.

(2) 提供全选功能

```
<HeaderTemplate>
    <asp:CheckBox ID = "CheckBox2" Text = "全选" runat = "server"
        AutoPostBack = "true" OnCheckedChanged = "CheckBox2_CheckedChanged" />
</HeaderTemplate>
```

此段代码添加在“< asp:TemplateField HeaderText="删除" …>”标签后,其作用是在“删除”列的标题栏上添加一个复选框。

(3) 更改分页器下面的导航链接

```
<PagerTemplate>
    <asp:Label ID = "lblPage" runat = "server" Text = '<% # "第" + (((GridView)Container.
NamingContainer). PageIndex + 1) + "页/共" + (((GridView) Container. NamingContainer).
PageCount) + "页" %>'></asp:Label>
    <asp:LinkButton ID = "lbnFirst" runat = "Server" Text = "首页" Enabled = '<% # ((GridView)
Container.NamingContainer).PageIndex != 0 %>' CommandName = "Page" CommandArgument = "First" >
</asp:LinkButton>
    <asp:LinkButton ID = "lbnPrev" runat = "server" Text = "上一页" Enabled = '<% # ((GridView)
Container.NamingContainer).PageIndex != 0 %>' CommandName = "Page" CommandArgument = "Prev" >
</asp:LinkButton>
    <asp:LinkButton ID = "lbnNext" runat = "Server" Text = "下一页" Enabled = '<% # ((GridView)
```

```
Container.NamingContainer).PageIndex != (((GridView)Container.NamingContainer).PageCount - 
1) %>' CommandName = "Page" CommandArgument = "Next" ></asp:LinkButton>
    <asp:LinkButton ID = "lbnLast" runat = "Server" Text = "尾页" Enabled = '<% # ((GridView)
Container.NamingContainer).PageIndex != (((GridView)Container.NamingContainer).PageCount - 
1) %>' CommandName = "Page" CommandArgument = "Last" ></asp:LinkButton>到第
    <asp:TextBox runat = "server" ID = "inPageNum" Width = "30"></asp:TextBox>页
    <asp:Button ID = "Button1" CommandName = "go" runat = "server" Text = "GO" />
</PagerTemplate>
```

这段代码放在“</Columns>”的后面。

(4) 添加下列样式，以美化GridView控件的外观

```
<PagerStyle BackColor = "#87CEFF" ForeColor = "White" HorizontalAlign = "Center" />
<SelectedRowStyle BackColor = "#D1DDF1" Font - Bold = "True" ForeColor = "#333333" />
<HeaderStyle BackColor = "#87CEFF" Font - Bold = "True" ForeColor = "White" />
<EditRowStyle BackColor = "#2461BF" />
<AlternatingRowStyle BackColor = "White" />
```

此段代码放在上面代码的后面。

另外，在WebForm1.aspx.cs文件中添加两个事件处理函数，分别用于实现全选功能和转页功能。

```
protected void GridView1_RowCommand(object sender,
                        GridViewCommandEventArgs e) //转页
{
    //如果是单击【GO】按钮
    if (e.CommandName == "go")
    {
        try
        {
            TextBox tb =
                (TextBox)GridView1.BottomPagerRow.FindControl("inPageNum");
            int num = Int32.Parse(tb.Text);
            GridViewPageEventArgs ea = new GridViewPageEventArgs(num - 1);
            GridView1_PageIndexChanging(null, ea);
        }
        catch { }
    }
}
protected void CheckBox2_CheckedChanged(object sender, EventArgs e)//全选功能
{
    int i;
    CheckBox cb2 = (CheckBox)sender;
    for (i = 0; i < GridView1.Rows.Count; i++)
    {
        CheckBox cb = (CheckBox)GridView1.Rows[i].FindControl("CheckBox1");
        cb.Checked = cb2.Checked;
    }
}
```

注意，由于添加了一个自动序号列，后面其他列的索引号会自动增加1。因此，需要将

WebForm1.aspx.cs 文件中所有 Cells[]中的下标值增加 1，而其他代码不变。

按上述说明修改，程序 GridVDBWebUsingDataSet 修改后的运行界面，如图 12.31 所示。

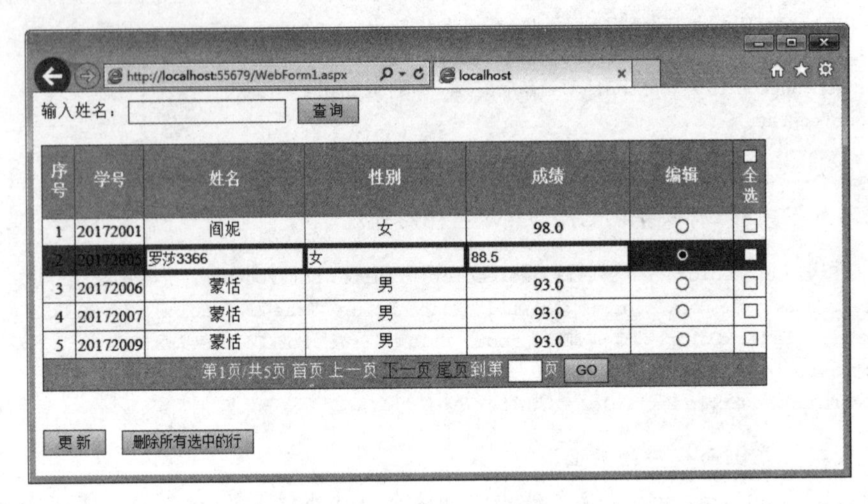

图 12.31 程序 GridVDBWebUsingDataSet 修改后的运行界面

12.8 应重视的问题

12.8.1 重复加载问题

当第一次打开页面(Page)或服务器回传数据时，都会出现页面加载的情况。页面有一个只读属性——IsPostBack 属性，其字面意思是“是否提交回传”。如果该属性值为 False，则表示页面是第一次加载(从浏览器地址栏中输入 URL 地址而打开)，而非回传引起的加载；如果其值为 True，则表示是为了响应客户端请求而进行的回传加载，例如刷新页面、单击控件等都会引起这种加载。简言之，首次加载，IsPostBack 属性值为 False；回传加载，IsPostBack 属性值为 True。因此，“! IsPostBack”表示第一次打开页面。

IsPostBack 属性有四种调用格式：IsPostBack、Page.IsPostBack、this.IsPostBack、this.Page.IsPostBack，它们都是等价的。

IsPostBack 属性一般在页面的 Load 事件中引用。Load 事件是加载页面时触发，此后才触发控件的事件。其引用格式为：

```
protected void Page_Load(object sender, EventArgs e)
{
    if(!IsPostBack)         //如果是第一次打开页面
    {
                            //第一次打开页面需要执行的代码(一般是初始化工作)
                            //回传加载时,不会执行到此处
    }

}
```

观察下面两段代码。代码段1：

```
protected void Page_Load(object sender, EventArgs e)
{
    if (Session["IsPostBack"] == null) Session["IsPostBack"] = 0;
    int n = (int)Session["IsPostBack"];
    n++;
    Session["IsPostBack"] = n;
    if (!IsPostBack)
    {
    }
    Response.Write(" Session对象的值为: " + Session["IsPostBack"].ToString());
}
```

代码段2：

```
protected void Page_Load(object sender, EventArgs e)
{
    if (Session["IsPostBack"] == null) Session["IsPostBack"] = 0;
    if (!IsPostBack)
    {
        int n = (int)Session["IsPostBack"];
        n++;
        Session["IsPostBack"] = n;
    }
    Response.Write(" Session对象的值为: " + Session["IsPostBack"].ToString());
}
```

假设这两段代码分别对应页面1和页面2。当第一次在浏览器打开页面时，两个页面显示Session对象的值均为1；但随后每刷新一次或单击“提交”按钮一次时，页面1中Session对象的值都会自动增加1，而页面2中Session对象的值永远为1。对比这两段代码的输出结果可以发现，if (! IsPostBack)语句中的代码只被执行一次，这与上面的说明是一致的。

12.8.2　重复提交问题

当刷新浏览器时会导致表单的重复提交和相关代码的重复执行，这种重复提交和执行在有些情况下是需要避免的。还有，在某些情况下，一个按钮一旦被单击后就不允许再次被单击了(此时按钮应变成无效状态)。例如，在教务系统中，通过单击“提交”按钮来提交学生成绩后，就不能再次单击该按钮来提交成绩了(此时按钮应变无效)。

解决表单重复提交的基本思路是，给表单做一个标志(token)，并保证每刷新一次页面(单击服务器控件按钮或刷新浏览器都会刷新页面)都会形成不同的标志。将第一次加载页面所形成的标志保存到页面的Hidden标签中，Hidden标签需要事先添加在页面中。这样，通过判断当前表单的标志和Hidden标签中的标志是否相同，就可以判断是否执行相关代码。

如何给表单做一个满足上述要求的标志呢？注意，每一次打开网页就会形成一次会话(Session)，任一次会话都有唯一的Session.SessionID；页面刷新是一次会话内的一次活动，而 Session. SessionID 值不会改变，但刷新前和刷新后时间会改变。因此，可以利用 Session. SessionID 和时间来构造这样的标志。

```
Session.SessionID + DateTime.Now.Ticks.ToString()
```

其中，DateTime. Now. Ticks 的值为自 0001 年 1 月 1 日午夜 12:00 以来所经过时间以 100 毫微秒为间隔表示时的数字(整数)。在手工刷新页面的情况下，任意两次不同的刷新操作中 DateTime. Now. Ticks 的值都是不同的。

这样，就形成了解决问题的思路。下面通过一个例子来说明。

【例 12.16】 一个解决重复提交的 Web 应用程序。

创建一个简单的 Web 数据库应用程序 RepeatSubmit，该程序包含一个 GridView 控件和一个 Button 控件，程序 RepeatSubmit 的运行界面如图 12.32 所示。

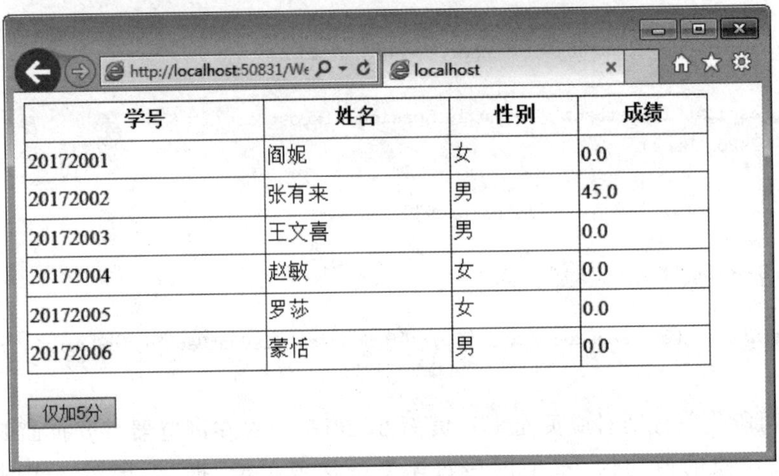

http://localhost:50831/We localhost

学号	姓名	性别	成绩
20172001	阎妮	女	0.0
20172002	张有来	男	45.0
20172003	王文喜	男	0.0
20172004	赵敏	女	0.0
20172005	罗莎	女	0.0
20172006	蒙恬	男	0.0

仅加5分

图 12.32 程序 RepeatSubmit 的运行界面

该程序实现的基本功能是，每单击"仅加 5 分"按钮一次，张有来的成绩(第二行)就自动增加 5 分，并将结果实时显示到 GridView 控件上。实际上，不仅通过单击"仅加 5 分"按钮可以给"张有来"增加 5 分，而且刷新页面时"张有来"的成绩也会自动增加 5 分(当然，在此之前至少要单击一次"仅加 5 分"按钮)。

现在提出这样的需求：每个学生只能增加 5 分。这意味着：当单击"仅加 5 分"按钮后，该按钮应变为无效，而且任何刷新操作都不能增加分数。

根据本小节前面部分的叙述，先在 WebForm1. aspx 文件的表单中添加一个 Hidden 标签，然后在 WebForm1. aspx. cs 文件中添加用于构造和比较标记的 C# 代码。这两个文件的全部代码如下所述。

(1) WebForm1. aspx 文件代码

```
<%@ Page Language = "C#" AutoEventWireup = "true" CodeBehind = "WebForm1.aspx.cs"
    Inherits = "RepeatSubmit.WebForm1" %>
<!DOCTYPE html>
<html xmlns = "http://www.w3.org/1999/xhtml">
<head runat = "server">
<meta http - equiv = "Content - Type" content = "text/html; charset = utf - 8"/><title>
```

```
</title>
</head>
<body>
    <form id="form1" runat="server"><div>
        <!--这里放了一个Hidden控件,用于保存第一次加载页面时的标志值-->
        <input id="hiddenTest" type="hidden" value="<% = GetToken() %>"
            name="hiddenToken"/>=
        <asp:GridView ID="GridView1" runat="server" AutoGenerateColumns="False"
            Height="204px" Width="530px">
            <Columns>
                <asp:BoundField DataField="学号" HeaderText="学号" />
                <asp:BoundField DataField="姓名" HeaderText="姓名" />
                <asp:BoundField DataField="性别" HeaderText="性别" />
                <asp:BoundField DataField="成绩" HeaderText="成绩" />
            </Columns>
        </asp:GridView></div>=<br />
        <asp:Button ID="Button1" runat="server" OnClick="Button1_Click"
            Text="仅加5分" />
    </form>
</body>
</html>
```

(2)WebForm1.aspx.cs文件代码

```
using System;
using System.Web;
using System.Web.UI;
using System.Web.UI.WebControls;
using System.Data;
using System.Data.SqlClient;
using System.Text;
namespace RepeatSubmit
{
    public partial class WebForm1 : System.Web.UI.Page
    {
        private string ConnectionString = "Data Source=DB_server;Initial Catalog=" +
            "MyDatabase; Persist Security Info=True; User ID=myDB;" +
            "Password=abc";
        protected void Page_Load(object sender, EventArgs e)
        {
            showData("Select * From student");
            if (Session["state"]!= null) Button1.Enabled = false;
            if (Session["Token"] == null) SetToken();  //初始化Session["Token"]
        }
        public string GetToken()                       //获取标志
        {
            if (Session["Token"]!= null) return Session["Token"].ToString();
            else return string.Empty;
        }
        private void SetToken()                        //创建标志
        {
```

```
        Session["Token"] = Session.SessionID + DateTime.Now.Ticks.ToString();
    }
    protected void showData(string select_sql)      //执行 Select 语句,并显示查询结果
    {
        try
        {
            SqlConnection conn = new SqlConnection(ConnectionString);
            DataSet dataset = new DataSet();
            SqlDataAdapter DataAdapter = new SqlDataAdapter(select_sql, conn);
            DataAdapter.Fill(dataset, "t");
            GridView1.DataSource = dataset;
            GridView1.DataMember = "t";
            GridView1.DataKeyNames = new string[] { "学号" };
            GridView1.DataBind();
        }
        catch (Exception ex)
        {
            Response.Write(ex.ToString());
        }
    }
    protected void mdl(string mdl_sql)              //执行 MDL 语句
    {
        SqlConnection conn = null;
        SqlCommand command = null;
        try
        {
            conn = new SqlConnection(ConnectionString);
            command = new SqlCommand(mdl_sql, conn);
            conn.Open();
            int n = command.ExecuteNonQuery();      //执行 MDL 语句
            Response.Write("<script language = javascript>alert('有 "
                + n.ToString() + " 记录受到影响!');</script>");
        }
        catch (Exception ex)
        {
            Response.Write("语法错误:" + ex.Message);
        }
        finally
        {
            if (conn != null) conn.Close();
            if (command != null) command.Dispose();
        }
    }
    protected void Button1_Click(object sender, EventArgs e)
    {
        if (Request.Form.Get("hiddenToken").Equals(GetToken()))
        {
            SqlConnection conn = new SqlConnection(ConnectionString);
            string sql = "Select 学号, 成绩 From student where 学号 = '20172002'";
            SqlDataAdapter DataAdapter = new SqlDataAdapter(sql, conn);
            DataSet dataset = new DataSet();
```

```
            DataAdapter.Fill(dataset, "t1");
            DataRow dr = dataset.Tables["t1"].Rows[0]; //只返回 1 行
            float grade = float.Parse(dr[1].ToString());
            grade += 5;                                 //加 5 分
            sql = "Update student set 成绩 = " + grade.ToString() +
                  " where 学号 = '20172002'";
            mdl(sql);                                   //执行 Update 语句
            Session["state"] = 1;
            showData("Select * From student");
            Button1.Enabled = false;
        }
        SetToken();                                     //产生不同的标志
    }
  }
}
```

其中,黑色字体的代码是新添加的,用于解决重复提交问题的。

运行添加上述代码后的程序 RepeatSubmit,由结果可以发现,当单击“仅加 5 分”按钮后,张有来的成绩(第二行)就自动增加 5 分,此后该按钮变成灰色(无效状态),而且通过刷新、后退刷新或单击等操作,都再也无法增加“张有来”的成绩。即满足了前面提出的需求。

12.9 习题

一、简答题

1. DataGridView 控件和 GridView 控件的作用分别是什么? 有何异同?
2. 简要介绍如何在 DataGridView 控件和 GridView 控件中显示数据。
3. 在 DataGridView 控件和 GridView 控件中,如何实现数据的添加功能?
4. 简述如何实现 GridView 控件的分页功能。
5. GridView 控件有许多事件,请列出几个常用的事件,并说明它们的触发时机。
6. 页面(Page)有一个重要的属性——IsPostBack 属性,请说其作用和使用方法。
7. 什么是页面重复提交问题? 解决该问题的基本思路是什么?

二、上机题

1. 学生信息表(student2)的基本结构如表 12.6 所示,其中列出了所有的字段名及其数据类型和约束条件。

表 12.6 学生信息表(student2)的基本结构

字段名	数据类型	大小	小数位	约束条件	说 明
s_no	字符串型	8		非空,主键	学号
s_name	字符串型	8		非空	姓名
s_sex	字符串型	2		取值为“男”或“女”	性别
s_birthday	日期时间型			取值在 1970 年 1 月 1 日到 2000 年 1 月 1 日之间	年龄
s_speciality	专业	50		默认值为“计算机软件与理论”	专业
s_avgrade	浮点型	3	1	取值在 0～100	平均成绩
s_dept	字符串型	50		默认值为“计算机科学系”	所在的系

请编写 CREATE TABLE 语句来创建数据 student2，然后利用 DataGridView 控件开发一个窗体应用程序，实现对表 student2 的基本管理，包括添加数据、删除数据、更新数据和查询数据等功能。

2. 与题 1 的要求相同，不同的是，本题需要采用 GridView 控件开发一个 Web 应用程序，实现对表 student2 的基本管理，并带有分页功能。

第13章 Excel数据读写在Web开发中的应用

主要内容：Microsoft Excel 可以进行各种数据处理、统计分析和辅助决策等操作，广泛应用于管理、统计财经和金融等众多领域，受到用户的普遍青睐，已成为最流行的办公软件之一，很多应用系统也都以 Excel 表格形式输入和输出数据。本章主要介绍在 C# 应用程序中读写 Excel 文件的原理和方法，这些内容包括 Excel 表的结构和读写 Excel 数据的三种方法，即 OleDB 方法、COM 组件方法和 NPOI 方法，以及不规则 Excel 表的构建方法和在 Web 应用程序中进行 Excel 数据导入导出的方法。

教学目标：了解 Excel 表的基本结构，能够熟练运用 OleDB 方法、COM 组件方法和 NPOI 方法对 Excel 进行读写操作(尤其是 NPOI 方法)，了解这三种方法的优缺点，掌握在 Web 应用程序中进行数据远程导入、导出的实现原理和编程技术，具备基于 Excel 文件远程上传和下载的 Web 数据库应用程序的开发能力。

13.1 Excel 表的结构

一个 Excel 表是由工作簿(book)、工作表(Sheet)和单元格(Cell)三部分组成。

1. 工作簿

一个工作簿由若干个工作表组成。工作簿好像是一本书，而工作表是一张书页。工作簿的默认名称是 book1、book2 等。如图 13.1 所示的工作簿是由三个工作表 Sheet1、Sheet2 和 Sheet3 组成。

2. 工作表

工作表是由单元格组成的一个"行列式矩阵"，其默认名称是 Sheet1、Sheet2、Sheet3 等。任何时候可看到的、能够操作的工作表只有一个。工作表 Sheet1 如图 13.1 所示。如果要切换到工作表 Sheet2，则只要单击左下角的"Sheet2"标签即可。如果需要插入或删除工作表，则右击左下角相应的标签，然后选择"插入"或"删除"项即可。在 2003 版中，一个工作表的最大行数和列数分别为 65 536 和 256；在 2007 版中，这两个数分别变为 1 048 576 和 16 384。

3. 单元格

它是Excel表的基本单位,用于输入文字和数据。在一个工作表中,行是用阿拉伯数字1,2,3,…来编号,列则用大写字母A,B,C,…来编号,而一个单元格的引用是联合行编号和列编号来实现的。例如,列C和第3行交汇处的单元格的引用名称是C3,其他单元格的引用也可以此类推。

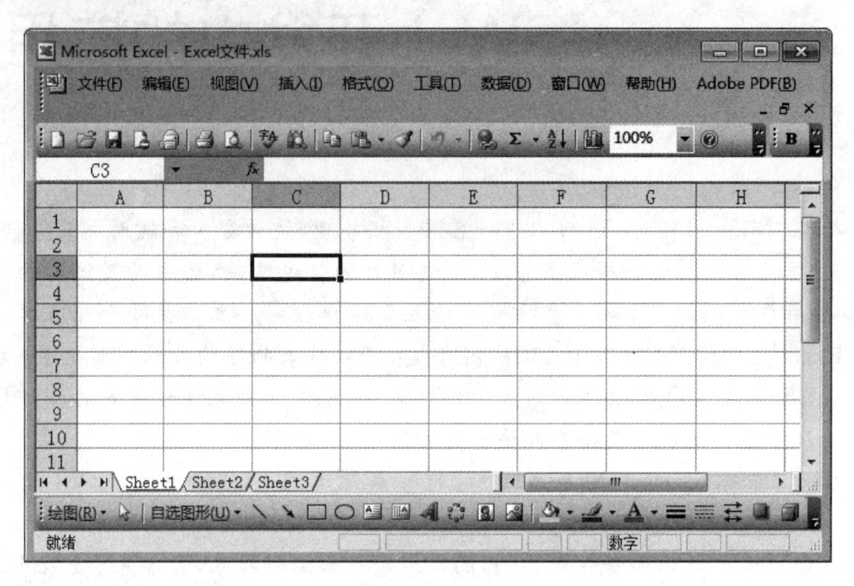

图13.1 一个Excel表

13.2 Excel数据读写方法

一般情况下,有三种方法读写Excel文件中的数据:使用oleDB进行读写、使用COM组件进行读写和使用NOPI进行读写。本章介绍的Excel文件是基于Microsoft Office Excel 2003来操作的,下面将分别进行介绍。

13.2.1 OleDB方法

数据库引擎(Object Linking and Embedding, Database,OleDB),是一个基于COM的数据存储对象,可提供一组读写数据的方法,支持操作多种数据类型。

使用OleDB需要引入下列命名空间:

```
using System.Data.OleDb;                                    //需要引入
```

以下分别说明OleDB读写Excel数据的方法。

1. 使用OleDB读Excel

在对Excel 2003进行读写操作时,把Excel看作类似于数据库的数据源,一样要经过连接、打开、操作和关闭的过程。

(1) 设置连接字符串

以下是打开 D:\student. xls 文件的连接字符串：

```
string ConnectionString = "Provider = Microsoft.Jet.OLEDB.4.0 ; Data Source = " +
    "D:\\student.xls; Extended Properties = Excel 8.0; ";
```

其中，provider 用于设置数据库引擎，此处为 Microsoft. Jet. OLEDB. 4. 0(如果欲打开 2007 及以上版本，请用 Microsoft. Jet. OLEDB. 12. 0)；Data Source 用于设置数据源，此处用于设定 Excel 文件的路径；Extended Properties 用于设置 Excel 的相关属性，包括 Excel 8. 0 和 Excel 5. 0，Excel 8. 0 针对 Excel 2000 及以上版本，Excel 5. 0 则针对 Excel 97。

在实际应用中，通常很少使用绝对路径(如 D:\student. xls)，而使用相对路径。一般做法是通过资源管理器创建目录和添加文件，然后调用 Server. MapPath()方法访问资源文件，这样也方便程序的部署。

为此，在资源管理器中右击“项目名称”项，在弹出的快捷菜单中选择“添加”|“新建文件夹”，创建一个新的文件夹并将之改名为“Excel”。然后，用鼠标将文件 student. xls 拖到资源管理器中的 Excel 文件夹下。此后，在程序中用方法 Server. MapPath("Excel")即可获得 student. xls 文件所在的路径。这样，上述的连接字符串可改为：

```
string ConnectionString = "Provider = Microsoft.Jet.OLEDB.4.0 ; Data Source = " +
    Server.MapPath("Excel") + "\\student.xls; Extended Properties = Excel 8.0; ";
```

(2) 创建连接对象并打开

在连接字符串设置完毕之后，用其创建面向 Excel 的连接对象并打开之：

```
OleDbConnection conn = new OleDbConnection(ConnectionString);
conn.Open();
```

(3) 读 Excel 表中的数据

一个 Excel 文件(工作簿)包含多个工作表。所有工作表的信息可以用下面代码获得并输出：

```
DataTable dt = conn.GetOleDbSchemaTable(OleDbSchemaGuid.Tables, null);
for (i = 0; i < dt.Rows.Count; i++)
{
    s = "";
    for (j = 0; j < dt.Columns.Count; j++)
        s += dt.Rows[i][j].ToString() + ", ";         //获取行 dr 中索引为 j 的数据项
    Response.Write(s + "<br>");
}
```

执行上述代码后可以看到，对象 dt 包含了所有工作表的基本信息，其中工作表的名称存于第三列中，即列 dt. Rows[i][2]中。实际上，下面两条语句是等价的，都可以用于获取第一个工作表的名称：

```
string TableName = dt.Rows[0][2].ToString();                  //获取第一个工作表的名称
string TableName = dt.Rows[0]["TABLE_NAME"].ToString();       //获取第一个工作表的名称
```

在成功连接 Excel 文件后，工作表就相当于数据库中的数据表，用工作表的表名来构造 SQL 语句，并通过执行 SQL 语句来实现对 Excel 表的操作。例如，下面代码可在 GridView 控件中输出第一个工作表 Sheet1 中所有的数据。

```
string sql = "Select * from [" + TableName + "]";
OleDbDataAdapter DataAdapter = new OleDbDataAdapter(sql, conn);
DataSet dataset = new DataSet();
DataAdapter.Fill(dataset, "t1");        //将查询结果填充到 Dataset 中，并将本次填充起名为 t1
GridView1.DataSource = dataset;
GridView1.DataMember = "t1";
GridView1.DataBind();                              //必须绑定数据
```

注意，Excel 工作表中第一行默认为标题行。

如果已知要读取的工作表是 Sheet1，则上述的 SQL 语句也可以写为：

```
string sql = "Select * from [Sheet1 $ ]";               //其中的" $ "不能省略
```

也可以用下列代码"解剖式"地显示工作表 Sheet1 中的数据。

```
string sql = "Select * from [Sheet1 $ ]";
OleDbDataAdapter DataAdapter = new OleDbDataAdapter(sql, conn);
DataSet dataset = new DataSet();
DataAdapter.Fill(dataset, "t1");
s = "";
for (i = 0; i < dataset.Tables["t1"].Columns.Count; i++)        //获取标题行(第一行)
    s += dataset.Tables["t1"].Columns[i].ToString() + ", ";
Response.Write(s + "<br>");                                    //输出标题行
for (i = 0; i < dataset.Tables["t1"].Rows.Count; i++)    //获取数据行(第二行开始)，不含标题行
{
    s = "";
    for (j = 0; j < dataset.Tables["t1"].Columns.Count; j++)
        s += dataset.Tables["t1"].Rows[i][j].ToString() + ", ";
    Response.Write(s + "<br>");
}
```

2. 使用 OleDB 写已有的 Excel 工作表

假设 Sheet1 是已存在的工作表的名称，其第一行(标题行)中的字段名依次为"学号""姓名""性别"和"成绩"，现在需要在该工作表中插入(追加)下列一条记录。

```
('20172001','阎妮','女', 98)
```

可以用下面的代码来实现此插入功能。

```
string ConnectionString = "Provider = Microsoft.Jet.OLEDB.4.0 ; Data Source = " +
Server.MapPath("Excel") + "\\student.xls; Extended Properties = Excel 8.0; ";
OleDbConnection conn = new OleDbConnection(ConnectionString);
conn.Open();
string sql = "Insert into [Sheet1 $ ](学号, 姓名, 性别, 成绩) Values('20172001','阎妮','女', 98)";
OleDbCommand cmd = new OleDbCommand(sql, conn);
int n = cmd.ExecuteNonQuery();                           //执行 SQL 语句
```

3. 使用 OleDB 创建新的工作表并插入数据

在这种情况下，需要分两步来完成：第一步是创建包含既定字段名的工作表，第二步是插入数据。创建字段时需要用到数据类型，常用的数据类型如下所述。

(1) VarChar：文本类型；

(2) Int：整型；

(3) Real：单精度型；

(4) Float：双精度型；

(5) DateTime：日期时间。

工作表的创建和删除分别由 Create Table 语句和 Drop Table 语句来完成。下面代码则用于创建一个名为"学生信息"的工作表和插入一条数据。

```
string ConnectionString = "Provider = Microsoft.Jet.OLEDB.4.0 ; Data Source = " +
Server.MapPath("Excel") + "\\student.xls; Extended Properties = Excel 8.0;";
OleDbConnection conn = new OleDbConnection(ConnectionString);
conn.Open();
OleDbCommand cmd = new OleDbCommand();
string sheetName = "学生信息";
//创建工作表 SQL 语句
string sql = "Create Table " + sheetName +
    " ([学号] VarChar, [姓名] VarChar,[性别] VarChar,[成绩] Real)";
cmd = new OleDbCommand(sql, conn);
cmd.ExecuteNonQuery();                              //创建工作表
//-------------------------------------------------------------------
sql = "Insert into " + sheetName + " (学号, 姓名, 性别, 成绩) Values('20172001','阎妮','女', 98)";
cmd = new OleDbCommand(sql, conn);
int n = cmd.ExecuteNonQuery();                      //插入数据记录
```

13.2.2 COM 组件方法

COM 组件(COM component)是微软公司开发的一种二进制可执行程序(方法)的集合，它可以为各种应用提供调用服务，其中就包含了可读写 Excel 文件的 COM 组件。下面先介绍读写 Excel 文件的相关性质和方法，然后通过一个例子说明如何通过编写代码来读写 Excel 文件。

1. 有关对象

Microsoft.Office.Interop.Excel 命名空间提供了几个重要的对象：Application，Sheets，Workbook，Worksheet，Range，对 Excel 表进行的操作主要是通过这五个对象类完成。下面简要说明它们的作用。

(1) Application 对象

Application 对象用于表示整个 Microsoft Excel 应用程序可以访问的所有方法、属性和 COM 对象的事件成员，其属性 Workbooks 的 Open 方法格式如下：

```
Workbooks.Open(FileName , UpdateLinks , ReadOnly , Format , Password , WriteResPassword ,
```

```
IgnoreReadOnlyRecommended , Origin , Delimiter , Editable , Notify , Converter , AddToMru ,
Local , CorruptLoad)
```

如果不指定某一参数,可以用 System. Reflection. Missing. Value 来代替。各参数含义说明如下所述。

① FileName:要打开的工作簿的文件名。

② UpdateLinks:指定更新文件中外部引用(链接)的方式当 UpdateLinks 取值为 0 时,工作簿打开,同时不更新外部引用(链接);当 UpdateLinks 取值为 3 时,工作簿打开,同时更新外部引用(链接)。

③ ReadOnly:如果为 True,则以只读模式打开工作簿。

④ Format:由此参数指定分隔符。如果省略此参数,则使用当前的分隔符。当 Format 取值为 1 时,表示分隔符为标签;当 Format 取值为 2 时,表示分隔符为逗号;当 Format 取值为 3 时,表示分隔符为空格;当 Format 取值为 4 时,表示分隔符为分号;当 Format 取值为 5 时,表示没有;当 Format 取值为 6 时,表示自定义字符来用作分隔符。

⑤ Password:打开受保护工作簿所需的密码。

⑥ WriteResPassword:写入受保护工作簿所需的密码。

⑦ IgnoreReadOnlyRecommended:如果为 True ,则不让 Microsoft Excel 显示只读的建议消息(如果该工作簿以"建议只读"选项保存)。

⑧ Origin:用于指示该文件的来源。

⑨ Delimiter:如果该文件为文本文件并且 Format 参数为 6,则此参数是一个字符串,指定用作分隔符的字符。

⑩ Editable:如果文件是 Excel 模板,则参数值为 True 时,会打开指定模板进行编辑。参数值为 False 时,可根据指定模板打开新的工作簿,其默认值为 False。

⑪ Notify:当参数为 True 时,可将该文件添加到文件通知列表。当参数为 False 或被省略,则不请求任何通知,并且不能打开任何不可用的文件。

⑫ Converter:打开文件时试用的第一个文件转换器的索引。

⑬ AddToMru:当参数为 True 时 ,将该工作簿添加到最近使用的文件列表中,其默认值为 False。

⑭ Local:当 Local 为 True 时 ,则以 Microsoft Excel(包括控制面板设置)的语言保存文件。若为 False (默认值)时,则以 Visual Basic for Applications (VBA) 语言保存文件。

⑮ CorruptLoad:CorruptLoad 有三个取值 xlNormalLoad、xlRepairFile 和 xlExtractData 。如果未指定任何值,则默认行为是 xlNormalLoad ,并且当通过 OM 启动时不尝试恢复状态。

(2) Sheets:活动工作簿中所有工作表的集合,包括图表工作表、对话框工作表和宏表。

(3) Workbooks 和 Workbook:Workbook 代表一个 Microsoft Excel 工作簿,Workbooks 是 Workbook 对象的集合。

(4) Worksheets 和 Worksheet:Worksheet 代表一个工作表,是 Worksheet 对象的集合。Worksheet 对象也是 Sheets 集合的成员。Worksheets 仅代表当前工作簿中的所有工作表,不包含图表工作表、对话框工作表等,即 Worksheets 是 Sheets 的子集。

(5) Range:代表某一单元格、某一行、某一列、某一选定区域(该区域可包含一个或若干连续单元格区域)或者某一三维区域。

2. COM 组件方法读写 Excel 表的例子

【例 13.1】 使用 COM 组件对 Excel 文件进行读写。

首先,创建 Web 应用程序 WebExcel_COM,添加一个 Web 窗体 WebForm1.aspx,然后在此窗体的设计界面上添加一个 GridView 控件。接着按照下列方法添加 COM 组件,在资源管理器中右击项目名称,在弹出的快捷菜单中选择“添加”|“引用”,然后打开“引用管理器”对话框。在此对话框中的左边选择“COM”项,然后在右边选择“Microsoft Excel 11.0 Object Library”项,“引用管理器”对话框如图 13.2 所示,最后单击“确定”按钮,即可完成 Excel COM 组件的添加操作。

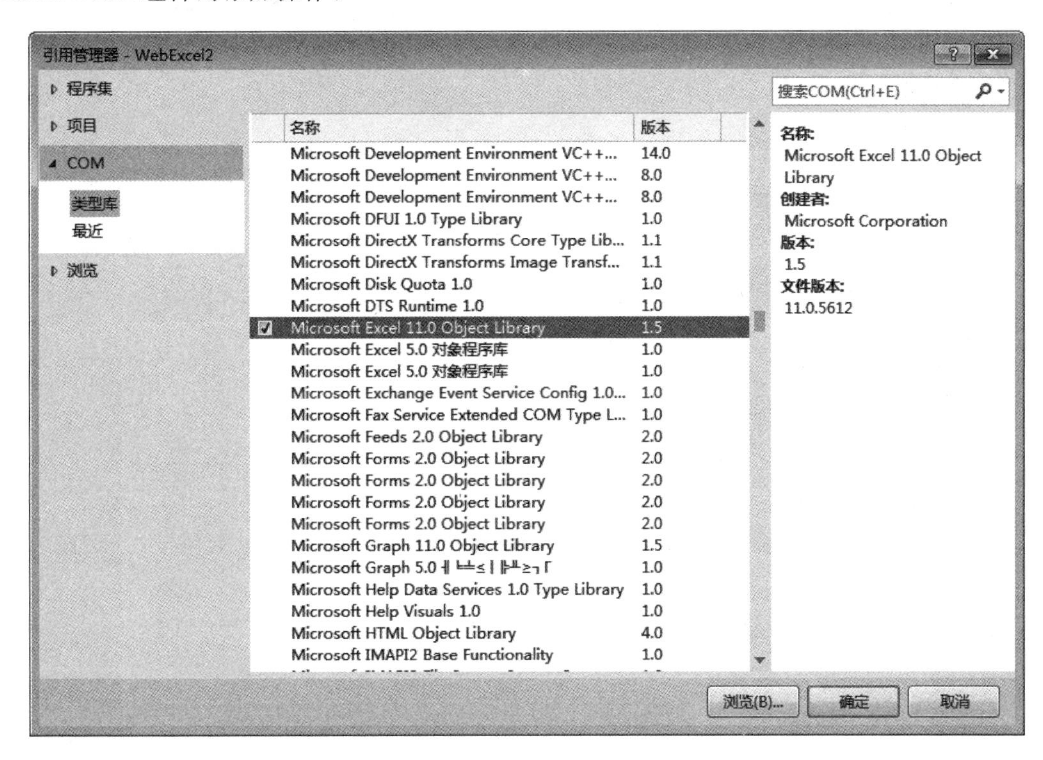

图 13.2 “引用管理器”对话框

之后,在 WebForm1.aspx.cs 文件中引入命名空间。

```
using Microsoft.Office.Interop.Excel;                //需要引入
```

下面编写两个函数。

```
void showData(string fileName, string sheetName)     //读数据
void saveData(string fileName, string sheetName)     //写数据
```

参数 fileName 为 Excel 文件的路径,参数 sheetName 为 Excel 文件中工作表的名称。函数 showData()用于读取 Excel 文件中由参数 sheetName 指定的工作表的内容,并在网页上打印输出。函数 saveData()则用于将下列两行数据写到 Excel 文件的工作表中。

```
(学号,     姓名,  性别,  成绩)                              //标题行
(20172001,  阎妮,  女,    98.0)                             //数据行
```

如果指定的 Excel 文件不存在,则创建新的 Excel 文件。如果指定的工作表不存在,则创建新的工作表;如果工作表已存在,则覆盖其中的内容。

以下是 WebForm1.aspx 文件和 WebForm1.aspx.cs 文件的全部代码。

WebForm1.aspx 文件代码:

```
<%@ Page Language = "C#" AutoEventWireup = "true" CodeBehind = "WebForm1.aspx.cs" Inherits
 = "WebExcel_COM.WebForm1" %>
<!DOCTYPE html>
<html xmlns = "http://www.w3.org/1999/xhtml">
<head runat = "server">
<meta http - equiv = "Content - Type" content = "text/html; charset = utf - 8"/> = <title>
</title>
</head>
<body>
    <form id = "form1" runat = "server"> =    
        <asp:Button ID = "Button1" runat = "server" Text = "读取数据"
            OnClick = "Button1_Click" /> =     
        <asp:Button ID = "Button2" runat = "server"
            OnClick = "Button2_Click" style = "height: 21px" Text = "写入数据" /> =
    </form>
</body>
</html>
```

WebForm1.aspx.cs 文件代码:

```
using System;
using System.Linq;
using System.Web;
using System.Web.UI;
using System.Web.UI.WebControls;
using System.Data;
using Microsoft.Office.Interop.Excel;                    //需要引入
namespace WebExcel_COM
{
    public partial class WebForm1 : System.Web.UI.Page
    {
        protected void Page_Load(object sender, EventArgs e)
        {
        }
        //将数据写入到指定工作表中,如果工作表不存在,则创建新的工作表;
        //如果已存在,则覆盖
        public void saveData(string fileName, string sheetName)
        {
            int i, j;
            Application application = new Application();
            Workbook workbook = null;
            Worksheet worksheet;
            Range range;
```

```
        object missing = System.Reflection.Missing.Value;
        string titles = "学号,姓名,性别,成绩 ";          //标题
        string data1 = "20172001,阎妮,女,98.0";          //数据
        Sheets sheets = null;
        workbook = application.Workbooks.Add(missing);
        worksheet = (Worksheet)workbook.Worksheets.Add(missing, missing, missing, missing);
        sheets = workbook.Worksheets;
        for (i = 1; i < sheets.Count; i++)               //删除同名的工作表
        {
            worksheet = (Worksheet)sheets.get_Item(i);
            if (worksheet.Name.Equals(sheetName))
            {
                worksheet.Delete();
                worksheet = null;
            }
        }
        if(worksheet == null) worksheet = (Worksheet)workbook.Worksheets.
            Add(missing, missing, missing, missing);
        worksheet.Name = sheetName;                      //设置工作表的名称
        string[] cols = null;
        cols = titles.Split(',');                   //将字符表示的标题散列到数组cols[]中
        for (j = 0; j < cols.Length; j++)                //写入标题行
        {
            worksheet.Cells[1, j + 1] = cols[j];
            range = (Range)worksheet.Cells[1, j + 1];
            range.Font.Bold = true;                      //字体加粗
            range.EntireColumn.AutoFit();                //自动调整列宽
            range.Font.Color = System.Drawing.Color.Red;
        }
        //写入数据行
        string[] datas = data1.Split(',');   //将字符表示的数据记录散列到数组cols[]中
        for (j = 0; j < datas.Length; j++)
            worksheet.Cells[2, j + 1] = datas[j];
        worksheet.Columns.EntireColumn.AutoFit();
        workbook.Saved = true;                           //保存工作表
        workbook.SaveCopyAs(fileName);                   //保存Excel文件
        workbook.Close(false, missing, missing);         //关闭文件
        application.Quit();
        return;
    }
    //读取指定Excel表格中、指定工作表中的内容
    public void showData(string fileName, string sheetName)
    {
        string s = "",tableName;
        int i,j;
        Application application = new Application();
        Workbook workbook = null;
        Sheets sheets = null;
        Worksheet worksheet = null;
        Range range;
        object missing = System.Reflection.Missing.Value;
```

```
            if (application == null) return;
            //打开 excel 文件,创建 WorkBook 对象
            workbook = application.Workbooks.Open(fileName, missing, missing, missing, missing,
            missing, missing, missing, missing, missing, missing, missing, missing, missing,
            missing);
            sheets = workbook.Worksheets;                          //得到 WorkSheet 对象
            int fg = 0;
            for (i = 1; i < sheets.Count; i++)                     //寻找工作表的名称
            {
                worksheet = (Worksheet)sheets.get_Item(i);
                tableName = worksheet.Name;
                if (tableName.Equals(sheetName)) { fg = 1; break; }
            }
            //sheets.Add();
            if (fg == 0)
                { Response.Write("指定的工作表并不存在,请核实!<br>"); return; }
            range = (Range)worksheet.Cells[1, 1];
            int n = worksheet.UsedRange.Rows.Count;                //行数
            int m = worksheet.UsedRange.Columns.Count;             //列数
            //开始添加行信息
            for (i = 1; i <= n; i++)
            {
                s = "";
                for (j = 1; j <= m; j++)
                {
                    range = (Range)worksheet.Cells[i, j];
                    s += range.Text.ToString().Trim() + ", ";
                }
                Response.Write(s + "<br>");
            }
            workbook.Close(false, missing, missing);               //关闭文件
            application.Quit();
            return;
        }
        protected void Button1_Click(object sender, EventArgs e)       //读取数据
        {
            showData("D:\\student1.xls", "Sheet1");
        }
        protected void Button2_Click(object sender, EventArgs e)       //写入数据
        {
            saveData("D:\\student2.xls", "我的工作表");
        }
    }
}
```

运行程序 WebExcel_COM，当单击“读取数据”按钮时，程序会读取 Excel 表 student1.xls 如图 13.3 所示的数据并显示在页面上，程序 WebExcel_COM 的运行界面如图 13.4 所示；当单击“写入数据”按钮时，会产生内容，程序 WebExcel_COM 输出的 Excel 表如图 13.5 所示。

	A	B	C	D
1	学号	姓名	性别	成绩
2	20172001	阎妮	女	98
3	20172002	张有来	男	58
4	20172003	王文喜	男	72
5	20172004	赵敏	女	66
6	20172005	罗莎	女	88.5
7	20172006	蒙恬	男	93
8				

图 13.3　Excel 表 student1.xls 的内容

http://localhost:6016
localhost
学号,姓名,性别,成绩,
20172001,阎妮,女,98,
20172002,张有来,男,58,
20172003,王文喜,男,72,
20172004,赵敏,女,66,
20172005,罗莎,女,88.5,
20172006,蒙恬,男,93,
读取数据　写入数据

图 13.4　程序 WebExcel_COM 的运行界面

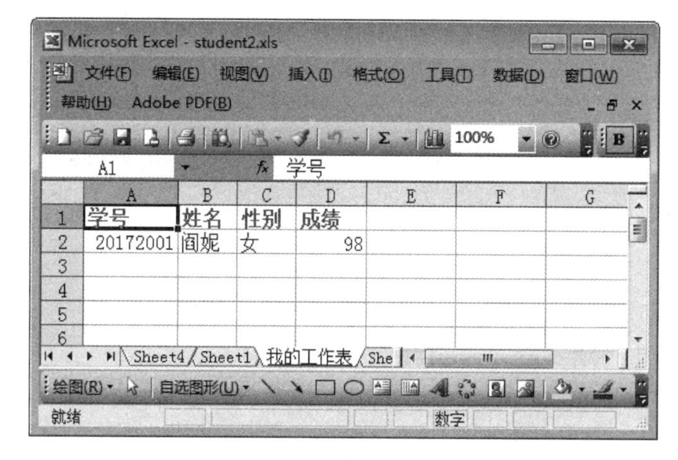

图 13.5　程序 WebExcel_COM 输出的 Excel 表

13.2.3　NPOI 方法

使用 OleDB 和 COM 组件方法读写 Excel 文件的效率相对较低，而且需要安装 Office 软件，并且跟 Office 版本有很大的关系，不利于代码的移植。NPOI 方法在这方面却显示出良好的特性，它不需安装 Office 软件，效率比前两者高，是现在最为流行的 Excel 文件读写方法。

NPOI 是一个开源的读写 Excel、Word 等微软 OLE2 组件文档的项目，使用 NPOI 方法需要引用四个 DLL 文件：NPOI.dll、NPOI.OOXML.dll、NPOI.OpenXmlFormats.dll 和 NPOI.OpenXml4Net.dll。这四个文件可以在 NPOI 官网(http://npoi.codeplex.com/)上下载(本书资源包中目录 DLL 亦包含此四个文件)，然后添加到应用程序中，为函数引用。

1. 有关对象

(1) IWorkbook 对象

IWorkbook 对象用于获取工作簿，其中包含若干个工作表。下面语句是创建 IWorkbook 对象的例子。

```
IWorkbook workbook = new HSSFWorkbook(fs);                    //Excel 2003 版本
IWorkbook workbook = new XSSFWorkbook(fs);                    //Excel 2007 版本
```

其中,fs 是 FileStream 对象,例如

```
FileStream fs = File.OpenRead(filePath);                      //filePath 表示文件的路径
```

(2) ISheet 对象

ISheet 对象(工作表)可看作是 IWorkbook 对象(工作簿)中的一个成员。下面语句则是获取 IWorkbook 对象中的第 i+1 个成员 ISheet 对象。

```
ISheet sheet = workbook.GetSheetAt(i);
```

进而可以获取工作表 sheet 的其他信息,如:

```
string tablename = sheet.SheetName;                           //工作表的名称
int rowCount = sheet.LastRowNum;                              //工作表的行数
```

(3) IRow 对象

IRow 对象就是行对象,ISheet 对象正是由若干个行对象组成的。例如,下列语句是用于获取第 i+1 行。

```
IRowRow row = sheet.GetRow(i);
```

(4) ICell 对象

ICell 对象为行中的单元格,其常用的遍历格式如下:

```
for (j = row.FirstCellNum; j < row.LastCellNum; j++)
{
    ICell cell = row.GetCell(j);
                                                              //其他处理代码
}
```

其中,row.FirstCellNum 和 row.LastCellNum 分别为行 row 中单元格的起止下标值。

下面一段代码主要是利用上面介绍的对象来构建一个工作表,但包含一行数据,然后将此工作表写到 Excel 表中。

```
string fileName = "D:\\test.xls";
IWorkbook workbook = new HSSFWorkbook();                      //创建空的工作簿
ISheet sheet = workbook.CreateSheet("Test");                  //创建工作表
IRow row = sheet.CreateRow(0);                                //创建行
ICell cell = row.CreateCell(0);                               //创建行中的单元格
cell.SetCellValue("闫妮");                                    //设置单元格的内容
row.CreateCell(1).SetCellValue(false);
row.CreateCell(2).SetCellValue(DateTime.Now.ToString());
row.CreateCell(3).SetCellValue(12.345);
MemoryStream ms = new MemoryStream();                         //创建内存流对象
workbook.Write(ms);
ms.Flush();
ms.Position = 0;
//防止中文名称出现乱码
```

```
Response.AppendHeader("Content - Disposition", "attachment;filename = " +
    System.Web.HttpUtility.UrlEncode(System.Text.Encoding.
    GetEncoding(65001).GetBytes(fileName)));
Response.BinaryWrite(ms.ToArray());
ms.Close();                                          //关闭内存流
ms.Dispose();
//释放对象
sheet = null;
workbook = null;
```

执行代码，输出效果如图 13.6 所示。

	A	B	C	D	E
1	闫妮	FALSE	2017/12/21 16:59:11	12.345	
2					
3					
4					
5					

图 13.6 上面代码段的输出效果

注意，上面介绍的几个对象包含在前面介绍的四个 DLL 文件中，因此需要先在项目中添加这四个 DLL，才能使用这些对象。

2. NPOI 方法读写 Excel 表的例子

【例 13.2】 使用 NPOI 方法对 Excel 表进行读写。

创建 Web 应用程序 WebExcel_NPOI，添加一个 Web 窗体 WebForm1.aspx，然后在此窗体的设计界面上添加两个 Button 控件，将这两个控件的 Text 属性值分别设置为读取数据和写入数据，然后按照下面步骤完成该程序的开发工作。

(1) 按照下列方法在程序中添加四个 DLL 文件(NPOI.dll、NPOI.OOXML.dll、NPOI.OpenXmlFormats.dll 和 NPOI.OpenXml4Net.dll)，如图 13.7 所示。在资源管理器中右击项目名称，在弹出的快捷菜单中选择“添加”|“引用”，打开“引用管理器”对话框，然后单击右下方的“浏览”按钮，导航到四个 DLL 文件所在的目录，在选择这四个文件后，单击“添加”按钮，返回到“引用管理器”对话框，最后单击“确定”按钮，完成相关 DLL 文件的添加操作。

(2) 在 WebForm1.aspx.cs 文件中引入下面几个命名空间。

```
usingNPOI.SS.UserModel;
using NPOI.XSSF.UserModel;
using NPOI.HSSF.UserModel;
using System.IO;
using System.Data;
```

其中，前三个命名空间必须在添加上述 DLL 文件后才有效。

(3) 参照【例 13.1】，编写两个函数，分别用于读数据和写数据。

```
void showData_NPOI(string fileName, string sheetName)     //读数据
void saveData_NPOI(string fileName, string sheetName)     //写数据
```

参数 fileName 为 Excel 文件的路径和名称，参数 sheetName 为 Excel 文件中工作表的

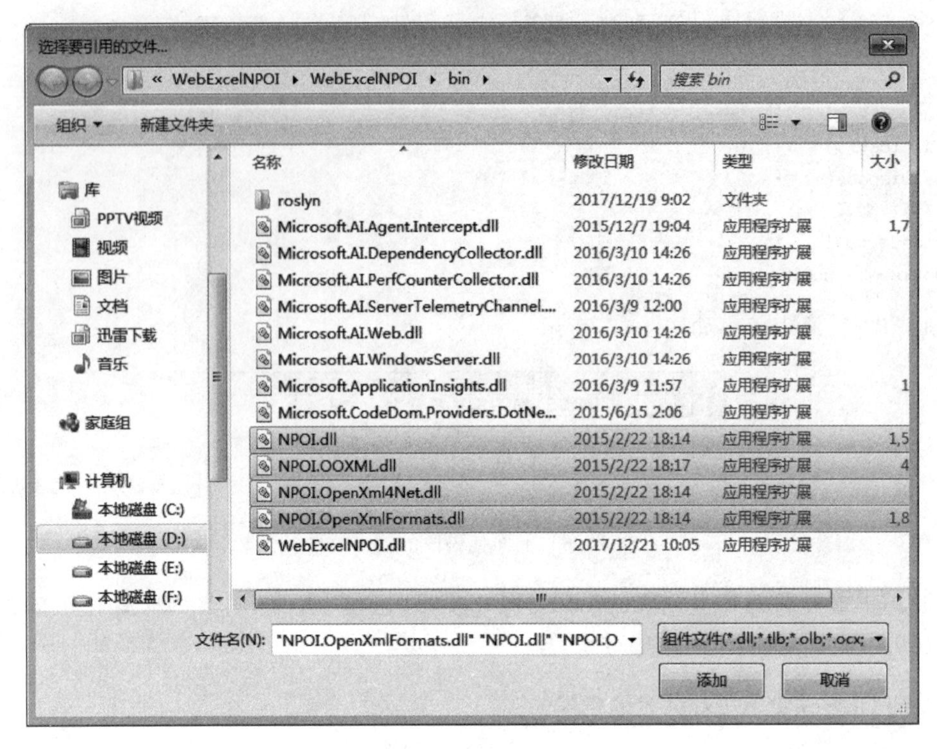

图 13.7 添加 DLL 文件

名称。函数 showData()用于读取 Excel 文件中指定的工作表的内容并输出。作为例子，函数 saveData()用于将下列两行数据写到 Excel 文件的工作表(其名称由参数 sheetName 指定)中。

```
(学号,      姓名,   性别,   成绩)                          //标题行
(20172001,   阎妮,    女,     98.0)                        //数据行
```

执行函数 saveData_NPOI()时，会弹出一个提示框或对话框，提示用户打开或保存产生的 Excel 文件，参数 fileName 仅用于设置默认的文件名，而无须包含路径。

以下是 WebForm1.aspx 文件和 WebForm1.aspx.cs 文件的全部代码。

WebForm1.aspx 文件代码

```
<%@ Page Language = "C#" AutoEventWireup = "true" CodeBehind = "WebForm1.aspx.cs" Inherits =
"WebExcel_NPOI.WebForm1" %>
<!DOCTYPE html>
<html xmlns = "http://www.w3.org/1999/xhtml">
<head runat = "server">
<meta http - equiv = "Content - Type" content = "text/html; charset = utf - 8"/> = <title>
</title>
</head>
<body>
    <form id = "form1" runat = "server"><div> =     
        <asp:Button ID = "Button1" runat = "server"
            OnClick = "Button1_Click" Text = "读取数据" />     
        <asp:Button ID = "Button2" runat = "server"
```

```
            OnClick = "Button2_Click" Text = "写入数据" /> = </div>
    </form>
</body>
</html>
```

WebForm1.aspx.cs 文件代码：

```
using System;
using System.Linq;
using System.Web;
using System.Web.UI;
using System.Web.UI.WebControls;
using NPOI.SS.UserModel;
using NPOI.XSSF.UserModel;
using NPOI.HSSF.UserModel;
using System.IO;
using System.Data;
namespace WebExcel_NPOI
{
    public partial class WebForm1 : System.Web.UI.Page
    {
        protected void Page_Load(object sender, EventArgs e)
        {
        }
        void showData_NPOI(string fileName, string sheetName) //读数据
        {
            FileStream fs = null;
            IWorkbook workbook = null;
            ISheet sheet = null;
            IRow row = null;
            ICell cell = null;
            string s;
            int i, j;
            fs = File.OpenRead(fileName);                    //打开文件流
            //获取工作簿
            if (fileName.IndexOf(".xls")> 0)
                workbook = new HSSFWorkbook(fs);             //2003 版本
            else if (fileName.IndexOf(".xlsx")> 0)
                workbook = new XSSFWorkbook(fs);             //2007 版本
            if (workbook == null)
                { fs.Close(); Response.Write("无法打开工作簿!<br>"); return; }
            int fg = 0;
            for (i = 0; i < workbook.NumberOfSheets; i++) //寻找指定的工作表
            {
                sheet = workbook.GetSheetAt(i);              //读取第 i + 1 个工作表
                if (sheet.SheetName.Equals(sheetName)){ fg = 1; break; }
            }
            if (fg == 0)
                { fs.Close(); Response.Write("指定的工作表不存在!<br>"); return; }
            for (i = 0; i < sheet.LastRowNum; i++)           //输出指定工作表中的内容
            {
```

```
            row = sheet.GetRow(i);                                //当 i = 0 时,为标题行
            s = "";
            for (j = row.FirstCellNum; j < row.LastCellNum; j++)
            {
                cell = row.GetCell(j);
                s += cell.ToString() + ", ";
            }
            Response.Write(s + "<br><br>");                       //输出第 i + 1 行
        }
        fs.Close(); return;
    }
    void saveData_NPOI(string fileName, string sheetName)      //写数据
    {   //注意,调用该函数时,页面上一般不宜执行
        //语句 Response.Write,否则可能出现乱码
        int j;
        MemoryStream ms = new MemoryStream();                  //创建内存流对象
        HSSFWorkbook workbook = new HSSFWorkbook();            //创建工作簿
        //按指定的名称创建工作表
        HSSFSheet sheet = (HSSFSheet)workbook.CreateSheet(sheetName);
        //待写入 excel 文件的数据
        string titles = "学号,姓名,性别,成绩";                   //标题
        string data1 = "20172001,阎妮,女,98.0";                 //第一行数据
        string[] cols = titles.Split(',');                     //按逗号散列
        string[] datas = data1.Split(',');
        ICellStyle style = workbook.CreateCellStyle();         //创建一个样式
        style.Alignment = HorizontalAlignment.Center;          //居中对齐
        style.WrapText = true;
        IFont font = workbook.CreateFont();
        font.FontHeightInPoints = 11;                          //字号
        font.Boldweight = (short)NPOI.SS.UserModel.FontBoldWeight.Bold; //黑体
        font.FontName = "楷体";                                 //字体
        style.SetFont(font);
        //创建首行(Excel 表中第一行)
        HSSFRow headerRow = (HSSFRow)sheet.CreateRow(0);
        for (j = 0; j < cols.Length; j++)
        {
            headerRow.CreateCell(j).SetCellValue(cols[j]);
            headerRow.GetCell(j).CellStyle = style;            //设置标题的样式
        }
        //创建第一条数据行 (Excel 表中第二行)
        HSSFRow dataRow1 = (HSSFRow)sheet.CreateRow(1);
        for (j = 0; j < datas.Length; j++)
            dataRow1.CreateCell(j).SetCellValue(datas[j]);
        //其他数据行的创建以此类推
        workbook.Write(ms);
        ms.Flush();
        ms.Position = 0;
        HttpContext.Current.Response.Charset = "UTF-8";       //设置字符格式
        HttpContext.Current.Response.ContentEncoding
          = System.Text.Encoding.UTF8;
        Response.ContentType = "application/ms-excel";
```

```
            //防止中文名称出现乱码
            Response.AppendHeader("Content - Disposition", "attachment;filename = " +
                System.Web.HttpUtility.UrlEncode(System.Text.Encoding.
                GetEncoding(65001).GetBytes(fileName)));
            Response.BinaryWrite(ms.ToArray());
            ms.Close();                                             //关闭内存流
            ms.Dispose();
            //释放对象
            sheet = null;
            headerRow = null;
            workbook = null;
            return;
        }
        protected void Button1_Click(object sender, EventArgs e) //读取数据并输出
        {
            showData_NPOI("D:\\student.xls", "Sheet1"); return;

        }
        protected void Button2_Click(object sender, EventArgs e) //写入数据
        {
            saveData_NPOI("student.xls", "工作表 2"); return;
        }
    }
}
```

运行程序 WebExcel_NPOI，当单击“读取数据”按钮时，程序会读取表 student.xls 中的数据并在页面上显示，如图 13.8 所示；单击“写入数据”按钮，会产生如图 13.9 所示的 Excel 表。

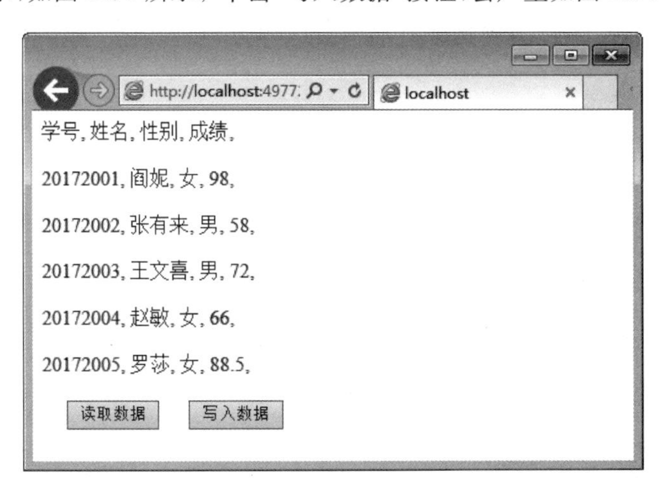

图 13.8 程序 WebExcel_NPOI 的运行界面(单击“读取数据”按钮后)

	A	B	C	D	E
1	学号	姓名	性别	成绩	
2	20172001	阎妮	女	98.0	
3					
4					
5					

图 13.9 输出的 Excel 表(单击“写入数据”按钮后)

13.2.4 三种方法的比较

以上介绍了三种读写 Excel 文件的方法,它们各有优缺点,目前用得比较多的是 NPOI 方法。

OleDB 方法是将 Excel 工作表当作数据表来处理,通过构造和执行 SQL 语句来实现对 Excel 文件的读写,读写速度快,代码不复杂。其缺点是 Excel 工作表中行列必须规范、统一,读取数据方式不够灵活,无法直接读取某一个单元格,只有将整个工作表读取出来后,放到 DataTable 对象再进行逐项处理,占用内存资源较大。

Com 组件方法能够非常灵活地读取 Excel 中的数据,还可以灵活地调用各种函数进行个性化处理。但该方法是基于单元格进行数据读写的,因此读写速度较慢,不适合于海量数据的读写;另外,在部署时,IIS 服务器上要求安装有相应的 Excel 版本,且编写的代码与 Excel 版本有很多的关系,还需要配置 IIS 访问读写权限。

NPOI 方法可以在没有安装 Office 的机器上对 Excel、Word 等微软 OLE2 组件文档进行读写操作,读取速度比较快,操作方式也比较灵活,因而受到许多用户的青睐。但使用时,需要下载相应的 DLL 并添加到程序的引用当中。

13.3 构造不规则 Excel 表

在实际应用中,有时候需要的 Excel 表格是不规则的,即表的结构不统一、字体大小、字体颜色等均不统一,因此程序要能够满足这种需求。本节介绍使用 NPOI 方法构造不规则 Excel 表及其导出方法,其中关键技术是如何设定单元格的样式(含字体等)以及如何合并单元格等。

13.3.1 字体、样式的设置方法

下面先介绍有关字体、样式对象和单元格合并方法,然后通过举例说明构造不规则 Excel 表的方法。

1. IFont 对象

该对象是字体对象,用于设置字体。例如:

```
IFont font1 = workbook.CreateFont();                    //创建字体对象
font1.FontHeightInPoints = 14;                          //设置字体大小
font1.FontName = "楷体";                                //设置字体类型
font1.Color = HSSFColor.Red.Index;                      //设置字体颜色
font1.Boldweight = (short)FontBoldWeight.Bold;          //对字体加粗
```

2. ICellStyle 对象

该对象为样式对象,用于设置居中方式、边框线条类型和颜色等,然后将其运用于单元格。例如,下面代码创建了一个样式对象 style1 并进行相应的设置。

```
ICellStyle style1 = workbook.CreateCellStyle();                //设置第 1 种样式
style1.VerticalAlignment = VerticalAlignment.Center;           //垂直居中
style1.Alignment = HorizontalAlignment.Center;                 //水平居中
style1.SetFont(font1);                                         //给样式设置字体
style1.BorderTop = NPOI.SS.UserModel.BorderStyle.Thin;         //实线
HSSFRow row1 = (HSSFRow)sheet.CreateRow(0);                    //构造工作表中的第一行
Row1.GetCell(0).CellStyle = style1;                  //将样式 style1 运用到该上面的第一个单元格
```

3. 合并单元格的方法

合并单元格的方法是 CellRangeAddress(firstRow, lastRow, firstCol, lastCol),其中 firstRow 表示合并区域中第一个单元格的行号,lastRow 为最后一个单元格的行号,firstCol 为第一个单元格的列号,lastCol 为最后一个单元格的列号。例如,下列代码是将第一行上的第一个单元格到第五个单元合并起来。

```
CellRangeAddress merge = null;
merge = new CellRangeAddress(0, 0, 0, 4);
sheet.AddMergedRegion(merge);
```

4. 设置列宽度的方法

用 SetColumnWidth()方法可以设置列的宽度,其原型是:

```
void setColumnWidth(int columnIndex, int width)
```

其中,columnIndex 表示要设置的列的索引号,width 表示列的宽度,其单位是一个字符的 1/256。例如,下面语句将第一列的宽度设置为 12 个字节的宽度。

```
sheet.SetColumnWidth(0, 12 * 256);
```

运用上面介绍的知识,基本上就可以构造一个不规则的 Excel 表了。下面仍然通过例子说明。

13.3.2 构造不规则 Excel 表的方法

【例 13.3】 使用 NPOI 方法构造不规则 Excel 表,该表结构和内容如图 13.10 所示。

为了使用程序导出该 Excel 表,创建 Web 应用程序 WebIrregExcel_NPOI,添加一个 Web 窗体 WebForm1.aspx,然后按照下面步骤编写该程序。

(1) 按例 13.2 介绍的方法在"引用管理器"对话框中添加四个 DLL 文件: NPOI.dll、NPOI.OOXML.dll、NPOI.OpenXmlFormats.dll 和 NPOI.OpenXml4Net.dll。

(2) 在 WebForm1.aspx.cs 文件中引入下面五个命名空间。

```
using NPOI.HSSF.Util;                          //引入
using NPOI.SS.UserModel;                       //引入
using NPOI.HSSF.UserModel;                     //引入
using NPOI.SS.Util;                            //引入
using System.IO;                               //引入
```

(3) 在 Page_Load()事件处理函数中编写相关代码,结果 WebForm1.aspx 文件和

图 13.10　待构建的 Excel 表

WebForm1.aspx.cs 文件的代码如下所述。

WebForm1.aspx 文件代码：

```
<%@ Page Language = "C#" AutoEventWireup = "true" CodeBehind = "WebForm1.aspx.cs" Inherits =
"WebIrregExcel_NPOI.WebForm1" %>
<!DOCTYPE html>
<html xmlns = "http://www.w3.org/1999/xhtml">
<head runat = "server">
<meta http-equiv = "Content-Type" content = "text/html; charset = utf-8"/> = <title>
</title>
</head>
<body>
    <form id = "form1" runat = "server"><div></div> = </form>
</body>
</html>
```

WebForm1.aspx.cs 文件代码：

```
using System;
using System.Collections.Generic;
using System.Linq;
using System.Web;
using System.Web.UI;
using System.Web.UI.WebControls;
using NPOI.HSSF.Util;                                    //引入
using NPOI.SS.UserModel;                                 //引入
using NPOI.HSSF.UserModel;                               //引入
using NPOI.SS.Util;                                      //引入
using System.IO;                                         //引入
namespace WebIrregExcel_NPOI
{
    public partial class WebForm1 : System.Web.UI.Page
```

```
{
    protected void Page_Load(object sender, EventArgs e)
    {
        string fileName = "student.xls";
        HSSFWorkbook workbook = new HSSFWorkbook();              //创建工作簿
        IFont font1 = workbook.CreateFont();                     //设置第一种字体
        font1.FontHeightInPoints = 14;                           //设置字体大小
        font1.FontName = "楷体";                                  //设置字体类型
        font1.Color = HSSFColor.Red.Index;
        font1.Boldweight = (short)FontBoldWeight.Bold;           //黑体
        IFont font2 = workbook.CreateFont();                     //设置第二种字体
        font2.FontHeightInPoints = 12;
        font2.FontName = "楷体";
        font2.Color = HSSFColor.Blue.Index;                      //设置颜色
        font2.Boldweight = (short)FontBoldWeight.Bold;
        IFont font3 = workbook.CreateFont();                     //设置第三种字体
        font3.FontHeightInPoints = 10;
        font3.FontName = "宋体";
        //设置样式
        ICellStyle style1 = workbook.CreateCellStyle();          //设置第一种样式
        style1.VerticalAlignment = VerticalAlignment.Center;     //垂直居中
        style1.Alignment = HorizontalAlignment.Center;           //水平居中
        style1.SetFont(font1);                                   //给样式设置字体
        ICellStyle style2 = workbook.CreateCellStyle();          //设置第二种样式
        style2.VerticalAlignment = VerticalAlignment.Center;     //垂直居中
        style2.Alignment = HorizontalAlignment.Center;           //水平居中
        style2.SetFont(font2);                                   //给样式设置字体
        ICellStyle style3 = workbook.CreateCellStyle();          //设置第三种样式
        style3.VerticalAlignment = VerticalAlignment.Center;     //垂直居中
        style3.Alignment = HorizontalAlignment.Right;            //水平右对齐
        style3.SetFont(font3);                                   //给样式设置字体
        ICellStyle style4 = workbook.CreateCellStyle();          //设置第四种样式
        style4.VerticalAlignment = VerticalAlignment.Center;
        style4.Alignment = HorizontalAlignment.Center;
        style4.SetFont(font3);
        //设置边框样式
        style4.BorderTop = NPOI.SS.UserModel.BorderStyle.Thin;       //实线
        style4.BorderLeft = NPOI.SS.UserModel.BorderStyle.Thin;
        style4.BorderRight = NPOI.SS.UserModel.BorderStyle.Thin;
        style4.BorderBottom = NPOI.SS.UserModel.BorderStyle.Thin;
        /*
        style4.LeftBorderColor = HSSFColor.Blue.Index;           //设置边框线条的颜色
        style4.RightBorderColor = HSSFColor.Red.Index;
        style4.BottomBorderColor = HSSFColor.Pink.Index;
        style4.TopBorderColor = HSSFColor.Green.Index;
      */
        //-----------------------------------------------------------------
        //创建工作表
        HSSFSheet sheet = (HSSFSheet)workbook.CreateSheet("学生成绩表");
        sheet.DefaultColumnWidth = 10;                           //设置行列的默认宽度和高度
        sheet.DefaultRowHeightInPoints = 18;
```

```
//构造工作表
HSSFRow row1 = (HSSFRow)sheet.CreateRow(0);          //创建首行(第一行)
row1.CreateCell(0).SetCellValue("2017—2018 年度 计算机科学与技术学院");
row1.GetCell(0).CellStyle = style1;                   //设置单元格的表格样式
HSSFRow row2 = (HSSFRow)sheet.CreateRow(1);          //(第二行)
row2.CreateCell(0).SetCellValue(""数据结构"成绩表");
row2.GetCell(0).CellStyle = style2;
HSSFRow row3 = (HSSFRow)sheet.CreateRow(2);          //(第三行)
row3.CreateCell(3).SetCellValue(DateTime.Now.ToString("yyyy 年 MM 月 dd 日"));
row3.GetCell(3).CellStyle = style3;
HSSFRow row4 = (HSSFRow)sheet.CreateRow(3);          //(第四行)
row4.CreateCell(0).SetCellValue("学生姓名 ");
row4.CreateCell(1).SetCellValue("平时成绩 ");
row4.CreateCell(2).SetCellValue("实验成绩 ");
row4.CreateCell(3).SetCellValue("期中成绩 ");
row4.CreateCell(4).SetCellValue("综合成绩 ");
HSSFRow row5 = (HSSFRow)sheet.CreateRow(4);          //第五行:张三的成绩
row5.CreateCell(0).SetCellValue("张三 ");
row5.CreateCell(1).SetCellValue("90");
row5.CreateCell(2).SetCellValue("80");
row5.CreateCell(3).SetCellValue("85");
row5.CreateCell(4).SetCellValue("86");
HSSFRow row6 = (HSSFRow)sheet.CreateRow(5);          //第六行:李四的成绩
row6.CreateCell(0).SetCellValue("李四 ");
row6.CreateCell(1).SetCellValue("68");
row6.CreateCell(2).SetCellValue("79");
row6.CreateCell(3).SetCellValue("80");
row6.CreateCell(4).SetCellValue("75");
for (int j = 0; j < 5; j++)                          //对单元格运用样式
{
    row4.GetCell(j).CellStyle = style4;               //标题行
    row5.GetCell(j).CellStyle = style4;               //以下是数据行
    row6.GetCell(j).CellStyle = style4;
}
//合并单元格
CellRangeAddress merge = null;
//合并单元格,以显示"2017—2018 年度 计算机科学与技术学院"
merge = new CellRangeAddress(0, 0, 0, 4);
sheet.AddMergedRegion(merge);
//合并单元格,以显示""数据结构"成绩表"
merge = new CellRangeAddress(1, 1, 0, 4);
sheet.AddMergedRegion(merge);
//合并单元格,以显示日期时间
merge = new CellRangeAddress(2, 2, 3, 4);
sheet.AddMergedRegion(merge);
//设置列宽度
sheet.SetColumnWidth(0, 12 * 256);                    //宽度为 12 个字节的宽度
sheet.SetColumnWidth(1, 12 * 256);
sheet.SetColumnWidth(2, 12 * 256);
sheet.SetColumnWidth(3, 12 * 256);
sheet.SetColumnWidth(4, 16 * 256);
```

```
            //-----------------------------
            MemoryStream ms = new MemoryStream();
            workbook.Write(ms);
            ms.Flush();
            ms.Position = 0;
            HttpContext.Current.Response.Charset = "UTF-8";    //设置字符格式
            HttpContext.Current.Response.ContentEncoding = System.Text.Encoding.UTF8;
            Response.ContentType = "application/ms-excel";
            Response.AppendHeader("Content-Disposition", "attachment;filename=" +
            System.Web.HttpUtility.UrlEncode(System.Text.Encoding.
            GetEncoding(65001).GetBytes(fileName)));          //防止中文名称出现乱码
            Response.BinaryWrite(ms.ToArray());
            ms.Close();
            ms.Dispose();
            return;
        }
    }
}
```

运行该程序,然后导出 Excel 文件,即可得到如图 13.10 所示的 Excel 表。

13.4 Excel 数据的导入与导出

Excel 已成为如今最为流行的办公软件之一,它可以进行各种数据处理、统计分析和辅助决策等操作,广泛应用于管理、统计财经以及金融等众多领域,受到用户的普遍青睐。由于用户普遍习惯于操作 Excel 表,当使用信息管理系统时,很多用户喜欢将数据从系统中导出到 Excel 表中,进而查看、审阅、打印等;或者先将数据输入到 Excel 表,然后导出到系统中。因此,掌握信息系统的 Excel 数据导入和导出就变得很重要。本节主要介绍如何在 Web 数据库应用程序中实现 Excel 数据的导入和导出。

13.4.1 Excel 数据导入和导出的原理

对于 Web 数据库应用程序而言,数据的导入和导出也称为数据的上传与下载。

数据的导出是将数据从系统中写到客户端上的 Excel 文件中。例如,使用 NPOI 方法将数据写 Excel 表,这一操作过程就相当于数据的导出。这也是目前常用的数据导出方法。

数据的导入则是先将数据从客户端上传到服务器端,这可利用 Visual Studio 提供的有关控件来实现,如 FileUpload 控件等,然后利用读 Excel 数据的方法将数据从服务器磁盘文件中读到内存或数据库中。

注意,导入数据时,Excel 表默认列宽的最大值为 255 个字符。如果实际列长超过该值,则在导入数据时会提示数据被截断。解决方法是在 64 位操作系统中,打开注册表 HKEY_LOCAL_MACHINE\SOFTWARE\Wow6432Node\Microsoft\Jet\4.0\Engines\Excel 下的 TypeGuessRows 项,将 8 改为 0 即可;在 32 位操作系统中,打开注册表 HKEY_LOCAL_MACHINE\SOFTWARE\Microsoft\Jet\4.0\Engines\Excel 下的 TypeGuessRows 项,同样将 8 改为 0 即可。

13.4.2 面向 Web 数据库应用的数据导入与导出

下面通过一个例子来说明如何在 Web 数据库应用程序中实现 Excel 数据的远程导入和导出操作。

【例 13.4】 在 Web 数据库应用程序中实现 Excel 数据的远程导入和导出。

开发 Web 数据库应用程序 up_downLoadForWebApp，其运行界面如图 13.11 所示。

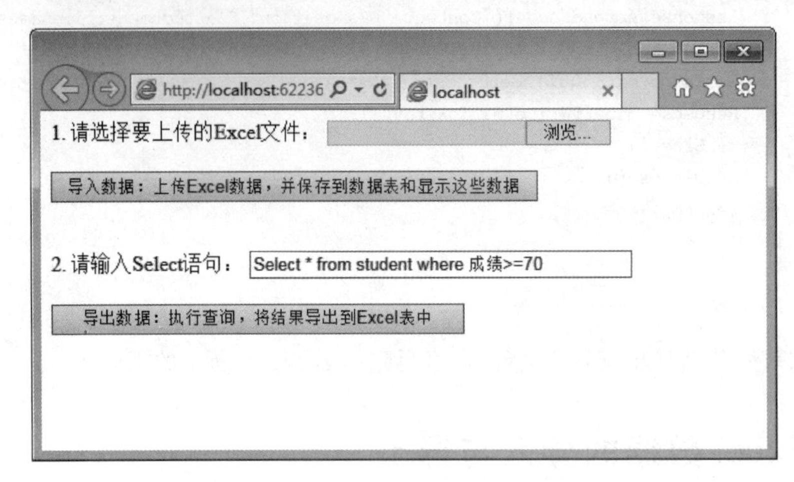

图 13.11 程序 up_downLoadForWebApp 的运行界面

该程序实现的功能主要是 Excel 数据的远程导入和导出(即上传与下载)。

通过单击"浏览"按钮，在客户端上选择 Excel 文件，然后单击"导入数据"按钮将 Excel 数据上传到服务器上，同时保存到数据表 student 中并在屏幕上输出。

在 TextBox 控件中输入 Select 语句，在单击"导出数据"按钮后，执行 Select 语句所产生的结果集将输出到 Excel 表中并传到客户端，以便让用户下载。

实现上述功能有多种途径和方法，实现的基本原理是让 DataTable 对象作为服务器上数据库(数据表)和客户端上 Excel 文件之间的"中转站"，因为 DataTable 对象和数据库以及 DataTable 对象和 Excel 文件之间的数据交换操作比较容易实现，方法直观，而且 DataTable 对象中的数据很容易绑定到 GridView 控件上。

下面介绍程序 up_downLoadForWebApp 的具体开发过程。

(1) 创建 Web 应用程序 up_downLoadForWebApp，添加一个 Web 窗体 WebForm1.aspx，然后在此窗体的设计界面上添加 2 个 Label 控件、1 个 FileUpload 控件、2 个 Button 按钮、1 个 TextBox 控件和 1 个 GridView 控件，然后按照如图 13.11 所示的效果设置相关控件的 Text 属性值，并适当调整它们的位置和大小。

(2) 按照例 13.2 所示的方法在程序中添加四个 DLL 文件：NPOI.dll、NPOI.OOXML.dll、NPOI.OpenXmlFormats.dll 和 NPOI.OpenXml4Net.dll，然后引入下列命名空间。

```
using NPOI.SS.UserModel;                                    //NPOI 方法使用
using NPOI.XSSF.UserModel;                                  //NPOI 方法使用
```

```
using NPOI.HSSF.UserModel;                                    //NPOI 方法使用
using System.IO;                                              //IO 操作使用
using System.Data;                                            //数据库操作使用
using System.Data.SqlClient;                                  //数据库操作使用
```

(3) 在资源管理器中右击项目名称，在弹出的快捷菜单中选择“添加”|“新建文件夹”项，创建一个文件夹——Excel，以用于存放程序要读写的 Excel 文件。

(4) 在 WebForm1 类中加入下列成员，表示连接字符串。

```
string ConnectionString = "Data Source = DB_server;Initial Catalog = " +
"MyDatabase; Persist Security Info = True; User ID = myDB;" +
"Password = abc";
```

(5) 然后编写五个函数，其原型和作用说明如下所述。

① void MDL2(string mdl_sql)：该函数的作用是将执行 MDL 语句。

② void DataTable_To_DB(DataTable dt, string tableName)：该函数的作用是将 DataTable 内存对象中的数据写到数据表中，tableName 为表名。

③ DataTable DB_To_DataTable(string sql)：sql 表示的 Select 语句，该函数的作用是将查询结果集写到 DataTable 内存对象中。

④ void DataTable_To_Excel(DataTable dt, string fileName, string sheetName)：该函数的作用是将 DataTable 内存对象中的数据写到 Excel 文件中指定的工作表中，fileName 为 Excel 文件名，sheetName 为工作表。

⑤ DataTable Excel_To_DataTable(string fileName, string sheetName)：该函数的作用是将 Excel 文件中指定的工作表中的数据加载到 DataTable 内存对象中。

(6) 最后在两个 Button 按钮的事件处理函数中分别编写导入和导出的实现代码。

经过上述六个步骤后，即完成了该程序的代码编写工作，结果 WebForm1.aspx 文件和 WebForm1.aspx.cs 文件的代码如下所述。

WebForm1.aspx 文件代码：

```
<%@ Page Language = "C#" AutoEventWireup = "true" CodeBehind = "WebForm1.aspx.cs" Inherits =
"up_downLoadForWebApp.WebForm1" %>
<!DOCTYPE html>
<html xmlns = "http://www.w3.org/1999/xhtml">
<head runat = "server">
<meta http - equiv = "Content - Type" content = "text/html; charset = utf - 8"/> = <title>
</title>
</head>
<body>
    <form id = "form1" runat = "server"> = <div>
        <asp:Label ID = "Label2" runat = "server" Text = "1. 请选择要上传的 Excel 文件:" />
        <asp:FileUpload ID = "FileUpload1" runat = "server" /><br /><br />
        <asp:Button ID = "Button1" runat = "server" Text = "导入数据:上传 Excel 数据,并保存到
数据表和显示这些数据" Width = "379px" OnClick = "Button1_Click" />
        <br /><br /><br />
        <asp:Label ID = "Label1" runat = "server" Text = "2. 请输入 Select 语句:" />
```

```
        <asp:TextBox ID = "TextBox1" runat = "server" Width = "404px"> Select * from student
where 成绩 &gt; = 70 </asp:TextBox><br /><br />
        <asp:Button ID = "Button2" runat = "server" Text = "导出数据:执行查询,将结果导出到
Excel 表中" Width = "322px" OnClick = "Button2_Click" /><br /><br /><br />
        <asp:GridView ID = "GridView1" runat = "server" Height = "151px" Width = "359px">
        </asp:GridView><br /><br />
    </div>
    </form>
</body>
</html>
```

WebForm1.aspx.cs 文件代码：

```
using System;
using System.Linq;
using System.Web;
using System.Web.UI;
using System.Web.UI.WebControls;
using NPOI.SS.UserModel;
using NPOI.XSSF.UserModel;
using NPOI.HSSF.UserModel;
using System.IO;
using System.Data;
using System.Data.SqlClient;
namespace up_downLoadForWebApp
{
    public partial class WebForm1 : System.Web.UI.Page
    {
        string ConnectionString = "Data Source = DB_server;Initial Catalog = " +
            "MyDatabase; Persist Security Info = True; User ID = myDB;" +
            "Password = abc";
        protected void Page_Load(object sender, EventArgs e) { }
        //导入数据:上传 Excel 数据,并保存到数据表和显示这些数据
        protected void Button1_Click(object sender, EventArgs e)
        {
            string fileName;
            if (FileUpload1.PostedFile.FileName.Trim() == "")
                { Response.Write("请选择要上传的文件!" + "<br>"); return; }
            if (FileUpload1.PostedFile.ContentLength == 0)
                { Response.Write("文件中无数据!" + "<br>"); return; }
            fileName = Server.MapPath("Excel/") +
                Path.GetFileName(FileUpload1.PostedFile.FileName);
            FileUpload1.PostedFile.SaveAs(fileName);
            Response.Write("文件【" + FileUpload1.PostedFile.FileName + "】已上传成功!");
            DataTable dataTable = Excel_To_DataTable(fileName, "Sheet1");
            GridView1.DataSource = dataTable;            //在 GridView 控件中显示数据
            GridView1.DataBind();
            DataTable_To_DB(dataTable, "student");
            return;
```

```
}
//导出数据:执行查询,将结果导出到 Excel 表中
protected void Button2_Click(object sender, EventArgs e)
{
    string sql;
    sql = TextBox1.Text.Trim();
    DataTable dt = DB_To_DataTable(sql);
    DataTable_To_Excel(dt, "Text.xls", "学生信息表");
}
void MDL2(string mdl_sql)                               //执行 MDL 语句
{
    SqlConnection conn = null;
    SqlCommand command = null;
    try
    {
        conn = new SqlConnection(ConnectionString);
        command = new SqlCommand(mdl_sql, conn);
        conn.Open();
        command.ExecuteNonQuery();                      //执行 MDL 语句
    }
    catch (Exception ex)
    {
        Response.Write("语法错误:" + ex.Message);
    }
    finally
    {
        if (conn != null) conn.Close();
        if (command != null) command.Dispose();
    }
}
//DataTable 对象 ->数据表
void DataTable_To_DB(DataTable dt, string tableName)
{
    int i, j;
    DataRow dr = null;
    string sql;
    string[] titles = { "学号", "姓名", "性别", "成绩" };
    sql = "";
    //检查 DataTable 对象中表结构和数据库表结构是否一致,如果不一致则不能导入数据
    for (j = 0; j < dt.Columns.Count; j++)
    {
        if (titles[j] != dt.Columns[j].ToString().Trim())
        {
            Response.Write("<script language = javascript>alert('Excel 表和数据表
            的结构不一致,请核对!');</script>");
            Response.End();
            return;
        }
```

```
        }
        MDL2("Delete from " + tableName);                   //删除数据表中已有的数据
        //逐行将 DataTable 对象中的数据插入到数据表中
        for (i = 0; i < dt.Rows.Count; i++)
        {
            sql = "Insert into " + tableName + " VALUES('";
            dr = dt.Rows[i];
            for (j = 0; j < dt.Columns.Count - 1; j++)
                sql += dr[j].ToString() + "','";
            sql += dr[j].ToString() + "')";
            MDL2(sql);                                      //执行插入语句
        }
        return;
    }
    DataTable DB_To_DataTable(string sql)                   //数据表 -> DataTable 对象
    {
        SqlConnection conn = new SqlConnection(ConnectionString);
        DataSet dataset = new DataSet();
        SqlDataAdapter DataAdapter = new SqlDataAdapter(sql, conn);
        DataAdapter.Fill(dataset, "student_table");
        return dataset.Tables["student_table"];
    }
    //DataTable 对象 -> Excel 表
    void DataTable_To_Excel(DataTable dt, string fileName, string sheetName)
    {                                                       //fileName 只给文件名即可,路径无用
        if (dt == null) { Response.Write("dt = null <br>"); return; }
        DataRow dr = null;
        MemoryStream ms = new MemoryStream();               //创建内存流对象
        HSSFWorkbook workbook = new HSSFWorkbook();         //创建工作簿
        //按指定的名称创建工作表
        HSSFSheet sheet = (HSSFSheet)workbook.CreateSheet(sheetName);
        HSSFRow headerRow = (HSSFRow)sheet.CreateRow(0);    //创建第一行
        string sql = "";
        int i, j;
        //写入标题(Excel 表中第一行用于存储标题)
        for (j = 0; j < dt.Columns.Count; j++)
        {
            sql += dt.Columns[j].ToString() + ",";
            headerRow.CreateCell(j).SetCellValue(dt.Columns[j].ToString());
        }
        HSSFRow dataRow = null;
        //将数据行写入 Excel 表(从 Excel 表第二行开始)
        for (i = 0; i < dt.Rows.Count; i++)
        {
            dr = dt.Rows[i];
            //注:DataTable 对象中存放的都是数据,"无"标题行,而 Excel 表中第一行存放标
            题,从第二行才是存放数据,因此它们的下标引用值相差 1
            dataRow = (HSSFRow)sheet.CreateRow(i + 1);
```

```
        for (j = 0; j < dt.Columns.Count; j++)
            dataRow.CreateCell(j).SetCellValue(dr[j].ToString());
    }
    workbook.Write(ms);
    ms.Flush();
    ms.Position = 0;
    HttpContext.Current.Response.Charset = "UTF - 8";      //设置字符格式
    HttpContext.Current.Response.ContentEncoding
        = System.Text.Encoding.UTF8;
    Response.ContentType = "application/ms - excel";
    //防止中文名称出现乱码
    Response.AppendHeader("Content - Disposition","attachment;filename = " +
        System.Web.HttpUtility.UrlEncode(System.Text.Encoding.
        GetEncoding(65001).GetBytes(fileName)));
    Response.BinaryWrite(ms.ToArray());
    ms.Close();                                            //关闭内存流
    ms.Dispose();
    //释放对象
    sheet = null;
    headerRow = null;
    workbook = null;
    return;
}
//Excel 工作表 -> DataTable 对象
DataTable Excel_To_DataTable(string fileName, string sheetName)
{
    FileStream fs = null;
    IWorkbook workbook = null;
    ISheet sheet = null;
    IRow row = null;
    ICell cell = null;
    string s;
    int i, j;
    fs = File.OpenRead(fileName);                          //打开文件流
    //获取工作簿
    if (fileName.IndexOf(".xls")> 0)
        workbook = new HSSFWorkbook(fs);                   //2003 版本
    else if (fileName.IndexOf(".xlsx")> 0)
        workbook = new XSSFWorkbook(fs);                   //2007 版本
    if (workbook == null)
        { fs.Close(); Response.Write("无法打开工作簿!<br>"); return null; }
    int fg = 0;
    for (i = 0; i < workbook.NumberOfSheets; i++)          //寻找指定的工作表
    {
        sheet = workbook.GetSheetAt(i);                    //读取第 i + 1 个工作表
        if (sheet.SheetName.Equals(sheetName)) { fg = 1; break; }
    }
    if (fg == 0)
```

```
            {fs.Close(); Response.Write("指定的工作表不存在!<br>"); return null;}
        //------------------------------------------------------------------
        //以下用 Excel 表中的数据来构造 DataTable 对象
        DataTable dt = new DataTable();
        DataRow dr = null;
        //获取第一行——标题行(Excel 表中默认第一行是存放标题的)
        row = sheet.GetRow(0);
        //为 DataTable 对象添加列
        for (j = row.FirstCellNum; j < row.LastCellNum; j++)
        {
            cell = row.GetCell(j);
            dt.Columns.Add(cell.ToString());
        }
        //以下开始为 DataTable 对象添加数据行
        for (i = 1; i <= sheet.LastRowNum; i++)
        {
            row = sheet.GetRow(i);
            dr = dt.NewRow();
            //添加数据行(行中单元格的数目必须与列数相一致)
            for (j = row.FirstCellNum; j < row.LastCellNum; j++)
            {
                cell = row.GetCell(j);
                dr[j] = cell.ToString();
            }
            dt.Rows.Add(dr);                                  //逐行构造
        }
        fs.Close();
        return dt;
    }
  }
}
```

运行该程序,结果如图 13.11 所示。利用其导入功能,可以将 Excel 文件远程导入到数据库中;利用其导出功能,可以将数据远程导出到客户端的 Excel 文件中。该程序界面并不复杂,但它蕴含了实现 Excel 数据导入、导出的核心代码,读者可以由此举一反三。

13.5 习题

一、简答题

1. 简述 Excel 表的基本结构。
2. 读写 Excel 表有哪几种方法?各自有何特点?
3. 在使用 NPOI 方法时,需要引用哪几个 DLL 文件?如何获取这些文件以及如何使用这些文件?
4. 何为不规则 Excel 表?使用程序构建不规则 Excel 表的基本原理是什么?
5. 试述 Excel 数据远程导入到数据库的基本过程。

二、上机题

1. 例 13.4 中的程序 up_downLoadForWebApp 虽然实现了 Excel 数据的导入和导出，但还需要进一步完善，比如增加异常捕获功能等，请运用学过的有关知识，进一步完善该程序，使之具有较好的稳定性。

2. 例 13.4 是使用 NPOI 方法来实现 Excel 数据的导入和导出的，请改用 COM 方法来实现。

3. 请编写一个程序，使之能构造和输出不规则 Excel 工作表，如图 13.12 所示。

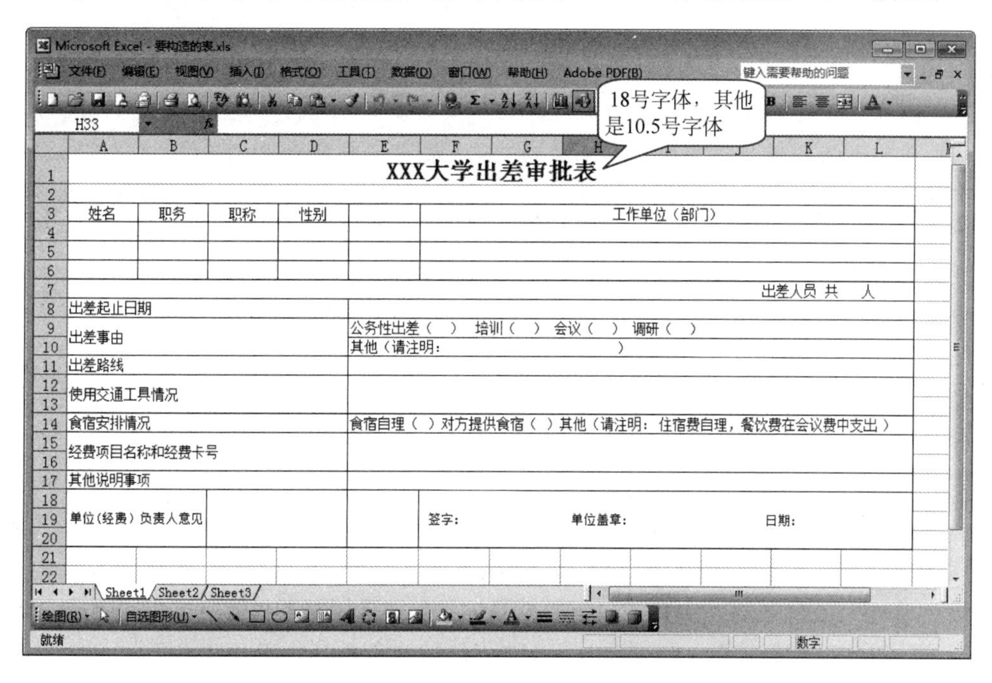

图 13.12　不规则的 Excel 工作表

第14章 应用程序的发布

主要内容：开发的软件最终是面向用户的。脱离软件的开发环境，双击一个 setup.exe 文件就可以将开发的软件安装到用户的机器上，这是用户所期盼的。显然，这需要为开发的软件制作安装程序。本章先介绍通过手工发布应用程序的方法，以展示应用程序发布的基本原理，然后重点介绍如何利用 .NET 的安装和部署功能来为各类应用程序制作安装程序以及利用这些安装程序来发布各类应用程序的方法。

教学目标：了解应用程序发布的基本原理，掌握一般窗体应用程序、ASP.NET 窗体应用程序、ASP.NET Web 服务应用程序的安装程序的制作方法。

14.1 关于应用程序的发布

应用程序的发布也称为应用程序部署或打包，是指在 Visual Studio.NET 环境中将应用程序或组件脱离 Visual Studio.NET 环境而使之能够独立运行的过程。其基本原理是，将应用程序独立运行所需的文件及相关资源复制到目标目录(可以是任意一台机器的某一个目录)下，以使应用程序的 exe 文件或 dll 文件能够在新的环境下独立运行。

最简单的做法是，用手工或半手工方法将相关文件及资源复制到目标目录中。但这种方法只适用于功能简单、结构单一、发布量小的程序，而对于结构复杂、含有多个组成部件的程序来说，它就显得"力不从心"了，这时可以利用 Visual Studio.NET 本身提供的程序安装和部署功能来完成。

Visual Studio.NET 的程序部署功能是利用微软的 Windows Installer 来实现的。Windows Installer 的功能十分强大，它提供按照需要安装应用程序的功能，可以对组件等相关部件进行配置和注册，支持 .NET Framework，也可以利用它安全地删除已部署的程序，即使是在安装失败后它也可以将系统恢复到安装的初始状态，安全删除安装时留下的有关文件，避免安装操作对系统的影响。

本章先介绍手工发布应用程序的方法，然后介绍如何利用基于 Windows Installer 的 Visual Studio.NET 程序部署功能来实现对应用程序的发布。

14.2 由手工复制文件来发布程序

在这种发布方式下，首先编译要发布的应用程序，形成相应的 exe 文件及相关的资源文件，然后将这些文件(代码文件除外)复制到目标目录下即可。运行时，双击相应的 exe 文件。采用这种发布方法，不会自动在 Windows 系统的“开始”菜单栏形成启动应用程序的快捷命令，也不会在注册表留下任何信息。删除程序时，只要删除相应的目标目录即可(不能使用控制面板中的“添加或删除程序”对话框来删除)。

注意，由 Visual Studio .NET 开发的应用程序，它们依赖于 .NET Framework。因此要运行这些程序，必须保证先安装 .NET Framework。

下面按照程序类型分别介绍它们的发布方法。

14.2.1 窗体应用程序的发布

下面先创建一个窗体应用程序，然后对其进行手工发布。

【例 14.1】 创建窗体应用程序 PictureBrowse，用于浏览指定目录下的所有图片文件，可以用鼠标滚动键实现对图片的缩放功能；然后通过文件复制的方法来发布此程序。

步骤如下：

(1) 创建窗体应用程序 PictureBrowse，在窗体上添加三个 Button 控件、五个 RadioButton 控件以及 PictureBox、ListBox、GroupBox、FolderBrowserDialog 控件各一个，适当调整它们的位置和大小，通过 PictureBox 控件的 Image 属性设置其显示的初始图片，并设置其他控件的相关属性，程序 PictureBrowse 的设计界面如图 14.1 所示。

图 14.1 程序 PictureBrowse 的设计界面

(2) 设计各事件的处理代码。其中一个关键部分是如何利用鼠标的滚动键来实现对图片的缩放操作，因为 C# 没有提供鼠标的 MouseWheel 事件。因此，需要手工添加该事件，代码如下：

```
public Form1()
{
    InitializeComponent();
    this.pictureBox1.MouseWheel +=
        new System.Windows.Forms.MouseEventHandler(pictureBox1_MouseWheel);
}
private void pictureBox1_MouseWheel(object sender, MouseEventArgs e)
{
    //滚动键滚动时所进行操作的实现代码
```

当鼠标向上滚动时,参数 e.Delta=120,向下滚动时 e.Delta=-120。

据此,就可以编写各事件的处理代码,结果文件 Form1.cs 的代码如下:

```
using System;
using System.IO;
using System.Collections.Generic;
using System.ComponentModel;
using System.Data;
using System.Drawing;
using System.Linq;
using System.Text;
using System.Windows.Forms;
namespace PictureBrowse
{
    public partial class Form1 : Form
    {
        private int stretchUp = 0;
        private int stretchDown = 10;
        private string path = "";
        private string picpath = "";
        public Form1()
        {
            InitializeComponent();
            this.pictureBox1.MouseWheel +=
            new System.Windows.Forms.MouseEventHandler(pictureBox1_MouseWheel);
        }
        private void pictureBox1_MouseWheel(object sender, MouseEventArgs e)
        {
            if (pictureBox1.SizeMode == PictureBoxSizeMode.AutoSize)
            {
                MessageBox.Show("在 AutoSize 模式(按图片实际尺寸显示)下," +
                    "不能通过滚动鼠标来缩放图片!");
                return;
            }
            if (e.Delta == 120)                       //上滚时
            {
                if (stretchUp < 10) stretchUp++;
                pictureBox1.Width += (int)(pictureBox1.Width * (stretchUp/10.0));
                pictureBox1.Height += (int)(pictureBox1.Height * (stretchUp/10.0));
```

```
            stretchDown = 10;
        }
        else                                        //下滚时
        {
            if (stretchDown > 0) stretchDown -- ;
            pictureBox1.Width = (int)(pictureBox1.Width * (stretchDown/10.0));
            pictureBox1.Height = (int)(pictureBox1.Height * (stretchDown/10.0));
            stretchUp = 0;
        }
    }
    private void button1_Click(object sender, EventArgs e)      //选择目录
    {
        folderBrowserDialog1.ShowNewFolderButton = false;
        folderBrowserDialog1.RootFolder = Environment.SpecialFolder.MyPictures;
        folderBrowserDialog1.RootFolder = Environment.SpecialFolder.Desktop;
        folderBrowserDialog1.SelectedPath = Application.StartupPath;
        if (folderBrowserDialog1.ShowDialog() == DialogResult.OK)
        {
            path = folderBrowserDialog1.SelectedPath;
            string[] Files = Directory.GetFiles(path, "*.jpg");
            listBox1.Items.Clear();
            for (int i = 0; i < Files.Length; i++)
            {
                string filename = Files[i].Substring(Files[i].LastIndexOf('\\') + 1);
                listBox1.Items.Add(filename);
            }
        }
    }
    private void pictureBox1_MouseEnter(object sender, EventArgs e)
    {
        pictureBox1.Focus();                        //使 pictureBox1 获得焦点
    }
    private void Form1_Load(object sender, EventArgs e)
    {
        radioButton1.Checked = true;
        pictureBox1.SizeMode = PictureBoxSizeMode.Normal;
    }
    private void radioButton1_CheckedChanged(object sender, EventArgs e)
    {
        pictureBox1.SizeMode = PictureBoxSizeMode.Normal;
    }
    private void radioButton2_CheckedChanged(object sender, EventArgs e)
    {
        pictureBox1.SizeMode = PictureBoxSizeMode.StretchImage;
    }
    private void radioButton3_CheckedChanged(object sender, EventArgs e)
    {
        pictureBox1.SizeMode = PictureBoxSizeMode.AutoSize;
```

```
        }
        private void radioButton4_CheckedChanged(object sender, EventArgs e)
        {
            pictureBox1.SizeMode = PictureBoxSizeMode.CenterImage;
        }
        private void radioButton5_CheckedChanged(object sender, EventArgs e)
        {
            pictureBox1.SizeMode = PictureBoxSizeMode.Zoom;
        }
        private void button2_Click(object sender, EventArgs e)
        {
            int index = listBox1.SelectedIndex;
            index++;
            if (index < listBox1.Items.Count)
            {
                listBox1.SelectedIndex = index;
                picpath = path + "\\" + listBox1.Items[index].ToString();

            }
        }
        private void button3_Click(object sender, EventArgs e)
        {
            int index = listBox1.SelectedIndex;
            index--;
            if (index >= 0)
            {
                listBox1.SelectedIndex = index;
                picpath = path + "\\" + listBox1.Items[index].ToString();
            }
        }
        private void listBox1_SelectedValueChanged(object sender, EventArgs e)
        {
            if (picpath == "") return;
            pictureBox1.Load(picpath);
        }
        private void listBox1_Click(object sender, EventArgs e)
        {
            picpath = path + "\\" + listBox1.SelectedItem.ToString();
            listBox1_SelectedValueChanged(null, null);
        }
    }
}
```

注意，对用于发布的程序(要安装到其他机器上的程序)，在代码中尽量不要使用相关资源(如图片文件)的绝对地址，否则可能导致安装后不能正确运行。

(3) 执行该程序，通过“选择目录”按钮可以将指定目录下的所有.jpg 文件名显示在 ListBox 控件中，然后选择一个文件名就可以显示相应的图片，程序 PictureBrowse 的运行界面如图 14.2 所示。

图 14.2　程序 PictureBrowse 的运行界面

(4) 通过文件复制操作发布程序 PictureBrowse。执行程序 PictureBrowse(实际上不需执行，只需按 F6 键生成该程序即可)后，会在程序 PictureBrowse 根目录的 PictureBrowse\bin\Debug 子目录(本例为 D:\VS2015\第 12 章\PictureBrowse\PictureBrowse\bin\Debug)下形成可执行文件 PictureBrowse.exe。

对该程序来说，文件 PictureBrowse.exe 与放在此目录下的 pic 目录(含其中的图片文件)就是执行程序 PictureBrowse 所需要的文件，其他文件都不再需要。因此，只需将文件 PictureBrowse.exe 和目录 pic 复制同一个目标目录下即可，目标目录可以是任意一台计算机上的目录，当然该计算机要安装 .NET Framework。要运行程序 PictureBrowse，只要执行文件 PictureBrowse.exe 即可。

14.2.2　使用 WinRAR 发布程序

使用 WinRAR 可以将要发布的文件打包称一个 exe 文件，运行该 exe 文件时可以将其包含的文件部署到指定的位置上，从而实现程序的发布。

例如，对于上面的程序 PictureBrowse 来说，选择文件 PictureBrowse.exe 和目录 pic，然后右击它们，在弹出的菜单中选择"添加到压缩文件"命令。选择文件并打包的操作界面如图 14.3 所示。

在打开的"压缩文件名和参数"对话框中做如下设置。

- 在"常规"选项卡上选中"创建自解压格式压缩文件"复选框，表示要压缩成 exe 格式的文件，它可以进行自我解压；同时在"压缩文件名"文本框中设置形成的 exe 文件名(本例设置为 PB.exe，如图 14.4 所示)。

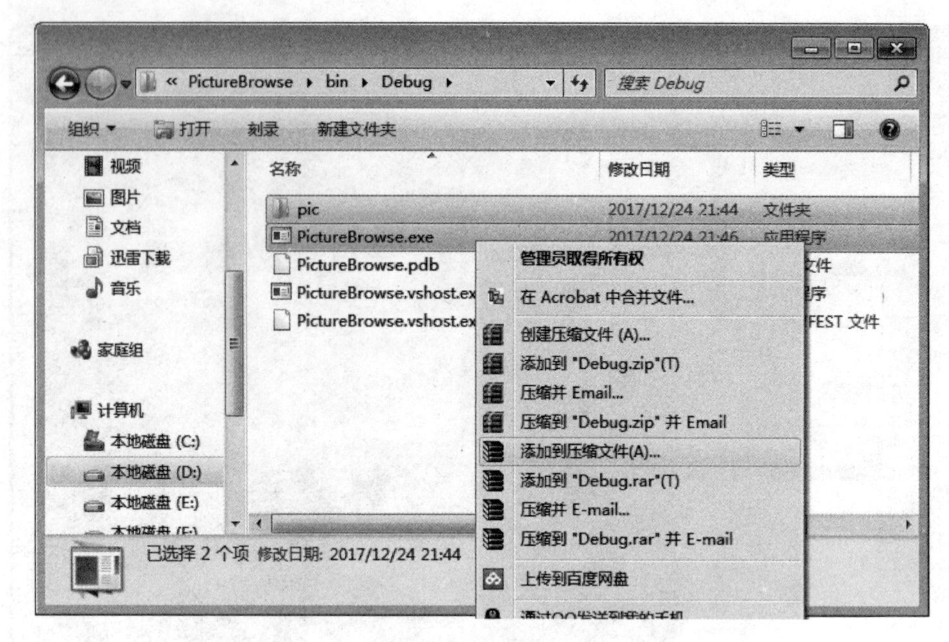

图 14.3 选择文件进行打包的操作界面

- 在“高级”选项卡上单击“自解压选项”按钮,打开“高级自解压选项”对话框,在该对话框的“常规”选项卡上设置解压路径(本例设为 C:\myPB,如图 14.5 所示),该路径为文件自解压时文件自动存放的路径;在“高级”选项卡中单击“添加快捷方式”按钮,打开“添加快捷方式”对话框,设置应用程序的快捷方式,本例设置如图 14.6 所示,表示在桌面上创建文件 PictureBrowse.exe 的快捷方式。

图 14.4 “压缩文件名和参数”对话框

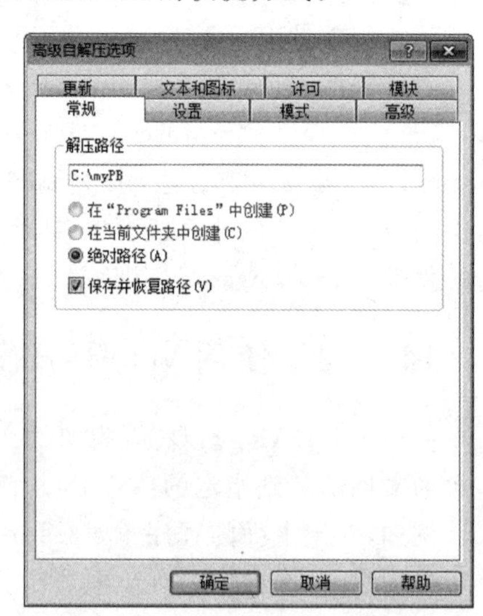

图 14.5 “高级自解压选项”对话框

在设置完毕并单击“确定”按钮后,将在当前目录下形成相应的.exe 文件(本例形成 PB.exe 文件)。可以将此.exe 文件复制到任意的一台计算机上,在执行此文件后会自动将其包含的文件“安装”到指定的目录下。

例如，执行本例形成的 PB. exe 文件，将出现如图 14.7 所示的自解压界面。在界面中还可以修改目标目录，在确定目标目录以后，单击“安装”按钮即可将程序 PictureBrowse 安装到指定的目标目录下，并在桌面上形成一个快捷方式。

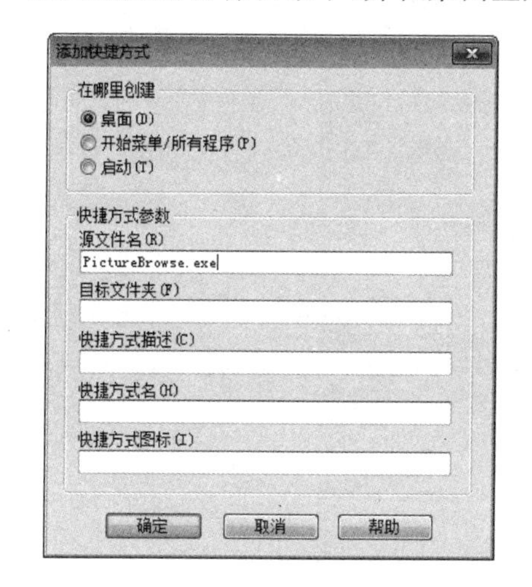

图 14.6 “添加快捷方式”对话框

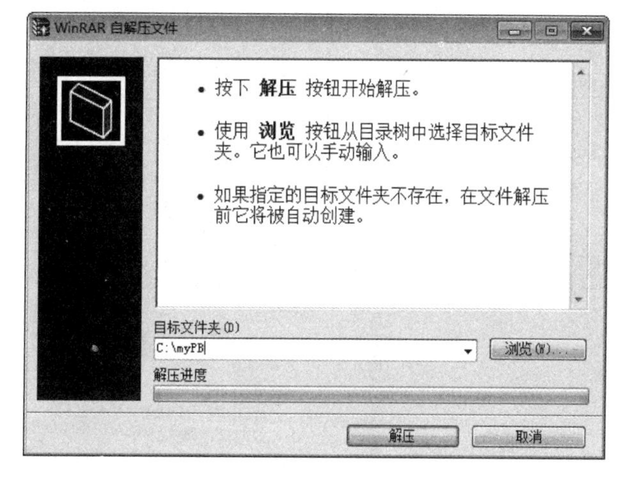

图 14.7 程序 PictureBrowse 的自解压安装界面

安装后，要运行程序 PictureBrowse，只需运行 C:\myPB 目录下的文件 PictureBrowse.exe 即可，也可以运行桌面上形成的快捷方式“PictureBrowse. exe”。

14.3 IIS 安装与 Web 应用程序发布

Windows 7 及以上版本是目前用得比较多的操作系统版本，但目前仍然有许多用户使用 Windows XP 操作系统。因此，本节专门介绍如何在 Windows 7 和 Windows XP 系统上安装 IIS 服务器和发布 Web 应用程序。

14.3.1 在 Windows 7 系统中安装与发布

1. IIS 的安装与管理

Web 应用程序都要使用 Web 服务器，IIS(Internet Information Server)就是微软开发的一种 Web 服务器。如果 Windows 操作系统上没有安装 IIS(默认是不安装的)，就必须先安装它并创建相应的虚拟目录。下面介绍如何在 Windows 7 上安装 IIS Web 服务器。

1) IIS 的安装

(1) 在 Windows 系统的控制面板中，依次选择“程序”|“打开或关闭 Windows 功能”选项，打开“Windows 功能”对话框，如图 14.8 所示。

(2) 在“Windows 功能”对话框中，选中 Microsoft .NET FrameWork 3.5.1 项及“Internet 信息服务”项下的有关选项，如图 14.8 所示，然后单击“确定”按钮即可完成对 IIS 的安装。

2) IIS 服务器的管理

在控制面板中，依次选中“选择系统和安全”|“管理工具”，然后在打开的界面中双击

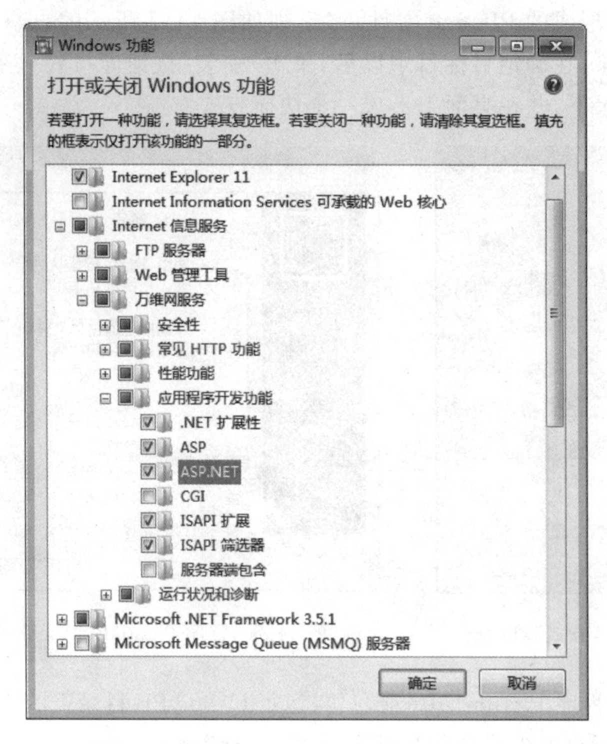

图 14.8 “Windows 功能”对话框

“Internet 信息服务(IIS)管理器”项，打开“Internet 信息服务(IIS)管理器”管理界面，如图 14.9 所示。在此界面中，可以实现对 IIS 服务器的管理，包括暂停、停止、启动服务器、创建虚拟目录、设置权限等。

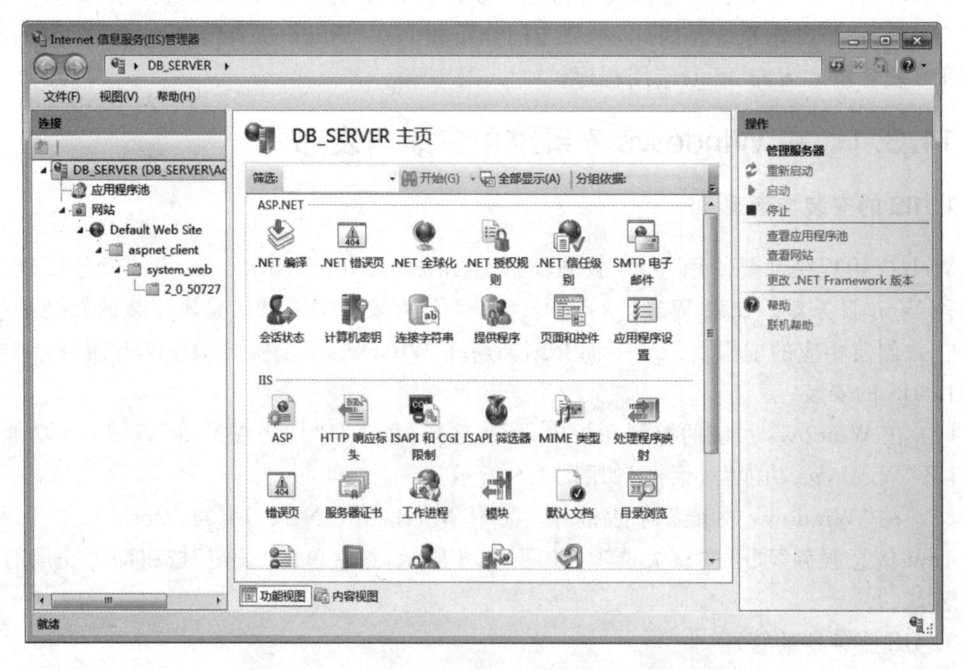

图 14.9 “Internet 信息服务(IIS)管理器”管理界面

2. 发布 ASP .NET 应用程序

以第 11 章中例 11.1 创建的 Web 应用程序 MyFirstWebApp 为例，介绍如何对此类程序进行发布。

【例 14.2】 Web 应用程序 MyFirstWebApp 的发布。

该程序是一个简单的 Web 应用程序，不需要访问数据库，也不涉及文件的上传与下载。但其发布方法跟绝大多数 Web 应用程序的发布方法相同，具有代表性。其发布过程如下所述。

(1) 建立虚拟目录和工作目录，并设置虚拟目录的访问权限。

虚拟目录是在"Internet 信息服务(IIS)管理器"管理界面中创建而形成的一种"目录"，在磁盘上它是不存在的，因而称为"虚拟目录"，但它必须映射到(关联到)磁盘上某一个目录，此目录称为"工作目录"，它是网页文件等 Web 应用程序文件实际存放的地方。要发布 Web 应用程序，必须有虚拟目录和工作目录。

下面示例如何创建一个名为 myVirDir 的虚拟目录，其工作目录为 D:\myWeb。

① 在磁盘上创建一个目录——D:\myWeb，以用作工作目录，.aspx 等网页文件将放在此目录下，以进行发布。

② 打开"Internet 信息服务(IIS)管理器"管理界面，在此对话框中选择"网站"为 Default Web Site，在弹出的菜单中选择"添加虚拟目录"命令，如图 14.10 所示。

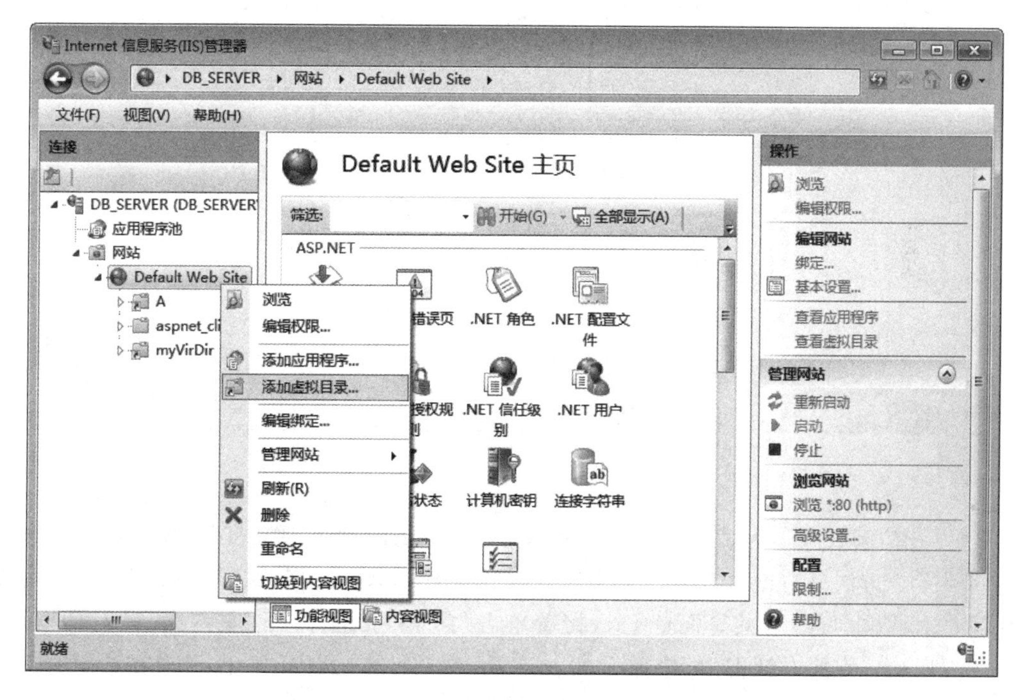

图 14.10 选择"添加虚拟目录"命令

③ 打开"添加虚拟目录"对话框，如图 14.11 所示，分别将别名和物理路径设置为 myVirDir 和 D:\myWeb，最后单击"确定"按钮，创建工作完成，如图 14.12 所示。

图 14.11 “添加虚拟目录”对话框

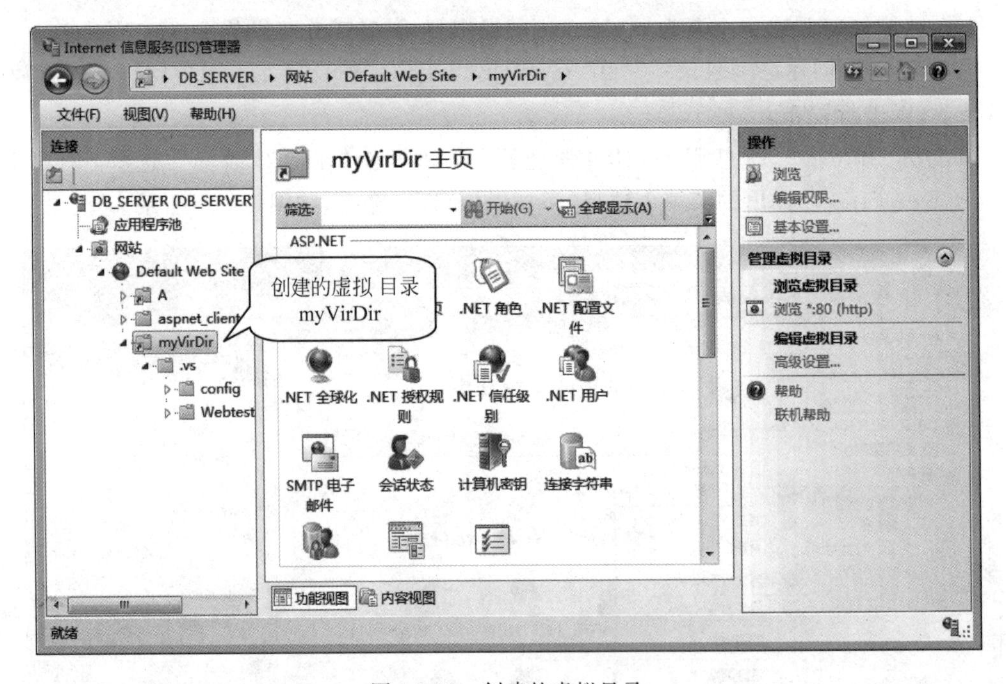

图 14.12 创建的虚拟目录

④ 设置访问权限。为了让 Internet 上的用户能够访问这个虚拟目录，需要对其共享权限进行设置。方法是右击目录名 myVirDir，在弹出的菜单中选择“编辑权限”命令，然后在弹出属性对话框中选择“共享”选项卡，接着单击“共享”按钮，打开“文件共享”对话框，如图 14.13 所示。在此对话框中，选择 Everyone 项，然后单击“添加”按钮，这时在下面的方框中会出现 Everyone 项，表示权限设置完成。如果还需要进行文件的上传和下载(需要写操作)，还应将 Everyone 的权限设置为“读/写”。之后，单击“共享”按钮并关闭相关对话框即可。

(2) 生成发布文件。

① 在 VS2015 中打开例 11.1 创建的 Web 应用程序 MyFirstWebApp，然后在解决方案

图 14.13 “文件共享”对话框

资源管理器中右击项目名 MyFirstWebApp，在弹出的菜单中选择“发布”项，打开“发布Web”对话框。在此对话框中选择“配置文件”项，然后单击右边的“自定义”项，在弹出的“新建自定义配置文件”输入框中输入配置文件的名称(自行设定)，“新建自定义配置文件”对话框如图 14.14 所示，最后单击“确定”按钮。

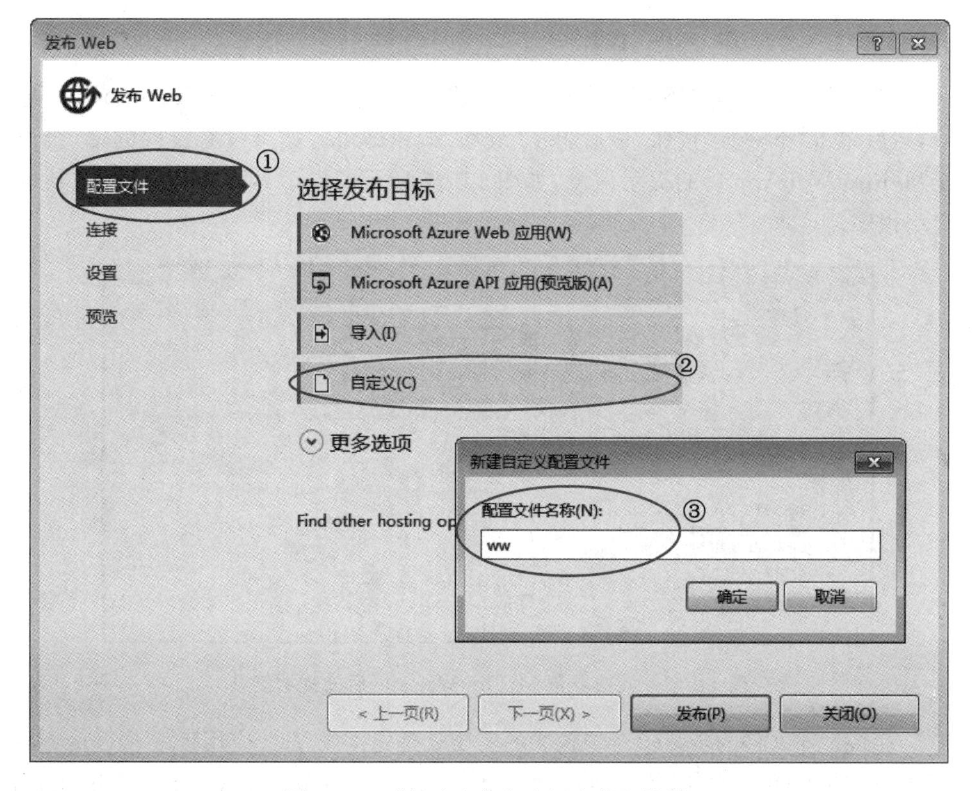

图 14.14 “新建自定义配置文件”对话框

② 在"发布 Web"对话框,将发布方法(Publish Method)设置为 File System,然后将目标位置(Target location)设置为 D:\myWeb,设置发布方法(Publish Method)对话框如图 14.15 所示。

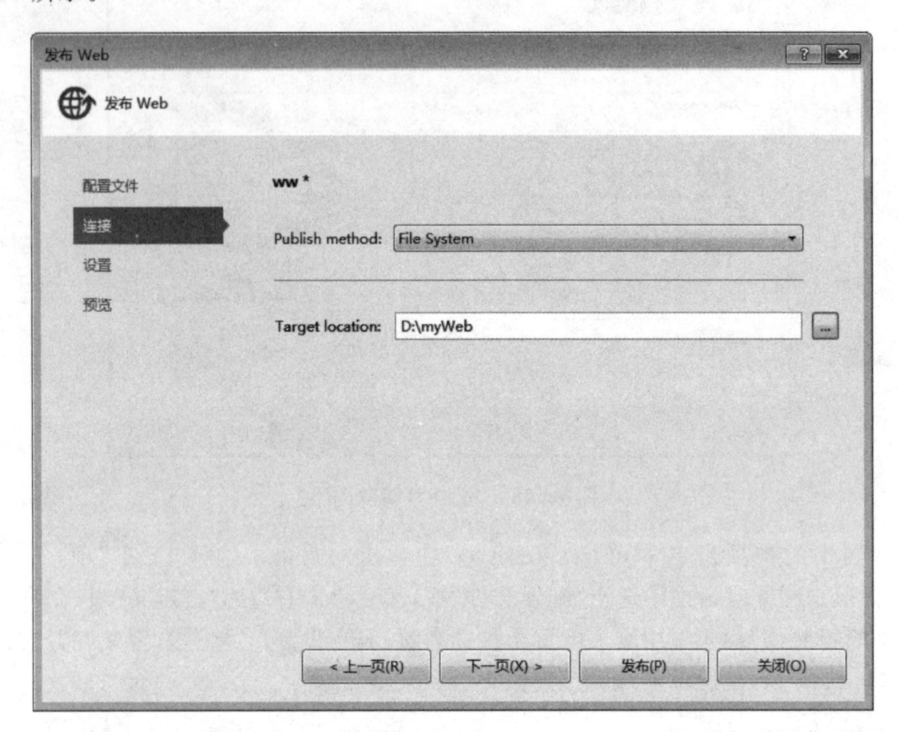

图 14.15 设置发布方法(Publish Method)对话框

③ 设置完毕后,单击"下一页"按钮,在出现的界面中将 Configuration 项设置为 Release,然后单击"下一页"按钮,最后单击"发布"按钮即可。如果没有错误的话,会出现成功发布 MyFirstWebApp 后的提示信息,如图 14.16 所示的提示界面,表示已经成功发布该 Web 应用程序。

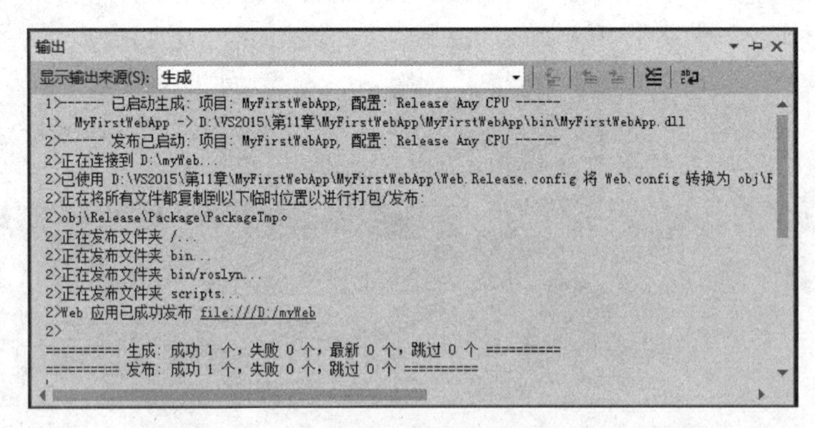

图 14.16 成功发布 MyFirstWebApp 后的提示信息

其实,生成发布文件的步骤①至步骤③的实质就是先生成 Web 应用程序 MyFirstWebApp 的有关配置文件和 DLL 文件,然后将这些文件和.aspx 文件复制到 D:\myWeb 目录下(读者可打开此目录观察这些文件)。

因此,完全可以不用经过步骤①至步骤③,而直接采用下面方法:(a)选择菜单“生成”|“生成解决方案”,以生成有关配置文件和 DLL 文件(运行一次程序也会生成这些文件);(b)将程序 MyFirstWebApp 工作目录下除了.aspx.cs 文件以外的所有文件和目录复制到 D:\myWeb 目录下。

(3) 配置.NET Framework。

VS2015 默认使用的是.NET Framework 4.0,而 Windows 7 系统上的 IIS Web 服务器默认使用是.NET Framework 2.0,因此需将 IIS 的.NET Framework 2.0 改为.NET Framework 4.0。为此,需要在“Internet 信息服务(IIS)管理器”管理界面中修改两个地方。

① 在管理界面左边的方框中选择“应用程序池”,然后在中间方框中选择“ASP.NET v4.0”一行(第一行),接着在右边的方框中单击“基本设置”选项,会弹出“编辑应用程序池”对话框。在此对话框中,将.NET Framework 版本改为 4.0,设置程序池的.NET Framework 版本界面如图 14.17 所示,然后单击“确定”按钮即可。

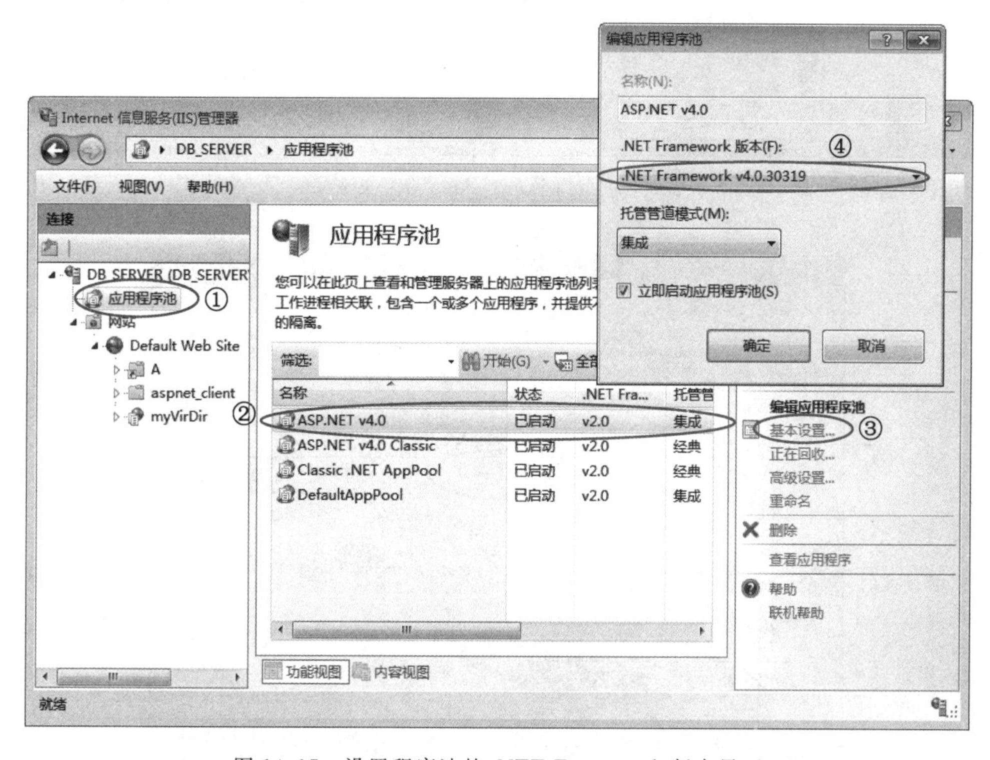

图 14.17 设置程序池的.NET Framework 版本界面

② 右击虚拟目录节点 myVirDir,在弹出的菜单中选择“转换为应用程序”项,如图 14.18 所示;在打开的“添加应用程序”对话框中通过单击“选择”按钮,将应用程序池改为 ASP.NET v4.0,设置应用程序池的“添加应用程序”对话框如图 14.19 所示,最后单击“确定”按钮,.NET Framework 版本的设置操作完毕。

(4) 测试或访问发布的 Web 应用程序。

至此,Web 应用程序 MyFirstWebApp 的发布工作完成。为测试是否成功发布,打开“Internet 信息服务(IIS)管理器”管理界面,刷新虚拟目录 myVirDir,然后单击管理界面下

图 14.18　选择“转换为应用程序”项

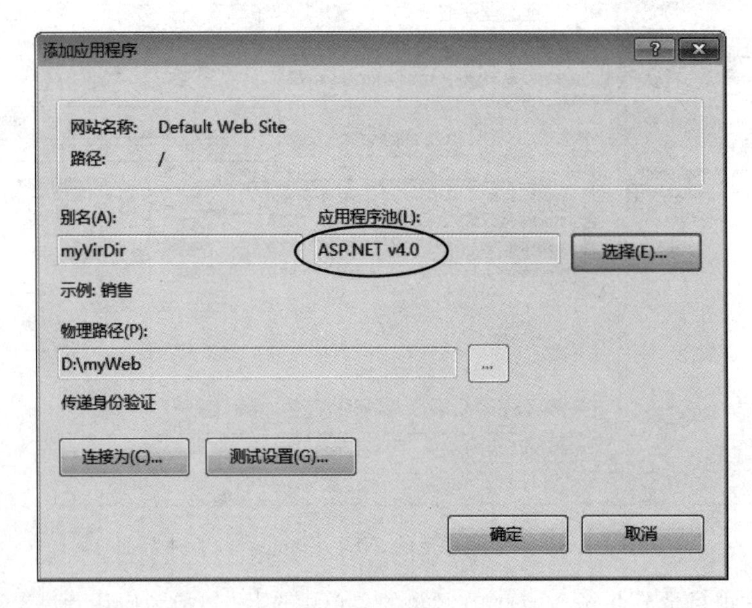

图 14.19　“添加应用程序”对话框

部的“内容视图”按钮，这时 D:\myWeb 目录下的文件会全部会出现在管理界面上。右击 Webform1.aspx 项，在弹出的菜单中选择“浏览”命令，如图 14.20 所示，结果打开如图 14.21 所示的网页。

当然，在成功发布后，在浏览器地址栏中输入 URL 地址 http://localhost/myVirDir/WebForm1.aspx，然后按 Enter 键也可打开此网页，这也是常用的访问方法。

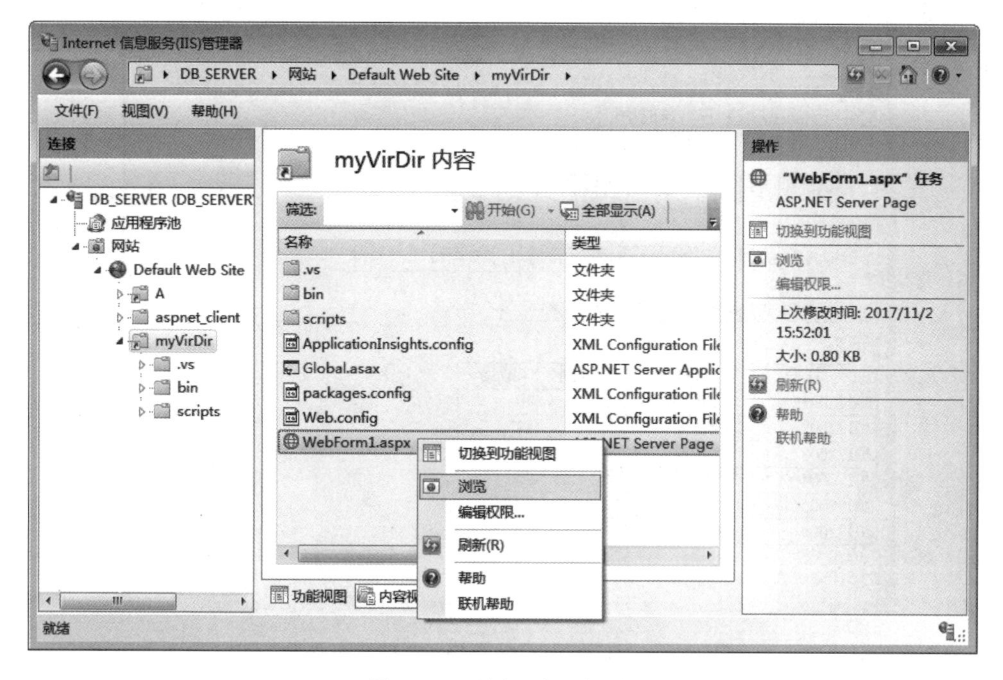

图 14.20 访问页面(调试)

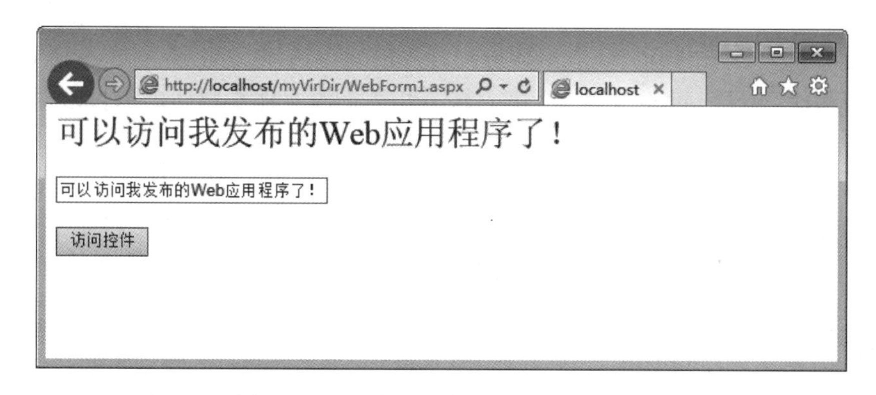

图 14.21 成功远程访问 Webform1.aspx

【例 14.3】 Web 应用程序 MyFirstWebApp 的发布。

该程序既需要访问数据库,也涉及 Excel 文件的上传与下载。但其发布步骤几乎与例 14.2 中发布程序 MyFirstWebApp 的步骤一样,简述如下(也可看作是 Web 应用程序发布的总结)。

(1) 建立虚拟目录 myWeb2 和工作目录 D:\myWeb2,并设置虚拟目录的访问权限。

(2) 生成发布文件,并保存到工作目录 D:\myWeb2 下。

(3) 配置.NET Framework。按照前面介绍的方法,将应用程序池中两个地方的.NET Framework 改为 4.0 版本。

至此,发布工作完成,在浏览器地址栏中输入下列的 URL 地址即可访问该应用程序。

http://localhost/myWeb2/WebForm1.aspx

结果如图 14.22 所示,可以在此运行界面上传和下载 Excel 文件。

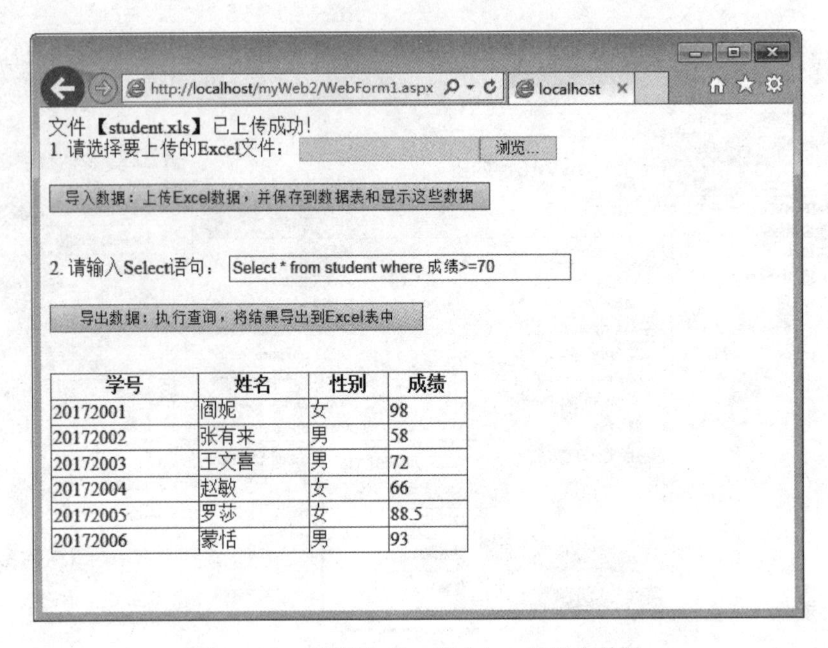

学号	姓名	性别	成绩
20172001	阎妮	女	98
20172002	张有来	男	58
20172003	王文喜	男	72
20172004	赵敏	女	66
20172005	罗莎	女	88.5
20172006	蒙恬	男	93

图 14.22　程序 MyFirstWebApp 的发布效果

3. 发布 Web 服务

Web 服务的发布与 ASP.NET 窗体应用程序的发布类似,在生成 Web 服务以后,程序中的.asmx 文件、Web.config 文件和 bin 目录等相关资源文件复制到虚拟目录对应的工作目录下即可。

例如,以第 11 章中由程序 MyFirstWebService 创建的 Web 服务 WebService1 为例,将该程序中的文件 WebService1.asmx、Web.config 和目录 bin 复制到虚拟目录 myVirDir 对应的 D:\myWeb 目录下面(先清空该目录下的文件),然后在 IE 地址栏输入下列 URL。

http://localhost/myVirDir/WebService1.asmx

如果出现如图 14.23 所示的测试界面,则表示该 Web 服务已经成功发布。

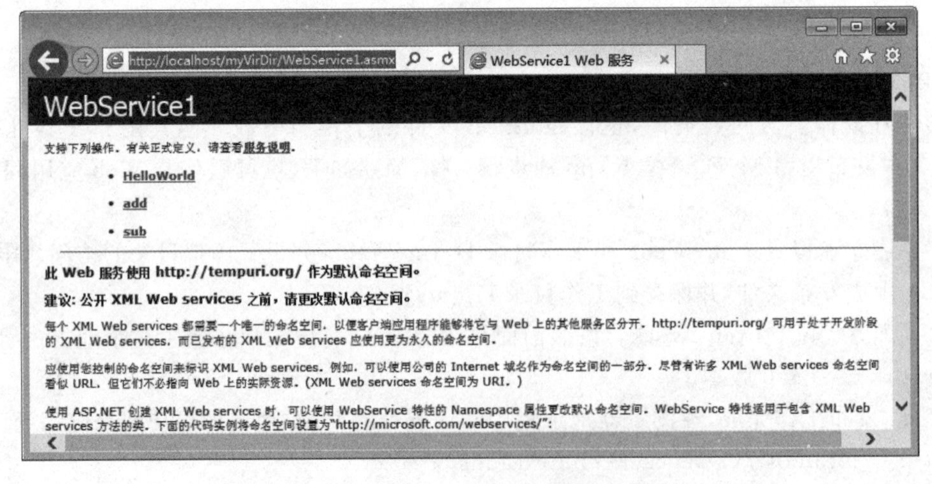

图 14.23　Web 服务 Service1 发布后的测试界面

此后在调用该 Web 服务的应用程序中通过 http://localhost/myVirDir/WebService1.asmx 就可以引用此 Web 服务。

14.3.2 在 Windows XP 系统中安装与发布

本小节介绍如何在 Windows XP 系统中安装 IIS 服务器和发布 Web 应用程序。

1. 安装 IIS

如果 Windows 操作系统上没有安装 IIS(默认是不安装的),就必须先安装它并创建相应的虚拟目录。

1) IIS 的安装

(1) 选择 Windows 系统菜单“开始”|“控制面板”|“添加或删除程序”,打开“添加或删除程序”对话框,然后在此对话框中单击“添加/删除 Windows 组件”命令,打开“Widows 组件向导”对话框,如图 14.24 所示。

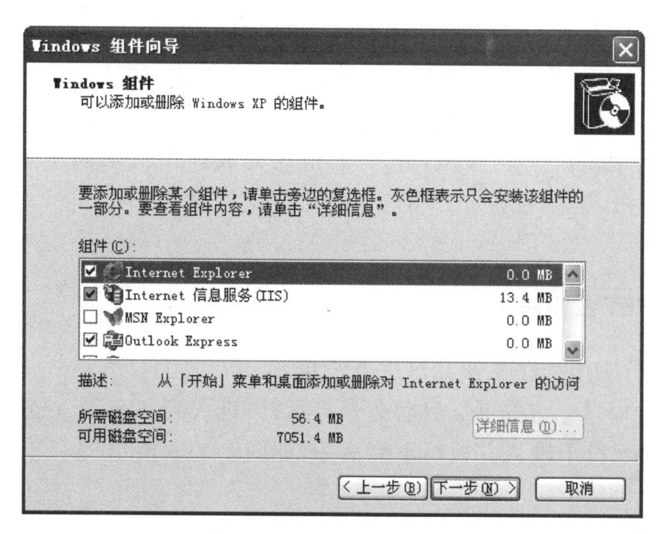

图 14.24 “Widows 组件向导”对话框

(2) 在“Widows 组件向导”对话框中,选中“Internet 信息服务(IIS)”左边的复选框(如果该复选框已被选中,则表示 IIS 已经安装),然后单击“下一步”按钮,向导程序即可自动进入 IIS 安装过程。在此过程中应按相应的提示进行操作,如插入 Windows 安装盘等,最后单击“完成”按钮即可完成对 IIS 的安装。

2) 创建虚拟目录

(1) 在 Windows 操作系统中创建目录 D:\myWeb,表示准备在 IIS 中发布此目录。

(2) 选择 Windows 系统菜单“开始”|“管理工具”|“Internet 信息服务”,打开“Internet 信息服务”对话框,如图 14.25 所示。

(3) 在“Internet 信息服务”对话框中,右击左边的“默认网站”节点,并在弹出的菜单中选择“新建”|“虚拟目录”,打开“虚拟目录创建向导”对话框的欢迎界面。然后,单击“下一步”按钮,进入“虚拟目录别名”界面,在此将虚拟目录别名设置为 myVirDir。

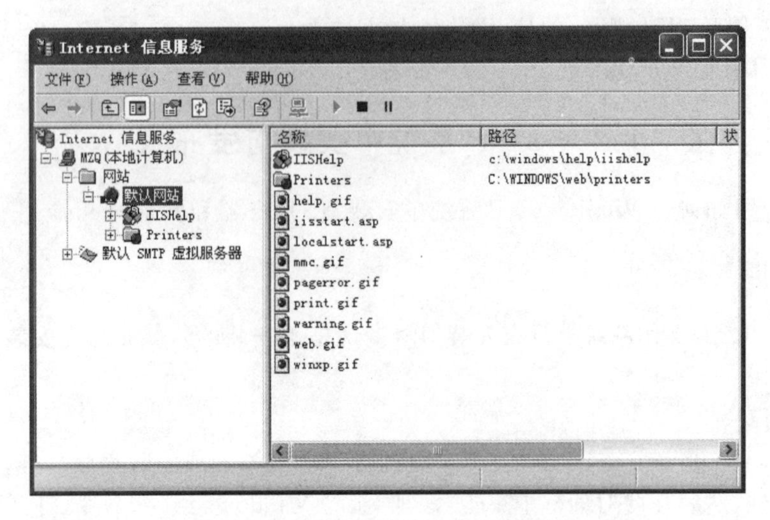

图 14.25 “Internet 信息服务”对话框

(4) 单击“下一步”按钮，进入“网站内容目录”界面。在“目录”文本框中直接输入或通过“浏览”按钮输入 D:\myWeb，表示将把此目录设置为网站的虚拟工作目录。

(5) 单击“下一步”按钮，进入“访问权限”界面。在此界面中，根据需要对网站的访问权限进行设置。然后单击“下一步”按钮，进入“已成功完成虚拟目录创建向导”界面。在此界面中，单击“完成”按钮，这样名为 myVirDir，实际工作目录为 D:\myWeb 的虚拟目录就创建完毕。

2. 发布 ASP.NET 应用程序

发布 ASP.NET 应用程序主要经过以下三步。

(1) 安装 ASP.NET。方法是：启动命令提示符，进入到 aspnet_regiis.exe 文件所在的目录，然后在命令提示符下输入并执行下列命令(如图 14.26 所示)。

```
aspnet_regiis.exe -i
```

图 14.26 安装 ASP.NET

(3) 复制文件。即将待发布程序所涉及的 aspx 文件及相关资源文件(主要是.aspx 文件、.config 和 bin 目录以及用到的图片文件等)全部复制到指定的虚拟目录的工作目录下。

例如，将程序 SQLSIDU 中的文件 Web.config、Default.aspx 和目录 bin 复制到 D:\myWeb 目录下，该目录的虚拟目录是 myVirDir，然后在 IE 浏览器地址栏中输入下列地址即可访问 Default.aspx 页(假设当前机器的名称是 mzq，IP 地址是 192.168.0.1)。

```
http://mzq/myVirDir/Default.aspx
```

结果如图 14.27 所示。该 URL 也可以写为：

```
http://127.0.0.1/myVirDir/Default.aspx
```

如果 mzq 的 IP 为 192.168.0.1，则上面的 URL 又可以写成：

```
http://192.168.0.1/myVirDir/Default.aspx
```

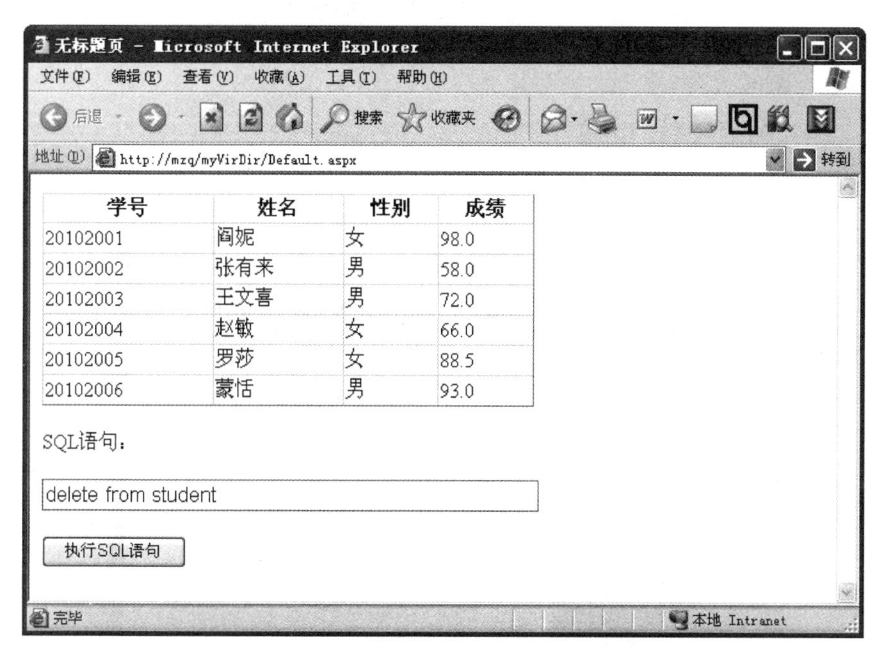

图 14.27 程序 SQLSIDU 发布后的运行界面

注意，该程序涉及数据库访问，因而其发布过程容易出错。凭经验，应从以下三方面去检查：①确保已经安装.NET framework 和 IIS；②确保了安装 ASP.NET，即执行 aspnet_regiis.exe 命令；③确保已安装数据库，并创建相应的数据表，正确设置数据库连接字符串。

14.4 使用.NET 项目来发布程序

通过基于 Windows Installer 的.NET 项目来创建应用程序的安装程序，可以最大限度地减少手工的参与，提高安装程序的正确性、兼容性和高效性。

对于安装程序，需要说明的是：①在应用程序中尽量使用资源的相对路径，而不使用绝对路径；②对于数据库应用程序，尽量保留设置数据库连接字符串的接口，而不应将连接字符串固定地嵌入到程序代码中。

在 VS2015 中，安装程序的制作需要使用 InstallShield Limited Edition。下面先介绍 InstallShield Limited Edition 的下载和安装方法，然后介绍如何使用它来制作安装程序。

14.4.1 InstallShield Limited Edition 的下载和安装

从 Visual Studio 2012 开始，微软就把 Visual Studio 中原有的安装与部署工具废除了，转而使用第三方的打包工具“InstallShield Limited Edition for Visual Studio”。这个工具是免费的，可以从下列网页上下载。

https://info.flexerasoftware.com/IS-EVAL-InstallShield-Limited-Edition-Visual-Studio

实际上，打开“新建项目”对话框，在此对话框中选择“其他项目类型”为“安装和部署”，然后选择“启用 InstallShield Limited Edition”项，最后单击“确定”按钮即可看到 Visual Studio 提示的 InstallShield Limited Edition 下载地址。

在打开的下载页面中，按要求填写相关注册信息，如邮箱等，在提交后会免费发注册码的。例如，笔者下载后得到一个名为 InstallShield2015LimitedEdition.exe 的可执行文件，注册码为 2F74BQW-D29-11005C242N。运行该文件，第一个界面如图 14.28 所示，接着单击 Next 按钮并按提示操作即可，最后用上述注册进行激活即可使用。

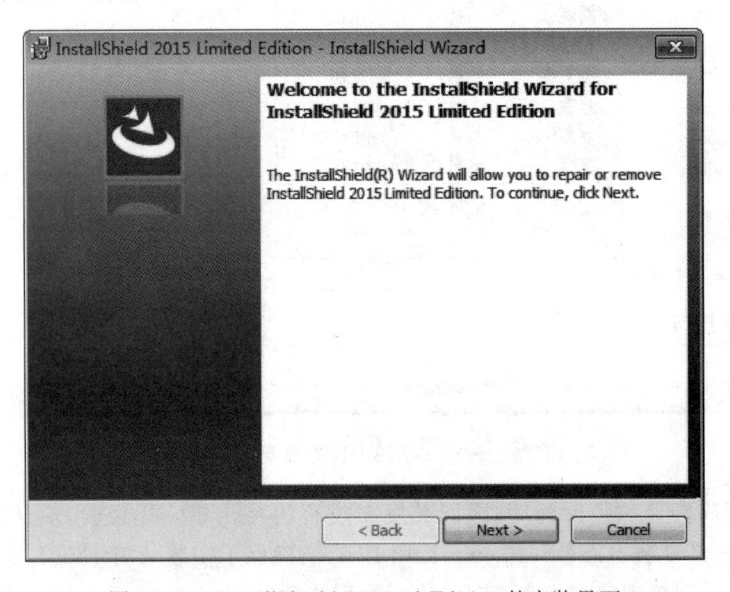

图 14.28 InstallShield Limited Edition 的安装界面

14.4.2 制作应用程序的安装程序

【例 14.4】 制作一个数据库应用程序的安装程序。

作为例子，先创建窗体数据库应用程序 DBAppSet，然后介绍如何使用 InstallShield Limited Edition 来制作它的安装程序。

程序 DBAppSet 的功能是根据指定的服务器、数据库、用户名、密码来显示指定数据表中的数据。该程序的运行界面如图 14.29 所示。

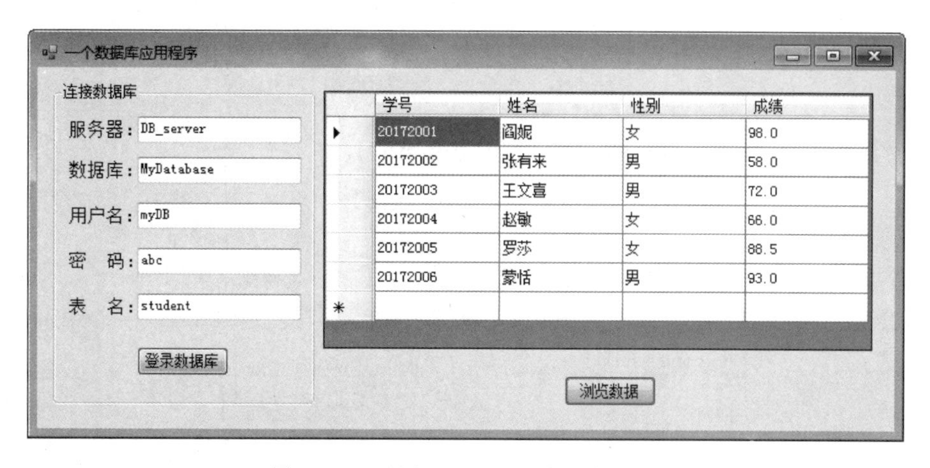

图 14.29　程序 DBAppSet 的运行界面

以下是程序 DBAppSet 中文件 Form1.cs 的代码：

```
using System;
using System.Data;                                              //需要引入
using System.Data.SqlClient;                                    //需要引入
using System.Windows.Forms;
namespace DBAppSet
{
    public partial class Form1 : Form
    {
        public Form1()
        {
            InitializeComponent();
        }
        private string ConnectionString = "";
        private string tableName = "";
        private void button1_Click(object sender, EventArgs e)      //"登录数据库"按钮
        {
            string dataSource = textBox1.Text;
            string DBname = textBox2.Text;
            string uerID = textBox3.Text;
            string userPass = textBox4.Text;
            tableName = textBox5.Text;
            ConnectionString = "Data Source = " + dataSource + ";Initial Catalog = " +
                DBname + ";" + "Persist Security Info = True;User ID = " +
                uerID + ";Password = " + userPass;
            SqlConnection conn = null;
            try
            {
                conn = new SqlConnection(ConnectionString);
                conn.Open();
                SqlDataAdapter DataAdapter =
                    new SqlDataAdapter("SELECT * FROM " + tableName, conn);
                DataAdapter.Fill(new DataSet());
                MessageBox.Show("数据库连接 成功 !");
```

```
            }
            catch
            {
                ConnectionString = "";
                MessageBox.Show("数据库连接失败！");
            }
            finally
            {
                if (conn != null)
                {
                    conn.Dispose();
                    conn = null;
                }
            }
        }
        private void button2_Click(object sender, EventArgs e)     //"浏览数据"按钮
        {
            if (ConnectionString == "")
            {
                MessageBox.Show("请先正确连接数据库！");
                return;
            }
            SqlConnection conn = null;
            DataSet dataset = null;
            try
            {
                conn = new SqlConnection(ConnectionString);
                dataset = new DataSet();
                SqlDataAdapter DataAdapter =
                    new SqlDataAdapter("SELECT * FROM " + tableName, conn);
                DataAdapter.Fill(dataset, "t1");
                dataGridView1.DataSource = dataset;
                dataGridView1.DataMember = "t1";
            }
            catch (Exception ex)
            {
                MessageBox.Show(ex.ToString());
            }
            finally
            {
                conn.Close();
                conn.Dispose();
                dataset.Dispose();
            }
        }
    }
}
```

下面介绍如何利用 InstallShield Limited Edition 来制作程序 DBAppSet 的安装程序。

(1) 在 VS2015 中打开程序 DBAppSet，选择菜单“文件”|“添加”|“新建项目”命令，打开“添加新项目”对话框。在此对话框中选择“其他项目类型”为“安装和部署”，然后在中部方框中选择“InstallShield Limited Edition Project 安装和部署”项，如图 14.30 所示。注意，成功下载和安装 InstallShield Limited Edition 后才有此项。

图 14.30　“添加新项目”对话框

(2) 设置安装程序的名称，本例设置为 SetupforDBAppSet，这个名称将在控制面板等地方出现。然后单击“确定”按钮，将出现如图 14.31 所示的项目助手(Project Assistant)欢迎界面，整个安装程序都在这个界面中进行设置。

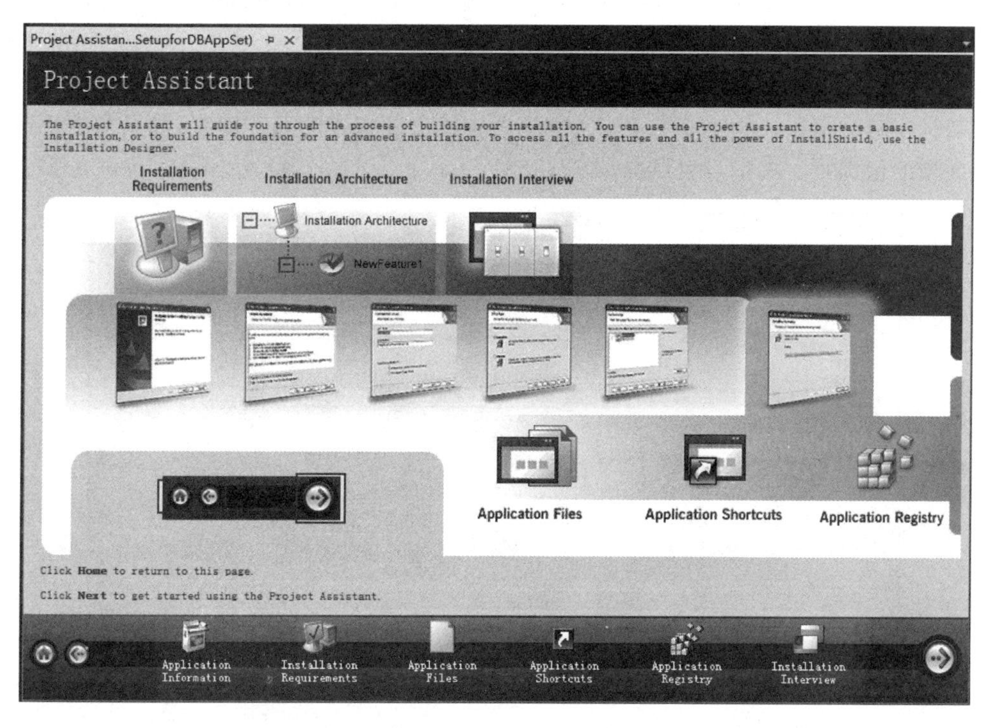

图 14.31　Project Assistant 界面

以下分别说明如何通过操作此界面来构建 DBAppSet 的安装程序。

① 单击 Project Assistant 界面下部第一个选项卡 Application Information，打开如

图 14.32 所示的界面。在此界面中,主要设置应用安装程序的名称。

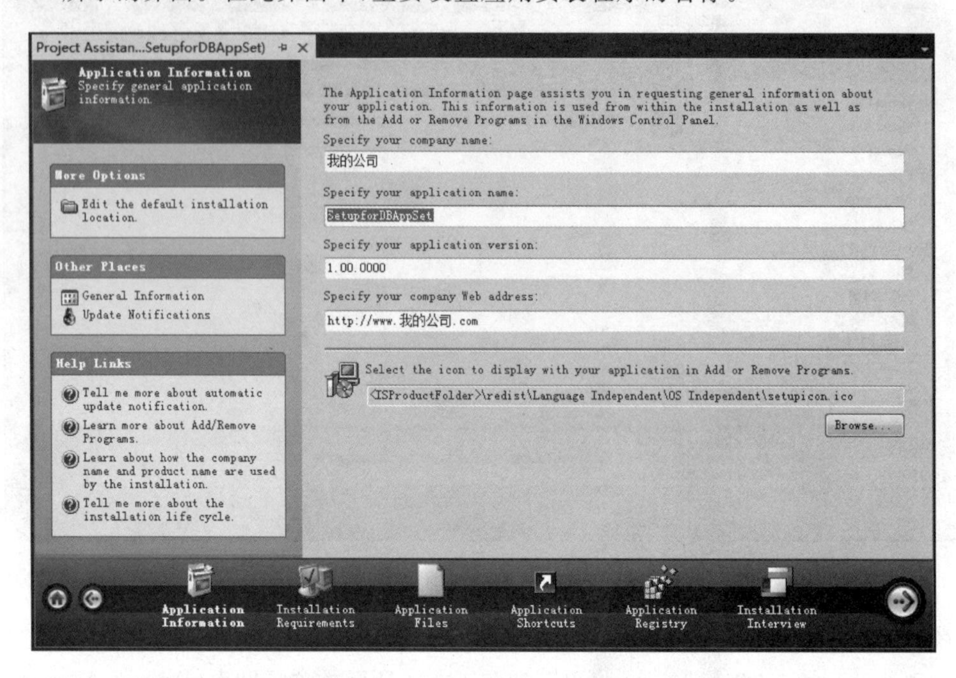

图 14.32　Application Information 界面

② 在上图(图 14.32)所示的界面中,单击左边的 General Information 项,打开如图 14.33 所示的界面。此界面用于设置安装程序的基本信息。一般将 Setup Language 项的值设置为"Chinese (Simplified):中文(简体)",否则如果安装路径或文件名包含中文字符,则在生成安装程序时会报错;另外,INSTALLDIR 项指被安装程序的保存路径,如果需要更改,则更改此项的值即可。本例设置结果如图 14.33 所示。

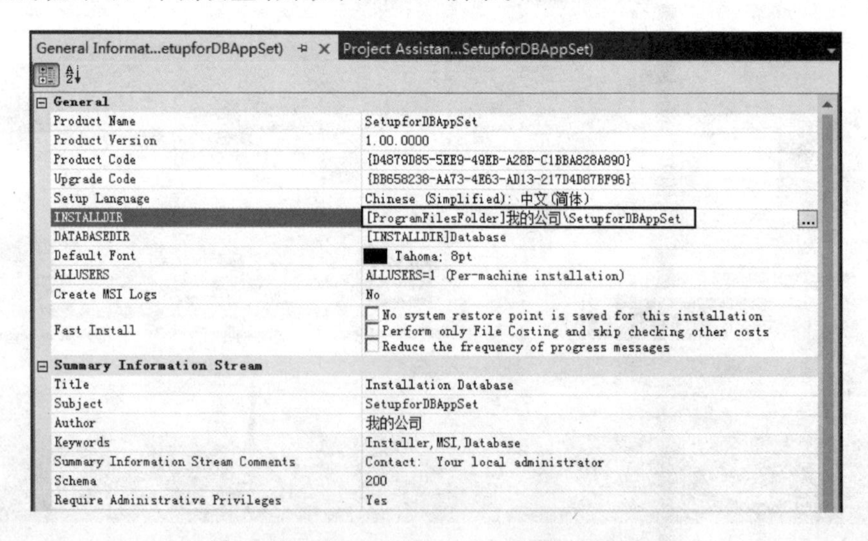

图 14.33　General Information 项的设置界面

③ 返回到 Project Assistant 界面,选择第二个选项卡 Installation Requirements,在此设置部署的目标环境和必需的组件,如图 14.34 所示。

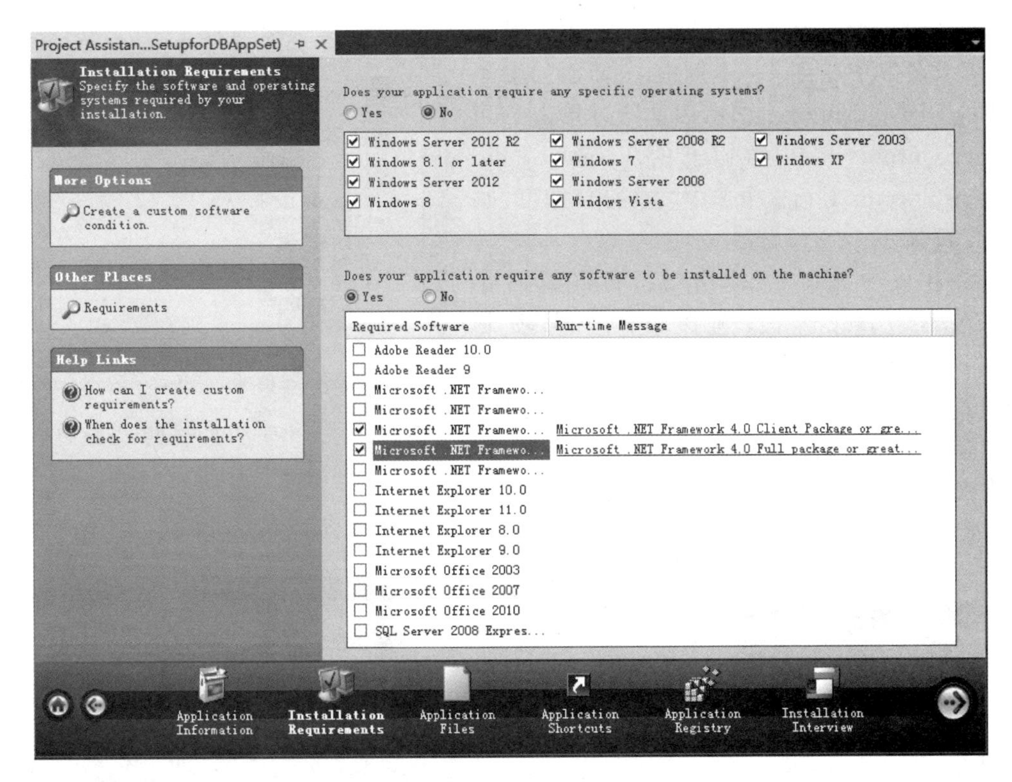

图 14.34　Installation Requirements 界面

④ 返回到 Project Assistant 界面，选择第三个选项卡 Application Files，打开如图 14.35 所示的界面。在此界面中，单击 Add Project Outputs、Add Files 和 Add Folders 按钮分别

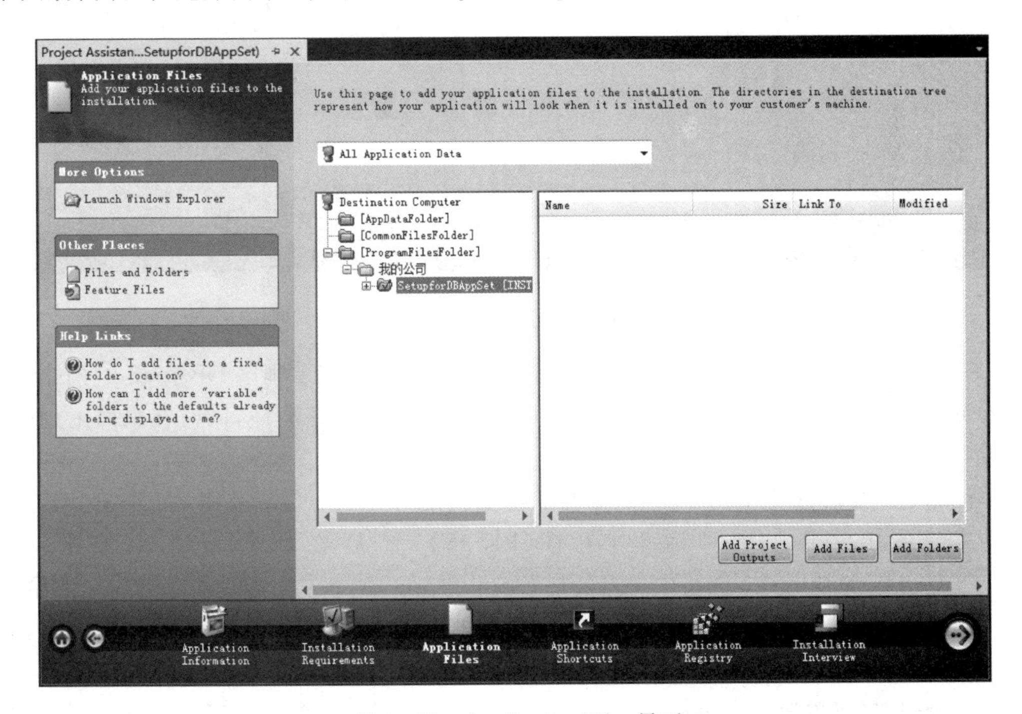

图 14.35　Application Files 界面

可以添加应用程序编译时生成的文件、不可或缺的资源文件和资源目录。本例中,只需添加编译生成的 DBAppSet.exe 文件,因此通过单击 Add Project Outputs 按钮,在打开的 Visual Studio Output Selector 对话框中选中"主输出"即可,如图 14.36 所示。

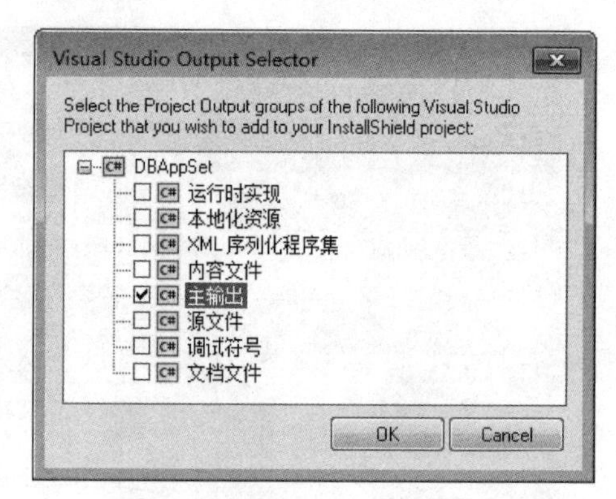

图 14.36 Visual Studio Output Selector 对话框

⑤ 在成功添加"主输出"后,再次返回到 Project Assistant 界面,选择第四个选项卡 Application Shortcuts,打开选项卡 Application Shortcuts 的界面如图 14.37 所示。此界面用于创建应用程序的"开始"菜单和桌面快捷方式。菜单或快捷方式可以包括两个内容:启动程序和卸装程序。

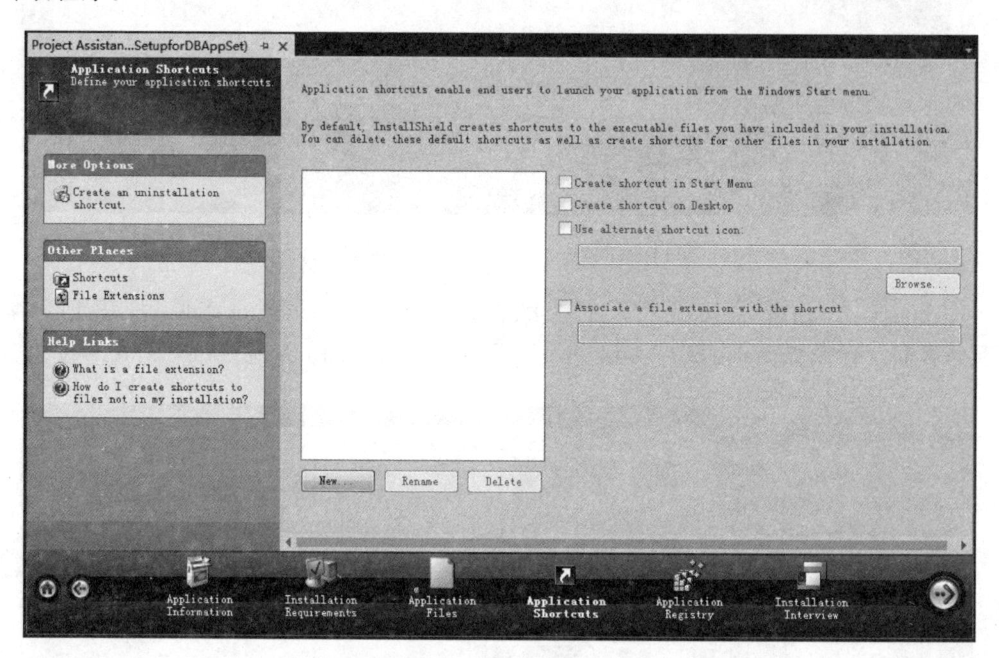

图 14.37 选项卡"Application Shortcuts"的界面

在此,欲在开始菜单栏中添加"启动程序 DBAppSet"和"卸装程序 DBAppSet"两个菜单项,分别用于启动程序 DBAppSet 和从 Windows 系统中删除该程序,同时在桌面上创建一个"启动程序"快捷菜单,方法如下:

- 创建"启动程序 DBAppSet"命令:单击方框下边的 New 按钮,打开 Browse for a Destination File 对话框(见图 14.38),然后在此对话框中依次双击"[ProgramFilesFolder]""我的公司""SetupforDBAppSet"和"DBAppSet.主输出"项,这时会在 Application Shortcuts 界面的方框中形成 Built 项,将之改名为"启动程序 DBAppSet",这时方框右边的 Create shortcut in Start Menu 复选框已自动被选中,接着再选中 Create shortcut on Desktop 复选框。这表示同时在开始菜单栏中

和桌面上创建"启动程序 DBAppSet"命令。

• 创建"卸装程序 DBAppSet"命令：在 Application Shortcuts 的界面中，单击左边的 Create an unistallation shortcut 项，将在中间的方框中自动产生 Unistall SetupforDBAppSet 项，并将之改名为"卸装程序 DBAppSet"，这时方框右边的 Create shortcut in Start Menu 复选框已自动被选中，但不要选中 Create shortcut on Desktop 复选框。这样，安装程序会在开始菜单栏中添加"卸装程序 DBAppSet"这一个菜单项，而桌面没有这个菜单项。

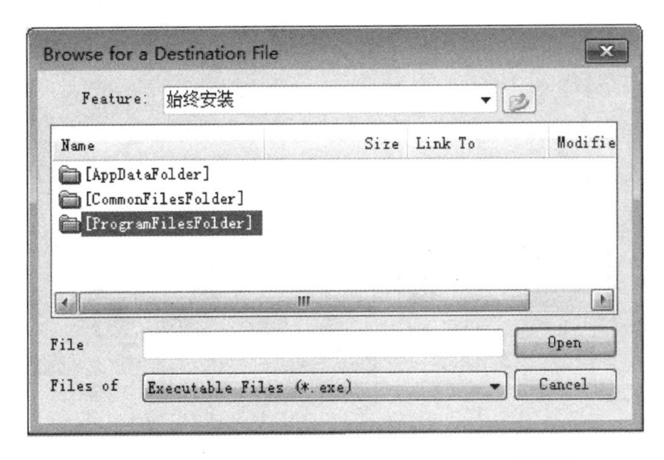

图 14.38　Browse for a Destination File 对话框

然后，单击 Application Shortcuts 界面左边的 Shortcuts 项，会形成这两种菜单的树形结构图，如图 14.39 所示。其中，上部分的子树表示在开始菜单栏中形成的菜单结构，当打开"开始"菜单时，会看到"公司名称"，"公司名称"项包含"启动程序 DBAppSet"和"卸装程序 DBAppSet"两个子菜单；上部分子树表示桌面上仅有"启动程序 DBAppSet"一个子菜单(快捷方式)。

在树形结构中，可以根据需要进一步对菜单进行管理。例如，可以将"公司名称"改为"我的软件"，然后分别用鼠标将"启动程序 DBAppSet"和"卸装程序 DBAppSet"这两节点拖为"我的软件"项的子节点，最后将 setupfordbappSet 删除，这样菜单的层次结构更紧凑、合理，结果如图 14.40 所示。

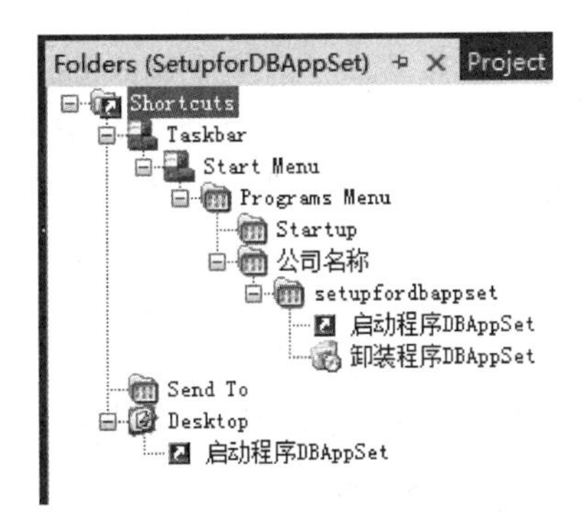

图 14.39　菜单的树形结构图

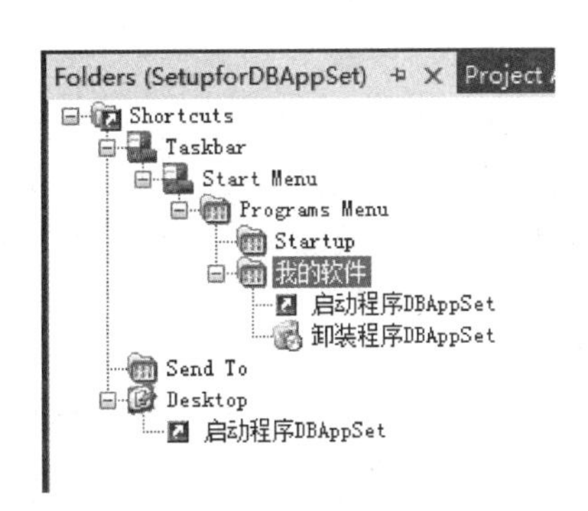

图 14.40　菜单的树形结构图(修改后)

设置菜单后，选项卡 Application Shortcuts 的界面如图 14.41 所示。

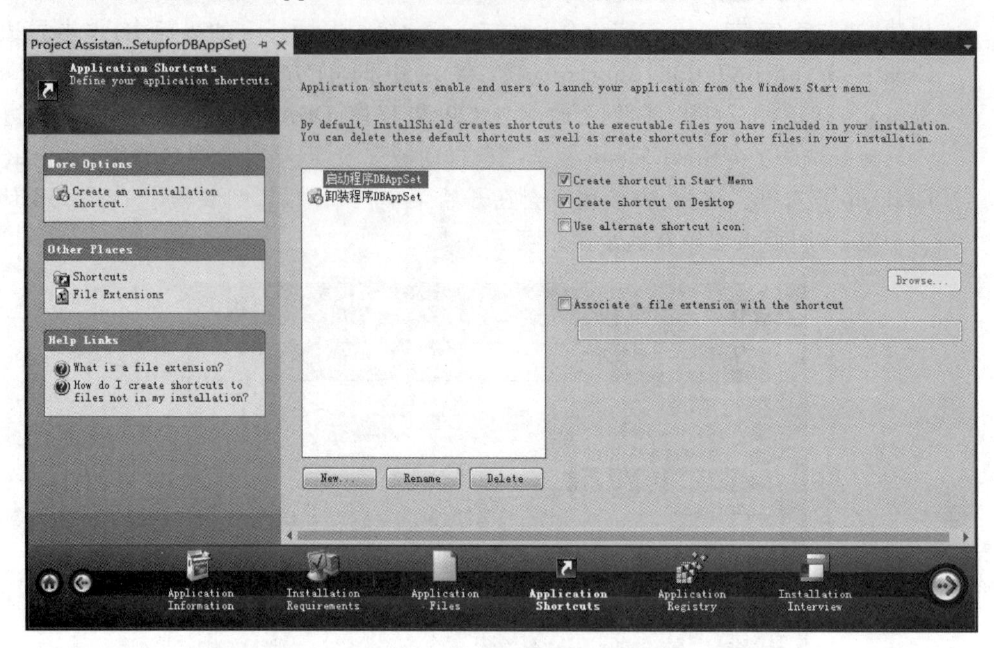

图 14.41　Application Shortcuts 的界面(增加菜单后)

注意，如果菜单项仅仅设置到这里为止，那么在生成安装程序时，往往会出现如图 14.42 所示的错误提示。

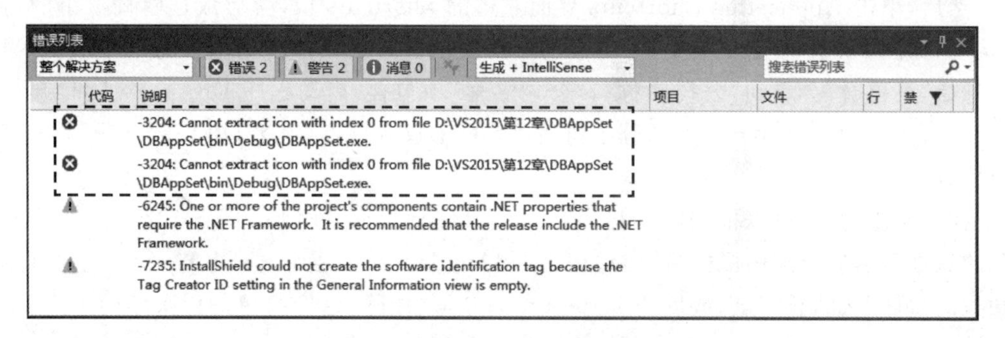

图 14.42　菜单引起的错误提示

产生错误的原因在于，不管是“开始”菜单栏中的菜单还是桌面上的快捷菜单，都需要图标，但现在菜单项都缺少图标。遗憾的是，Application Shortcuts 界面不提供添加图标的功能。但在应用程序的属性对话框中可以解决这个问题。解决方法是在解决方案资源管理器中右击应用程序的名称 DBAppSet，在弹出的菜单中选择“属性”命令，然后在打开的属性对话框中单击左上角的“应用程序”命令，接着选择“图标和清单”单选框，通过单击“…”按钮导航到图标文件(.ico 文件)所在的目录并将之添加进来即可。本例添加的图标文件是 Cube.ico，如图 14.43 所示(这时图标文件也会自动添加解决方案资源管理器中)。此后，每个菜单项都会自动选择 Cube.ico 作为它的图标，从而避免出现上述问题。

⑥ 设置菜单后，再一次返回到 Project Assistant 界面，选择第五个选项卡 Application Registry，打开如图 14.44 所示的界面。在此，不需要添加注册表，可以不选择。

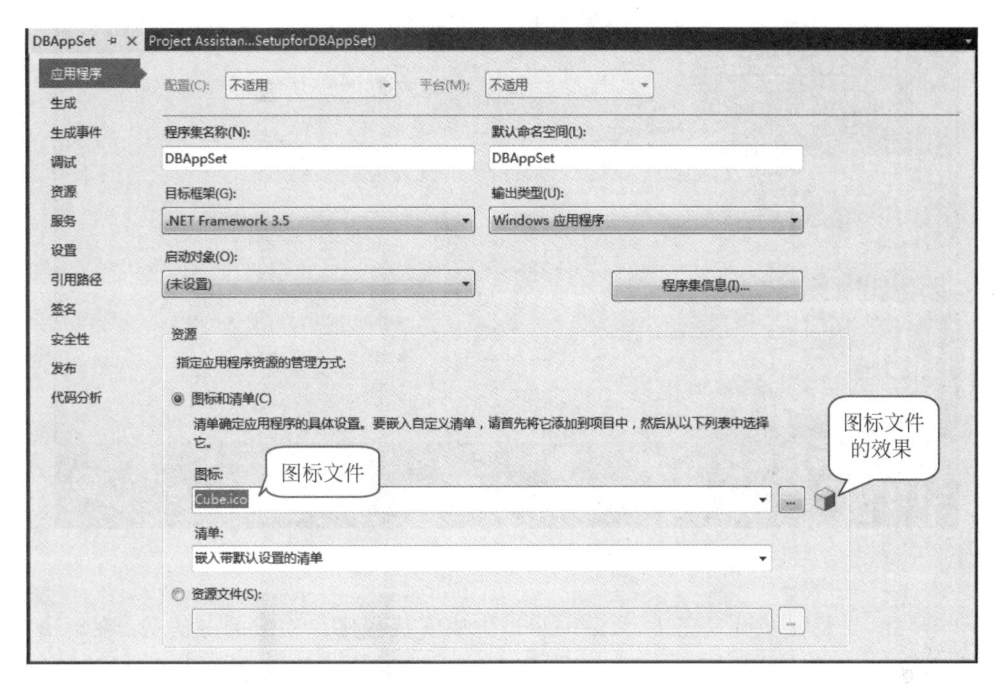

图 14.43　“程序 DBAppSet 的属性”对话框

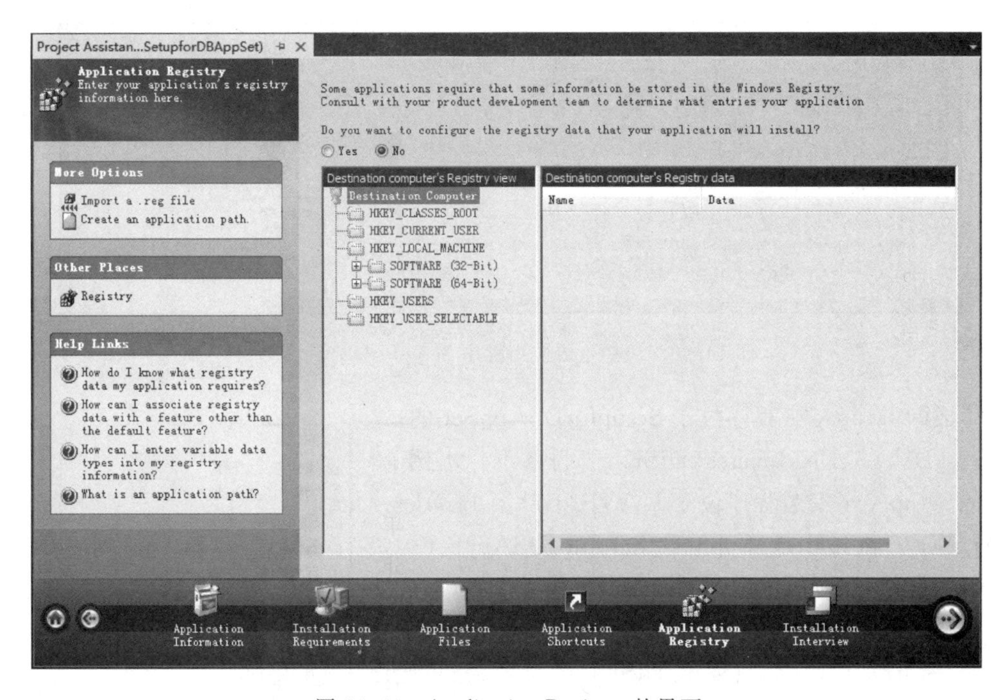

图 14.44　Application Registry 的界面

⑦ 返回到 Project Assistant 界面，选择最后一个选项卡 Installation Interview，打开如图 14.45 所示的界面。在此界面中，可以选择显示 License 对话框、是否输入公司名称和用户名称、是否可修改安装目录、是否选择部分安装、当安装完成是否开始启动等选项。选择允许修改安装目录，其他选择默认设置。

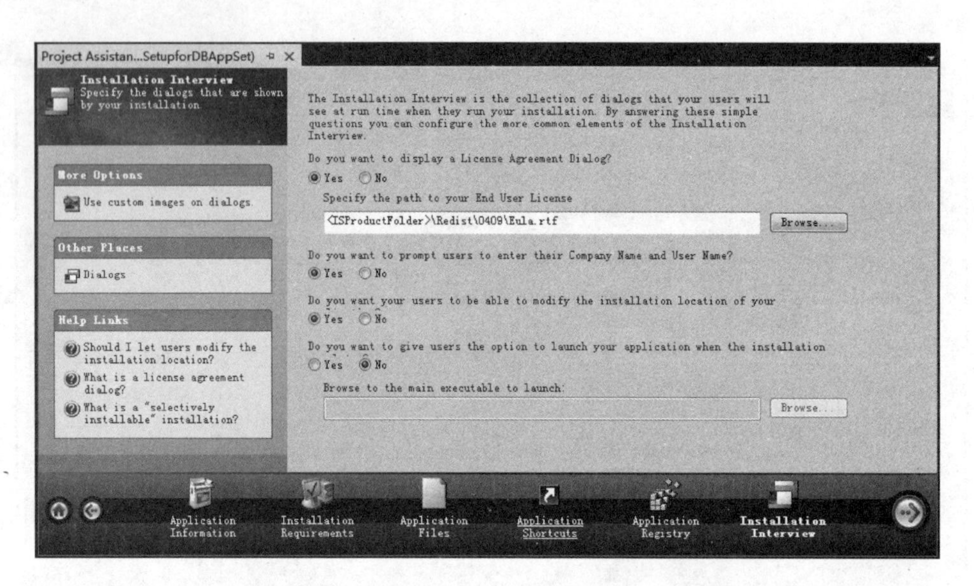

图 14.45　选项卡 Installation Interview 的界面

(3) 至此,安装程序设置完毕,最后一步是生成安装程序。生成的方法是:在解决方案资源管理器中,右击安装程序的名称 SetupforDBAppSet,在弹出的菜单中选择“生成”项即可。如果输出如图 14.46 所示的提示界面,则表示该按住程序已经成功生成。

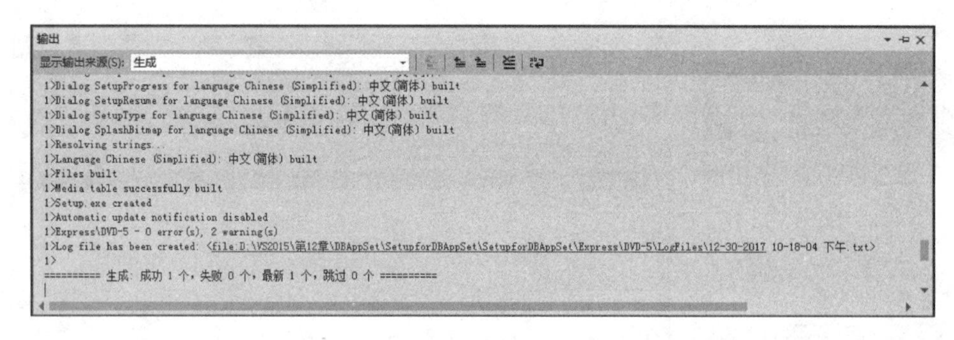

图 14.46　成功生成应用程序 SetupforDBAppSet

生成的 setup.exe 程序位于 SetupforDBAppSet 的 Express\DVD-5\DiskImages\DISK1 子目录下。本例生成的 setup.exe 安装程序位于 D:\VS2015\第 14 章\DBAppSet\SetupforDBAppSet\SetupforDBAppSet\Express\DVD-5\DiskImages\DISK1 目录下。DISK1 目录下的文件及其子目录包含文件即构成的程序 DBAppSet 的安装程序,只要将 DISK1 目录复制到目标机器上并运行其中的 setup.exe 文件,就可以对程序 DBAppSet 进行安装。安装过程中,只要按照提示进行选择和设置即可;安装完成后,在桌面会形成一个快捷菜单,在开始菜单栏中会加入“我的软件”菜单项,它包含两个子菜单,如图 14.47 所示。

图 14.47　“开始”菜单栏中已包含“我的软件”菜单项

如果要从 Windows 系统中删除程序 DBAppSet，则可以选择“开始”菜单栏中的“卸装程序 DBAppSe”子菜单项来完成，也可以从控制面板中去删除它，如图 14.48 所示。

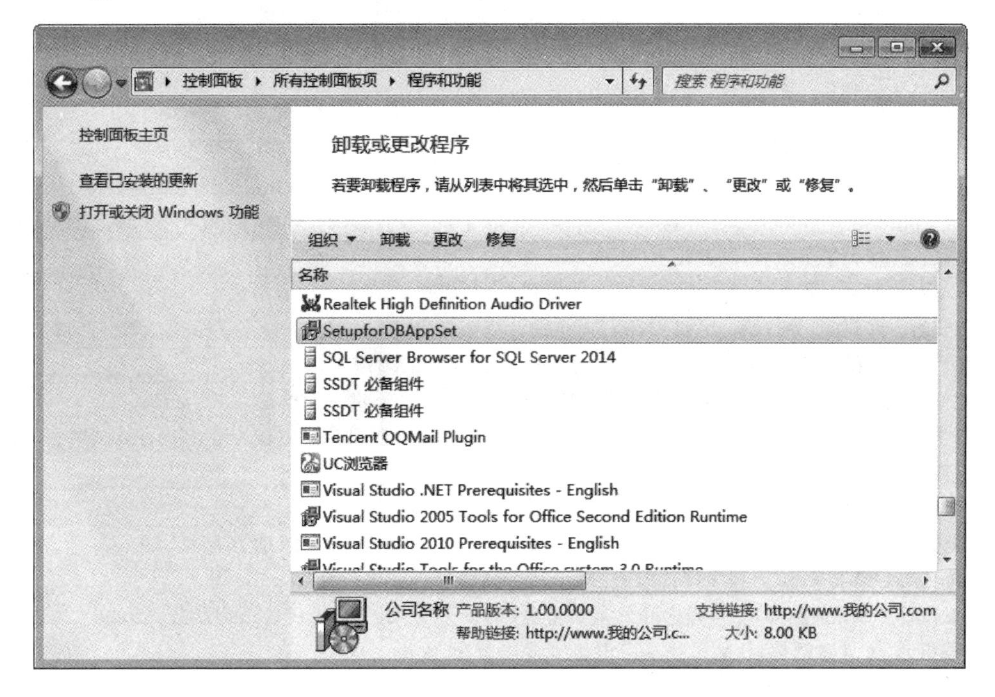

图 14.48 控制面板中的程序 DBAppSet

利用 InstallShield Limited Edition 的文件和目录的复制功能，不难利用它来制作 ASP.NET 应用程序和 Web 服务程序的安装程序。限于篇幅，这里不对这些制作方法进行介绍，请读者自行举一反三。

14.5 习题

一、简答题

1. 什么是应用程序的发布？

2. 在 Visual Studio 2015 中，一般如何创建应用程序的安装程序？

3. 简述发布 Web 应用程序的基本步骤。

4. 在 Visual Studio 2015 中，调试运行一个 Web 应用程序需要安装 IIS 吗？对于发布 Web 应用程序呢？

5. 在 Windows 7 和 Windows XP 操作系统中安装 IIS，两者有何联系和区别？

二、上机题

1. 利用 InstallShield Limited Edition，制作程序 PictureBrowse(见【例 14.1】)的安装程序。

2. 改写 ASP.NET Web 应用程序 SQLSIDU(见第 11 章中【例 11.5】)，使之在数据库连接出错时打开新的页面，以用于重新设置数据库连接字符串，并能够再次尝试连接数据库，然后对更改后的程序进行发布。

参 考 文 献

[1] [美] Christian Nagel. C#高级编程(第10版)[M]. 李铭译. 北京：清华大学出版社，2017.

[2] [美]Daniel M. Solis. C#图解教程(第4版)[M]. 姚琪琳等译. 北京：人民邮电出版社，2013.

[3] [美] James Chambers，David Paquette，Simon Timms. ASP.NET Core应用开发[M]. 杜伟等译. 北京：清华大学出版社，2017.

[4] 张淑芬，刘丽，陈学斌，等. C#程序设计教程(第2版)[M]. 北京：清华大学出版社，2017.

[5] 陈长喜，许晓华，张万潮. ASP.NET程序设计高级教程[M]. 北京：清华大学出版社，2017.

[6] 谭浩强. C程序设计[M]. 3版. 北京：清华大学出版社，2008.

[7] 软件开发技术联盟. C#开发实例大全(提高卷)[M]. 北京：清华大学出版社，2016.

[8] 杨学全. Visual C# .NET Web应用程序设计(第2版)[M]. 北京：电子工业出版社，2016.

[9] 吕高旭. Visual C#范例精要解析[M]. 北京：清华大学出版社，2008.

[10] 李春葆. C#程序设计教程[M]. 北京：清华大学出版社，2010.

[11] 郑阿奇. Visual C++.NET程序设计教程(第2版)[M]. 北京：机械工业出版社，2013.

[12] 郑阿奇，梁敬东. C#程序设计教程[M]. 北京：机械工业出版社，2007.

[13] 梁冰，吕双，王小科. C#程序开发范例宝典[M]. 3版. 北京：人民邮电出版社，2009.

[14] 游祖元. C#案例教程[M]. 北京：电子工业出版社，2008.

[15] 廖建军. Visual C# 2005＋SQL Server 2005数据库开发与实例[M]. 北京：清华大学出版社，2008.

[16] 郭颂，明廷堂，郭立新. ASP.NET编程实战宝典[M]. 北京：清华大学出版社，2014.

[17] 蒙祖强. T-SQL技术开发实用大全——基于SQL Server 2005/2008[M]. 北京：清华大学出版社，2010.

[18] 蒙祖强. C#程序设计教程[M]. 北京：清华大学出版社，2010.